소방승진

소방공무원법
최종모의고사

소방위·교 공통

SD에듀
(주)시대고시기획

2024 SD에듀 소방승진 소방공무원법

최종모의고사

Always **with you**

사람의 인연은 길에서 우연하게 만나거나 함께 살아가는 것만을 의미하지는 않습니다.
책을 펴내는 출판사와 그 책을 읽는 독자의 만남도 소중한 인연입니다.
SD에듀는 항상 독자의 마음을 헤아리기 위해 노력하고 있습니다. 늘 독자와 함께하겠습니다.

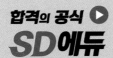
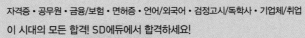

공부에 들어가기 전에...

먼저, "SD에듀 소방승진 시리즈"를 사랑해주신 모든 소방공무원 여러분께 감사드립니다.

덥고 습한 여름날 일선 현장에서 화재진압, 구조구급, 행정업무에 이어 비번 날에도 쉬지 못하고 책과 씨름을 해야 하는 수험생의 입장을 경험자로서 충분히 이해할 수 있습니다.

이렇듯 경험자로서 충분히 공감하기에 본 문제집을 통해 반드시 알고 있어야 할 핵심 내용을 모의고사 형식으로 풀어봄으로써 지금까지 공부한 것을 최종마무리로 다질 수 있도록 하였습니다. 여러분들이 결국에는 꼭 합격하여 승진의 기쁨을 만끽하시길 간절히 바랍니다.

이 책의 특징

"소방위"로 합격의 영광에 이르기까지 저자 또한 몇 번의 승진시험 실패의 아픈 경험이 있었던 것도 사실입니다. 그동안 시중에 출간된 수험서를 탐독하여 장단점을 비교, 분석하였습니다. 또한 예상(기출)문제 풀이 경험, 출제위원의 출제 성향 파악 등을 바탕으로 수험자의 마음을 반영한 입장에서 최소의 노력으로 최대의 효과를 만들어 좋은 성과를 맺을 수 있도록 승진시험에 대한 수많은 노하우를 싣고자 노력하였습니다.

❶ 소방학교 기본교재를 중심으로 최근 개정된 법령까지 완벽 대비할 수 있는 요점정리와 문제로 구성하였습니다.

❷ 빨 · 간 · 키를 따로 첨부하여 공부하는 데 복습효과를 극대화하고 불필요한 시간낭비를 줄이고자 하였습니다.

❸ 공개문제와 소방교 및 소방위 기출문제를 최대한 복원하여 수록하였습니다.

❹ 현재 출제빈도와 난이도를 분석하여 수험생들에게 공부 방향을 제시할 수 있도록 하였습니다.

❺ 승진시험에 직접 응시한 저자가 경험한 기출 및 예상문제를 통하여 출제경향을 파악하고 충분한 해설로 이해를 돕고자 노력하였습니다.

이렇듯, 다수의 승진시험 경험을 바탕으로 수험자의 마음을 반영한 "SD에듀 소방승진 시리즈"와 모의고사 문제집으로 준비한다면 각 계급으로의 승진시험에 있어 좋은 성과가 있으리라 기대합니다.

편저자 **문옥섭**

소방공무원 승진시험 안내

⬡ 응시자격

다음 각 호의 요건을 갖춘 사람은 그 해당 계급의 승진시험에 응시할 수 있다(소방공무원 승진임용 규정 제30조).

❶ 제1차 시험 실시일 현재 승진소요 최저근무연수에 달할 것
❷ 승진임용의 제한을 받은 자가 아닐 것

⬡ 시험시행 및 공고

❶ **시험실시권자** : 소방청장, 시·도지사, 시험실시권의 위임을 받은 자

❷ **공고** : 일시·장소 기타 시험의 실시에 관한 사항을 시험실시 20일 전까지 공고

❸ **응시서류의 제출**(소방공무원 승진임용 규정 시행규칙 제30조)
　㉠ 응시하고자 하는 자 : 응시원서(시행규칙 별지 제12호 서식)를 기재하여 소속기관의 장 또는 시험실시권자에게 제출
　㉡ 소속기관장 : 승진시험요구서(시행규칙 별지 제12호의2 서식)를 기재하여 시험실시권자에게 제출하여야 함

⬡ 시험의 실시

❶ **시험의 방법**(소방공무원 승진임용 규정 제32조)
　㉠ 제1차 시험 : 선택형 필기시험을 원칙으로 하되, 과목별로 기입형을 포함할 수 있다.
　㉡ 제2차 시험 : 면접으로 하되, 직무수행에 필요한 응용능력과 적격성을 검정한다.

❷ **단계별 응시제한**
　㉠ 시험실시권자가 필요하다고 인정할 때에는 제2차 시험을 실시하지 아니할 수 있다.
　㉡ 제1차 시험에 합격되지 아니하면 제2차 시험에 응시할 수 없다.

⬡ 필기시험 과목

필기시험의 과목은 다음 표와 같다(소방공무원 승진임용 규정 시행규칙 제28조 관련 별표 8).

구 분	과목 수	필기시험 과목
소방령 및 소방경 승진시험	3	행정법, 소방법령 Ⅰ·Ⅱ·Ⅲ, 선택1(행정학, 조직학, 재정학)
소방위 승진시험	3	행정법, 소방법령Ⅳ, 소방전술
소방장 승진시험	3	소방법령Ⅱ, 소방법령Ⅲ, 소방전술
소방교 승진시험	3	소방법령Ⅰ, 소방법령Ⅱ, 소방전술

⬡ 비 고

❶ **소방법령Ⅰ** : 소방공무원법(같은 법 시행령 및 시행규칙을 포함한다. 이하 같다)

> 소방공무원법, 소방공무원임용령, 소방공무원임용령 시행규칙, 공무원고충처리규정, 공무원보수규정, 소방공무원 교육훈련규정, 소방공무원 복무규정, 소방공무원 승진임용 규정, 소방공무원 승진임용 규정 시행규칙, 소방공무원 징계령, 소방공무원 기장령

❷ **소방법령Ⅱ** : 소방기본법, 소방시설 설치 및 관리에 관한 법률, 화재의 예방 및 안전관리에 관한 법률
❸ **소방법령Ⅲ** : 위험물안전관리법, 다중이용업소의 안전관리에 관한 특별법
❹ **소방법령Ⅳ** : 소방공무원법, 위험물안전관리법
❺ **소방전술** : 화재진압·구조·구급 관련 업무수행을 위한 지식·기술 및 기법 등

※ 소방전술 과목의 출제범위 : 승진시험 시행요강 별표 1과 같고, 소방법령 문제는 해당년도 필기시험일 기준 시행 중인 법령에서 출제된다.

이 책의 구성과 특징

STEP 1   빨리보는 간단한 키워드 (핵심요약)

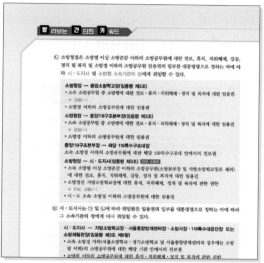

▶ 빨리보는 간단한 키워드는 가장 빈출도가 높은 이론을 핵심적으로 짚어줌으로써 본격적인 학습 전에 중요 키워드를 익혀 학습에 도움이 될 수 있게 하였습니다. 또한 시험 전에 간단하게 훑어봄으로써 시험에 대비할 수 있도록 하였습니다.

STEP 2   공개문제 · 기출유사문제

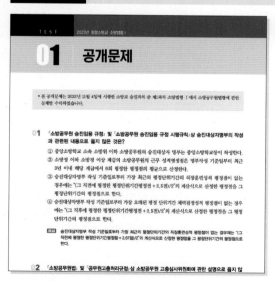
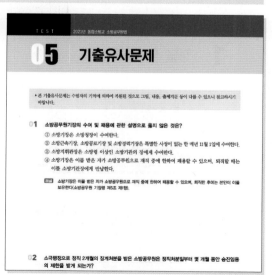

▶ 2015년부터 2023년 최근까지의 소방교 · 소방위 법령 Ⅰ · Ⅳ 공개문제 및 기출유사문제를 수록하였습니다. 여러 기출유사문제를 풀어보며 최근 출제경향을 파악하고 실력을 키워보세요.

이 책의 구성과 특징

STEP 3 최종모의고사

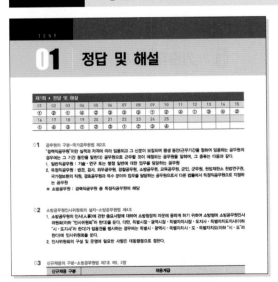

▶ 저자가 직접 구성한 총 15회분의 실전모의고사로 현재 나의 실력을 확인할 수 있습니다. 또한 다양한 문제풀이 유형을 익힘으로써 실제 시험에 대비할 수 있습니다.

STEP 4 정답 및 해설

▶ 다양한 표와 그림을 첨부한 꼼꼼하고 자세한 해설과 쉽게 외우는 암기 Tip 등을 넣어 이 책 한 권으로도 핵심이론을 공부할 수 있도록 구성하였습니다.

이 책의 목차

빨간키

빨리보는 간단한 키워드

시험장에서 보라

시험 전에 보는 핵심요약 키워드

시험공부 시 교과서나 노트필기, 참고서 등에 흩어져 있는 정보를 하나로 압축해 공부하는 것이 효과적이므로, 열 권의 참고서가 부럽지 않은 나만의 핵심키워드 노트를 만드는 것은 합격으로 가는 지름길입니다. 빨·간·키만은 꼭 점검하고 시험에 응하세요!

제1장 총칙

1 소방공무원법 체계도

구분	내용
법 률	소방공무원법
대통령령	소방공무원임용령
행정안전부령	소방공무원임용령 시행규칙
행정규칙	소방공무원 징계 등 기록말소 시행지침
	소방공무원 채용시험 시행규칙
대통령령	소방공무원 승진임용 규정
행정안전부령	소방공무원 승진임용 규정 시행규칙
행정규칙	소방공무원 승진심사 기준
	소방공무원 가점평정 규정
대통령령	소방공무원 교육훈련규정
행정규칙	소방공무원 교육훈련성적 평정규정
	소방교육훈련정책위원회 운영규정
대통령령	소방공무원 복무규정
행정규칙	소방공무원 근무 규칙
	소방공무원 당직 및 비상업무 규칙
	소방공무원 보건안전 관리 규정
	외근 소방공무원 휴가 등 복무관련 예규
대통령령	소방공무원 징계령
행정규칙	소방공무원 징계양정 등에 관한 규칙
대통령령	소방공무원기장령
행정규칙	소방공무원 기장수여 및 패용에 관한 규정
대통령령	공무원고충처리규정
대통령령	공무원보수규정

※ 소방공무원법의 법적 성질 : 실체법(○), 특별법(○), 신분법(○), 절차법(×)

2 공무원의 구분(국가공무원법 제2조)

① "경력직공무원"이란 실적과 자격에 따라 임용되고 그 신분이 보장되며 평생 동안(근무기간을 정하여 임용하는 공무원의 경우에는 그 기간 동안을 말한다) 공무원으로 근무할 것이 예정되는 공무원을 말한다.

② "특수경력직공무원"이란 경력직공무원 외의 공무원을 말하며, 그 종류는 다음과 같다.

구 분		공무원의 종류
경력직 공무원	일반직공무원	기술·연구 또는 행정 일반에 대한 업무를 담당하는 공무원
	특정직공무원	법관, 검사, 외무공무원, 경찰공무원, 소방공무원, 교육공무원, 군인, 군무원, 헌법재판소 헌법연구관, 국가정보원의 직원, 경호공무원과 특수 분야의 업무를 담당하는 공무원으로서 다른 법률에서 특정직공무원으로 지정하는 공무원
특수 경력직 공무원	정무직공무원	• 선거로 취임하거나 임명할 때 국회의 동의가 필요한 공무원 • 고도의 정책결정 업무를 담당하거나 이러한 업무를 보조하는 공무원으로서 법률이나 대통령령(대통령비서실 및 국가안보실의 조직에 관한 대통령령만 해당한다)에서 정무직으로 지정하는 공무원
	별정직공무원	비서관·비서 등 보좌업무 등을 수행하거나 특정한 업무 수행을 위하여 법령에서 별정직으로 지정하는 공무원

3 소방공무원법의 목적에서 특례대상(법 제1조) `14, 16년 경기` `16년 경북`

소방공무원의 책임 및 직무의 중요성과 신분 및 근무조건의 특수성에 비추어 그 임용, 교육훈련, 복무, 신분보장 등에 관하여 「국가공무원법」에 대한 특례를 규정하는 것을 목적으로 한다.

※ 암기신공 : 교육 임신복(보수, 근무조건 : 목적에 해당되지 않음)

4 용어의 정의 구분 `14, 21년 소방위` `14년 부산` `16년 경북` `17, 21년 통합`

구 분	소방공무원법상 용어의 정의	소방공무원임용령상 용어의 정의
임 용	신규채용·승진·전보·파견·강임·휴직·직위해제·정직·강등·복직·면직·해임 및 파면을 말함 ※ 감봉, 견책, 전직, 겸임(×)	• 좌 동 • 감봉, 견책 : 임용에 해당되지 않음 • 소방공무원에게 적용되지 않은 임용의 종류 : 전직, 겸임
전 보	소방공무원의 같은 계급 및 자격 내에서의 근무기관이나 부서를 달리하는 임용을 말함	
강 임	동종의 직무 내에서 하위의 직위에 임명하는 것을 말함	
복 직	휴직·직위해제 또는 정직(강등에 따른 정직을 포함한다) 중에 있는 소방공무원을 직위에 복귀시키는 것을 말함	좌 동
소방 기관		소방청, 특별시·광역시·특별자치시·도·특별자치도(이하 "시·도"라 한다)와 중앙소방학교·중앙119구조본부·국립소방연구원·지방소방학교·서울종합방재센터·소방서·119특수대응단 및 소방체험관을 말함 ※ 행정안전부, 중앙소방본부, 각 시·도 소방본부, 119안전센터, 119지역대, 구조대 : 소방공무원 임용령」에 따른 소방기관에 해당되지 않음
필수 보직 기간		소방공무원이 다른 직위로 전보되기 전까지 현 직위에서 근무해야 하는 최소기간을 말함 ※ 현 직위에서 같은 직위로 전보되기 전까지(×)

5 소방공무원의 계급구분(법 제3조)

11계급	비 고
소방총감(消防總監)	차관급(소방청장)
소방정감(消防正監)	1급 상당(소방청 차장)
소방감(消防監)	2급 상당
소방준감(消防准監)	3급 상당
소방정(消防正)	4급 상당
소방령(消防領)	5급 상당
소방경(消防警)	6급 상당
소방위(消防尉)	6급 상당
소방장(消防長)	7급 상당
소방교(消防校)	8급 상당
소방사(消防士)	9급 상당

6 임용권자(법 제6조) `14년 경기소방교` `15년 서울` `16년 경북` `16년 경기` `15, 17, 19, 22년 소방위`

① 임용권자(법 제6조)

　㉠ 소방령 이상의 소방공무원은 소방청장의 제청으로 국무총리를 거쳐 대통령이 임용한다. 다만, 소방총감은 대통령이 임명하고, 소방령 이상 소방준감 이하의 소방공무원에 대한 전보, 휴직, 직위해제, 강등, 정직 및 복직은 소방청장이 한다.

> **대통령의 소방공무원 임용권**
> • 소방총감, 소방정감, 소방감의 임명권
> • 소방준감의 신규채용·승진·파견·해임·면직·파면 및 강임의 임용권
> 　(암기요령 : 신승파가 해면파로 강임)
> ※ 소방령 이상의 임용권은 소방청장의 제청으로 국무총리를 거쳐 대통령이 임명함이 원칙이나 소방정 이하의 임용권과 소방준감의 임용권 일부(휴/직/전의 정/강/복 : 휴직, 직위해제, 전보, 정직, 강등, 복직)를 소방청장에게 위임하여 실질적으로 소방감 이상의 임용권과 소방준감의 일부(신규채용·승진·파견·해임·면직·파면 및 강임) 임용권을 행사한다.

　㉡ 소방경 이하의 소방공무원은 소방청장이 임용한다.

② 임용권의 위임(법 제6조 제3항 내지 제5항)

　㉠ 대통령은 임용권의 일부를 대통령령으로 정하는 바에 따라 소방청장 또는 시·도지사에게 위임할 수 있다.

> **대통령 → 소방청장(임용령 제3조)**
> • 소방청과 그 소속기관의 소방정 및 소방령에 대한 임용권
> • 소방정인 지방소방학교장에 대한 임용권
>
> **대통령 → 시·도지사(임용령 제3조)**
> 시·도 소속 소방령 이상의 소방공무원에 대한 임용권(소방본부장 및 지방소방학교장은 제외한다)

ⓛ 소방청장은 소방령 이상 소방준감 이하의 소방공무원에 대한 전보, 휴직, 직위해제, 강등, 정직 및 복직 및 소방경 이하의 소방공무원 임용권의 일부를 대통령령으로 정하는 바에 따라 시·도지사 및 소방청 소속기관의 장에게 위임할 수 있다.

> **소방청장 → 중앙소방학교장(임용령 제3조)**
> • 소속 소방공무원 중 소방령에 대한 전보·휴직·직위해제·정직 및 복직에 대한 임용권
>   ※ 강등(×)
> • 소방경 이하의 소방공무원에 대한 임용권
>
> **소방청장 → 중앙119구조본부장(임용령 제3조)**
> • 소속 소방공무원 중 소방령에 대한 전보·휴직·직위해제·정직 및 복직에 대한 임용권
>   ※ 강등(×)
> • 소방경 이하의 소방공무원에 대한 임용권
>
> **중앙119구조본부장 → 해당 119특수구조대장**
> 소속 소방경 이하의 소방공무원에 대한 해당 119특수구조대 안에서의 전보권
>
> **소방청장 → 시·도지사(임용령 제3조)** `22년 소방위`
> • 소속 소방령 이상 소방준감 이하의 소방공무원(소방본부장 및 지방소방학교장은 제외)에 대한 전보, 휴직, 직위해제, 강등, 정직 및 복직에 대한 임용권
> • 소방정인 지방소방학교장에 대한 휴직, 직위해제, 정직 및 복직에 관한 권한
>   ※ 전보, 강등(×)
> • 시·도 소속 소방경 이하의 소방공무원에 대한 임용권

ⓒ 시·도지사는 ㉠ 및 ⓛ에 따라 위임받은 임용권의 일부를 대통령령으로 정하는 바에 따라 그 소속기관의 장에게 다시 위임할 수 있다.

> **시·도지사 → 지방소방학교장·서울종합방재센터장·소방서장·119특수대응단장 또는 소방체험관장(임용령 제3조 제6항)**
> • 소속 소방경 이하(서울소방학교·경기소방학교 및 서울종합방재센터의 경우에는 소방령 이하)의 소방공무원에 대한 해당 기관 안에서의 전보권
> • 소방위 이하의 소방공무원에 대한 휴직·직위해제·정직 및 복직에 관한 권한

③ 임용권의 직접행사(임용령 제3조 제8항)
소방청장은 소방공무원의 정원의 조정 또는 소방기관 상호 간의 인사교류 등 인사행정 운영상 필요한 때에는 임용권의 위임에도 불구하고 그 임용권을 직접 행사할 수 있다.

④ 승진임용 시 사전보고(임용령 제3조 제7항)
임용권을 위임받은 중앙소방학교장 및 중앙119구조본부장은 소속 소방공무원을 승진시키려면 미리 소방청장에게 보고해야 한다.

⑤ 인사기록의 작성·보관(법 제6조 제6항)

임용권자(임용권을 위임받은 사람을 포함)는 대통령령으로 정하는 바에 따라 소속 소방공무원의 인사기록을 작성·보관해야 한다.

㉠ 임용권자 정리

임용권자	임용사항
대통령	• 소방총감의 임명권 　※ 임명 : 공무원의 신분을 부여하여 공무원관계를 발생하는 행위로 임용에 포함 • 소방정감, 소방감의 임용권 • 소방준감의 신규채용·승진·파견·해임·면직·파면 및 강임의 임용권 　(암기요령 : 신/승/파가 해/면/파로 강임)
소방청장	• 소방청과 그 소속기관의 소방정 및 소방령에 대한 임용권 • 소방정인 지방소방학교장에 대한 임용권 • 소방령 이상 소방준감 이하의 전보·휴직·직위해제·강등·정직·복직 • 소방청 그 소속기관의 소방경 이하의 소방공무원 임용 • 중앙소방학교 소속 소방령에 대한 신/승/파/ 해/면/파/강임/강등 임용권 • 중앙119구조본부 소속 소방령에 대한 신/승/파/ 해/면/파/강임/강등 임용권
시·도지사	• 소속 소방령 이상 소방준감 이하의 소방공무원(소방본부장 및 지방소방학교장은 제외)에 대한 전보, 휴직, 직위해제, 강등, 정직 및 복직에 대한 임용권 • 소방정인 지방소방학교장에 대한 휴직, 직위해제, 정직 및 복직에 관한 권한 　※ 전보, 강등(×) • 시·도 소속 소방경 이하의 소방공무원에 대한 임용권
중앙소방학교장	• 중앙소방학교 소속 소방령에 대한 정직·전보·휴직·직위해제·복직 　※ 강등(×) • 소속 소방경 이하의 소방공무원 임용
중앙119구조 본부장	• 중앙119구조본부 소속 소방령에 대한 정직·전보·휴직·직위해제·복직 　※ 강등(×) • 소속 소방경 이하의 소방공무원 임용 • 119특수구조대장 : 소속 소방경 이하에 대한 해당 119특수구조대 안에서의 전보권
지방소방학교장· 서울종합방재센터장 또는 소방서장 119특수대응단장 또는 소방체험관장	• 소속 소방경 이하(서울소방학교·경기소방학교 및 서울종합방재센터의 경우에는 소방령 이하)의 소방공무원에 대한 해당 기관 안에서의 전보권 • 소방위 이하의 소방공무원에 대한 휴직·직위해제·정직 및 복직

ⓛ 계급별 임용권자 정리

구분	전국	소방청			시·도			
	대통령	소방청장	중앙소방학교장	중앙119구조본부장	시·도지사	서울종합방재센터장 서울, 경기 소방학교장	소방학교장	소방서장
소방총감	○ (임명권)	–	–	–	–			
소방정감	○	–	–	–	–			
소방감	○	–	–	–	–			
소방준감	신/승/파/해/면/파/강임	휴/직/전/정/강/복	–	–	○ (학교장, 본부장 제외)			
소방정		○ (소방학교장: 소방정)	–	–	○			
소방령		신/승/파/해/면/파/강임/강등	휴/직/전/정/복 (강등×)	휴/직/전/정/복 (강등×)	○	전보권		
소방경 이하		○ (소방청)	○ (학교)	○ (구조본부)	○ (시·도)	전보권	전보권	전보권
소방위 이하		○	○	○	신/승/해/면/파/강임/강등	휴/직/전/정/복	휴/직/전/정/복	휴/직/전/정/복

- 임용의 종류 : 신규채용·승진·파견·면직·해임·파면 및 강임(신/승/파가 해/면/파에 강임)·휴직·직위해제·전보·정직·강등·복직(아이돌봄 휴/직/전인 정강복 소방교)을 말함
- 중앙119구조본부장 → 해당 119특수구조대장
- 중앙119구조본부의 119특수구조대 소속 소방경 이하의 소방공무원에 대한 전보권 : 119특수구조대장

7 임명장(임용령 제3조의2)

① 임용권자(임용권을 위임받은 사람을 포함)는 소방공무원으로 신규채용되거나 승진되는 소방 공무원에게 임명장을 수여한다. 이 경우 소속 소방기관의 장이 대리 수여할 수 있다.

② 임명장에는 임용권자의 직인을 날인한다. 이 경우 대통령이 임용하는 공무원의 임명장에는 국 새(國璽)를 함께 날인한다.

③ 대통령이 소방청장 또는 시·도지사에게 임용권을 위임한 소방령 이상의 소방공무원의 임명장 에는 임용권자의 직인을 갈음하여 대통령의 직인과 국새를 날인한다.

8 소방공무원의 임용시기(임용령 제4조 및 제5조) 12, 13, 21, 22년 소방위 14년 경기 18년 통합

임용시기	• 임용장 또는 임용통지서에 기재된 일자에 임용된 것으로 보며, 임용일자를 소급해서는 아니 된다. • 사망으로 인한 면직은 사망한 다음 날에 면직된 것으로 본다.
임용일자 결정	그 임용장 또는 임용통지서가 피임용자에게 송달되는 기간 및 사무인계에 필요한 기간을 참작하여 정해야 한다.
임용시기의 특례 (소급임용)	• 재직 중 공적이 특히 현저하여 순직한 사람을 다음의 어느 하나에 해당하는 날을 임용일자로 하여 특별승진임용하는 경우 　– 재직 중 사망한 경우 : 사망일의 전날 ※ 사망한 날(×) 　– 퇴직 후 사망한 경우 : 퇴직일의 전날 ※ 퇴직한 날(×) • 휴직 기간이 끝나거나 휴직 사유가 소멸된 후에도 직무에 복귀하지 아니하거나 직무를 감당할 수 없어 직권으로 면직시키는 경우 : 휴직기간의 만료일 또는 휴직사유의 소멸일 • 시보임용예정자가 소방공무원의 직무수행과 관련한 실무수습 중 사망한 경우 : 사망일의 전날 ※ 사망한 날(×), 사망한 다음 날(×)

9 인사원칙의 사전공개(임용령 제5조의2)

① 임용권자 또는 임용제청권자는 소속 소방공무원에 대한 인사원칙 및 기준을 미리 정하여 공지해야 한다.

② 정기인사 및 이에 준하는 대규모 인사를 실시할 때에는 1개월 이전에 해당 인사의 세부기준 등을 미리 소속 소방공무원에게 공지해야 함을 원칙으로 한다.

10 결원의 적기보충(임용령 제6조)

임용권자 또는 임용제청권자는 해당 기관에 결원이 있는 경우에는 지체 없이 결원보충에 필요한 조치를 해야 한다.

11 통계보고(임용령 제7조)

소방청장은 소방공무원의 인사에 관한 통계보고의 제도를 정하여 시·도지사, 중앙소방학교장, 중앙119구조본부장 및 국립소방연구원장으로부터 정기 또는 수시로 필요한 보고를 받을 수 있다.
※ 소방본부장, 서장(×)

12 소방공무원 인사협의회(임용령 제7조의2)

① 소방청장은 소방공무원의 임용, 인사교류, 교육훈련 등 인사에 관한 중요사항을 시·도와 협의하기 위하여 소방공무원 인사협의회를 구성·운영할 수 있다.

② 소방공무원 인사협의회의 구성 및 운영, 그 밖에 필요한 사항은 소방청장이 정한다.

13 인사발령을 위한 구비서류(임용령 시행규칙 제1조)

① 소방공무원을 임용 또는 임용 제청할 때에 첨부할 서류는 별표 1과 같다. 다만, 시험실시권자와 임용권자가 동일한 경우에는 시험에 응시한 때에 제출한 서류를 첨부하지 않을 수 있다.

② 구비서류는 원본을 첨부하되, 특별한 사유로 인하여 사본을 첨부할 때에는 원본과의 대조확인을 해야 한다. 이 경우에 대조자는 인사담당관이 되며, 그 사본에는 인사담당관의 직위·성명과 그 대조연월일을 기입하고 서명 또는 날인해야 한다.

③ 발령구분별 구비서류

발령구분		구비서류	비 고
신규임용		인사기록카드 1통 최종학력증명서 1통 경력증명서 1통 소방공무원채용신체검사서 1통 신원조사회보서 1통 사진(모자를 쓰지 않은 명함판) 3장	소방령 이상 2통 종합병원장 발행
승 진		인사기록카드 사본 1통 승진임용후보자 명부 또는 승진시험합격통지서 1통	소방령의 승진임용에는 신규채용 구비서류 첨부
면직	의원면직	사직원서(자필) 1통	
	직권면직	징계위원회동의서·진단서·직권면직사유설명서 또는 기타직권면직사유를 증빙하는 서류 1통	
	당연퇴직	판결문 사본 또는 기타 당연퇴직사유를 증빙하는 서류 1통	
	정년퇴직	없 음	
징 계		징계의결서 사본 1통	
강 임		강임동의서(자필) 또는 직제 개편·폐지 및 예산감소의 관계서류 1통	
추 서		공적조사서 1통 사망진단서 1통 사망경위서 1통	
휴직 및 복직		진단서, 판결문 사본, 현역증서 사본, 입영통지서 사본 또는 기타 휴직사유를 증명하는 서류 1통	진단서의 경우에는 종합병원장, 보건소장 및 「공무원연금법」에 의하여 지정된 공무원 요양기관 발행

직위해제	직위해제사유서 1통	
전·출입	전·출입동의서 1통	
시보임용	시보임용 단축 기간산출표 1통	소방공무원으로 임용되기 전에 그 임용과 관련하여 소방공무원 교육훈련기관에서 교육훈련을 받은 자

14 임용 및 임용 제청 서식(임용령 시행규칙 제2조)

① 임용권자(임용권의 위임을 받은 사람을 포함)가 소방공무원을 임용할 때에는 공무원임용서로써 하며, 신규채용·승진 또는 면직할 때에는 임용조사서를 첨부해야 한다.

② 임용제청권자가 소방공무원을 임용제청할 때에는 공무원 임용제청서로써 한다. 다만, 임용제청기관에서의 임용제청 보고는 공무원 임용제청보고서로써 한다.

③ 시보임용기간에 산입될 교육훈련을 받은 사람을 임용 또는 임용제청할 때에는 시보임용단축기간 산출표를 첨부해야 한다.

14-1 임용심사위원회

(1) 임용심사위원회 기능(임용령 제22조의2)

① 다음 각 호의 어느 하나에 해당하는 경우 그 적부(適否)를 심사하게 하기 위하여 임용권자 또는 임용제청권자 소속으로 임용심사위원회를 둔다.

㉠ 법 또는 법에 따른 명령을 위반하여 중징계 사유에 해당하는 비위를 저지른 경우로 채용후보자 자격상실 여부를 결정하려는 경우

㉡ 시보임용소방공무원을 정규소방공무원으로 임용 또는 임용 제청하려는 경우

㉢ 시보임용소방공무원을 면직 또는 면직 제청하려는 경우

② 임용심사위원회의 구성 및 운영에 필요한 사항은 행정안전부령으로 정한다.

(2) 임용심사위원회의 구성 및 운영에 필요한 사항(임용령 시행규칙 제2조의2)

① 임용심사위원회(이하 "위원회"라 한다)는 위원장 1명을 포함하여 5명 이상 8명 이하의 위원으로 구성한다.

② 위원장은 위원 중에서 임용권자 또는 임용제청권자가 지명하고, 위원은 심사대상자보다 상위계급인 소속 소방공무원 중에서 임용권자 또는 임용제청권자가 지명한다.

③ 위원회는 재적위원 3분의 2 이상 출석과 출석위원 과반수 찬성으로 의결한다.

④ 위원회는 시보임용소방공무원을 정규소방공무원으로 임용 또는 임용 제청하려는 경우에는 다음 각 호의 사항을 고려하여 그 적부(適否)를 심사해야 한다.
　㉠ 근무성적, 교육훈련성적
　㉡ 근무태도, 공직관
　㉢ 그 밖에 소방공무원으로서의 자질 등
⑤ 위원회는 회의 결과에 따라 임용심사위원회 의결서를 작성하여 회의일부터 10일 이내에 임용권자 또는 임용제청권자에게 제출해야 한다.
⑥ 임용권자 또는 임용제청권자는 채용후보자에 대한 자격상실을 결정하거나 시보임용소방공무원에 대한 면직 또는 면직 제청을 결정한 경우에는 의결서의 사본을 첨부하여 해당 채용후보자 또는 시보임용소방공무원에게 통보해야 한다.

15 임명장 또는 임용장(임용령 시행규칙 제3조) `19년 통합`

임용권자는 소방공무원으로 신규채용되거나 승진되는 소방공무원에게 임명장을, 전보되는 소방공무원에게 임용장(필요한 경우 인사발령 통지서로 갈음할 수 있다)을 수여한다. 이 경우 소속 소방기관의 장이 대리 수여할 수 있다.

16 인사발령통지서(임용령 시행규칙 제4조)

① 임용권자는 신규채용, 승진 및 전보 외의 모든 임용과 승급 기타 각종 인사발령을 할 때에는 해당 소방공무원에게 인사발령 통지서를 준다. 다만, 국내외 훈련·국내외 출장·휴가명령 및 승급은 회보로 통지할 수 있다.
② 임용권자는 직위해제를 할 때에는 인사발령 통지서에 직위해제처분 사유 설명서를 첨부해야 한다.
③ 임용권자는 인사발령을 하는 때에는 발령과 동시에 관계기관과 해당 소방공무원의 인사기록을 관리하는 기관의 장에게 통지해야 한다. 다만, 대통령이 행하는 소방령 이상 소방공무원의 인사발령인 경우에는 소방청장이 통지한다.

17 발령대장(임용령 시행규칙 제5조)

① 임용권자 또는 임용제청권자는 소속 소방공무원에 대한 인사발령사항을 발령대장에 기재하기 위하여 발령대장을 비치·보관해야 한다. 다만, 승급발령에 관하여는 그 기재를 생략할 수 있다.
② 발령대장은 필요하다고 인정할 때에는 계급별 또는 발령내용별로 구분하여 비치·보관할 수 있다.

18 전력조회(임용령 시행규칙 제6조)

① 임용권자 또는 임용제청권자는 전직공무원이나 「공공기관의 운영에 관한 법률」 제4조에 따른 공공기관에서 근무한 경력을 가진 자를 임용할 경우에는 전에 근무하였던 기관의 장에게 전력조회서에 따라 전력을 조회해야 한다. 다만, 소방공무원의 채용시험에 필요하다고 인정하는 경우에는 시험실시권자가 전력을 조회할 수 있다.

② 전력조회서를 받은 기관의 장은 전력조사회보서에 의하여 20일 이내에 회보해야 한다.

19 인사사무의 전산관리서식 등(임용령 시행규칙 제7조)

인사사무를 전산관리하는 데 필요한 서식 및 사무절차는 소방청장이 따로 정할 수 있다.

20 증명서 등의 발급(임용령 시행규칙 제8조)

① 소방기관의 장은 재직 중인 소방공무원이 재직증명서의 발급을 신청한 경우에는 인사기록카드에 따라 재직증명서를 발급해야 한다.

② 소방기관의 장은 퇴직한 소방공무원이 경력증명서의 발급을 신청한 경우에는 발령대장 또는 인사기록카드에 따라 의하여 경력증명서를 발급해야 한다. 다만, 최종 퇴직 소방기관 외의 경력이 있는 경우에는 본인의 의사에 따라 전력조회를 거쳐 최종 퇴직 소방기관 외의 재직경력에 대하여도 증명서를 발급할 수 있다.

21 정·현원 대비표(임용령 시행규칙 제9조)

① 임용권자는 소속 소방공무원에 대한 정원과 현원을 파악하기 위하여 매월 말일을 기준으로 정·현원 대비표를 비치·보관해야 한다.

② 이 경우 정·현원대비표의 작성단위는 최하 기관단위로 한다.

제2장	소방공무원 인사위원회

1 소방공무원 인사위원회(법 제4조, 임용령 제8조 내지 제11조) `14년 경기` `14, 15년 서울`
`15, 18, 20년 소방위` `15, 18, 19년 통합`

구 분		규정 내용
목 적		인사에 관한 중요사항에 대하여 소방청장의 자문에 응하기 위함
설치기관		소방청, 시 · 도(인사권을 위임 받아 임용권을 행사하는 경우)
구 성		위원장을 포함한 5인 이상 7인 이하 위원으로 구성 ※ 위원장을 제외함(×)
위원장		• 소방청 : 소방청 차장 • 시 · 도 : 소방본부장
위원장의 직무		• 위원장은 인사위원회의 사무를 총괄하며, 인사위원회를 대표한다. • 위원장이 부득이한 사유로 직무를 수행할 수 없는 때에는 위원중에서 최상위의 직위 또는 선임의 공무원이 그 직무를 대행한다.
위원의 임명		• 임명권자 : 인사위원회가 설치된 기관의 장 • 계급제한 : 소속 소방정 이상 소방공무원 중에서 임명
간 사		• 인원 : 약간인 ※ 1인(×) → 약간인 • 임명 : 위원회가 설치된 기관의 장이 소속 소방공무원 중에서 임명 • 직무 : 위원장의 명을 받아 위원회의 사무처리한다.
회 의	의 장	위원장은 인사위원회의 회의를 소집하고 그 의장이 됨
	의결정족수	재적위원 3분의 2 이상의 출석과 출석위원 과반수의 찬성으로 의결한다. ※ 재적위원 과반수의 출석과 출석위원 과반수의 찬성으로 의결(×) ※ 재적위원 과반수의 출석과 출석위원 3분의 2 이상의 찬성으로 의결(×)
심의사항 보고		위원장은 인사위원회에서 심의된 사항을 지체 없이 당해 인사위원회가 설치된 기관의 장에게 보고하여야 한다.

운영세칙		• 임용령에 규정된 것 외에 인사위원회의 운영에 관하여 필요한 사항
		 － 인사위원회의 의결을 거쳐 위원장이 정함(○)
		  ※ 인사위원회의 의결 없이 위원장이 정함(×)
		  ※ 인사위원회의 의결을 거쳐 인사위원회가 설치된 기관의 장이 정함(×)
		• 인사위원회의 구성 · 운영에 필요한 사항은 대통령이 정함
		 ※ 소방청장(×) → 대통령령(○)

2 인사위원회의 기능(법 제5조) `19년 통합`

① 소방공무원의 인사행정에 관한 방침과 기준 및 기본계획에 관한 사항의 심의
② 소방공무원의 인사에 관한 법령의 제정 · 개정 또는 폐지에 관한 사항의 심의
③ 기타 소방청장과 시 · 도지사가 해당 인사위원회의 회의에 부치는 사항의 심의

※ 소방공무원의 인사고충의 심의(×), 소방공무원의 인사행정에 관한 법령제정(×)

제3장 | 소방공무원 신규채용

1 신규채용의 구분(법 제7조 제1항 및 제2항)

신규채용 구분	채용계급
공개경쟁시험	• 소방공무원의 신규채용은 공개경쟁시험으로 한다. • 신규채용 계급 : 소방사, 소방령 ※ 신규채용의 원칙 • 소방위의 신규채용은 대통령령으로 정하는 자격을 갖추고 공개경쟁시험으로 선발된 사람(이하 "소방간부후보생"이라 한다)으로서 정하여진 교육훈련을 마친 사람 중에서 한다.
경력경쟁채용시험	• 경력 등 응시요건을 정하여 같은 사유에 해당하는 다수인을 대상으로 경쟁의 방법으로 채용하는 시험 • 모든 계급에서 선발 가능하다. • 다수인을 대상으로 시험을 실시하는 것이 적당하지 않은 경우 다수인을 대상으로 하지 않은 시험으로 소방공무원을 채용할 수 있다.

2 경력경쟁채용시험에 따라 소방공무원 신규채용(법 제7조 제2항)

① 다음 직권면직 사유로 퇴직한 소방공무원을 퇴직한 날부터 3년(「공무원 재해보상법」에 따른 공무상 부상 또는 질병으로 인한 휴직의 경우에는 5년) 이내에 퇴직 시 재직하였던 계급 또는 그에 상응하는 계급의 소방공무원으로 재임용하는 경우

   ㉠ 직제와 정원의 개편·폐지 또는 예산의 감소 등에 의하여 직위가 없어지거나 과원이 되어 직권면직으로 퇴직한 경우

   ㉡ 신체·정신상의 장애로 장기 요양이 필요하여 휴직하였다가 휴직기간의 만료에도 직무에 복귀하지 못하여 직권면직된 경우

② 공개경쟁시험으로 임용하는 것이 부적당한 경우에 임용예정 직무에 관련된 자격증 소지자를 임용하는 경우

③ 임용예정직에 상응하는 근무실적 또는 연구실적이 있거나 소방에 관한 전문기술교육을 받은 사람을 임용하는 경우

④ 5급 공무원의 공개경쟁시험이나 사법시험 또는 변호사시험에 합격한 사람을 소방령 이하의 소방공무원으로 임용하는 경우

⑤ 외국어에 능통한 사람을 임용하는 경우

⑥ 경찰공무원을 그 계급에 상응하는 소방공무원으로 임용하는 경우

⑦ 소방 업무에 경험이 있는 의용소방대원을 해당 시·도의 소방사 계급의 소방공무원으로 임용하는 경우

3 채용시험의 원칙과 예외(임용령 제33조) `16년 소방위`

① 시험실시 원칙 : 계급별로 실시한다.
② 예외 : 결원보충을 원활히 하기 위하여 필요하다고 인정될 때에는 직무분야별·성별·근무예정지역 또는 근무예정기관별로 구분하여 실시할 수 있다.

4 시험실시기관 및 시험실시권(법 제11조, 임용령 제34조)

① 시험실시권의 위임

시험실시기관	시험의 구분
소방청장 (법 제11조)	• 소방청장은 소방공무원의 신규채용시험 및 승진시험과 소방간부후보생 선발시험을 실시한다. • 다만, 소방청장이 필요하다고 인정할 때에는 대통령령으로 정하는 바에 따라 그 권한의 일부를 시·도지사 또는 소방청 소속기관의 장에게 위임할 수 있다.
위임 소방청장 → 시·도지사	• 소방청장은 시·도 소속 소방경 이하 소방공무원을 신규채용하는 경우 신규채용시험의 실시권을 시·도지사에게 위임할 수 있다(임용령 제34조). • 소방청장은 시·도 소속 소방공무원의 소방장 이하 계급으로의 승진시험 실시에 관한 권한을 시·도지사에 위임한다(승진임용 규정 제29조).

② 채용시험 문제의 의뢰(임용령 제34조 제3항)
시·도지사는 시·도 소속 소방경 이하 소방공무원의 신규채용시험을 실시하는 경우 시험의 문제출제를 소방청장에게 의뢰할 수 있다. 이 경우 시험 문제출제를 위한 비용 부담 등에 관하여 필요한 사항은 시·도지사와 소방청장이 협의하여 정한다.
③ 승진시험 문제 의뢰(승진임용 규정 제29조 제2항)
시·도지사는 시·도 소속 소방공무원의 소방장 이하 계급으로의 승진시험을 실시하는 경우 시험의 문제출제를 소방청장에게 의뢰할 수 있다. 이 경우 문제출제를 위한 비용 부담 등에 필요한 사항은 시·도지사와 소방청장이 협의하여 정한다.

5 응시자격의 제한

① 일반적 임용 결격사유

> **공무원 임용 결격사유(국가공무원법 제33조)** `22년 통합`
> 1. 피성년후견인
> 2. 파산선고를 받고 복권되지 않은 자
> 3. 금고 이상의 실형을 선고받고 그 집행이 종료되거나 집행을 받지 아니하기로 확정된 후 5년이 지나지 않은 자
> 4. 금고 이상의 형을 선고받고 그 집행유예 기간이 끝난 날부터 2년이 지나지 않은 자
> 5. 금고 이상의 형의 선고유예를 받은 경우에 그 선고유예 기간 중에 있는 자
> 6. 법원의 판결 또는 다른 법률에 따라 자격이 상실되거나 정지된 자
> 6의2. 공무원으로 재직기간 중 직무와 관련하여 형법 제355조(횡령, 배임) 및 제356조(업무상 횡령과 배임)에 규정된 죄를 범한 자로서 300만원 이상의 벌금형을 선고받고 그 형이 확정된 후 2년이 지나지 않은 자
> 6의3. 「성폭력범죄의 처벌 등에 관한 특례법」 제2조에 규정된 죄를 범한 사람으로서 100만원 이상의 벌금형을 선고받고 그 형이 확정된 후 3년이 지나지 않은 사람
>   가. 「성폭력범죄의 처벌 등에 관한 특례법」 제2조에 따른 성폭력범죄
>   나. 「정보통신망 이용촉진 및 정보보호 등에 관한 법률」 제74조 제1항 제2호 및 제3호에 규정된 죄
>   - 음란한 부호·문언·음향·화상 또는 영상을 배포·판매·임대하거나 공공연하게 전시한 자
>   - 공포심이나 불안감을 유발하는 부호·문언·음향·화상 또는 영상을 반복적으로 상대방에게 도달하게 한 자
>   다. 「스토킹범죄의 처벌 등에 관한 법률」 제2조 제2호에 따른 스토킹범죄
> 6의4. 미성년자에 대한 다음의 어느 하나에 해당하는 죄를 저질러 파면·해임되거나 형 또는 치료감호를 선고받아 그 형 또는 치료감호가 확정된 사람(집행유예를 선고받은 후 그 집행유예기간이 경과한 사람을 포함한다)
>   가. 「성폭력범죄의 처벌 등에 관한 특례법」 제2조에 따른 성폭력범죄
>   나. 「아동·청소년의 성보호에 관한 법률」 제2조 제2호에 따른 아동·청소년대상 성범죄
> 7. 징계로 파면처분을 받은 때부터 5년이 지나지 않은 자
> 8. 징계로 해임처분을 받은 때부터 3년이 지나지 않은 자

② 경력경쟁채용등에서 임용직위제한(임용령 제14조)

경력경쟁채용시험 및 제한경쟁채용시험에 따른 채용시험을 통하여 채용된 소방공무원을 처음 임용하는 경우에는 그 시험실시 당시의 임용예정직위 외의 직위에 임용할 수 없다.

③ 경력경쟁채용등의 채용제한(임용령 제15조) `16년 경기소방교` `16년 소방위`
  ㉠ 종전의 재직기관에서 감봉 이상의 징계처분을 받은 자 ※ 견책 이상(×), 정직 이상(×)
  ㉡ 다만, 징계처분의 기록이 말소된 사람(해당 법령에 따라 징계처분 기록의 말소 사유에 해당하는 사람을 포함한다)은 그렇지 않다.

6 학력의 제한(임용령 시행규칙 제23조 제8항) 14년 소방위 14년 서울소방교

① 소방공무원의 임용을 위한 각종 시험의 경우 학력에 의한 제한을 두지 않는다.

② 다만, 다음의 경력경쟁채용시험등은 [별표 4]에 따른 학력을 가진 사람이 아니면 응시할 수 없다.

  ㉠ 소방에 관한 전문기술교육을 받는 자의 경력경쟁채용시험(임용령 제15조 제5항)

    소방에 관한 전문기술교육을 받은 사람의 경력경쟁채용등은 「초·중등교육법」 및 「고등교육법」에 따라 설치된 고등학교·전문대학 또는 대학(대학원을 포함한다)에서 행정안전부령 [별표 4]으로 정하는 임용예정분야별 교육과정을 이수한 사람과 법령에 따라 이와 동등 이상의 학력이 있다고 인정되는 사람이어야 한다.

  ㉡ 임용령 [별표 4] 경력경쟁채용시험등 응시자격 교육과정 기준표

임용예정 직무분야	응시교육과정
소방 분야	• 고등학교의 소방관련학과를 졸업한 사람 • 2년제 이상 대학의 소방학과·소방안전공학과·소방방재학과·소방행정학과·소방안전관리과나 그 밖에 이와 유사한 학과를 졸업한 사람 • 4년제 대학의 소방학과·소방안전공학과·소방방재학과·소방행정학과·소방안전관리과나 그 밖에 이와 유사한 학과에 재학 중이거나 재학했던 사람으로서 소방청장이 정하는 소방관련 과목을 45학점 이상 이수한 사람
구급 분야	응급구조학과·간호학과·의학과나 그 밖에 유사한 학과를 졸업한 사람
화학 분야	화학과·응용화학과·화학공학과·정밀공업화학과나 그 밖에 이와 유사한 학과를 졸업한 사람
기계 분야	기계과·기계공학과·기계설계공학과나 그 밖에 이와 유사한 학과를 졸업한 사람
전기 분야	전기과·전기공학과나 그 밖에 이와 유사한 학과를 졸업한 사람
건축 분야	건축과·건축학과·건축공학과나 그 밖에 이와 유사한 학과를 졸업한 사람

비 고
1. 박사학위 소지자는 소방경 이하의 계급으로, 석사학위 소지자는 소방위 이하의 계급으로, 학사학위 소지자는 소방장 이하의 계급으로, 고등학교 이상 전문대학 이하 졸업자는 소방교 이하의 계급으로 채용한다.
2. 유사한 학과의 범위에 대해서는 소방청장이 따로 정한다.
3. 고등학교의 소방관련학과의 인정기준은 소방청장이 따로 정한다.

③ 외국어에 능통한 자의 경력경쟁채용시험(임용령 제15조 제7항)

  ㉠ 채용예정계급 : 소방위 이하 소방공무원으로 채용하는 것으로 한정한다.

  ㉡ 외국어 능력은 해당 외국어를 모국어로 사용하는 국가의 국민이 고등학교 교육 또는 이에 준하는 학교 교육을 마치고 작문이나 회화를 할 수 있는 수준이어야 한다.

7 **소방공무원 채용시험의 응시연령(임용령 제43조 제1항 별표 2 및 임용령 제43조)**

① 소방공무원의 채용시험에 응시할 수 있는 자의 연령은 [별표 2]와 같다.

② 소방간부후보생 선발시험에 응시할 수 있는 사람의 나이는 21세 이상 40세 이하로 한다.

③ 임용령 [별표 2] 소방공무원 채용시험의 응시연령

계급별	공개경쟁시험	경력경쟁채용시험등
소방령 이상	25세 이상 40세 이하	20세 이상 45세 이하
소방경, 소방위		23세 이상 40세 이하
소방장, 소방교		20세 이상 40세 이하
소방사	18세 이상 40세 이하	18세 이상 40세 이하

비 고

1. 위 표에도 불구하고 소방경·소방위의 경력경쟁채용시험등 중 사업·운송용조종사 또는 항공·항공공장정비사에 대한 경력경쟁채용시험의 경우에는 그 응시연령을 23세 이상 45세 이하로 한다.

2. 위 표에도 불구하고 소방장·소방교의 경력경쟁채용시험등 중 사업·운송용조종사 또는 항공·항공공장정비사에 대한 경력경쟁채용시험의 경우에는 그 응시연령을 23세 이상 40세 이하로 한다.

3. 위 표에도 불구하고 소방사의 경력경쟁채용시험등 중 의무소방원으로 임용되어 정해진 복무를 마친 것을 요건으로 하는 경력경쟁채용시험의 경우에는 그 응시연령을 20세 이상 30세 이하로 한다.

소방공무원 채용시험의 응시연령 학습정리

계급별	공개경쟁시험	경력경쟁채용시험등		
		기술자격자 등 일반	항공분야	의무소방원
소방령 이상	25세 이상 40세 이하	20세 이상 45세 이하		
소방경, 소방위		23세 이상 40세 이하	23세 이상 45세 이하	
소방장, 소방교		20세 이상 40세 이하	23세 이상 40세 이하	
소방사	18세 이상 40세 이하	18세 이상 40세 이하		20세 이상 30세 이하 〈2024. 1. 1. 시행〉
소방간부후보생	21세 이상 40세 이하			

※ 항공분야 : 사업·운송용조종사 또는 항공·항공공장정비사에 대한 경력경쟁채용시험을 말함

8 **응시연령 제한을 받지 않는 경우(임용령 제43조 제6항)**

소방공무원 외의 공무원으로서 소방기관에서 소방업무를 담당한 경력이 있는 자(소방기관에서 특수기술부문에 근무한 경력이 2년 이상으로서 해당 임용예정계급에 상응하는 근무 또는 연구경력이 1년 이상인 사람을 말함)를 소방공무원으로 임용하는 경우에는 응시연령을 적용하지 아니한다.

9 응시연령의 기준일(임용령 시행규칙 제23조 제6항)

① 공개경쟁시험 : 최종시험예정일이 속한 연도의 응시연령(임용령 별표 2)에 해당해야 한다.

② 경력경쟁채용시험 : 임용권자의 시험요구일이 속한 연도의 응시연령(임용령 별표 2)에 해당해야 한다.

③ 응시상한연령을 1세 초과하는 사람으로서 1월 1일 출생자는 응시할 수 있다.

④ 전역예정자가 응시할 수 있는 기간의 계산방법(임용령 시행규칙 제25조)

현역 복무 중에 있는 사람(사회복무요원으로 복무 중인 사람을 포함한다)이 전역 예정일(사회복무요원의 경우에는 소집해제 예정일을 말한다) 전 6개월 이내에 채용시험에 응시하는 경우에는 이를 제대군인으로 보며, 전역 예정일 전 6개월의 기간계산은 응시하고자 하는 소방공무원의 채용시험과 소방간부후보생선발시험의 최종시험시행예정일부터 기산한다.

> **제대군인의 응시연령 상한 연장(제대군인 지원에 관한 법률 시행령 제19조)**
> • 2년 이상의 복무기간을 마치고 전역한 제대군인 : 3세
> • 1년 이상 2년 미만의 복무기간을 마치고 전역한 제대군인 : 2세
> • 1년 미만의 복무기간을 마치고 전역한 제대군인 : 1세

10 신체조건(임용령 시행규칙 제23조 제7항)

① 소방공무원의 채용시험 또는 소방간부후보생 선발시험에 응시할 수 있는 신체조건 및 건강상태는 별표 5와 같다.

② 소방공무원 채용시험 신체조건표(임용령 시행규칙 별표 5)

부분별	합격 기준
체 격	시험실시권자가 지정한 기관에서 실시한 소방공무원 채용시험 신체검사의 결과 건강상태가 양호하고, 직무에 적합한 신체를 가져야 한다.
시 력	두 눈의 시력(교정시력을 포함한다)이 각각 0.8 이상이어야 한다.
색각(色覺)	색맹 또는 적색약(赤色弱)(약도를 제외한다)이 아니어야 한다.
청 력	두 귀의 청력(교정청력을 포함한다)이 각각 적어도 40데시벨(dB) 이하의 소리를 들을 수 있어야 한다.
혈 압	고혈압(수축기혈압이 145mmHg을 초과하거나 확장기혈압이 90mmHg을 초과하는 것) 또는 저혈압(수축기혈압이 90mmHg 미만이거나 확장기혈압이 60mmHg 미만인 것)이 아니어야 한다.
운동신경	운동신경이 발달하고 신경 및 신체에 각종 질환의 후유증으로 인한 기능상 장애가 없어야 한다.

③ 소방공무원 채용시험 신체조건표에 정하지 않은 사항은 「공무원 채용신체검사 규정」에 따른다.

11 자격조건(임용령 제43조 제4항 및 제5항) `14년 소방위`

① 소방사 공개경쟁시험 및 간부후보생선발시험에 응시하고자 하는 사람은 제1종 운전면허 중 대형면허 또는 보통면허를 받은 사람이어야 한다(의무).

② 임용권자는 소방장 이하 소방공무원의 경력경쟁채용시험에 응시하려는 사람에게도 제1종 운전면허 중 대형면허 또는 보통면허를 응시자격을 갖추도록 할 수 있다(재량).

12 거주지 제한(임용령 시행규칙 제23조 제9항)

소방청장은 원활한 결원보충과 지역적인 특수성을 고려하여 필요하다고 인정할 경우에는 일정한 지역에서 일정한 기간 동안 거주한 사람으로 응시자격을 제한하여 시험을 실시할 수 있다.

13 경력·자격 등 경력경쟁채용의 요건 등 `15, 17, 20년 통합`

① 공개경쟁시험 : 제한 없음

② 퇴직한 소방공무원의 재임용(법 제7조 제2항 제1호)

ㄱ 퇴직사유가 직제와 정원의 개편·폐지 또는 예산의 감소 등에 따라 직위가 없어지거나 과원이 되어 퇴직한 소방공무원이나 신체·정신상의 장애로 장기 요양이 필요하여 휴직하였다가 휴직기간이 만료되어 퇴직한 소방공무원을 퇴직한 날부터 3년(「공무원 재해보상법」에 따른 공무상 부상 또는 질병으로 인한 휴직의 경우에는 5년) 이내에 퇴직 시에 재직하였던 계급 또는 그에 상응하는 계급의 소방공무원으로 재임용하는 경우

ㄴ 퇴직소방공무원을 경력경쟁채용등은 전 재직기관에 전력(前歷)을 조회하여 그 퇴직사유가 확인된 경우로 한정한다(임용령 제15조 제2항).

③ 임용예정직무에 관련된 자격증 소지자의 경력경쟁채용등의 요건(법 제7조 제2항 제2호)

ㄱ 자격요건 : 공개경쟁시험으로 임용하는 것이 부적당한 경우에 임용예정분야별 자격증 소지자 및 경력기준에 해당하는 사람이어야 한다.

ㄴ 경력요건 : 아래 ④의 소방 분야, 구급 분야, 화학 분야 등 임용예정분야별 채용계급에 해당하는 자격증을 소지한 후 해당 분야에서 2년 이상 종사한 경력이 있어야 한다. 다만, 항공 분야 조종사의 경력을 산정할 때에는 해당 자격증을 소지하기 전의 경력을 포함하여 산정한다(2023.5.9. 단서 신설).

④ 경력경쟁채용시험등 응시자격 구분표(임용령 시행규칙 별표 2)

임용예정분야	응시자격
소방 분야	소방기술사, 소방시설관리사, 소방설비기사·소방설비산업기사(기계분야), 소방설비기사·소방설비산업기사(전기분야)
구급 분야	응급구조사(1급·2급), 간호사, 의사
화학 분야	「국가기술자격법 시행규칙」 별표 2 「국가기술자격의 직무분야 및 국가기술자격의 종목」 중 화학 직무분야 기술사·기능장·기사·산업기사·기능사

기계 분야	「국가기술자격법 시행규칙」 별표 2「국가기술자격의 직무분야 및 국가기술자격의 종목」 중 기계 직무분야 기술사·기능장·기사·산업기사·기능사
건축 분야	「국가기술자격법 시행규칙」 별표 2「국가기술자격의 직무분야 및 국가기술자격의 종목」 중 건축 중직무분야 기술사·기능장·기사·산업기사·기능사
전기·전자 분야	「국가기술자격법 시행규칙」 별표 2「국가기술자격의 직무분야 및 국가기술자격의 종목」 중 전기·전자 직무분야 기술사·기능장·기사·산업기사·기능사
정보통신 분야	「국가기술자격법 시행규칙」 별표 2「국가기술자격의 직무분야 및 국가기술자격의 종목」 중 정보통신 직무분야 기술사·기능장·기사·산업기사·기능사
안전관리 분야	「국가기술자격법 시행규칙」 별표 2「국가기술자격의 직무분야 및 국가기술자격의 종목」 중 안전관리 직무분야 기술사·기능장·기사·산업기사·기능사(소방분야 응시자격은 제외)
소방정·항공 분야	「선박직원법」 제4조에 따른 1급~6급 항해사·기관사, 1급~4급 운항사, 소형선박 조종사, 「국가기술자격법」에 따른 잠수기능장·잠수산업기사·잠수기능사, 「항공안전법」 제35조에 따른 운송용 조종사, 사업용 조종사, 항공교통관제사, 항공정비사, 운항관리사, 같은 법 제125조에 따른 초경량비행장치 조종자 증명을 받은 사람(제1종 및 제2종 무인동력비행장치에 관한 조종자 증명으로 한정한다)
자동차 정비분야	「국가기술자격법 시행규칙」 별표 2「국가기술자격의 직무분야 및 국가기술자격의 종목」 중 자동차 중직무분야 기술사·기능장·기사·산업기사·기능사
자동차 운전분야	「도로교통법」 제80조에 따른 제1종 대형면허, 제1종 특수면허

비고 : 채용계급
1. 의사 : 소방령 이하
2. 기술사, 기능장, 1급~4급 항해사·기관사·운항사, 운송용 조종사, 사업용 조종사, 항공교통관제사, 항공정비사, 운항관리사 : 소방경 이하
3. 기사, 5급 및 6급 항해사·기관사, 소방시설관리사 : 소방장 이하
4. 제1종 대형면허, 제1종 특수면허 : 소방사
5. 제1호부터 제4호까지에서 규정한 자격 외의 자격 : 소방교 이하

⑤ 임용예정직에 상응하는 근무실적 또는 연구실적이 있는 사람의 경력경쟁채용등의 요건(법 제7조 제2항 제3호 및 임용령 제15조 제4항)

다음 각 호의 어느 하나에 해당하는 사람으로 한정한다.

㉠ 국가기관·지방자치단체·공공기관 그 밖의 이에 준하는 기관의 임용예정 직위에 관련 있는 직무분야의 근무 또는 연구경력이 3년 이상으로서 해당 임용예정계급[임용령 시행규칙 별표 3]에 상응하는 근무 또는 연구경력이 1년 이상인 사람

ⓛ 소방공무원 외의 공무원으로서 다음에 해당하는 사람을 해당 부분·분야에서 근무한 경력이 2년 이상으로서 해당 임용예정계급[임용령 시행규칙 별표 3]에 상응하는 근무경력이 1년 이상인 사람

ⓐ 소방기관에서 별표 1에 따른 특수기술부문에 근무한 경력이 있는 사람

※ 특수기술부문(임용령 별표 1) `14년 서울`

부문별	특수기술
화재조사	화재원인 및 피해재산조사기술
통 신	유선·무선 또는 전자통신기술
소방정·소방헬기조종 및 정비	소방정·소방헬기의 조종기술 또는 소방정·소방헬기의 기관정비 기술
장 비	소방차량의 정비 또는 운전기술
전자계산	시스템 관리·조작·분석·설계 또는 프로그래밍기술
구 급	응급처치기술
회 계	경리·예산편성 또는 회계감사

ⓑ 국가기관에서 구조업무와 관련 있는 직무분야에 근무한 경력이 있는 사람

ⓒ 퇴직한 소방공무원으로서 임용예정계급에 상응하는 근무경력이 1년 이상인 사람

ⓓ 의무소방원으로 임용되어 정해진 복무를 마친 사람

※ 계급환산기준표(임용령 시행규칙 제23조 제2항 관련 별표 3)

계 급	국가·지방 공무원 또는 별정직공무원	경찰 공무원	군 인	교육공무원			정부관리 기업체
				초·중·고 등학교 교원	전문대학 교원	4년제 대학 교원	
소방령	5급		소 령	18~23호봉	13~18호봉	11~16호봉	과장, 차장
소방경	6급(3년 이상)		대 위	14~17호봉	11~12호봉	9~10호봉	계장, 대리 (3년 이상)
소방위	6급	경 위	중위·소위 ·준위	11~13호봉	9~10호봉	7~8호봉	계장, 대리
소방장	7급	경 사	상 사	9~10호봉	8호봉 이하	6호봉 이하	평사원 (3년 이상)
소방교	8급	경 장	중 사	4~8호봉			평사원
소방사	9급	순 경	하사(병)	3호봉 이하			평사원

비 고

1. 경력경쟁채용시험등에 응시할 수 있는 사람은 위 표에 따른 해당 경력 또는 그 이상의 경력에 달한 후 「소방공무원임용령」 제15조 제4항 및 제8항에 따른 기간 이상의 근무경력이 있는 사람으로 한정한다.

2. 위 표의 교육공무원란 중 초·중·고등학교 교원의 호봉은 「공무원보수규정」 별표 11에 따른 호봉을 말하고, 전문대학 및 4년제 대학 교원의 호봉은 같은 영 별표 12에 따른 호봉을 말한다.

3. 위 표의 군인란 중 괄호 안에 표시된 계급은 의무소방원을 경력경쟁채용시험등을 통해 채용하는 경우에만 적용한다.

⑥ 경찰공무원의 경력경쟁채용의 요건(법 제7조 제2항 제7호, 임용령 제15조 제8항)
   ㉠ 경위 이하의 경찰공무원으로서 최근 5년 이내에 화재감식 또는 범죄수사업무에 종사한 경력이 2년 이상인 사람이어야 한다.
   ㉡ 이 경우 [임용령 시행규칙 별표 3] 채용예정 계급상당 경력기준 이상이어야 한다.
⑦ 소방업무에 경험이 있는 의용소방대원을 시·도의 소방사 계급의 경력경쟁채용등의 요건(임용령 제15조 제9항)

구 분	채용 요건
지역요건	• 소방서를 처음으로 설치하는 시·군지역 • 소방서가 설치되어 있지 않은 시·군지역에 119지역대 또는 119안전센터를 처음으로 설치하는 경우 그 관할에 속하는 시지역 또는 읍·면지역
경력요건	관할지역 내에서 5년 이상 의용소방대원으로 계속하여 근무하고 있는 사람
채용시기	해당 지역에 소방서·119지역대 또는 119안전센터가 처음으로 설치된 날로부터 1년 이내
채용인원 및 계급의 한정	인원은 처음으로 설치되는 소방서·119지역대 또는 119안전센터의 공무원의 정원 중 소방사 정원의 3분의 1 이내로 한다. ※ 3분의 1 이하(×), 3분의 1 이상(×)
응시연령	18세 이상 40세 이하이며, 응시연령 기준일은 임용권자의 시험요구일이 속한 연도의 응시연령에 해당해야 한다.
시험과목	필기시험과목 중 필수과목은 한국사, 영어, 소방학개론, 소방관계법규이다.

※ 경력경쟁채용의 요건 및 자격정리

구 분	채용 요건
퇴직한 소방공무원을 다시 채용	• 퇴직사유 : 직권면직 및 직권휴직 • 기간제한 : 퇴직일로부터 3년 이내(공무상질병, 부상의 경우 : 5년) 재임용 • 전력조회 : 필수적 확인
	• 경력요건 : 임용예정계급에 상응하는 근무 또는 연구경력 1년 이상 • 퇴직사유, 기간, 전력조회 : 필요 없음
임용예정직에 상응하는 자격증을 소지한 사람 채용	• 경력요건 : 자격증을 소지한 후 해당분야에 2년 이상 근무한 사람 • 계급제한 : 소방령 이하
임용예정직에 상응하는 근무실적 또는 연구실적이 있는 사람의 채용	• 국가기관·지방자치단체·공공기관 및 이에 준하는 기관 : 임용예정 직위에 관련 있는 직무분야의 근무 또는 연구경력이 3년 이상으로서 해당 임용예정계급에 상응하는 근무 또는 연구경력이 1년 이상인 사람(3+1) • 특수기술부분의 채용 : 임용예정 직위에 관련 있는 직무분야의 근무경력이 2년 이상으로서 해당 임용예정계급에 상응하는 근무 또는 연구경력이 1년 이상인 사람(2+1) • 의무소방원으로 전역한 사람
소방전문기술교육을 받은 사람의 채용	• 학력 : 제한 없음 • 소방분야 : 4년제 대학졸업자로서 소방관련 과목 45학점 이상 이수자 • 채용계급 : 소방경 이하(박사/석사/학사/고졸)
5급 공채, 사법시험 합격자, 변호사 시험 합격자의 채용	채용계급 : 소방령 이하
외국어능통자의 채용	채용계급 : 소방위 이하
경찰공무원 채용	경위 이하로서 최근 5년 이내에 화재감식 또는 범죄수사업무 경력 2년 이상

14 공개경쟁시험의 공고(임용령 제36조) `22년 통합`

① 시험실시기관 또는 시험실시권의 위임을 받은 자(이하 "시험실시권자"라 한다)는 소방공무원 공개경쟁시험을 실시하고자 할 때에는 임용예정계급, 응시자격, 선발예정인원, 시험의 방법·시기·장소·시험과목 및 배점에 관한 사항을 시험 실시 20일 전까지 공고하여야 한다.

② 다만, 시험 일정 등 미리 공고할 필요가 있는 사항은 시험 실시 90일 전까지 공고하여야 한다.

③ 공고내용을 변경하고자 할 때에는 시험 실시 7일 전까지 그 변경 내용을 공고하여야 한다.

구 분	공개경쟁시험	승진시험
공고자(시험실시권자)	소방청장, 시·도지사	소방청장, 시·도지사, 위임을 받은 자
일반적 공고기일	시험실시 20일 전까지 공고	시험실시 20일 전까지 공고
시험 일정 등 미리 공고할 필요가 있는 사항	시험실시 90일 전	
공고 내용의 변경공고	시험실시 7일 전	

15 소방공무원 채용시험의 방법(법 제12조 및 임용령 제36조)

소방공무원의 신규채용시험 및 승진시험과 소방간부후보생 선발시험의 응시 자격, 시험방법, 그 밖에 시험 실시에 필요한 사항은 대통령령(제36조)으로 정한다.

① 시험방법

소방공무원의 채용시험은 다음 각 호의 방법에 따른다.

시험종류	시험 항목
필기시험	교양부문과 전문부문으로 구분하되, 교양부문은 일반교양 정도를, 전문부문은 직무수행에 필요한 지식과 그 응용능력을 검정하는 것으로 한다.
체력시험	직무수행에 필요한 민첩성·근력·지구력 등 체력을 검정하는 것으로 한다.
신체검사	직무수행에 필요한 신체조건 및 건강상태를 검정하는 것으로 한다. 이 경우 신체검사는 시험실시권자가 지정하는 기관에서 발급하는 신체검사서로 대체한다.
종합적성검사	직무수행에 필요한 적성과 자질을 종합적으로 검정하는 것으로 한다.
면접시험	직무수행에 필요한 능력, 발전성 및 적격성을 검정하는 것으로 한다.
실기시험	직무수행에 필요한 지식 및 기술을 실기 등의 방법에 따라 검정하는 것으로 한다.
서류전형	직무수행에 관련되는 자격 및 경력 등을 서면으로 심사하는 것으로 한다.

② 교육훈련을 마친 소방간부후보생에 대한 소방위로의 신규채용은 그 교육훈련과정에서 이수한 과목을 검정하는 것으로 한다.

③ 교육훈련을 마친 소방간부후보생에 대한 소방위로의 신규채용의 검정의 방법·합격자의 결정 등에 관하여 필요한 사항은 소방청장의 승인을 얻어 중앙소방학교의 장이 정한다.

16 시험의 구분 등(임용령 제37조) `15년 통합`

① 소방공무원의 공개경쟁채용시험은 다음 각 호의 단계에 따라 순차적으로 실시한다. 다만, 시험실시권자는 업무 내용의 특수성이나 그 밖의 사유로 필요하다고 인정될 때에는 그 순서를 변경하여 실시할 수 있으며, 소방사의 경우에는 제2차 시험을 실시하지 않는다. 〈2023.5.9. 개정〉

시험의 단계	시험유형
제1차 시험	선택형 필기시험. 다만, 기입형을 가미할 수 있다.
제2차 시험	논문형 필기시험. 다만, 과목별로 기입형을 가미할 수 있다.
제3차 시험	체력시험
제4차 시험	신체검사
제5차 시험	종합적성검사
제6차 시험	면접시험. 다만, 실기시험을 병행할 수 있다.

② 시험실시권자가 필요하다고 인정할 때에는 필요하다고 인정할 때에는 제1차 시험과 제2차 시험을 동시에 실시할 수 있다.

③ 시험에 응시하는 사람은 전 단계의 시험에 합격하지 않으면 다음 단계의 시험에 응시할 수 없다. 다만, 시험실시권자가 필요하다고 인정하는 경우에는 전 단계의 시험의 합격 결정 전에 다음 단계의 시험을 실시할 수 있으며, 전 단계의 시험에 합격하지 않은 사람의 다음 단계의 시험은 무효로 한다.

④ 제1차 시험과 제2차 시험을 동시에 실시하는 경우에 제1차 시험 성적이 합격기준 점수에 미달된 때에는 제2차 시험은 이를 무효로 한다.

16-1 소방간부후보생 선발시험(임용령 제38조)

소방간부후보생 선발시험에 관하여는 **14** 시험의 공고(임용령 제35조), **16** 시험방법(임용령 제36조 제1항) 및 **16** 시험의 구분(제2차 시험 : 논문형 필기시험. 다만, 과목별로 기입형을 가미할 수 있다는 제외한다)을 준용한다.

16-2 경력경쟁채용시험등(임용령 제39조)

① 경력경쟁채용시험등은 신체검사와 다음의 구분에 따른 방법에 따른다. 〈2023.5.9. 개정〉

경력경쟁채용시험 유형	시험의 구분
• 퇴직소방공무원의 재임용 • 5급 공무원・사법시험・변호사 시험에 합격한 사람을 소방령 이하의 소방공무원으로 임용하는 경우	• 서류전형・종합적성검사와 면접시험 • 다만, 시험실시권자가 필요하다고 인정하는 경우에는 체력시험을 병행할 수 있다.
• 임용예정직무와 관련된 자격증소지자의 채용 • 임용예정직에 상응한 근무실적・연구실적이 있거나 소방에 관한 전문기술교육을 받은 사람의 채용 • 외국어에 능통한 사람의 채용 • 경찰공무원을 소방공무원으로 채용 • 의용소방대원을 소방사 계급으로 채용	• 서류전형・체력시험・종합적성검사・면접시험과 필기시험 또는 실기시험 • 다만, 업무의 특수성 등을 고려하여 필요하다고 인정되는 경우에는 필기시험과 실기시험을 모두 병행하여 실시할 수 있다. • 소방정 이하의 소방공무원을 경력경쟁채용등으로 채용하려는 경우로서 시험실시권자가 업무 내용의 특수성 등을 고려하여 필요하다고 인정하는 경우에는 체력시험을 실시하지 않을 수 있다.
소방준감 이상의 경력경쟁채용등	서류전형

② 신체검사는 시험실시권자가 지정하는 기관에서 발급하는 신체검사서에 따른다. 다만, 사업용 또는 운송용 조종사의 경우에는 「항공안전법」 제40조에 따른 항공신체검사증명에 따른다.

③ 필기시험은 선택형으로 하되, 기입형 또는 논문형을 추가할 수 있다.

17 채용시험의 가점(임용령 제42조)

① 가점사유

소방사 공개경쟁시험이나 소방간부후보생선발시험에 다음의 사람이 응시하는 경우에는 그 사람이 취득한 점수에 행정안전부령으로 정하는 가점비율에 따른 점수를 가산한다.

㉠ 소방업무 관련 분야 자격증 또는 면허증을 취득한 사람

㉡ 사무관리 분야 자격증을 취득한 사람

㉢ 한국어능력검정시험에서 일정 기준점수 또는 등급 이상을 취득한 사람

㉣ 외국어능력검정시험에서 일정 기준점수 또는 등급 이상을 취득한 사람

② 가점점수의 가산 방법

㉠ 시험 단계별 득점을 각각 100점으로 환산한 후 가점비율을 적용하여 합산한 점수의 5퍼센트 이내에서 가산한다.

㉡ 동일한 분야에서 가점 인정대상이 두 개 이상인 경우에는 각 분야별로 본인에게 유리한 것 하나만을 가산한다.

③ 채용시험의 가점(시행규칙 제24조)

소방사 공개경쟁시험이나 소방간부후보생 선발시험에 대한 가점비율은 별표 6 자격증 등 가점 비율과 같다.

가점비율 분 야		5%	3%	1%
소방업무 관련 분야		• 소방 관련 국가기술자격 중 기술사·기능장 • 1급~4급 항해사·기관사·운항사 • 운송용 조종사, 사업용 조종사, 항공교통관제사, 항공정비사, 운항관리사 • 잠수기능장 • 의사, 변호사 • 소방시설관리사 • 초경량비행장치 실기평가조종자 증명을 받은 사람	• 소방 관련 국가기술자격 중 기사 • 5급 또는 6급 항해사·기관사 • 응급구조사(1급), 간호사 • 소방안전교육사 • 초경량비행장치 지도조종자 증명을 받은 사람	• 소방 관련 국가기술자격 중 산업기사·기능사 • 소형선박 조종사, 잠수산업기사, 잠수기능사 • 제1종 대형면허, 제1종 특수면허 중 대형견인차면허 • 응급구조사(2급) • 초경량비행장치 조종자 증명을 받은 사람(제1종 및 제2종 무인동력비행장치에 관한 조종자 증명으로 한정한다)
사무관리 분야			컴퓨터활용능력 1급	컴퓨터활용능력 2급
한국어 능력검정시험		• 한국실용글쓰기검정 750점 이상 • KBS한국어능력시험 770점 이상 • 국어능력인증시험 162점 이상	• 한국실용글쓰기검정 630점 이상 • KBS한국어능력시험 670점 이상 • 국어능력인증시험 147점 이상	• 한국실용글쓰기검정 550점 이상 • KBS한국어능력시험 570점 이상 • 국어능력인증시험 130점 이상
외국어 능력 검정 시험	영 어		• TOEIC 800점 이상 • TOEFL IBT 88점 이상 • TOEFL PBT 570점 이상 • TEPS 720점 이상 • New TEPS 399점 이상 • TOSEL(advanced) 780점 이상 • FLEX 714점 이상 • PELT(main) 304점 이상 • G-TELP Level 2 75점 이상	• TOEIC 600점 이상 • TOEFL IBT 57점 이상 • TOEFL PBT 489점 이상 • TEPS 500점 이상 • New TEPS 268점 이상 • TOSEL(advanced) 580점 이상 • FLEX 480점 이상 • PELT(main) 242점 이상 • G-TELP Level 2 48점 이상
	일본어		• JLPT 2급(N2) • JPT 650점 이상	• JLPT 3급(N3, N4) • JPT 550점 이상
	중국어		• HSK 8급 • 신(新) HSK 5급(210점 이상)	• HSK 7급 • 신(新) HSK 4급(195점 이상)

비 고
1. 위 표에서 소방 관련 국가기술자격이란 「국가기술자격법 시행규칙」 별표 2의 중직무분야 중 다음 기술·기능 분야의 자격을 말한다.
   - 건축, 건설기계운전, 기계장비설비·설치, 철도, 조선, 항공, 자동차, 화공, 위험물, 전기, 전자, 정보기술, 방송·무선, 통신, 안전관리, 비파괴검사, 에너지·기상, 채광(기술·기능 분야 화약류관리에 한정한다)
2. 위 표에서 한국어능력검정시험·외국어능력검정시험의 경우 해당 채용시험의 면접시험일을 기준으로 2년 이내의 성적에 대해서만 가점을 인정한다.
3. 가점을 위하여 필요한 자료의 제출기한은 해당 채용시험의 면접시험일까지로 한다.

18 전역예정자가 응시할 수 있는 기간의 계산방법(임용령 시행규칙 제25조)

전역 예정일 전 6개월의 기간계산은 응시하고자 하는 소방공무원의 채용시험과 소방간부후보생선발시험의 최종시험시행예정일부터 기산한다.

19 필기시험(임용령 제44조)

(1) 신규채용 구분에 따른 필기시험 과목

① 소방공무원 공개경쟁시험의 필기시험 과목표(임용령 별표 3)

과목별 / 계급	제1차 시험과목(필수)	제2차 시험과목	
		필수과목	선택과목
소방령	한국사, 헌법, 영어	행정법, 소방학개론	물리학개론, 화학개론, 건축공학개론, 형법, 경제학 중 2과목
소방사	한국사, 영어, 소방학개론, 소방관계법규, 행정법총론		

비 고
1. 소방학개론은 소방조직, 재난관리, 연소·화재이론, 소화이론 분야로 하고, 분야별 세부내용은 소방청장이 정한다.
2. 소방관계법규는 다음의 법령으로 한다.
    가. 「소방기본법」, 같은 법 시행령 및 같은 법 시행규칙
    나. 「소방시설공사업법」, 같은 법 시행령 및 같은 법 시행규칙
    다. 「소방시설 설치 및 관리에 관한 법률」 및 그 하위법령
    라. 「화재의 예방 및 안전관리에 관한 법률」 및 그 하위법령
    마. 「위험물안전관리법」 및 그 하위법령

② 소방간부후보생 선발시험의 필기시험 과목표(임용령 별표 4)

구 분 / 계열별	시험과목	
	필수과목(4)	선택과목(2)
인문사회계열	헌법, 한국사, 영어, 행정법	행정학, 민법총칙, 형사소송법, 경제학, 소방학개론
자연계열	헌법, 한국사, 영어, 자연과학개론	화학개론, 물리학개론, 건축공학개론, 전기공학개론, 소방학개론

비 고
소방학개론은 소방조직, 재난관리, 연소·화재이론, 소화이론 분야로 하고, 분야별 세부내용은 소방청장이 정한다.

③ 소방공무원 경력경쟁채용시험등의 필기시험 과목표(임용령 별표 5)

㉠ 일반분야

과목별 구 분	필수과목	선택과목
소방정 · 소방령	한국사, 영어, 행정법, 소방학개론	물리학개론, 화학개론, 건축공학개론, 형법, 경제학 중 2과목
소방경 · 소방위	한국사, 영어, 행정법, 소방학개론	물리학개론, 화학개론, 건축공학개론, 형법, 경제학 중 2과목
소방장 · 소방교 · 소방사	한국사, 영어, 소방학개론, 소방관계법규	

㉡ 항공분야

과목별 구 분	필수과목	선택과목
소방경 · 소방위 소방장, 소방교	항공법규, 항공영어	비행이론, 항공기상, 항공역학, 항공기체, 항공장비, 항공전자, 항공엔진 중 1과목

㉢ 구급, 화학, 정보통신 분야

과목별 구 분	구 급	화 학	정보통신
소방사	한국사, 영어, 소방학개론, 응급처치학개론	한국사, 영어, 소방학개론, 화학개론	한국사, 영어, 소방학개론, 컴퓨터일반

비 고
1. 각 과목의 배점은 100점으로 한다.
2. 필수과목 중 소방학개론, 소방관계법규 및 응급처치학개론의 시험 범위는 다음과 같다.
    가. 소방학개론 : 소방조직, 재난관리, 연소 · 화재이론, 소화이론 분야
    나. 소방관계법규 : 「소방기본법」, 「소방의 화재조사에 관한 법률」, 「소방시설공사업법」, 「소방시설 설치 및 관리에 관한 법률」, 「화재의 예방 및 안전관리에 관한 법률」, 「위험물안전관리법」과 각 법률의 하위법령
    다. 응급처치학개론 : 전문응급처치학총론, 전문응급처치학개론 분야
3. 항공분야의 경력경쟁채용시험등은 행정안전부령으로 정하는 항공분야 자격증 소지자를 대상으로 한다.

(2) 필기시험의 대체

① 영어과목을 대체하는 영어능력검정시험의 종류 및 기준점수(임용령 별표 6)

시험의 종류		기준점수		
		소방정, 소방령	소방경, 소방위 (소방간부 후보생)	소방장, 소방교, 소방사
토익 (TOEIC)	아메리카합중국 이티에스(ETS ; Education Testing Service)에서 시행하는 시험(Test of English for International Communication)을 말한다.	700점 이상	625점 이상	550점 이상
토플 (TOEFL)	아메리카합중국 이티에스(ETS ; Education Testing Service)에서 시행하는 시험(Test of English as a Foreign Language)으로서 그 실시방식에 따라 피비티(PBT ; Paper Based Test) 및 아이비티(IBT ; Internet Based Test)로 구분한다.	PBT 530점 이상	PBT 490점 이상	PBT 470점 이상
		IBT 71점 이상	IBT 58점 이상	IBT 52점 이상
텝스 (TEPS)	서울대학교 영어능력검정시험(Test of English Proficiency developed by Seoul National University)을 말한다.	340점 이상	280점 이상	241점 이상
지텔프 (G–TELP)	아메리카합중국 국제테스트연구원(International Testing Services Center)에서 주관하는 시험(General Test of English Language Proficiency)을 말한다.	Level 2의 65점 이상	Level 2의 50점 이상	Level 2의 43점 이상
플렉스 (FLEX)	한국외국어대학교 어학능력검정시험(Foreign Language Examination)을 말한다.	625점 이상	520점 이상	457점 이상
토셀 (TOSEL)	국제토셀위원회에서 주관하는 시험(Test of the Skills in the English Language)을 말한다.	Advanced 690점 이상	Advanced 550점 이상	Advanced 510점 이상

비고 : 위 표에서 정한 시험은 해당 채용시험의 최종시험 시행예정일부터 거꾸로 계산하여 3년이 되는 해의 1월 1일 이후에 실시된 시험으로서 해당 채용시험의 필기시험 시행예정일 전날까지 점수 또는 등급이 발표된 시험 중 기준점수가 확인된 시험으로 한정한다. 이 경우 그 확인방법은 시험실시권자가 정하여 고시한다.

② 한국사 과목을 대체하는 한국사능력검정시험의 종류 및 기준등급(임용령 별표 9)

시험의 종류		기준등급	
		소방정, 소방령, 소방경, 소방위 (소방간부후보생)	소방장, 소방교, 소방사
한국사 능력검정 시험	국사편찬위원회에서 주관하여 시행하는 시험(한국사능력검정시험)을 말한다.	2급 이상	3급 이상

비고 : 위 표에서 정한 시험은 해당 채용시험의 최종시험 시행예정일부터 거꾸로 계산하여 4년이 되는 해의 1월 1일 이후에 실시된 시험으로서 해당 채용시험의 필기시험 시행예정일 전날까지 등급이 발표된 시험 중 기준등급이 확인된 시험으로 한정한다. 이 경우 그 확인방법은 시험실시권자가 정하여 고시한다.

20 시험의 출제수준(임용령 제45조) `22년 통합`

① 소방위 이상 및 소방간부후보생선발시험 : 소방행정의 기획 및 관리에 필요한 능력·지식을 검정할 수 있는 정도
② 소방장 및 소방교 : 소방업무의 수행에 필요한 전문적 능력·지식을 검정할 수 있는 정도
③ 소방사 : 소방업무의 수행에 필요한 기본적 능력·지식을 검정할 수 있는 정도

21 시험구분에 따른 합격자 결정 등(임용령 제46조 및 제47조) `15년 소방위` `20, 22년 통합`

① 소방공무원의 공개경쟁시험 및 소방간부후보생 선발시험의 합격자 결정

시험구분	합격자결정
필기시험 및 실기시험	매 과목 40퍼센트 이상, 전 과목 총점의 60퍼센트 이상의 득점자 중에서 선발예정 인원의 3배수의 범위에서 시험성적을 고려하여 점수가 높은 사람부터 차례로 합격자를 결정한다.
체력시험	전 종목 총점의 50퍼센트 이상을 득점한 사람
신체검사	신체조건 및 건강상태에 적합한 사람
종합적성검사의 결과	면접시험에 반영한다.
면접시험	`22` 면접시험 합격자 결정의 평정요소에 대한 시험위원의 점수를 합산하여 총점의 50퍼센트 이상을 득점한 사람으로 한다. 다만, 시험위원의 과반수가 어느 하나의 평정요소에 대하여 40퍼센트 미만의 점수를 평정한 경우 불합격으로 한다.

② 소방공무원의 경력경쟁채용시험의 합격자 결정

시험구분	합격자결정
필기시험 및 실기시험	매 과목 40퍼센트 이상, 전 과목 총점의 60퍼센트 이상의 득점자 중에서 선발예정 인원의 3배수의 범위에서 시험성적을 고려하여 점수가 높은 사람부터 차례로 합격자를 결정한다.
체력시험	전 종목 총점의 50퍼센트 이상을 득점한 사람
신체검사	신체조건 및 건강상태에 적합한 사람
종합적성검사의 결과	면접시험에 반영한다.
면접시험	`22` 면접시험 합격자 결정의 평정요소에 대한 시험위원의 점수를 합산하여 총점의 50퍼센트 이상을 득점한 사람으로 한다. 다만, 시험위원의 과반수가 어느 하나의 평정요소에 대하여 40퍼센트 미만의 점수를 평정한 경우 불합격으로 한다.

22 면접시험 합격자 결정의 평정요소(임용령 제46조 제4항)

① 문제해결 능력
② 의사소통 능력
③ 소방공무원으로서의 공직관
④ 협업 능력
⑤ 침착성 및 책임감

23 최종합격자의 결정(임용령 제46조 제5항) `13년 강원`

① 공개경쟁시험 및 소방간부후보생 선발시험 최종합격자 결정 : 다음의 시험 단계별 성적비율을 적용하여 합산한 점수에 가점을 반영한 성적의 순위로 결정한다.

필기시험 성적	체력시험 성적	면접시험 성적
50%	25%	25%

- ㉠ 필기시험 성적은 제1차 시험과 제2차 시험을 구분하여 실시할 때에는 이를 합산한 성적을 말한다.
- ㉡ 면접시험 성적과 실기시험을 병행할 때에는 이를 포함한 점수를 말한다.

② 경력경쟁채용시험의 최종합격자 결정

구 분	면 접	필기+면접	체력+면접	실기+면접	필기+체력+면접	체력+실기+면접	필기+체력+실기+면접
비 율	100%	75%+25%	25%+75%	75%+25%	50%+25%+25%	25%+50%+25%	30%+15%+30%+25%

24 추가합격자 결정(임용령 제46조 제6항 및 제7항) `22년 통합`

① 임용권자는 공개경쟁시험·경력경쟁채용시험등 및 소방간부후보생 선발시험의 최종합격자가 임용을 포기하는 등의 사정으로 결원을 보충할 필요가 있을 때 최종합격자 발표일로부터 6개월 이내에 위 최종합격자 결정에 따라 추가합격자를 결정할 수 있다.

② 임용권자는 공개경쟁시험·경력경쟁채용시험등 및 소방간부후보생 선발시험의 최종합격자가 부정행위로 인해 합격이 취소되어 결원을 보충할 필요가 있다고 인정하는 경우 최종합격자의 다음 순위자를 특정할 수 있으면 최종합격자 발표일부터 3년 이내에 다음 순위자를 추가 합격 자로 결정할 수 있다.

25 동점자의 합격자 결정(임용령 제47조) `22년 통합`

공개경쟁시험·경력경쟁채용시험등 및 소방간부후보생 선발시험의 합격자를 결정할 때 선발예정 인원을 초과하여 동점자가 있을 때에는 그 선발예정인원에 불구하고 모두 합격자로 한다. 이 경우 동점자 결정에 있어서는 총득점을 기준으로 하되, 소수점 이하 둘째 자리까지 계산한다.

> ※ 소수점 이하 둘째 자리까지 계산이란?
> 80.123은 80.12점으로 90.578은 90.57점으로 반올림 없이 둘째 자리까지 계산하여 합격자를 결 정한다는 의미이다.

26 **시험합격자명단의 송부 등(임용령 제48조)**

① 시험실시권자가 시험합격자명단을 임용권자에게 송부함에 있어서, 2 이상의 임용권자의 요구에 의하여 동시에 시험을 실시한 경우(근무예정지역별로 시험을 실시한 경우를 제외한다)에는 미리 생활연고지·근무희망지 및 시험성적 등을 고려하여 합격자를 배정하고 각 임용권자에게 그 명단을 송부해야 한다.
② 시험실시권자는 시험에 합격한 자에 대하여 시험합격의 통지를 해야 한다.

27 **응시수수료(임용령 제49조)**

소방공무원의 채용시험 및 소방간부후보생 선발시험의 응시자는 다음의 구분에 의한 응시수수료를 납부해야 한다.
① 소방령 이상 소방공무원의 채용시험 : 일반직 5급 이상 국가공무원의 채용시험 응시수수료
② 소방경, 소방위 및 소방장 채용시험 : 일반직 6·7급 국가공무원의 채용시험 응시수수료
③ 소방교 이하 소방공무원의 채용시험 : 일반직 8·9급 국가공무원의 채용시험 응시수수료
④ 소방간부후보생선발시험 : 일반직 6·7급 국가공무원의 채용시험 응시수수료

28 **응시수수료 납부방법(임용령 제49조 제2항)**

① 소방청장이 실시하는 시험에 응시하는 경우 : 수입인지로 납부
② 시·도지사가 실시하는 시험에 응시하는 경우 : 해당 지방자치단체의 수입증지로 납부
③ 인터넷으로 응시원서를 제출하는 경우 : 정보통신망을 이용한 전자화폐·전자결제 등의 방법으로 납부
④ 응시수수료의 반환(임용령 제49조 제3항)
　㉠ 응시수수료를 과오납한 경우에는 과오납한 금액
　㉡ 시험실시권자의 귀책사유로 시험에 응시하지 못한 경우에는 납부한 응시수수료의 전액
　㉢ 시험실시일 3일 전까지 응시의사를 철회하는 경우에는 납부한 응시수수료의 전액
⑤ 응시수수료의 면제
　㉠ 원서 접수 당시 「국민기초생활 보장법」에 따른 수급자 또는 차상위계층에 속하는 사람
　㉡ 원서 접수 당시 「한부모가족지원법」에 따른 지원대상자인 사람
⑥ 응시수수료의 면제대상 확인
　㉠ 시험실시권자는 제4항에 따라 응시수수료를 면제하려는 경우에는 「전자정부법」에 따른 행정정보의 공동이용을 통하여 면제대상 인지를 확인해야 한다.
　㉡ 다만, 응시자가 확인에 동의하지 않거나 행정정보의 공동이용을 통하여 서류를 확인할 수 없는 경우에는 시험실시권자가 정하는 기간 내에 응시수수료 면제대상자임을 증명할 수 있는 자료를 제출하도록 해야 한다.

29 시험위원의 임명 등(임용령 제50조)

① 시험실시권자는 소방공무원의 채용시험 및 소방간부후보생선발시험의 출제·채점·면접시험·실기시험·서류전형 기타 시험의 실시에 관하여 필요한 사항을 담당하게 하기 위하여 다음에 해당하는 자를 시험위원으로 임명 또는 위촉할 수 있다.
　㉠ 해당 직무분야의 전문적인 학식 또는 능력이 있는 자
　㉡ 임용 예정직무에 관한 실무에 정통한 자
② 시험위원의 유의사항
　시험위원으로 임명 또는 위촉된 자는 시험실시권자가 요구하는 시험문제 작성상의 유의사항 및 서약서 등에 의한 준수사항을 성실히 이행해야 한다.
③ 시험위원의 조치
　시험실시권자는 시험위원의 유의사항을 위반함으로써 시험의 신뢰도를 크게 떨어뜨리는 행위를 한 시험위원이 있을 때에는 그 명단을 다른 시험 실시권자에게 통보하고 해당 시험위원이 소속하고 있는 기관의 장에게 해당인에 대한 징계등 적절한 조치를 할 것을 요청해야 한다.
④ 시험위원의 제척
　시험실시권자는 시험의 신뢰도를 크게 떨어뜨리는 행위를 하여 통보를 받은 시험위원에 대해서는 그로부터 5년간 해당인을 소방공무원 채용시험 및 소방간부후보생 선발시험의 시험위원으로 임명 또는 위촉하여서는 아니된다.
⑤ 수당의 지급
　시험위원으로 임명 또는 위촉된 자에 대해서는 예산의 범위 안에서 수당을 지급할 수 있다.
⑥ 시험위원의 수 등(시행규칙 제27조)
　시험실시권자가 시험위원을 임명 또는 위촉하는 경우에는 필기시험, 면접시험 및 실기시험 위원을 각각 2명 이상으로 한다. 이 경우 시험위원으로 임명 또는 위촉된 사람의 명단은 공개하지 않는다.

29-1 신규채용 응시서류의 제출 등(임용령 시행규칙 제28조)

① 소방공무원의 공개경쟁시험 또는 소방간부후보생 선발시험에 응시하려는 사람은 시험실시
권자가 정하는 응시원서 1통을 제출해야 하며, 필기시험에 합격한 사람은 ③에 따른 서류를
제출해야 한다.

② 채용별 응시서류 및 담당 공무원 확인

구 분	공개경쟁시험 또는 간부후보생 선발시험	경력경쟁채용시험등
응시원서	1통	1통
필기시험 합격자	• 소방공무원채용신체검사서 1통 • 한국사능력검정시험 성적표 1통 • 영어능력검정시험 성적표 1통 • 자격증 사본(국가기술자격이 아닌 경우에 해당) 1통	• 최종학력증명서 1통 • 경력증명서 1통 • 자격증 사본(국가기술자격이 아닌 경우에 해당) 1통 • 외국어성적증명서 1통 • 그 밖에 임용권자가 자격확인을 위하여 필요하다고 공고한 서류
담당공무원의 행정정보의 공동 이용 시스템 확인	• 가족관계증명서 • 병적사항이 기재된 주민등록표 초본 또는 병적증명서 • 국가보훈부장관이 발급하는 취업지원 대상자 증명서 • 국가기술자격증(소지자에 한한다) • 의사상자 증명서	• 병적사항이 기재된 주민등록표 초본, 병적증명서 또는 군복무확인서 • 국가기술자격증(소지자에 한한다) • 국가보훈부장관이 발급하는 취업지원 대상자 증명서 • 의사상자 증명서

③ 응시서류의 반려 또는 보완 및 통보

시험실시권자는 제출받은 응시서류를 심사한 결과 미비사항이 있는 경우에는 즉시 그 내용
을 지적하여 서류를 반려하거나 보완을 요구하여야 하며, 응시자격이 있다고 인정된 때에는
시험시행 7일 전에 시험일시·장소 등 시험시행에 관하여 필요한 사항을 그 시험요구기관
의 장을 거쳐 응시자에게 통보하여야 한다.

30 시험부정행위자에 대한 조치(임용령 제51조)

① 소방공무원의 채용시험 또는 소방간부후보생 선발시험에서 부정행위를 한 사람에 대해서는 그 시험을 정지 또는 무효로 하거나 합격을 취소하고, 그 처분이 있은 날부터 5년간 이 소방공무원 시험의 응시자격을 정지한다.

그 시험을 정지 또는 무효로 하거나 합격을 취소하고, 5년간 응시자격을 정지 사유	그 시험을 정지하거나 무효 사유
• 다른 수험생의 답안지를 보거나 본인의 답안지를 보여주는 행위 • 대리 시험을 의뢰하거나 대리로 시험에 응시하는 행위 • 통신기기, 그 밖의 신호 등을 이용하여 해당 시험 내용에 관하여 다른 사람과 의사소통하는 행위 • 부정한 자료를 가지고 있거나 이용하는 행위 • 병역, 가점 또는 영어능력검정시험 성적에 관한 사항 등 시험에 관한 증명서류에 거짓 사실을 적거나 그 서류를 위조·변조하여 시험결과에 부당한 영향을 주는 행위 • 체력시험에 영향을 미칠 목적으로 인사혁신처장이 정하여 고시하는 금지약물을 복용하거나 금지방법을 사용하는 행위 • 그 밖에 부정한 수단으로 본인 또는 다른 사람의 시험결과에 영향을 미치는 행위	• 시험 시작 전에 시험문제를 열람하는 행위 • 시험 시작 전 또는 종료 후에 답안을 작성하는 행위 • 허용되지 않은 통신기기 또는 전자계산기기를 가지고 있는 행위 • 그 밖에 시험의 공정한 관리에 영향을 미치는 행위로서 시험실시권자가 시험의 정지 또는 무효 처리기준으로 정하여 공고한 행위

② 시험의 부정행위자에 대한 불이익 및 조치할 사항

㉠ 다른 법령에 의한 국가공무원 또는 지방공무원의 임용시험에서 부정행위를 하여 해당 시험의 응시자격이 정지 중에 있는 자는 그 기간 중 이 영에 의한 시험에 응시할 수 없다.

㉡ 시험실시권자는 부정행위자에 대한 처분을 할 때에는 그 이유를 붙여 처분을 받는 사람에게 알리고 그 명단을 관보에 게재해야 한다.

㉢ 부정행위를 한 응시자가 공무원일 경우에는 시험실시권자는 관할 징계위원회에 징계의결을 요구하거나 그 공무원이 소속하고 있는 기관의 장에게 이를 요구해야 한다.

㉣ 시험실시권자는 인사혁신처장이 정하는 바에 따라 체력시험에 영향을 미칠 목적으로 금지약물을 복용하거나 금지방법을 사용하는 행위에 해당하는지 여부를 확인할 수 있다.

　　※ 소방청장(×) → 인사혁신처장

30-1 시험실시결과보고 및 합격증명서 발급 등(임용령 제52조 및 53조)

① 시험실시권자는 시험을 실시한 때에는 그 시험의 실시내용 및 결과를 소방청장에게 보고하여야 한다.

② 시험실시권자는 채용시험 합격자에 대하여 본인의 신청에 따라 합격증명서 등을 발급한다.

③ 합격증명서 등을 발급받으려는 사람은 1통에 200원의 수수료를 수입인지 또는 수입증지로 내야 한다. 다만, 인터넷으로 합격증명서 등의 발급을 신청하는 경우에는 정보통신망을 이용한 전자화폐·전자결제 등의 방법으로 내야 하며, 합격증명서 등을 전자문서로 발급받는 경우에는 무료로 한다.

31 임용후보자 명부(법 제13조)

① 시험실시기관의 장은 시험 합격자의 명단을 임용권자에게 보내야 한다.

② 임용권자는 신규채용시험에 합격한 사람(소방간부후보생 선발시험에 합격하여 정하여진 교육훈련을 마친 사람을 포함한다)과 승진시험에 합격한 사람을 대통령령으로 정하는 바에 따라 성적순으로 각각 신규채용후보자명부 또는 시험승진후보자명부에 등재해야 한다.

③ 명부의 유효기간은 2년의 범위에서 대통령령으로 정한다. 다만, 임용권자는 필요에 따라 1년의 범위에서 그 기간을 연장할 수 있다.

④ 명부의 작성 및 운영에 필요한 사항은 대통령령으로 정한다.

32 채용후보자 등록(임용령 제16조)

① 채용후보자 등록 대상자
공개경쟁시험 또는 경력경쟁채용시험등에 합격한 사람과 소방간부후보생으로서 교육훈련을 마친 사람은 행정안전부령으로 정하는 바에 따라 임용권자 또는 임용제청권자에게 채용후보자 등록을 하여야 한다.

② 채용후보자등록을 하지 않은 사람은 소방공무원으로 임용될 의사가 없는 것으로 본다.

33 채용후보자명부 작성(임용령 제17조) `19년 통합`

① 채용후보자명부는 임용예정계급별로 작성하되, 채용후보자의 서류를 심사하여 임용적격자만을 등재한다.

② 임용권자 또는 임용제청권자는 채용후보자명부에의 등재여부를 본인에게 알려야 한다.

34 시험성적이 같은 경우의 명부등재 순위(임용령 시행규칙 제30조)

채용후보자명부는 시험성적순위에 의하여 작성하되 시험성적이 같을 경우에는 다음 순위에 따라 작성하여야 한다.

① 취업보호대상자

② 필기시험 성적 우수자

③ 연령이 많은 사람

35 채용후보자명부의 유효기간(임용령 제18조) `16년 소방위` `19년 통합`

① 채용후보자명부의 유효기간은 2년으로 하되, 임용권자는 필요에 따라 1년의 범위 안에서 그 기간을 연장할 수 있다.

② 임용권자는 채용후보자명부의 유효기간을 연장한 때에는 이를 즉시 본인에게 알려야 한다.

36 채용후보자 등록 첨부서류(임용령 시행규칙 제29조)

채용후보자등록을 하려는 사람은 채용후보자등록원서에 다음 각 호의 서류를 첨부하여 지정된 기한까지 임용권자 또는 임용제청권자에게 등록해야 한다. 다만, 시험실시권자와 임용권자 또는 임용제청권자가 동일한 경우에는 시험에 응시한 때에 제출한 서류를 첨부하지 않을 수 있다.

① 최종학력증명서 2통
② 자격증 사본(「국가기술자격법」에 따른 국가기술자격이 아닌 경우에 한한다) 2통
③ 경력증명서 2통
④ 소방공무원채용신체검사서 2통
⑤ 사진(모자를 쓰지 않은 상반신 명함판) 5장

37 채용후보자 명부의 등재(임용령 시행규칙 제29조 제2항 및 제3항) 19년 통합

① 임용권자 또는 임용제청권자는 채용후보자 등록서류를 심사하여 임용적격자에 한하여 채용후보자 명부에 등재하고 등록확인증을 본인에게 보내야 한다. 다만, 교육훈련통지서로 등록확인증을 갈음할 수 있다.
② 채용후보자가 공무원 임용결격사유에 해당되는 때에는 등록을 거부하거나 이를 취소하고 지체 없이 그 사유를 본인에게 통지해야 한다.

38 등록서류의 보존(임용령 시행규칙 제31조)

채용후보자 등록서류는 1통을 임용서류에 첨부하고 1통은 인사기록서류로 보존한다.

39 신규채용 방법(임용령 제19조 제1항)

① 원칙적으로 임용권자는 채용후보자명부의 등재순위에 따라 임용해야 한다.
② 채용후보자가 소방공무원으로 임용되기 전에 임용과 관련하여 소방공무원 교육훈련기관에서 교육훈련을 받은 경우에는 그 교육훈련성적 순위에 따라 임용해야 한다.

40 **임용순위의 예외(임용령 제19조 제2항)** `14년 소방위` `16년 경북` `19년 통합`

임용권자는 다음의 어느 하나에 해당하는 경우에는 그 순위에 관계없이 임용할 수 있다.

① 임용예정기관에 근무하고 있는 소방공무원 외의 공무원을 소방공무원으로 임용하는 경우

② 6개월 이상 소방공무원으로 근무한 경력이 있거나 임용예정직위에 관련된 특별한 자격이 있는 사람을 임용하는 경우 ※ 3개월(×) → 6개월 이상

③ 도서·벽지·군사분계선 인접지역 등 특수지역 근무희망자를 그 지역에 배치하기 위하여 임용하는 경우 ※ 특수지역 출신자(×) → 특수지역 근무희망자

④ 채용후보자의 피부양가족이 거주하고 있는 지역에 근무할 채용후보자를 임용하는 경우 ※ 부양가족(×) → 피부양가족

⑤ 소방공무원의 직무수행과 관련한 실무수습 중 사망한 시보임용예정자를 소급하여 임용하는 경우

41 **채용후보자명부 유효기간 만료자의 임용(임용령 제19조 제3항)**

임용권자는 채용후보자명부에 등재된 자 중 채용후보자명부의 유효기간이 만료(2년)될 때까지 임용되지 않은 자(그때까지 임용 또는 임용제청이 유예된 자를 제외한다)에 대해서는 해당 기관에 그 직급에 해당하는 정원이 따로 있는 것으로 보고 임용할 수 있다. ※ 임용해야 한다.(×)

42 **별도정원 신규 임용후보자의 소멸(임용령 제19조 제3항)**

이 경우 따로 있는 것으로 보는 정원은 그 신규 임용후보자가 임용된 후 해당 직급에 이에 상응하는 결원이 발생한 때에 소멸한 것으로 본다.

43 **임용의 유예 대상(임용령 제20조)** `14년 부산` `17, 19년 통합`

① 임용권자 또는 임용제청권자는 채용후보자가 다음의 하나에 해당하는 경우에는 채용후보자명부의 유효기간의 범위 안에서 기간을 정하여 임용 또는 임용제청을 유예할 수 있다. 다만, 유예기간 중이라도 그 사유가 소멸하는 경우에는 임용 또는 임용제청을 해야 한다.

㉠ 학업의 계속

㉡ 6월 이상의 장기요양을 요하는 질병이 있는 경우 ※ 1년 이상(×)

㉢ 「병역법」에 따른 병역의무복무를 위하여 징집 또는 소집되는 경우

㉣ 임신하거나 출산한 경우

㉤ 그 밖에 임용 또는 임용제청의 유예가 부득이하다고 인정되는 경우

② 임용 또는 임용제청의 유예를 받고자 하는 자는 그 사유를 증명할 수 있는 자료를 첨부하여 임용권자 또는 임용제청권자가 정하는 기간 내에 유예신청을 하여야 한다. 이 경우 유예를 원하는 기간을 명시하여야 한다.

44 채용후보자의 자격상실(임용령 제21조) `12년 소방위` `16년 경북` `17, 20년 통합`

채용후보자가 다음 각 호의 어느 하나에 해당하는 경우에는 채용후보자의 자격을 상실한다. 다만, ⑤에 해당하는 경우에는 임용심사위원회의 의결을 거쳐야 한다.

① 채용후보자가 임용 또는 임용제청에 응하지 않은 경우
② 채용후보자로서 받아야 할 교육훈련에 응하지 않은 경우
③ 채용후보자로서 받은 교육훈련과정의 졸업요건을 갖추지 못한 경우
④ 채용후보자로서 교육훈련을 받는 중 질병, 병역 복무 또는 그 밖에 교육훈련을 계속할 수 없는 불가피한 사정 외의 사유로 퇴교처분을 받은 경우 ※ 채용후보자가 임신하거나 출산한 때(×)
⑤ 채용후보자로서 품위를 크게 손상하는 행위를 함으로써 소방공무원으로서의 직무를 수행하기 곤란하다고 인정되는 경우로 임용심사위원회의 의결을 거쳐야 한다.
⑥ 법 또는 법에 따른 명령을 위반하여 중징계 사유에 해당하는 비위를 저지른 경우
⑦ 법 또는 법에 따른 명령을 위반하여 경징계 사유에 해당하는 비위를 2회 이상 저지른 경우

45 시보임용기간(법 제10조 제1항) `13, 18, 19년 소방위` `14년 경기` `15, 18, 19, 21, 22년 통합`

소방공무원을 신규채용할 때에는 다음 기간 동안 시보로 임용하고, 그 기간이 만료된 다음 날에 정규소방공무원으로 임용한다. ※ 만료된 날(×) → 만료된 다음 날

① 소방장 이하 : 6개월간
② 소방위 이상 : 1년간

46 시보임용의 단축(임용령 제23조 제1항) `18, 19, 21, 22년 통합`

시보임용예정자가 받은 교육훈련기간은 이를 시보로 임용되어 근무한 것으로 보아 시보임용기간을 단축할 수 있다.

47 시보임용의 면제(임용령 제23조 제2항) `18, 19, 22년 통합`

다음의 경우에는 시보임용을 면제한다.

① 소방공무원으로서 소방공무원 승진임용 규정에서 정하는 상위계급에의 승진에 필요한 자격요건을 갖춘 자가 승진예정계급에 해당하는 계급의 공개경쟁시험에 합격하여 임용되는 경우
※ 경력경쟁채용시험(×)
② 정규의 소방공무원이었던 자가 퇴직 당시의 계급 또는 그 하위의 계급으로 임용되는 경우

48 시보임용기간의 제외 및 산입(법 제10조 제2항 및 제3항) `13년 소방위` `16년 경기` `21년 통합`

① 시보임용기간 제외 : 휴직기간·직위해제 기간 및 징계에 의한 정직처분 또는 감봉처분을 받은 기간은 시보임용기간에 포함하지 않는다. ※ 견책(×)
② 시보임용기간 포함 : 소방공무원으로 임용되기 전에 그 임용과 관련하여 소방공무원교육훈련 기관에서 교육훈련을 받은 기간은 시보임용기간에 포함한다.
③ 시보임용기간 중에 있는 소방공무원이 근무성적 또는 교육훈련성적이 불량할 때에는 면직시키 거나 면직을 제청할 수 있다.

49 시보임용소방공무원의 면직 또는 면직제청 사유(임용령 제22조) `14, 15년 서울` `16년 강원`
`16년 대구` `18년 소방위` `22년 통합`

임용권자 또는 임용제청권자는 시보임용소방공무원이 다음 각 호의 어느 하나에 해당하여 정규소 방공무원으로 임용하는 것이 부적당하다고 인정되는 경우에는 임용심사위원회의 의결을 거쳐 면 직시키거나 면직을 제청할 수 있다.
① 교육훈련과정의 졸업요건을 갖추지 못한 경우
② 교육훈련을 받는 중 질병, 병역 복무 또는 그 밖에 교육훈련을 계속할 수 없는 불가피한 사정 외의 사유로 퇴교처분을 받은 경우
③ 근무성적 또는 교육훈련 성적이 매우 불량하여 성실한 근무수행을 기대하기 어렵다고 인정되 는 경우
④ 소방공무원으로서 품위를 크게 손상하는 행위를 함으로써 소방공무원으로서의 직무를 수행하 기 곤란하다고 인정되는 경우
⑤ 법 또는 법에 따른 명령을 위반하여 중징계 사유에 해당하는 비위를 저지른 경우
⑥ 법 또는 법에 따른 명령을 위반하여 경징계 사유에 해당하는 비위를 2회 이상 저지른 경우

50 시보임용소방공무원 등에 대한 교육훈련(임용령 제24조)

① 임용권자 또는 임용제청권자는 시보임용소방공무원 또는 시보임용예정자에 대하여 소방학교 또는 각급 공무원교육원 기타 소방기관에 위탁하여 일정한 기간 직무수행에 필요한 교육훈련 (실무수습을 포함한다)을 시킬 수 있다.
② 임용권자 또는 임용제청권자는 시보임용예정자가 교육훈련과정의 졸업요건을 갖추지 못한 경 우에는 시보임용을 하지 않을 수 있다.
③ 교육을 받는 시보임용예정자에 대해서는 예산의 범위 안에서 임용예정계급의 1호봉에 해당하 는 봉급의 80퍼센트에 상당하는 금액 등을 지급할 수 있다.

제4장 | 보직관리

1 보직관리의 원칙(임용령 제25조) `13년 경북` `13년 소방위` `15년 서울` `16년 경기` `18, 19, 20년 통합`

① 원칙 : 소방공무원을 하나의 직위에 임용해야 한다(제1항).

② 임용권자 또는 임용제청권자는 소속 소방공무원을 보직할 때 해당 소방공무원의 전공분야·교육훈련·근무경력 및 적성 등을 고려하여 능력을 적절히 발전시킬 수 있도록 해야 한다(제2항).

③ 상위계급의 직위에 하위계급자를 보직하는 경우는 해당 기관에 상위 계급의 결원이 있고, 승진임용후보자가 없는 경우로 한정한다(제3항).

④ 특수한 자격증을 소지한 자는 특별한 사정이 없으면 그 자격증과 관련되는 직위에 보직해야 한다.

⑤ 임용권자 또는 임용제청권자는 소방공무원을 보직하는 경우에는 특별한 사정이 없으면 배우자 또는 직계존속이 거주하는 지역을 고려하여 보직해야 한다. ※ 직계비속(×)

⑥ 임용권자 또는 임용제청권자는 소방공무원임용령이 정하는 보직관리기준 외에 소방공무원의 보직에 관하여 필요한 세부기준(전보의 기준을 포함한다)을 정하여 실시해야 한다.

2 보직 없이 근무할 수 있는 경우(임용령 제25조 제1항)

임용권자 또는 임용제청권자는 법령에서 따로 정하거나 다음 각 호의 경우를 제외하고는 소속 소방공무원을 하나의 직위에 임용해야 한다.

① 별도정원이 인정되는 휴직자의 복직, 파견된 사람의 복귀 또는 파면·해임·면직된 사람의 복귀 시에 해당 기관에 그에 해당하는 계급의 결원이 없어서 그 계급의 정원에 최초로 결원이 생길 때까지 해당 계급에 해당하는 소방공무원을 보직 없이 근무하게 하는 경우. 이 경우 해당 기관이란 해당 공무원에 대한 임용권자 또는 임용제청권자를 장으로 하는 기관과 그 소속기관을 말한다.

② 1년 이상의 해외 파견근무를 위하여 특히 필요하다고 인정하여 2주 이내의 기간 동안 소속 소방공무원을 보직 없이 근무하게 하는 경우

③ 결원보충이 승인된 파견자 중 다음 각 목의 훈련을 위한 파견준비를 위하여 특히 필요하다고 인정하여 2주 이내의 기간 동안 소속 소방공무원을 보직 없이 근무하게 하는 경우
  ㉠ 「공무원 교육훈련법」 제13조에 따른 6개월 이상의 위탁교육훈련
  ㉡ 「국제과학기술협력 규정」에 따른 1년 이상의 장기 국외훈련

④ 직제의 신설·개편·폐지 시 2개월 이내의 기간 동안 소속 소방공무원을 기관의 신설준비 등을 위하여 보직 없이 근무하게 하는 경우 ※ 3개월 이내(×)

3 소방공무원의 보직관리 원칙 `15년 서울` `18, 19년 통합` `21년 소방위`

임용별 보직	임용원칙
초임소방공무원의 보직 (임용령 제26조)	• 소방간부후보생의 소방위 임용할 때는 최하급 소방기관에 보직해야 한다. ※ 최하급 소방기관 외근부서(×) • 최하급 소방기관 이란 : 소방청, 중앙소방학교, 중앙119구조본부, 국립소방연구원, 시·도의 소방본부·지방소방학교 및 서울종합방재센터를 제외한 소방기관을 말한다. 따라서 소방서, 119안전센터, 119구조대, 119지역대 등을 말한다. 경력경쟁채용한 사람을 처음 신규채용 임용하는 경우에는 그 시험실시 당시의 임용예정 직위 외의 직위에 임용할 수 없다. • 신규채용을 통해 소방사로 임용된 사람은 최하급 소방기관에 보직해야 한다. 다만, 임용령 별표 6에 따른 자격증 소지자를 해당 자격 관련부서에 보직하는 경우에는 그렇지 않다.
소방관서장의 보직관리 원칙 (시행규칙 제19조의2) `13년 소방위 경북` `18년 통합`	• 시·도 소방본부장 또는 소방서장 직위에 임용된 소방공무원이 해당 직위에 2년 이상 근무한 경우에는 다른 직위로 전보해야 한다. 다만, 인사 운영상 필요한 경우에는 제외한다. • 임용권자는 소속 소방공무원을 연속하여 3회 이상 소방서장으로 보직해서는 안 된다. 다만, 인사 운영상 필요한 경우에는 제외한다. • 임용권자 또는 임용제청권자는 소방여건과 정기인사 주기 등을 고려하여 1년의 범위에서 전보시기를 조정할 수 있다(소방서장 최대 3년). ※ 2년의 범위(×)
위탁 교육훈련 이수자의 보직 (임용령 제27조 및 시행규칙 제20조)	• 위탁교육훈련을 받은 소방공무원의 최초 보직은 소방공무원교육훈련기관의 교수요원으로 보직해야 한다. • 다만, 교수요원으로 보직할 수 없거나 곤란한 경우에는 그 교육훈련내용과 관련되는 직위에 보직해야 한다. • 따라서 위탁교육훈련을 받고 그와 관련된 직위에 보직된 자는 다음의 기간 내에는 소방공무원교육훈련기관의 교수요원 또는 해당 교육훈련내용과 관련되는 직위 외의 직위로 전보할 수 없다(시행규칙 제20조). − 교육훈련기간이 6월 이상 1년 미만인 경우 : 2년 − 교육훈련기간이 1년 이상인 경우 : 3년

4 전문직위의 운영(임용령 제27조의2)

① 소방청장은 전문성이 특히 요구되는 직위를 「공무원임용령」 제43조의3에 따른 전문직위(이하 "전문직위"라 한다)로 지정하여 관리할 수 있다.

② 전문직위에 임용된 소방공무원은 3년의 범위에서 소방청장이 정하는 기간이 지나야 다른 직위로 전보할 수 있다. 다만, 직무수행에 필요한 능력·기술 및 경력 등의 직무수행요건이 같은 직위 간 전보 등 소방청장이 정하는 경우에는 기간에 관계없이 전보할 수 있다.

③ 위 규정한 사항 외에 전문직위의 지정, 전문직위 전문관의 선발 및 관리 등 전문직위의 운영에 필요한 사항은 소방청장이 정한다.

5 **필수보직기간 및 전보의 제한(임용령 제28조)** `22년 소방위`

① 소방공무원의 필수보직기간(휴직기간, 직위해제처분기간, 강등 및 정직 처분으로 인하여 직무에 종사하지 않은 기간은 포함하지 않는다. 이하 이 조에서 같다)은 1년으로 한다.

다만, 다음 **8** 표 전보제한 특례의 경우에는 그렇지 않다.

② 중앙소방학교 및 지방소방학교 교수요원의 필수보직기간은 2년으로 한다. 다만, 기구의 개편, 직제·정원의 변경 또는 교육과정의 개편 또는 폐지가 있거나 교수요원으로서 부적당하다고 인정될 때에는 그렇지 않다.

③ 경력경쟁채용시험등을 통하여 채용된 소방공무원은 최초로 그 직위에 임용된 날부터 다음 **7** 표의 구분에 따른 필수보직기간이 지나야 다른 직위 또는 임용권자를 달리하는 기관에 전보될 수 있다.

④ 임용권자는 승진시험 요구 중에 있는 소속 소방공무원을 승진대상자명부작성단위를 달리하는 기관에 전보할 수 없다.

⑤ 위탁교육훈련을 받고 그와 관련된 직위에 보직된 자는 다음의 기간 내에는 소방공무원교육훈련기관의 교수요원 또는 해당 교육훈련내용과 관련되는 직위 외의 직위로 전보할 수 없다.
ㄱ) 교육훈련기간이 6월 이상 1년 미만인 경우 : 2년
ㄴ) 교육훈련기간이 1년 이상인 경우 : 3년

6 **필수보직기간을 계산할 때 해당 직위에 임용된 날로 보지 않는 경우(임용령 제28조 제6항)** `16년 서울` `17년 소방위`

① 직제상의 최저단위 보조기관 내에서의 전보일
② 승진임용일, 강등일 또는 강임일
③ 기구의 개편, 직제 또는 정원의 변경으로 소속·직위 또는 직급의 명칭만 변경하여 재발령되는 경우 그 임용일. 다만, 담당 직무가 변경되지 않은 경우만 해당한다.
④ 시보공무원의 정규공무원으로의 임용일
※ 암기신공 : 보조/승강/기 시보

7 경력경쟁채용등을 통해 채용된 사람의 전보제한(임용령 제28조 제3항, 제4항)

`18년 소방위` `19년 통합`

제한기간	경력경쟁채용등(법 제7조)
최초로 그 직위에 임용된 날로부터 2년의 필수보직기간이 지나야 다른 직위 또는 임용권자를 달리하는 기관에 전보될 수 있는 경우 `14년 소방위`	• 직제와 정원의 개편·폐지 또는 예산의 감소 등에 의하여 직위가 없어지거나 과원이 되어 직권면직으로 퇴직한 소방공무원을 퇴직한 날로부터 3년 이내에 퇴직 시에 재직한 계급 또는 그에 상응하는 계급의 소방공무원으로 재임용하는 경우 • 신체·정신상의 장애로 장기 요양이 필요하여 휴직하였다가 휴직기간의 만료에도 직무에 복귀하지 못하여 직권면직 된 소방공무원을 퇴직한 날로부터 3년 이내에 퇴직 시에 재직한 계급 또는 그에 상응하는 계급의 소방공무원으로 재임용하는 경우 • 5급 공무원으로 공개경쟁시험이나 사법시험 또는 변호사 시험에 합격한 자를 소방령 이하 소방공무원으로 임용하는 경우
최초로 그 직위에 임용된 날로부터 5년의 필수보직기간이 지나야 다른 직위 또는 임용권자를 달리하는 기관에 전보될 수 있는 경우 `13년 소방위` `16년 강원`	• 임용예정직무에 관련된 자격증 소지자를 임용한 경우 • 임용예정직에 상응한 근무실적 또는 연구실적이 있거나 소방에 관한 전문기술교육을 받은 자를 임용한 경우 • 외국어에 능통한 자를 임용한 경우 • 경찰공무원을 그 계급에 상응하는 소방공무원으로 임용한 경우
최초로 그 직위에 임용된 날로부터 5년의 필수보직기간이 지나야 최초임용기관 외 다른기관으로 전보될 수 있는 경우	• 소방 업무에 경험이 있는 의용소방대원을 소방사 계급의 소방공무원으로 임용하는 경우 • 다만, 기구의 개편, 직제 또는 정원의 변경으로 인하여 직위가 없어지거나 정원이 초과되어 전보할 경우에는 그렇지 않다.
필수보직기간 2년 또는 5년이 지나지 않아도 다른 직위 또는 임용권자를 달리하는 기관에 전보할 수 있는 경우(임용령 제28조 제3항 단서)	• 직제상의 최저단위 보조기관내에서의 전보의 경우 • 기구의 개편, 직제 또는 정원의 변경으로 인한 전보의 경우 • 당해 소방공무원의 승진 또는 강임의 경우(승진 또는 강임된 소방공무원을 그 직급에 맞는 직위로 전보하는 경우로 한정한다) • 징계처분을 받은 경우 • 형사사건에 관련되어 수사기관에서 조사를 받고 있는 경우

8 일반적 전보제한의 특례(임용령 제28조 제1항 단서) `17, 20, 22년 통합` `19, 22년 소방위`

전보제한 특례	특례내용

일반적인 전보제한 특례
※ 필수보직기간 1년 미만에도 다른 직위에 전보할 수 있는 경우
	• 징계처분을 받은 경우
	• 형사사건에 관련되어 수사기관에서 조사를 받고 있는 경우
	• 직제상 최저단위 보조기관 내에서의 전보의 경우
	• 해당 소방공무원의 승진 또는 강임의 경우
	• 소방공무원을 전문직위로 전보하는 경우
	• 기구개편, 직제 또는 정원의 변경으로 인한 전보의 경우
	  ※ 암기신공 : 징계/형/ 보조/승강/기
	• 임용권자를 달리하는 기관 간의 전보의 경우
	• 임용예정직위에 관련된 2월 이상의 특수훈련경력이 있는 자 또는 임용예정직위에 상응한 6월 이상의 근무경력 또는 연구실적이 있는 자를 해당 직위에 보직하는 경우
	• 공개경쟁시험에 합격하고 시보임용 중인 경우
	• 소방령 이하의 소방공무원을 그 배우자 또는 직계존속이 거주하는 시·도 지역의 소방기관으로 전보하는 경우
	• 임신 중인 소방공무원 또는 출산 후 1년이 지나지 않은 소방공무원의 모성보호, 육아 등을 위해 필요한 경우 ※ 6월(×)
	• 그 밖에 소방기관의 장이 보직관리를 위하여 전보할 필요가 있다고 특별히 인정하는 경우
	  ※ 암기신공 : 임신/출산한 소방령/ 전보/시/ 2특6근

교수요원으로 임용된 자 (임용령 제28조 제2항 단서) ※ 2년 이내에도 다른 직위에 전보할 수 있다.	• 기구의 개편, 직제·정원의 변경 시 • 교육과정의 개편·폐지 시(교육과정의 변경이 있는 경우×) • 교수요원으로서 부적당하다고 인정될 때

9 소방공무원의 인사교류(법 제9조)

① 소방청장은 소방공무원의 능력을 발전시키고 소방사무의 연계성을 높이기 위하여 소방청과 시·도 간 및 시·도 상호 간에 인사교류가 필요하다고 인정하면 인사교류계획을 수립하여 이를 실시할 수 있다.

② 인사교류의 대상, 절차, 그 밖에 인사교류에 필요한 사항은 대통령령으로 정한다.

10 시 · 도 상호 간에 소방공무원의 인사교류를 할 수 있는 경우(임용령 제29조 제1항)

`14, 16년 대구` `15, 17, 18, 19년 통합` `20년 소방위`

소방청장은 다음 각 호에 해당하는 경우 시 · 도 상호 간 소방공무원의 인사교류계획을 수립하여 실시할 수 있다.

① 시 · 도 간 인력의 균형 있는 배치와 소방행정의 균형 있는 발전을 위하여 시 · 도 소속 소방령 이상의 소방공무원을 교류하는 경우

② 시 · 도 간의 협조체제 증진 및 소방공무원의 능력발전을 위하여 시 · 도 간 교류하는 경우

③ 시 · 도 소속 소방경 이하의 소방공무원의 연고지배치를 위하여 필요한 경우

구 분	소방령 이상	소방경 이하
교류사유	• 시 · 도 간 인력의 균형 있는 배치 • 소방행정의 균형 있는 발전	연고지 배치를 위해 필요시
교류인원	필요한 최소한의 원칙	필요한 최소한의 원칙 적용 제외
계급제한 제외	시 · 도 간의 협조체제 증진 및 소방공무원의 능력발전을 위하여 인사교류의 경우 교류인원의 필요한 원칙이 적용되나 계급제한은 없다.	

11 소방공무원 인사교류방법 및 기준(임용령 제29조) `20년 통합`

① 인사교류의 원칙 : 인사교류의 인원(연고지 배치를 위한 인사교류 인원을 제외)은 필요한 최소한 으로 한다(제2항).

② 인사교류인원 지정 : 소방청장은 시 · 도 간 교류인원을 정할 때에는 미리 해당 시 · 도지사의 의견을 들어야 한다(제2항). ※ 해당 시 · 도지사와 협의할 수 있다.(×)

③ 인사교류계획의 수립 시 고려해야 할 사항 : 소방청장은 인사교류계획을 수립함에 있어서 시 · 도지사로부터 교류대상자의 추천이 있거나 해당 시 · 도로 전입요청이 있는 경우에는 이를 최대한 반영해야 하며, 해당 시 · 도지사의 동의 없이는 인사교류대상자의 직위를 미리 지정하 여서는 아니 된다(제3항).

④ 인사교류계획의 수립 : 소방청장은 인력의 균형 있는 배치와 효율적인 활용, 소방공무원의 종 합적 능력발전 기회 부여 및 소방사무의 연계성을 높이기 위하여 소방청과 시 · 도 간 소방공무 원 인사교류계획을 수립하여 실시할 수 있다(제4항).

⑤ 인사교류의 방법 : 소방청과 시 · 도 간 및 시 · 도 상호 간에 인사교류를 하는 경우에는 인사교 류 대상자 본인의 동의나 신청이 있어야 한다. 다만, 소방청과 그 소속기관 소속 소방공무원으 로서 시 · 도 소속 소방공무원으로의 임용예정계급이 인사교류 당시의 계급보다 상위계급인 경 우에는 동의를 받지 않을 수 있다(제5항). ※ 하위계급(×)

⑥ 소방청장은 소방인력 관리를 위해 필요한 경우에는 소방청과 시 · 도 간 및 시 · 도 상호 간의 인사교류를 제한할 수 있다(제6항).

⑦ 인사교류에 필요한 사항은 소방청장(소방공무원 연고지배치 인사교류 규정, 소방청 소속 소방 공무원 보직 및 인사교류 규정)이 정한다(제7항).

12 전출·전입요구 및 동의(임용령 시행규칙 제21조)

① 임용권자는 소방공무원을 전입 또는 전출하려는 경우에는 소방공무원 전입·전출동의요구서에 따라 해당 소방기관의 장의 동의를 받아야 한다. 다만, 소방공무원의 인사교류계획을 수립하여 전입 또는 전출하는 경우에는 동의를 받지 않을 수 있다.

② 요구를 받은 소속소방기관의 장은 소방공무원 전출·전입 동의 회보서에 의하여 특별한 사유가 없는 한 15일 이내에 회보해야 하며, 동의하는 경우에는 부임일자 등을 고려하여 발령예정일자를 서로 같은 일자가 되도록 지정해야 한다.

13 파견근무 사유 및 기간(임용령 제30조 제1항 내지 제3항) `14년 대구` `15, 16년 서울` `15, 19, 20, 22년 통합` `16년 강원` `16년 경북` `20년 소방위`

임용권자 또는 임용제청권자는 다음 각 호의 어느 하나에 해당하는 경우에는 「국가공무원법」 제32조의4에 따라 소방공무원을 파견할 수 있다.

파견대상	파견기간	미리 요청 유무
공무원교육훈련기관의 교수요원으로 선발되거나 그 밖에 교육훈련 관련 업무수행을 위하여 필요한 경우	1년 이내(필요한 경우에는 총 파견기간이 2년을 초과하지 않는 범위에서 파견기간을 연장할 수 있다.)	소속 소방공무원을 파견하려면 파견받을 기관의 장이 임용권자 또는 임용제청권자에게 미리 요청해야 한다.
다른 국가기관 또는 지방자치단체나 그외의 기관·단체에서의 국가적 사업을 수행하기 위하여 특히 필요한 경우	2년 이내(필요한 경우에는 총 파견기간이 5년을 초과하지 않는 범위에서 파견기간을 연장할 수 있다.)	소속 소방공무원을 파견하려면 파견받을 기관의 장이 임용권자 또는 임용제청권자에게 미리 요청해야 한다.
다른 기관의 업무폭주로 인한 행정지원의 경우		
관련기관 간의 긴밀한 협조가 필요한 특수업무를 공동수행하기 위하여 필요한 경우		
국내의 연구기관, 민간기관 및 단체에서의 업무수행·능력개발이나 국가정책 수립과 관련된 자료수집 등을 위하여 필요한 경우		미리 요청 필요 없음
소속 소방공무원의 교육훈련을 위하여 필요한 경우	교육훈련에 필요한 기간	미리 요청 필요 없음
국제기구, 외국의 정부 또는 연구기관에서의 업무수행 및 능력개발을 위하여 필요한 경우	업무수행 및 능력개발을 위하여 필요한 기간	

14 **소방공무원을 파견할 때 인사혁신처장과 협의해야 하는 경우(임용령 제30조 제4항)**

소속 소방공무원(시·도지사가 임용권을 행사하는 소방공무원은 제외한다)을 파견하는 경우로서 다음 각 호의 어느 하나에 해당하는 경우에는 임용권자 또는 임용제청권자가 인사혁신처장과 협의하여야 한다.

① 다른 국가기관 또는 지방자치단체나 그 외의 기관·단체에서의 국가적사업의 수행하기 위하여 특히 필요한 경우 : 2년 이내

② 다른 기관의 업무폭주로 인한 행정지원의 경우 : 2년 이내

③ 관련기관 간의 긴밀한 협조가 필요한 특수업무를 공동수행하기 위하여 필요한 경우 : 2년 이내

④ 국제기구, 외국의 정부 또는 연구기관에서의 업무수행 및 능력개발을 위하여 필요한 경우 : 필요한 기간

⑤ 국내의 연구기관, 민간기관 및 단체에서의 업무수행·능력개발이나 국가정책 수립과 관련된 자료수집 등을 위하여 필요한 경우 : 2년 이내

⑥ 위 ① 내지 ⑤에 따른 파견기간을 연장하는 경우

⑦ 위 ① 내지 ⑤에 따른 파견 중 파견기간이 끝나기 전에 파견자를 복귀시키는 경우로서 인사혁신처장이 정하는 사유에 해당하는 경우

15 **소방공무원을 파견할 때 인사혁신처장과 협의할 필요가 없는 사유**

① 공무원교육훈련기관의 교수요원으로 선발되거나 그 밖에 교육훈련 관련 업무수행을 위하여 필요한 경우

② 다음의 파견 중 파견 소방공무원의 정원이 파견받는 기관의 조직과 정원에 관한 법령에 규정되어 있는 경우

　㉠ 다른 국가기관 또는 지방자치단체나 그 외의 기관·단체에서 국가적 사업을 수행하기 위하여 특히 필요한 경우

　㉡ 다른 기관의 업무폭주로 인한 행정지원의 경우

　㉢ 관련 기관 간의 긴밀한 협조가 필요한 특수업무를 공동수행하기 위하여 필요한 경우

16 **인사혁신처장과 협의 생략(임용령 제30조 제4항 단서)** `16년 경기` `17년 소방위`

인사혁신처장이 「행정기관의 조직과 정원에 관한 통칙」 제24조의2에 따라 별도정원의 직급·규모 등에 대하여 행정안전부장관과 협의된 파견기간의 범위에서 소방경 이하 소방공무원의 파견기간을 연장하거나 소방경 이하 소방공무원의 파견기간이 끝난 후 그 자리를 교체하는 경우에는 인사혁신처장과의 협의를 생략할 수 있다. ※ 소방위 이하(×)

17 인사혁신처장과의 협의 없이 소방청장의 승인만으로 파견할 수 있는 사유

파견기간이 1년 미만인 경우에는 인사혁신처장의 협의를 거치지 아니하고 소방청장의 승인을 받아 파견할 수 있다.

18 소방공무원 파견근무 정리 `14년 대구` `15, 16년 서울` `15, 19년 통합` `16년 경북`

파견대상	파견 기간	파견 연장	인사혁신처 장과의 협의	파견받을 기관이 미리 요청	별도 정원의 범위
공무원교육훈련기관의 교수요원으로 선발되거나 그 밖에 교육훈련 관련 업무수행을 위하여 필요한 경우	1년 이내	필요한 경우에는 총 파견기간이 2년을 초과하지 않는 범위에서 파견기간을 연장할 수 있다.)		○	1년 이상
다른 국가기관 또는 지방자치단체나 그외의 기관·단체에서의 국가적 사업을 수행하기 위하여 특히 필요한 경우	2년 이내	필요한 경우에는 총 파견기간이 5년을 초과하지 않는 범위에서 파견기간을 연장할 수 있다.)	○	○	
다른 기관의 업무폭주로 인한 행정지원의 경우			○	○	
관련기관 간의 긴밀한 협조가 필요한 특수업무를 공동수행하기 위하여 필요한 경우			○	○	
국내의 연구기관, 민간기관 및 단체에서의 업무수행·능력개발이나 국가정책 수립과 관련된 자료수집 등을 위하여 필요한 경우			○	×	
국제기구, 외국의 정부 또는 연구기관에서의 업무수행 및 능력개발을 위하여 필요한 경우	필요한 기간	연장규정 없음	○	×	
소속 소방공무원의 교육훈련을 위하여 필요한 경우			×	×	6개월 이상

18-1 직제상 파견(임용령 제30조의5)

① 다음 각 호 어느 하나에 해당하는 파견 중 파견 소방공무원의 정원이 파견받는 기관의 조직과 정원에 관한 법령에 규정되어 있는 경우(이하 "직제상 파견"이라 한다)에는 인사혁신처장과 협의 없이 소속 소방공무원을 파견하거나 파견기간을 연장할 수 있으며, 파견기간 종료 전에 파견자를 복귀시킬 수 있다.

    ㉠ 다른 국가기관 또는 지방자치단체나 그 외의 기관·단체에서 국가적 사업을 수행하기 위하여 특히 필요한 경우

    ㉡ 다른 기관의 업무폭주로 인한 행정지원의 경우

    ㉢ 관련 기관간의 긴밀한 협조가 필요한 특수업무를 공동수행하기 위하여 필요한 경우

② 직제상 파견의 파견기간은 2년을 초과할 수 있고, 총 파견기간은 5년을 초과하여 연장할 수 있다.

③ 파견하거나 파견기간을 연장한 경우 또는 파견기간 종료 전에 파견자를 복귀시킨 경우에는 그 사실을 인사혁신처장에게 통보해야 한다.

19 육아휴직 명령의 원하는 경우 분할사용 사유(임용령 제30조의2)

다음의 휴직(이하 "육아휴직"이라 한다) 명령은 그 소방공무원이 원하는 경우 이를 분할하여 할 수 있다.

① 만 8세 이하의 자녀 양육

② 초등학교 2학년 이하의 자녀 양육

③ 여성공무원이 임신 또는 출산하게 되었을 때

20 시간선택제근무(임용령 제30조의3)

① 임용권자 또는 임용제청권자는 소방공무원이 원할 때에는 통상적인 근무시간보다 짧은 시간을 근무하는 소방공무원(이하 "시간선택제전환소방공무원"이라 한다)으로 지정할 수 있다. 다만, 상시근무체제를 유지하기 위한 교대제 근무자는 제외한다.

    ※ 시간선택제근무는 그 소방공무원이 원하는 경우에는 분할하여 실시할 수 있다(시행규칙 제22조의2 제1항).

② 시간선택제전환소방공무원의 근무시간은 1주당 15시간 이상 35시간 이하의 범위에서 임용권자 또는 임용제청권자가 정한다.

③ 임용권자 또는 임용제청권자는 시간선택제전환소방공무원을 지정한 경우에는 그 공무원의 남은 근무시간의 범위에서 「공무원임용령」에 따른 시간선택제임기제공무원을 채용할 수 있다.

④ 위 이외의 시간선택제전환소방공무원의 지정에 필요한 사항은 행정안전부령으로 정한다.

⑤ 시간선택제근무는 그 소방공무원이 원하는 경우에는 분할하여 실시할 수 있다(시행규칙 제22조의2 제1항).

⑥ 시간선택제전환소방공무원으로 지정하거나 시간선택제근무 기간의 종료, 육아휴직사유 소멸 등으로 시간선택제근무를 해제하는 경우에는 시간선택제근무명령서 또는 시간선택제근무해제 명령서를 발급해야 한다(시행규칙 제22조의2 제1항).

⑦ 시간선택제근무 시간은 1일 최소 3시간 이상이어야 한다(시행규칙 제22조의2 제3항).

21 출산휴가자 또는 육아휴직자 등의 업무를 대행하는 소방공무원(임용령 제30조의4)

① 임용권자 또는 임용제청권자는 소방공무원이 다음 각 호의 어느 하나에 해당하는 경우에는 그 공무원의 업무를 해당 임용권자 또는 임용제청권자에게 소속된 다른 소방공무원에게 대행하도록 명할 수 있다. 다만, 해당 소방공무원의 휴직으로 인하여 결원을 보충하거나, 시간선택제근무로 인하여 시간선택제임기제공무원을 채용하는 경우에는 그렇지 않다.

㉠ 「국가공무원법」 제71조 제1항(직권휴직) 및 제2항(의원휴직)에 따른 휴직을 하는 경우

㉡ 질병 또는 부상, 감염병, 공무상 질병 또는 부상으로 직무상 공무를 수행할 수 없을 때 병가를 가는 경우

㉢ 출산휴가 또는 유산휴가·사산휴가를 가는 경우(시·도 소속 소방공무원이 해당 시·도 조례에 따라 출산휴가 또는 유산휴가·사산휴가를 가는 경우를 포함한다)

㉣ 시간선택제전환소방공무원으로 지정된 경우. 이 경우 시간선택제전환소방공무원의 근무시간 외의 업무로 한정한다.

② 업무대행자의 수당지급(임용령 제30조의4 제2항)

병가, 출산휴가 또는 유산휴가·사산휴가 또는 육아휴직 중인 소방공무원의 업무를 대행하는 소방공무원 및 시간선택제전환소방공무원의 근무시간 외의 업무를 대행하는 소방공무원에게는 예산의 범위에서 수당을 지급할 수 있다.

③ 업무대행 소방공무원의 지정·해제 및 인원(시행규칙 제22조의3)

㉠ 업무를 대행하는 소방공무원을 지정하거나 업무대행 기간의 종료, 육아휴직자의 복귀 등으로 업무대행을 해제하는 경우에는 업무대행 명령서 또는 업무대행해제 명령서를 발급해야 한다.

㉡ 업무대행 소방공무원은 1명을 지정함을 원칙으로 하고, 업무의 특성상 여러 명을 지정할 필요가 있는 경우에는 최소한의 인원으로 하되, 5명을 초과할 수 없다.

22 별도정원의 범위(임용령 제31조) `13, 19년 소방위` `18년 통합`

소방공무원의 직급·직위 또는 상당 계급에 해당하는 정원이 따로 있는 것으로 보고 결원을 보충할 수 있는 경우는 다음과 같다.

별도정원 범위	별도정원 사유
1년 이상 소방공무원을 파견한 경우	• 다른 국가기관 또는 지방자치단체나 그 외의 기관·단체에서의 국가적 사업의 수행하기 위하여 특히 필요한 경우 • 다른 기관의 업무폭주로 인한 행정지원의 경우 • 관련기관 간 긴밀한 협조가 필요한 특수업무를 공동수행하기 위하여 필요한 경우 • 공무원교육훈련기관의 교수요원으로 선발되거나 그 밖의 교육훈련관련 업무수행을 위하여 필요한 경우 • 국제기구, 외국의 정부 또는 연구기관에서의 업무수행 및 능력개발을 위하여 필요한 경우 • 국내의 연구기관, 민간기관 및 단체에서의 업무수행·능력개발이나 국가정책 수립과 관련된 자료수집 등을 위하여 필요한 경우
6개월 이상 교육훈련 파견	「공무원 인재개발법」 또는 법 제20조 제3항에 따른 교육훈련을 위하여 필요한 경우로서 소방청과 그 소속기관 소속 소방공무원, 소방본부장 및 지방소방학교장에 대한 6개월 이상의 파견
퇴직예정자의 사회적응능력 배양을 위한 연수	정년 잔여기간이 1년 이내에 있는 자의 퇴직 후의 사회적응능력배양을 위한 연수(계급정년 해당자는 본인의 신청이 있는 경우에 한함)

23 별도정원의 결원보충 절차(임용령 제31조 제2항 내지 제4항) `13년 경북`

① 별도정원 범위에서 1년 이상의 파견(교육훈련의 경우 6개월 이상)으로 결원을 보충하는 경우에 소방청장은 미리 행정안전부장관과 협의해야 하며, 시·도지사는 행정안전부장관의 승인을 받아야 한다.

② 시·도지사가 소방령 이하 시·도 소방공무원을 보충하는 경우에는 승인을 받지 않고 보충할 수 있다.

③ 시·도지사가 임용권을 행사하는 소방공무원을 대상으로 국내외 위탁교육을 실시할 때 다음의 어느 하나에 해당하는 경우에는 그 훈련기간 동안 그 인원에 해당하는 정원이 해당 기관에 따로 있는 것으로 본다.

　㉠ 시·도지사가 훈련기간이 6개월 이상인 국외 위탁교육훈련계획을 수립·시행함에 따라 결원 보충이 필요한 경우

　㉡ 소방청장이 훈련기간이 6개월 이상인 교육훈련계획에 따라 교육훈련대상자의 직급 및 인원이 기관별로 결정된 경우

　㉢ 시·도지사가 소속 소방경 이하의 소방공무원을 대상으로 훈련기간이 6개월 이상인 국내 위탁교육훈련계획을 수립·시행함에 따라 결원 보충이 필요한 경우

④ 다음 각 호의 어느 하나에 해당하는 경우에는 정원이 따로 있는 것으로 보고 결원을 보충할 수 있다.

　㉠ 병가와 연속되는 질병휴직을 명하는 경우로서 질병휴직을 명한 이후의 병가 기간과 질병휴직기간을 합하여 6개월 이상인 경우

ⓒ 출산휴가와 연속되는 육아휴직을 명하는 경우로서 육아휴직을 명한 이후의 출산휴가기간
과 육아휴직기간을 합하여 6개월 이상인 경우

ⓒ 육아휴직과 연속되는 출산휴가를 승인하는 경우로서 출산휴가를 승인한 이후의 육아휴직
기간(출산휴가를 승인하면서 이와 연속된 육아휴직을 명하는 경우에는 해당 육아휴직기간
을 포함한다)과 출산휴가기간을 합하여 6개월 이상인 경우

24 인사기록의 종류(임용령 시행규칙 제11조)

인사기록의 종류는 다음 각 호와 같다.

① 소방공무원 인사기록카드

② 선서문

③ 신원조사회보서

④ 최종학교졸업증명서 또는 학력을 증명하는 서류

⑤ 면허 또는 자격증명서

⑥ 경력증명서

⑦ 전력조사회보서

⑧ 공무원채용신체검사서

⑨ 그 밖에 인사기록관리자가 필요하다고 인정하는 서류

25 인사기록의 작성 · 유지 · 관리 등(임용령 시행규칙 제10조) 20년 통합

① 인사기록관리자

소방청장, 시 · 도지사, 중앙소방학교장, 중앙119구조본부장, 국립소방연구원장, 지방소방학교장,
서울종합방재센터장, 소방서장, 119특수대응단장 및 소방체험관장은 소속 소방공무원에 대한 인
사기록을 작성 · 유지 · 관리해야 한다.

② 인사기록관리자는 인사기록의 적정한 관리를 위하여 관리담당자를 지정해야 한다.

26 인사기록의 전자적 관리 등(임용령 시행규칙 제10조의2)

① 표준인사관리시스템으로 작성 · 유지 · 관리

인사기록관리자는 소속 소방공무원에 대한 인사기록을 「공무원 인사기록 · 통계 및 인사사무
처리 규정」 제37조의3에 따른 표준인사관리시스템으로 작성 · 유지 · 관리할 수 있다. 다만, 소
방공무원 인사기록카드는 표준인사관리시스템으로 작성 · 유지 · 관리해야 한다.

② 표준인사관리시스템을 통한 인사기록의 작성 · 유지 · 관리는 인사록관리자의 인사기록의 작
성 · 유지 · 관리로 본다.

③ 인사기록을 표준인사관리시스템으로 작성 · 유지 · 관리하는 방법 및 절차 등에 관한 사항은
소방청장이 정한다.

27 **인사기록의 작성(임용령 시행규칙 제12조 제1항 내지 제4항)** `13년 경북` `15년 서울` `21년 통합`

① 신규채용된 소방공무원의 인사기록은 초임보직 소방기관의 장이 작성한다.

② 초임보직 소방기관의 장은 작성한 인사기록을 직접 보관하거나 해당 소방공무원의 인사기록을 보관하는 소방기관의 장에게 송부해야 한다.

③ 인사기록관리자는 퇴직한 소방공무원을 재임용한 경우에는 인사기록을 보관하고 있는 소방기관의 장에게 해당 소방공무원의 인사기록의 사본의 송부를 요청할 수 있으며, 그 요청을 받은 소방기관의 장은 지체 없이 이를 송부해야 한다.

④ 위탁교육훈련을 받고 그와 관련된 직위에 보직된 자로 전보제한 사유에 해당되는 자에 대해서는 그 사유를 소방공무원 인사기록카드의 경력사항란에 기재해야 한다.

28 **인사기록의 재작성할 수 있는 사유(임용령 시행규칙 제12조 제5항)** `20, 21년 통합` `21년 소방위`

인사기록관리자는 다음 각 호의 경우에는 인사기록을 재작성할 수 있다.

① 분실한 때

② 파손 또는 심한 오손으로 사용할 수 없게 된 때

③ 정정부분이 많거나 기록이 명확하지 아니하여 착오를 일으킬 염려가 있는 때

④ 기타 인사기록관리자가 필요하다고 인정한 때 ※ 인사기록관리담당자(×)

※ 소청심사위원회나 법원에서 징계처분·직위해제처분의 무효 또는 취소의 결정이나 판결이 확정된 때에는 해당 사실이 나타나지 아니하도록 인사기록카드를 재작성해야 한다.

29 **인사기록의 보관 및 이관(임용령 시행규칙 제13조)** `21년 통합`

① 소방공무원 인사기록(표준인사관리시스템으로 작성·유지·관리되는 인사기록은 제외한다)은 다음의 구분에 따른 소방기관의 장이 보관한다.

　㉠ 초임보직 소방기관이 소방청 또는 소방청의 소속기관인 경우 : 소방청장 또는 소방청 소속기관의 장

　㉡ 초임보직 소방기관이 시·도 소속인 경우 : 시·도지사

② 소방공무원의 승진·전출 등으로 인사기록관리자가 변경된 경우 변경 전 인사기록관리자는 변경 후 인사기록관리자에게 지체 없이 해당 소방공무원의 인사기록카드(표준인사관리시스템을 통해 송부한다)와 최근 3년간(소방위 이하의 소방공무원인 경우에는 최근 2년간)의 근무성적평정표 및 경력·교육훈련성적·가점 평정표 사본(전자문서를 포함한다)을 송부해야 한다.

30 **인사기록의 정리 및 변경(임용령 시행규칙 제14조)** `16년 경북` `16년 서울` `20, 21년 통합`

① 인사기록관리자는 소속 소방공무원에 대한 임용·징계·포상 기타의 인사발령이 있는 때에는 지체 없이 이를 해당 소방공무원의 인사기록카드에 기록해야 한다.

② 소방공무원은 성명·주소 기타 인사기록의 기록내용을 변경해야 할 정당한 사유가 있는 때에는 그 사유가 발생한 날부터 30일 이내에 소속 인사기록관리자에게 신고해야 한다.

③ 인사기록관리자는 인사기록(표준인사관리시스템으로 작성·유지·관리되는 인사기록은 제외한다)이 변경된 경우에는 인사기록을 보관하는 소방기관의 장에게 별지 제4호 서식에 증빙서류를 첨부하여 보고 또는 통보해야 한다.

31 인사기록의 열람 가능자(임용령 시행규칙 제15조 제1항) `14년 경기`

인사기록은 다음 각 호의 자를 제외하고는 이를 열람할 수 없다.

① 인사기록관리자

② 인사기록관리담당자

③ 본인

④ 기타 소방공무원 인사자료의 보고 등을 위하여 필요한 자

32 인사기록의 허가 열람(임용령 시행규칙 제15조 제2항)

① 본인 및 기타 소방공무원 인사자료의 보고 등을 위하여 필요한 자가 인사기록을 열람할 경우에는 인사기록관리자의 허가를 받아 인사기록관리담당자의 참여하에 정해진 장소에서 열람해야 한다. ※ 인사기록관리자에게 신고(×), 인사기록관리담당자의 허가(×)

② 인사기록을 열람한 자는 인사기록의 내용을 누설하여서는 아니 된다.

33 인사기록의 수정(임용령 시행규칙 제16조) `14년 경기`

① 인사기록은 다음 각 호의 경우를 제외하고는 이를 수정하여서는 아니된다.

　㉠ 오기한 것으로 판명된 때

　㉡ 본인의 정당한 요구가 있는 때

② 본인의 정당한 수정요구가 있는 때 인사기록관리자는 법원의 판결, 국가기관의 장이 발행한 증빙서류 그 밖의 정당한 서류를 확인한 후 수정해야 한다.

34 인사기록의 편철 및 보관(임용령 시행규칙 제17조) `14년 소방위`

① 인사기록(표준인사관리시스템으로 작성·유지·관리되는 인사기록은 제외한다)은 소방공무원인사기록철에 편철해야 한다.

② 퇴직한 소방공무원의 인사기록철은 인사기록을 보관하는 소방기관의 장이 따로 영구 보존한다.

35 교육훈련성적의 보고·통보(임용령 시행규칙 제18조)

중앙소방학교장 및 지방소방학교장은 교육훈련을 받은 자의 교육훈련성적을 교육훈련을 마친 날로부터 10일 이내에 인사기록관리자에게 보고 또는 통보해야 한다.

36 징계처분기록의 말소(임용령 시행규칙 제14조의2 제1항) `15, 18, 21, 22년 통합`

`18, 19, 20년 소방위`

인사기록관리자는 징계처분을 받은 소방공무원이 다음 해당하는 때에는 해당 소방공무원의 인사기록카드에 등재된 징계처분의 기록을 말소해야 한다.

① 징계처분의 집행이 종료된 날로부터 다음의 기간이 경과한 때. 다만, 징계처분을 받고 그 집행이 종료된 날로부터 다음의 기간이 경과하기 전에 다른 징계처분을 받은 때에는 각각의 징계처분에 대한 해당기간을 합산한 기간이 경과해야 한다.

강 등	정 직	감 봉	견 책
9년	7년	5년	3년

② 소청심사위원회나 법원에서 징계처분의 무효 또는 취소의 결정이나 판결이 확정된 때

③ 징계처분에 대한 일반사면이 있을 때 ※ 특별사면(×)

> **2020년 9월 1에 강등의 징계처분을 받은 경우 소방공무원의 인사기록카드에 등재된 강등의 징계처분의 말소시점은 언제인가?**
> 정답 : 2029년 9월 1일

37 직위해제처분기록의 말소(임용령 시행규칙 제14조의2 제2항) `22년 통합`

인사기록관리자는 직위해제처분을 받은 소방공무원이 다음에 해당하는 때에는 해당 소방공무원의 인사기록카드에 등재된 직위해제처분의 기록을 말소해야 한다.

① 직위해제처분의 종료일로부터 2년이 경과한 때. 다만, 직위해제처분을 받고 그 집행이 종료된 날로부터 2년이 경과하기 전에 다른 직위해제처분을 받은 때에는 각 직위해제처분마다 2년을 가산한 기간이 경과해야 한다.

② 소청심사위원회나 법원에서 직위해제처분의 무효 또는 취소의 결정이나 판결이 확정된 때

38 기록의 말소방법 및 절차(임용령 시행규칙 제14조의2 제3항 및 제4항)

① 기록의 말소는 인사기록카드상의 해당 처분기록에 말소된 사실을 표기하는 방법에 의한다.

② 다만, 소청심사위원회나 법원에서 징계 또는 직위해제처분의 무효 또는 취소의 결정이나 판결이 확정된 때 그 해당사유발생일 이전에 징계 또는 직위해제처분을 받은 사실이 없을 때에는 해당사실이 나타나지 아니하도록 인사기록카드를 재작성해야 한다.

③ 징계처분 및 직위해제처분의 말소방법, 절차 등에 관하여는 「공무원 인사기록·통계 및 인사사무 처리 규정」에 따른 징계등 처분기록 말소의 예에 따른다.

제5장 승 진

1 승진(법 제14조)

① 승진의 의의

소방공무원은 바로 아래 하위계급에 있는 소방공무원 중에서 근무성적, 경력평정, 그 밖의 능력을 실증(實證)하여 승진 임용한다.

② 소방준감 이하 계급으로의 승진은 승진심사에 의하여 한다. 다만, 소방령 이하 계급으로의 승진은 대통령령으로 정하는 비율에 따라 승진심사와 승진시험을 병행할 수 있다.

※ 심사승진임용과 시험승진임용을 병행하는 경우에는 승진임용예정 인원수의 60퍼센트를 심사승진임용예정 인원수로, 40퍼센트를 시험승진임용예정 인원수로 한다.

③ 소방정 이하 계급의 소방공무원에 대해서는 대통령령으로 정하는 바에 따라 계급별로 승진심사대상자명부를 작성해야 한다.

④ 소방준감 이하 계급으로의 승진은 심사승진후보자명부의 순위에 따른다. 다만, 소방령 이하 계급으로의 승진 중 시험에 의한 승진은 시험승진후보자명부 순위에 따른다.

⑤ 소방공무원의 승진에 필요한 계급별 최저근무연수, 승진의 제한, 그 밖에 승진에 필요한 사항은 대통령령으로 정한다.

2 승진임용의 구분 및 방법(법 제14조 및 승진임용 규정 제3조)

소방공무원의 승진임용은 심사승진임용, 시험승진임용 및 특별승진임용으로 구분한다.

승진임용의 구분	각 계급으로의 승진
임용권자 임의선발	소방감 이상 계급으로의 승진임용
승진심사	• 소방준감 이하 계급으로의 승진임용 • 소방정 이하 계급의 소방공무원에 대해서는 대통령령으로 정하는 바에 따라 계급별로 승진대상자명부를 작성해야 한다.
승진심사와 시험승진	소방령 이하 계급으로의 승진은 대통령령으로 정하는 비율에 따라 승진심사와 승진시험을 병행할 수 있다.
근속승진	해당 계급에서 일정기간 동안 재직한 사람에 대하여 상위직급의 정원에 관계 없이 승진임용하는 제도이다. (일정기간 : 소방교로의 승진임용은 4년 이상, 소방장으로의 승진임용은 5년 이상, 소방위로의 승진임용은 6년 6개월, 소방경으로의 승진임용은 8년 이상)
특별승진	• 청렴과 봉사정신으로 직무에 정려하여 다른 공무원의 귀감이 되는 공적이 있다고 인정되는 자 : 소방령 이하 계급으로의 승진 • 소속기관의 장이 직무 수행능력이 탁월하여 소방행정발전에 지대한 공헌실적이 있다고 인정하는 자 : 소방령 이하 계급으로의 승진 • 창안등급 동상 이상을 받은 자로서 소방행정발전에 기여한 실적이 뚜렷한 자 : 소방령 이하의 계급으로의 승진 • 20년 이상 근속하고 정년퇴직일 전 1년 이상의 기간 중 자진하여 퇴직하는 자로서 재직 중 특별한 공적이 있다고 인정되는 자 : 소방정감 이하 계급으로의 승진 • 순직자 : 모든 계급으로의 승진

3 소방공무원의 승진임용예정인원수 책정(승진임용 규정 제4조)

① 소방공무원의 승진임용예정인원수는 해당 연도의 실제결원 및 예상되는 결원을 고려하여 임용권자(임용권을 위임받은 사람을 포함)가 정한다.

※ 해당 연도의 승진임용예정인원수는 계급별, 승진구분별로 정해야 한다(시행규칙 제2조).

② 계급별 승진임용예정인원수를 정함에 있어서 특별승진임용예정인원수를 따로 책정한 경우에는 당초 승진임용예정인원수에서 특별승진임용예정인원수를 뺀 인원수를 해당 계급의 승진임용예정인원수로 한다.

4 승진임용예정인원수 비율(승진임용 규정 제4조) `16년 강원` `16년 서울` `20, 21년 통합` `21년 소방위`

① 심사승진임용과 시험승진임용을 병행하는 경우 : 승진임용예정 인원수의 60퍼센트를 심사승진임용예정 인원수로, 40퍼센트를 시험승진임용예정 인원수로 한다. 〈2024.1.2. 개정〉

② 소방경 이하 계급으로의 승진임용예정인원수를 정하는 경우에는 해당 계급으로의 승진임용예정 인원수의 30퍼센트 이내에서 특별승진임용예정 인원수를 따로 정할 수 있다. 〈2024.1.2. 개정〉

5 **특별승진임용예정인원수 결정 시 계급별 비율 적용이 배제되는 경우**

다음의 특별승진한 경우에는 승진임용비율 적용하지 않을 수 있다.

① 청렴과 봉사정신으로 직무에 정려하여 다른 공무원의 귀감이 되는 공적이 있다고 인정되는 사람

② 20년 이상 근속하고 정년퇴직일 전 1년 이상의 기간 중 자진하여 퇴직하는 사람으로서 재직 중 특별한 공적이 있다고 인정되는 사람

③ 순직한 경우 : 천재·지변·화재 또는 그 밖에 이에 준하는 재난현장에서 직무수행 중 사망하였거나 부상을 입어 사망한 사람

④ 천재·지변·화재 또는 그 밖에 이에 준하는 재난에 있어서 위험을 무릅쓰고 헌신 분투하여 현저한 공을 세우고 사망하였거나 부상을 입어 사망한 사람 또는 직무수행 중 다른 사람의 모범이 되는 공을 세우고 사망하였거나 부상을 입어 사망한 사람으로 한다.

6 **승진의 요건**

① 해당 계급에서 승진소요최저근무연수 이상 재직해야 한다.

② 승진심사대상 제한사유에 해당되지 않아야 한다.

③ 승진대상자 명부 또는 승진대상자통합명부의 순위가 높은 사람으로부터 다음 수만큼의 승진심사 대상인 사람의 수에 해당되어야 한다.

승진임용예정인원수	승진심사 대상인 사람의 수
1~10명	승진임용예정인원수 1명당 5배수
11명 이상	승진임용예정인원수 10명을 초과하는 1명당 3배수 + 50명

7 **승진소요최저근무연수(승진임용 규정 제5조)** `15, 18, 20, 22년 소방위` `19년 통합`

소방공무원이 승진하려면 다음에 따른 기간 이상 해당 계급에 재직해야 한다. 〈2024.1.2. 개정〉

소방정	소방령	소방경	소방위	소방장	소방교	소방사
3년	2년		1년			

8 **승진소요최저근무연수의 계산의 기준일(승진임용 규정 시행규칙 제3조)** `16년 강원`
`16년 경기` `17, 18년 통합` `20, 22년 소방위`

① 시험승진의 경우 : 제1차 시험의 전일

② 심사승진의 경우 : 승진심사 실시일의 전일

③ 특별승진의 경우 : 승진임용예정일

※ 승진소요최저근무연수에 합산할 다른 법령에 의한 공무원의 신분으로 재직한 기간은 「소방공무원임용령 시행규칙」 별표 3의 채용계급 상당 이상의 계급으로 근무한 기간에 한하되 환산율은 2할로 한다.

9 승진소요최저근무연수에 산입하지 아니하는 기간(승진임용 규정 제5조 제2항)

`16년 강원` `18, 19년 통합`

다음은 승진소요최저근무연수 산정기간에 포함하지 않는다.

① 휴직기간

② 직위해제기간

③ 징계처분기간

④ 승진임용 제한기간

※ 징계처분의 집행이 종료된 날부터 다음의 기간이 지나지 않은 사람

강등·정직	감 봉	견 책	비 고
18개월	12개월	6개월	금전, 물품, 부동산, 향응 또는 그 밖에 대통령령으로 정하는 재산상 이익을 취득하거나 제공한 경우, 예산 및 기금 등에 해당하는 것을 횡령(橫領), 배임(背任), 절도, 사기 또는 유용(流用)한 사유로 인한 징계처분과 소극행정, 음주운전(음주측정에 응하지 않은 경우를 포함한다), 성폭력, 성희롱 또는 성매매로 인한 징계처분의 경우에는 각각 6개월을 더한 기간

10 승진소요최저근무연수에 산입하는 기간(승진임용 규정 제5조 제2항 단서) `14년 경기`

`15년 서울` `15, 17년 통합` `16, 22년 소방위`

구 분	승진소요최저근무연수에 산입 사유
휴직 기간	• 공무상 질병 또는 부상으로 인하여 휴직한 경우 그 휴직기간(3년 이내) • 병역복무를 필하기 위하여 징집 또는 소집으로 인한 휴직(복무기간) • 기타 법률의 규정에 의한 의무 수행을 위하여 직무를 이탈하게 됨으로 인한 휴직(휴직기간) • 국제기구·외국기관·국내외 대학·연구기관, 다른 국가기관 또는 대통령령으로 정하는 민간기업, 그 밖의 기관에 임시로 채용될 때(채용기간) • 국외 유학을 하게 되었을 때 그 휴직기간의 50%에 해당하는 기간 인정(3년 이내로 하되, 부득이한 경우 2년의 범위 내에서 연장 가능) • 만 8세 이하 또는 초등학교 2학년 이하의 자녀를 양육하기 위하여 필요하거나 여성공무원이 임신 또는 출산하게 되었을 때. 다만, 자녀 1명에 대한 총 휴직기간이 1년을 넘는 경우에는 최초의 1년으로 하되, 다음의 어느 하나에 해당하는 경우에는 그 휴직기간 전부로 한다. 　－ 첫째 자녀에 대하여 부모가 모두 휴직을 하는 경우로서 각 휴직기간이 6개월 이상인 경우 　－ 둘째 자녀 이후에 대하여 휴직을 하는 경우

직위
해제
기간
	• 파면 · 해임 · 강등 또는 정직에 해당하는 징계 의결이 요구 중인 자가 직위해제처분을 받은 사람의 처분
	사유가 된 징계처분이 소청심사위원회의 결정 또는 법원의 판결에 따라 무효 또는 취소로 확정된 경우(징계
	의결 요구에 대하여 관할 징계위원회가 징계하지 아니하기로 의결한 경우를 포함한다)
	• 형사 사건으로 기소된 자(약식명령이 청구된 자는 제외한다)가 직위해제처분을 받은 사람의 처분 사
	유가 된 형사사건이 법원의 판결에 따라 무죄로 확정된 경우
	•「국가공무원법」 제73조의3 제1항 제6호에 따라 금품비위, 성범죄 등으로 직위해제처분을 받은 사람
	의 처분사유가 된 비위행위(이하 "비위행위"라 한다)가 1) 및 2)에 모두 해당하는 경우
	  1) 비위행위에 대한 징계절차와 관련하여 다음의 어느 하나에 해당하는 경우
	    가) 소방청장 등이 「소방공무원 징계령」 제9조에 따른 징계의결 요구를 하지 않기로 한 경우
	    나) 해당 소방공무원에 대한 징계의결 요구에 대하여 관할 징계위원회가 징계하지 않기로 의결한
	      경우
	    다) 징계처분이 소청심사위원회의 결정이나 법원의 판결에 따라 무효 또는 취소로 확정된 경우
	  2) 비위행위에 대한 조사 또는 수사 결과가 다음의 어느 하나에 해당하는 경우
	    가) 형사사건에 해당하지 않는 경우
	    나) 사법경찰관이 불송치를 하거나 검사가 불기소를 한 경우. 다만, 공소를 제기하지 않는 경우와
	      불송치 또는 불기소를 했으나 해당 사건이 다시 수사 및 기소되어 법원의 판결에 따라 유죄가
	      확정된 경우는 제외한다.
	    다) 형사사건으로 기소되거나 약식명령이 청구된 사람이 법원의 판결에 따라 무죄로 확정된 경우

기타 재직한 기간	• 퇴직한 소방공무원이 퇴직 당시의 계급 이하의 계급으로 임용된 경우 퇴직 전의 재직기간 중 재임용 당시의 계급 이상의 계급으로 재직한 기간은 재임용 당시 계급에 한정하여 기간에 포함한다. • 다른 법령에 따라 공무원의 신분으로 재직하던 사람이 소방장 이상의 소방공무원으로 임용된 경우 종전의 신분으로 재직한 기간은 재임용일로부터 10년 이내의 경력에 한정하여 행정안전부령으로 정 하는 기준에 따라 환산하여 이를 근무기간에 포함한다. 다만, 소방공무원으로 임용되어 승진된 사람 에 대해서는 승진된 계급 또는 그 이상에 상응하는 다른 공무원으로 재직한 기간은 기간에 포함하지 않는다. • 사법연수원의 연수생으로서 수습한 기간은 소방령 이하 소방공무원의 승진소요최저근무연수에 포함 한다.
강등 또는 강임기간	• 강등되거나 강임된 사람이 강등되거나 강임된 계급 이상의 계급에서 재직한 기간은 강등되거나 강임 된 계급에서 재직한 연수에 포함한다. • 강등되거나 강임되었던 사람이 원(原) 계급으로 승진된 경우에는 강등되거나 강임되기 전의 계급에서 재직한 기간은 원 계급에서 재직한 연수에 포함한다.
시간선택 제전환소 방공무원	통상적인 근무시간보다 짧게 근무하는 소방공무원(이하 "시간선택제전환소방공무원"라 한다)의 근무기 간을 다음 기준에 따라 승진소요최저근무연수에 포함한다. • 해당 계급에서 시간선택제전환소방공무원으로 근무한 1년 이하의 기간은 그 기간 전부 • 해당 계급에서 시간선택제전환소방공무원으로 근무한 1년을 넘는 기간은 근무시간에 비례한 기간 • 해당 계급에서 만 8세 이하 또는 초등학교 2학년 이하의 자녀를 양육하기 위하여 필요하거나 여성공 무원이 임신 또는 출산하게 된 사유로 인한 휴직을 대신하여 시간선택제전환소방공무원으로 지정되 어 근무한 기간은 둘째 자녀부터 각각 3년의 범위에서 그 기간 전부

11 특별승진 시 승진소요최저근무연수 등의 적용 배제

승진 구분		승진소요최저근무연수	승진임용의 제한	임용비율
순직자의 경우		적용 배제	적용 배제	적용 배제
특별승진의 경우	• 청렴과 봉사정신으로 직무에 정려하여 다른 공무원의 귀감이 되는 공적이 있다고 인정되는 자 • 소속기관의 장이 직무 수행능력이 탁월하여 소방행정발전에 지대한 공헌실적이 있다고 인정하는 자 　- 천재·지변·화재 기타 이에 준하는 재난에 있어서 위험을 무릅쓰고 헌신분투하여 다수의 인명을 구조하거나 재산의 피해를 방지한 자 　- 창의적인 연구와 헌신적인 노력으로 소방제도의 개선 및 발전에 기여한 자 　- 교수요원으로 3년 이상 근무한 자로서 소방교육발전에 현저한 공이 있는 자 • 창안등급 동상이상을 받은 자로서 소방행정발전에 기여한 실적이 뚜렷한 자	3분의 2 이상 재직해야 승진할 수 있다	승진임용의 제한 규정이 적용되지 않는 사람 중에 실시한다.	적용
20년 이상 근속하고 정년퇴직일 전 1년 이상의 기간 중 자진하여 퇴직하는 자로서 재직 중 특별한 공적이 있다고 인정되는 자		적용 배제	승진임용의 제한 규정이 적용되지 않는 사람 중에 실시한다.	적용 (신임교육 또는 관리역량교육 미수료자 적용 배제)

12 승진임용의 제한(제외)(승진임용 규정 제6조 제1항) `12, 20년 소방위` `14년 경기소방교` `16년 대구` `16년 부산` `16년 서울` `21, 22년 통합`

다음의 어느 하나에 해당하는 소방공무원은 승진임용을 할 수 없다.

① 징계처분 요구 또는 징계의결 요구, 징계처분, 직위해제, 휴직 또는 시보임용기간 중에 있는 사람

② 징계처분의 집행이 종료된 날부터 다음의 기간이 지나지 않은 사람

강등·정직	감 봉	견 책	비 고
18개월	12개월	6개월	금전, 물품, 부동산, 향응 또는 그 밖에 대통령령으로 정하는 재산상 이익을 취득하거나 제공한 경우, 예산 및 기금 등에 해당하는 것을 횡령(橫領), 배임(背任), 절도, 사기 또는 유용(流用)한 사유로 인한 징계처분과 소극행정, 음주운전(음주측정에 응하지 않은 경우를 포함한다), 성폭력, 성희롱 또는 성매매로 인한 징계처분의 경우에는 각각 6개월을 더한 기간

③ 징계에 관하여 소방공무원과 다른 법령의 적용을 받는 공무원이 소방공무원으로 임용된 경우, 종전의 신분에서 강등의 징계처분을 받고 그 처분 종료일부터 18개월이 지나지 않은 사람과 근신·군기교육 기타 이와 유사한 징계처분을 받고 그 처분 종료일부터 6개월이 지나지 않은 사람

④ 신임교육과정을 졸업하지 못한 사람

⑤ 관리역량교육과정을 수료하지 못한 사람

⑥ 소방정책관리자교육과정을 수료하지 못한 사람

13 승진임용 제한기간의 승계(승진임용 규정 제6조 제2항) `13년 강원`

① 승진임용 제한기간 중에 있는 자가 다시 징계처분을 받은 경우의 승진임용 제한기간은 전(前) 처분에 대한 제한기간이 끝난 날부터 계산한다.

② 징계처분으로 승진임용 제한기간 중에 있는 사람이 휴직하거나 직위해제 처분을 받은 경우 징계처분에 따른 남은 승진임용 제한기간은 복직한 날부터 계산한다.

14 승진임용 제한기간 등의 단축(승진임용 규정 제6조 제3항) `13, 20년 소방위` `15년 서울`

소방공무원이 징계처분을 받은 후 해당 계급에서 훈장·포장·모범공무원포상·국무총리 이상의 표창 또는 제안의 채택·시행으로 포상을 받은 경우에는 승진임용 제한기간의 2분의 1을 단축할 수 있다. ※ 3분의 1을 단축할 수 있다.(×)

15 승진임용예정인원수에 따른 승진심사의 대상(승진임용 규정 별표 1) `16년 서울` `16년 대구` `18, 20년 소방위`

승진임용예정 인원수	승진심사 대상인 사람의 수
1~10명	승진임용예정인원수 1명당 5배수
11명 이상	승진임용예정인원수 10명을 초과하는 1명당 3배수 + 50명

15-1 순직한 승진후보자의 승진(법 제14조의2)

심사승진후보자명부 또는 시험승진후보자명부에 등재된 사람이 승진임용 전에 순직한 경우 그 사망일 전날을 승진일로 하여 승진 예정 계급으로 승진한 것으로 본다. 〈2023.8.16. 신설〉

16 근속승진 대상계급 및 재직연수(법 제15조) 16년 소방위 16년 부산 21, 22년 통합

① 해당 계급에서 다음 표에 따른 기간 동안 재직한 사람은 소방교, 소방장, 소방위, 소방경으로 근속승진임용을 할 수 있다. 다만, 인사교류 경력이 있거나 주요 업무의 추진 실적이 우수한 공무원 등 소방행정 발전에 기여한 공이 크다고 인정되는 경우에는 대통령령으로 정하는 바에 따라 그 기간을 단축할 수 있다.

소방경 ← 소방위	소방위 ← 소방장	소방장 ← 소방교	소방교 ← 소방사
8년	6년 6개월	5년	4년

② 소방위 이하 근속승진 대상자는 근속승진 임용일 전월 말일 기준으로, 소방경 근속승진 대상자는 매년 4월 30일, 10월 31일을 기준으로 위 표에 따른 기간 동안 재직하여야 한다(소방공무원 근속승진운영지침 제2조).

17 근속승진기간의 단축(승진임용 규정 제6조의2) 22년 통합

인사교류 경력이 있거나 주요 업무의 추진 실적이 우수한 공무원 등 소방행정 발전에 기여한 공이 크다고 인정되는 다음의 경우에는 해당 각 호의 구분에 따른 기간을 근속승진기간에서 단축할 수 있다.

① 인력의 균형 있는 배치와 효율적인 활용, 행정기관 상호 간의 협조체제 증진, 국가정책 수립과 집행의 연계성 확보 및 공무원의 종합적 능력발전 기회 부여 등을 위하여 필요하여 인사교류 중에 있거나 인사교류 중에 있거나 인사교류 경력이 있는 소방공무원 : 인사교류 기간의 2분의 1에 해당하는 기간

② 국정과제 등 주요 업무의 추진실적이 우수한 소방공무원이나 적극행정 수행 태도가 돋보인 소방공무원 : 1년

③ 국정과제 등 주요 업무의 추진실적이 우수한 소방공무원이나 적극행정 수행 태도가 돋보인 소방공무원의 근속승진 기간을 단축하는 소방공무원의 인원수는 인사혁신처장이 제한할 수 있다.

18 근속승진자의 정원(법 제15조)

① 근속승진한 소방공무원이 근무하는 기간에는 그에 해당하는 직급의 정원이 따로 있는 것으로 보고, 종전 직급의 정원은 감축된 것으로 본다.

② 근속승진임용의 기준, 절차 등에 관하여 필요한 사항은 대통령령으로 정한다.

19 근속승진 최저근무 연수 계산(승진임용 규정 제6조의2 제1항)

근속승진(이하 "근속승진"이라 한다) 기간은 **10**에 따른 승진소요최저근무연수의 계산 방법에 따라 계산한다.

20 근속승진 후보자의 성적(승진임용 규정 제6조의2 제4항) `19, 22년 통합`

근속승진 후보자는 승진대상자명부에 등재가 되어 있고, 최근 2년간 평균 근무성적평정점이 "양"이하에 해당하지 않은 사람으로 한다.

21 소방경으로의 근속승진 임용횟수 및 비율(승진임용 규정 제6조의2 제5항) `18년 통합` `20년 소방위`

① 임용권자는 소방경으로의 근속승진임용을 위한 심사를 연 2회 실시할 수 있다. 이 경우 소방경으로 근속승진임용을 할 수 있는 인원수는 연도별로 합산하여 해당 기관의 근속승진 대상자의 100분의 40에 해당하는 인원수(소수점 이하가 있는 경우에는 1명을 가산한다)를 초과할 수 없다.
   ※ 연 1회(×), 100분의 30(×)
② 임용권자는 근속승진심사를 실시하려는 경우 근속승진임용일 20일 전까지 해당 기관의 근속승진 대상자 및 근속승진임용 예정인원을 소방청장에게 보고해야 한다.

22 근속승진명부 구분 등(승진임용 규정 제6조의2 제6항 내지 제8항) `21, 22년 통합`

① 임용권자는 인사의 원활한 운영을 위하여 필요하다고 인정되는 경우에는 소방위 재직기간별로 승진대상자 명부를 구분하여 작성할 수 있다.
② 근속승진 요건에 해당하는 경우에는 근속승진 기간에 도달하기 5일 전부터 승진심사를 할 수 있다.
③ 위 규정사항 이외에 근속승진 방법 및 인사운영에 필요한 사항은 소방청장이 정한다.

23 소방공무원 근속승진 운영지침(소방청예규) → 참고자료

목 적	소방교, 소방장, 소방위, 소방경으로의 근속승진 방법 및 인사운영에 관한 사항에 대해 규정함을 목적으로 한다.
근속승진 소요기간	소방위 이하 근속승진 대상자는 근속승진 임용일 전월 말일 기준으로, 소방경 근속승진 대상자는 매년 4월 30일, 10월 31일을 기준으로 「소방공무원법」 제15조 제1항에 따른 기간 동안 재직하여야 한다
근속승진임용의 방법 및 절차	근속승진임용은 이 지침과 소방청장이 따로 정하는 방법과 절차 외에는 「소방공무원 승진임용 규정」 및 「소방공무원 승진임용 규정 시행규칙」에서 정한 승진심사의 방법과 절차에 의하되 같은 시행규칙 제25조 제2항의 사전심의 단계는 생략한다.
승진임용의 제한	근속승진임용은 「소방공무원 승진임용 규정」 제6조(승진임용의 제한) 및 제23조 제3호(승진시험에 응시할 수 없는 자)에 따라 제한한다.

승진대상자 명부의 작성	• 근속승진에 필요한 요건을 갖춘 소방위 이하 소방공무원에 대하여 「소방공무원 승진임용 규정」 제11조 제1항부터 제3항 및 제12조에 따른 승진대상자 명부 작성 방법을 준용하여 계급별로 근속 승진대상자 명부를 작성한다. • 소방위 근속승진대상자 명부는 근무성적평정점 50퍼센트, 경력평정점 35퍼센트, 교육훈련성 적평정점 15퍼센트의 비율에 따라 작성한다. • 경력평정점은 소방위 경력 12년을 만점(35점)으로 하며, 소방위 경력월수에 0.243을 곱한 값으 로 한다. 이 경우 경력의 기간계산은 「소방공무원 승진임용 규정 시행규칙」 제10조의 규정에 따른다. • 소방장 이하 근속승진대상자 명부는 근속승진 임용일 전월 말일 기준으로 작성하고, 소방위 근속승진대상자 명부는 매년 4월 30일, 10월 31일을 기준으로 작성한다.
정년퇴직 예정자에 대한 특례	승진대상자 명부작성일을 기준으로 향후 1년 이내에 정년으로 퇴직이 예정되어있는 소방위는 우선하여 근속승진임용을 할 수 있다.
근속승진임용 대상 및 시기	• 소방공무원 근속승진 임용대상자는 「소방공무원 승진임용 규정」 제6조의2에 따른다. • 소방경으로의 근속승진 인원은 「소방공무원 승진임용 규정」 제6조의2 제5항에 따른다. 다만, 임용권자는 소속기관별 승진대상자 분포, 승진여건 등을 고려하여 소속관서별로 승진예정 인 원을 조정할 수 있다. • 소방교, 소방장, 소방위로의 근속승진임용의 시기는 매월 1일로 하고, 소방경으로의 근속승진 임용의 시기는 매년 5월 1일, 11월 1일로 한다. • 제1항에도 불구하고 심사위원회의 근속승진 심사 결과 부적격자로 결정된 경우에는 근속승진 임용을 할 수 없다.
근속승진에 따른 결원 충원	• 임용권자는 직제상의 정원에 해당하는 현원과 근속승진으로 인한 현원을 엄격하게 구분 관리 하여야 하며, 근속승진자가 아닌 직제상의 정원에 해당하는 현원 중에서 통상적인 결원(퇴직・ 상위계급 승진 등)이 발생한 경우에는 동 결원의 범위 안에서 해당 계급으로의 신규채용이나 일반승진 등으로 충원할 수 있다. • 임용권자는 근속승진임용 시 근속승진과 일반승진을 구분하여 심사절차를 거치도록 하여야 하며, 근속승진자에 대해서는 소방공무원인사기록카드 ⑭ 임용사항 중 "임용과정"란에 근속승 진된 사람임을 표기(예시 : 근속승진)하여 근속승진자와 일반승진자를 구분하여 운영하여야 한다.
근속승진의 정원관리	• 상위 계급으로 근속승진하는 경우, 근속승진된 사람이 해당 계급에 재직하는 기간 동안은 근속 승진된 인원만큼 근속승진된 계급의 정원은 증가하고 종전 계급의 정원은 감축된 것으로 본다. • 상위 계급으로 근속승진한 사람이 다시 차상위계급으로 근속승진하는 경우에는 당초 근속승진 된 계급의 정원은 감축되고 차상위계급의 정원이 증원된 것으로 본다. • 근속승진된 사람이 타 기관 전출, 승진 등으로 해당 계급에 재직하지 않은 경우에는 당초의 계급별 정원대로 환원되어야 한다.

24 근무성적평정 대상 및 반영(승진임용 규정 제7조 제1항) `15, 18년 통합` `15년 서울` `16년 경기`

`18년 소방위`

소방정 이하의 소방공무원에 대하여는 근무성적을 평정하여야 하며, 근무성적평정의 결과는 승진・ 전보・특별승급・성과상여금지급・교육훈련 및 보직관리 등 각종 인사관리에 반영하여야 한다.

25 근무성적평정 사항(승진임용 규정 제7조 제2항) `22년 통합`

근무성적의 평정은 당해 소방공무원의 근무성적·직무수행능력·직무수행태도 및 발전성 등을 평가하여야 한다.

26 근무성적평정 및 평정점의 분포비율 등(승진임용 규정 제7조 제3항 내지 제5항)

`18, 21년 소방위` `19, 20, 21, 22년 통합`

① 근무성적은 평정대상자의 계급별로 평정결과가 다음의 분포비율에 맞도록 평정해야 한다. 다만, 피평정자의 수가 적어 다음의 분포비율을 적용하는 것이 불합리하거나 "가"에 해당하는 자가 없을 경우에는 이를 적용하지 아니할 수 있으며, 이 경우 "가"의 비율은 "양"에 가산한다.

구 분	수	우	양	가
분포비율	20%	40%	30%	10%

② 근무성적평정의 결과는 공개하지 않는다. 다만, 소방청, 시·도와 중앙소방학교·중앙119구조본부·국립소방연구원·지방소방학교·서울종합방재센터·소방서·119특수대응단 및 소방체험관의 소방기관의 장은 근무성적평정이 완료되면 평정 대상 소방공무원에게 근무성적평정 결과를 통보할 수 있다.

③ 근무성적평정의 기준·시기·방법 기타 필요한 사항은 행정안전부령으로 정한다.

④ 근무성적평정점의 분포비율(승진임용 규정 시행규칙 제8조)

　㉠ 수·우·양·가의 구분은 다음과 같은 평정점에 따라 정한다.

구 분	수	우	양	가
평정점	55점 이상 ~ 60점	45점 이상 ~ 55점 미만	33점 이상 ~ 45점 미만	33점 미만

　㉡ "가" 평정을 할 경우에는 평정표에 그 사유를 명확하게 기록해야 한다.

　㉢ 제1차 평정자와 제2차 평정자가 근무성적을 평정함에 있어서는 특별한 사정이 없는 한 피평정자의 총평정점이 동일하지 아니하도록 평정해야 한다.

27 근무성적평정 등의 시기 등(승진임용 규정 시행규칙 제4조 내지 제7조) `18, 21년 소방위`

① 근무성적, 경력 및 교육훈련성적의 평정은 연 2회 실시하되, 매년 3월 31일과 9월 30일을 기준으로 한다

② 근무성적 평정은 근무성적평정표에 따라 평정한다.

③ 근무성적의 총평정점은 60점을 만점으로 하되, 제1차 평정자와 제2차 평정자는 각각 30점을 최고점으로 하여 평정한다.

④ 소방기관의 장은 근무성적평정이 완료되어 평정 대상 소방공무원에게 근무성적평정 결과를 통보하는 경우에는 근무성적평정점의 분포비율에 따른 평정등급을 통보한다(승진임용 규정 시행규칙 제9조의2).

⑤ 근무성적의 평정자는 제1차 평정자와 제2차 평정자로 구분하며, 평정자는 승진임용 규정 시행규칙 별표 1과 같다.

28 근무성적평정자(승진임용 규정 시행규칙 별표 1) `13년 강원` `20년 통합` `20, 21년 소방위`

소속		계급	1차 평정자	2차 평정자
소방청	관·국	소방정	소속 국장	차 장
	관·국 외		소속 과장	
중앙소방학교			중앙소방학교장	차 장
중앙119구조본부			중앙119구조본부장	차 장
국립소방연구원			국립소방연구원장	차 장
시·도 소방본부			소속 시·도 소방본부장	소속 시·도 부시장 또는 부지사. 다만, 지방소방학교장의 경우에는 차장
소방서				
지방소방학교				
서울종합방재센터				
119특수대응단				
소방체험관				
소방청	관·국	소방령 및 소방경	소속 과장	소속 국장
	관·국 외			차 장
중앙소방학교			중앙소방학교장	차 장
중앙119구조본부			중앙119구조본부장	차 장
국립소방연구원		소방령	국립소방연구원장	차 장
		소방경	소속 과장	국립소방연구원장
시·도 소방본부		소방령 및 소방경	소속 부서장(과장 등)	소속 시·도 소방본부장
소방서			소속 소방서장	
지방소방학교			소속 지방소방학교장	
서울종합방재센터			서울종합방재센터소장	
119특수대응단			119특수대응단장	
소방체험관			소방체험관장	
소방청	관·국	소방위 이하	소속 과장	소속 국장
	관·국 외			차 장
중앙소방학교				중앙소방학교장
중앙119구조본부				중앙119구조본부장
국립소방연구원				국립소방연구원장

시·도 소방본부	소방위 이하	소속 부서장(과장 등)	소속 시·도 소방본부장
소방서		소속 부서장(과장, 안전센터장, 구조대장). 다만, 본인이 부서장인 경우에는 해당 소방서의 인사주무과장(소방행정과장)	소속 소방서장
지방소방학교		소속 부서장(과장 등)	소속 지방소방학교장
서울종합방재센터			서울종합방재센터소장
119특수대응단		소속 부서장(과장 등)	119특수대응단장
소방체험관		소속 부서장(과장 등)	소방체험관장

비 고
1. "관·국 외"란 운영지원과, 대변인실, 119종합상황실, 청장실 및 차장실, 감사담당관을 말한다.
2. "소속 국장"에는 기획조정관을, "소속 과장"에는 대변인, 담당관, 실장, 팀장·구조대장·센터장 등 과장급 부서장을 포함한다.
3. 청장실 및 차장실의 경우 운영지원과장을 소속 과장으로 본다.
4. 소방청장 또는 특별시장·광역시장·특별자치시장·도지사·특별자치도지사는 위 표에도 불구하고 다음의 어느 하나에 해당하는 경우에는 평정자를 따로 지정할 수 있다.
   • 평정자가 누구인지 특정하기 어려운 경우
   • 위 표에서 정하지 않은 기관에 소속된 소방공무원의 경우
5. 위 표에도 불구하고 시·도지사는 소방정 계급 소방공무원의 1차 평정자를 「지방자치단체의 행정기구와 정원기준 등에 관한 규정」 별표 2 제2호에 따라 소방준감으로 보하는 소방 담당 과장 중에서 지정할 수 있다. 이 경우 2차 평정자는 소속 시·도의 소방본부장이 된다.

29 근무성적평정의 예외(승진임용 규정 제8조) `12, 18년 소방위` `13년 강원` `15, 18, 20, 21, 22년 통합` `16년 경북` `16년 경기`

① 소방공무원이 휴직, 직위해제나 그 밖의 사유로 근무성적평정 대상기간 중 실제 근무기간이 1개월 미만인 경우에는 근무평정을 하지 않는다. ※ 6개월 미만(×)
② 소방공무원이 국외 파견 등 교육훈련으로 인하여 실제 근무기간이 1개월 미만인 경우에는 직무에 복귀한 후 첫 번째 정기평정을 하기 전까지 최근 2회의 근무성적평정결과의 평균을 해당 소방공무원의 평정으로 본다.
③ 소방공무원이 6월 이상 국가기관·지방자치단체에 파견근무하는 경우에는 파견받은 기관의 의견을 참작하여 근무성적을 평정해야 한다.
④ 소방공무원이 전보된 경우 : 해당 소방공무원의 근무성적평정표를 그 전보된 기관에 이관해야 한다. 다만, 평정기관을 달리하는 기관으로 전보된 후 1개월 이내에 평정을 실시할 때에는 전출기관에서 전출 전까지의 근무기간에 해당하는 평정을 실시하여 송부해야 하며, 전입기관에서는 송부된 평정결과를 참작하여 평정해야 한다.
⑤ 정기평정 이후에 신규채용 또는 승진임용된 사람의 평정 : 2월이 경과한 후의 최초의 정기평정일에 평정해야 한다. 다만, 강임된 소방공무원이 승진임용된 경우에는 강임되기 전의 계급에서의 평정을 기준으로 하여 즉시 평정해야 한다.
⑥ 소방공무원이 소방청과 시·도 간 또는 시·도 상호 간에 인사교류된 경우 : 인사교류 전의 근무성적평정을 해당 소방공무원의 평정으로 한다.

30 근무성적평정조정위원회(승진임용 규정 시행규칙 제9조) 15, 17, 18, 21년 통합 | 18년 소방위

구 분	규정 내용
목적 및 설치기관	근무성적평정점을 조정하기 위하여 승진대상자명부 작성단위 기관별로 조정위원회를 둘 수 있다. ※ 두어야 한다.(×) → 둘 수 있다.(○)
구성 및 위원장 등	조정위원회는 피평정자의 상위직급공무원 중에서 조정위원회가 설치된 기관의 장이 지정하는 3인 이상 5인 이하의 위원으로 구성하며, 위원장의 선임 기타 위원회의 운영에 관하여 필요한 사항은 해당기관의 장이 정한다.
위원장의 직무 및 권한	조정위원회의 위원장은 제1차 평정자와 제2차 평정자의 평정결과가 근무성적 평점 분포비율과 맞지 아니할 경우에는 조정위원회를 소집하여 근무성적평정을 분포비율에 맞도록 조정할 수 있다. ※ 조정해야 한다.(×) → 조정할 수 있다.(○)
위원의 임명	조정위원회가 설치된 기관의 장이 지정
평점조정 방법	평점점 분포비율의 조정결과 조정 전의 평정등급에서 아래등급으로 조정된 자의 조정점은 그 조정된 아래등급의 최고점으로 한다. ※ 최저점(×) → 최고점(○)
재조정 요구	조정위원회가 설치된 기관의 장은 근무성적평정의 조정결과가 심히 부당하다고 인정되는 경우에는 해당조정위원회의 위원장에게 이의 재조정을 요구할 수 있다.

31 경력평정대상 및 방법 등(승진임용 규정 제9조 및 시행규칙 제10조 내지 12조)

14, 20년 소방위

구 분	규정 내용
목 적	경력평정은 해당 계급에서의 근무연수를 평정하여 승진대상자 명부작성에 반영한다.
대 상	경력평정은 승진소요최저근무연수가 경과된 소방정 이하의 소방공무원을 대상으로 한다.
평정방법	해당 소방공무원의 인사기록에 의하여 실시하며, 필요하다고 인정될 때에는 인사기록의 정확성 여부를 조회·확인할 수 있다.
평정점	경력은 기본경력과 초과경력으로 구분하며, 계급별 기본경력과 초과경력은 다음 32 와 같다
필요한 사항	경력평정의 시기·방법·기간계산 기타 필요한 사항은 행정안전부령으로 정한다.
평정자와 확인자	평정자 : 피평정자가 소속된 기관의 소방공무원 인사 담당공무원이 된다. 확인자 : 평정자의 직근 상급 감독자가 된다. ※ 상급 감독자(×)
평정의 시기	연 2회 실시하되 매년 3월 31일과 9월 30일을 기준으로 한다. ※ 7월 1일, 1월 1일(×) (근무성적평정, 경력평정, 교육훈련평정 시기는 같음)
평정의 재조정	경력평정 또는 교육훈련성적평정을 실시한 후에 평정한 사실과 다른 사실이 발견된 때에는 경력을 재평정해야 한다.
평정점	• 경력평정은 경력평정표에 의하여 평정하되, 경력평정표는 평정자와 확인자가 서명 날인한다. • 경력평정의 평정점은 25점(소방정은 30점)을 만점으로 하되, 기본경력평정점은 22점(소방정은 26점)을, 초과경력평정점은 3점(소방정은 4점)을 각각 만점으로 한다. • 계산은 소수점 이하 셋째자리에서 반올림하며, 그 근무기간에 따른 기본경력과 초과경력의 점수는 별표 3의 기준에 따른다.

32 계급별 기본경력과 초과경력(승진임용 규정 제9조) `12년 소방위` `19, 20년 통합`

① 경력은 기본경력과 초과경력으로 구분하며, 계급별 기본경력과 초과경력은 다음과 같다.

> ㉠ 기본경력
> ⓐ 소방정·소방령·소방경 : 평정기준일부터 최근 3년간
> ⓑ 소방위·소방장 : 평정기준일부터 최근 2년간
> ⓒ 소방교·소방사 : 평정기준일부터 최근 1년 6개월간
> ㉡ 초과경력
> ⓐ 소방정 : 기본경력 전 2년간
> ⓑ 소방령 : 기본경력 전 4년간
> ⓒ 소방경·소방위 : 기본경력 전 3년간
> ⓓ 소방장 : 기본경력 전 1년간
> ⓔ 소방교·소방사 : 기본경력 전 6개월간

② 경력평정의 시기·방법·기간계산 기타 필요한 사항은 행정안전부령으로 정한다.

구 분	소방정	소방령	소방경	소방위	소방장	소방교	소방사
만점경력 (25점)	5년 (30점)	7년	6년	5년	3년	2년	2년
기본경력 (22점)	3년간 (26점)	3년간	3년간	2년간	2년간	1년 6개월간	1년 6개월간
초과경력 (3점)	2년간 (4점)	4년간	3년간	3년간	1년간	6개월	6개월간

③ 기본경력 및 초과경력 평정점수표(승진임용 규정 시행규칙 별표 3)

구 분	계 급	기 간	월별 점수	기간별 점수		
기본 경력	소방정	3년	0.722점	기 간 / 점 수 : 1년 / 8.66	2년 / 17.33	3년 / 26.00
	소방령, 소방경	3년	0.611점	기 간 / 점 수 : 1년 / 7.33	2년 / 14.66	3년 / 22.00
	소방위, 소방장	2년	0.917점	기 간 / 점 수 : 1년 / 11.00	2년 / 22.00	
	소방교, 소방사	1년 6개월	1.222점	기 간 / 점 수 : 1년 / 14.66	1년 6개월 / 22.00	

초과 경력	소방정	2년	0.167점	기 간	1년		2년	
				점 수	2.00		4.00	

				기 간	1년	2년	3년	4년
	소방령	4년	0.062점	점 수	0.74	1.49	2.23	3.00

				기 간	1년	2년	3년
	소방경, 소방위	3년	0.083점	점 수	1.00	1.99	3.00

				기 간	1년	
	소방장	1년	0.250점	점 수	3.00	

				기 간	6개월	
	소방교, 소방사	6개월	0.500점	점 수	3.00	

비고 : 월별 점수에 근무한 기간(월)을 곱하여 소수점 셋째자리에서 반올림

33 경력평정의 계산 기준일 및 방법(승진임용 규정 시행규칙 제10조) 22년 통합

① 경력평정의 계산의 기준일 : 승진소요최저근무연수 계산방법에 따른다.

> **승진소요최저근무연수 계산방법**
> • 시험승진의 경우 : 제1차 시험의 전일
> • 심사승진의 경우 : 승진심사 실시일의 전일
> • 특별승진의 경우 : 승진임용예정일

② 승진임용제한기간(강등·정직 18개월, 감봉 12개월, 견책 6개월) 및 소방공무원으로 신규임용될 사람이 받은 교육훈련기간은 경력평정대상기간에 포함한다.

③ 경력평정대상기간은 경력월수를 단위로 하여 계산하되, 15일 이상은 1월로 하고, 15일 미만은 경력에 산입하지 않는다.

④ 경력평정은 경력·교육훈련성적·가점 평정표에 의하여 평정하되, 경력평정표는 평정자와 확인자가 서명 날인한다.

34 교육훈련성적의 평정(승진임용 규정 제10조) 21년 통합

소방공무원의 교육훈련성적의 평정은 소방정 이하의 소방공무원을 대상으로 실시하며, 계급별 평정대상 교육훈련성적 및 평점은 다음과 같다.

평정대상 교육훈련성적 평정점 구분	소방정	소방령 · 소방경 · 소방위	소방장 이하
소방정책관리자교육성적	10	–	–
관리역량교육성적		3	
전문교육훈련성적		3	3
직장훈련성적	–	4	4
체력검정성적		5	5
전문능력성적		–	3
총 평점	10	15	15

35 교육훈련성적의 평정 제외 등 필요한 사항(승진임용 규정 제10조 제3항~제5항)

① 소방공무원 교육훈련기관의 수료요건 또는 졸업요건을 갖추지 못한 사람에 대한 교육훈련성적은 평정하지 않는다.

② 시보임용이 예정된 사람 또는 시보임용된 사람이 신임교육과정을 졸업한 경우에는 이를 임용예정 계급에서 받은 전문교육훈련성적으로 보아 평정한다.

③ 교육훈련성적평정의 시기 · 방법 등에 관하여 필요한 사항은 행정안전부령으로 정한다.

36 교육훈련성적의 평정의 시기 · 방법 등(승진임용 규정 시행규칙 제4조 및 제11조)

① 교육훈련성적의 평정은 연 2회 실시하되, 매년 3월 31일과 9월 30일을 기준으로 한다.

② 평정자는 피평정자가 소속된 기관의 소방공무원 인사 담당 공무원이, 확인자는 평정자의 직근 상급 감독자가 된다(경력평정의 경우와 같다).

37 교육훈련성적평정의 기준(승진임용 규정 시행규칙 제15조) 21년 통합

구 분	교육훈련 평정의 기준
전문교육훈련성적	다음의 교육훈련과정을 졸업 또는 수료한 사람에게 부여하는 성적을 말한다. 이 경우 다음의 성적을 합산하여 3점을 넘지 않아야 한다. • 소방공무원 교육훈련기관에서 실시하는 신임교육과정 • 소방공무원 교육훈련기관에서 실시하는 전문교육훈련과정 • 공무원교육훈련기관의 직무관련 교육과정 및 임용권자가 인정하는 외부 교육기관의 직무관련 교육과정(해당 계급에서 1.0점을 초과할 수 없다) • 교육훈련기관 및 공무원교육훈련기관에서 실시하는 사이버교육 과정(해당 계급에서 1.0점을 초과할 수 없다)
직장훈련성적	정기 또는 수시로 실시한 직장훈련의 성적 중 평정 기준일(3월 31일과 9월 30일) 이전 6개월간의 평정점을 말한다.
체력검정성적	소방공무원의 체력증진을 위하여 소방청장이 정하는 체력관리에 관한 기준에 따라 평가한 평정점을 말한다.
전문능력성적	소방공무원의 업무수행에 필요한 전문 자격 취득·보유에 대한 평정점을 말한다.
세부기준	교육훈련성적 평정에 필요한 세부기준은 소방청장이 소방공무원 교육훈련성적 평정규정으로 정한다.

38 직장훈련성적 평정(교육훈련성적 평정규정 제2조 내지 제8조)

구 분	평정규정
적용범위	이 규정은 소방공무원의 교육훈련성적평정에 관하여 따로 정한 경우를 제외하고는 소방령 이하의 교육훈련성적평정에 이를 적용한다.
평정기관	소방관서(소방청, 중앙소방학교, 중앙119구조본부, 국립소방연구원, 소방본부, 소방서, 소방항공대, 소방정대 등)에서 실시하는 교육훈련에 대하여 평가한다.
평정시기	매년 3월 31일과 9월 30일을 기준으로 연 2회 실시한다.

평정항목	• 평가항목은 전술훈련평가와 직장교육평가로 구분하되 각각 2점을 만점으로 한다.
	• 직장교육평가를 4점 만점으로 평가할 수 있는 사유
	  – 임신 중이거나 출산·유산 후 1년이 경과하지 않은 사람
	  – 질병, 부상 또는 신체적·정신적 장애 등으로 전술훈련평가가 불가능하다고 소속 소방관서장이 인정하는 사람
	  – 파견·교육·기타 공무수행 등 부득이한 사유로 전술훈련평가가 불가능하다고 소속 소방관서장이 인정하는 사람
	  – 공무상 요양 승인 기간 중이거나 공무상 질병휴직, 육아휴직, 병역휴직, 특별휴가 중인 사람
	  – 휴직(공무상 휴직은 제외한다), 직위해제, 정직 중인 사람
	  – 그 밖에 특별한 사유로 전술훈련평가가 불가능하다고 소속 소방관서장이 인정하는 사람
	• 평정항목을 달리하는 기관·부서로의 전보 시에는 3개월 이상 근무한 기관·부서에서 평가한 직장훈련성적으로 평정한다.
	• 다만, 전술훈련평가(업무수행역량 등 평가 포함) 성적이 없는 경우에는 평정일 현재 근무부서에서 평정을 할 수 있으며, 평정 직전 전보 등으로 평가가 곤란한 경우에는 현재 근무하는 부서의 평균점으로 평정점을 부여한다.

전술훈련평가	• 화재진압, 구조, 구급 등 소방활동에 필요한 팀별 또는 개인별 전술 및 기술 능력에 대하여 평가한다. • 전술훈련평가는 소방관서별로 전술훈련평가위원회를 구성하여 평가하고, 별표 1에 따라 등급별로 평정점을 부여한다. • 119안전센터, 구조대, 항공대 등 전술훈련평가를 실시하는 각 부서의 장에 대한 전술훈련평가는 소속직원의 평가결과를 반영할 수 있다. • 평가에 참여하지 않은 자는 0점으로 평정한다. • 소방위 이하 소방공무원의 전술훈련평가는 직장교육에 대한 시험 등의 평가결과로 대체할 수 있다. • 소방관서장은 전술훈련평가 시 평가분야에 관련된 자격을 갖춘 소방공무원을 평가자로 지정하여야 한다.

직장교육평가	• 직장교육평가는 소방관서의 장이 지정하는 각종 교육·회의·행사 등에 참석한 실적에 대하여 평가한다.
	• 직장교육평가는 다음의 계산방식에 따라 점수를 산정하되, 소수점 이하는 셋째 자리에서 반올림한다.
	  – 전술훈련을 실시하는 부서 근무자 : 2점 × 교육 등 참석횟수/교육 등 실시 횟수
	  – 전술훈련을 실시하지 않는 부서 근무자 : 4점 × 교육 등 참석횟수/교육 등 실시 횟수
	• 소방관서의 장은 전술훈련을 실시하지 않는 부서근무자에 대해 업무수행 능력, 직장훈련을 위한 교관으로서의 자질(소방경 계급에 한함), 직장교육 내용 등을 평가하여 직장훈련성적에 반영할 수 있다.
	• 소방관서장은 연가·병가·공가 등 부득이한 사유로 전술훈련평가와 직장교육을 받지 못한 사람에게 평가와 교육을 받을 수 있는 기회를 부여할 수 있다.

직장훈련평가의 관리	• 소방관서의 장은 개인별로 직장훈련성적의 평가결과를 직장훈련성적 평가카드에 작성·관리해야 한다. • 소방관서의 장은 소속 직원이 평가단위를 달리하는 기관·부서로 전보 시에 직장훈련성적 평가카드를 인사기록카드와 함께 송부해야 한다.

39 전문교육 평정(교육훈련성적 평정규정 제11조)

① 전문교육 평정 기준

구 분	평정방법
신임교육(소방간부후보생 및 신규임용자 교육)과정	2.5점으로 평정
소방공무원 교육훈련기관(중앙119구조본부의 구조관련 교육훈련과정 포함)에서 행하는 전문교육과정	반일(4시간) 이상의 교육과정에 대하여 시간당 0.04점 이내로 평정
소방업무 수행과 관련된 교육훈련으로 외부기관에 위탁하는 직무전문교육과정 중 임용권자가 인정하는 교육과정, 공무원교육훈련기관의 직무전문교육과정, 소방청에서 외부기관에 위탁하는 직무전문교육과정	반일(4시간) 이상의 교육과정에 대하여 시간당 0.04점 이내로 평정하되, 총 평정점은 1점을 초과할 수 없음(다만 '응급구조사양성반'을 외부위탁하는 경우에는 제2호에 준한다)
소방공무원교육훈련기관 및 공무원교육훈련기관에서 실시하는 사이버교육과정(집합교육과 혼합된 사이버교육과정 제외)	과정당 0.25점으로 평정하되, 평정점은 1.0점을 초과할 수 없음
시·도 소방교육대에서 행하는 전문교육과정 중 소방교육훈련정책위원회에서 인정하는 교육과정	반일(4시간) 이상의 교육과정에 대하여 시간당 0.04점 이내로 평정
해당 계급에서 동일하거나 내용이 유사한 전문교육과정을 2개 이상 수료한 경우	평가대상자에게 유리한 과정 1개에 대해서만 평정한다.
퇴직한 소방공무원이 재임용된 경우 퇴직 전 받은 전문교육	재임용된 계급에서 받은 교육으로 인정하여 평정할 수 있다. ※ 평정해야 한다.(×)

② 평정대상 교육과정

임용권자는 전문교육을 실시하거나 위탁함에 있어서 평정대상 전문교육과정에 해당 여부를 공지해야 한다.

③ 혼합교육과정의 시간 평정

교육과정을 집합교육과 사이버교육을 혼합하여 편성한 경우에는 사이버교육을 집합교육 7시간으로 평정한다.

④ 소방공무원 교육훈련기관의 장은 교육대상자 소속기관의 장에게 전문교육 결과를 통보할 때 교육시간을 명시해야 한다.

40 체력검정성적 평정

체력검정성적은 「소방공무원 체력관리 규칙」에 따라 평정한다.

41 전문능력 평정(교육훈련성적 평정규정 제12조)

① 각 계급별 전문능력평정 대상 자격증과 평정점 및 평정방법

계 급	자격증	평정점
소방사	• 제1종 대형운전면허 • 응급구조사 2급(또는 1급) 또는 간호사	1.5점
	• 취득시점에 관계없이 자격증 보유 여부로 평정	

소방교, 소방장, 소방위	• 응급구조사 2급, 소방설비산업기사(기계), 소방설비산업기사(전기), 위험물기능사(또는 위험물산업기사), 자동차정비산업기사(또는 자동차정비기사), 화재대응능력평가(1급), 인명구조사(2급), 화재감식평가산업기사, 초급현장지휘관	각 자격증별 1.5점
	• 응급구조사 1급, 간호사, 소방설비기사(기계), 소방설비기사(전기), 위험물기능장, 자동차정비기능장, 소방안전교육사, 화재조사관, 소방시설관리사, 소방기술사, 인명구조사(1급), 화재감식평가기사	각 자격증별 3점
	• 해당 계급에서 취득한 자격증에 대하여 평정(다만, 승진후보자명부에 등재된 기간 중 취득한 자격증은 승진임용예정계급에서 취득한 것으로 함)	
	• 상위 자격증을 보유하고 있는 자가 동종의 하위등급에 해당하는 자격증을 취득한 경우 평정점으로 인정하지 않는다.	

② 다수 보유 자격증의 평정점

소방교, 소방장, 소방위의 계급에서 다음의 자격증을 보유한 경우에는 다음과 같이 평정할 수 있다.

계 급	보유자격증	평정방법
소방교, 소방장, 소방위	응급구조사 2급(또는 응급구조사 1급 또는 간호사), 소방설비산업기사(기계 및 전기), 소방설비기사(기계), 소방설비기사(전기), 위험물산업기사(또는 위험물기능장), 자동차정비기사(또는 자동차정비기능장), 화재대응능력평가(1급), 인명구조사(1급 또는 2급), 소방안전교육사, 화재조사관, 소방시설관리사, 소방기술사, 화재감식평가산업기사, 화재감식평가기사, 초급현장지휘관	3개는 1.5점, 4개는 2점, 5개는 2.5점, 6개는 3점
	응급구조사 1급(또는 간호사), 소방설비기사(기계), 소방설비기사(전기), 위험물기능장, 자동차정비기능장, 인명구조사(1급), 소방안전교육사, 화재조사관, 소방시설관리사, 소방기술사, 화재감식평가기사	2개는 2점, 3개는 2.5점, 4개는 3점

③ 소방사 중 제1종 대형운전면허 또는 응급구조사(또는 간호사) 자격(면허)소지자

해당 자격(면허)증을 채용요건으로 하여 경력경쟁채용된 경우 평정 방법

계 급	보유자격증	평정방법
소방사	제1종 대형운전면허와 응급구조사(또는 간호사) 자격(면허)증을 보유한 경우	1.5점
	제1종 대형운전면허와 응급구조사(또는 간호사) 자격(면허)증에 ①의 자격증 중 1개를 소방사 계급에서 취득한 경우	3점

④ 소방헬기 및 소방정 운항 부서에 배치된 자의 평정방법

경력경쟁채용 구분	보유자격증	평정방법
소방헬기 조정 및 정비	비행기 또는 회전익항공기 운송용조종사 · 사업용조종사, 항공정비사 · 항공공장정비사	1.5점
소방정 조정	1급~6급 항해사 · 기관사 · 운항사	

다만, 타 부서 배치 또는 해당 자격증을 채용요건으로 경력경쟁채용된 경우 인정하지 않는다.

42 교육훈련성적 등의 평정방법(15점)

직장훈련평정(4점)	체력검정성적(5점)	전문교육성적(3점)	전문능력 성적(3점)
• 전술훈련(2점) • 직장교육(2점)	• 6종목 측정 • 등급별 점수	• 신임교육과정 수료자 : 2.5점 • 소방공무원 교육훈련기관에서 행하는 전문교육과정 : 반일(4시간) 이상의 교육과정에 대하여 시간당 0.04점 이내로 평정 • 외부 위탁교육과정 중 임용권자가 인정하는 교육과정, 공무원교육훈련기관의 직무전문교육과정, 또는 소방청 외부기관에 위탁 직무전문교육 : 반일(4시간) 이상의 교육과정에 대하여 시간당 0.04점 이내로 평정하되, 총 평정점은 1점을 초과할 수 없음	
• 전술훈련을 실시하는 부서 근무자 : 2점 × 교육 등 참석횟수/교육 등 실시 횟수 + 전술훈련 2점 • 전술훈련을 실시하지 않는 부서 근무자 : 4점 × 교육 등 참석횟수/교육 등 실시 횟수	• 체력평가 취득점수/14 • 체력평가 취득점수가 70점을 넘는(연령대 보정치 가산) 경우에는 5점	• 소방공무원교육훈련기관 및 공무원교육훈련기관 사이버교육과정 : 과정당 0.25점(평정점 1점을 초과할 수 없음) • 시·도 소방교육대에서 행하는 전문교육과정 중 소방교육훈련정책위원회에서 인정하는 교육과정 : 반일(4시간) 이상의 교육과정에 대하여 시간당 0.04점 이내로 평정 • 해당 계급에서 동일하거나 내용이 유사한 전문교육과정을 2개 이상 수료한 경우에는 평가대상자에게 유리한 과정 1개에 대해서만 평정한다. • 퇴직한 소방공무원이 재임용된 경우 퇴직 전 받은 전문교육은 재임용된 계급에서 받은 교육으로 인정하여 평정할 수 있다. • 임용권자는 전문교육을 실시하거나 위탁함에 있어서 평정대상 전문교육과정에 해당여부를 공지하여야 한다. • 교육과정을 집합교육과 사이버교육을 혼합하여 편성한 경우에는 사이버교육을 집합교육 7시간으로 평정한다. • 소방공무원 교육훈련기관의 장은 교육대상자 소속기관의 장에게 전문교육 결과를 통보할 때 교육시간을 명시하여야 한다.	직무관련 자격증 취득

43 가점사유 및 평정점 13년 소방위 16년 강원 16년 경기 16년 부산 21년 통합

① 가점사유(승진임용 규정 제11조 제1항)
  ㉠ 자격증을 소지한 경우
  ㉡ 학사·석사·박사 학위를 취득하거나 언어능력이 우수한 경우
  ㉢ 격무·기피부서에서 근무한 경력이 있는 경우
  ㉣ 우수한 업무실적이 있는 경우
  ㉤ 소방행정의 균형발전을 위해 소방청장이 실시하는 인사교류 경력이 있는 경우

② 가점 평정점(승진임용 규정 시행규칙 제15조의2)
  가점합계는 5점 이내로 하고 가점 상한은 다음을 각각 초과할 수 없다.
  ㉠ 소방공무원이 해당 계급에서 「국가기술자격법」 등에 따른 소방업무 및 전산관련 자격증을 취득한 경우 : 0.5점
  ㉡ 소방공무원이 해당 계급에서 학사·석사 또는 박사학위를 취득하거나 언어능력이 우수하다고 인정되는 경우 : 0.5점
  ㉢ 소방공무원이 해당 계급에서 격무·기피부서에 근무한 때에는 근무한 날부터 가점 : 2.0점
  ㉣ 소방공무원이 소방업무와 관련한 전국 및 시·도 단위 대회 또는 평가 결과 우수한 성적을 얻은 경우 : 2.0점
  ㉤ 소방행정의 균형발전을 위하여 소방청장이 실시하는 인사교류의 대상이 된 경우 : 3.0점

44 가점평정 방법 및 점수(승진임용 규정 시행규칙 제15조의2)

① 가점평정 사유에 해당하는 경우가 해당 계급에서 취득 또는 근무한 것에 한하여 인정된다.

② 월수단위 계산

격무·기피부서 근무에 의한 가산점과 소방행정의 균형발전을 위하여 소방청장이 실시하는 인사교류의 대상이 된 경우의 가산점은 가점대상기간의 월수 단위로 계산하여 평정하되, 15일 이상은 1월로 계산하고 15일 미만은 산입하지 않는다. 이 경우 가점대상기간 중에 휴직·직위해제 및 징계처분기간이 있는 때에는 그 기간을 가점대상기간에서 제외한다.

③ 가점평정에 필요한 세부기준은 소방청장(소방공무원 가점평정 규정)이 정한다.

참고) 소방공무원 가점평정 규정(제1조 내지 제9조)

조문제목	규정조문 내용
목 적	소방청장에게 위임한 소방공무원 가점평정에 필요한 세부기준을 규정함을 목적으로 한다.
평정기준	• 가점평정 항목은 원칙적으로 해당 계급에서 근무·취득 또는 수료한 경우에 한한다. 다만, 다음 각 호의 경우에는 임용예정계급에서 취득한 것으로 본다. 　– 신규임용예정자가 신임교육과정 중에 취득한 전산자격, 직무자격, 언어능력, 학위 　– 승진후보자명부에 등재된 자가 명부에 등재된 기간 중 취득한 전산자격, 직무자격, 언어능력, 학위 • 위 단서규정에 따른 승진후보자명부 등재시점은 심사의 경우 승진심사위원회의 의결일자, 시험의 경우 합격자 발표일자로 본다.
전산자격 가점평정	• 워드프로세서 및 컴퓨터활용능력 자격증을 취득한 경우에 한한다. • 자격등급별 가점평정은 별표 1의 기준에 따른다. [별표 1] 전산자격 가산점(소방경 이하에 한함)

[별표 1] 전산자격 가산점(소방경 이하에 한함)

자격증 종류	평정점	
워드프로세서 자격증	0.3	
컴퓨터활용능력 자격증	1급	2급
	0.5	0.3

직무자격 가점평정	가점평정 대상 직무관련 자격증 및 가점평정 점수 기준은 별표 2와 같다.
언어능력 가점평정	• 언어능력 가점평정은 국어·영어·프랑스어·독일어·스페인어·일본어·중국어·러시아어를 대상으로 한다. • 언어능력에 대한 가점평정은 별표 3의 기준에 따른다.
학위취득 가점평정	• 학위를 취득한 자에 대한 가점평정은 국·내외 학사이상 학위를 취득한 자에 한한다. 다만, 국외에서 취득한 학위는 그 나라 대사관 등 공관에서 증명서 사본이나 공증서를 첨부해야 한다. • 학위취득 가점평정은 전문학사학위는 0.1점, 학사학위는 0.2점, 석사학위는 0.3점, 박사학위는 0.5점으로 각각 평정한다. 다만, 전문 학사학위 및 학사학위 가점평정은 소방경 이하에 한한다.

격무·기피부서 가점평정	• 임용권자는 격무·기피부서를 지정하고, 해당 계급에서 격무·기피부서에 근무한 날부터 1개월 마다 0.05점 이내에서 가점을 평정할 수 있다. • 임용권자는 가점을 평정하기 위해서는 평정대상 기관·부서·직무 등과 월별 평정점수를 사전에 정하여 공지해야 한다. • 가점 대상기간의 산정기준은 승진소요최저근무연수 계산방법에 따르되, 모든 휴직기간과 30일 이상 연속하여 사용한 휴가기간은 제외한다. • 가점은 정기평정기준일 현재까지의 근무경력에 대하여 경력 월수 단위로 계산하여 평정하되, 15일 이상은 1개월로 계산하고 15일 미만은 산입하지 않는다.
우수실적 가점평정	• 소방관련 전국 및 시·도 단위 대회 또는 평가결과 우수한 성적을 얻은 자에 대해서는 가점을 평정할 수 있다. 다만, 부여요건과 기준을 소방청장 또는 시·도지사가 사전에 정하여 공지한 경우에 한하며, 이 경우 해당 기관의 인사부서의 장과 사전 협의해야 한다. • 가점을 평정함에 있어 동일한 내용으로 시·도 및 전국 단위에서 우수한 성적을 얻은 경우에는 그중 해당 소방공무원에게 유리한 것 하나만을 가점 평정한다. • 「공무원 제안규정」에 따라 채택된 제안 중 특별승진 및 특별승급을 부여하기 곤란한 제안자에 대하여는 우수실적 가점을 평정할 수 있다. • 우수실적 가점평정은 별표 5의 기준에 따른다. • [별표 5] 우수실적 가산점 비 고 1. 시·도 단위 우수성적은 해당 계급에서 총합 1.0점을 초과할 수 없음 2. 단체실적은 우수실적 가점을 부여할 수 없음. 다만, 4인 이내의 공동 실적은 배점의 범위 내에서 각각 동일(4인 이내가 합산하여 위 배점을 초과할 수 없음)하게 가점부여 가능
인사교류 가점평정 방법	• 소방행정의 균형발전을 위하여 소방청장이 실시하는 인사교류의 대상이 된 경우 가점은 소방청 (소속기관 포함)으로, 중앙부처에 임용(파견포함)되어 근무한 사람이 해당 계급에서 다시 시·도로 복귀하는 경우에만 적용한다. • 가점은 근무한 경력에 대하여 1개월마다 0.125점씩 가점 평정한다. • 가점 대상기간의 산정기준은 승진소요최저근무연수 계산방법에 따르되, 모든 휴직기간은 제외한다. • 가점은 정기평정기준일 현재까지의 근무경력에 대하여 경력 월수 단위로 계산하여 평정하되, 15일 이상은 1개월로 계산하고 15일 미만은 산입하지 않는다.

[별표 5] 우수실적 가산점

구 분	우수성적		제안채택	
	전국 단위	시·도 단위	중앙 우수제안	자체 우수제안
배 점	2.0점 이내/회	0.5점 이내/회	• 금상 : 1.0 • 은상 : 0.8 • 동상 : 0.6 • 장려·노력상 : 0.5	• 특별상 : 0.5 • 우수상 : 0.3 • 우량상 : 0.1

참고) 가점평정 방법(가점평정 규정 제10조)

① 전산자격, 언어능력, 직무자격·학위취득(이하 "전산자격 등"이라 한다) 가점을 평정함에 있어 동일 또는 동종의 가점대상이 아닌 한 각각에 대하여 평정하며, 전문능력성적으로 평정한 자격증에 대해서는 다시 가점 평정하여서는 아니 된다.

② 배점을 달리하는 동일 또는 동종의 전산자격 등은 그중 유리한 것 1개에 대해서만 평정해야 한다.

③ 전산자격 등으로 가점을 받은 자는 승진하여 하위계급에서 가점을 받은 전산자격 등과 동일 또는 하위등급의 전산자격 등으로 가점을 받을 수 없다.

④ 신규채용 시 전산자격 등으로 가점을 받은 자는 가점을 받은 전산자격 등과 동일 또는 하위 등급의 전산자격 등으로 가점을 받을 수 없다.

⑤ 가점의 총 합계점수는 소수점 이하 셋째자리에서 반올림한다.

참고) [별표 2] 직무자격 가산점

자격의 종류	배 점
• 소방기술사, 위험물기능장, 자동차정비기능장, 정보통신기술사 • 1급~4급 항해사·기관사·운항사 • 비행기 또는 회전익항공기 운송용조종사·사업용조종사·항공정비사·항공공장정비사 • 응급구조사1급, 간호사, 화재조사관, 소방시설관리사, 소방안전교육사, 전문인명구조사, 건축사 • 「현장지휘관 자격인증제 운영규정」 제4조에 따른 초급·중급·고급·전략 현장지휘관	0.5
• 소방설비기사(기계), 소방설비기사(전기), 자동차정비기사, 화재감식평가기사, 정보처리기사, 무선설비기사, 정보통신기사 • 5급 또는 6급 항해사·기관사 • 응급구조사 2급, 화재대응능력평가 1급, 인명구조사 1급, 소방사다리차 운용사 • TS한국교통안전공단 초경량비행장치(무인 비행기, 무인 헬리콥터, 무인 멀티콥터, 무인 비행선) 실기평가조종자 또는 지도조종자 • 화학사고 대응능력 1급, 구급전문교육사 1급, 선임 조종교육증명	0.3
• 소방설비산업기사(기계), 소방설비산업기사(전기), 위험물산업기사, 위험물기능사, 자동차정비산업기사, 화재감식평가산업기사, 정보처리산업기사, 정보처리기능사, 무선설비산업기사, 무선설비기능사, 정보통신산업기사 • 소형선박조종사, 잠수산업기사, 잠수기능사 • 화재대응능력평가 2급, 인명구조사 2급, 제1종 대형운전면허 • TS한국교통안전공단 초경량비행장치(무인 비행기, 무인 헬리콥터, 무인 멀티콥터, 무인 비행선) 조종자(1종, 2종) • 화학사고 대응능력 2급, 구급전문교육사 2급, 초급 조종교육증명	0.2

참고) [별표 3] 언어능력 가점평정 기준

배점		0.5점	0.3점	0.2점
국 어	한국실용글쓰기검정	750점 이상	630점 이상	550점 이상
	KBS한국어능력시험	770점 이상	670점 이상	570점 이상
영 어	TOEIC	900점 이상	800점 이상	600점 이상
	TOEFL IBT	102점 이상	88점 이상	57점 이상
	TOEFL PBT	608점 이상	570점 이상	489점 이상
	TEPS	850점 이상	720점 이상	500점 이상
	New TEPS	488점 이상	399점 이상	268점 이상
	TOSEL(advanced)	880점 이상	780점 이상	580점 이상
	FLEX	790점 이상	714점 이상	480점 이상
	PELT(main)	466점 이상	304점 이상	242점 이상
	G-TELP Level 2	89점 이상	75점 이상	48점 이상
일본어	JLPT	1급(N1)	2급(N2)	3급(N3, N4)
	JPT	850	650	550
중국어	HSK	9급 이상	8급	7급
	新 HSK	6급	5급(210점 이상)	4급(195점 이상)
제2외국어 (일본어· 중국어 포함)	서울대·한국외국어대 검정	80점 이상	70점 이상	60점 이상

(배점 기준)

45 **경력평정·교육훈련성적평정 및 가점평정 결과의 통보 등(승진임용 규정 시행규칙 제16조)**

① 소방기관의 장은 피평정자의 요구가 있는 때에는 경력평정·교육훈련성적평정 및 가점평정 결과를 본인에게 알려주어야 한다.

② 피평정자는 교육훈련성적평정 결과에 이의가 있는 경우에는 소방기관의 장에게 이의를 신청할 수 있다.

③ 이의신청을 받은 소방기관의 장은 이의신청의 내용이 타당하다고 판단하는 경우에는 해당 소방공무원에 대한 교육훈련성적평정 결과를 조정할 수 있으며, 이의신청을 받아들이지 않는 경우에는 그 사유를 해당 소방공무원에게 설명해야 한다.

45-1 **근무성적평정표 등의 제출(승진임용 규정 시행규칙 제18조)**

소방기관의 장은 소속 소방공무원에 대한 근무성적평정표 및 경력·교육훈련성적·가점 평정표를 평정일로부터 10일 이내에 승진대상자명부작성권자에게 제출하여야 한다.

46 **승진대상자명부의 작성대상**

승진에 필요한 요건을 갖춘 소방정 이하의 소방공무원

47 **승진대상자명부의 작성기준 및 가점(승진임용 규정 제11조)**

① 승진에 필요한 요건을 갖춘 소방정에 대해서는 근무성적평정점 70퍼센트, 경력평정점 20퍼센트 및 교육훈련성적평정점 10퍼센트의 비율에 따라, 소방령 이하 계급의 소방공무원에 대해서는 근무성적평정점 70퍼센트, 경력평정점 15퍼센트 및 교육훈련성적평정점 15퍼센트의 비율에 따라 계급별로 승진대상자명부를 작성해야 한다. 〈2024.1.2. 개정〉

계급구분	근무성적평정점	경력평정점	교육훈련성적평정점
소방정	70%	20%	10%
소방령 이하	70%	15%	15%

② 이 경우 다음의 어느 하나에 해당하는 경우에는 행정안전부령으로 정하는 바에 따라 가점해야 한다.

ⓐ 자격증을 소지한 경우(상한 0.5점)

ⓑ 학사·석사·박사 학위를 취득하거나 언어능력이 우수한 경우(상한 0.5점)

ⓒ 격무·기피부서에서 근무한 경력이 있는 경우(상한 2점)

ⓓ 우수한 업무실적이 있는 경우(상한 2점)

ⓔ 소방행정의 균형발전을 위해 소방청장이 실시하는 인사교류 경력이 있는 경우(상한 3점)

48 승진대상자명부의 작성권자(승진임용 규정 제11조) `16년 소방위`

작성대상	작성권자
• 소방청 소속 소방공무원, 중앙소방학교 · 중앙119구조본부 소속 소방경 이상의 소방공무원 • 국립소방연구원 소속의 소방령 이상의 소방공무원 • 소방정인 지방소방학교장	소방청장
중앙소방학교 소속 소방위 이하의 소방공무원	중앙소방학교장
중앙119구조본부 소속 소방위 이하 소방공무원	중앙119구조본부장
국립소방연구원 소속 소방경 이하 소방공무원	국립소방연구원장
시 · 도지사가 임용권을 행사하는 소방공무원	시 · 도지사
지방소방학교, 서울종합방재센터, 소방서, 119특수대응단 또는 소방체험관 소속 소방위 이하의 소방공무원	지방소방학교장 · 서울종합방재센터장 · 소방서장 · 119특수대응단장 또는 소방체험관장

49 승진대상자통합명부 작성(승진임용 규정 제11조 제3항)

승진대상자명부의 작성권자와 제19조의 관할 승진심사위원회가 설치된 기관의 장이 다를 때에는 관할 승진심사위원회가 설치된 기관의 장이 승진대상자명부 작성권자가 작성한 승진대상자명부를 통합하여 선순위자 순으로 승진대상자 통합명부를 작성한다.

50 승진대상자명부의 작성기준일(승진임용 규정 제11조 제4항)

승진대상자명부 및 승진대상자통합명부는 매년 4월 1일과 10월 1일을 기준으로 작성한다.

51 승진대상자명부 시기(승진임용 규정 시행규칙 제19조) `22년 소방위`

매년 4월 1일, 10월 1일을 기준일로부터 20일 내에 작성해야 한다.

52 승진제외자명부 작성(승진임용 규정 시행규칙 제19조)

승진대상자명부 작성기준일 현재 다음의 어느 하나에 해당되는 사람이 있는 경우에는 승진제외자명부를 작성하여 승진대상자명부의 뒷면에 합쳐서 보관해야 한다. 이 경우 승진제외자명부의 비고란에는 현 계급의 임용일자, 징계처분, 휴직 등 그 사유와 사유발생 연월일을 적어야 한다.

① 승진소요최저근무연수에 미달된 사람
② 승진임용의 제한 사유에 해당 되는 사람
③ 승진심사대상에서 제외되는 사람

53 근무성적 · 직장훈련성적 및 교육훈련성적 평정의 계산방식(승진임용 규정 시행규칙 제19조 제3항 및 제5항) `16년 서울` `16년 경기` `18, 21년 통합` `22년 소방위`

근무성적 평정점	직장훈련성적 평정점	체력검정 평정점
소방정 계급의 소방공무원 : 명부작성 기준일부터 최근 3년 이내에 해당 계급에서 6회 평정한 평정점의 평균		
소방령 이하 소방장 이상 계급의 소방공무원 : 명부작성 기준일로부터 최근 2년 이내에 해당 계급에서 4회 평정한 평정점의 평균	소방령 이하 소방장 이상 계급의 소방공무원 : 명부작성 기준일로부터 최근 2년 이내 해당 계급에서 4회 평정한 평정점의 평균	소방령 이하 소방장 이상 계급의 소방공무원 : 명부작성 기준일부터 최근 2년 6개월 이내에 해당 계급에서 최근 2회 평정한 평정점의 평균
소방교 이하 계급의 소방공무원 : 명부작성 기준일로부터 최근 1년 이내에 해당 계급에서 2회 평정한 평정점의 평균	소방교 이하 계급의 소방공무원: 명부작성 기준일로부터 최근 1년 이내에 해당 계급에서 2회 평정한 평정점의 평균	소방교 이하 계급의 소방공무원 : 명부작성 기준일부터 최근 1년 6개월 이내에 해당 계급에서 최근 1회 평정한 평정점의 평균

54 평정점이 없는 연도의 근무성적 및 교육훈련성적 평정점의 산정(승진임용 규정 시행규칙 제19조 제4항 및 제6항) `18년 통합`

근무성적평정점, 직장훈련 성적평정점, 체력검정 평정점을 산정하는 경우에 평정단위기간의 평정점이 없는 경우(신규임용 또는 승진임용되어 해당 계급에서 최초로 평정을 하는 경우는 제외한다)에는 다음 각 호에 따라 산정한 평정점을 그 평정단위기간의 평정점으로 한다.

구 분	근무성적 평정	직장훈련성적	체력검정 평정
1. 명부작성 기준일로부터 가장 최근의 평정단위기간 평정점이 없는 경우	(그 직전에 평정한 평정단위기간평정점+45점)/2	(그 직전에 평정한 평정단위기간평정점+2.67점)/2	(그 직전에 평정한 평정단위기간평정점+2.5점)/2
2. 명부작성 기준일로부터 가장 오래된 평정단위기간평정점이 없는 경우	(그 직후에 평정한 평정단위기간평정점+45점)/2	(그 직후에 평정한 평정단위기간평정점+2.67점)/2	(그 직후에 평정한 평정단위기간평정점+2.5점)/2
3. 1 및 2를 제외한 평정점이 없는 평정단위기간이 있는 경우	평정점이 없는 평정단위기간의 직전 및 직후에 평정한 평정단위기간평정점의 평균	평정점이 없는 평정단위기간의 직전 및 직후에 평정한 평정단위기간평정점의 평균	평정점이 없는 평정단위기간의 직전 및 직후에 평정한 평정단위기간평정점의 평균
4. 평정점이 없는 평정단위기간이 연속하여 2회 이상 있는 경우(각각의평정점)	연속하여 평정점이 없는 평정단위기간에 가장 가까운 최근의 평정단위기간평정점+45점)/2	연속하여 평정점이 없는 평정단위기간에 가장 가까운 최근의 평정단위기간평정점+2.67점)/2	평정점이 있는 평정단위기간평정점+2.5점)/2

55 신규임용 또는 승진임용된 자의 최초평정

근무성적평정점을 산정하거나 직장훈련성적 및 체력검정성적 평정점을 산정하는 경우로서 해당 계급에서 최초로 평정을 하는 경우에는 해당 평정점을 그 평정단위기간의 평정점 평균으로 한다.

56 근무성적 · 교육훈련성적 및 체력검정 평정점의 소수점 이하의 계산

평정점의 소수점 이하는 셋째 자리에서 반올림한다.

57 승진구분별 동점자 합격자 결정　15, 17년 소방위　19, 21, 22년 통합

심사승진대상자명부의 동점자	승진시험의 동점자	신규채용시험 동점자
1. 근무성적평정점이 높은 사람 2. 해당 계급에서 장기근무한 사람 3. 해당 계급의 바로 하위계급에서 장기근무한 사람 4. 소방공무원으로 장기근무한 사람 ※ 위에 따라서도 순위가 결정되지 아니한 때에는 승진대상자명부 작성권자가 선순위자를 결정한다.	승진대상자명부 순위가 높은 순서에 따라 최종합격자를 결정한다. 〈2024.1.2. 개정〉	그 선발예정인원에 불구하고 모두 합격자로 한다. ※ 채용후보자명부 작성 순위 　• 취업보호대상자 　• 필기시험 성적 우수자 　• 연령이 많은 사람

58 승진대상자명부의 조정(승진임용 규정 제13조)　13년 강원　13, 22년 소방위　14년 경기　15년 서울
18, 19, 21, 22년 통합

승진대상자명부의 작성자는 승진대상자명부의 작성 후에 다음의 어느 하나에 해당하는 사유가 있는 경우에는 승진대상자명부를 조정해야 한다. ※ 필요시 조정할 수 있다.(×)

① 전출자나 전입자가 있는 경우
② 퇴직자가 있는 경우
③ 승진소요최저근무연수에 도달한 자가 있는 경우
④ 승진임용의 제한사유가 발생하거나 소멸한 사람이 있는 경우
⑤ 정기평정일 이후에 근무성적평정을 한 자가 있는 경우
⑥ 승진심사대상 제외 사유가 발생하거나 소멸한 사람이 있는 경우
⑦ 경력평정 또는 교육훈련성적평정을 한 후에 평정사실과 다른 사실이 발견되는 등의 사유로 재평정을 한 사람이 있는 경우 ※ 가점사유가 발생한 경우(×)
⑧ 승진임용되거나 승진후보자로 확정된 사람이 있는 경우
⑨ 승진대상자명부 작성의 단위를 달리하는 기관으로 전보된 경우

58-1 승진대상자명부의 조정(승진임용 규정 시행규칙 제20조)

승진대상자명부의 조정은 승진대상자명부 조정일까지 조정 사유가 확인된 경우 다음 각 호에 따른 방법으로 실시한다.

① 전·출입자가 있는 경우에 전출기관은 승진대상자명부에서 전출자를 삭제하고 그 전출자의 평정관계서류를 전입기관에 이관하며, 전입기관은 이관받은 평정관계서류에 의하여 승진대상자명부의 해당순위에 전입자를 기재한다.

② 승진임용의 제한 사유 또는 승진심사대상 제외 사유가 발생하거나 소멸한 사람의 경우
  ㉠ 해당 사유가 발생한 경우 : 승진대상자명부에서 삭제하고, 승진제외자명부에 추가하며, 그 사유를 해당 서식의 비고란에 각각 적는다.
  ㉡ 해당 사유가 소멸한 경우 : 승진대상자명부에 추가하고, 승진제외자명부에서 삭제하며, 그 사유를 해당 서식의 비고란에 각각 적는다.

③ 경력평정 또는 교육훈련성적평정을 재평정한 경우에는 승진대상자명부의 비고란에 그 정정사유를 적는다.

④ 퇴직자는 승진대상자명부에서 삭제하고, 해당 서식의 비고란에 퇴직일과 그 사유를 적는다.

⑤ 승진임용되거나 승진후보자로 확정된 사람은 승진대상자명부에서 삭제하고, 해당 서식의 비고란에 승진임용일 또는 승진후보자로 확정된 날과 그 사유를 적는다.

59 승진대상자명부의 조정기준일(승진임용 규정 제13조 제2항)

승진대상자명부의 조정은 승진심사 또는 승진시험을 실시하는 날의 전일까지 할 수 있다.

60 승진대상자명부의 효력발생(승진임용 규정 제14조) `12년 소방위` `18년 통합`

① 명부작성 시 : 그 작성 기준일 다음 날부터 효력이 발생한다. ※ 작성 기준일로부터(×)
② 명부조정·삭제한 경우 : 조정한 날로부터 효력이 발생한다. ※ 조정 다음 날부터(×)

61 승진대상자명부의 제출(승진임용 규정 제15조)

① 승진대상자명부 작성기관의 장은 승진대상자명부 작성기준일로부터 30일 이내에 당해 계급의 승진심사를 실시하는 기관의 장에게 승진대상자명부를 제출하여야 한다.

② 승진대상자명부를 조정하거나 삭제한 경우 : 그 사유를 증명하는 서류를 첨부하여 즉시 제출하여야 한다.

62 승진심사 횟수(승진임용 규정 제16조)

소방공무원의 승진심사는 연 1회 이상 승진심사위원회가 설치된 기관의 장이 정하는 날에 실시한다.

63 소방공무원 승진심사위원회(법 제16조) `15, 16년 서울` `15, 18, 22년 소방위` `16년 대구` `18년 통합`

① 승진심사를 하기 위하여 소방청에 중앙승진심사위원회를 두고, 소방청 및 대통령령으로 정하는 소속기관(중앙소방학교, 중앙119구조본부 및 국립소방연구원)에 보통승진심사위원회를 둔다. 다만, 시·도지사가 임용권을 행사하는 경우에는 시·도에 보통승진심사위원회를 둔다.

② 승진심사위원회(이하 "승진심사위원회"라 한다)는 계급별 승진심사대상자명부의 선순위자(先順位者) 순으로 승진임용하려는 결원의 5배수의 범위에서 승진후보자를 심사·선발한다.

③ 승진후보자로 선발된 사람에 대해서는 승진심사위원회가 설치된 소속기관의 장이 각 계급별로 심사승진후보자명부를 작성한다.

④ 승진심사위원회의 구성·관할 및 운영에 필요한 사항은 대통령령으로 정한다.

⑤ 승진심사위원회의 구성(승진임용 규정 제17조 내지 제21조)

구 분	중앙승진심사위원회	보통승진심사위원회
설치운영	소방청	소방청, 중앙소방학교, 중앙119구조본부 및 국립소방연구원, 임용권을 행사하는 시·도
심사관할	• 소방청과 그 소속기관 소방공무원 및 소방정인 지방소방학교장의 소방준감으로의 승진심사	• 소방청 : 소방청과 그 소속기관 소방공무원의 소방정 이하 계급으로의 승진심사 • 시·도 : 시·도지사가 임용권을 행사하는 소방공무원의 승진심사 • 중앙소방학교·중앙119구조본부 : 소속 소방공무원의 소방경 이하 계급으로의 승진심사 • 국립소방연구원의 보통승진심사위원회 : 소속 소방공무원의 소방령 이하 계급으로의 승진심사
구 성	위원장 포함한 5명 이상 7명 이하의 위원으로 구성	위원장을 포함하여 5명 이상 9명 이하의 위원으로 구성
위원 및 위원장	• 위원은 승진심사대상자보다 상위 계급의 소방공무원 또는 외부 전문가 중에서 소방청장이 임명하거나 위촉하며, • 위원장은 위원 중 소방청장이 지명한다.	위원장 및 위원은 해당 보통승진심사위원회가 설치된 기관의 장이 다음 각 호의 구분에 따른 사람 중에서 임명하거나 위촉한다. – 소방청 : 상위 계급의 소방공무원 또는 외부전문가 – 시·도 : 상위 계급의 소방공무원 또는 외부전문가 – 중앙소방학교, 중앙119구조본부 및 국립소방연구원 : 상위계급의 소방공무원 ※ 외부전문가(×)
겸임제한	위원은 해당 승진심사기간 중에는 2 이상의 계급의 승진심사위원을 겸할 수 없다. 다만, 위원이 될 대상자가 부족하거나 특별승진심사의 경우에는 그러하지 아니하다. ※ 근속승진심사(×)	해당 승진심사기간 중에는 2 이상의 계급에 대한 승진심사위원을 겸할 수 없다. 다만, 위원이 될 대상자가 부족한 경우 또는 특별승진심사나 근속승진심사를 하는 경우에는 그러하지 아니하다.
위원장의 직무	승진심사위원회를 대표하고 사무를 총괄하며, 위원장이 부득이한 사유로 직무를 수행할 수 없는 때에는 위원장이 미리 지명한 위원이 그 직무를 대행한다.	

회 의	• 위원회가 설치된 기관의 장이 필요하다고 인정할 때 소집한다. ※ 위원장이 필요하다고 인정할 때 회의를 소집한다.(×) • 회의는 비공개로 한다.	준 용
의 결	재적위원 3분의 2 이상의 출석과 출석위원 과반수의 찬성으로 의결한다. ※ 출석위원 3분의 2 이상의 출석과 출석위원 과반수의 찬성으로 의결(×)	준 용
간 사	• 1인을 둔다 ※ 간사 약간인(×) • 위원장의 명을 받아 심사위원회의 사무를 처리한다. • 소속 인사담당공무원 중에서 해당 승진심사위원회가 설치된 기관의 장이 임명한다.	준 용
서 기	• 약간인을 둔다 ※ 서기 1인(×) • 서기는 간사를 보조한다. • 소속 인사담당공무원 중에서 해당 승진심사위원회가 설치된 기관의 장이 임명한다. ※ 간사와 서기는 위원장이 임명한다.(×)	준 용

64 승진후보자를 심사·선발

승진심사위원회는 계급별 승진심사대상자명부의 선순위자(先順位者) 순으로 승진임용하려는 결원의 5배수의 범위에서 승진후보자를 심사·선발한다.

65 승진심사위원 등의 준수사항 등(승진임용 규정 시행규칙 제23조)

① 임명·소집된 승진심사위원·간사 및 서기는 회의개시와 동시에 승진심사위원회가 설치된 기관의 장에게 서약서를 제출하여야 한다.

② 승진심사위원·간사 및 서기는 승진심사를 종료할 때까지 심사장소 외의 장소에 출입하거나 외부와의 연락을 하여서는 아니된다.

③ 간사는 승진심사수칙을 심사위원에게 배부하여 이를 주지하게 하여야 한다.

④ 간사와 서기는 승진심사위원회의 의결에 영향을 미치는 행위나 발언을 하여서는 안 된다.

66 승진임용예정인원수에 따른 승진대상(승진임용 규정 제22조)

승진심사는 승진대상자명부 또는 승진대상자통합명부의 순위가 높은 사람부터 차례로 다음 구분에 따른 수만큼의 사람을 대상으로 실시한다.

승진임용예정인원수	승진심사 대상인 사람의 수
1~10명	승진임용예정인원수 1명당 5배수
11명 이상	승진임용예정인원수 10명을 초과하는 1명당 3배수 + 50명

67 승진심사 대상에서의 제외

① **12** 승진임용제한에 해당하는 자
② 소방승진시험 부정행위자의 조치에 의하여 5년간 승진시험에 응시할 수 없는 자

68 승진심사의 기준 등(승진임용 규정 제24조) 20년 통합

승진심사위원회는 승진심사대상자가 승진될 계급에서의 직무수행 능력을 평가하기 위하여 다음 각 호의 사항을 심사한다.

평가구분	승진심사평가요소
객관평가	근무성과 : 현 계급에서의 근무성적평정, 경력평정, 교육훈련성적평정 등
	경험한 직책 : 현 계급에서의 근무부서 및 담당업무 등 ※ 소방공무원으로서의 적성(×)
위원평가	업무수행능력 및 인품 : 직무수행능력, 발전성, 국가관, 청렴도 등

※ 심사사항의 평가기준 기타 심사절차에 관하여 필요한 사항 : 행정안전부령(제24조, 제25조)

69 승진심사요소에 대한 평가기준(승진임용 규정 시행규칙 제24조) 13년 강원

승진심사요소에 대한 평가는 **68** 과 같이 객관평가와 위원평가로 구분하여 점수로 평가하며, 세부평가 기준 및 방법은 소방청장(소방공무원 승진심사 기준)이 정한다.

70 승진심사 자료(승진임용 규정 시행규칙 제21조) 15년 서울 15, 17년 통합

① 승진심사계획서
② 승진심사요소에 대한 평가기준
③ 승진심사대상자명부
④ 개인별 인사기록
⑤ 승진심사 사전심의표
⑥ 승진심사 대상자 자기역량기술서
⑦ 역량평가·다면평가 결과(해당 평가를 실시한 경우에 한정한다)
⑧ 청렴도조사 결과
⑨ 기타 승진심사에 필요한 서류 ※ 근무성적평정표(×)

70-1 승진심사장소(승진임용 규정 시행규칙 제22조)

승진심사는 비밀이 보장되는 장소에서 실시하여야 하며, 그 장소에는 승진심사위원(위원장을 포함한다. 이하 같다)·간사 및 서기 외의 자가 접근하지 아니하도록 하여야 한다.

71 승진심사절차 및 방법(승진임용 규정 시행규칙 제25조)

① 승진심사는 승진심사 자료를 기초로 하여 2단계로 구분하여 실시한다.

② 제1단계 심사는 사전심의 단계로 다음 각 호의 순서에 따라 평가한다.
  ㉠ 승진심사대상자에 대하여 승진심사 사전심의표에 소방청장이 정하는 기준에 따라 점수 평가
  ㉡ 평가된 위원들의 점수를 승진심사 사전심의 위원점수 집계표에 의하여 집계한 후 보정지수를 적용하여 환산점수를 계산(보정지수는 객관평가 최고점과 최저점의 편차)
  ㉢ 심사환산점수와 객관평가점수를 합산하여 고득점자 순으로 승진심사선발인원의 2배수 내외를 선정하고 승진심사 사전심의 결과서를 작성하여 제2단계 심사에 회부

③ 제2단계 심사는 본심사 단계로 제1단계 사전심의에서 승진심사 선발인원의 2배수 내외로 회부된 심사대상자에 대하여 심사위원 전원합의로 최종승진임용예정자를 선발(전원합의가 이루어지지 않으면 투표로 결정)한다. 이 경우 별지 승진심사 종합평가결과서를 작성한다.

72 승진심사위원회의 사전심의 생략(승진임용 규정 시행규칙 제25조 제4항)

소방준감으로의 승진심사 또는 예정인원수가 2명 이내인 승진심사의 경우 제1단계 사전심의를 생략하고 제2단계 본심사만으로 승진임용예정자를 선발할 수 있다.

73 승진심사결과의 보고(승진임용 규정 제25조)

승진심사위원회는 승진심사를 완료한 때에는 지체 없이 다음의 서류를 작성하여 중앙승진심사위원회에 있어서는 소방청장에게, 보통승진심사위원회에 있어서는 해당 위원회가 설치된 기관의 장에게 보고해야 한다.

① 승진심사의결서

② 승진심사종합평가서

③ 승진임용예정자로 선발된 자 및 선발되지 않은 자의 명부
  ※ 승진임용예정자로 선발된 자의 명부 : 승진심사종합평가성적이 우수한 자 순으로 작성하여야 한다.

74 심사승진후보자명부의 작성(승진임용 규정 제26조) 16년 경기 20년 소방위

  ㉠ 임용권자 또는 임용제청권자는 승진심사위원회에서 승진임용예정자로 선발된 자에 대하여 승진임용예정자 명부의 순위에 따라 심사승진후보자명부를 작성해야 한다.
  ㉡ 임용권자 또는 임용제청권자는 심사승진후보자명부에 등재된 자가 승진임용되기 전에 감봉이상의 징계처분을 받은 경우에는 심사승진후보자명부에서 이를 삭제해야 한다. ※ 견책 이상(×)

75 승진후보자명부에서 삭제된 사람의 임용(승진임용 규정 시행규칙 제32조 제2항)

승진후보자명부에 등재된 자가 승진임용되기 전에 감봉이상의 징계처분을 받은 경우에는 승진후보자명부에서 이를 삭제하여야 하며, 그 승진임용제한사유가 소멸된 이후에 임용 또는 임용제청하여야 한다.

76 승진후보자의 승진임용 비율(승진임용 규정 제27조 제1항)

심사승진후보자와 시험승진후보자가 있을 때에는 승진임용인원의 60퍼센트를 심사승진후보자로 하고, 40퍼센트를 시험승진후보자로 한다. 〈2024.1.2. 개정〉

77 승진후보자의 승진임용방법 및 순위(승진임용 규정 제27조 제2항) `20년 소방위`

① 심사승진후보자명부 및 시험승진후보자명부에 등재된 순위에 따라 임용한다.
② 각 후보자명부에 등재된 동일 순위자를 각각 다른 시기에 임용할 경우에는 심사승진후보자를 우선 임용하고 시험승진후보자를 임용해야 한다.
③ 다만, 특별승진후보자는 심사승진후보자 및 시험승진후보자에 우선하여 임용할 수 있다.
   ※ 임용해야 한다.(×)

78 승진시험실시의 원칙(승진임용 규정 제28조)

소방공무원의 승진시험(이하 "시험"이라 한다)은 계급별로 실시한다.

79 승진시험 실시기관 및 시험실시권의 위임(법 제11조 및 승진임용 규정 제29조)
`16년 서울`

① 소방공무원의 승진시험은 소방청장이 실시한다(법 제11조).
② 다만, 소방청장이 필요하다고 인정할 때에는 대통령령으로 정하는 바에 따라 그 권한의 일부를 시·도지사 또는 소방청 소속기관의 장에게 위임할 수 있다(법 제11조 단서).
③ 시험실시권의 위임(승진임용 규정 제29조)
   ㉠ 소방청장은 시·도 소속 소방공무원의 소방장 이하 계급으로의 시험 실시에 관한 권한을 시·도지사에게 위임한다(제1항).
   ㉡ 시·도지사는 시험을 실시하는 경우 시험의 문제출제를 소방청장에게 의뢰할 수 있다. 이 경우 문제출제를 위한 비용 부담 등에 필요한 사항은 시·도지사와 소방청장이 협의하여 정한다(제2항).

80 승진시험 응시자격(승진임용 규정 제30조)

다음 각 호의 요건을 갖춘 사람은 해당 계급의 시험에 응시할 수 있다.
① 제1차 시험 실시일 현재 승진소요최저근무연수에 달할 것
② 승진임용의 제한을 받은 자가 아닐 것

81 승진시험의 시행 및 공고(승진임용 규정 제31조) 22년 통합

① 시험은 소방청장 또는 시험실시권의 위임을 받은 자가 정하는 날에 실시한다.
② 시험을 실시하고자 할 때에는 그 일시·장소 기타 시험의 실시에 관하여 필요한 사항을 시험실시
   20일 전까지 공고해야 한다.

82 승진시험의 방법 및 절차(승진임용 규정 제32조)

① 시험의 원칙 : 시험은 제1차 시험과 제2차 시험으로 구분하여 실시한다. 다만, 시험실시권자가
   필요하다고 인정할 때에는 제2차 시험을 실시하지 않을 수 있다.
② 제1차 시험 : 선택형 필기시험으로 하는 것을 원칙으로 하되, 과목별로 기입형을 포함할 수
   있다.
③ 제2차 시험 : 면접시험으로 하되, 직무수행에 필요한 응용능력과 적격성을 검정한다.
④ 단계별 응시제한 : 제1차 시험에 합격되지 아니하면 제2차 시험에 응시할 수 없다.

82-1 승진시험의 응시와 서류의 제출(승진임용 규정 시행규칙 제30조)

승진시험에 응시하려는 사람은 응시원서를 기재하여 소속기관의 장 또는 시험실시권자에게 제
출하고, 소속기관의 장은 승진시험요구서를 기재하여 시험실시권자에게 제출하여야 한다.

83 필기시험의 과목(승진임용 규정 제33조 및 시행규칙 제25조) `13년 강원`

① 필기시험의 과목은 행정안전부령(제28조 관련 별표 8)으로 정한다.

② 필기시험의 과목은 다음과 같으며, 각 과목별 배점비율은 동일하다(별표 8).

구 분	과목 수	필기시험 과목
소방령 및 소방경 승진시험	3	행정법, 소방법령Ⅰ·Ⅱ·Ⅲ, 선택1(행정학, 조직학, 재정학)
소방위 승진시험	3	행정법, 소방법령Ⅳ, 소방전술
소방장 승진시험	3	소방법령Ⅱ, 소방법령Ⅲ, 소방전술
소방교 승진시험	3	소방법령Ⅰ, 소방법령Ⅱ, 소방전술

비 고
1. 소방법령Ⅰ : 소방공무원법(같은 법 시행령 및 시행규칙을 포함한다. 이하 같다)
2. 소방법령Ⅱ : 소방기본법, 소방시설 설치 및 관리에 관한 법률 및 화재의 예방 및 안전관리에 관한 법률
3. 소방법령Ⅲ : 위험물안전관리법, 다중이용업소의 안전관리에 관한 특별법
4. 소방법령Ⅳ : 소방공무원법, 위험물안전관리법
5. 소방전술 : 화재진압·구조·구급 관련 업무수행을 위한 지식·기술 및 기법 등

84 승진시험의 합격결정(승진임용 규정 제34조) `18, 22년 통합`

① 제1차 시험 합격자 : 매 과목 만점의 40퍼센트 이상, 전 과목 만점의 60퍼센트 이상 득점한 자로 한다.

② 제2차 시험 합격자 : 해당 계급에서의 상벌·교육훈련성적·승진할 계급에서의 직무수행능력 등을 고려하여 만점의 60퍼센트 이상 득점한 자 중에서 결정한다.

③ 최종합격자 결정

최종합격자 결정은 제1차 시험성적 50퍼센트, 제2차 시험성적 10퍼센트 및 당해 계급에서의 최근에 작성된 승진대상자명부의 총 평정점 40퍼센트를 합산한 성적의 고득점 순위에 의하여 결정한다. 다만, 제2차 시험을 실시하지 아니하는 경우에는 제1차 시험성적을 60퍼센트의 비율로 합산한다.

최종합격자 결정	1차 시험성적	2차 시험성적	승진대상자명부의 총 평정점
합산한 성적의 고득점자	50%	10%	40%

85 승진시험 동점자의 합격자결정(승진임용 규정 제34조 제5항)

최종합격자를 결정할 때 시험승진임용예정 인원수를 초과하여 동점자가 있는 경우에는 승진대상자명부 순위가 높은 순서에 따라 최종합격자를 결정한다. 〈2024.1.2. 개정〉

86 승진시험위원의 임명 등(승진임용 규정 제35조)

① 시험실시권자는 시험에 관한 출제·채점·면접시험·서류심사 기타 시험시행에 관하여 필요한 사항을 담당하게 하기 위하여 다음의 ㉠에 해당하는 자를 시험위원으로 임명 또는 위촉할 수 있다.
ㄱ ㉠ 해당 시험분야에 전문적인 학식 또는 능력이 있는 자
ㄱ ㉡ 임용예정직무에 대한 실무에 정통한 자
② 시험위원에 대해서는 예산의 범위 안에서 소방청장이 정하는 바에 따라 수당을 지급한다.

87 승진시험 부정행위자에 대한 조치(승진임용 규정 제36조)

① 시험에 있어서 부정행위를 한 소방공무원에 대해서는 해당 시험을 정지 또는 무효로 하며, 해당 소방공무원은 5년간 이 영에 의한 시험에 응시할 수 없다.
② 시험실시권자는 부정행위를 한 자의 명단을 그 임용권자에게 통보해야 하며, 통보를 받은 임용권자는 관할 징계의결기관에 징계의결을 요구해야 한다.

88 시험승진후보자의 작성 등(승진임용 규정 제37조)

① 임용권자 또는 임용제청권자는 시험에 합격한 자에 대해서는 각 계급별 시험승진후보자명부를 작성해야 한다.
② 시험승진임용은 시험승진후보자명부의 등재순위에 의한다.
③ 임용권자 또는 임용제청권자는 시험승진후보자명부에 등재된 사람이 승진임용되기 전에 감봉 이상의 징계처분을 받은 경우에는 시험승진후보자명부에서 이를 삭제해야 한다.
④ 승진후보자명부에 등재된 자가 승진임용되기전에 감봉이상의 징계처분을 받은 경우에는 승진후보자명부에서 이를 삭제하여야 하며, 그 승진임용제한사유가 소멸된 이후에 임용 또는 임용제청하여야 한다(시행규칙 제32조).

89 특별유공자 등의 특별승진(법 제17조) `20년 통합`

소방공무원으로서 순직한 사람과 `89-1` (「국가공무원법」 제40조의4 제1항 제1호부터 제4호까지)의 어느 하나에 해당되는 사람에 대해서는 대통령령(제38조)으로 정하는 바에 따라 1계급 특별승진시킬 수 있다. 다만, 소방위 이하의 소방공무원으로서 모든 소방공무원의 귀감이 되는 공을 세우고 순직한 사람에 대해서는 2계급 특별승진시킬 수 있다.

소방공무원법

89-1 특별유공자의 특별승진(승진임용 규정 제38조, 제39조 및 시행규칙 제33조)

① 1계급 특별승진 대상자 및 계급범위

특별승진 유공	계급범위
㉠ 청렴과 봉사정신으로 직무에 정려하여 다른 공무원의 귀감이 되는 공적이 있다고 인정되는 사람 ㉡ 소속기관의 장이 직무 수행능력이 탁월하여 소방행정발전에 지대한 공헌실적이 있다고 인정하는 다음의 사람 • 천재·지변·화재 기타 이에 준하는 재난에 있어서 위험을 무릅쓰고 헌신분투하여 다수의 인명을 구조하거나 재산의 피해를 방지한 사람 • 창의적인 연구와 헌신적인 노력으로 소방제도의 개선 및 발전에 기여한 사람 • 교관으로 3년 이상 근무한 자로서 소방교육발전에 현저한 공이 있는 사람 • 기타 소방청장이 특별승진을 공약한 특별한 사항에 관하여 공을 세운 사람 ㉢ 인사혁신처장이 정하는 포상을 받은 사람 ㉣ 창안등급 동상 이상을 받은 자로서 소방행정발전에 기여한 실적이 뚜렷한 사람	소방령 이하 계급으로의 승진
㉤ 20년 이상 근속하고 정년퇴직일 전 1년 이상의 기간 중 자진하여 퇴직하는 자로서 재직 중 특별한 공적이 있다고 인정되는 사람	소방정감 이하 계급으로의 승진
㉥ 순직한 경우 : 천재·지변·화재 또는 그 밖에 이에 준하는 재난현장에서 직무수행 중 사망하였거나 부상을 입어 사망한 사람	모든 계급으로의 승진

② 2계급 특별승진 대상자 및 계급범위

다만, 소방위 이하의 소방공무원으로서 모든 소방공무원의 귀감이 되는 공을 세우고 순직한 다음의 사람에 대해서는 2계급 특별승진시킬 수 있다. ※ 소방경 이하(×) • 소방위 이하의 소방공무원으로서 천재·지변·화재 기타 이에 준하는 재난에 있어서 위험을 무릅쓰고 헌신 분투하여 현저한 공을 세우고 사망하였거나 부상을 입어 사망한 사람 • 소방위 이하의 소방공무원으로서 직무수행 중 다른 사람의 모범이 되는 공을 세우고 사망하였거나 부상을 입어 사망한 사람	각 계급에 따라 2계급으로의 특별승진

③ 위 표 ㉠~㉣ 특별유공자의 공적은 소방공무원이 해당 계급에서 이룩한 공적으로 한정한다.
④ 인사혁신처장이 정하는 국무총리 표창 이상의 포상을 받은 사람을 특별승진임용할 때에는 계급별 정원을 초과하여 임용할 수 있으며, 정원과 현원이 일치할 때까지 그 인원에 해당하는 정원이 해당 기관에 따로 있는 것으로 본다.
⑤ 특별승진임용의 절차 및 운영 등에 필요한 사항은 소방청장이 정한다.

89-2 특별승진 실시(승진임용 규정 제40조)

소방공무원의 특별승진은 소방청장 또는 시·도지사가 필요하다고 인정하면 수시로 실시할 수 있다.

90 최저근무년수 적용배제 등(승진임용 규정 제41조)

특별승진대상	적용배제
• 순직한 경우(천재·지변·화재 또는 그 밖에 이에 준하는 재난현장에서 직무수행 중 사망하였거나 부상을 입어 사망한 사람) : 모든 계급으로의 1계급 특별승진	• 승진임용 구분별 임용비율과 승진임용예정 인원수의 책정 • 승진최저근무연수 • 승진임용의 제한 규정을 적용하지 않는다.
• 소방위 이하의 소방공무원으로서 천재·지변·화재 기타 이에 준하는 재난에 있어서 위험을 무릅쓰고 헌신 분투하여 현저한 공을 세우고 사망하였거나 부상을 입어 사망한 사람의 2계급 특별승진 • 소방위 이하의 소방공무원으로서 직무수행 중 다른 사람의 모범이 되는 공을 세우고 사망하였거나 부상을 입어 사망한 사람의 2계급 특별승진	
• 청렴과 봉사정신으로 직무에 정려하여 다른 공무원의 귀감이 되는 공적이 있다고 인정되는 사람 • 창안등급 동상 이상을 받은 자로서 소방행정발전에 기여한 실적이 뚜렷한 사람 ※ 소방령 이하의 계급으로의 한정하며, 공적은 해당 계급 이룩한 공적으로 한정	• 해당 계급에서의 근무기간이 최저근무연수의 3분의 2 이상이 되고, 승진임용이 제한되지 않은 사람 중에서 행한다.

• 소속기관의 장이 직무 수행능력이 탁월하여 소방행정발전에 지대한 공헌실적이 있다고 인정하는 다음의 사람
  – 천재·지변·화재 기타 이에 준하는 재난에 있어서 위험을 무릅쓰고 헌신분투하여 다수의 인명을 구조하거나 재산의 피해를 방지한 사람
  – 창의적인 연구와 헌신적인 노력으로 소방제도의 개선 및 발전에 기여한 사람
  – 교관으로 3년 이상 근무한 자로서 소방교육발전에 현저한 공이 있는 자
  – 기타 소방청장이 특별승진을 공약한 특별한 사항에 관하여 공을 세운 사람
• 인사혁신처장이 정하는 포상을 받은 사람
	• 승진소요최저근무연수를 적용하지 않는다.
	• 승진임용이 제한되지 않는 사람 중에서 실시한다.

20년 이상 근속하고 정년퇴직일 전 1년 이상의 기간 중 자진하여 퇴직하는 자로서 재직 중 특별한 공적이 있다고 인정되는 사람
※ 소방정감 이하 계급으로의 승진에 한정
	• 승진소요최저근무연수를 적용하지 않는다.
	• 다음을 제외한 승진임용이 제한되지 않는 사람 중에서 실시한다.
	  – 신임교육과정을 졸업하지 못한 사람
	  – 관리역량교육과정을 수료하지 못한 사람
	  – 소방정책관리자교육과정을 수료하지 못한 사람

91 특별승진의 제한 및 취소(승진임용 규정 제41조의2)

① 20년 이상 근속하고 정년퇴직일 전 1년 이상의 기간 중 자진하여 퇴직하는 사람으로서 재직 중 특별한 공적이 있다고 인정되는 사람을 특별승진임용할 때에는 해당 소방공무원이 재직기간 중 중징계 처분 또는 다음의 어느 하나에 해당하는 사유로 경징계 처분을 받은 사실이 없어야 한다.

　㉠「국가공무원법」에 따른 다음 징계 사유

　　ⓐ 국가공무원법 및 이 법에 따른 명령을 위반한 경우

　　ⓑ 직무상의 의무(다른 법령에서 공무원의 신분으로 인하여 부과된 의무를 포함한다)를 위반하거나 직무를 태만히 한 때

　　ⓒ 직무의 내외를 불문하고 그 체면 또는 위신을 손상하는 행위를 한 때

　㉡ 성폭력범죄, 성매매, 성희롱

　㉢ 음주운전 또는 음주측정에 대한 불응

② 20년 이상 근속하고 정년퇴직일 전 1년 이상의 기간 중 자진하여 퇴직하는 사람으로서 재직 중 특별한 공적이 있다고 인정되어 특별승진임용된 사람이 「국가공무원법」에 따른 다음에 해당하여 명예퇴직수당을 환수하는 경우에는 특별승진임용을 취소해야 한다. 이 경우 특별승진임용이 취소된 사람은 그 특별승진임용 전의 계급으로 퇴직한 것으로 본다.

　㉠ 재직 중의 사유로 금고 이상의 형을 받은 경우

　㉡ 재직 중에 「형법」 제129조(수뢰, 사전수뢰), 제130조(제3자 뇌물제공), 제131조(수뢰후부정처사, 사후수뢰), 제132조(알선수뢰)에 규정된 죄를 범하여 금고 이상의 형의 선고유예를 받은 경우

　㉢ 재직 중에 직무와 관련하여 「형법」 제355조(횡령, 배임), 제356조(업무상의 횡령, 배임)에 규정된 죄를 범하여 300만원 이상의 벌금형을 선고받고 그 형이 확정되거나 금고 이상의 형의 선고유예를 받은 경우

92 특별승진심사(승진임용 규정 제42조)

횟수 및 시기	소방청장 또는 시·도지사가 필요하다고 인정하면 수시로 실시할 수 있다.
특별승진심사 관할	• 소방청 중앙승진심사위원회 : 소방청과 그 소속기관 소방공무원, 소방본부장 및 지방소방학교장의 특별승진심사를 실시한다. • 시·도에 설치된 보통승진심사위원회 : 시·도지사가 임용권을 행사하는 소방공무원의 특별승진심사를 실시한다.
특별승진심사의 생략	• 순직한 경우 : 천재·지변·화재 또는 그 밖에 이에 준하는 재난현장에서 직무수행 중 사망하였거나 부상을 입어 사망한 사람 • 소방위 이하의 소방공무원으로서 천재·지변·화재 기타 이에 준하는 재난에 있어서 위험을 무릅쓰고 헌신 분투하여 현저한 공을 세우고 사망하였거나 부상을 입어 사망한 사람 • 소방위 이하의 소방공무원으로서 직무수행 중 다른 사람의 모범이 되는 공을 세우고 사망하였거나 부상을 입어 사망한 사람를 특별승진시키는 경우 특별승진심사를 생략할 수 있다.
특별승진심사에 관하여 필요한 사항	특별승진심사에 관하여 필요한 사항은 행정안전부령(제35조)으로 정한다.
특별승진심사의 절차 (시행규칙 제35조)	• 소방기관의 장이 소속 소방공무원에 대하여 특별승진심사를 받게 하고자 할 때에는 당해 소방공무원의 공적조서와 인사기록카드를 관할승진심사위원회가 설치되는 기관의 장에게 제출하여야 한다. 이 경우 승진심사위원회를 관할하는 기관의 장은 승진심사에 필요하다고 인정되는 공적의 내용을 현지 확인하게 하거나 그 공적을 증명할 수 있는 자료를 제출하게 할 수 있다. • 특별승진심사에 의한 승진임용예정자의 결정은 찬·반투표로써 한다. • 승진임용예정자로 결정된 자가 특별승진임용예정인원수보다 많을 경우에는 당해자만을 대상으로 재투표하여 결정한다. • 심사위원회 위원장은 특별승진임용예정자를 결정한 때에는 다음 각 호의 서류를 첨부하여 승진심사위원회가 설치된 기관의 장에게 보고하여야 한다. 　– 승진심사의결서 　– 특별승진임용예정자명부 　– 특별승진심사탈락자명부 ※ 승진심사종합평가 결과서(×)

93 승진심사 결과보고 시 첨부서류 구분

심사승진 결과보고	특별승진심사 결과보고
• 승진심사의결서 • 승진임용예정자로 선발된 자 • 선발되지 아니한 자의 명부 • 승진심사종합평가서	• 승진심사의결서 • 특별승진임용예정자명부 • 특별승진심사탈락자명부 ※ 승진심사종합평가서(×)

94 대우공무원(승진임용 규정 제43조 및 시행규칙 제36조 내지 제39조) 20, 22년 소방위

21, 22년 통합

대우공무원 (승진임용 규정 제43조)	• 임용권자 또는 임용제청권자는 소속 소방공무원 중 해당 계급에서 승진소요최저근무연수 이상 근무하고 승진임용의 제한 사유(신임교육과정을 졸업하지 못한 사람, 관리역량교육과정을 수료하지 못한 사람, 소방정책관리자교육과정을 수료하지 못한 사람의 제한 사유는 제외)가 없으며 근무실적이 우수한 사람을 바로 상위계급의 대우공무원으로 선발할 수 있다. • 대우공무원의 선발에 필요한 사항은 행정안전부령(제36조 내지 제39조)으로 정한다. • 대우공무원에 대해서는 「공무원수당 등에 관한 규정」에서 정하는 바에 따라 수당을 지급할 수 있다.

대우공무원
선발을 위한
근무기간
(시행규칙
제36조)
	• 대우공무원으로 선발되기 위해서는 승진소요최저근무연수를 경과한 소방정 이하 계급의 소방공무원으로서 해당 계급에서 다음의 구분에 따른 기간 동안 근무해야 한다.
	  − 소방정 및 소방령 : 7년 이상
	  − 소방경, 소방위, 소방장, 소방교 및 소방사 : 5년 이상
	• 근무기간의 산정은 승진소요최저근무연수 산정방법에 따른다.

선발 절차 및 시기 (시행규칙 제37조)	• 임용권자 또는 임용제청권자는 매월 말 5일 전까지 대우공무원 발령일을 기준으로 하여 대우공무원 선발요건에 적합한 대상자를 결정하여야 하고, 그 다음 월 1일에 일괄하여 대우공무원으로 발령하여야 한다. • 대우공무원의 발령사항은 인사기록카드에 기록하여야 한다.
대우공무원 수당의 지급 (시행규칙 제38조)	• 대우공무원으로 선발된 소방공무원에 대하여는 「공무원 수당 등에 관한 규정」에 따라 대우공무원수당을 지급한다. ※ 예산의 범위 안에서 해당 공무원 월봉급액의 4.1 퍼센트를 대우공무원수당으로 지급할 수 있다. • 대우공무원이 징계 또는 직위해제 처분을 받거나 휴직하여도 대우공무원수당은 계속 지급한다. 다만, 「공무원 수당 등에 관한 규정」에서 정하는 바에 따라 대우공무원수당을 감액하여 지급한다. • 대우공무원의 선발 또는 수당 지급에 중대한 착오가 발생한 경우에는 임용권자 또는 임용제청권자는 이를 정정하고 대우공무원수당을 소급하여 지급할 수 있다.
대우공무원의 자격상실 등 (시행규칙 제39조)	• 대우공무원이 상위 계급으로 승진임용의 경우 승진임용일자에 대우공무원의 자격은 당연히 상실된다. ※ 임용 다음 날(×) • 강임된 경우 강임되는 일자에 상위계급의 대우자격은 당연히 상실된다. 다만, 강임된 계급의 근무기간에 관계없이 강임일자에 강임된 계급의 바로 상위계급의 대우공무원으로 선발할 수 있다.

제6장 신분보장

1 의사에 반한 신분 조치(국가공무원법 제68조)

공무원은 형의 선고, 징계처분 또는 이 법에서 정하는 사유에 따르지 아니하고는 본인의 의사에 반하여 휴직·강임 또는 면직을 당하지 않는다. 다만, 1급 공무원과 고위공무원단에 속하는 공무원은 그러하지 아니하다.

2 소방공무원의 당연퇴직 사유(국가공무원법 제69조) 15년 서울 16년 강원

공무원이 다음 각 호의 어느 하나에 해당할 때에는 당연히 퇴직한다.

① 피성년후견인

② 파산선고를 받고 복권되지 않은 자
파산선고를 받은 사람으로서 「채무자 회생 및 파산에 관한 법률」에 따라 신청기한 내에 면책신청을 하지 아니하였거나 면책불허가 결정 또는 면책 취소가 확정된 경우만 해당한다.

③ 금고 이상의 실형을 선고받고 그 집행이 종료되거나 집행을 받지 아니하기로 확정된 후 5년이 지나지 않은 자

④ 금고 이상의 형을 선고받고 그 집행유예 기간이 끝난 날부터 2년이 지나지 않은 자

⑤ 금고 이상의 형의 선고유예를 받은 경우에 그 선고유예 기간 중에 있는 자
「형법」 제129조(수뢰, 사전수뢰), 제30조(제3자 뇌물제공), 제131조(수뢰후부정처사, 사후수뢰), 제132조(알선수뢰), 「성폭력범죄의 처벌 등에 관한 특례법」 제2조(정의), 「아동·청소년의 성보호에 관한 법률」 제2조 제2호(아동·청소년대상 성범죄) 및 직무와 관련하여 제355조(횡령, 배임), 제356조(업무상의 횡령, 배임)에 규정된 죄를 범한 사람으로서 금고 이상의 형의 선고유예를 받은 경우만 해당한다.

⑥ 법원의 판결 또는 다른 법률에 따라 자격이 상실되거나 정지된 자

⑦ 공무원으로 재직기간 중 직무와 관련하여 「형법」 제355조(횡령, 배임), 제356조(업무상의 횡령, 배임)에 규정된 죄를 범한 자로서 300만원 이상의 벌금형을 선고받고 그 형이 확정된 후 2년이 지나지 않은 자

⑧ 「성폭력범죄의 처벌 등에 관한 특례법」 제2조에 규정된 성폭력 범죄를 범한 사람으로서 100만원 이상의 벌금형을 선고받고 그 형이 확정된 후 3년이 지나지 않은 사람

⑨ 미성년자에 대한 다음의 어느 하나에 해당하는 죄를 저질러 파면·해임되거나 형 또는 치료감호를 선고받아 그 형 또는 치료감호가 확정된 사람(집행유예를 선고받은 후 그 집행유예기간이 경과한 사람을 포함한다)
㉠ 「성폭력범죄의 처벌 등에 관한 특례법」 제2조에 따른 성폭력범죄
㉡ 「아동·청소년의 성보호에 관한 법률」 제2조 제2호에 따른 아동·청소년대상 성범죄

⑩ 징계로 파면처분을 받은 때부터 5년이 지나지 않은 자
⑪ 징계로 해임처분을 받은 때부터 3년이 지나지 않은 자
⑫ 임기제공무원의 근무기간이 만료된 경우

3 소방공무원을 직권 면직시킬 수 있는 경우(국가공무원법 제70조) 13년 경북 15년 소방위

임용권자는 공무원이 다음 각 호의 어느 하나에 해당하면 직권으로 면직시킬 수 있다.

① 직제와 정원의 개편·폐지 또는 예산의 감소 등에 따라 폐직(廢職) 또는 과원(過員)이 되었을 때
② 휴직 기간이 끝나거나 휴직 사유가 소멸된 후에도 직무에 복귀하지 아니하거나 직무를 감당할 수 없을 때
③ 직위해제처분에 따라 3개월의 범위에서 대기 명령을 받은 자가 그 기간에 능력 또는 근무성적의 향상을 기대하기 어렵다고 인정된 때
④ 전직시험에서 세 번 이상 불합격한 자로서 직무수행 능력이 부족하다고 인정된 때
⑤ 병역판정검사·입영 또는 소집의 명령을 받고 정당한 사유 없이 이를 기피하거나 군복무를 위하여 휴직 중에 있는 자가 군복무 중 군무(軍務)를 이탈하였을 때
⑥ 해당 직급·직위에서 직무를 수행하는 데 필요한 자격증의 효력이 없어지거나 면허가 취소되어 담당 직무를 수행할 수 없게 된 때
⑦ 고위공무원단에 속하는 공무원이 적격심사 결과 부적격 결정을 받은 때

4 직권휴직 사유 및 기간(국가공무원법 제71조 제1항, 제72조) 13년 경북 15, 20년 소방위

공무원이 다음 각 호의 어느 하나에 해당하면 임용권자는 본인의 의사에도 불구하고 휴직을 명하여야 한다.

① 신체·정신상의 장애로 장기 요양이 필요할 때 : 1년 이내
　　㉠ 공무원재해보상법에 요양급여 지급대상 부상 또는 질병 : 3년 이내
　　㉡ 산업재해재해보상법에 요양급여 결정대상 부상 또는 질병 : 3년 이내
② 병역 복무를 마치기 위하여 징집 또는 소집된 때 : 복무기간이 끝날 때까지
③ 천재지변이나 전시·사변, 그 밖의 사유로 생사(生死) 또는 소재(所在)가 불명확하게 된 때 : 3개월 이내 ※ 6개월 이내(×)
④ 그 밖에 법률의 규정에 따른 의무를 수행하기 위하여 직무를 이탈하게 된 때 : 복무기간이 끝날 때까지
⑤ 노동조합 전임자로 종사하게 된 때 : 그 전임 기간

5 청원휴직을 명할 수 있는 사유 및 기간

임용권자는 공무원이 다음 각 호의 어느 하나에 해당하는 사유로 휴직을 원하면 휴직을 명할 수 있다. 다만, ④의 경우에는 대통령령으로 정하는 특별한 사정이 없으면 휴직을 명하여야 한다.

① 국제기구, 외국 기관, 국내외의 대학·연구기관, 다른 국가기관 또는 대통령령으로 정하는 민간기업, 그 밖의 기관에 임시로 채용될 때 : 채용 기간(다만, 민간기업이나 그 밖의 기관에 채용되는 경우에는 3년 이내)

② 국외 유학을 하게 되었을 때 : 3년 이내(부득이한 경우에는 2년 범위 내에서 연장가능)

③ 중앙인사기관의 장이 지정하는 연구기관이나 교육기관 등에서 연수하게 되었을 때 : 2년 이내

④ 만 8세 이하 또는 초등학교 2학년 이하의 자녀를 양육하기 위하여 필요하거나 여성공무원이 임신 또는 출산하게 되었을 때 : 자녀 1명에 대하여 3년 이내

⑤ 조부모, 부모(배우자의 부모를 포함한다), 배우자, 자녀 또는 손자녀를 간호하기 위하여 필요한 때. 다만, 조부모나 손자녀의 돌봄을 위하여 휴직할 수 있는 경우는 본인 외에는 간호할 수 있는 사람이 없는 등 대통령령으로 정하는 요건을 갖춘 경우로 한정한다. : 1년 이내(재직기간 중 총 3년 이내)

⑥ 외국에서 근무·유학 또는 연수하게 되는 배우자를 동반할 때 : 3년 이내(부득이한 경우에는 2년의 범위 내에서 연장 가능)

⑦ 대통령령이 정하는 기간 동안 재직한 공무원이 직무관련 연구과제 수행 또는 자기개발을 위하여 학습·연구 등을 하게 된 때 : 1년 이내

6 휴직의 효력(국가공무원법 제73조)

① 휴직 중인 공무원은 신분은 보유하나 직무에 종사하지 못한다.

② 휴직기간 중 그 사유가 없어지면 30일 이내에 임용권자 또는 임용제청권자에게 신고해야 하며, 임용권자는 지체 없이 복직을 명해야 한다.

③ 휴직기간이 끝난 공무원이 30일 이내에 복귀신고를 하면 당연히 복직된다.

7 직위해제 사유(국가공무원법 제73조의3) `14년 소방위` `18년 통합`

임용권자는 다음 각 호의 어느 하나에 해당하는 자에게는 직위를 부여하지 아니할 수 있다.

① 직위해제 사유

　㉠ 직무수행 능력이 부족하거나 근무성적이 극히 나쁜 자

　㉡ 파면·해임·강등 또는 정직에 해당하는 징계 의결이 요구 중인 자

　　※ 감봉에 해당하는 징계 의결이 요구 중인 자(×)

　㉢ 형사 사건으로 기소된 자(약식명령이 청구된 자는 제외한다)

　㉣ 고위공무원단에 속하는 일반직공무원으로서 제70조의2(적격심사) 제1항 제2호부터 제5호까지의 사유로 적격심사를 요구받은 자

⑪ 금품비위, 성범죄 등 대통령령으로 정하는 비위행위로 인하여 감사원 및 검찰·경찰 등 수사기관에서 조사나 수사 중인 자로서 비위의 정도가 중대하고 이로 인하여 정상적인 업무수행을 기대하기 현저히 어려운 자

② 직위해제로 직위를 부여하지 않은 경우에 그 사유가 소멸되면 임용권자는 지체 없이 직위를 부여해야 한다.

③ 임용권자는 직무수행 능력이 부족하거나 근무성적이 극히 나쁜 사유로 직위해제된 자에게 3개월의 범위에서 대기를 명한다.

④ 임용권자 또는 임용제청권자는 대기 명령을 받은 자에게 능력 회복이나 근무성적의 향상을 위한 교육훈련 또는 특별한 연구과제의 부여 등 필요한 조치를 해야 한다.

8 직위해제자의 대기명령

임용권자는 직무수행 능력이 부족하거나 근무성적이 극히 나쁜 사람에게 직위를 주지 않을 때에는 미리 해당 인사위원회의 의견을 들어야 하며, 직위해제된 사람에게는 3개월의 범위에서 대기를 명한다.

9 강임(국가공무원법 제73조의4) `13년 경북` `15년 소방위`

① 강임의 사유

임용권자는 직제 또는 정원의 변경이나 예산의 감소 등으로 직위가 폐직되거나 하위의 직위로 변경되어 과원이 된 경우 또는 본인이 동의한 경우에는 소속 공무원을 강임할 수 있다.

② 강임된 공무원의 우선임용

㉠ 강임된 공무원은 상위 직급 또는 고위공무원단 직위에 결원이 생기면 승진시험, 승진심사를 거치지 않고 승진후보자명부 우선순위에도 불구하고 우선 임용된다.

㉡ 다만, 본인이 동의하여 강임된 공무원은 본인의 경력과 해당 기관의 인력 사정 등을 고려하여 우선 임용될 수 있다.

10 강임의 범위 및 강임자의 우선 승진임용 방법(임용령 제54조 및 제55조)

① 소방공무원을 강임할 때에는 바로 하위계급에 임용하여야 한다(제54조).

② 동일계급에 강임된 자가 2인 이상인 경우의 우선 승진임용 순위는 강임일자 순으로 하되, 강임일자가 같은 경우에는 강임되기 전의 계급에 임용된 일자의 순에 의한다(제55조).

11 보훈(법 제18조)

소방공무원으로서 교육훈련 또는 직무수행 중 사망한 사람(공무상의 질병으로 사망한 사람을 포함한다) 및 상이(공무상의 질병을 포함한다)를 입고 퇴직한 사람과 그 유족 또는 가족은 「국가유공자 등 예우 및 지원에 관한 법률」 또는 「보훈보상대상자 지원에 관한 법률」에 따른 예우 또는 지원을 받는다.

12 보훈(임용령 제59조)

① 국가유공자 또는 보훈보상대상자가 예우 또는 지원을 받으려는 사람은 등록신청을 하여야 한다.

② 소방청장은 국가유공자 또는 보훈보상대상자 등록신청과 관련하여 국가보훈부장관으로부터 국가유공자 또는 보훈보상대상자 요건과 관련된 사실의 확인에 대한 요청을 받으면 그 요건과 관련된 사실을 확인하여 지체 없이 국가보훈부장관에게 통보해야 한다.

13 국가유공자 등 예우 및 지원에 관한 법률에 따른 적용대상 국가유공자

구 분	유공대상 및 요건
순직군경	• 대상 : 군인이나 경찰 · 소방 공무원 • 요건 : 국가의 수호 · 안전보장 또는 국민의 생명 · 재산 보호와 직접적인 관련이 있는 직무수행이나 교육훈련 중 사망한 사람(질병으로 사망한 사람을 포함한다)
공상군경	• 대상 : 군인이나 경찰 · 소방 공무원 • 요건 : 국가의 수호 · 안전보장 또는 국민의 생명 · 재산 보호와 직접적인 관련이 있는 직무수행이나 교육훈련 중 상이(질병을 포함한다)를 입고 전역하거나 퇴직한 사람 또는 6개월 이내에 전역이나 퇴직하는 사람으로서 그 상이정도가 국가보훈부장관이 실시하는 신체검사에서 상이등급으로 판정된 사람

14 보훈보상대상자 지원에 관한 법률에 따른 보훈보상대상자

구 분	보훈대상자 및 요건
재해사망 군경	• 대상 : 군인이나 경찰 · 소방 공무원 • 요건 : 국가의 수호 · 안전보장 또는 국민의 생명 · 재산 보호와 직접적인 관련이 없는 직무수행이나 교육훈련 중 사망한 사람(질병으로 사망한 사람을 포함한다)
재해부상 군경	• 대상 : 군인이나 경찰 · 소방 공무원 • 요건 : 국가의 수호 · 안전보장 또는 국민의 생명 · 재산 보호와 직접적인 관련이 없는 직무수행이나 교육훈련 중 상이(질병을 포함한다)를 입고 전역하거나 퇴직한 사람 또는 6개월 이내에 전역이나 퇴직한 사람으로서 그 상이정도가 국가보훈부장관이 실시하는 신체검사에서 제6조에 따른 상이등급(이하 "상이등급"이라 한다)으로 판정된 사람

15 보상금을 받을 유족의 순위

배우자 → 자녀 → 부모 → 성년인 직계비속이 없는 조부모 → 60세 미만의 직계존속과 성년인 형제자매가 없는 미성년 제매

16 특별위로금(법 제19조) 16년 강원 17년 통합

① 위로금 지급의 근거법령

소방공무원이 공무상 질병 또는 부상으로 인하여 치료 등의 요양을 하는 경우에는 특별위로금을 지급할 수 있다(제1항). ※ 지급해야 한다.(×)

② 특별위로금의 지급 기준 및 방법 : 대통령령(제60조)으로 정한다.

③ 위로금 지급대상자(임용령 제60조 제1항)

특별위로금은 다음에 해당하는 활동이나 교육·훈련으로 인하여 질병에 걸리거나 부상을 입어 「공무원재해보상법」 제9조에 따라 요양급여 지급대상자로 결정된 소방공무원에게 지급한다.

소방활동	소방지원활동	생활안전활동	소방교육·훈련
화재, 재난·재해, 그 밖의 위급한 상황이 발생하였을 때에는 소방대를 현장에 신속하게 출동시켜 화재진압과 인명구조·구급 등 소방에 필요한 활동	• 산불에 대한 예방·진압 등 지원활동 • 자연재해에 따른 급수·배수 및 제설 등 지원활동 • 집회·공연 등 각종 행사 시 사고에 대비한 근접대기 등 지원활동 • 화재, 재난·재해로 인한 피해복구 지원활동 • 군·경찰 등 유관기관에서 실시하는 훈련지원 활동 • 소방시설 오작동 신고에 따른 조치활동 • 방송제작 또는 촬영 관련 지원활동	• 붕괴, 낙하 등이 우려되는 고드름, 나무, 위험 구조물 등의 제거활동 • 위해동물, 벌 등의 포획 및 퇴치 활동 • 끼임, 고립 등에 따른 위험제거 및 구출 활동 • 단전사고 시 비상전원 또는 조명의 공급 • 그 밖에 방치하면 급박해질 우려가 있는 위험을 예방하기 위한 활동	• 화재진압훈련 • 인명구조훈련 • 응급처치훈련 • 인명대피훈련 • 현장지휘훈련

④ 위로금의 지급범위(임용령 제60조 제2항)

위로금은 공무상요양으로 소방공무원이 요양하면서 출근하지 않은 기간에 대하여 지급하되, 36개월을 넘지 아니하는 범위에서 지급한다.

⑤ 위로금의 산정방법(임용령 제60조 제13항)

위로금은 「공무원수당 등에 관한 규정」 제15조 제3항에 따른 기준호봉을 기준으로 산정하되, 구체적인 산정방법은 다음(별표 8)에 따른다.

특별위로금 지급금액 산정방식

• 미출근기간이 6개월 이하인 경우

$$지급금액 = \frac{계급별 기준호봉}{180일} \times 1.5 \times 미출근일수$$

• 미출근기간이 6개월을 초과하는 경우

$$지급급액 = \frac{계급별 기준호봉}{180일} \times 1.5 \times 180일 + \frac{계급별 기준호봉}{900일} \times 2 \times (미출근일수 - 180일)$$

※ 비고 : 1개월은 30일로 계산한다.

17 특별위로금 지급신청 절차(임용령 제60조 제4항) `16년 강원` `17, 20년 통합`

① 특별위로금의 지급신청 및 기한

위로금을 지급받으려는 소방공무원 또는 그 유족은 행정안전부령(제43조의2 제1항)으로 정하는 특별위로금 지급신청서에 공무상요양 승인결정서 사본 등 행정안전부령(제43조의2 제2항)으로 정하는 서류를 첨부하여 다음의 어느 하나에 해당하는 날부터 6개월 이내에 소방기관의 장에게 신청해야 한다. ※ 1년 이내(×)

㉠ 업무에 복귀한 날

㉡ 요양 중 사망하거나 퇴직한 경우는 각각 사망일 또는 퇴직일

㉢ 「공무원 재해보상법」에 따른 요양급여의 결정에 대한 불복절차가 인용 결정으로 최종 확정된 경우에는 확정된 날

② 특별위로금 신청서 첨부서류(임용령 시행규칙 제43조의2)

㉠ 공무상요양 승인결정서 사본 ※ 공무상요양 승인결정서 원본(×)

㉡ 입퇴원확인서

㉢ 개인별 근무상황부 사본

18 정년(법 제25조 제1항) `13년 강원` `13년 경북` `14, 16년 경기` `15, 18년 소방위` `15년 서울`
`19, 20, 21, 22년 통합`

소방공무원의 정년은 다음과 같다.

① 연령정년 : 60세

② 계급정년

소방감	소방준감	소방정	소방령
4년	6년	11년	14년

19 계급정년의 계산(법 제25조 제2항) `17, 20년 통합`

계급정년을 산정(算定)할 때에는 근속여부와 관계없이 소방공무원 또는 경찰공무원으로서 그 계급에 상응하는 계급으로 근무한 연수(年數)를 포함한다.

※ 근속연수에 따라(×), 근무한 연수(年數)를 포함하지 않는다.(×), 경찰공무원으로서 근무한 기간은 5할을 포함한다.(×)

20 강등의 징계처분을 받은 사람의 계급정년 산정(법 제25조 제3항) `10, 12년 소방위`
`19, 22년 통합`

징계로 인하여 강등(소방경으로 강등된 경우를 포함한다)된 소방공무원의 계급정년은 다음에 따른다.

① 강등된 계급의 계급정년은 강등되기 전 계급 중 가장 높은 계급의 계급정년으로 한다.

② 계급정년을 산정할 때는 강등되기 전 계급의 근무연수와 강등 이후의 근무연수를 합산한다.

21 계급정년의 연장 및 승인(법 제25조 제4항) `20, 22년 통합`

① 소방청장은 전시, 사변, 그 밖에 이에 준하는 비상사태에서는 2년의 범위에서 계급정년을 연장할 수 있다.

② 이 경우 소방령 이상의 소방공무원에 대해서는 행정안전부장관의 제청으로 국무총리를 거쳐 대통령의 승인을 받아야 한다. ※ 시·도지사(×), 소방령 이상(×), 소방청장의 제청(×)

22 정년퇴직 발령(법 제25조 제5항)

소방공무원은 그 정년이 되는 날이 1월에서 6월 사이에 있는 경우에는 6월 30일에 당연히 퇴직하고, 7월에서 12월 사이에 있는 경우에는 12월 31일에 당연히 퇴직한다.

23 소청심사의 청구요건

공무원에 대하여 징계처분 등을 할 때나 강임·휴직·직위해제 또는 면직처분을 할 때에는 그 처분권자 또는 처분제청권자는 처분사유를 적은 설명서를 교부(交付)받고 그 처분에 불복하거나 처분 외에 본인의 의사에 반한 불리한 처분을 받은 소방공무원

24 소청심사의 청구(법 제26조) `14년 경기` `21년 통합`

「국가공무원법」 제75조에 따라 처분사유 설명서를 받은 소방공무원이 그 처분에 불복할 때에는 그 설명서를 받은 날부터 30일 이내에, 같은 조에서 정한 처분 외에 본인의 의사에 반한 불리한 처분을 받은 소방공무원은 그 처분이 있음을 안 날부터 30일 이내에 같은 법에 따라 설치된 소청심사위원회에 이에 대한 심사를 청구할 수 있다. 이 경우 변호사를 대리인으로 선임할 수 있다.

> **국가공무원법 제75조(처분사유 설명서의 교부)**
> 1. 공무원에 대하여 징계처분 등을 할 때나 강임·휴직·직위해제 또는 면직처분을 할 때에는 그 처분권자 또는 처분제청권자는 처분사유를 적은 설명서를 교부(交付)해야 한다. 다만, 본인의 원(願)에 따른 강임·휴직 또는 면직처분은 그러하지 아니하다.
> 2. 처분권자는 피해자가 요청하는 경우 성폭력범죄 및 성희롱에 해당하는 사유로 처분사유 설명서를 교부할 때에는 그 징계처분결과를 피해자에게 함께 통보해야 한다.

25 행정소송의 피고(법 제30조) `14년 경기` `14, 16년 서울` `15, 22년 소방위` `17, 22년 통합`

① 징계처분, 휴직처분, 면직처분, 그 밖에 의사에 반하는 불리한 처분에 대한 행정소송의 경우 소방청장을 피고로 한다.

② 시·도지사가 임용권을 행사하는 경우에는 관할 시·도지사를 피고로 한다.

26 거짓 보고 등의 금지(법 제21조) `19년 통합`

① 소방공무원은 직무에 관한 보고나 통보를 거짓으로 하여서는 아니 된다.

② 소방공무원은 직무를 게을리하거나 유기(遺棄)해서는 아니 된다.

27 지휘권 남용 등의 금지(법 제22조) `15년 소방위`

화재 진압 또는 구조·구급활동을 할 때 소방공무원을 지휘·감독하는 사람은 정당한 이유 없이 그 직무수행을 거부 또는 유기하거나 소방공무원을 지정된 근무지에서 진출·후퇴 또는 이탈하게 하여서는 아니 된다. ※ 위반 시 벌칙 : 5년 이하의 징역 또는 금고

28 소방간부후보생의 보수 등(법 제31조)

교육 중인 소방간부후보생에게는 대통령령으로 정하는 바에 따라 보수와 그 밖의 실비(實費)를 지급한다.

29 소방청장의 지휘·감독(법 제32조)

소방청장은 소방공무원의 인사행정이 이 법과 「국가공무원법」에 따라 운영되도록 지휘·감독한다.

30 벌칙(법 제34조) `14, 15, 16년 경기` `14년 대구` `16년 서울` `20년 통합` `21년 소방위`

다음의 어느 하나에 해당하는 자는 5년 이하의 징역 또는 금고에 처한다.

① 화재 진압 업무에 동원된 소방공무원으로서 직무에 관하여 거짓 보고나 통보를 하거나, 직무를 게을리하거나 유기한 자

② 화재 진압 업무에 동원된 소방공무원으로서 상관의 직무상 명령에 불복하거나 직장을 이탈한 자

③ 화재 진압 또는 구조·구급 활동을 할 때 소방공무원을 지휘·감독하는 자로서 정당한 이유 없이 그 직무수행을 거부 또는 유기하거나 소방공무원을 지정된 근무지에서 진출·후퇴 또는 이탈하게 한 자

제7장 공무원고충처리규정

> **고충심사위원회(법 제27조)**
> ① 소방공무원의 인사상담 및 고충을 심사하기 위하여 소방청, 시·도 및 대통령령으로 정하는 소방기관에 소방공무원 고충심사위원회를 둔다.
>
> > "대통령령으로 정하는 소방기관"이란 중앙소방학교·중앙119구조본부·국립소방연구원·지방소방학교·서울종합방재센터·소방서·119특수대응단 및 소방체험관을 말한다.
>
> ② 소방공무원 고충심사위원회의 심사를 거친 소방공무원의 재심청구와 소방령 이상의 소방공무원의 인사상담 및 고충은 중앙고충심사위원회에서 심사한다.
> ③ 소방공무원 고충심사위원회의 구성, 심사 절차 및 운영에 필요한 사항은 대통령령으로 정한다.

01 목적(제1조)

이 영은 「소방공무원법」 제27조에 따라 공무원의 고충상담 및 고충심사 등의 처리 절차와 그 밖에 고충 해소를 위해 필요한 사항을 규정함을 목적으로 한다.

02 고충처리대상(제2조)

① 공무원은 누구나 인사·조직·처우 등 직무 조건과 관련된 신상 문제와 성폭력범죄(이하 "성폭력범죄"라 한다)·성희롱(이하 "성희롱"이라 한다) 및 부당한 행위 등으로 인한 신상 문제와 관련된 고충의 처리를 요구할 수 있다.

② 인사혁신처장, 임용권자 또는 임용제청권자는 공무원의 고충을 예방하고 고충이 발생한 경우 신속하고 공정하게 처리하기 위해 노력해야 한다.

03 고충처리절차(제2조의2)

① 고충처리는 고충상담, 고충심사 및 성폭력범죄·성희롱 신고 처리로 구분한다.

② 임용권자 또는 임용제청권자(이하 "임용권자 등"이라 한다)와 인사혁신처장은 고충상담이나 성폭력범죄·성희롱 신고 처리 과정에서 고충심사가 필요하다고 판단될 때에는 다음 각 호의 구분에 따른 동의를 받아 고충심사 절차를 시작할 수 있다.
　㉠ 고충상담 : 고충을 제기한 사람(이하 "청구인"이라 한다)의 동의
　㉡ 성폭력범죄·성희롱 신고 : 피해자의 동의

③ 임용권자 등은 상·하급자나 동료, 그 밖에 업무 관련자 등의 부적절한 언행, 신체적 접촉 또는 위법·부당한 지시 등으로 인한 고충에 대하여 심사가 청구된 경우로서 고충의 신속한 조사 및 피해 방지 등을 위해 필요한 경우에는 고충심사 절차가 시작되기 전이라도 다음 각 호의 조치를 할 수 있고, 인사혁신처장은 임용권자 등에게 다음 각 호의 조치의 이행 및 그 결과의 통지를 요청할 수 있다.
　㉠ 피해 사실에 대한 조사
　㉡ 가해자 등 책임자에 대한 조치
　㉢ 피해자에 대한 보호·지원
　㉣ 추가 피해 방지를 위한 조치

04 소방공무원 고충심사위원회(제3조의3) 18, 19, 20, 21, 22년 통합　21년 소방위

구 분		내 용
설치기관		• 소방청, 시·도 • 중앙소방학교·중앙119구조본부·국립소방연구원·지방소방학교·서울종합방재센터·소방서·119특수대응단 및 소방체험관에 고충심사위원회를 둔다
구성 (제2항)		위원장 1명을 포함한 7명 이상 15명 이내의 공무원위원과 민간위원으로 구성 (민간위원 : 위원장을 제외한 위원 수의 2분의 1이상 이어야 한다)
위원장 (제3항)		설치기관 소속 공무원 중에서 인사 또는 감사 업무를 담당하는 과장 또는 이에 상당하는 직위를 가진 사람이 된다.
공무원위원 (제4항)		청구인보다 상위 계급 또는 이에 상당하는 소속 공무원(지방공무원을 포함한다) 중에서 설치기관의 장이 임명한다.
민간 위원 (제5항)	임기 (제6항)	2년(한 번만 연임가능) ※ 3년(×)
	자격 22년 통합	• 소방공무원으로 20년 이상 근무하고 퇴직한 사람 • 대학에서 법학·행정학·심리학·정신건강의학 또는 소방학을 담당하는 사람으로서 조교수 이상으로 재직 중인 사람 • 변호사 또는 공인노무사로 5년 이상 근무한 사람 • 의료인
회의 (제7항)		위원장이 회의마다 지정하는 5명 이상 7명 이내의 위원으로 성별을 고려하여 구성한다. 이 경우 민간위원이 3분의 1 이상 포함되어야 한다.
위원의 해촉 (제8항)		소방공무원고충심사위원회 설치기관의 장은 위원회의 민간위원이 다음 각 호의 어느 하나에 해당하는 경우에는 해당 위원을 해촉할 수 있다. • 심신장애로 직무를 수행할 수 없게 된 경우 • 직무와 관련된 비위사실이 있는 경우 • 직무태만, 품위손상이나 그 밖의 사유로 위원으로 적합하지 않다고 인정되는 경우 • 위원 스스로 직무를 수행하는 것이 곤란하다고 의사를 밝히는 경우

05 고충심사위원회의 간사(제3조의5)

① 중앙고충심사위원회, 소방공무원고충심사위원회 또는 교육공무원 보통고충심사위원회에 간사 몇 명을 두며, 간사는 소속 공무원(지방공무원을 포함한다) 중에서 설치기관의 장이 임명한다.

② 간사는 위원장의 명을 받아 다음 각 호의 사항을 처리한다.

  ㉠ 고충심사 의안의 작성 및 처리
  ㉡ 회의 진행에 필요한 준비
  ㉢ 회의록 작성과 보관
  ㉣ 그 밖에 고충심사위원회 운영에 필요한 사항

06 고충심사위원회의 관할(제3조의6)

① 「국가공무원법」 제76조의2 제4항에 따른 중앙고충심사위원회(이하 "중앙고충심사위원회"라 한다)는 보통고충심사위원회의 심사를 거친 재심청구와 5급(소방령) 이상 공무원, 보통고충심사위원회는 소속 6급(소방경) 이하 공무원·연구사·지도사 또는 이에 상당하는 일반직공무원의 고충을 각각 심사한다.

② 상하직위자가 관련된 고충심사의 청구에 대하여는 그 중 최상위직에 있는 자를 관할하는 고충심사위원회가 이를 심사·결정한다.

③ 고충심사의 청구가 있는 경우 당해 기관의 사정으로 청구인보다 상위직에 있는 자로 고충심사위원회를 구성하기 어려운 때에는 바로 상위의 감독기관에 설치된 고충심사위원회가 이를 심사·결정한다.

④ 「국가공무원법」의 적용을 받는 자와 다른 법률의 적용을 받는 자가 서로 관련되는 고충심사의 청구에 대하여는 중앙고충심사위원회가 이를 심사·결정할 수 있다.

⑤ 6급(소방경) 이하의 공무원의 고충으로서 보통고충심사위원회에서 심사하는 것이 부적당하여 중앙고충심사위원회에서 심사할 수 있는 사안은 다음 각 호의 어느 하나에 해당하는 사안을 말한다.

  ㉠ 성폭력범죄 또는 성희롱 사실에 관한 고충
  ㉡ 「공무원 행동강령」 제13조의3에 따른 부당한 행위로 인한 고충
  ㉢ 그 밖에 성별·종교·연령 등을 이유로 하는 불합리한 차별로 인한 고충

07 고충심사위원회의 구성의 특례(제3조의7)

① 소방공무원고충심사위원회 설치기관의 장은 위원장 1명을 포함한 7명 이상 15명 이내의 공무원위원과 민간위원으로 구성해야 함에도 불구하고, 소속 직원의 수, 조직 규모 및 관할 범위 등을 고려하여 필요한 경우 인사혁신처장과의 협의를 거쳐 위원장 1명을 포함하여 5명 이상 7명 이내의 공무원위원과 민간위원으로 위원회를 구성할 수 있다.

② 소방공무원고충심사위원회를 구성한 경우 위원회의 회의는 5명 이상 7명 이내의 위원으로 성별을 고려하여 구성해야 함에도 불구하고 위원장과 위원장이 회의마다 지정하는 3명 이상 5명 이내의 위원으로 성별을 고려하여 구성할 수 있다.

08 고충심사청구(제4조)

① 공무원이 고충심사를 청구할 때에는 설치기관의 장에게 다음의 사항을 기재한 고충심사청구서(이하 "청구서"라 한다)를 제출해야 하며, 재심을 청구하는 경우에는 해당 고충심사위원회의 고충심사결정서(이하 "결정서"라 한다) 사본을 첨부해야 한다.
ㄱ 주소·성명 및 생년월일
ㄴ 소속기관명 및 직급 또는 직위
ㄷ 고충심사청구의 취지 및 이유
② 고충심사의 청구를 받은 설치기관의 장은 이를 지체 없이 소속 고충심사위원회에 부의하여 심사하게 해야 한다.

09 보완요구(제5조)

고충심사위원회는 청구서에 흠이 있다고 인정할 때에는 청구서를 접수한 날로부터 7일 이내에 상당한 기간을 정하여 청구인에게 이의 보완을 요구할 수 있으며, 청구인은 동 기간 내에 이를 보완해야 한다.

10 회피 및 기피(제6조)

① 고충심사위원회의 위원 중 청구인의 친족이거나 청구사유와 밀접한 관계가 있는 자는 그 고충심사를 회피할 수 있다.
② 고충심사위원회의 위원에게 고충심사의 공정을 기대하기 어려운 사정이 있을 때에는 청구인은 그 위원의 기피를 신청할 수 있으며, 고충심사위원회는 의결로 그 위원의 기피여부를 결정해야 한다.

11 고충심사절차(제7조) 18년 통합

① 고충심사위원회가 청구서를 접수한 때에는 30일 이내에 고충심사에 대한 결정을 해야 한다. 다만, 부득이하다고 인정되는 경우에는 고충심사위원회의 의결로 30일의 범위에서 그 기한을 연기할 수 있다.
② 고충심사위원회가 청구서를 접수한 때에는 지체 없이 처분청이나 관계 기관의 장에게 청구서 부본(副本)을 송부해야 한다.
③ 청구서 부본을 송부받은 처분청이나 관계 기관의 장은 청구서 부본을 송부받은 날부터 14일 이내에 고충심사청구에 대한 답변서와 청구인 수만큼의 부본을 제출해야 한다.

④ 고충심사위원회는 제출된 답변서의 내용이 충분하지 않거나 입증자료가 필요한 경우에는 처분청이나 관계 기관의 장에게 답변 내용의 보충이나 입증자료의 제출을 요구할 수 있다.

⑤ 처분청이나 관계 기관의 장은 답변서 및 입증자료를 제출할 때 관계인 등의 개인정보가 공개되지 않도록 조치해야 한다.

⑥ 고충심사위원회는 제출된 답변서 부본, 추가 제출된 답변 내용 및 입증자료를 지체 없이 청구인에게 송달해야 한다.

⑦ 고충심사위원회는 고충심사에 필요하다고 인정하는 경우에는 다음 각 호의 방법에 따라 사실조사를 할 수 있다.

  ㉠ 청구인, 설치기관의 장, 청구인이 소속된 기관의 장 또는 그 대리인 및 관계인을 출석하게 하여 진술하게 하는 방법

  ㉡ 관계 기관에 심사 자료의 제출을 요구하는 방법

  ㉢ 전문 분야에 관한 학식과 경험이 있는 사람에게 검정·감정 또는 자문을 의뢰하는 방법

  ㉣ 그 밖에 소속 공무원이 사실조사를 하는 방법

⑧ 고충심사위원회는 청구인 또는 관계인의 진술을 청취하거나 구두로 문답하는 경우에는 그 청취서 또는 문답서를 작성해야 한다.

12 심사일의 지정통지(제8조)

① 고충심사위원회는 심사일 5일 전까지 청구인 및 처분청에 심사일시 및 장소를 알려야 한다.

② 고충심사위원회는 심사일 통지를 하는 경우 청구인 및 처분청에 심사에 출석하여 의견을 진술하거나 서면으로 의견을 제출할 기회를 주어야 한다.

③ 고충심사위원회는 심사일 통지를 받은 청구인 및 처분청이 심사일에 특별한 이유 없이 출석하지 않은 때에는 진술 없이 심사·결정할 수 있다. 다만, 서면으로 진술할 때에는 결정서에 서면진술의 요지를 기재해야 한다.

13 증거제출권(제9조)

고충심사당사자는 참고인의 소환·질문 또는 증거물 기타 심사자료의 제출요구를 신청하거나 증거물 기타심사자료를 제출할 수 있다.

14 고충심사위원회의 결정(제10조)

① 소방공무원 고충심사위원회의 결정은 위원장과 위원장이 회의마다 지정하는 5명 이상 7명 이하의 위원으로 성별을 고려하여 구성하여 위원 5명 이상의 출석과 출석위원 과반수의 합의에 따른다.

② 중앙고충심사위원회의 결정은 위원(인사혁신처에 설치된 소청심사위원회의 상임위원과 비상임위원을 말한다) 3분의 2 이상의 출석과 출석 위원 과반수의 합의에 따른다.

③ 고충심사위원회의 결정은 다음 각 호와 같이 구분한다.

　　㉠ 고충심사청구가 상당한 이유가 있다고 인정되는 경우 : 처분청이나 관계 기관의 장에게 시정을 요청하는 결정

　　㉡ 시정을 요청할 정도에 이르지 아니하나, 제도나 정책 등의 개선이 필요하다고 인정되는 경우 : 처분청이나 관계 기관의 장에게 이에 대한 합리적인 개선을 권고하거나 의견을 표명하는 결정

　　㉢ 고충심사청구가 이유 없다고 인정되는 경우 : 청구를 기각(棄却)하는 결정

　　㉣ 고충심사청구가 다음 각 목의 어느 하나에 해당하는 경우 : 청구를 각하(却下)하는 결정

　　　　ⓐ 고충심사청구가 적법하지 아니한 경우

　　　　ⓑ 사안이 종료된 경우, 같은 사안에 관하여 이미 소청 또는 고충심사 결정이 이루어진 경우 등 명백히 고충심사의 실익이 없는 경우

④ 소방공무원 고충심사위원회 회의의 구성 위원의 수를 위원장과 위원장이 회의마다 지정하는 3명 이상 5명 이내의 위원으로 성별을 고려하여 구성한 경우 위원회의 결정은 위원 전원의 출석과 출석위원 과반수의 합의에 따른다.

⑤ 고충심사 결정 기한의 연기에 관한 사항은 서면으로 의결할 수 있다.

15 결정서작성 및 송부(제11조)

① 고충심사위원회가 고충심사청구에 대하여 결정을 한 때에는 결정서를 작성하고, 위원장과 출석한 위원이 서명·날인해야 한다.

② 결정서가 작성된 경우에는 지체 없이 이를 설치기관의 장에게 송부해야 한다.

16 고충심사의 결과 처리(제12조)

① 결정서를 송부받은 설치기관의 장은 청구인, 처분청 또는 관계 기관의 장에게 심사결과를 통보해야 한다.

② 심사결과 중 시정을 요청받은 처분청 또는 관계 기관의 장은 특별한 사유가 없으면 이를 이행하고, 시정 요청을 받은 날부터 30일 이내에 그 처리 결과를 설치기관의 장에게 알려야 한다. 다만, 특별한 사유로 이행할 수 없는 경우 그 사유를 설치기관의 장에게 문서로 통보해야 한다.

③ 심사결과 중 개선 권고를 받은 처분청 또는 관계 기관의 장은 이를 이행하도록 노력해야 한다.

④ 인사혁신처장 또는 설치기관의 장은 이행 결과를 정기적으로 조사하여 인터넷 홈페이지에 공개할 수 있다. 다만, 설치기관의 장은 공개 내용에 다른 기관의 이행 결과가 포함되는 경우에는 해당 기관의 사전 동의를 받아야 한다.

17 고충심사에 대한 재심 청구기간(제13조)

고충심사위원회 등의 고충심사 결정에 불복하여 중앙고충심사위원회에 재심을 청구하는 경우에는 그 심사결과를 통보받은 날로부터 30일 이내에 청구서를 제출해야 한다.

18 고충상담의 처리(제14조)

① 고충상담의 처리를 위해 임용권자 등은 다음 각 호의 조치를 해야 한다.
   ㉠ 4급 이상 또는 이에 상당하는 공무원을 장으로 하는 기관별 고충처리 전담부서의 설치 및 고충상담원 지정
   ㉡ 고충상담 창구 마련
   ㉢ 상담 신청인의 인적사항 누출을 방지하기 위한 조치
   ㉣ 상담처리대장 마련 등 상담 내용을 기록하고 관리하기 위한 조치
   ㉤ 연 1회 이상 고충실태 조사 및 현황 보고
② 인사혁신처장은 고충상담의 처리를 위해 제1항 ㉡부터 ㉣까지의 조치를 해야 한다.
③ 제1항 및 제2항에서 규정한 사항 외에 고충상담의 처리를 위해 필요한 사항은 인사혁신처장이 정한다.

19 성폭력범죄·성희롱 신고 및 조사(제15조)

① 누구나 기관 내 성폭력범죄 또는 성희롱 발생 사실을 알게 된 경우 이를 인사혁신처장 및 임용권자 등에게 신고할 수 있다.
② 인사혁신처장은 성폭력범죄 또는 성희롱 발생신고를 받은 경우 지체 없이 신고 내용을 확인하고 해당 임용권자 등이 조사를 실시했는지 여부를 확인하여 조사를 실시하지 않은 경우에는 조사 실시 및 그 결과 제출을 요구할 수 있다.
③ 인사혁신처장은 조사 실시 요구를 했음에도 임용권자 등이 조사를 실시하지 않거나 조사가 미흡하다고 판단될 경우에는 다음 각 호의 방법으로 신고에 대하여 직접 조사해야 한다.
   ㉠ 성폭력범죄·성희롱과 관련하여 피해자나 피해를 입었다고 주장하는 사람(이하 "피해자 등"이라 한다), 성폭력범죄·성희롱과 관련하여 가해행위를 했다고 신고된 사람(이하 "피신고자"라 한다) 또는 관계인에 대한 출석 요구, 진술 청취 또는 진술서 제출 요구
   ㉡ 피해자 등, 피신고자, 관계인 또는 관계기관 등에 대하여 조사 사항과 관련이 있다고 인정되는 자료의 제출 요구
   ㉢ 전문가의 자문
④ 조사를 위해 출석 또는 자료의 제출을 요구받은 사람이나 관계기관은 정당한 사유가 없는 한 이에 따라야 한다.
⑤ 인사혁신처장은 조사 실시 확인 과정 또는 조사 과정에서 피해자등이 성적 불쾌감 등을 느끼지 않도록 하고, 사건 내용이나 인적사항의 누설 등으로 인한 피해가 발생하지 않도록 해야 한다.

⑥ 인사혁신처장은 조사 기간 동안 피해자 등이 요청하는 경우로서 피해자 등을 보호하기 위해 필요하다고 인정하는 경우 그 피해자 등이나 피신고자에 대하여 다음 각 호의 조치를 하도록 임용권자 등에게 요청할 수 있다.
　㉠ 근무 장소의 변경
　㉡ 휴가 사용 권고
　㉢ 그 밖에 인사혁신처장이 필요하다고 판단하는 적절한 조치
⑦ 인사혁신처장은 신고의 원인이 된 사실이 범죄행위에 해당한다고 믿을만한 상당한 이유가 있는 경우 검찰 또는 수사기관에 수사를 의뢰할 수 있다.
⑧ 인사혁신처장은 조사결과 공직 내 성폭력범죄·성희롱 발생 사실이 확인된 경우에는 임용권자 등에게 「성희롱·성폭력 근절을 위한 공무원 인사관리규정」 제5조 및 제6조에 따른 조치를 요청할 수 있다.

20 비밀유지 의무 등(제16조)

① 인사혁신처장 및 임용권자 등은 청구인이 제출한 자료 및 인적사항이 포함된 자료를 본인의 동의 없이 공개해서는 안 된다.
② 이 영에 따라 고충상담 및 성폭력범죄·성희롱 신고 조사를 진행하거나 고충심사에 관여한 사람은 직무상 알게 된 비밀을 누설해서는 안 된다.

21 고충처리 지원(제17조)

인사혁신처장은 임용권자 등의 고충처리 실태 및 재발방지 활동을 조사·점검하고 고충처리에 필요한 지원을 할 수 있다.

제8장 | 소방공무원 징계령

1 징계의 사유

법 명	징계사유
국가공무원법 제78조 제1항	• 「국가공무원법」 및 국가공무원법에 따른 명령을 위반한 경우 – 소방공무원법 제33조 국가공무원법과의 관계 – 소방공무원법·국가공무원법에 따른 명령을 위반할 때 • 직무상의 의무(다른 법령에서 공무원의 신분으로 인하여 부과된 의무를 포함)를 위반하거나 직무를 태만히 한 때 • 직무 내외를 불문하고 그 체면 또는 위신을 손상하는 행위를 한 때
감사원법 제32조	• 「국가공무원법」과 그 밖의 법령에 규정된 징계 사유에 해당하는 경우 • 정당한 사유 없이 「감사원법」에 따른 감사를 거부하거나 자료의 제출을 게을리한 공무원에 대하여 그 소속 장관 또는 임용권자에게 징계를 요구할 수 있음

2 징계부과금(국가공무원법 제78조의2) 18년 소방위

① 공무원의 징계 의결을 요구하는 경우 그 징계 사유가 다음 각 호의 어느 하나에 해당하는 경우에는 해당 징계 외에 다음의 행위로 취득하거나 제공한 금전 또는 재산상 이득(금전이 아닌 재산상 이득의 경우에는 금전으로 환산한 금액을 말한다)의 5배 내의 징계부가금 부과 의결을 징계위원회에 요구해야 한다.

   ㉠ 금전, 물품, 부동산, 향응 또는 그 밖에 대통령령으로 정하는 재산상 이익을 취득하거나 제공한 경우

   ㉡ 다음에 해당하는 것을 횡령(橫領), 배임(背任), 절도, 사기 또는 유용(流用)한 경우

     가. 「국가재정법」에 따른 예산 및 기금
     나. 「지방재정법」에 따른 예산 및 「지방자치단체 기금관리기본법」에 따른 기금
     다. 「국고금 관리법」 제2조 제1호에 따른 국고금
     라. 「보조금 관리에 관한 법률」 제2조 제1호에 따른 보조금
     마. 「국유재산법」 제2조 제1호에 따른 국유재산 및 「물품관리법」 제2조 제1항에 따른 물품
     바. 「공유재산 및 물품 관리법」 제2조 제1호 및 제2호에 따른 공유재산 및 물품
     사. 그 밖에 "가"목부터 "바"목까지에 준하는 것으로서 대통령령으로 정하는 것

② 징계위원회는 징계부가금 부과 의결을 하기 전에 징계부가금 부과 대상자가 위 표의 어느 하나에 해당하는 사유로 다른 법률에 따라 형사처벌을 받거나 변상책임 등을 이행한 경우(몰수나 추징을 당한 경우를 포함한다) 또는 다른 법령에 따른 환수나 가산징수 절차에 따라 환수금이나 가산징수금을 납부한 경우에는 대통령령으로 정하는 바에 따라 조정된 범위에서 징계부가금 부과를 의결해야 한다.

③ 징계위원회는 징계부가금 부과 의결을 한 후에 징계부가금 부과 대상자가 형사처벌을 받거나 변상책임 등을 이행한 경우(몰수나 추징을 당한 경우를 포함한다) 또는 환수금이나 가산징수금 을 납부한 경우에는 대통령령으로 정하는 바에 따라 이미 의결된 징계부가금의 감면 등의 조치 를 해야 한다.

④ 징계부가금 부과처분을 받은 사람이 납부기간 내에 그 부가금을 납부하지 않은 때에는 처분권자 (대통령이 처분권자인 경우에는 처분 제청권자)는 국세강제징수의 예에 따라 징수할 수 있다. 이 경우 체납액의 징수가 사실상 곤란하다고 판단되는 경우에는 징수대상자의 주소를 관할하는 세무서장에게 징수를 위탁한다.

⑤ 처분권자(대통령이 처분권자인 경우에는 처분 제청권자)는 관할 세무서장에게 징계부가금 징 수를 의뢰한 후 체납일부터 5년이 지난 후에도 징수가 불가능하다고 인정될 때에는 관할 징계 위원회에 징계부가금 감면의결을 요청할 수 있다.

3 징계사유의 승계(국가공무원법 제78조 제2항)

공무원(특수경력직공무원 및 지방공무원을 포함한다)이었던 사람이 다시 공무원으로 임용된 경우 에 재임용 전에 적용된 법령에 따른 징계 사유는 그 사유가 발생한 날부터 이 법에 따른 징계 사유 가 발생한 것으로 본다.

4 징계 및 징계금 부과사유의 시효(국가공무원법 제83조의2) `16년 서울` `18년 소방위`
`22년 통합`

① 징계의결등의 요구는 징계등 사유가 발생한 날부터 다음의 구분에 따른 기간이 지나면 하지 못한다.
  ㉠ 징계등 사유가 다음의 어느 하나에 해당하는 경우 : 10년

  > 가. 「성매매알선 등 행위의 처벌에 관한 법률」 제4조에 따른 금지행위
  > 나. 「성폭력범죄의 처벌 등에 관한 특례법」 제2조에 따른 성폭력범죄
  > 다. 「아동·청소년의 성보호에 관한 법률」 제2조 제2호에 따른 아동·청소년대상 성범죄
  > 라. 「양성평등기본법」 제3조 제2호에 따른 성희롱

  ㉡ 징계등 사유가 제78조의2 제1항의 어느 하나에 해당하는 경우 : 5년
  ㉢ 그 밖의 징계등 사유에 해당하는 경우 : 3년

② 감사원의 조사와의 관계 등에 따라 절차를 진행하지 못하여 법정 징계시효(3년, 5년, 10년)기 간이 지나거나 그 남은 기간이 1개월 미만인 경우에는 법정 징계시효(3년, 5년, 10년)기간은 감사원과 검찰·경찰, 그 밖의 수사기관에서 조사나 수사의 종료 통보를 받은 날부터 1개월이 지난 날에 끝나는 것으로 본다.

> **감사원의 조사와의 관계 등(국가공무원법 제83조)** 22년 통합
> ① 감사원에서 조사 중인 사건에 대하여는 제3항에 따른 조사개시 통보를 받은 날부터 징계의결의 요구나 그 밖의 징계 절차를 진행하지 못한다.
> ② 검찰·경찰, 그 밖의 수사기관에서 수사 중인 사건에 대하여는 제3항에 따른 수사개시 통보를 받은 날부터 징계의결의 요구나 그 밖의 징계 절차를 진행하지 않을 수 있다.
> ③ 감사원과 검찰·경찰, 그 밖의 수사기관은 조사나 수사를 시작한 때와 이를 마친 때에는 10일 내에 소속 기관의 장에게 그 사실을 통보해야 한다.

③ 징계위원회의 구성·징계의결등, 그 밖에 절차상의 흠이나 징계양정 및 징계부가금의 과다(過多)를 이유로 소청심사위원회 또는 법원에서 징계처분 등의 무효 또는 취소의 결정이나 판결을 한 경우에는 법정 징계시효(3년, 5년, 10년)기간이 지나거나 그 남은 기간이 3개월 미만인 경우에도 그 결정 또는 판결이 확정된 날부터 3개월 이내에는 다시 징계의결등을 요구할 수 있다.

5 징계위원회의 설치 기관(법 제28조)

① 소방준감 이상의 소방공무원에 대한 징계의결은 국무총리 소속으로 설치된 징계위원회에서 한다.
② 소방정 이하의 소방공무원에 대한 징계의결을 하기 위하여 소방청 및 중앙소방학교, 중앙119구조본부 및 국립소방연구원에 소방공무원 징계위원회를 둔다.
③ 시·도지사가 임용권을 행사하는 소방공무원에 대한 징계의결을 하기 위하여 시·도 및 지방소방학교, 서울종합방재센터·소방서·119특수대응단 및 소방체험관에 각 소속 징계위원회를 둔다.
④ 소방공무원 징계위원회의 구성·관할·운영, 징계의결의 요구 절차, 징계 대상자의 진술권, 그 밖에 필요한 사항은 대통령령으로 정한다.

6 소방공무원 징계령의 목적(징계령 제1조)

소방공무원의 징계와 징계부가금 부과에 필요한 사항을 규정함을 목적으로 한다.

7 징계의 종류(징계령 제1조의2) 13년 강원 13년 경북 14년 부산 17, 18년 통합

이 영에서 사용하는 용어의 정의는 다음과 같다.
① "중징계"란 파면, 해임, 강등 또는 정직을 말한다.
② "경징계"란 감봉 또는 견책을 말한다.

8 징계의 경중에 따른 징계의 내용 및 제한 18, 22년 통합

경 중	종 류	징계내용 및 제한
중징계	파 면	• 공무원의 신분을 배제하는 징계로 처분일로부터 5년간 공무원으로 임용 자격이 제한된다. • 징계에 의해 파면된 경우 퇴직급여 및 퇴직수당을 다음과 같이 감액하여 지급한다(공무원연금법 시행령 제61조). 　– 재직기간이 5년 미만인 자의 퇴직급여 : 그 금액의 4분의 1 감액 　– 재직기간이 5년 이상인 자의 퇴직급여 : 그 금액의 2분의 1 감액 　– 퇴직수당 : 그 금액의 2분의 1 감액
	해 임	• 공무원의 신분을 배제하는 징계로 처분일로부터 3년간 공무원으로 임용 자격이 제한된다. • 금품 및 향응수수, 공금의 횡령·유용으로 징계 해임된 경우 퇴직급여 및 퇴직수당을 다음과 같이 감액하여 지급한다. 　– 재직기간이 5년 미만인 자의 퇴직급여 : 8분의 1 감액 　– 재직기간이 5년 이상인 자의 퇴직급여 : 4분의 1 감액 　– 퇴직수당 : 그 금액의 4분의 1 감액
	강 등	• 강등은 1계급 아래로 직급을 내린다(고위공무원단에 속하는 공무원은 3급으로 임용하고, 연구관 및 지도관은 연구사 및 지도사로 한다). • 공무원신분은 보유하나 3개월간 직무에 종사하지 못한다. • 그 기간 중 보수의 전액을 감하는 징계이다. • 일정기간(18개월) 승진임용 및 승급이 제한된다.
	정 직	• 1개월 이상 3개월 이하의 기간 중 공무원의 신분은 보유하나 직무에 종사하지 못하게 한다. • 그 기간 중 보수의 전액을 감하는 징계이다. • 일정기간(18개월) 승진임용 및 승급이 제한된다.
경징계	감 봉	• 1개월 이상 3개월 이하의 기간 중 보수의 3분의 1을 감하는 징계이다. • 일정기간(12개월) 승진임용 및 승급이 제한된다.
	견 책	• 전과에 대하여 훈계하고 회개하게 하는 징계이다. • 일정기간(6개월) 승진임용 및 승급이 제한된다.

※ 훈계, 경고, 계고, 엄중주의, 권고 등은 문책의 성격을 가진 교정수단인 점에서 견책과 유사하나 징계의 종류는 아니다.

※ 파면과 해임은 공무원의 신분을 박탈하여 해당 조직에서 배제하는 면에서 공통점이 있으나 퇴직급여 및 퇴직수당 지급제한과 공무원임용에 있어서 기간 등에서 차이가 있다.

9 징계위원회의 관할(징계령 제2조) 13년 강원 16, 17년 소방위 16, 17, 18, 19년 통합

소속기관별 징계위원회	징계의 관할(징계등 : 징계 또는 징계부가금)
국무총리	소방준감 이상에 대한 징계
소방청	• 소방청 소속 소방정 이하의 소방공무원에 대한 징계 또는 징계부가금(이하 "징계등"이라 한다) 사건 • 소방청 소속기관의 소방공무원에 대한 다음 각 목의 구분에 따른 징계등 사건 　– 국립소방연구원 소속 소방정에 대한 징계등 사건 　– 국립소방연구원 소방령 이하 소방공무원에 대한 중징계등 사건 　– 소방청 소속기관(국립소방연구원은 제외) 소방정 또는 소방령에 대한 징계등 사건 　– 소방청 소속기관(국립소방연구원은 제외)소방경 이하 소방공무원에 대한 중징계등 사건 • 소방정인 지방소방학교장에 대한 징계등 사건
중앙소방학교	소속 소방경 이하의 소방공무원에 대한 징계등 사건
중앙119구조본부	소속 소방경 이하의 소방공무원에 대한 징계등 사건
국립소방연구원	소속 소방령 이하의 소방공무원에 대한 징계등 사건
시·도	시·도지사가 임용권을 행사하는 소방공무원에 대한 징계등 사건 (아래의 징계위원회에서 심의·의결하는 사건은 제외한다)
지방소방학교, 서울종합방재센터 소방서 119특수대응단 소방체험관	소속 소방위 이하의 소방공무원에 대한 징계등 사건(중징계등 요구사건은 제외한다)

10 관련 사건의 징계관할(징계령 제3조) 14년 경기 15년 소방위

① 임용권자(임용권을 위임받은 사람을 포함)가 동일한 2명 이상의 소방공무원이 관련된 징계 또는 징계부가금 부과사건으로서 관할 징계위원회가 서로 다른 경우에는 다음에 따라 관할한다.
　㉠ 그 중의 1인이 상급소방기관에 소속된 경우에는 그 상급소방기관에 설치된 징계위원회
　㉡ 각자가 대등한 소방기관에 소속된 경우에는 그 소방기관의 상급소방기관에 설치된 징계위원회
② 징계의결등 기관을 정할 수 없을 때에는 소방서 간의 경우에는 시·도지사가, 시·도 간의 경우에는 소방청장이 정하는 징계위원회에서 관할한다.

11 징계위원회의 구성 등(징계령 제4조) 13년 강원 15, 18, 22년 소방위 16년 서울 17년 통합

① 징계위원의 구성(제1항)

징계위원회는 다음과 같이 공무원위원과 민간위원으로 구성한다. 이 경우 민간위원의 수는 위원장을 제외한 위원 수의 2분의 1 이상이어야 한다.

소방청에 설치된 징계위원회	시·도, 소방청소속기관, 소방서, 소방체험관 등에 설치된 징계위원회
위원장 1명을 포함하여 17명 이상 33명 이하의 위원	징계위원회 : 위원장 1명을 포함하여 9명 이상 15명 이하의 위원

② 징계위원회의 위원장(제2항)

징계위원회의 위원장은 해당 징계위원회가 설치된 기관의 장의 차순위 계급자(동일계급의 경우에는 직위를 설치하는 법령에 규정된 직위의 순위를 기준으로 정한다)가 된다. 다만, 임용권을 행사하는 시도에 설치된 징계위원회가 설치된 기관의 장은 해당 징계위원회의 위원장을 소방정 이상의 소방공무원 중에서 임명할 수 있다.

③ 징계위원회의 공무원위원의 자격(제3항)

다음 각 호의 어느 하나에 해당하는 공무원 중에서 해당 징계위원회가 설치된 기관의 장이 임명하되, 특별한 사유가 없으면 최상위 계급자부터 차례로 임명하여야 한다. 다만, 해당 기관에 공무원위원이 될 공무원의 수가 제1항에 따른 위원 수에 미달되는 경우에는 다른 소방기관의 소방공무원 중에서 그 소방기관의 장의 추천을 받아 임명할 수 있다.

㉠ 징계등 혐의자보다 상위계급의 소방위 이상의 소방공무원

㉡ 징계등 혐의자의 계급보다 상위의 계급에 상당하는 소속 6급 이상의 일반직 국가공무원(고위공무원단에 속하는 일반직공무원을 포함한다) 또는 일반직 지방공무원

④ 징계위원회 민간위원의 자격(제4항)

징계위원회가 설치된 소방기관의 장은 다음의 구분에 따라 해당 호 각 목의 사람 중에서 민간위원을 위촉한다. 이 경우 특정 성별의 위원이 민간위원 수의 10분의 6을 초과하지 않도록 해야 한다.

소방청 또는 시·도에 설치된 징계위원회	중앙소방학교·중앙119구조본부·국립소방연구원·지방소방학교·서울종합방재센터·소방서·119특수대응단 및 소방체험관에 설치된 징계위원회
• 법관·검사 또는 변호사로 10년 이상 근무한 사람 • 대학에서 법률학·행정학 또는 소방 관련 학문을 담당하는 부교수 이상으로 재직 중인 사람 • 소방공무원으로 소방정 또는 법률 제16768호 소방공무원법 전부개정법률 제3조의 개정규정에 따라 폐지되기 전의 지방소방정 이상의 직위에서 근무하고 퇴직한 사람으로서 퇴직일부터 3년이 경과한 사람 • 민간부문에서 인사·감사 업무를 담당하는 임원급 또는 이에 상응하는 직위에 근무한 경력이 있는 사람	• 법관·검사 또는 변호사로 5년 이상 근무한 사람 • 대학에서 법률학·행정학 또는 소방 관련 학문을 담당하는 조교수 이상으로 재직 중인 사람 • 소방공무원으로 20년 이상 근속하고 퇴직한 사람으로서 퇴직일부터 3년이 경과한 사람 • 민간부문에서 인사·감사 업무를 담당하는 임원급 또는 이에 상응하는 직위에 근무한 경력이 있는 사람

⑤ 징계위원회의 민간위원의 임기(제5항)

위촉되는 민간위원의 임기는 3년으로 하며, 한 차례만 연임할 수 있다.

⑥ 회의

징계위원회의 회의는 위원장과 위원장이 회의마다 지정하는 4명 이상 6명 이하의 위원으로 구성한다. 이 경우 민간위원이 위원장을 포함한 위원 수의 2분의 1 이상 포함되어야 하며, 민간위원으로 위촉 받은 사람 중 동일한 자격요건에 해당하는 민간위원만 지정해서는 안 된다.

⑦ 성별 위원 비율(제7항)

징계 사유가 다음의 어느 하나에 해당하는 징계 사건이 속한 징계위원회의 회의를 구성하는 경우에는 피해자와 같은 성별의 위원이 위원장을 제외한 위원 수의 3분의 1 이상 포함되어야 한다.

㉠「성폭력범죄의 처벌 등에 관한 특례법」에 따른 성폭력범죄

㉡「양성평등기본법」에 따른 성희롱

12 징계위원회의 간사(징계령 제6조)

① 징계위원회에 간사 몇 명을 둔다.

② 간사는 소속 공무원 중에서 해당 소방기관의 장이 임명한다.

③ 간사는 위원장의 명을 받아 징계등 사건에 관한 기록과 그 밖의 서류의 작성과 보관에 관한 사무에 종사한다.

13 위원장의 권한 및 직무대행, 회의의 비공개 등

위원장의 권한 및 직무 대행 (제7조)	• 위원장은 징계위원회의 사무를 총괄하며, 위원회를 대표한다. • 징계위원회의 회의는 위원장이 소집한다. ※ 회의는 기관장이 소집한다.(×) • 위원장은 표결권을 가진다. ※ 표결권이 없다.(×) • 위원장이 부득이한 사유로 직무를 수행할 수 없는 때에는 출석한 위원의 최상위 계급 또는 선임의 소방공무원이 그 직무를 대행한다.
회의의 비공개 (제8조)	징계위원회의 심의·의결의 공정성을 보장하기 위하여 다음 각 호의 사항은 공개하지 않는다. • 징계위원회의 회의 • 징계위원회의 회의에 참여할 또는 참여한 위원의 명단 • 징계위원회의 회의에서 위원이 발언한 내용이 적힌 문서(전자적으로 기록된 문서를 포함한다) • 그 밖에 공개할 경우 징계위원회의 심의·의결의 공정성을 해칠 우려가 있다고 인정되는 사항

14 징계의결등의 요구(제9조) `16년 경북`

구 분	관련 조문
소방공무원의 징계의결등 요구권자(제1항)	• 소방준감 이상의 소방공무원 : 소방청장 • 시·도지사가 임용권을 행사하는 소방준감 이상의 소방공무원 : 시·도지사 • 소방정 이하의 소방공무원 : 해당 소방공무원의 징계등을 관할하는 징계위원회가 설치된 기관의 장
징계의결등의 요구 신청 (제2항)	• 소방기관의 장은 그 소속 소방공무원에 대한 징계등 사건이 상급기관에 설치된 징계위원회의 관할에 속할 때에는 그 상급기관의 장에게 징계의결등의 요구를 신청해야 한다. • 이 경우 신청을 받은 기관의 장은 지체 없이 관할 징계위원회에 징계의결등을 요구해야 한다.
징계의결 요구방법	징계의결등을 요구하거나 신청할 때에는 징계등 사유에 대한 충분한 조사를 한 후에 그 증명에 필요한 다음의 관계 자료를 관할 징계위원회에 제출해야 하고, 중징계 또는 경징계로 구분하여 요구하거나 신청해야 한다. 다만, 감사원장이 징계의 종류를 구체적으로 지정하여 징계요구를 한 경우에는 중징계와 경징계를 구분할 필요가 없다. • 공무원 인사기록카드 사본 • 소방공무원 징계의결 또는 징계부가금 부과 의결 요구(신청)서 • 다음 각 목의 사항에 대해 소방청장이 정하는 확인서 　– 비위행위 유형 　– 징계등 혐의자의 공적(功績) 등에 관한 사항 　– 그 밖에 소방청장이 징계의결등 요구를 위해 필요하다고 인정하는 사항 • 혐의내용을 입증할 수 있는 공문서 등 관계 증거자료 • 혐의내용에 대한 조사기록 또는 수사기록 • 관련자에 대한 조치사항 및 그에 대한 증거자료 • 관계법규·지시문서 등의 발췌문 • 징계등 사유가 다음 각 목의 어느 하나에 해당하는 경우에는 정신건강의학과의사, 심리학자, 사회복지학자 또는 그 밖의 관련 전문가가 작성한 전문가 의견서 　– 「성폭력범죄의 처벌 등에 관한 특례법」 제2조에 따른 성폭력범죄 　– 「양성평등기본법」 제3조 제2호에 따른 성희롱
징계등 혐의자에게 사본 송부(제4항)	징계의결등 요구권자는 징계의결등 요구와 동시에 소방공무원 징계의결 또는 징계부가금 부과 의결 요구(신청)서 사본을 징계등 혐의자에게 보내야 한다. 다만, 징계등 혐의자가 그 수령을 거부하는 경우에는 그렇지 않다.
수령을 거부 시 조치(제5항)	징계의결등 요구권자는 징계등 혐의자가 소방공무원 징계의결 또는 징계부가금 부과 의결 요구(신청)서 사본의 수령을 거부하는 경우에는 관할 징계위원회에 그 사실을 증명하는 서류를 첨부하여 문서로 통보해야 한다.

15 징계등 사건의 통지(징계령 제10조) `14년 소방위` `16년 서울`

① 소방기관의 장은 그 소속이 아닌 소방공무원에게 징계등 사유가 있다고 인정될 때에는 해당 소방기관의 장에게 그 사실을 증명할 만한 충분한 사유를 명확히 밝혀 통지해야 한다.

② 소방기관의 장이 아닌 다른 행정기관의 장이 징계의결등 요구권을 갖지 않는 소방공무원에 대하여 징계등 사유가 있다고 인정하는 경우에는 그 행정기관의 장은 징계의결등 요구권을 갖는 소방기관의 장에게 그 징계등 사유를 증명할 수 있는 자료로서 다음의 어느 하나에 해당하는 관계 자료를 첨부하여 이를 통지해야 한다.

감사원에서 조사한 사건의 경우	수사기관에서 수사한 사건의 경우	그 밖의 다른 기관의 경우
• 공무원 징계등 처분요구서 • 혐의자 · 관련자에 대한 문답서 및 확인서 등 조사기록	• 공무원범죄처분결과통보서 • 공소장 • 혐의자 · 관련자 · 관련증인에 대한 신문조서 및 진술서 등 수사기록	• 징계등 혐의사실 통보서 • 혐의사실을 입증할 수 있는 관계자료

③ 징계등 사유를 통지받은 소방기관의 장은 타당한 이유가 없으면 통지를 받은 날부터 30일 이내에 관할 징계위원회에 징계의결등을 요구하거나 신청해야 한다. 다만, 「감사원법」 제32조 제1항에 따른 징계 요구 중 파면요구를 받은 경우에는 10일 이내에 관할 징계위원회에 요구하거나 신청해야 한다. ※ 해임 또는 강등, 정직(×)

④ 징계등 사유를 통지받은 소방기관의 장은 해당 사건의 처리 결과를 징계등 사유를 통지한 소방기관의 장 또는 다른 행정기관의 장에게 회답해야 한다.

16 징계 절차(법 제29조)

① 소방공무원의 징계
  ㉠ 관할 징계위원회의 의결을 거쳐 그 징계위원회가 설치된 기관의 장이 하되, 국무총리 소속으로 설치된 징계위원회에서 의결한 징계는 소방청장이 한다.
  ㉡ 파면과 해임은 관할 징계위원회의 의결을 거쳐 그 소방공무원의 임용권자(임용권을 위임받은 사람은 제외)가 한다.

② 시 · 도지사가 임용권을 행사하는 소방공무원의 징계
  ㉠ 관할 징계위원회의 의결을 거쳐 임용권자가 한다.
  ㉡ 시 · 도 소속 소방기관에 설치된 소방공무원 징계위원회에서 의결한 정직 · 감봉 및 견책은 그 징계위원회가 설치된 기관의 장이 한다.

③ 징계위원회의 의결에 대한 심사 또는 재심사 청구
  소방공무원의 징계의결을 요구한 기관의 장은 관할 징계위원회의 의결이 경(輕)하다고 인정할 때에는 그 처분을 하기 전에 직근(直近) 상급기관에 설치된 징계위원회(다음의 어느 하나에 해당하는 징계위원회의 의결에 대해서는 그 구분에 따른 징계위원회를 말한다)에 심사 또는 재심사를 청구할 수 있다. 이 경우 소속 공무원을 대리인으로 지정할 수 있다.

징계위원회 의결	재심사 관할
국무총리 소속으로 설치된 징계위원회의 의결	국무총리 소속으로 설치된 징계위원회
• 소방청 및 그 소속기관에 설치된 소방공무원 징계위원회의 의결 • 시 · 도에 설치된 소방공무원 징계위원회의 의결	소방청에 설치된 소방공무원 징계위원회
시 · 도 소속 소방기관에 설치된 소방공무원 징계위원회의 의결	시 · 도에 설치된 소방공무원 징계위원회

17 징계등 절차 진행 여부의 결정(징계령 제10조의2)

① 소방기관의 장은 수사개시 통보를 받으면 지체 없이 징계의결등의 요구나 그 밖에 징계등 절차의 진행 여부를 결정해야 한다. 이 경우 그 절차를 진행하지 않기로 결정한 경우에는 이를 징계등 혐의자에게 통보해야 한다.

② 징계등의 절차를 진행하지 않기로 결정한 경우 이를 징계혐의자에게 통보는 징계등 절차 진행 중지 통보서(별지 제2호의2 서식)에 따른다.

18 징계의결등 기한(징계령 제11조) 13년 경북 19년 통합 22년 소방위

① 징계의결등 요구를 받은 징계위원회는 그 요구서를 받은 날부터 30일 이내에 징계등에 관한 의결을 해야 한다. 다만, 부득이한 사유가 있을 때에는 해당 징계위원회의 의결로 30일 이내의 범위에서 그 기한을 연기할 수 있다.

② 징계의결등이 요구된 사건에 대한 징계등 절차의 진행이 감사원과 검찰·경찰, 그 밖의 수사기관의 조사 또는 수사로 중지되었을 때에는 그 중지된 기간은 징계의결등 기한에서 제외한다.

19 징계등 혐의자의 출석(징계령 제12조) 15, 18, 19년 통합 16년 대구

① 출석요구의 절차
징계위원회가 징계등 혐의자의 출석을 요구할 때에는 출석 통지서로 하되, 징계위원회 개최일 3일 전까지 그 징계등 혐의자에게 도달되도록 해야 한다. 이 경우 출석 통지서를 징계등 혐의자의 소속 기관의 장에게 보내어 전달하게 한 경우를 제외하고는 출석 통지서 사본을 징계등 혐의자의 소속 기관의 장에게 보내야 하며, 소속 기관의 장은 징계등 혐의자를 출석시켜야 한다(제1항).

② 출석통지서의 대리통지 의무 : 징계위원회는 징계등 혐의자의 주소를 알 수 없거나 그 밖의 사유로 출석 통지서를 징계등 혐의자에게 직접 보내는 것이 곤란하다고 인정될 때에는 출석 통지서를 징계등 혐의자의 소속 기관의 장에게 보내어 전달하게 할 수 있다. 이 경우 출석 통지서를 받은 소방기관의 장은 지체 없이 징계등 혐의자에게 전달한 후 전달 상황을 관할 징계위원회에 통지해야 한다(제2항).

③ 진술포기서 제출 : 징계위원회는 징계등 혐의자가 그 징계위원회에 출석하여 진술하기를 원하지 않을 때에는 진술권 포기서를 제출하게 하여 이를 기록에 첨부하고, 서면심사로 징계의결등을 할 수 있다(제3항).

④ 불출석 : 징계위원회는 출석 통지를 하였음에도 불구하고 징계등 혐의자가 정당한 사유 없이 출석하지 아니하였을 때에는 그 사실을 기록에 분명히 적고, 서면심사로 징계의결등을 할 수 있다(제4항).

⑤ 국외 체류 등 사유로 서면진술 : 징계위원회는 징계등 혐의자가 국외 체류, 형사사건으로 인한 구속, 여행 또는 그 밖의 사유로 징계 의결 또는 징계부가금 부과 의결 요구(신청)서 접수일부터 50일 이내에 출석할 수 없는 경우에는 서면으로 진술하게 하여 징계의결등을 할 수 있다. 이 경우 서면으로 진술하지 않을 때에는 그 진술 없이 징계의결등을 할 수 있다(제5항).

⑥ 소재불명 시 출석통지 : 징계등 혐의자의 있는 곳이 분명하지 않을 때에는 관보(시·도의 경우에는 공보)를 통해 출석통지를 한다. 이 경우 관보 또는 공보에 게재한 날부터 10일이 지나면 그 통지서가 송달된 것으로 본다(제6항).

⑦ 출석통지서 수령거부 : 징계등 혐의자가 출석 통지서의 수령을 거부한 경우에는 징계위원회에 출석하여 진술할 권리를 포기한 것으로 본다. 다만, 징계등 혐의자는 출석 통지서를 거부한 경우에도 해당 징계위원회에 출석하여 진술할 수 있다(제7항).

⑧ 수령거부 시 조치 : 징계등 혐의자의 소속 기관의 장은 출석 통지서를 전달할 때 징계등 혐의자가 출석 통지서의 수령을 거부하면 출석 통지서 전달 상황을 통지할 때 수령을 거부한 사실을 증명하는 서류를 첨부해야 한다(제8항).

20 심문과 진술권(징계령 제13조 및 제13조의2) 20년 통합

구 분	관련 조문내용
심 문	징계위원회는 출석한 징계등 혐의자에게 징계등 사유에 해당하는 사실에 관한 심문을 하고 심사를 위하여 필요하다고 인정될 때에는 관계인의 출석을 요구하여 심문할 수 있다.
진술기회의 부여	징계위원회는 징계등 혐의자에게 진술할 수 있는 기회를 충분히 주어야 하며, 징계등 혐의자는 의견서 또는 구술로 자기에게 이익이 되는 사실을 진술하거나 증거를 제출할 수 있다.
증인심문의 신청	징계등 혐의자는 증인의 심문을 신청할 수 있다. 이 경우 징계위원회는 의결로써 그 채택 여부를 결정해야 한다. ※ 증인의 심문을 신청할 수 없다.(×)
의견진술 또는 의견제출	• 징계의결등을 요구한 자 또는 징계의결등의 요구를 신청한 자는 징계위원회에 출석하여 의견을 진술하거나 서면으로 의견을 제출할 수 있다. • 중징계 또는 중징계 관련 징계부가금 요구사건의 경우에는 특별한 사유가 없는 한 징계위원회에 출석하여 의견을 진술해야 한다.
사실조사 등	징계위원회는 필요하다고 인정할 때에는 소속직원으로 하여금 사실 조사를 하게 하거나 특별한 학식·경험이 있는 자에게 검정 또는 감정을 의뢰할 수 있다.
감사원 통보 및 요청	• 징계의결등을 요구한 자는 감사원이 파면, 해임, 강등 또는 정직 중 어느 하나의 징계처분을 요구한 사건에 대해서는 징계위원회 개최 일시·장소 등을 감사원에 통보해야 한다. • 감사원은 통보를 받은 경우 소속 공무원의 징계위원회 출석을 관할 징계위원회에 요청할 수 있으며, 관할 징계위원회는 출석 허용 여부를 결정해야 한다.
피해자의 진술권 (제13조의2)	징계위원회는 중징계등 요구사건의 피해자가 신청하는 경우에는 그 피해자에게 징계위원회에 출석하여 해당 사건에 대해 의견을 진술할 기회를 주어야 한다. 다만, 다음의 어느 하나에 해당하는 경우에는 그렇지 않다. - 피해자가 이미 해당 사건에 관하여 징계의결등의 요구과정에서 충분히 의견을 진술하여 다시 진술할 필요가 없다고 인정되는 경우 - 피해자의 진술로 징계위원회 절차가 현저하게 지연될 우려가 있는 경우

21 우선심사(징계령 제13조의3)

① 징계의결등 요구권자는 신속한 징계절차 진행이 필요하다고 판단되는 징계등 사건에 대하여 관할 징계위원회에 우선심사(다른 징계등 사건에 우선하여 심사하는 것을 말한다. 이하 같다)를 신청할 수 있다.

② 징계의결등 요구권자는 정년(계급정년을 포함한다)이나 근무기간 만료 등으로 징계등 혐의자의 퇴직 예정일이 2개월 이내에 있는 징계등 사건에 대해서는 관할 징계위원회에 우선심사를 신청해야 한다.

③ 징계등 혐의자는 혐의사실을 모두 인정하는 경우 관할 징계위원회에 우선심사를 신청할 수 있다.

④ 우선심사를 신청하려는 자는 소방청장이 정하는 우선심사 신청서를 관할 징계위원회에 제출해야 한다.

⑤ 우선심사 신청서를 접수한 징계위원회는 특별한 사유가 없으면 해당 징계등 사건을 우선심사해야 한다.

22 징계위원회의 의결(징계령 제14조) `13, 21년 소방위` `15년 통합`

① 징계위원회 의결방법
  ㉠ 징계위원회는 위원 과반수(과반수가 3명 미만인 경우에는 3명 이상)의 출석으로 개의(開議)하고 출석위원 과반수의 찬성으로 의결한다.
  ㉡ 의견이 나뉘어 출석위원 과반수의 찬성을 얻지 못한 경우에는 출석위원 과반수가 될 때까지 징계등 혐의자에게 가장 불리한 의견을 제시한 위원의 수를 그 다음으로 불리한 의견을 제시한 위원의 수에 차례로 더하여 그 의견을 합의된 의견으로 본다.

> ※ **의견이 나뉘어 양정결정 방법 예시**
> 징계위원 7인이 출석하여 파면 1명, 해임 1명, 강등 1명, 정직 3월 1명, 감봉 3월 3명의 의견이 있을 경우 정직 3월로 의결됨

② 징계위원회 의결은 징계 또는 징계부가금 의결서로 하며, 의결서의 이유란에는 다음의 사항을 구체적으로 적어야 한다.
  ㉠ 징계등의 원인이 된 사실
  ㉡ 증거의 판단
  ㉢ 관계 법령
  ㉣ 징계등 면제 사유 해당 여부 ※ 불복방법(×)
  ㉤ 징계부가금 조정(감면)사유

③ 징계위원회는 부득이한 사유가 있을 때에는 해당 징계위원회의 의결로 30일 이내의 범위에서 그 기한을 연기할 수 있는데 이 징계의결등의 기한 연기에 관한 사항에 대해서는 서면으로 의결할 수 있다.

④ 서면 의결의 절차·방법 등에 관한 사항은 소방청장이 소방공무원 징계양정 등에 관한 규칙 제8조의2로 정한다.

23 원격영상회의 방식의 활용(징계령 제14조의2)

① 원격영상회의 방식으로 심의·의결

징계위원회는 위원과 징계등 혐의자, 징계의결등을 요구한 자, 증인, 피해자 등 회의에 출석하는 사람(이하 이 항에서 "출석자"라 한다)이 동영상과 음성이 동시에 송수신되는 장치가 갖추어진 서로 다른 장소에 출석하여 진행하는 원격영상회의 방식으로 심의·의결할 수 있다. 이 경우 징계위원회의 위원 및 출석자가 같은 회의장에 출석한 것으로 본다.

② 혐의자 및 피해자 등 보안조치

징계위원회는 ①에 따라 원격영상회의 방식으로 심의·의결하는 경우 징계등 혐의자 및 피해자 등의 신상정보, 회의 내용·결과 등이 유출되지 않도록 보안에 필요한 조치를 해야 한다.

③ ① 및 ②에서 규정한 사항 외에 원격영상회의의 운영에 필요한 사항은 소방청장이 소방청장이 소방공무원 징계양정 등에 관한 규칙 제8조의2로 정한다.

24 징계위원의 제척·기피 및 회피(징계령 제15조) 13년 강원 14년 소방위 15년 서울
15, 17, 20년 통합

제척사유 (제1항)	징계위원회의 위원이 다음 각 호의 어느 하나에 해당하는 경우에는 해당 징계등 사건의 심의·의결에서 제척(除斥)된다. • 징계등 혐의자와 친족 관계에 있거나 있었던 경우 • 징계등 혐의자의 직근 상급자이거나 징계 사유가 발생한 기간 동안 직근 상급자였던 경우 • 해당 징계등 사건의 사유와 관계가 있는 경우
기피신청 (제2항)	징계등 혐의자는 위원 중에서 불공정한 의결을 할 우려가 있다고 의심할 만한 타당한 이유가 있을 때에는 그 사실을 서면으로 소명(疏明)하고 해당 위원의 기피를 신청할 수 있다. ※ 회피(×)
기피 의결 (제3항)	징계위원회는 기피신청이 있는 때에는 재적위원 과반수의 출석과 출석위원 과반수의 찬성으로 기피 여부를 의결해야 한다. 이 경우 기피신청을 받은 위원은 그 의결에 참여하지 못한다.
회피신청 (제4항)	징계위원회의 위원은 위 제척 사유에 해당하면 스스로 해당 징계등 사건의 심의·의결을 회피해야 하며, 기피 사유에 해당하면 회피할 수 있다. ※ 기피할 수 있다.(×)
임시위원의 위촉 (제5항)	징계위원회는 위원의 제척·기피 또는 회피로 인하여 심의·의결에 출석할 수 있는 위원 수가 과반수(과반수가 3명 미만인 경우에는 3명 이상)에 미달하는 경우에는 위원 과반수(과반수가 3명 미만인 경우에는 3명 이상)를 충족하는 때까지 해당 징계위원회가 설치된 기관의 장에게 해당 혐의자에 관한 안건에 한정하여 심의·의결에 참여할 임시위원의 임명 또는 위촉을 요청해야 한다. 이 경우 해당 기관의 장은 지체 없이 임시위원을 임명 또는 위촉해야 한다.
징계의결등의 요구의 철회 (제6항)	임시위원을 임명 또는 위촉할 수 없는 부득이한 사유가 있을 때에는 그 징계의결등의 요구는 철회된 것으로 보고 그 상급기관의 장에게 징계의결등의 요구를 신청해야 한다.

25 징계등의 정도(징계령 제16조 제1항)

① 징계등의 정도에 관한 기준은 소방청장이 소방공무원 징계양정 등에 관한 규칙으로 정한다.

② 징계위원회는 징계등 사건을 의결할 때에는 징계등 혐의자의 혐의 당시 계급, 징계등 요구의 내용, 비위행위가 공직 내외에 미치는 영향, 평소 행실, 공적(功績), 뉘우치는 정도 또는 그 밖의 사정을 고려해야 한다.

26 징계의결의 통지(징계령 제17조)

징계위원회는 징계의결을 하였을 때에는 지체 없이 징계의결등을 요구한 자에게 의결서 정본(正本)을 보내어 통지해야 한다.

27 징계의 집행(법 제29조) 15년 서울 18년 통합

① 소방공무원의 징계
  ㉠ 관할 징계위원회의 의결을 거쳐 그 징계위원회가 설치된 기관의 장이 하되, 국무총리 소속으로 설치된 징계위원회에서 의결한 징계는 소방청장이 한다.
  ㉡ 파면과 해임은 관할 징계위원회의 의결을 거쳐 그 소방공무원의 임용권자(임용권을 위임받은 사람은 제외)가 한다.

② 시·도지사가 임용권을 행사하는 소방공무원의 징계
  ㉠ 관할 징계위원회의 의결을 거쳐 임용권자가 한다.
  ㉡ 시·도 소속 소방기관에 설치된 소방공무원 징계위원회에서 의결한 정직·감봉 및 견책은 그 징계위원회가 설치된 기관의 장이 한다.

28 징계처분(징계령 제18조)

① 징계처분 등의 처분권자는 징계의결등의 통지를 받은 날(제2항의 경우에는 그 요청을 받은 날)부터 15일 이내에 징계처분 등 사유설명서에 의결서 사본을 첨부하여 징계처분 등의 대상자에게 교부(소방청과 그 소속기관의 소방령 이상 소방공무원, 소방본부장 및 지방소방학교장에 대한 파면, 해임 또는 강등의 경우에는 임용제청권자가 교부)해야 한다.

② 징계의결등을 요구한 자는 징계위원회로부터 파면, 해임 또는 강등의 의결을 통지 받았을 때에는 그 처분권자가 상급기관인 경우에는 지체 없이 의결서 정본을 보내어 그 처분권자에게 파면, 해임 또는 강등 처분을 요청해야 한다.

③ 직장에서의 지위나 관계 등의 우위를 이용하여 업무상 적정범위를 넘어 다른 공무원 등에게 부당한 행위를 하거나 신체적·정신적 고통을 주는 등의 행위로서 대통령령 등으로 정하는 행위는 다음 각 호와 같다.

㉠ 「공무원 행동강령」 제13조의3 각 호의 어느 하나에 해당하는 부당한 행위(피해자가 개인인 경우로 한정한다)

> **공무원행동강령 제13조의3(직무권한 등을 행사한 부당 행위의 금지)**
>
> 공무원은 자신의 직무권한을 행사하거나 지위·직책 등에서 유래되는 사실상 영향력을 행사하여 다음 각 호의 어느 하나에 해당하는 부당한 행위를 해서는 안 된다.
> 1. 인가·허가 등을 담당하는 공무원이 그 신청인에게 불이익을 주거나 제3자에게 이익 또는 불이익을 주기 위하여 부당하게 그 신청의 접수를 지연하거나 거부하는 행위
> 2. 직무관련공무원에게 직무와 관련이 없거나 직무의 범위를 벗어나 부당한 지시·요구를 하는 행위
> 3. 공무원 자신이 소속된 기관이 체결하는 물품·용역·공사 등 계약에 관하여 직무관련자에게 자신이 소속된 기관의 의무 또는 부담의 이행을 부당하게 전가(轉嫁)하거나 자신이 소속된 기관이 집행해야 할 업무를 부당하게 지연하는 행위
> 4. 다음 각 목의 어느 하나에 해당하는 기관 또는 단체에 공무원 자신이 소속된 기관의 업무를 부당하게 전가하거나 그 업무에 관한 비용·인력을 부담하도록 부당하게 전가하는 행위
>   가. 공무원 자신이 소속된 기관의 소속기관
>   나. 「공공기관의 운영에 관한 법률」 제4조 제1항에 따른 공공기관 중 공무원 자신이 소속된 기관이 관계 법령에 따라 업무를 관장하는 공공기관
>   다. 「공직자윤리법」 제3조의2 제1항에 따른 공직유관단체 중 공무원 자신이 소속된 기관이 관계 법령에 따라 업무를 관장하는 공직유관단체
> 5. 그 밖에 직무관련자, 직무관련공무원, 제4호 각 목의 기관 또는 단체의 권리·권한을 부당하게 제한하거나 의무가 없는 일을 부당하게 요구하는 행위

㉡ 다음 각 목의 사람에 대하여 직장에서의 지위나 관계 등의 우위를 이용하여 업무상 적정범위를 넘어 신체적·정신적 고통을 주거나 근무환경을 악화시키는 행위

ⓐ 다른 공무원

ⓑ 다음의 어느 하나에 해당하는 기관·단체의 직원

　　가. 징계처분 등의 대상자가 소속된 기관(해당 기관의 소속기관을 포함한다)

　　나. 공공기관 중 징계처분 등의 대상자가 소속된 기관이 관계 법령에 따라 업무를 관장하는 공공기관

　　다. 공직유관단체 중 징계처분 등의 대상자가 소속된 기관이 관계 법령에 따라 업무를 관장하는 공직유관단체

ⓒ 직무관련자(직무관련자가 법인 또는 단체인 경우에는 그 법인 또는 단체의 소속 직원을 말한다)

④ 처분권자는 징계처분의 사유가 성폭력범죄, 성희롱, 위 ③의 직장에서의 지위나 관계 등의 우위를 이용하여 업무상 적정범위를 넘어 다른 공무원 등에게 부당한 행위를 하거나 신체적·정신적 고통을 주는 등의 행위로서 대통령령 등으로 정하는 행위에 해당하는 경우에는 그 피해자에게 징계처분결과의 통보를 요청할 수 있다는 사실을 안내할 수 있다.

⑤ 피해자의 요청으로 처분권자가 피해자에게 징계처분결과를 통보하는 경우에는 별지 제5호의2 서식 징계처분결과 통보서에 따른다.

⑥ 징계처분결과를 통보받은 피해자는 그 통보 내용을 공개해서는 안 된다.

⑦ 제3항부터 제6항까지에서 규정한 사항 외에 징계처분결과의 통보에 관한 사항은 소방청장이 정한다.

29 보고 및 통지(징계령 제19조)

임용권자와 징계처분 등 처분권자가 다를 경우 징계등 처분권자가 강등, 정직, 감봉 또는 견책의 징계처분 등을 했을 때에는 지체 없이 그 결과에 의결서 사본을 첨부하여 임용권자와 그 소방공무원이 소속한 소방기관의 장에게 통지해야 한다.

30 직권면직에 대한 동의(징계령 제19조의2)

소방공무원에 대한 「국가공무원법」 제70조 제2항에 따른 직권면직에 관한 징계위원회의 동의절차에 관하여는 이 영에 따른 징계등 절차를 준용한다.

31 심사 또는 재심사 청구 방법(징계령 제19조의3)

징계의결등을 요구한 기관의 장은 심사 또는 재심사를 청구하려면 징계의결등을 통지받은 날부터 15일 이내에 다음의 사항을 적은 징계의결등 심사(재심사) 청구서에 의결서 사본 및 사건 관계 기록을 첨부하여 관할 징계위원회에 제출해야 한다.

1. 심사 또는 재심사청구 취지
2. 심사 또는 재심사청구의 이유 및 그 입증방법
3. 징계등 혐의자의 혐의 당시 계급, 징계등 요구의 내용, 비위행위가 공직 내외에 미치는 영향, 평소 행실, 공적, 뉘우치는 정도 또는 그 밖의 사정을 고려해야 할 사항

32 비밀누설금지(징계령 제20조)

징계위원회의 회의에 참여한 자는 직무상 알게 된 비밀을 누설하여서는 아니 된다.

33 회의 참석자의 준수사항(징계령 제20조의2)

① 징계위원회의 회의에 참석하는 사람은 다음의 어느 하나에 해당하는 물품을 소지할 수 없다.

　㉠ 녹음기, 카메라, 휴대전화 등 녹음·녹화·촬영이 가능한 기기
　㉡ 흉기 등 위험한 물건
　㉢ 그 밖에 징계등 사건의 심의와 관계없는 물건

② 징계위원회의 회의에 참석하는 사람은 다음의 어느 하나에 해당하는 행위를 해서는 안 된다.
  ㉠ 녹음, 녹화, 촬영 또는 중계방송
  ㉡ 회의실 내의 질서를 해치는 행위
  ㉢ 다른 사람의 생명·신체·재산 등에 위해를 가하는 행위

34 징계등 처리대장(징계령 제21조)

징계위원회는 징계등 사건의 접수·처리상황을 관리하기 위하여 징계 또는 징계부가금 처리대장을 갖추어 두어야 한다.

35 소방공무원 징계령에 따른 기한정리

징계의 요구 등	의결 등 일자
징계등의 시효	• 성매매 등, 성폭력범죄, 아동청소년대상 성범죄, 성희롱 : 10년 • 금전, 물품, 부동산, 향응, 횡령, 배임, 절도, 사기, 유용 등 : 5년 • 그 밖의 징계등 사유에 해당하는 경우 : 3년
징계등의 사유를 통지받은 경우 징계위원회에 징계의결등을 요구하거나 신청	통지를 받은 날부터 30일 이내 요구
감사원장의 징계 요구 중 파면요구를 받은 경우	10일 이내 요구
징계등에 관한 의결	요구서를 받은 날부터 30일 이내에 의결
부득이한 사유가 있을 때의 의결기한 연장	30일 이내의 범위에서 그 기간을 연장
징계등 혐의자의 출석요구	개최일 3일 전까지 도달
있는 곳 불명자의 관보에 의한 출석요구통지서의 송달 간주	공보에 게재한 날부터 10일 후
징계처분 등	징계의결등의 통지받은 날부터 15일 이내
심사 또는 재심사의 청구	징계의결등을 통지받은 날부터 15일 이내

제9장　소방공무원 교육훈련규정

1 교육훈련(법 제20조) 15년 서울

① 소방청장은 모든 소방공무원에게 균등한 교육훈련의 기회가 주어지도록 교육훈련에 관한 종합적인 기획 및 조정을 해야 하며, 소방공무원의 교육훈련을 위한 소방학교를 설치·운영해야 한다.
② 시·도지사는 그 관할구역 소방공무원의 교육훈련을 위한 교육훈련기관을 설치·운영할 수 있다.
③ 소방청장 또는 시·도지사는 교육훈련을 위하여 필요한 때에는 대통령령(소방공무원 교육훈련규정)으로 정하는 바에 따라 소방공무원을 국내외의 교육기관에 위탁하거나 지방공무원 교육훈련기관에서 일정기간 교육훈련을 받게 할 수 있다.
④ 소방공무원의 교육훈련에 관한 기획·조정, 교육훈련기관의 설치·운영에 필요한 사항과 교육훈련을 받은 소방공무원의 복무에 관한 사항은 대통령령(소방공무원 교육훈련규정)으로 정한다.

2 정의(교육훈련규정 제2조)

① "소방기관"이란 소방청, 시·도와 중앙소방학교·중앙119구조본부·국립소방연구원·지방소방학교·서울종합방재센터·소방서·119특수대응단 및 소방체험관을 말한다.
② "교육훈련기관"이란 소방청장과 시·도지사가 설치·운영하는 소방공무원 교육훈련기관을 말한다.
③ "직장훈련"이란 소방기관의 장이 소속 소방공무원의 직무수행능력을 향상시키기 위하여 일상업무를 수행하는 중에 실시하는 교육훈련을 말한다.
④ "위탁교육훈련"이란 국내외의 교육기관이나 지방공무원 교육훈련기관에 위탁하여 실시하는 교육훈련을 말한다.

3 소방교육훈련정책위원회(교육훈련규정 제3조) 12년 소방위 15, 17년 통합 15년 서울

구 분	내 용
설치목적 및 기관	소방청장은 소방공무원의 교육훈련 정책 및 발전과 다음의 각 호의 사항을 심의·조정하기 위하여 필요한 경우 소방교육훈련정책위원회를 구성·운영 할 수 있다. ※ 협의(×), 두어야 한다.(X)
심의·조정사항	• 교육훈련 정책의 목표 및 추진방향에 관한 사항 • 장·단기 교육훈련 발전 및 제도 개선에 관한 사항 • 교육훈련 관련 시설·장비의 개선 및 예산확보에 관한 사항 • 소방학교의 교육훈련 과정의 협의·조정에 관한 사항 • 교육훈련 과정의 교과목 및 교재의 공동개발·활용에 관한 사항 • 교육훈련시설 및 교수요원 상호 활용에 관한 사항 • 그 밖에 소방공무원 교육훈련 발전에 필요한 사항
위원회의 구성	위원장 1명을 포함한 50명 이내의 위원으로 구성
위원장	소방청 차장
위 원	• 소방청 기획조정관 • 소방청 소방공무원 교육훈련 담당 과장급 공무원 • 중앙소방학교장 • 시·도 소방본부의 소방공무원 교육훈련 담당 과장급 공무원 • 각 지방소방학교의 장 • 소방청 소속 과장급 직위의 공무원 중 소방청장이 지명하는 사람
자문단의 구성	위원장은 소방공무원교육훈련 정책 및 발전을 위하여 전문적·기술적 자문이 필요하다고 인정하는 경우에는 관계 전문가로 구성된 자문단을 구성·운영할 수 있다.
위원회의 해산	소방청장은 위원회의 구성 목적을 달성했다고 인정하는 경우에는 위원회를 해산할 수 있다.
위원회의 회의	재적위원 과반수의 출석으로 개의(開議)하고, 출석위원 과반수의 찬성으로 의결한다.
운영에 필요한 사항	위 규정 사항 이외에 위원회의 구성 및 그 밖에 위원회의 운영에 필요한 사항은 소방청장이 정한다.

4 교육훈련의 기회(교육훈련규정 제4조)

① 교육훈련의 기회는 모든 소방공무원에게 균등하게 부여해야 한다.

② 교육훈련기관을 관장하는 소방청장과 시·도지사는 교육과정별 우선 순위에 따라 소방기관별로 교육인원을 균등하게 배정해야 한다.

5 교육훈련의 구분·대상·방법 등(교육훈련규정 제5조)

① 소방공무원의 교육훈련의 구분은 기본교육훈련, 전문교육훈련, 기타교육훈련 및 자기개발 학습으로 구분한다.

② 소방공무원의 교육훈련은 교육훈련기관에서의 교육, 직장훈련 및 위탁교육훈련의 방법으로 한다.

③ 교육훈련기관의 장은 교육훈련을 실시할 때 국가기관, 공공단체 또는 민간기관의 교육과정이나 원격강의시스템 등 교육훈련용 시설을 최대한 활용해야 한다.

④ 교육훈련의 구분·대상·방법에 관한 세부 내용은 별표 1과 같다.

[별표 1] 교육훈련의 구분·대상·방법

구 분			대 상	방 법
기본교육훈련	신임교육	시보임용공무원에 대한 교육훈련	• 시보임용이 예정된 사람 • 시보임용된 사람으로서 시보임용 전에 신임교육을 받지 않은 사람	교육훈련기관에서의 교육으로 실시
	관리역량교육	승진후보자(승진후보자명부에 등재된 사람을 말한다) 또는 승진임용된 사람이 받는 교육훈련	소방위 계급(소방위 계급으로의 승진후보자를 포함한다)	
			소방경 계급(소방경 계급으로의 승진후보자를 포함한다)	
			소방령 계급(소방령 계급으로의 승진후보자를 포함한다)	
	소방정책관리자교육		소방정 계급(소방정 계급으로의 승진후보자를 포함한다)	
전문교육훈련		담당하고 있거나 담당할 직무 분야에 필요한 전문성을 강화하기 위한 교육훈련	소방령 이하	직장훈련으로 실시. 다만, 직장훈련으로 실시하기 곤란한 경우에는 교육훈련기관에서의 교육으로 실시하되, 교육훈련기관에서의 교육으로도 실시하기 곤란한 경우에는 위탁교육훈련으로 실시
기타교육훈련		기본 및 전문 교육훈련에 속하지 않는 교육훈련으로서 소속 소방기관의 장의 명에 따른 교육훈련	모든 계급	직장훈련으로 실시
자기개발학습		소방공무원이 직무를 창의적으로 수행하고 공직의 전문성과 미래지향적 역량을 갖추기 위하여 스스로 하는 학습·연구활동	모든 계급	

※ 비 고

해당 계급에 임용되기 직전 또는 해당 계급에서 신임교육을 받은 사람은 해당 계급의 관리역량교육을 받은 것으로 본다.

6 자기개발 학습의 지원 등(교육훈련규정 제6조)

소방기관의 장은 소속 소방공무원의 자기개발 학습을 위한 정보 제공 및 자기개발 학습 지원체계 구축을 위하여 노력해야 한다.

7 교육훈련계획(교육훈련규정 제7조)

① 소방청장은 매년 11월 30일까지 다음 각 호의 사항이 포함된 다음 연도의 소방공무원 교육훈련에 관한 기본정책 및 기본지침을 수립하여 시·도지사와 교육훈련기관의 장에게 통보해야 한다.
　㉠ 교육훈련의 목표
　㉡ 교육훈련기관에서의 교육, 직장훈련, 위탁교육훈련에 관한 사항
　㉢ 기본교육훈련, 전문교육훈련, 기타교육훈련, 자기개발 학습에 관한 사항
　㉣ 그 밖에 교육훈련에 필요한 사항
② 시·도지사는 기본정책 및 기본지침에 따라 다음 연도의 시·도 교육훈련계획을 수립하여 매년 12월 31일까지 소방청장에게 제출해야 한다.
③ 교육훈련기관의 장은 기본정책 및 기본지침에 따라 다음 연도의 교육훈련계획을 수립하여 매년 12월 31일까지 소방청장에게 제출해야 한다. 이 경우 시·도에 설치된 교육훈련기관의 장은 시·도지사를 거쳐 제출해야 한다.
④ 교육훈련기관의 장은 교육훈련계획을 수립한 경우에는 교육훈련의 준비 및 교육훈련대상자의 선발을 위하여 지체 없이 이를 관계 소방기관의 장에게 통보해야 한다.

8 교육훈련기관 간 협업·개방(교육훈련규정 제8조)

① 소방청장은 국가 및 지방자치단체의 재난대응 역량을 제고하고, 교육훈련기관 운영의 효율성을 높이기 위하여 교육훈련기관의 장에게 다음 각 호의 사항에 관하여 협업·개방 등을 요청할 수 있다. 이 경우 시·도에 설치된 교육훈련기관의 장에게 요청할 때에는 시·도지사와 먼저 협의해야 한다.
　㉠ 각 교육훈련기관의 교육훈련과정을 전체 소방공무원에게 개방
　㉡ 교육훈련기관별로 특성화된 전문교육훈련과정 지정
　㉢ 교과목, 교재, 교육훈련용 콘텐츠 등 교육훈련과정의 공동 개발·활용
　㉣ 교수요원, 교육훈련 시설 및 기자재 등의 상호 활용
　㉤ 각 교육훈련기관의 교육훈련과정 및 교육훈련용 시설을 공공부문 및 민간부문에 개방
　㉥ 그 밖에 각 교육훈련기관에 필요한 사항의 상호 지원
② 협업·개방 등 요청을 받은 교육훈련기관의 장은 특별한 사유가 없으면 그 요청에 적극 협조해야 한다.

9 교육훈련의 성과측정 등(교육훈련규정 제9조)

① 소방청장은 교육훈련기관에서의 교육, 직장훈련 및 위탁교육훈련의 내용·방법 및 성과 등을 정기 또는 수시로 확인·평가하여 이를 개선·발전시켜야 한다.
② 확인·평가 등에 필요한 사항은 소방청장이 정한다.

10 교육훈련비의 지급(교육훈련규정 제10조)

소방기관의 장은 교육훈련대상자로 선발된 소방공무원에게 예산의 범위에서 입학금·등록금 및 그 밖에 교육훈련에 드는 경비를 지급할 수 있다.

11 의무복무(교육훈련규정 제11조)

① 신임교육을 받고 임용된 사람은 그 교육기간에 해당하는 기간 이상을 소방공무원으로 복무해야 한다.
② 임용권자 또는 임용제청권자는 6개월 이상의 위탁교육훈련을 받은 소방공무원에 대해서는 특별한 경우를 제외하고 6년의 범위에서 교육훈련기간과 같은 기간(국외 위탁교육훈련의 경우에는 교육훈련기간의 2배에 해당하는 기간으로 한다) 동안 교육훈련 분야와 관련된 직무 분야에서 복무하게 해야 한다.

12 의무위반 등에 대한 소요경비의 반납조치(교육훈련규정 제12조)

임용권자 또는 임용제청권자는 신임교육 또는 위탁교육훈련을 받았거나 받고 있는 사람이 다음 각 호의 어느 하나에 해당하게 된 경우에는 다음의 반납액 산정기준(별표 2)에 따라 본인에게 해당 교육훈련에 든 경비(보수는 제외한다)의 전부 또는 일부의 반납을 명하거나 본인이 반납하지 않을 경우 그의 보증인에게 보증채무의 이행을 청구할 수 있다.
① 정당한 사유 없이 훈련을 중도에 포기하거나 훈련에서 탈락된 경우
② 의무복무를 이행하지 않은 경우
③ 복귀명령을 받고도 정당한 사유 없이 직무에 복귀하지 않은 경우

[별표 2] 반납액의 산정기준표

구 분	산정기준
1. 정당한 사유 없이 훈련을 중도에 포기하거나 훈련에서 탈락된 사람	소요경비 $\times \dfrac{1}{2}$
2. 의무복무를 이행하지 않은 사람	소요경비 $\times \dfrac{\text{의무복무 개월수} - \text{근무 개월수}}{\text{의무복무 개월수}}$
3. 복귀명령을 받고도 정당한 사유 없이 직무에 복귀하지 않은 사람	소요경비 전액

※ 비 고
1. 의무복무 개월수 및 근무 개월수를 계산할 때 15일 이상은 1개월로 계산한다.
2. 국외훈련을 위하여 지급받은 외화표시 소요경비는 제12조 각 호의 어느 하나에 해당하게 된 날의 현찰매도 환율을 적용하여 산정한다.
3. 위의 제1호에 해당하는 사람이 다시 같은 조 제2호에 해당하게 된 경우 그 추가 반납액은 다음 계산식에 따라 산정한다.

$$\text{추가반납액} = \text{소요경비} \times \frac{1}{2} \times \frac{\text{의무복무 개월수} - \text{근무 개월수}}{\text{의무복무 개월수}}$$

13 교육훈련기관별 교육훈련과정(교육훈련규정 제13조)

교육훈련기관에서 실시하는 교육훈련과정과 그 대상·기간·방법 등은 소방청장이 정한다.

14 교육훈련기관의 교육훈련계획(교육훈련규정 제14조)

교육훈련기관의 장은 교육훈련 기본정책 및 기본지침에 따라 다음 각 호의 사항이 포함된 교육훈련계획을 수립해야 한다.
① 교육훈련의 기본방향
② 교육훈련과정
③ 과정별 교육훈련의 목표, 교수요목(敎授要目), 기간, 대상 및 인원
④ 교육훈련 수요조사 결과 및 교육훈련대상자의 선발계획
⑤ 교재 편찬계획
⑥ 교육훈련성적의 평가방법
⑦ 그 밖에 교육훈련기관의 장이 필요하다고 인정하는 사항

15 교육훈련대상자의 선발(교육훈련규정 제15조)

① 소방기관의 장이나 임용권자 또는 임용제청권자는 교육훈련계획에 따라 채용후보자명부 등재 순위, 신규채용일 또는 승진임용일, 계급, 담당업무, 경력 및 건강상태 등을 고려하여 교육훈련과정별 목적에 적합한 사람을 교육훈련대상자로 선발해야 한다.
② 교육훈련대상자 선발은 그로 인한 업무의 정체를 줄일 수 있는 방법으로 해야 한다.
③ 소방기관장등은 교육훈련 개시 10일 전까지 교육훈련대상자 명단을 해당 교육훈련기관의 장에게 통보해야 한다.
④ 교육훈련기관의 장은 통보받은 교육훈련대상자가 교육훈련과정별 목적에 적합하지 않다고 인정되는 경우에는 해당 소방기관장등에게 교육훈련대상자를 교체하여 줄 것을 요청할 수 있다. 이 경우 해당 소방기관장등은 지체 없이 교육훈련대상자를 다시 선발하여 통보해야 한다.
⑤ 교육훈련대상자로 선발된 소방공무원은 교육훈련이 시작되기 전까지 해당 교육훈련기관에 등록해야 하며, 교육훈련 기간 중 해당 교육훈련기관의 장의 지시에 따라야 한다.

16 교육훈련성적의 평가(교육훈련규정 제16조)

① 교육훈련기관의 장은 객관적이고 공정한 평가기준과 평가방법을 수립하여 교육훈련성적을 평가해야 한다.

② 교육훈련기관의 장은 교육훈련이 시작되기 전에 교육훈련대상자에게 과제를 부여하고 그 결과를 교육훈련성적에 반영할 수 있다.

③ 교육훈련기관의 장은 교육훈련을 받은 사람의 교육훈련성적을 교육훈련 수료 또는 졸업 후 10일 이내에 그 소속 소방기관장등에게 통보해야 한다.

17 수료 및 졸업(교육훈련규정 제17조)

① 각 교육훈련과정은 교육훈련대상자가 100점 만점에 60점 이상의 성적을 받으면 수료요건을 갖춘 것으로 한다. 다만, 교육훈련기관의 장은 교육훈련성적 평가를 생략하고 교육훈련대상자의 교육훈련 참여도 등을 기준으로 수료 여부를 결정할 수 있다.

② 신임교육의 교육훈련과정은 교육훈련대상자가 다음 각 호의 요건을 모두 갖추고 교육훈련기관의 장이 정하는 별도의 졸업사정 절차를 통과하면 졸업요건을 갖춘 것으로 한다.

　㉠ 전체 교육훈련성적이 100점 만점에 70점 이상인 사람일 것

　㉡ 교육훈련기관의 장이 지정하는 각 과목의 교육훈련성적이 100점 만점에 60점 이상인 사람일 것

③ 교육훈련기관의 장은 졸업사정을 실시할 때 교육훈련대상자의 생활기록 등을 종합적으로 고려하여 졸업 적격 여부를 심사해야 하며, 졸업사정 결과 소방공무원으로서의 직무수행에 적합하지 않다고 인정되는 사람은 졸업시키지 않을 수 있다.

④ 제①항부터 제③항까지에서 규정한 사항 외에 수료 또는 졸업에 필요한 교육훈련 과정별 수강시간, 졸업사정의 절차와 방법 등에 관한 세부 사항은 교육훈련기관의 장이 정한다.

18 퇴교처분(교육훈련규정 제18조)

① 교육훈련기관의 장은 교육훈련대상자가 다음 각 호의 어느 하나에 해당하는 경우에는 퇴교처분을 할 수 있고, 퇴교처분을 하는 경우 해당 교육훈련대상자의 소속 소방기관장 등에게 이를 통보해야 한다.

　㉠ 다른 사람으로 하여금 대리로 교육훈련을 받게 한 경우

　㉡ 정당한 사유 없이 결석한 경우

　㉢ 수업을 매우 게을리한 경우

　㉣ 생활기록이 매우 불량한 경우

　㉤ 시험 중 부정한 행위를 한 경우

　㉥ 교육훈련기관의 장의 교육훈련에 관한 지시에 따르지 않은 경우

　㉦ 질병이나 그 밖에 교육훈련대상자의 부득이한 사정으로 인하여 교육훈련을 계속 받을 수 없게 된 경우

② 소방기관의 장은 제1항 제㉠호부터 제㉥호까지의 사유로 퇴교처분을 받은 사람 또는 정당한 사유 없이 입교등록을 하지 않은 사람이 「국가공무원법」 제78조 제1항 각 호의 어느 하나에 해당된다고 인정할 때에는 관할 징계위원회에 징계의결을 요구하거나 징계의결의 요구를 신청할 수 있다.

③ 소방기관의 장은 징계의결을 요구하거나 징계의결의 요구를 신청한 경우에는 그 사실을 해당 교육훈련기관의 장에게 통보해야 한다.

> **국가공무원법 제78조(징계 사유)**
> 공무원이 다음의 어느 하나에 해당하면 징계의결을 요구해야 하고 그 징계의결의 결과에 따라 징계처분을 해야 한다.
> 1. 이 법 및 이 법에 따른 명령을 위반한 경우
> 2. 직무상의 의무(다른 법령에서 공무원의 신분으로 인하여 부과된 의무를 포함한다)를 위반하거나 직무를 태만히 한 때
> 3. 직무의 내외를 불문하고 그 체면 또는 위신을 손상하는 행위를 한 때

19 수료 또는 졸업요건을 갖추지 못한 사람에 대한 조치(교육훈련규정 제19조)

① 소방기관장 등은 교육수료 또는 졸업요건을 갖추지 못한 사람에 대해서는 한 차례에 한정하여 다시 교육훈련을 받게 할 수 있다.

② 소방기관의 장은 다시 교육훈련을 받은 사람이 거듭 수료 또는 졸업요건을 갖추지 못한 경우로서 근무성적이 매우 불량하여 「국가공무원법」 제78조 제1항 각 호에 따른 징계 사유에 해당된다고 인정할 때에는 관할 징계위원회에 징계의결의 요구 또는 징계의결 요구의 신청 등의 조치를 할 수 있다.

③ 소방기관의 장은 징계조치를 한 경우에는 그 사실을 해당 교육훈련기관의 장에게 통보해야 한다.

20 교수요원의 운영(교육훈련규정 제20조)

① 교육훈련기관에는 다음 각 호의 역할을 담당하는 교수요원을 둔다.
  ㉠ 강의 또는 훈련
  ㉡ 교과연구 및 교재집필
  ㉢ 교육훈련과정의 설계·운영 및 교육훈련성적의 평가
  ㉣ 교육훈련대상자에 대한 상담·지도

② 교육훈련기관의 장은 교수요원을 강의교수, 훈련교수, 교육운영교수, 생활지도교수로 구분하여 운영할 수 있다.

③ 교육훈련기관의 장은 교수요원을 임명하거나 위촉한다.

④ 교육훈련기관의 장은 소방공무원으로 퇴직한 사람 중에서 재직 중의 업적이 현저하고 교육훈련 분야의 전문지식과 경험이 풍부한 사람을 명예교수로 위촉할 수 있다.

⑤ 교육훈련기관의 장은 특정 분야 또는 교과목의 강의나 훈련 분임지도 등 교육훈련 분야의 전문 지식과 경험이 풍부한 사람을 객원교수로 위촉할 수 있다.

21 교수요원의 겸직임용(교육훈련규정 제21조)

① 교육훈련기관의 장은 특수한 교과를 담당하게 하기 위하여 필요하면 정원과 관계없이 관련 분야의 공무원이나 민간 전문가를 교수요원으로 겸직임용할 수 있다. 이 경우 겸직임용되는 교수요원이 공무원인 경우에는 미리 그 소속 기관의 장과 협의해야 한다.
② 겸임하는 교수요원에게는 예산의 범위에서 겸임수당을 지급할 수 있다.
③ 소방기관의 장은 교육훈련기관의 장이 소속 공무원을 교수요원으로 겸직임용하기 위하여 협의를 요청하는 경우 특별한 사유가 없으면 이에 응해야 한다.

22 교수요원의 자격기준(교육훈련규정 제22조)

① 담당할 분야와 관련된 실무·연구 또는 강의 경력이 3년 이상인 사람
② 담당할 분야와 관련된 자격증을 소지한 사람
③ 담당할 분야와 관련된 석사 이상의 학위를 소지한 사람
④ 담당할 분야와 관련된 6개월 이상의 교육훈련을 이수한 사람
⑤ 담당할 분야와 관련하여 교수·부교수 또는 조교수의 자격을 갖춘 사람
⑥ 그 밖에 담당할 분야와 관련된 학식과 경험이 풍부한 사람으로서 교육훈련기관의 장이 인정하는 사람

23 교수요원의 결격사유(교육훈련규정 제23조)

다음 각 호의 어느 하나에 해당하는 사람은 교수요원으로 임용될 수 없다.
① 징계처분 기간 중인 사람
② 징계처분을 받고 그 처분기간이 끝난 날부터 2년이 지나지 않은 사람
③ 직위해제 처분이 종료된 날부터 1년이 지나지 않은 사람

24 교수요원 역량강화 및 평가(교육훈련규정 제24조)

① 교육훈련기관의 장은 교수요원으로 임용될 사람 또는 임용된 사람에게 강의, 훈련, 교육운영 등에 관한 전문성과 역량을 강화할 수 있도록 관련 교육훈련과정을 주기적으로 이수하게 해야 한다.
② 교육훈련기관의 장은 교수요원의 전문역량을 강화하고 강의 품질을 향상시키기 위해 교수요원의 체계적 관리·육성 방안을 마련해야 한다.

③ 교육훈련기관의 장은 교수요원의 교수역량을 평가하여 근무성적 평정, 교육훈련 선발, 연구비 지원 등에 반영할 수 있다.

25 교수요원의 전보(교육훈련규정 제25조)

필수보직기간이 끝난 교수요원을 전보할 때에는 본인의 희망을 고려해야 한다.

26 교육훈련시설(교육훈련규정 제26조)

소방청장과 시·도지사는 소방공무원이 교육훈련을 통하여 직무역량 및 현장대응능력을 효과적으로 향상시킬 수 있도록 교육훈련기관에 별표 3에 따른 교육훈련시설을 갖추어야 한다.

[별표 3] 교육훈련기관이 갖추어야 하는 교육훈련시설에 관한 기준

구 분	교육훈련시설
옥내 훈련시설	전문구급 훈련장, 수난구조 훈련장, 화재조사 훈련장, 소방시설 실습장, 가상현실 훈련장
옥외 훈련시설	소방종합 훈련탑, 산악구조 훈련장, 소방차량 및 장비조작 훈련장, 실물화재 훈련장, 대응전술 훈련장
교육지원시설	업무시설, 강의시설, 관리시설, 편의시설, 주거시설, 저장시설

비 고

1. 교육훈련시설의 종류별 면적기준, 시설기준 및 보유장비기준은 소방청장이 정한다.
2. 교육훈련기관이 다른 기관과 업무협약 등을 통해 비고 제1호에 따른 면적기준과 시설기준을 갖춘 훈련시설을 언제든지 사용할 수 있는 경우에는 해당 교육훈련시설을 갖춘 것으로 본다. 다만, 해당 교육훈련시설별 보유장비 기준은 교육훈련기관이 갖추어야 한다.

27 학사운영에 관한 규정(교육훈련규정 제27조)

① 교육훈련기관의 장은 교육훈련에 관한 다음 각 호의 사항을 학칙 등 학사운영에 관한 규정으로 정한다.

㉠ 입교·퇴교·상벌에 관한 사항
㉡ 교육훈련성적 평가 및 수료·졸업에 관한 세부 사항
㉢ 수업시간 및 휴무일에 관한 사항
㉣ 제28조에 따른 생활관 입실 및 생활에 관한 사항
㉤ 수탁교육생에 관한 사항
㉥ 교육훈련대상자의 표지(標識)에 관한 사항
㉦ 교수요원 등의 선발·위촉·관리에 관한 사항
㉧ 그 밖에 교육훈련기관의 장이 필요하다고 인정하는 사항

② 교육훈련기관의 장은 ㉠ 및 ㉡에 관한 사항이 포함된 학사운영에 관한 규정을 제정·개정·폐지하려는 경우에는 소방청장과 협의해야 한다.

28 생활관 입실(교육훈련규정 제28조)

교육훈련기관에서 교육훈련을 받는 소방공무원과 소방공무원으로 임용될 사람은 학사운영에 관한 규정에서 정하는 기간을 제외하고는 교육훈련기간 동안 생활관에 입실해야 한다. 다만, 교육훈련의 원활한 운영과 목적 달성을 위해 교육훈련기관의 장이 필요하다고 인정하는 경우에는 생활관에 입실하지 않을 수 있다.

29 급여품 및 대여품의 지급(교육훈련규정 제29조)

소방공무원으로 임용될 사람으로서 교육훈련기관에서 교육훈련을 받는 사람에게는 예산의 범위에서 소방공무원에 준하는 급여품 및 대여품을 지급할 수 있다.

30 직장훈련의 실시(교육훈련규정 제30조)

① 소방기관의 장은 소속 소방공무원이 새로운 전문지식과 직무수행에 필요한 학식·기술 및 정보 등을 습득할 수 있도록 정기 또는 수시로 체계적인 직장훈련을 실시해야 한다.
② 소방기관의 장은 시보임용 중인 소방공무원에 대하여 개인별 지도관을 임명하여 해당 기관의 조직과 임무, 직무수행에 필요한 지식·기술·소양 등을 습득할 수 있도록 체계적인 직장훈련을 실시해야 한다.
③ 소방기관의 장은 소방공무원이 재난 현장에서 효과적으로 대응활동을 수행할 수 있도록 소속 소방공무원에게 직장 내 체계적인 체력훈련을 실시해야 한다.

31 직장훈련 시간 총량 관리(교육훈련규정 제31조)

① 소방기관의 장은 실질적이고 체계적인 직장훈련을 실시하기 위하여 소속 소방공무원의 직장훈련 시간 총량 목표를 정하고 개인별로 관리해야 한다.
② 직장훈련 시간 총량 목표의 설정 및 관리에 필요한 세부 사항은 소방청장이 정한다.

32 직장훈련계획(교육훈련규정 제32조)

소방기관의 장은 기본정책 및 기본지침에 따라 다음 각 호의 사항이 포함된 직장훈련계획을 수립해야 한다.
① 공직가치 확립 및 정부 시책에 대한 교육
② 팀 단위 소방전술훈련 및 개인 직무 전문기술훈련
③ 신규채용자 및 보직변경자에 대한 실무적응교육훈련
④ 체력향상을 위한 훈련
⑤ 직장훈련 시간 총량 목표 및 관리에 관한 사항
⑥ 그 밖에 부서별·직무 분야별 전문성 강화를 위한 전문교육훈련

33 직장훈련담당관(교육훈련규정 제33조)

① 소방공무원의 직장훈련에 관한 사항을 담당하기 위하여 소방기관에 직장훈련담당관을 둔다.
② 직장훈련담당관은 해당 소방기관의 장이 지정한다.

34 직장훈련담당관의 직무(교육훈련규정 제34조)

① 직장훈련 계획 수립과 심사 및 지도·감독
② 직장훈련 결과에 대한 평가 및 확인
③ 직장훈련 실시를 위한 시설·교재 등의 준비
④ 그 밖에 직장훈련 실시에 필요한 사항

35 직장훈련의 성과측정(교육훈련규정 제35조)

① 소방기관의 장은 정기 또는 수시로 소속 공무원들의 직장훈련 성과를 평가하여 인사관리에 반영해야 한다.
② 평가방법은 소방청장이 정한다.

36 위탁교육훈련의 실시(교육훈련규정 제36조)

① 임용권자 또는 임용제청권자는 교육훈련대상자가 소속 교육훈련기관에서 교육훈련을 실시하기 곤란하거나 부적당하다고 인정되는 경우에는 다른 행정기관이나 교육훈련기관에 위탁하여 교육훈련을 받게 할 수 있다.
② 소방청장 및 시·도지사는 중앙행정기관의 장 또는 다른 시·도지사가 요청할 때에는 소속 교육훈련기관의 장으로 하여금 수탁교육을 실시하게 할 수 있다.
③ 소방청장은 모든 소방공무원에게 균등한 교육훈련의 기회가 주어지도록 교육훈련기관을 관장하는 시·도지사와 협의하여 시·도 간에 상호 위탁하여 교육훈련을 받게 할 수 있다.
④ 수탁교육훈련을 실시하는 교육훈련기관의 장은 그 위탁을 한 중앙행정기관의 장 또는 시·도지사에게 교수요원의 파견을 요청하거나 교육훈련에 드는 비용의 전부 또는 일부를 부담하게 할 수 있다.

37 위탁교육훈련계획(교육훈련규정 제37조)

소방청장 또는 시·도지사는 위탁교육훈련을 실시하는 경우 다음 각 호의 사항이 포함된 위탁교육훈련계획을 작성해야 한다. 다만, 6개월 미만의 국내 위탁교육훈련의 경우는 제외한다.
① 훈련의 목적 및 내용
② 훈련기관 및 훈련기간
③ 훈련의 종류별·분야별 인원

④ 훈련대상자의 자격요건, 선발방법 및 절차

⑤ 훈련대상자 및 훈련 이후의 보직 계획

⑥ 훈련비 명세 및 그 부담에 관한 사항

⑦ 의무복무에 관한 사항

⑧ 그 밖에 훈련에 필요한 사항

38 위탁교육훈련 대상자의 선발(교육훈련규정 제38조)

소방청장 또는 시·도지사는 위탁교육훈련 대상자를 선발하는 경우 다음 각 호의 요건을 고려하여 선발해야 한다.

① 국가관과 직무에 대한 사명감이 투철한 사람

② 근무성적이 우수한 사람

③ 훈련에 필요한 학력·경력을 갖춘 사람

④ 훈련 이수 후 훈련과 관련된 직무 분야에 상당 기간 근무가 가능한 사람

⑤ 국외훈련의 경우에는 필요한 외국어 능력을 갖춘 사람

⑥ 그 밖에 소방청장이나 시·도지사가 정하는 요건을 갖춘 사람

39 훈련과제의 부여(교육훈련규정 제39조)

소방기관의 장은 위탁교육훈련 대상자(6개월 미만의 국내 위탁교육훈련 대상자는 제외한다)에게 업무와 관련되는 훈련과제를 부여해야 하며, 과제 연구에 필요한 지도와 지원을 해야 한다.

40 위탁교육훈련 대상자에 대한 지도·감독(교육훈련규정 제40조)

① 소방기관의 장은 위탁교육훈련의 목적을 달성하기 위하여 위탁교육훈련 대상자의 훈련상황을 정기 또는 수시로 파악하여 훈련 및 복무에 필요한 지도·감독을 해야 한다.

② 위탁교육훈련 대상자는 훈련 목적을 달성하도록 노력하고, 훈련기간 중 공무원으로서의 품위 유지 및 교육훈련기관의 학칙 준수 등 훈련대상자로서의 의무와 소방청장 또는 시·도지사가 지시하는 사항을 이행해야 하며, 훈련 이수 후에는 지체 없이 직무에 복귀해야 한다.

③ 위탁교육훈련 대상자는 소방청장 또는 시·도지사에게 거주지, 신상, 훈련성적, 훈련진도, 훈련결과, 그 밖에 소방청장 또는 시·도지사가 요구하는 사항을 보고해야 한다.

④ 위탁교육훈련 대상자는 훈련기간 중 다음 각 호의 어느 하나에 해당하는 경우에는 소방청장 또는 시·도지사에게 즉시 보고하고 그 지시에 따라야 한다.

　㉠ 훈련기관 또는 훈련기간 등을 변경하려는 경우

　㉡ 훈련에 지장이 있을 정도의 질병·사고 등 신상의 변화가 생긴 경우

　㉢ 국가 또는 지방자치단체에서 지급하는 교육훈련비 외의 장학금·기부금 또는 찬조금 등을 받으려는 경우

⑤ 국외에서 위탁교육훈련을 받고 있는 사람이 사직하려는 경우에는 귀국한 후에 소속 소방기관
의 장에게 사직원을 제출해야 한다.

41 복귀명령(교육훈련규정 제41조)

소방청장 또는 시·도지사는 위탁교육훈련을 받고 있는 사람이 다음 각 호의 어느 하나에 해당하
는 경우에는 그 위탁교육을 받고 있는 사람에게 지체 없이 복귀를 명하고 그 사실을 수탁교육훈련
기관의 장에게 알려야 한다.

① 교육의무나 지시를 위반하여 훈련 목적을 현저히 벗어난 경우

② 질병·사고 등 부득이한 사유로 훈련을 계속할 수 없게 된 경우

42 위탁교육훈련과 교육훈련기관에서의 교육과의 관계(교육훈련규정 제42조)

① 위탁교육훈련을 받은 사람은 해당 분야와 관련하여 전문교육훈련을 받은 것으로 본다. 이 경
우 소방기관의 장은 해당 소방공무원의 위탁교육훈련성적을 확인해야 한다.

② 위탁교육훈련기관에서 받은 포상 또는 퇴교처분은 교육훈련기관에서 받은 포상 또는 퇴교처분
으로 본다.

43 위탁교육훈련 연구보고서의 제출 등(교육훈련규정 제43조)

① 국외에서 위탁교육훈련을 받은 사람은 연구보고서를 작성하여 귀국보고일부터 30일 이내에
소방청장 또는 시·도지사에게 제출해야 한다.

② 소방청장 또는 시·도지사는 제1항에 따라 제출된 연구보고서를 교육훈련기관에 배포하여 교
육훈련의 자료로 활용하게 해야 한다.

제10장 | 소방공무원 복무규정

> **복무규정(소방공무원법 제24조)**
> 소방공무원의 복무에 관하여는 이 법이나 「국가공무원법」에 규정된 것을 제외하고는 대통령령(소방공무원 복무규정)으로 정한다.

1 목적(복무규정 제1조)

이 영은 「소방공무원법」 제24조에 따라 소방공무원의 복무에 관한 사항을 규정함을 목적으로 한다.

2 정의(복무규정 제2조)

"소방기관"이란 소방청, 특별시·광역시·특별자치시·도·특별자치도(이하 "시·도"라 한다)와 중앙소방학교·중앙119구조본부·국립소방연구원·지방소방학교·서울종합방재센터·소방서·119특수대응단 및 소방체험관을 말한다.

3 복무 자세(복무규정 제3조)

① 소방공무원은 상급자·하급자 및 동료 간에 서로 예절을 지키고 상부상조의 동료애를 발휘해야 한다.

② 소방공무원은 공적·사적 생활에서 국민의 모범이 되어야 하며, 다음과 같이 행동해야 한다.

　㉠ 다른 사람을 비방하거나 서로 다투어서는 아니 된다.

　㉡ 건전하지 않은 오락행위를 해서는 아니 된다.

　㉢ 품위를 유지하고 청렴하게 생활해야 한다.

4 여행의 제한(복무규정 제4조) `14년 경기` `16, 17, 21, 22년 소방위` `16년 경북` `16년 부산` `17, 21, 22년 통합`

① 소방공무원은 휴무일이나 근무시간 외에 공무(公務)가 아닌 사유로 3시간 이내에 직무에 복귀하기 어려운 지역으로 여행하려는 경우에는 소속 소방기관의 장에게 신고해야 한다.

　※ 휴무일이나 근무시간에 공무(公務)사유로(×), 2시간 이내(×), 허가를 받아야 한다.(×)

② 비상근무 등 소방업무상 특별한 사정이 있어 소방기관의 장이 정하는 기간 중에는 소속 소방기관의 장의 허가를 받아야 한다. ※ 신고를 해야 한다.(×)

5 비상소집 및 비상근무(복무규정 제5조) `16년 소방위` `17년 강원` `22년 통합`

① 소방기관의 장은 비상사태에 대처하기 위하여 필요하다고 인정할 때에는 소속 소방공무원을 긴급히 소집(이하 "비상소집"이라 한다)하여 일정한 장소에 대기 또는 특수한 근무(이하 "비상근무"라 한다)를 하게 할 수 있다. ※ 근무를 해야 한다.(×)

② 비상소집과 비상근무의 종류·절차 및 근무수칙 등에 관한 사항은 소방청장(소방공무원 당직 및 비상업무 규칙)이 정한다. ※ 행정안전부령으로 정한다.(×)

6 교대제 근무(복무규정 제6조) `22년 통합`

① 소방기관의 장은 화재를 예방·경계·진압하기 위하여 필요하거나 재난·재해 및 그 밖의 위급한 상황에서의 구조·구급 활동을 효과적으로 수행하기 위하여 필요한 경우에는 소속 소방공무원에게 다음 각 호의 어느 하나에 해당하는 방식에 따른 교대제 근무를 하게 할 수 있다.

　㉠ 2조 교대제 : 2개 조로 나누어 24시간씩 교대로 근무하는 방식

　㉡ 3조 교대제 : 3개 조로 나누어 일정한 시간마다 교대로 근무하는 방식

　㉢ 4조 교대제 : 4개 조로 나누어 일정한 시간마다 교대로 근무하는 방식

② 소방기관의 장은 2조 교대제 근무를 하는 소방공무원에게는 순번을 정하여 주기적으로 근무일에 휴무하게 할 수 있다. 다만, 비상근무를 하는 경우에는 그러하지 아니하다.

③ 교대제 근무의 범위 및 방법, 그 밖에 교대제 근무에 필요한 사항은 소방청장(소방공무원 근무규칙)이 정한다.

7 현장 근무자의 근무수칙(복무규정 제7조)

화재진압 또는 구조·구급 활동의 현장(이하 "현장"이라 한다)에서 소방활동에 종사하는 소방공무원은 현장 지휘관의 정당한 명령을 이유 없이 거부하거나 현장 지휘관의 승인 없이 현장에서 이탈하거나 소방활동을 게을리하는 등 직무를 유기해서는 아니 된다.

8 안전사고의 방지(복무규정 제8조)

① 소방공무원은 소방활동 중 발생할 수 있는 안전사고에 유의해야 한다.

② 소방활동 중의 안전사고를 방지하기 위하여 필요한 사항은 소방청장(소방공무원 보건안전관리 규정)이 정한다.

9 공가(복무규정 제8조의2) `22년 통합` `22년 소방위`

소방기관의 장은 소방공무원이 다음의 어느 하나에 해당하는 때에는 이에 직접 필요한 기간을 공가로 승인해야 한다.

① 병역판정검사·소집·검열점호 등에 응하거나 동원 또는 훈련에 참가할 때

② 공무와 관련하여 국회, 법원, 검찰 또는 그 밖의 국가기관에 소환되었을 때

③ 법률에 따라 투표에 참가할 때

④ 승진시험·전직시험에 응시할 때

⑤ 원격지(遠隔地)로 전보 발령을 받고 부임할 때

⑥ 다음의 어느 하나에 해당하는 건강검진 또는 건강진단을 받을 때. 다만, 특별한 사정이 없으면 같은 날에 받는 경우로 한정한다.
　　㉠「국민건강보험법」에 따른 건강검진
　　㉡「소방공무원 보건안전 및 복지 기본법」에 따른 특수건강진단 또는 정밀건강진단
　　㉢「119구조·구급에 관한 법률 시행령」에 따른 건강검진

⑦ 헌혈에 참가할 때

⑧ 외국어능력에 관한 시험에 응시할 때

⑨ 올림픽, 전국체전 등 국가 또는 지방 단위의 주요 행사에 참가할 때

⑩ 천재지변, 교통 차단 또는 그 밖의 사유로 출근이 불가능할 때

⑪ 교섭위원으로 선임(選任)되어 단체교섭 및 단체협약 체결에 참석하거나 공무원노동조합 대의원회(연 1회로 한정)에 참석할 때

⑫ 오염지역 또는 오염인근지역으로 공무국외 출장, 파견 또는 교육훈련을 가기 위하여 검역감염병의 예방접종을 할 때

10 포상휴가(복무규정 제9조) `16년 경북` `20년 통합` `22년 소방위`

소방기관의 장은 근무성적이 뛰어나거나 다른 소방공무원의 모범이 될 공적이 있는 소방공무원에게 1회 10일 이내의 포상휴가를 줄 수 있다. 이 경우 포상휴가기간은 연가일수에 산입(算入)하지 않는다.

11 준용(복무규정 제10조)

① 소방공무원의 복무에 관하여 복무규정에서 규정한 사항 외에는「국가공무원 복무규정」을 준용한다.

② 다만, 시·도 소속 소방공무원에 대하여 준용하는 경우 "소속 기관의 장", "중앙행정기관의 장", "행정기관의 장" 및 "소속 장관"은 각각 "특별시장·광역시장·특별자치시장·도지사 및 특별자치도지사"로 본다.

12 시·도 소속 소방공무원의 특별휴가에 관한 특례(복무규정 제11조)

시·도 소속 소방공무원의 특별휴가에 관하여는 소방공무원 복무규정 및「국가공무원 복무규정」에서 규정한 사항 외에는 소속 지방자치단체의 특별휴가에 관한 조례를 적용한다.

제11장

소방공무원기장령

1 목적(기장령 제1조)

소방공무원기장의 수여 및 패용에 관하여 필요한 사항을 규정함을 목적으로 한다.

2 소방공무원기장의 종류 및 수여대상자(기장령 제2조) `21, 22년 통합` `21, 22년 소방위`

① 소방공무원기장(이하 "소방기장"이라 한다)은 다음의 구분에 따라 수여하며, 수여대상자의 세부기준은 소방청장이 정한다.
  ㉠ 소방지휘관장 : 소방령 이상인 소방기관의 장에게 수여
  ㉡ 소방근속기장 : 소방공무원으로 일정 기간 이상 근속한 사람에게 수여
  ㉢ 소방공로기장 : 표창을 받은 사람 또는 화재진압 및 인명구조·구급 등 소방활동 시 공로가 인정된 사람에게 수여
  ㉣ 소방경력기장 : 각 보직에서 일정 기간 이상 근무한 경력이 있는 사람에게 수여
  ㉤ 소방기념장 : 국가 주요행사 또는 주요사업과 관련된 업무 수행 시 공헌한 사람에게 수여
② 소방기장의 수여대상자가 사망 기타 부득이한 사유로 소방기장을 직접 받을 수 없는 경우에는 그 유족 또는 대리인이 본인을 위하여 이를 받을 수 있다. `22년 소방위`

참고) 소방공무원 기장의 수여 및 패용에 관한 규정 별표 1

종 류	수여대상
소방지휘 관장	소방청장, 소방본부장, 소방서장, 단위지휘관장
소방근속 기장	• 헌신장 : 소방공무원 근속기간 40년 이상 • 소방장 : 소방공무원 근속기간 30년 이상 • 봉사장 : 소방공무원 근속기간 20년 이상 • 안전장 : 소방공무원 근속기간 10년 이상
소방공로 기장	• 표창장 : 장관, 청장, 시·도지사 표창 수여자 • 하트세이버, 브레인세이버, 트라우마세이버, 라이프세이버 : 하트세이버, 브레인세이버, 트라우마세이버, 라이프세이버를 수여받은 자 • 국제구조활동 : 국제 구조출동을 하여 활동한 자 • 무사고 : 각 재난 현장에서 무사고로 활동한 자(현장활동, 소방차량 운전, 항공기 운항, 소방정 운항 무사고)
소방경력 기장	• 해당 보직 경력 3년 이상 경력자에게 수여(특수구조는 구조로 통합, 교수요원 기장에 소방학교와 체험관 교수 포함) • 소방공무원 최초 임용 시 대한민국, 소방기본, 지역을 나타내는 약장 수여
소방 기념장	• 국가 주요행사 또는 주요사업계획 수립에 직접 공헌한 자 • 행사장, 숙소 등 현장 근무자 • 기타 주요행사 또는 사업의 원활한 수행을 위하여 참여한 자

3 소방기장의 도형 및 제작 양식(기장령 제3조) `21년 소방위`

소방기장의 도형 및 제작 양식은 소방청장(소방공무원 기장의 수여 및 패용에 관한 규정)이 정한다.

4 수여권자 등(기장령 제4조) `21, 22년 통합` `22년 소방위`

① 소방기장은 소방청장이 이를 수여한다.
② 소방지휘관장은 소방기관의 장으로 임명된 때에 수여하고, 소방근속기장, 소방공로기장 및 소방경력기장은 특별한 사정이 없는 한 매년 11월 1일에 수여하며, 소방기념장은 소방청장이 정하는 때에 수여한다.
③ 소방기장을 수여받은 자에게는 소방공무원기장 수여증서를 교부한다.

5 기장의 수여(기장의 수여 및 패용에 관한 규정 제5조)

① 소방지휘관장은 임명장 수여 시에 임용권자 또는 임명장 수여자가 수여한다.
② 소방근속기장, 소방공로기장, 소방경력기장은 소속기관장이 수여한다.
③ 소방기념장은 소방청장이 지정하는 날에 소속기관장이 수여한다.

6 수여대상자의 추천(기장령 제4조의2) `22년 통합` `22년 소방위`

소방청장이 소방기장의 수여대상자를 선정할 때에는 소방청 소속기관의 장, 특별시장·광역시장·특별자치시장·도지사 및 특별자치도지사로부터 추천을 받을 수 있다.

7 패용(기장령 제5조) `21년 통합` `22년 소방위`

① 소방기장은 이를 받은 자가 소방공무원으로 재직 중에 한하여 패용할 수 있으며, 퇴직한 후에는 본인이 이를 보유한다.
② 소방기장은 정복을 착용한 때에 패용한다. 다만, 직무수행상 패용하기 곤란한 경우에는 패용하지 않을 수 있다.

8 소방공무원기장 수여대장(기장령 제6조)

① 소방청장은 소방공무원기장 수여대장을 작성·관리해야 한다.
② 소방공무원기장 수여대장은 전자적 처리가 불가능한 특별한 사유가 없으면 전자적 처리가 가능한 방법으로 작성·관리해야 한다.

9 운영규정(기장령 제7조)

이 영에서 규정한 사항 외에 소방기장의 수여 및 패용 등에 필요한 세부사항은 소방청장(소방공무원 기장의 수여 및 패용에 관한 규정)이 정한다.

제12장 공무원보수규정

1 목적(제1조)

이 영은 「국가공무원법」, 「소방공무원법」 등에 따라 국가공무원의 보수에 관한 사항을 규정함을 목적으로 한다.

> **국가공무원법 제47조(보수에 관한 규정)**
> ① 공무원의 보수에 관한 다음 각 호의 사항은 대통령령으로 정한다.
>   1. 봉급·호봉 및 승급에 관한 사항
>   2. 수당에 관한 사항
>   3. 보수 지급 방법, 보수의 계산, 그 밖에 보수 지급에 관한 사항
> ② 제1항에도 불구하고 특수 수당과 제51조 제2항에 따른 상여금(賞與金)의 지급 또는 특별승급에 관한 사항은 대통령령 등으로 정한다.
> ③ 제1항에 따른 보수를 거짓이나 그 밖의 부정한 방법으로 수령한 경우에는 수령한 금액의 5배의 범위에서 가산하여 징수할 수 있다.
> ④ 제3항에 따라 가산하여 징수할 수 있는 보수의 종류, 가산금액 등에 관한 사항은 대통령령으로 정한다.

2 적용범위(제2조)

국가공무원(이하 "공무원"이라 한다)의 보수는 다른 법령에 규정된 것을 제외하고는 이 영에 따른다.

3 보수자료 조사(제3조)

① 인사혁신처장은 보수를 합리적으로 책정하기 위하여 민간의 임금, 표준생계비 및 물가의 변동 등에 대한 조사를 한다.

② 인사혁신처장은 각 중앙행정기관의 장에게 소속 공무원과 그 기관의 감독을 받는 공공기관 등의 임직원의 보수에 관한 자료를 제출할 것을 요청할 수 있다.

③ 인사혁신처장은 민간의 임금에 대한 조사를 하기 위하여 필요하면 세무행정기관이나 그 밖의 관련 행정기관의 장에게 협조를 요청할 수 있다.

④ 재외공관의 장은 그 재외공관 소재지의 물가지수, 외환시세의 변동상황 등 재외공무원의 보수를 합리적으로 책정하기 위하여 필요한 자료를 수집하여 매년 정기적으로 외교부장관에게 보고하여야 하며, 외교부장관은 인사혁신처장에게 이를 통보하여야 한다.

4 공무원처우 개선계획(제3조의2)

인사혁신처장은 기획재정부장관과 협의하여 공무원처우 개선계획을 수립한다.

5 정의(제4조)

이 영에서 사용하는 용어의 뜻은 다음과 같다.

용 어	정 의
보 수	봉급과 그 밖의 각종 수당을 합산한 금액을 말한다. 다만, 연봉제 적용대상 공무원은 연봉과 그 밖의 각종 수당을 합산한 금액을 말한다.
봉 급	직무의 곤란성과 책임의 정도에 따라 직책별로 지급되는 기본급여 또는 직무의 곤란성과 책임의 정도 및 재직기간 등에 따라 계급(직무등급이나 직위를 포함한다. 이하 같다)별, 호봉별로 지급되는 기본급여를 말한다.
수 당	직무여건 및 생활여건 등에 따라 지급되는 부가급여를 말한다.
승 급	일정한 재직기간의 경과나 그 밖에 법령의 규정에 따라 현재의 호봉보다 높은 호봉을 부여하는 것을 말한다.
승 격	외무공무원이 현재 임용된 직위의 직무등급보다 높은 직무등급의 직위(고위공무원단 직위는 제외한다)에 임용되는 것을 말한다.
보수의 일할계산	그 달의 보수를 그 달의 일수로 나누어 계산하는 것을 말한다.
연 봉	매년 1월 1일부터 12월 31일까지 1년간 지급되는 다음 각 목의 기본연봉과 성과연봉을 합산한 금액을 말한다. 다만, 고정급적 연봉제 적용대상 공무원의 경우에는 해당 직책과 계급을 반영하여 일정액으로 지급되는 금액을 말한다. • 기본연봉은 개인의 경력, 누적성과와 계급 또는 직무의 곤란성 및 책임의 정도를 반영하여 지급되는 기본급여의 연간 금액을 말한다. • 성과연봉은 전년도 업무실적의 평가 결과를 반영하여 지급되는 급여의 연간 금액을 말한다.
연봉월액	연봉에서 매월 지급되는 금액으로서 연봉을 12로 나눈 금액을 말한다.
연봉의 일할계산	연봉월액을 그 달의 일수로 나누어 계산하는 것을 말한다.

6 보수성과심의위원회(제4조의2)

① 소속 장관은 소속 공무원의 보수에 관한 다음 각 호의 사항을 심의하기 위하여 필요한 경우에는 보수성과심의위원회(이하 "보수성과심의위원회"라 한다)를 구성·운영할 수 있다.
   ㉠ 특별승급에 관한 사항
   ㉡ 연봉의 책정 및 기준급의 책정 특례 직위에 대한 연봉평가에 관한 사항
   ㉢ 총액인건비제를 운영하는 중앙행정기관 및 책임운영기관의 보수제도 운영에 관한 사항
   ㉣ 성과상여금 등의 지급에 관한 사항
   ㉤ 총액인건비제의 운영에 관한 사항
   ㉥ 그 밖에 보수와 관련된 사항으로서 인사혁신처장이 보수성과심의위원회의 심의가 필요하다고 정하는 사항

② 보수성과심의위원회는 위원장 1명을 포함하여 3명 이상 7명 이내의 위원으로 구성한다.

③ 보수성과심의위원회의 위원은 소속 장관이 지명하거나 위촉하고, 보수성과심의위원회의 위원 장은 소속 장관이 위원 중에서 지명하는 사람이 된다.

④ 보수성과심의위원회의 회의는 재적위원 과반수의 출석으로 개의하고, 출석위원 과반수의 찬 성으로 의결한다.

⑤ 소속 장관은 보수성과심의위원회의 구성 목적을 달성했다고 인정하는 경우에는 보수성과심의 위원회를 해산할 수 있다.

⑥ 제1항부터 제5항까지에서 규정한 사항 외에 보수성과심의위원회의 구성·운영에 필요한 사항 은 인사혁신처장이 정한다.

7 공무원의 봉급(제5조)

공무원의 봉급월액은 별표 1 공무원별 봉급표 구분표에 따른 별표 3, 별표 3의2, 별표 4부터 별표 6까지, 별표 8 및 별표 10부터 별표 14까지의 해당 봉급표에 명시된 금액으로 한다.

8 강임 시 등의 봉급 보전(제6조)

① 강임된 사람에게는 강임된 봉급이 강임되기 전보다 많아지게 될 때까지는 강임되기 전의 봉급 에 해당하는 금액을 지급한다.

② 삭제 〈1998.12.31〉

③ 직제나 전원의 개편·폐지로 인하여 해당직의 인원을 조정할 필요가 있는 경우에 전직하는 사 람의 봉급이 전직하기 전보다 적어지는 경우에는 전직하기 전보다 많아지게 될 때까지는 전직 하기 전의 봉급에 해당하는 금액을 지급한다.

④ 강임 시의 호봉획정 방법이 변경되어 재획정한 호봉이 획정방법 변경 전의 호봉보다 낮아지는 경우에는 재획정한 호봉의 봉급이 종전 호봉의 봉급보다 많아지게 될 때까지는 종전 호봉의 봉급에 해당하는 금액을 지급한다.

9 호봉 획정 및 승급 시행권자(제7조)

호봉 획정 및 승급은 법령의 규정에 따른 임용권자(임용에 관한 권한이 법령의 규정에 따라 위임 또는 위탁된 경우에는 위임 또는 위탁을 받은 사람을 말한다) 또는 임용제청권자가 시행한다. 다만, 군인의 경우에는 각 군 참모총장이 시행하되 필요한 경우에는 그 권한의 전부 또는 일부를 소속 부대의 장에게 위임할 수 있다.

10 초임호봉의 획정(제8조)

① 공무원을 신규채용할 때에는 초임호봉을 획정한다.

② 공무원의 초임호봉은 별표 15 공무원의 초임호봉표에 따라 획정한다. 이 경우 그 공무원의 경력에 특별승급 또는 승급제한 등의 사유가 있을 때에는 이를 가감하여야 하고, 경력과 경력이 중복될 때에는 그 중 유리한 경력 하나에 대해서만 획정하여야 하며, 통상적인 근무시간보다 짧게 근무하는 공무원의 경력은 정상근무시간을 기준으로 근무시간에 비례하여 획정하되, 1년 이하의 경력 시간선택제임기제공무원과 한시임기제공무원(한시임기제군무원을 포함한다. 이하 같다) 및 시간선택제채용공무원의 경력은 제외한다]은 전부에 대하여 획정하며, 「국가공무원법」 제71조 제2항 제4호의 사유로 인한 휴직을 대신하여 「공무원임용령」 제57조의3 에 따른 시간선택제전환공무원으로 지정되어 근무한 경력은 셋째 이후 자녀부터 3년의 범위에서 전부에 대하여 획정한다.

③ 퇴직한 공무원이 퇴직일부터 30일 이내에 퇴직 당시의 경력환산율표와 같은 경력환산율표를 적용받는 공무원으로 다시 임용되어 초임호봉을 획정하는 경우 퇴직 당시의 경력환산율표가 다시 임용되어 초임호봉을 획정할 때에 적용받는 경력환산율표보다 유리한 경우에는 퇴직 당시의 경력환산율표를 적용하여 초임호봉을 획정한다.

④ 초임호봉의 획정에 반영되지 아니한 잔여기간이 있으면 그 기간은 다음 승급기간에 산입한다.

⑤ 1990년 1월 1일 이후 별표 3, 별표 3의2, 별표 4, 별표 8 또는 별표 10의 봉급표를 적용받는 공무원으로 임용되는 사람의 초임호봉 획정을 위한 경력 산정을 할 때에는 1989년 12월 31일 까지의 경력은 1989년 12월 31일을 기준으로 가장 최근의 계급에서 별표 15의2를 적용하여 획정한다.

11 호봉의 재획정(제9조)

① 공무원이 재직 중 다음 각 호의 어느 하나에 해당하는 경우에는 호봉을 재획정한다.

  ㉠ 새로운 경력을 합산하여야 할 사유가 발생한 경우

  ㉠의 2. 초임호봉 획정 시 반영되지 않았던 경력을 입증할 수 있는 자료를 나중에 제출하는 경우

  ㉡ 승급제한기간을 승급기간에 산입하는 경우

  ㉢ 해당 공무원에게 적용되는 호봉획정 방법이 변경되는 경우

② 새로운 경력을 합산하여야 할 사유가 발생한 경우, 초임호봉 획정 시 반영되지 않았던 경력을 입증할 수 있는 자료를 나중에 제출하는 경우에는 **경력 합산을 신청한 날이 속하는 달의 다음 달 1일**에, 승급제한기간을 승급기간에 산입하는 경우에는 **강등 9년, 정직 7년, 감봉 5년, 영창·근신 또는 견책 3년**의 승급제한 기간기간이 지난 날이 속하는 달의 다음 달 1일에 각각 합산하여 재획정한다. 다만, 휴직, 정직 또는 직위해제 중인 사람에 대해서는 **복직일**에 재획정한다.

③ 초임호봉 획정의 방법이 변경되어 호봉을 재획정할 때에는 다른 법령에 특별한 규정이 있는 경우를 제외하고는 초임호봉 획정의 방법에 따른다.

④ 호봉을 재획정할 때 해당 공무원의 경력에 특별승급 또는 승급제한 등의 사유가 있으면 이를 가감하여야 한다.

⑤ 호봉 재획정에 반영되지 아니한 잔여기간이 있으면 그 기간을 다음 승급기간에 산입한다.

12 전력조회 및 경력의 심의(제10조)

① 호봉 획정 시행권자는 제8조 제2항, 제8조의2 제2항 및 제9조 제1항 제1호·제1호의2·제3호에 따라 호봉 획정에 반영할 경력이 있는 경우에는 해당 경력과 관련되는 행정기관, 공공기관, 법인, 단체 또는 민간기업체 등에 해당 공무원의 전력(前歷)을 조회할 수 있으며, 호봉을 획정하기 전에 자체 심의회를 구성하여 동일분야 경력 해당 여부 등 경력인정에 필요한 사항을 심의하여야 한다.

② 전력조회, 경력인정 및 심의회 구성·운영에 관한 구체적인 사항은 인사혁신처장이 정한다.

13 승진 등에 따른 호봉 획정(제11조)

① 일반직공무원, 공안업무 등에 종사하는 공무원, 연구직공무원, 지도직공무원 또는 경찰·소방공무원 등(별표 3, 별표 3의2, 별표 4부터 별표 6까지, 별표 8 또는 별표 10의 봉급표를 적용받는 공무원을 말한다)이 승진하는 경우에는 승진된 계급에서의 호봉을 획정한다.

② 승진된 계급에서의 호봉은 별표 28에서 정하는 바에 따라 획정한다.

③ 연구직 또는 지도직공무원(별표 5, 별표 6의 봉급표를 적용받는 공무원을 말한다)이 승진된 계급에서 호봉을 획정하는 것보다 연구사 또는 지도사계급(인사혁신처장이 정하는 호봉 획정을 위한 상당계급기준표의 상당계급을 포함한다. 이하 이 항에서 같다) 경력이 없는 것으로 보아 초임호봉 획정의 방법으로 호봉을 획정하는 것이 유리한 경우에는 연구사 또는 지도사계급 경력이 없는 것으로 보아 초임호봉 획정의 방법으로 승진된 계급에서의 호봉을 획정한다.

④ 삭제 〈1990.1.15.〉

⑤ 승진된 계급에서의 호봉을 획정할 때 승진하는 공무원이 승진일 현재 승진 전의 계급에서 호봉에 반영되지 아니한 잔여기간이 12개월 이상이면 정기승급(제13조)에도 불구하고 승진일에 승진 전의 계급에서 승급시킨 후에, 승진된 계급에서의 호봉을 획정한다. 이 경우 승급발령은 하지 아니하며 승진된 계급에서의 호봉 획정으로 갈음한다.

⑥ 삭제 〈1990.1.15.〉

⑦ 승진되기 전 계급에서의 호봉에 반영되지 아니한 잔여기간(제5항이 적용되는 경우에는 승급시킨 후의 잔여기간을 말한다)은 승진된 계급에서의 다음 승급기간에 산입한다. 다만, 계급별 최저호봉에서 승진하는 경우에는 승진되기 전 계급에서의 잔여기간에 한하여 산입하고, 계급별 최고호봉에서 승진하는 경우에는 승진되기 전 계급에서의 호봉에 반영되지 아니한 잔여기간이 12개월 이상일 때에는 12개월에서 1일을 뺀 기간을 다음 승급기간에 산입한다.

14 강임·강등 시의 호봉 획정(제12조)

① 소방공무원(별표 3, 별표 4부터 별표 6까지, 별표 8 또는 별표 10의 봉급표를 적용받는 공무원을 말한다)이 강등되는 경우에는 강등된 계급에서의 호봉을 획정한다.

② 강등된 계급에서의 호봉 획정은 별표 28에서 정하는 승진 후 호봉을 강등되기 전의 계급의 호봉으로 보고 이에 해당하는 승진 전 호봉을 강등되는 계급의 호봉으로 획정한다. 이 경우 강등되는 계급에서 획정되는 호봉이 2개 이상이면 그 중 가장 높은 호봉으로 획정한다.

③ 강등된 계급에서의 호봉을 획정할 때 강등되는 공무원이 강등일 현재 강등 전의 계급에서 호봉에 반영되지 아니한 잔여기간이 12개월 이상인 경우에는 정기승급(제13조)에도 불구하고 강등일에 강등 전의 계급에서 승급시킨 후에, 강등된 계급에서의 호봉을 획정한다. 이 경우 승급발령은 하지 아니하며 강등된 계급에서의 호봉 획정으로 갈음한다.

④ 강등되기 전 계급에서의 호봉에 반영되지 아니한 잔여기간(제3항이 적용되는 경우에는 승급시킨 후의 잔여기간을 말한다)은 강등된 계급에서의 다음 승급기간에 산입한다.

15 정기승급(제13조)

① 공무원의 호봉 간 승급에 필요한 기간(이하 "승급기간"이라 한다)은 1년으로 한다. 다만, 헌법연구관과 헌법연구관보의 승급기간은 다음 각 호와 같다.

　㉠ 1호봉부터 14호봉까지 : 각 호봉 간 1년 9개월

　㉡ 14호봉부터 16호봉까지 : 각 호봉 간 2년

② 삭제 〈2014.1.8.〉

③ 공무원의 호봉은 매달 1일자로 승급한다.

④ 승급제한을 받고 있는 공무원은 승급제한 기간이 끝난 날의 다음 날에 승급한다. 이 경우 그 공무원이 승급제한 사유 없이 계속 근무하였을 때 획정되는 호봉을 초과할 수 없다.

16 승급의 제한(제14조)

① 다음 각 호의 어느 하나에 해당하는 사람은 해당기간 동안 승급시킬 수 없다.

　㉠ 징계처분, 직위해제 또는 휴직(공무상 질병 또는 부상으로 인한 휴직은 제외한다) 중인 사람

ⓛ 징계처분의 집행이 끝난 날(강등의 경우에는 직무에 종사하지 못하는 3개월이 끝난 날을 말한다. 이하 같다)부터 다음 각 목의 기간이 지나지 않은 사람

강등·정직	감 봉	영창, 근신, 견책	비 고
가. 18개월	나. 12개월	다. 6개월	금전, 물품, 부동산, 향응 또는 그 밖에 대통령령으로 정하는 재산상 이익을 취득하거나 제공한 경우, 예산 및 기금 등에 해당하는 것을 횡령(橫領), 배임(背任), 절도, 사기 또는 유용(流用)한 사유로 인한 징계처분과 소극행정, 음주운전(음주측정에 응하지 않은 경우를 포함한다), 성폭력, 성희롱 또는 성매매로 인한 징계처분의 경우에는 각각 6개월을 더한 기간

ⓒ 법령의 규정에 따른 근무성적평정점이 최하등급에 해당되는 사람(평가가 없는 경우 싱급감독자가 근무성적이 불량하다고 인정하는 사람) 또는 각 군 참모총장이 정하는 기준에 미달된 사람 : 최초 정기승급 예정일부터 6개월

ⓔ 승급심사에 합격하지 못한 국가정보원 전문관 : 최초 정기승급 예정일부터 1년

ⓜ 복무기간에 해당하는 호봉보다 다액의 호봉을 부여받고 그 호봉에 상응하는 복무기간에 미달된 사람(「군인보수법」 제8조 제2항 단서)

② 승급이 제한되는 사람이 다시 징계처분이나 그 밖의 사유로 승급이 제한되는 경우에는 먼저 시작되는 승급제한 기간이 끝나는 날부터 다음 승급제한 기간을 기산한다.

③ 공무원이 징계처분을 받은 후 해당 계급에서 훈장, 포장, 국무총리 이상의 표창, 모범공무원 포상 또는 제안의 채택으로 포상을 받은 경우에는 최근에 받은 가장 중한 징계처분에 대해서만 승급제한 기간의 2분의 1을 단축할 수 있다.

17 승급기간의 특례(제15조)

승급제한 기간은 승급기간에 산입하지 아니하되, 다음 각 호의 어느 하나에 해당하는 경우에는 승급기간에 산입한다. 다만, 복직명령에 따라 복직된 경우(휴직기간이 종료된 후에 휴직기간 중 복직명령 사유가 있었음이 적발된 경우를 포함한다)의 휴직기간은 승급기간에 산입하지 아니한다.

① 「병역법」이나 그 밖의 법률에 따른 의무를 수행하기 위하여 직무를 이탈하게 되어 휴직한 기간

② 징계처분을 받은 사람이 징계처분의 집행이 끝난 날부터 다음 각 목의 기간이 지난 경우의 제14조 제1항 제2호의 기간. 다만, 징계처분을 받고 그 집행이 끝난 날부터 다음 각 목의 기간이 지나기 전에 다른 징계처분을 받은 경우에는 각각의 징계처분에 대한 다음의 기간을 합산한 기간이 지나야 한다.

ⓐ 강등 : 9년

ⓑ 정직 : 7년

ⓒ 감봉 : 5년

ⓔ 영창, 근신 또는 견책 : 3년

공무원 보수에 관한 규정 제14조(승급의 제한) 제1항 제2호

2. 징계처분의 집행이 끝난 날(강등의 경우에는 직무에 종사하지 못하는 3개월이 끝난 날을 말한다. 이하 같다)부터 다음 각 목의 기간이 지나지 않은 사람

강등·정직	감 봉	영창, 근신, 견책	비 고
가. 18개월	나. 12개월	다. 6개월	금전, 물품, 부동산, 향응 또는 그 밖에 대통령령으로 정하는 재산상 이익을 취득하거나 제공한 경우, 예산 및 기금 등에 해당하는 것을 횡령(橫領), 배임(背任), 절도, 사기 또는 유용(流用)한 사유로 인한 징계처분과 소극행정, 음주운전(음주측정에 응하지 않은 경우를 포함한다), 성폭력, 성희롱 또는 성매매로 인한 징계처분의 경우에는 각각 6개월을 더한 기간

③ 제14조 제1항 제3호에 따라 승급을 제한받은 사람이 승급제한 기간이 끝난 날부터 2년이 지난 경우의 그 승급제한 기간

공무원 보수에 관한 규정 제14조(승급의 제한) 제1항 제3호

3. 법령의 규정에 따른 근무성적평정점이 최하등급에 해당되는 사람(평가가 없는 경우 싱급 감독자가 근무성적이 불량하다고 인정하는 사람) 또는 각 군 참모총장이 정하는 기준에 미달된 사람 : 최초 정기승급 예정일부터 6개월

④ 국제기구, 외국기관, 국내외 대학, 국내외 연구기관, 재외국민교육기관, 다른 국가기관, 민간기업 또는 그 밖의 기관에서 근무하기 위하여 휴직하는 경우 그 휴직기간(비상근으로 근무한 경력에 대해서는 그 휴직기간의 50퍼센트에 해당하는 기간)과 외국유학을 하기 위하여 휴직한 경우 그 휴직기간

⑤ 노동조합 전입자로 종사하기 위하여 휴직한 경우 그 휴직기간

⑥ 만 8세 이하 또는 초등학교 2학년 이하의 자녀를 양육하기 위하여 필요하거나 여성공무원이 임신 또는 출산 사유로 휴직한 경우 그 휴직기간. 다만, 자녀 1명에 대한 총 휴직기간이 1년을 넘는 경우에는 최초의 1년만 산입하되, 셋째 이후 자녀에 대한 휴직기간은 전 기간을 산입한다.

⑦ 직위해제처분기간 중 승진소요최저연수, 이 경우 「공무원임용령」 제31조 제2항 제2호 가목 및 다목의 "소청심사위원회"는 군인, 군무원 및 교원 등의 공무원에 대해서는 해당 공무원에 대한 소청 청구를 심사하는 위원회가 있는 경우에는 해당 "위원회"로 본다.

⑧ 직무수행 능력 부족 또는 근무성적 불량 등의 사유로 직위해제처분을 받은 사람 또는 법령상의 징계사유로 징계처분을 받은 사람이 소청심사위원회 또는 법원의 결정이나 판결로 그 직위해제처분 또는 징계처분이 무효 또는 취소된 경우 그 처분기간(처분으로 인하여 승급을 제한받은 기간을 포함한다)

⑨ 면직(전역 및 제적을 포함한다. 이하 같다), 해임 또는 파면 처분이 소청심사위원회 또는 법원의 결정이나 판결로 무효 또는 취소된 경우 그 면직, 해임 또는 파면 처분으로 인한 퇴직기간

⑩ 국가기관이나 지방자치단체의 추천을 받아 인사혁신처장이 인정하는 국제기구나 외국기관에 취업하기 위하여 면직되어 해당 기관에 근무한 경우의 그 근무기간

18 특별승급(제16조)

① 정기승급(제13조)에도 불구하고 다음 각 호의 어느 하나에 해당하는 사람에 대하여 1호봉을 특별승급시킬 수 있다.

　㉠ 국정과제 등 주요 업무의 추진실적이 우수한 사람

　㉡ 관련 법령의 규정에 따라 인사상 특전 부여가 가능한 사람

　㉢ 그 밖에 업무실적이 탁월하여 행정발전에 크게 기여한 사람

② 국정과제 등 주요 업무의 추진실적이 우수한 사람(제1항 제1호) 또는 그 밖에 업무실적이 탁월하여 행정발전에 크게 기여한 사람(제3호)을 특별승급을 시키고자 할 때에는 보수성과심의위원회의 심의를 거쳐야 한다.

③ 소속 장관은 필요하다고 인정하는 경우에는 소속기관별로 보수성과심의위원회를 구성·운영하게 할 수 있다. 이 경우 보수성과심의위원회의 위원은 소속기관의 장이 지명하거나 위촉하고, 보수성과심의위원회의 위원장은 소속기관의 장이 위원 중에서 지명하는 사람이 된다.

> **제75조(소방공무원에 대한 적용 특례)**
> 이 영을 「소방공무원임용령」 제3조 제1항 및 같은 조 제5항 제1호·제3호에 따라 특별시장·광역시장·특별자치시장·도지사·특별자치도지사(이하 "시·도지사"라 한다)가 임용권을 행사하는 소방공무원에게 적용할 때에는 다음 각 호에 따른다.
> 1. 제16조 제3항 전단 중 "소속기관별로"는 "시·도별로"로 보고, 같은 항 후단 중 "소속기관의 장"은 각각 "시·도지사"로 본다.

④ 특별승급은 특별승급이 확정된 날이 속하는 달의 다음 달 1일자로 승급시키되, 특별승급일이 그의 정기승급일인 경우에는 2호봉을 승급시킨다. 다만, 특별승진된 사람은 같은 사유로 특별승급시킬 수 없으며, 특별승급된 후 같은 사유로 특별승진된 사람은 특별승진되기 전 계급의 호봉에서 1호봉을 뺀 후 특별승진되는 계급에서의 호봉을 획정한다.

⑤ 연구직공무원에 대해서는 제2항부터 제4항까지의 규정에 준하여 특별승급시킬 수 있다.

⑥ 승진 또는 승급의 제한을 받고 있는 사람은 제4항 및 제5항에도 불구하고 승진 또는 승급의 제한이 끝나는 날이 속하는 달의 다음 달 1일자로 특별승급한다.

⑦ 제1항부터 제6항까지에서 규정한 사항 외에 특별승급제의 운영에 필요한 사항은 인사혁신처장이 정한다.

19 호봉의 정정(제18조)

① 호봉의 획정 또는 승급이 잘못된 경우에는 그 잘못된 호봉발령일로 소급하여 호봉을 정정한다.

② 호봉의 정정은 해당 공무원의 현재의 호봉 획정 및 승급 시행권자가 하며, 필요하면 종전의 호봉 획정 및 승급 시행권자에게 호봉 정정을 위하여 필요한 사항을 확인할 수 있다.

20 보수지급의 방법(제19조)

① 보수는 다른 법령에 특별한 규정이 있는 경우를 제외하고는 현금 또는 요구불예금으로 지급한다.

② 보수는 본인에게 직접 지급하되, 출장, 항해, 그 밖의 부득이한 사유로 본인에게 직접 지급할 수 없을 때에는 본인이 지정하는 자에게 지급할 수 있다.

21 원천징수 등의 금지(제19조의2)

① 보수지급기관은 다음 각 호의 어느 하나에 해당하는 경우를 제외하고는 보수에서 일정 금액을 정기적으로 원천징수, 특별징수 또는 공제(이하 이 조에서 "원천징수 등"이라 한다)할 수 없다.

　㉠ 법령에 따라 원천징수 등을 하여야 하는 경우

　㉡ 고용보험료에 대하여 원천징수 등을 하는 경우

　㉢ 법률에 따라 설립된 공제회의 부담금 등에 대하여 원천징수 등을 하는 경우

　㉣ 법원의 재판에 따라 원천징수 등을 하여야 하는 경우

　㉤ 본인이 선택한 기간의 범위에서 서면 제출 또는 전자인사관리시스템(공무원의 인사기록을 데이터베이스화하여 관리하고 인사 업무를 전자적으로 처리할 수 있는 시스템을 말한다)을 통하여 지출관(대리지출관, 분임지출관 및 대리분임지출관은 제외한다) 또는 지출원(대리지출원, 분임지출원 및 대리분임지출원은 제외한다)에게 동의한 사항에 대하여 원천징수 등을 하는 경우

② 원천징수 등의 방법, 운영 및 그 밖에 필요한 사항은 인사혁신처장이 정한다.

22 보수 지급일(제20조)

① 보수의 지급일은 별표 30 기관별 보수 지급일표에 따른다. 다만, 특별한 사정이 있는 경우에는 소속 장관은 그 기관 소속의 전부 또는 일부 공무원의 보수 지급일을 달리 정할 수 있다.

② 보수 지급일이 토요일이거나 공휴일이면 그 전날 지급한다.

③ 면직 또는 보수가 지급되지 않는 휴직의 경우에는 면직일 또는 휴직일에 보수를 지급할 수 있다.

> **제75조(소방공무원에 대한 적용 특례)**
> 이 영을 「소방공무원임용령」 제3조 제1항 및 같은 조 제5항 제1호·제3호에 따라 특별시장·광역시장·특별자치시장·도지사·특별자치도지사(이하 "시·도지사"라 한다)가 임용권을 행사하는 소방공무원에게 적용할 때에는 다음 각 호에 따른다.
> 2. 제20조 제1항 단서 중 "소속 장관"은 "시·도지사"로 본다.

23 보수 지급 기관(제21조)

① 보수는 해당 공무원의 소속 기관에서 지급하되, 보수의 지급기간 중에 전보 등의 사유로 소속 기관이 변동되었을 때에는 보수 지급일 현재의 소속기관에서 지급한다. 다만, 전 소속기관에서 이미 지급한 보수액은 그러하지 아니하다.

② 법령의 규정에 따라 파견된 공무원에게는 원소속기관에서 파견기간 중의 보수를 지급한다. 다만, 다른 법령에 특별한 규정이 있거나 원소속기관과 파견 받을 기관이 협의하여 따로 정한 경우에는 그러하지 아니하다.

③ 겸임수당은 겸임기관에서 지급하며, 공무원이 본직 외의 다른 직에 겸임되거나 공공기관 및 그 밖에 인사혁신처장이 인정하는 기관 등의 임직원이 공무원으로 겸임되는 경우의 본직의 보수는 본직기관에서 지급한다.

24 보수 계산(제22조)

① 공무원의 보수는 법령에 특별한 규정이 있는 경우를 제외하고는 신규채용, 승진, 전직, 전보, 승급, 감봉, 그 밖의 모든 임용에서 발령일을 기준으로 그 월액을 일할계산하여 지급한다.

② 법령의 규정에 따라 감액된 봉급을 지급받는 사람의 봉급을 다시 감액하려는 경우(동시에 두 가지 이상의 사유로 봉급을 감액하고자 하는 경우를 포함한다)에는 중복되는 감액기간에 대해서만 이미 감액된 봉급을 기준으로 계산한다.

25 5년 이상 근속한 공무원의 월 중 면직 등의 경우 봉급 지급(제24조)

① 다음 각 호의 어느 하나에 해당하는 경우에는 면직 또는 제적되거나 휴직한 날이 속하는 달의 봉급 전액을 지급한다.

　㉠ 5년 이상 근속한 공무원이 월 중에 15일 이상을 근무한 후 면직되는 경우.

　㉡ 2년 이상 근속한 공무원이 「병역법」이나 그 밖의 법률에 따른 의무를 수행하기 위하여 휴직(그 달 1일자로 휴직한 경우는 제외한다)한 경우

　㉢ 공무원이 재직 중 공무로 사망하거나 공무상 질병 또는 부상으로 재직 중 사망하여 면직(그 달 1일자로 면직되는 경우는 제외한다) 또는 제적된 경우

② 봉급을 지급하는 경우 징계처분이나 그 밖의 사유로 봉급이 감액(결근으로 인한 봉급의 감액은 제외한다)되어 지급 중인 공무원에게는 감액된 봉급을 계산하여 그 달의 봉급 전액을 지급한다.

26 퇴직 후의 실제 근무 등에 대한 보수 지급(제25조)

① 법령에 따라 퇴직 또는 직위해제처분이 소급 적용되는 사람에게는 그 소급 적용된 날 이후의 근무에 대한 보수를 지급한다.

② 교통의 불편 등의 사유로 면직 통지서의 송달이 지연되어 면직일을 초과하여 근무한 사람에게는 면직일부터 그 통지서를 받은 날까지의 근무에 대한 보수를 일할계산하여 지급한다. 이 경우 지급하는 면직된 날이 속하는 달의 말일까지의 봉급과 중복되는 봉급은 지급하지 아니한다.

③ 면직된 사람이 법령의 규정에 따라 사무인계 또는 잔무처리를 위하여 계속 근무한 경우에는 15일을 초과하지 아니하는 범위에서 실제 근무일에 따라 면직 당시의 보수를 일할계산하여 지급할 수 있다.

27 징계처분기간의 보수 감액(제26조)

① 징계처분에 따른 보수의 감액은 「국가공무원법」 제80조 등에 따른다.

② 징계처분기간 중에 있는 사람이 징계에 관하여 다른 법령을 적용받게 된 경우에는 징계처분 당시의 법령에 따라 보수를 감액 지급한다.

> **국가공무원법 제80조(징계의 효력)**
> ① 강등은 1계급 아래로 직급을 내리고 공무원신분은 보유하나 3개월간 직무에 종사하지 못하며 그 기간 중 보수는 전액을 감한다.
> ② 생략(소방공무원에 해당없음)
> ③ 정직은 1개월 이상 3개월 이하의 기간으로 하고, 정직 처분을 받은 자는 그 기간 중 공무원의 신분은 보유하나 직무에 종사하지 못하며 보수는 전액을 감한다.
> ④ 감봉은 1개월 이상 3개월 이하의 기간 동안 보수의 3분의 1을 감한다.
> ⑤ 견책(譴責)은 전과(前過)에 대하여 훈계하고 회개하게 한다.

28 결근기간 등의 봉급 감액(제27조)

① 결근한 사람으로서 그 결근 일수가 해당 공무원의 연가 일수를 초과한 공무원에게는 연가 일수를 초과한 결근 일수에 해당하는 봉급 일액을 지급하지 아니한다.

② 무급 휴가를 사용하는 경우에는 그 일수 만큼 봉급 일액을 빼고 지급한다.

29 휴직기간 중의 봉급 감액(제28조)

① 신체·정신상의 장애로 장기 요양이 필요하여 직권휴직한 공무원에게는 다음 각 호의 구분에 따라 봉급의 일부를 지급한다. 다만, 공무상 질병 또는 부상으로 휴직한 경우에는 그 기간 중 봉급 전액을 지급한다.
　　㉠ 휴직 기간이 1년 이하인 경우 : 봉급의 70퍼센트
　　㉡ 휴직 기간이 1년 초과 2년 이하인 경우 : 봉급의 50퍼센트

② 외국유학 또는 1년 이상의 국외연수를 위하여 휴직한 공무원에게는 그 기간 중 봉급의 50퍼센트를 지급할 수 있다. 이 경우 교육공무원을 제외한 공무원에 대한 지급기간은 2년을 초과할 수 없다.

③ 보수를 거짓이나 그 밖의 부정한 방법으로 수령한 경우에는 수령한 금액의 5배의 범위에서 가산하여 징수할 수 있음에 따라 각급 행정기관의 장은 소속 공무원이 휴직 목적과 달리 휴직을 사용한 경우에는 제1항 및 제2항에 따라 받은 봉급에 해당하는 금액을 징수하여야 한다.

④ 신체·정신상의 장애로 장기 요양이 필요하여 직권휴직 및 외국유학 또는 1년 이상의 국외연수를 위하여 휴직 이외에는 봉급을 지급하지 아니한다.

> **제75조(소방공무원에 대한 적용 특례)**
> 이 영을 「소방공무원임용령」 제3조 제1항 및 같은 조 제5항 제1호·제3호에 따라 특별시장·광역시장·특별자치시장·도지사·특별자치도지사(이하 "시·도지사"라 한다)가 임용권을 행사하는 소방공무원에게 적용할 때에는 다음 각 호에 따른다.
> 3. 제28조 제3항 및 제47조 제3항 중 "각급 행정기관의 장"은 각각 "해당 소방기관의 장"으로 본다.

30 직위해제기간 중의 봉급 감액(제29조)

직위해제된 사람에게는 다음 각 호의 구분에 따라 봉급(외무공무원의 경우에는 직위해제 직전의 봉급을 말한다. 이하 이 조에서 같다)의 일부를 지급한다.

1. 봉급의 80퍼센트 지급
   직무수행 능력이 부족하거나 근무성적이 극히 나쁜 자로 직위해제된 사람
2. 봉급의 70퍼센트 지급
   고위공무원단에 속하는 일반직공무원으로서 제70조의2 제1항 제2호부터 제5호까지의 사유로 적격심사를 요구받은 자로 직위해제된 사람. 다만, 직위해제일부터 3개월이 지나도 직위를 부여받지 못한 경우에는 그 3개월이 지난 후의 기간 중에는 봉급의 40퍼센트를 지급한다.

국가공무원법 제70조의2(적격심사)

① 고위공무원단에 속하는 일반직공무원은 다음 각 호의 어느 하나에 해당하면 고위공무원으로서 적격한지 여부에 대한 심사(이하 "적격심사"라 한다)를 받아야 한다.

　1. 삭제 〈2014. 1. 7.〉

　2. 근무성적평정에서 최하위 등급의 평정을 총 2년 이상 받은 때. 이 경우 고위공무원단에 속하는 일반직공무원으로 임용되기 전에 고위공무원단에 속하는 별정직공무원으로 재직한 경우에는 그 재직기간 중에 받은 최하위등급의 평정을 포함한다.

　3. 대통령령으로 정하는 정당한 사유 없이 직위를 부여받지 못한 기간이 총 1년에 이른 때

　4. 다음 각 목의 경우에 모두 해당할 때

　　가. 근무성적평정에서 최하위 등급을 1년 이상 받은 사실이 있는 경우. 이 경우 고위공무원단에 속하는 일반직공무원으로 임용되기 전에 고위공무원단에 속하는 별정직공무원으로 재직한 경우에는 그 재직기간 중에 받은 최하위 등급을 포함한다.

　　나. 대통령령으로 정하는 정당한 사유 없이 6개월 이상 직위를 부여받지 못한 사실이 있는 경우

　5. 제3항 단서에 따른 조건부 적격자가 교육훈련을 이수하지 아니하거나 연구과제를 수행하지 아니한 때

3. 봉급의 50퍼센트 지급

　다음의 사유로 직위해제된 사람

　㉠ 파면·해임·강등 또는 정직에 해당하는 징계 의결이 요구 중인 자

　㉡ 형사 사건으로 기소된 자(약식명령이 청구된 자는 제외한다)

　㉢ 금품비위, 성범죄 등 대통령령으로 정하는 비위행위로 인하여 감사원 및 검찰·경찰 등 수사기관에서 조사나 수사 중인 자로서 비위의 정도가 중대하고 이로 인하여 정상적인 업무 수행을 기대하기 현저히 어려운자

　다만, 직위해제일부터 3개월이 지나도 직위를 부여받지 못한 경우에는 그 3개월이 지난 후의 기간 중에는 봉급의 30퍼센트를 지급한다.

31 면직 또는 징계처분 등이 취소된 공무원의 보수 지급(제30조)

① 공무원에게 한 징계처분, 면직처분 또는 직위해제처분(징계의결 요구에 따른 직위해제처분은 제외한다)이 무효·취소 또는 변경된 경우에는 복귀일 또는 발령일에 원래의 정기승급일을 기준으로 한 당시의 보수 전액 또는 차액을 소급하여 지급한다. 이 경우 재징계절차에 따라 징계처분하였을 경우에는 재징계처분에 따라 보수를 지급하되, 재징계처분 전의 징계처분기간에 대해서는 보수의 전액 또는 차액을 소급하여 지급한다.

② 공무원의 직위해제처분기간이 제15조(승급기간의 특례) 제7호에 따라 승급기간에 산입되는 경우에는 원래의 정기승급일을 기준으로 한 보수와 그 직위해제처분기간 중에 지급한 보수와의 차액을 소급하여 지급한다.

> **공무원보수 규정 제15조(승급기간의 특례) 제7호**
> 승급제한 기간은 제13조 제1항에 따른 승급기간에 산입하지 아니하되, 다음 각 호의 어느 하나에 해당하는 경우에는 승급기간에 산입한다. 다만, 「공무원임용령」 제57조의5 제1항의 복직명령에 따라 복직된 경우(휴직기간이 종료된 후에 휴직기간 중 복직명령 사유가 있었음이 적발된 경우를 포함한다)의 휴직기간은 승급기간에 산입하지 아니한다.
> 7. 「국가공무원법」 제73조의3 제1항에 따른 직위해제처분기간 중 「공무원임용령」 제31조 제2항 제2호 각 목의 기간. 이 경우 「공무원임용령」 제31조 제2항 제2호 가목 및 다목의 "소청심사위원회"는 군인, 군무원 및 교원 등의 공무원에 대해서는 해당 공무원에 대한 소청 청구를 심사하는 위원회가 있는 경우에는 해당 "위원회"로 본다.

③ 제1항 및 제2항에 따라 보수의 전액 또는 차액을 소급하여 지급하는 경우 수당의 소급 지급에 대해서는 같은 항의 규정에도 불구하고 「공무원수당 등에 관한 규정」 제19조 제7항에 따른다.

> **공무원수당등에 관한 규정 제19조(수당의 지급방법)**
> ⑦ 다음 각 호의 어느 하나에 해당하는 경우에는 면직처분, 징계처분 또는 직위해제처분으로 지급하지 아니한 수당등을 소급하여 지급한다. 다만, 성과상여금의 지급에 대해서는 인사혁신처장이 정하는 기준에 따르며, 면직처분, 징계처분 또는 직위해제처분으로 근무하지 아니한 기간에 대한 특수지근무수당, 위험근무수당, 특수업무수당(교원 등에 대한 보전수당 및 별표 11 제3호 자목의 전문직무급은 제외한다), 업무대행수당, 군법무관수당, 시간외근무수당, 야간근무수당, 휴일근무수당, 관리업무수당, 정액급식비 및 연가보상비는 소급하여 지급하지 않는다.
> 1. 「국가공무원법」 제70조에 따른 면직처분 또는 같은 법 제78조에 따른 징계처분이 소청심사위원회(군인, 군무원 및 교원 등의 공무원에 대해서는 해당 공무원에 대한 소청 청구를 심사하는 위원회가 있는 경우에는 해당 위원회를 말한다)의 결정이나 법원의 판결로 무효·취소 또는 변경되는 경우
> 2. 「국가공무원법」 제73조의3에 따른 직위해제처분기간이 「공무원임용령」 제31조제2항 제2호 각 목의 기간에 해당하는 경우. 이 경우 「공무원임용령」 제31조 제2항 제2호 가목 및 다목의 "소청심사위원회"는 군인, 군무원 및 교원 등의 공무원에 대해서는 해당 공무원에 대한 소청 청구를 심사하는 위원회가 있는 경우에는 해당 "위원회"로 본다.

32 시간선택제근무를 하는 공무원 등의 보수 지급(제30조의3)

다음 각 호의 어느 하나에 해당하는 공무원에게는 해당 공무원이 통상적인 근무시간을 근무할 경우 받을 봉급월액(연봉제 적용대상 공무원의 경우에는 연봉월액을 말한다. 이하 이 조에서 같다)을 기준으로 근무시간에 비례하여 봉급월액을 지급한다.

1. 「공무원임용령」 제3조의3에 따른 시간선택제채용공무원
2. 「공무원임용령」 제57조의3에 따른 시간선택제전환공무원
3. 「별정직공무원 인사규정」 제7조의4 제1항에 따른 시간선택제전환공무원
4. 「경찰공무원 임용령」 제30조의2 제2항에 따른 시간선택제전환경찰공무원
5. 「교육공무원임용령」 제19조의5에 따른 시간선택제 전환교사
6. 「소방공무원임용령」 제30조의3 제1항에 따른 시간선택제전환소방공무원
7. 「해양경찰청 소속 경찰공무원 임용에 관한 규정」 제48조 제2항에 따른 시간선택제전환경찰공무원

33 수당의 지급(제31조)

① 공무원에게는 예산의 범위에서 봉급 외에 필요한 수당을 지급할 수 있다.
② 지급되는 수당의 종류, 지급범위, 지급액, 그 밖에 수당 지급에 필요한 사항은 따로 대통령령으로 정한다.

34 겸임수당(제32조)

① 공무원이 본직 외의 다른 직에 겸임되거나 공공기관 및 그 밖에 인사혁신처장이 인정하는 기관 등의 임직원이 공무원으로 겸임되는 경우에는 업무의 특수성 및 본직 기관의 보수 수준을 고려하여 겸임수당을 지급할 수 있으며, 그 지급범위, 지급액 및 지급방법에 관하여는 겸임기관의 장이 인사혁신처장 및 기획재정부장관과 협의하여 정한다.
② 사립의 전문대학, 대학(사범대학 및 대학원을 포함한다) 및 그 부설연구소의 교수(부교수, 조교수를 포함한다)가 공무원으로 겸임된 경우에는 겸임된 계급의 보수와 업무의 특수성 및 본직 기관의 보수 수준을 고려하여 겸임수당을 지급할 수 있다. 이 경우 겸임수당의 지급범위, 지급액 및 지급방법에 관하여는 겸임기관의 장이 인사혁신처장 및 기획재정부장관과 협의하여 정한다.

35 봉급조정수당(제32조의2)

① 공무원 처우개선을 위하여 필요한 경우에는 예산의 범위에서 봉급조정수당을 지급할 수 있다.
② 봉급조정수당은 별표 30의3 제1호에 따라 지급한다.
③ 매년 1월 1일에 별표 30의3 제2호에 따라 산정한 금액을 봉급과 연봉에 산입한다.

36 연봉제의 구분 및 적용대상(제33조)

연봉제의 구분 및 그 적용대상 공무원은 별표 31에 따른다. 다만, 별표 31에 규정된 공무원이 아닌 사람이 연도 중에 별표 31에 규정된 공무원으로 승진하는 경우에는(1월 1일에 승진하는 경우는 제외한다) 승진한 다음 연도부터 적용한다.

37 적용범위(제34조)

① 이 장은 연봉제 적용대상공무원(직무성과급적 연봉제 적용대상 공무원은 제외한다. 이하 이 장에서 같다)에게 적용한다.

② 연봉제 적용대상 공무원의 보수에 관하여 이 장에 규정된 것을 제외하고는 제1장·제4장 및 제5장을 적용한다.

38 연봉 및 연봉한계액(제35조)

연봉제 적용대상공무원의 연봉 및 연봉한계액은 별표 32 및 별표 33에 규정된 금액으로 한다.

39 신규채용 시의 연봉 책정(제36조)

① 고정급적 연봉제 적용대상 공무원으로 임용된 사람의 연봉은 별표 32에서 정한 금액으로 한다.

② 성과급적 연봉제 적용대상 공무원(임기제공무원 및 제36조의2 제1항에 따른 국립대학의 교원은 제외한다)으로 신규채용된 사람의 연봉은 별표 33에서 정한 연봉한계액의 범위에서 같은 계급(상당)의 호봉제 적용대상 공무원으로 임용될 경우에 받게 되는 다음 각 호의 급여를 합산한 금액으로 한다. 다만, 그 금액이 별표 33에서 정한 연봉한계액의 하한액보다 적을 때에는 연봉한계액의 하한액으로 책정하며, 우수 전문인력을 확보하기 어렵거나 채용의 성격상 적절하지 아니하다고 판단되는 경우 등 필요한 경우에는 소속 장관이 인사혁신처장과 협의하여 연봉을 달리 정할 수 있다.

   ⊙ 봉급(신규채용 후 최초 정기승급일의 승급예정자는 1호봉 승급액의 12분의 11, 2번째 정기승급일의 승급예정자는 12분의 10, 3번째 정기승급일의 승급예정자는 12분의 9, 4번째 정기승급일의 승급예정자는 12분의 8, 5번째 정기승급일의 승급예정자는 12분의 7, 6번째 정기승급일의 승급예정자는 12분의 6, 7번째 정기승급일의 승급예정자는 12분의 5, 8번째 정기승급일의 승급예정자는 12분의 4, 9번째 정기승급일의 승급예정자는 12분의 3, 10번째 정기승급일의 승급예정자는 12분의 2, 11번째 정기승급일의 승급예정자는 12분의 1에 해당하는 금액을 가산하여 산정한 금액을 말한다)

   ⓒ 정근수당(신규채용일 현재의 근무연수에 2년을 가산하여 산정한 금액을 적용하되, 신규채용일 현재 근무연수가 5년 이하인 공무원은 인사혁신처장이 정하는 기준에 따라 산정한 금액을 적용한다)

ⓒ 관리업무수당(「공무원수당 등에 관한 규정」 별표 13에 따라 관리업무수당 지급대상이 되는 공무원으로 한정한다)

ⓔ 인사혁신처장이 정하는 급여

③ 「공무원임용령」 제3조의2 제1호에 따른 일반임기제공무원으로 신규채용된 사람의 연봉은 채용된 직위에 해당하는 경력직 또는 별정직공무원으로 임용될 경우에 받게 되는 다음 각 호의 급여를 합산한 금액의 150퍼센트(「국가공무원법」 제28조의4 제1항에 따른 개방형직위에 임용되는 경우에는 170퍼센트를 말한다) 이하에서 인사혁신처장이 정하는 기준에 따라 소속 장관이 책정한다. 다만, 그 금액이 별표 33에서 정한 연봉한계액의 하한액보다 적을 때에는 연봉한계액의 하한액으로 책정할 수 있으며, 인력의 확보에 지장이 없는 경우등 필요하다고 인정되면 연봉한계액의 하한액 이하의 금액으로도 책정할 수 있다.

ⓐ 봉급

ⓑ 정근수당

ⓒ 관리업무수당

ⓔ 인사혁신처장이 정하는 급여

④ 소속 장관은 제3항에 따라 일반임기제공무원의 연봉을 책정할 수 없거나 같은 항에 따라 책정한 연봉액으로는 우수 전문인력을 확보하기 어려운 경우 또는 그 밖에 특히 필요하다고 인정되는 경우에는 법령에 특별한 규정이 있는 경우를 제외하고는 인사혁신처장과 협의하여 연봉을 달리 정할 수 있다. 다만, 제74조 제1항에 따라 총액인건비제를 운영하는 중앙행정기관 및 책임운영기관의 장이 6급 이하의 일반임기제공무원을 신규채용하는 경우에는 해당 등급의 연봉한계액의 상한액의 범위에서 인사혁신처장과의 협의 없이 연봉을 달리 정할 수 있다.

⑤ 「공무원임용령」 제3조의2 제2호에 따른 전문임기제공무원으로 신규채용된 사람의 연봉은 별표 33에서 정한 연봉한계액의 범위(전문임기제공무원 가급의 경우 연봉한계액 하한액의 150퍼센트 범위)에서 소속 장관이 책정하되, 인력의 확보에 지장이 없는 경우 등 필요하다고 인정되면 연봉한계액의 하한액에 미달하는 금액으로 책정할 수 있다. 다만, 소속 장관은 전문임기제공무원 가급의 경우 우수 전문인력을 확보하기 어렵거나 그 밖에 특히 필요하다고 인정되면 인사혁신처장과 협의하여 연봉한계액 하한액의 150퍼센트를 초과하는 금액으로 연봉을 책정할 수 있다.

⑥ 시간선택제임기제공무원으로 신규채용되는 사람의 연봉은 제3항부터 제5항까지(시간선택제일반임기제공무원은 제3항 및 제4항, 시간선택제전문임기제공무원은 제5항)의 규정에 따라 책정한 연봉을 기준으로 하여 계약으로 정한 근무시간에 비례하도록 책정하며, 그 밖에 연봉의 지급 등에 관한 구체적인 사항은 인사혁신처장이 정한다.

제13장 요점정리

1 소방공무원법령에 따른 각종 위원회 등 설치기관

구 분	설치 기관
소방기관	소방청, 시·도, 중앙소방학교·중앙119구조본부·국립소방연구원·지방소방학교·서울종합방재센터·소방서·119특수대응단 및 소방체험관
소방공무원 인사위원회	소방청, 시·도(인사권을 위임 받아 임용권을 행사하는 경우)
중앙승진심사위원회	소방청
보통승진심사위원회	소방청, 중앙소방학교, 중앙119구조본부 및 국립소방연구원, 시·도
소청심사위원회	인사혁신처
지방소청심사위원회	시·도
고충심사위원회	• 소방청, 시·도 • 중앙소방학교·중앙119구조본부·국립소방연구원·지방소방학교·서울종합방재센터·소방서·119특수대응단 및 소방체험관
소방교육훈련정책위원회	소방청
징계위원회	국무총리, 소방청, 시·도, 중앙소방학교·중앙119구조본부·국립소방연구원·지방소방학교·서울종합방재센터·소방서·119특수대응단 및 소방체험관
보건안전 및 복지 정책심의위원회	소방청

2 위원회의 구성위원 자격

구 분		위원의 자격
소방공무원 인사위원회		인사위원회가 설치된 기관의 장이 소속 소방정 이상 소방공무원 중에서 임명
중앙승진심사위원회		승진심사대상자보다 상위 계급의 소방공무원 또는 외부 전문가 중에서 소방청장이 임명하거나 위촉한다.
보통승진심사위원회		• 소방청, 시·도 : 상위(상위 상당 계급 포함)계급의 소속 공무원 또는 외부전문가 • 중앙소방학교, 중앙119구조본부 및 국립소방연구원 : 상위 계급의 소방공무원 ※ 외부전문가(×)
고충심사위원회	공무원 위원	청구인보다 상위 계급 또는 이에 상당하는 소속 공무원(지방공무원을 포함한다) 중에서 설치기관의 장이 임명한다.
	민간위원	• 소방공무원으로 20년 이상 근무하고 퇴직한 사람 • 대학에서 법학·행정학·심리학·정신건강의학 또는 소방학을 담당하는 사람으로서 조교수 이상으로 재직 중인 사람 • 변호사 또는 공인노무사로 5년 이상 근무한 사람 • 의료인

소방교육훈련정책위원회	• 소방청 기획조정관 • 소방청 소방공무원 교육훈련 담당 과장급 공무원 • 중앙소방학교의 장 • 시·도 소방본부의 소방공무원 교육훈련 담당 과장급 공무원 • 각 지방소방학교의 장 • 소방청 소속 과장급 직위의 공무원 중 소방청장이 지명하는 사람
징계위원회	공무원 위원과 민간위원의 자격 제8장 **11** 참조
보건안전 및 복지 정책심의위원회	제12장 위원의 자격 및 구성 참조

3 위원회의 위원장 자격

구 분	위원장의 자격
소방공무원 인사위원회	• 소방청 : 소방청 차장 • 시·도 : 소방본부장
중앙승진심사위원회	위원 중 소방청장이 지명한다.
보통승진심사위원회	• 청, 시·도 : 소방청장, 시·도지사가 임명 또는 위촉 • 중앙소방학교 : 중앙소방학교장이 임명 또는 위촉 • 중앙119구조본부 : 중앙119구조본부장이 임명 또는 위촉 • 국립소방연구원 : 국립소방연구원장이 임명 또는 위촉
고충심사위원회	설치기관 소속 공무원 중에서 인사 또는 감사 업무를 담당하는 과장 또는 이에 상당하는 직위를 가진 사람이 된다.
소방교육훈련정책위원회	소방청 차장
징계위원회	• 해당 징계위원회가 설치된 기관의 장의 차순위 계급자가 된다. • 동일계급의 경우에는 직위를 설치하는 법령에 규정된 직위의 순위를 기준으로 정한다.
보건안전 및 복지 정책심의위원회	소방청 차장

4 소방공무원법에 따른 각 위원회의 구성 및 운영 14, 18년 소방위 15년 서울 18년 통합

구 분	위원의 구성
소방공무원 인사위원회, 중앙승진심사위원회	위원장을 포함한 5명 이상 7명 이하
보통승진심사위원회	위원장을 포함한 5명 이상 9명 이하
근무성적평정조정위원회	기관의 장이 지정하는 3명 이상 5명 이하
소방청 및 시·도에 설치된 징계위원회	위원장 1명을 포함하여 17명 이상 33명 이하 (민간위원 : 위원장을 제외한 위원 수의 2분의 1 이상)
중앙소방학교·중앙119구조본부·국립소방연구원·지방소방학교·서울종합방재센터·소방서·119특수대응단 및 소방체험관에 설치된 징계위원회	위원장 1명을 포함하여 9명 이상 15명 이하 (민간위원 : 위원장을 제외한 위원 수의 2분의 1 이상)
소방공무원 고충심사위원회	위원장 1명을 포함한 7명 이상 15명 이내 (민간위원 : 위원장을 제외한 위원 수의 2분의 1 이상)
소방교육훈련정책위원회	위원장 1명을 포함한 50명 이내
소방공무원 인사협의회	위원장 1인을 포함한 30인 이내

5 소방공무원법령에 따른 각 위원회의 의결정족수 19년 통합

위원회명		의결정족수
소방공무원 인사위원회, 승진심사위원회		재적위원 3분의 2 이상의 출석과 출석위원 과반수의 찬성으로 의결한다.
소방공무원 인사협의회		재적위원 과반수(위원장 포함)의 출석으로 개회하고, 출석위원 과반수로 의결한다.
징계위원회		위원장을 포함한 위원 과반수의 출석으로 개의(開議)하고 출석위원 과반수의 찬성으로 의결한다.
고충심사 위원회	보 통	위원 5명 이상의 출석과 출석위원 과반수의 합의에 따른다.
	중 앙	위원 3분의 2 이상의 출석과 출석 위원 과반수의 합의에 따른다.
	특 례	구성원의 전원 출석과 출석위원 과반수 합의로 한다.
소방교육훈련정책위원회		위원회의 회의는 재적위원 과반수의 출석으로 개의(開議)하고, 출석위원 과반수의 찬성으로 의결한다.
징계위원회 위원 기피신청 의결		재적위원 과반수의 출석과 출석위원 과반수의 찬성으로 기피 여부를 의결해야 한다.

6 소방공무원법령에 따른 각 위원회의 간사 `15, 18년 통합`

위원회명	구성인원	간사의 임명
소방공무원 인사위원회	약간인	
승진심사위원회	1명	
보건안전 및 복지정책 심의회	1명	각종 위원회의 소속 공무원 중에서 임명한다.
징계위원회	몇 명	
고충심사위원회	몇 명	

7 인사기록카드의 재작성 및 수정 사유

재작성 사유	수정 사유
• 분실한 때 • 파손 또는 심한 오손으로 사용할 수 없게 된 때 • 정정부분이 많거나 기록이 명확하지 아니하여 착오를 일으킬 염려가 있는 때 • 기타 인사기록관리자가 필요하다고 인정한 때 ※ 인사기록담당관리자(×)	• 오기한 것으로 판명된 때 • 본인의 정당한 요구가 있는 때 　※ 증빙서류 그 밖의 정당한 서류를 　　확인한 후 수정해야 한다.

8 승진대상자명부의 조정 및 삭제 사유 `13년 강원` `13년 소방위` `14년 경기` `15년 서울` `18, 19년 통합`

승진대상자명부의 작성자는 승진대상자명부의 작성 후에 다음의 어느 하나에 해당하는 사유가 있는 경우에는 승진대상자명부를 조정해야 한다. ※ 필요시 조정한다.(×)

① 전출자나 전입자가 있는 경우

② 퇴직자가 있는 경우

③ 승진소요최저근무연수에 도달한 자가 있는 경우

④ 승진임용의 제한사유가 발생하거나 소멸한 사람이 있는 경우 ※ 발생한 자(×)

⑤ 정기평정일 이후에 근무성적평정을 한 자가 있는 경우

⑥ 승진심사대상 제외 사유가 발생하거나 소멸한 사람이 있는 경우

⑦ 경력평정 또는 교육훈련성적평정을 한 후에 평정사실과 다른 사실이 발견되는 등의 사유로 재평정을 한 사람이 있는 경우 ※ 가점사유가 발생한 경우(×)

⑧ 승진임용되거나 승진후보자로 확정된 사람이 있는 경우

⑨ 승진대상자명부 작성의 단위를 달리하는 기관으로 전보된 경우

9 시험별 동점자의 합격자 결정 `13, 15년 소방위` `13년 강원` `14년 경기` `16, 18, 19년 통합`

신규채용시험	심사승진대상자명부의 동점자	승진시험 동점자 결정
선발예정인원에도 불구하고 모두 합격자로 한다. ※ 채용후보자 등재 순위 　① 취업보호대상자 　② 필기시험 성적 우수자 　③ 연령이 많은 사람	① 근무성적평정점이 높은 사람 ② 해당 계급에서 장기근무한 사람 ③ 해당 계급의 바로 하위계급에서 장기근무한 사람 ④ 소방공무원으로 장기근무한 사람 　※ 위에 따라서도 순위가 결정되지 않은 때에는 승진대상자명부 작성권자가 선순위자를 결정한다.	승진대상자명부 순위가 높은 순서에 따라 최종합격자를 결정한다. 〈2024.1.2. 개정〉

10 기간의 정리 `19년 통합`

구 분 계 급	승진소요 최저근무연수	계급정년	경력평정		시보임용
			기본경력	초과경력	
소방사	1	–	1년 6개월간	6개월간	6개월
소방교	1	–	1년 6개월간	6개월간	
소방장	1	–	2	1	
소방위	1	–	2	3	
소방경	2	–	3	3	1년
소방령	2	14	3	4	
소방정	3	11	3	2	–
소방준감	–	6	–	–	–
소방감	–	4	–	–	–

11 계급별 기본경력과 초과경력 12, 21년 소방위 | 21년 통합

① 경력은 기본경력과 초과경력으로 구분하며, 계급별 기본경력과 초과경력은 다음과 같다.

> ① 기본경력
> ㉠ 소방정·소방령·소방경 : 평정기준일부터 최근 4년간
> ㉡ 소방위·소방장 : 평정기준일부터 최근 3년간
> ㉢ 소방교 : 평정기준일부터 최근 2년간
> ㉣ 소방사 : 평정기준일부터 최근 1년 6개월간
> ② 초과경력
> ㉠ 소방정 : 기본경력 전 3년간
> ㉡ 소방령 : 기본경력 전 5년간
> ㉢ 소방경·소방위 : 기본경력 전 4년간
> ㉣ 소방장 : 기본경력 전 1년 6개월간
> ㉤ 소방교 : 기본경력 전 1년간
> ㉥ 소방사 : 기본경력 전 6개월간

② 경력평정의 시기·방법·기간계산 기타 필요한 사항은 행정안전부령으로 정한다.

※ 경력 평정점

구 분	소방정	소방령	소방경	소방위	소방장	소방교	소방사
만점경력 (25점)	5년 (30점)	7년	6년	6년	5년	2년 6월	2년
기본경력 (22점)	3년간 (26점)	3년간	3년간	2년간	2년간	1년 6개월간	1년 6개월간
초과경력 (3점)	2년간 (4점)	4년간	3년간	4년간	3년간	1년간	6개월간

12 효력발생 <small>12, 13, 14년 소방위</small> <small>14년 경기</small> <small>17, 18년 통합</small>

효력발생사유	효력발생한 시기
승진대상자명부를 작성한 경우	작성기준일 다음 날부터 ※ 작성기준일부터(×), 작성한 날(×)
승진대상자명부를 조정하거나 삭제한 경우	조정한 날로부터 ※ 조정한 다음 날(×) 다만, 명부조정은 조정 전 일까지 확인된 경우만 가능
승진대상자명부 삭제사유가 발생할 때	삭제사유 발생일에 명부에서 삭제한다.
사망으로 인한 면직일자	사망한 다음 날 ※ 사망한 날(×)
시보임용자의 정규소방공무원으로 임용	해당 기간이 만료된 다음 날 ※ 만료된 날(×)
임용일자가 소급되는 경우	• 재직 중 공적이 특히 현저하여 순직한 사람을 다음의 어느 하나에 해당하는 날을 임용일자로 하여 특별승진임용하는 경우 – 재직 중 사망한 경우 : 사망일의 전날 　※ 사망한 날(×) – 퇴직 후 사망한 경우 : 퇴직일의 전날 　※ 퇴직한 날 (×) • 휴직 기간이 끝나거나 휴직 사유가 소멸된 후에도 직무에 복귀하지 아니하거나 직무를 감당할 수 없어 직권으로 면직시키는 경우 : 휴직기간의 만료일 또는 휴직사유의 소멸일 • 시보임용예정자가 소방공무원의 직무수행과 관련한 실무수습 중 사망한 경우 : 사망일의 전 날 　※ 사망한 날(×), 사망한 다음 날(×)

13 신규채용 응시연령 등 기준일 정리 16년 강원 16년 경기 17, 18년 통합 22년 소방위

구 분		기준일
승진소요 최저근무연수 계산의 기준일	시험승진의 경우	제1차 시험일의 전일 ※ 시험공고일(×), 제2차 시험일(×)
	심사승진의 경우	승진심사를 실시일의 전일 ※ 날의 전월 말일(×)
	특별승진의 경우	승진임용예정일
	승진소요최저근무연수에 합산할 다른 법령에 의한 공무원의 신분으로 재직한 기간은 「임용령 시행규칙」 별표 3의 채용계급 상당 이상의 계급으로 근무한 기간에 한하되 환산율은 2할로 한다.	
경력평정의 계산 기준일	승진소요최저근무연수 계산방법에 따른다.	
신규채용 응시연령 기준일	공개경쟁시험	최종시험예정일이 속한 연도
	경력경쟁채용시험	임용권자의 시험요구일이 속한 연도
	• 응시상한연령을 1세 초과하는 사람 : 1월 1일 출생한 사람은 응시할 수 있다. • 전역예정자가 응시할 수 있는 기간의 계산방법 : 응시하고자 하는 소방공무원의 채용시험과 소방간부후보생선발시험의 최종시험시행예정일부터 기산한다.	
승진대상자명부 및 승진대상자통합명부의 작성 기준일	매년 4월 1일과 10월 1일을 기준으로 하여 작성한다.	
근속승진의 재직년수	• 소방위 이하 : 전월 말일 기준으로, • 소방경 근속승진 대상자 : 매년 4월 30일, 10월 31일을 기준으로 재직년수 산정한다.	
근속승진 임용시기	• 소방교, 소방장, 소방위 : 매월 1일 • 소방경 : 매년 5월 1일, 11월 1일	
승진대상자명부의 조정 기준일	승진심사 또는 승진시험을 실시하는 날의 전일까지 할 수 있다. ※ 날의 전월 말일(×)	
정원과 현원의 파악	매월 말일을 기준	
근무성적 평정, 경력평정, 교육훈련평정 시기	연 2회 실시하되, 매년 3월 31일과 9월 30일을 기준으로 한다. ※ 매년 1월 1일과 7월 1일(×)	
대우소방공무원 대상자 결정	매월 말 5일 전까지 선발요건에 적합한 대상자를 결정	

14 각 위원회의 민간위원의 자격·구성 및 임기 `22년 소방위`

	소방공무원 징계위원회		소방공무원 고충심사위원회
	소방청 및 시·도	중앙소방학교·중앙119구조본부· 국립소방연구원·지방소방학교· 서울종합방재센터·소방서· 119특수대응단 및 소방체험관	
	• 법관·검사 또는 변호사로 10년 이상 근무한 사람 • 대학에서 법률학·행정학 또는 소방 관련 학문을 담당하는 부교수 이상으로 재직 중인 사람 • 소방공무원으로 소방정 또는 법률 제16768호 소방공무원법 전부개정법률 제3조의 개정규정에 따라 폐지되기 전의 지방소방정 이상의 직위에서 근무하고 퇴직한 사람으로서 퇴직일부터 3년이 경과한 사람 • 민간부문에서 인사·감사 업무를 담당하는 임원급 또는 이에 상응하는 직위에 근무한 경력이 있는 사람	• 법관·검사 또는 변호사로 5년 이상 근무한 사람 • 대학에서 법률학·행정학 또는 소방 관련 학문을 담당하는 조교수 이상으로 재직 중인 사람 • 소방공무원으로 20년 이상 근속하고 퇴직한 사람으로서 퇴직일부터 3년이 경과한 사람 • 민간부문에서 인사·감사 업무를 담당하는 임원급 또는 이에 상응하는 직위에 근무한 경력이 있는 사람	• 변호사 또는 공인노무사로 5년 이상 근무한 사람 • 대학에서 법학·행정학·심리학·정신건강의학 또는 소방학을 담당하는 사람으로서 조교수 이상으로 재직 중인 사람 • 소방공무원으로 20년 이상 근무하고 퇴직한 사람 • 의료인
	• 징계위원회의 회의는 위원장과 위원장이 회의마다 지정하는 4명 이상 6명 이하의 위원으로 구성한다. 이 경우 민간위원이 위원장을 포함한 위원 수의 2분의 1 이상 포함되어야 하며, 민간위원으로 위촉 받은 사람 중 동일한 자격요건에 해당하는 민간위원만 지정해서는 안 된다. • 징계 사유가 성폭력범죄, 성희롱에 해당하는 징계 사건이 속한 징계위원회의 회의를 구성하는 경우에는 피해자와 같은 성별의 위원이 위원장을 제외한 위원 수의 3분의 1 이상 포함되어야 한다.		위원장이 회의마다 지정하는 5명 이상 7명 이하의 위원으로 성별을 고려하여 구성한다. 이 경우 공무원 위원은 청구인보다 상위계급 또는 이에 상당하는 소속공무원 중에서 지정하고 민간위원 위원 수의 3분의 1 이상 포함되어야 한다.
	임기 : 3년, 한 차례만 연임 가능		임기 : 2년, 연임은 한 차례만 가능

15 소수점 이하 반올림

평정의 구분	계산방법
신규채용시험 동점자 결정 시 계산방법	총득점에 의하되 소수점 이하 둘째 자리에서 계산한다. ※ 소수점 이하 둘째 자리에서 반올림 한다.(×)
• 근무성적·교육훈련성적·체력검정 또는 경력평정의 평정점의 계산방법 • 전술훈련 및 직장훈련 평가점수 산정	신규채용시험 외 나머지는 소수점 이하는 셋째 자리에서 반올림한다.

16 배수정리

2배수	소방공무원 승진 사전심의(1단계)심사를 할 경우 심사환산점수와 객관평가점수를 합산하여 고득점자 순으로 승진심사선발인원의 2배수 내외를 선정하고 승진심사 사전심의 결과서를 작성하여 제2단계 심사에 회부한다.
3배수	• 소방공무원 공개경쟁시험 제1차 시험과 제2차 시험 및 경력경쟁채용 필기시험 또는 실기시험 합격자 결정은 매 과목 40퍼센트 이상, 전 과목 총점의 60퍼센트 이상의 득점자 중에서 선발예정인원의 3배수의 범위에서 시험성적을 고려하여 점수가 높은 사람부터 차례로 합격자를 결정한다. • 심사승진임용예정인원수가 1~10명인 경우 승진심사 대상인 사람의 수는 승진대상자명부 또는 통합명부에 따른 승진임용예정인원수 1명당 5배수에 해당되는 순위인 사람까지 선발한다. • 심사승진임용예정인원수가 11명 이상인 경우 승진심사 대상인 사람의 수는 승진대상자명부 또는 통합명부에 따른 승진임용예정인원수 10명을 초과하는 1명당 3배수 + 50명에 해당되는 순위인 사람까지 선발한다.
5배수	• 승진심사위원회는 계급별 승진심사대상자명부의 선순위자(先順位者) 순으로 승진임용하려는 결원의 5배수의 범위 안에서 승진후보자를 심사·선발한다. • 공무원의 징계 의결을 요구하는 경우 그 징계 사유가 다음의 어느 하나에 해당하는 경우에는 해당 징계 외에 다음의 행위로 취득하거나 제공한 금전 또는 재산상 이득(금전이 아닌 재산상 이득의 경우에는 금전으로 환산한 금액을 말한다)의 5배 내의 징계부가금 부과 의결을 징계위원회에 요구해야 한다. 　– 금전, 물품, 부동산, 향응 또는 그 밖에 대통령령으로 정하는 재산상 이익을 취득하거나 제공한 경우 　– 횡령(橫領), 배임(背任), 절도, 사기 또는 유용(流用)한 경우

17 임용의 유예대상과 채용후보자 자격상실 사유 `12년 소방위` `14년 부산` `16년 경북` `17, 19년 통합`

임용의 유예대상	채용후보자 자격상실 사유
• 학업의 계속 • 6월 이상의 장기요양을 요하는 질병이 있는 경우 　※ 1년 이상(×), 3월 이상(×) • 병역의무복무를 위하여 징집 또는 소집되는 경우 • 임신하거나 출산한 경우 • 그 밖에 임용 또는 임용제청의 유예가 부득이하다고 인정되는 경우	• 임용 또는 임용제청에 응하지 않은 경우 • 교육훈련에 응하지 않은 경우 • 교육훈련과정의 졸업요건을 갖추지 못한 경우 • 채용후보자로서 교육훈련을 받는 중 질병, 병역 복무 또는 그 밖에 교육훈련을 계속할 수 없는 불가피한 사정 외의 사유로 퇴교처분을 받은 경우 • 채용후보자로서 품위를 크게 손상하는 행위를 함으로써 소방공무원으로서의 직무를 수행하기 곤란하다고 인정되는 경우로 임용심사위원회의 의결을 거쳐야 한다. • 법 또는 법에 따른 명령을 위반하여 「소방공무원 징계령」에 따른 중징계 사유에 해당하는 비위를 저지른 경우 • 법 또는 법에 따른 명령을 위반하여 「소방공무원 징계령」에 따른 경징계사유에 해당하는 비위를 2회 이상 저지른 경우

18 휴직 등 기간 포함여부 정리

불포함 구분	관련규정 법문
시보임용기간 제외	휴직기간·직위해제 기간 및 징계에 의한 정직처분 또는 감봉처분을 받은 기간은 시보임용기간에 포함하지 아니한다. ※ 견책(×)
직위해제 사유	파면·해임·강등 또는 정직에 해당하는 징계의결이 요구 중인 자 ※ 감봉에 해당하는 징계에 의결 중인 자(×)
경력기간에 제외	휴직기간·직위해제 기간·징계처분 기간

19 분수정리

• 징계위원회 및 고충심사위원회 민간위원 : 위원장을 제외한 위원 수의 2분의 1 이상 • 승진임용제한기간의 단축사유에 행당하는 경우 : 승진제한기간의 2분의 1을 단축할 수 있음	2분의 1
• 의용소방대원의 경력경쟁채용 비율 : 소방사 정원의 3분의 1 이내 • 감봉의 징계처분을 받은 경우 보수의 3분의 1을 감함 • 고충심사위원회 회의 시 의결정족수 중에 민간위원이 3분의 1 이상 포함되어야 함	3분의 1
• 소방공무원인사위원회, 승진심사위원회의 의결정족수 : 3분의 2 • 소방령 이하의 계급으로 특별승진 : 최저근무연수 2/3 이상이 되어야 함	3분의 2
임용권자는 소방경으로의 근속승진임용을 위한 심사를 연 2회 실시할 수 있고, 근속승진심사를 할 때마다 해당 기관의 근속승진 대상자의 100분의 40에 해당하는 인원수(소수점 이하가 있는 경우에는 1명을 가산한다)를 초과하여 근속승진임용할 수 없음	100분의 40
소방공무원이 징계처분을 받은 후 해당 계급에서 훈장·포장·모범공무원포상·국무총리 이상의 표창 또는 제안의 채택·시행으로 포상을 받은 경우에는 승진임용제한기간의 2분의 1을 단축할 수 있음	2분의 1
인력의 균형 있는 배치와 효율적인 활용, 행정기관 상호 간의 협조체제 증진, 국가정책 수립과 집행의 연계성 확보 및 공무원의 종합적 능력발전 기회 부여 등을 위하여 필요하여 인사교류 경력이 있는 소방공무원 : 인사교류 기간의 2분의 1에 해당하는 기간을 근속승진기간을 단축할 수 있음	2분의 1

20 채용후보자명부 등록 등 구비서류 `13, 14년 소방위` `15년 서울` `15, 17, 19년 통합`

구 분	제출 서류
채용후보자 등록 첨부서류	• 최종학력증명서 2통 • 국가기술자격이 아닌 자격증 사본 2통 • 경력증명서 2통 • 소방공무원채용신체검사서 2통 • 사진(모자를 쓰지 않은 상반신 명함판) 5장
징계의결을 요구할 때 징계위원회 제출 서류	• 공무원 인사기록카드 사본 • 소방공무원 징계의결 또는 징계부가금 부과 의결 요구(신청)서 • 확인서 • 혐의내용을 입증할 수 있는 공문서 등 관계 증거자료 • 혐의내용에 대한 조사기록 또는 수사기록 • 관련자에 대한 조치사항 및 그에 대한 증거자료 • 관계법규·지시문서 등의 발췌문
징계 또는 징계부가금 의결서 이유란에 적어야 할 사항	• 징계등의 원인이 된 사실 • 증거의 판단 • 관계 법령 • 징계등 면제 사유 해당 여부 ※ 불복방법(×)
추서 서류	공적조사서, 사망진단서, 사망경위서 각 1통
특별승진예정자 결정할 때에 승진심사위원회가 설치된 기관의 장에게 보고해야 할 첨부서류	• 승진심사의결서 • 특별승진임용예정자명부 • 특별승진심사탈락자명부 ※ 승진심사종합평가 결과서(×)
심사승진 결과보고	• 승진심사의결서 • 승진임용예정자로 선발된 자 • 선발되지 아니한 자의 명부 • 승진심사종합평가서
승진심사위원회의 승진심사 서류	• 승진심사계획서 • 승진심사요소에 대한 평가기준 • 승진심사대상자명부 • 개인별 인사기록 • 승진심사 사전심의표 • 승진심사 대상자 자기역량기술서 • 역량평가·다면평가 결과(해당 평가를 실시한 경우에 한정한다) • 청렴도조사 결과 • 기타 승진심사에 필요한 서류 ※ 근무성적평정표(×)
기타 관계서류	제1장 13 인사발령을 위한 구비서류 참조

21 소방공무원법령에 따른 기일정리

구 분	보고, 제출, 통보 등 기간
징계등 혐의자의 출석요구	개최일 3일 전까지 도달
전문교육성적 평정	3일
승진·전출 등으로 인사기록관리자를 달리하게 된 때	지체 없이 송부
고충심사위원회의 출석요구 시 심사기일 지정통보	심사기일 5일 전까지 당사자에게 도달
근속승진 요건에 해당하는 경우	근속승진 기간에 도달하기 5일 전부터 승진심사 가능
대우소방공무원 대상자 결정	매월 말 5일 전까지 선발요건에 적합한 대상자를 결정
대우공무원 발령	그 다음 월 1일에 일괄 발령해야 함
공개경쟁시험의 공고 내용 변경 시	시험 실시 7일 전까지 공고
신규채용 응시원서 반려 또는 보완 후 응시자격인정여부 통보	시험 시행 7일 전
고충심사청구서의 보완요구 통보기한	청구서를 접수한 날로부터 7일 이내
학교장은 교육훈련성적을 보고 또는 통보	교육훈련을 마친 날로부터 10일 이내
교육훈련대상자 명단 통보	교육훈련개시 10일 전까지
시·도지사는 신규채용 또는 승진임용된 소방령 이상의 소방공무원에 대한 인사기록 부본	그 사유가 발생한 날부터 10일 이내 소방청장에게 보고
감사원장의 징계 요구 중 파면요구를 받은 경우	10일 이내 요구
근무성적평정표·경력평정표 및 교육훈련성적표의 제출	평정일로부터 10일 이내
소재불명자의 관보에 의한 출석요구통지서의 송달 간주	공보에 게재한 날부터 10일 후
모범공무원 등 포상휴가	1회 10일 이내
전출·전입동의회보서의 회보	15일 이내
징계등의 집행	징계등 의결의 통지받은 날부터 15일 이내
징계의 심사 또는 재심사를 청구할 때	징계등 의결을 통지받은 날부터 15일 이내
전력조사회보서	20일 이내에 회보
공개경쟁시험의 공고	시험 실시 20일 전까지 공고
승진시험의 공고	시험 실시 20일 전까지 공고
승진대상자 명부 작성	작성 기준일로부터 20일 이내
인사기록의 정리 및 변경	그 사유가 발생한 날로부터 30일 이내
징계처분 또는 징계부과금 처분·휴직·직위해제처분에 대한 처분사유 설명서를 교부받고 불복이 있는 경우	설명서를 받은 날부터 30일 이내
징계처분 또는 징계부과금 처분·휴직·직위해제처분 외의 그 의사에 반하여 불리한 처분을 받은 경우	처분이 있음을 알게 된 날부터 30일 이내
고충심사위원회의 고충심사에 대한 결정	접수한 날로부터 30일 이내
고충심사에 대하여 불복이 있어 중앙고충심사위원회에 재심을 청구할 수 있는 기간	심사결과를 통보받은 날로부터 30일 이내

승진대상자 명부 제출	작성기준일로부터 30일 이내
국외훈련이수자의 귀국보고서 제출	귀국보고일로부터 30일 이내
징계등의 시효	• 성매매 등, 성폭력범죄, 아동·청소년대상 성범죄, 성희롱 : 10년 • 금전, 물품, 부동산, 향응, 횡령, 배임, 절도, 사기, 유용 등 : 5년 • 그 밖의 징계등 사유에 해당하는 경우 : 3년
징계등의 사유를 통지 받은 경우 징계위원회에 징계등 의결을 요구하거나 신청기한	통지를 받은 날부터 30일 이내 요구
징계등에 관한 의결	요구서를 받은 날부터 30일 이내에 의결
부득이한 사유가 있을 때의 징계 의결기한 연장	30일 이내의 범위에서 그 기간을 연장
국외 체류 등 사유로 계 의결 또는 징계부가금 부과 의결 요구(신청)서 접수일부터	50일 이내에 출석할 수 없는 경우에는 서면으로 의결할 수 있음
특별위로금 신청	6개월 이내에 소방기관의 장에게 신청해야 함
소방위 이하 계급으로의 근속승진 임용시기	매월 1일
소방경으로의 근속승진 임용시기	매년 5월 1일, 11월 1일

22 대통령령으로 정하는 기준

- 인사위원회의 구성 및 운영에 필요한 사항은 대통령령(제8조 내지 제13조)으로 정한다.
- 채용후보자 명부의 유효기간은 2년의 범위에서 대통령령으로 정한다.
- 채용후보자 명부의 작성 및 운영에 필요한 사항은 대통령령(제16조 내지 제18조)으로 정한다.
- 소방공무원의 신규채용시험 및 승진시험과 소방간부후보생 선발시험의 응시 자격, 시험방법, 그 밖에 시험 실시에 필요한 사항은 대통령령으로 정한다.
- 소방공무원의 승진에 필요한 계급별 최저근무연수, 승진의 제한, 그 밖에 승진에 필요한 사항은 대통령령(소방공무원 승진임용 규정)으로 정한다.
- 근속승진임용의 기준, 절차 등에 관하여 필요한 사항은 대통령령으로 정한다.
- 승진심사위원회의 구성·관할 및 운영에 필요한 사항은 대통령령으로 정한다.
- 특별승진의 요건과 그 밖에 필요한 사항은 대통령령으로 정한다.
- 특별위로금의 지급 기준 및 방법 등은 대통령령으로 정한다.
- 소방공무원의 교육훈련에 관한 기획·조정, 교육훈련기관의 설치·운영에 필요한 사항과 교육훈련을 받은 소방공무원의 복무에 관한 사항은 대통령령(소방공무원 교육훈련규정)으로 정한다.
- 소방공무원의 복무에 관하여는 이 법이나 「국가공무원법」에 규정된 것을 제외하고는 대통령령(소방공무원 복무규정)으로 정한다.
- 소방공무원 고충심사위원회의 구성, 심사 절차 및 운영에 필요한 사항은 대통령령(공무원고충처리규정)으로 정한다.

- 소방공무원 징계위원회의 구성·관할·운영, 징계의결의 요구 절차, 징계 대상자의 진술권, 그 밖에 필요한 사항은 대통령령^(소방공무원 징계령)으로 정한다.
- 교육 중인 소방간부후보생에게는 대통령령으로 정하는 바에 따라 보수와 그 밖의 실비(實費)를 지급한다.

23 행정안전부령으로 정하는 기준

- 자격증 소지자를 경력경쟁 채용의 경우 임용예정계급별 자격증의 구분, 근무 또는 연구실적, 소방에 관련된 교육과정, 그 밖의 기준에 관한 사항은 행정안전부령으로 정한다.
- 근무실적 또는 연구실적이 있는 사람의 경력경쟁채용등의 임용예정계급별 자격증의 구분, 근무 또는 연구실적, 소방에 관련된 교육과정, 그 밖의 기준에 관한 사항은 행정안전부령으로 정한다.
- 소방에 관한 전문기술교육을 받은 사람의 경력경쟁채용의 경우 임용예정계급별 자격증의 구분, 근무 또는 연구실적, 소방에 관련된 교육과정, 그 밖의 기준에 관한 사항은 행정안전부령으로 정한다.
- 시간제근무 소방공무원의 지정에 필요한 사항은 행정안전부령으로 정한다.
- 소방공무원의 채용시험 및 소방간부후보생 선발시험에 응시할 수 있는 신체조건 및 건강상태와 체력시험의 평가기준 및 방법은 행정안전부령으로 정한다.
- 근무성적 평정의 기준·시기·방법 기타 필요한 사항은 행정안전부령으로 정한다.
- 경력평정의 시기·방법·기간계산 기타 필요한 사항은 행정안전부령으로 정한다.
- 교육훈련성적평정의 시기·방법 기타 필요한 사항은 행정안전부령으로 정한다.
- 승진심사사항의 평가기준 기타 심사절차에 관하여 필요한 사항은 행정안전부령^(소방공무원 승진임용 규정 시행규칙)으로 정한다.
- 승진시험에서 필기시험의 과목은 행정안전부령^(소방공무원 승진임용 규정 시행규칙)으로 정한다.
- 특별승진심사에 관하여 필요한 사항은 행정안전부령^(소방공무원 승진임용 규정 시행규칙)으로 정한다.
- 대우공무원의 선발에 필요한 사항은 행정안전부령으로 정한다.
- 소방공무원의 복제(服制)에 관한 사항은 행정안전부령^(소방공무원 복제 규칙)으로 정한다.

24 소방청장이 정하는 기준

- 근속승진 기간의 계산, 근무성적평점점, 근속승진 심사횟수 및 인원수, 근속승진 재직기간별 명부작성 등 규정한 사항 외에 근속승진 방법 및 인사운영에 필요한 사항은 소방청장^(소방공무원 승진심사 기준)이 정한다.
- 교육훈련성적 평정에 필요한 세부기준은 소방청장^(소방공무원 교육훈련 성적 평정규정)이 정한다.
- 가점평정에 필요한 세부기준은 소방청장^(소방공무원 교육훈련 성적 평정규정)이 정한다.
- 승진심사 요소에 대한 세부평가 기준 및 방법은 소방청장^(소방공무원 교육훈련 성적 평정규정)이 정한다.

- 소방간부후보생 선발시험의 선발인원은 해당 지방자치단체의 소방공무원의 수, 소방위의 정원, 결원 상황 및 승진 상황을 고려하여 소방청장이 정한다.
- 승진시험위원에 대해서는 예산의 범위 안에서 소방청장이 정하는 바에 따라 수당을 지급한다.
- 징계처분 및 직위해제처분의 말소방법, 절차 등에 관하여 필요한 사항은 소방청장이 소방공무원 징계등 기록말소 시행지침에 따라 정한다.
- 징계등의 정도에 관한 기준은 소방청장(소방공무원 징계양정 등에 관한 규칙)에 따라 정한다.
- 징계의결등 기관을 정할 수 없을 때에는 시·도 간의 경우에는 소방청장이 정하는 징계위원회에서 관할한다.
- 소방학개론은 소방조직, 재난관리, 연소·화재이론, 소화이론 분야로 하고, 분야별 세부내용은 소방청장이 정한다.
- 체력검정 각 종목별 측정 방법 등은 소방청장(소방공무원 교육훈련 성적 평정규정)이 정한다.
- 교육훈련기관에서 실시한 교육훈련과 직장훈련의 내용·방법 및 성과 등을 정기 또는 수시로 확인·평가 등에 관하여 필요한 사항은 소방청장(소방공무원 교육훈련 성적 평정규정)이 정한다.
- 직장훈련의 평가의 방법은 소방청장(소방공무원 교육훈련 성적 평정규정)이 정한다.
- 소방복, 소방모, 소방화 및 그 부속물에 대한 세부 사항은 소방청장(소방공무원 복제 세칙)이 정한다.
- 제복의 지급방법 조정 등에 필요한 세부 사항은 소방청장(소방공무원 복제 세칙)이 정한다.
- 그 밖의 제복의 종류, 형상, 제작 양식, 재질 및 착용에 관한 사항은 소방청장(소방공무원 복제 세칙)이 정한다.
- 소방활동 중의 안전사고를 방지하기 위하여 필요한 사항은 소방청장(소방공무원 보건안전 관리 규정)이 정한다.
- 교대제 근무의 범위 및 방법, 그 밖에 교대제 근무에 필요한 사항은 소방청(소방공무원 근무규칙)이 정한다.
- 비상소집과 비상근무의 종류·절차 및 근무수칙 등에 관한 사항은 소방청장(소방공무원 당직 및 비상업무규칙)이 정한다.

아이들이 답이 있는 질문을 하기 시작하면 그들이 성장하고 있음을 알 수 있다.

– 존 J. 플롬프 –

많이 보고 많이 겪고 많이 공부하는 것은 배움의 세 기둥이다.

− 벤자민 디즈라엘리 −

공개문제 · 기출유사문제

(공개문제 / 통합소방교 기출유사문제 / 소방위 기출유사문제)

배우기만 하고 생각하지 않으면 얻는 것이 없고,
생각만 하고 배우지 않으면 위태롭다.

– 공자 –

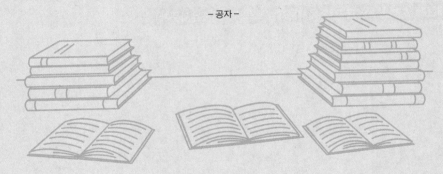

끝까지 책임진다! SD에듀!

QR코드를 통해 도서 출간 이후 발견된 오류나 개정법령, 변경된 시험 정보, 최신기출문제, 도서 업데이트
자료 등이 있는지 확인해 보세요! 시대에듀 합격 스마트 앱을 통해서도 알려 드리고 있으니 구글 플레이나
앱 스토어에서 다운받아 사용하세요. 또한, 파본 도서인 경우에는 구입하신 곳에서 교환해 드립니다.

01 공개문제

▶ 본 공개문제는 2023년 11월 4일에 시행한 소방교 승진과목 중 제1과목 소방법령 I 에서 소방공무원법령에 관한 문제만 수록하였습니다.

01 「소방공무원 승진임용 규정」 및 「소방공무원 승진임용 규정 시행규칙」상 승진대상자명부의 작성과 관련된 내용으로 옳지 않은 것은?

① 중앙소방학교 소속 소방위 이하 소방공무원의 승진대상자 명부는 중앙소방학교장이 작성한다.

② 소방정 이하 소방경 이상 계급의 소방공무원의 근무 성적평정점은 명부작성 기준일부터 최근 3년 이내 해당 계급에서 6회 평정한 평정점의 평균으로 산정한다.

③ 승진대상자명부 작성 기준일로부터 가장 최근의 평정단위기간의 직장훈련성적 평정점이 없는 경우에는 "(그 직전에 평정한 평정단위기간평정점 + 2.5점)/2"의 계산식으로 산정한 평정점을 그 평정단위기간의 평정점으로 한다.

④ 승진대상자명부 작성 기준일로부터 가장 오래된 평정 단위기간 체력검정성적 평정점이 없는 경우에는 "(그 직후에 평정한 평정단위기간평정점 + 2.5점)/2"의 계산식으로 산정한 평정점을 그 평정단위기간의 평정점으로 한다.

해설 승진대상자명부 작성 기준일로부터 가장 최근의 평정단위기간의 직장훈련성적 평정점이 없는 경우에는 "(그 직전에 평정한 평정단위기간평정점 + 2.67점)/2"의 계산식으로 산정한 평정점을 그 평정단위기간의 평정점으로 한다.

02 「소방공무원법」 및 「공무원고충처리규정」상 소방공무원 고충심사위원회에 관한 설명으로 옳지 않은 것은?

① 소방공무원의 인사상담 및 고충을 심사하기 위하여 소방청, 시·도 및 대통령령으로 정하는 소방기관에 소방공무원 고충심사위원회를 둔다.

② 소방공무원 고충심사위원회의 심사를 거친 소방공무원의 재심청구와 소방령 이상의 소방공무원의 인사상담 및 고충은 「국가공무원법」에 따라 설치된 중앙고충심사위원회에서 심사한다.

③ 소방공무원 고충심사위원회의 구성, 심사 절차 및 운영에 필요한 사항은 행정안전부령으로 정한다.

④ 소방공무원 고충심사위원회는 위원장 1명을 포함하여 7명 이상 15명 이내의 공무원위원과 민간위원으로 구성하고 민간위원의 수는 위원장을 제외한 위원 수의 2분의 1 이상이어야 한다.

해설 소방공무원 고충심사위원회의 구성, 심사 절차 및 운영에 필요한 사항은 대통령령으로 정한다.

정답 01 ③ 02 ③

03 「소방공무원법」상 「국가유공자 등 예우 및 지원에 관한 법률」 또는 「보훈보상대상자 지원에 관한 법률」에 따른 예우 또는 지원을 받는 경우로 옳지 않은 것은?

① 소방공무원으로서 직무수행 중 공무상 질병으로 인해 휴직한 사람
② 소방공무원으로서 교육훈련 중 상이를 입고 퇴직한 사람
③ 소방공무원으로서 교육훈련 중 사망한 사람의 유족
④ 소방공무원으로서 직무수행 중 사망한 사람의 유족

해설 보훈-법 제18조

소방공무원으로서 교육훈련 또는 직무수행 중 사망한 사람(공무상의 질병으로 사망한 사람을 포함한다) 및 상이(공무상의 질병을 포함한다)를 입고 퇴직한 사람과 그 유족 또는 가족은 「국가유공자 등 예우 및 지원에 관한 법률」 또는 「보훈보상대상자 지원에 관한 법률」에 따른 예우 또는 지원을 받는다.

04 「소방공무원임용령」상 소방청장의 임용권 위임에 관한 내용으로 옳지 않은 것은?

① 중앙소방학교 소속 소방령의 복직에 관한 권한을 중앙소방학교장에게 위임한다.
② 중앙119구조본부 소속 소방령의 휴직에 관한 권한을 중앙119구조본부장에게 위임한다.
③ 시·도 소속 소방령의 정직에 관한 권한을 시·도지사에게 위임한다.
④ 소방정인 지방소방학교장의 강등에 관한 권한을 시·도지사에게 위임한다.

해설 소방청장의 권한 위임

권 한	수임기관
• 중앙소방학교 소속 소방공무원 중 소방령에 대한 전보·휴직·직위해제·정직 및 복직 • 소방경 이하의 소방공무원에 대한 임용권	중앙소방학교장
• 중앙119구조본부 소속 소방공무원 중 소방령에 대한 전보·휴직·직위해제·정직 및 복직 • 소방경 이하의 소방공무원에 대한 임용권	중앙119구조본부장
• 시·도 소속 소방령 이상 소방준감 이하의 소방공무원(소방본부장 및 지방소방학교장은 제외한다)에 대한 전보, 휴직, 직위해제, 강등, 정직 및 복직 • 소방정인 지방소방학교장에 대한 휴직, 직위해제, 정직 및 복직에 관한 권한 → 소방정인 지방소방학교장의 강등 : 소방청장 • 시·도 소속 소방경 이하의 소방공무원에 대한 임용권	시·도지사

05 「소방공무원기장령」상 소방공무원기장의 종류 및 수여 대상자에 관한 설명으로 옳지 않은 것은?

① 소방지휘관장은 소방정 이상인 소방기관의 장에게 수여

② 소방근속기장은 소방공무원으로 일정 기간 이상 근속한 사람에게 수여

③ 소방공로기장은 표창을 받은 사람 또는 화재진압 및 인명구조·구급 등 소방활동 시 공로가 인정된 사람에게 수여

④ 소방기념장은 국가 주요행사 또는 주요사업과 관련된 업무 수행 시 공헌한 사람에게 수여

해설 소방공무원기장의 종류 및 수여 대상

기장의 종류	수여대상
소방지휘관장	소방령 이상인 소방기관의 장에게 수여
소방근속기장	소방공무원으로 일정 기간 이상 근속한 사람에게 수여
소방공로기장	표창을 받은 사람 또는 화재진압 및 인명구조·구급 등 소방활동 시 공로가 인정된 사람에게 수여
소방경력기장	각 보직에서 일정 기간 이상 근무한 경력이 있는 사람에게 수여
소방기념장	국가 주요 행사 또는 주요 사업과 관련된 업무 수행 시 공헌한 사람에게 수여

06 「소방공무원 승진임용 규정 시행규칙」상 소방공무원의 근무성적 1차 평정자와 2차 평정자로 옳은 것은?

		1차 평정자	2차 평정자
①	중앙소방학교 소속 소방령	소속 과장	중앙소방학교장
②	소방체험관 소속 소방경	소방체험관장	소속 시·도 소방본부장
③	지방소방학교 소속 소방경	소속 부서장	소속 지방소방학교장
④	국립소방연구원 소속 소방경	국립소방연구원장	소방청 차장

해설 근무성적 평정자

		1차 평정자	2차 평정자
①	중앙소방학교 소속 소방령 및 소방경	중앙소방학교장	소방청 차장
②	소방체험관 소속 소방령 및 소방경	소방체험관장	소속 시·도 소방본부장
③	지방소방학교 소속 소방령 및 소방경	지방소방학교장	소속 시·도 소방본부장
④	국립소방연구원 소속 소방경	소속 과장	국립소방연구원장

07 「소방공무원법」 및 「소방공무원임용령」상 소방공무원 인사위원회(이하 "인사위원회")에 관한 내용으로 옳지 <u>않은</u> 것은?

① 소방공무원의 인사(人事)에 관한 중요사항에 대하여 소방청장의 자문에 응하게 하기 위하여 소방청에 인사위원회를 둔다.

② 인사위원회는 소방공무원의 인사행정에 관한 방침과 기준 및 기본계획에 관한 사항, 소방공무원의 인사에 관한 법령의 제정·개정 또는 폐지에 관한 사항 등을 심의한다.

③ 인사위원회는 위원장을 포함한 5명 이상 7명 이하의 위원으로 구성한다.

④ 소방청에 설치된 인사위원회의 위원장은 소방청장, 시·도에 설치된 인사위원회의 위원장은 소방본부장이 되고, 위원은 인사위원회가 설치된 기관의 장이 소속 소방정 이상의 소방공무원 중에서 임명한다.

> **해설** 소방청에 설치된 인사위원회의 위원장은 소방청 차장이, 시·도에 설치된 인사위원회의 위원장은 소방본부장이 되고, 위원은 인사위원회가 설치된 기관의 장이 소속 소방정 이상의 소방공무원 중에서 임명한다.

08 「소방공무원 승진임용 규정」상 승진의 요건 중 계급별 승진소요최저근무연수가 바르게 짝지어진 것은?

① 소방장 : 2년, 소방위 : 3년

② 소방사 : 1년, 소방교 : 1년

③ 소방교 : 1년, 소방경 : 2년

④ 소방경 : 3년, 소방령 : 4년

> **해설** 승진소요최저근무연수-승진임용 규정 제5조 제1항
> 소방공무원이 승진하려면 다음 각 호의 구분에 따른 기간 이상 해당 계급에 재직하여야 한다. 〈2024.1.2 개정〉
> 1. 소방정 : 3년
> 2. 소방령 : 2년
> 3. 소방경 : 2년
> 4. 소방위 : 1년
> 5. 소방장 : 1년
> 6. 소방교 : 1년
> 7. 소방사 : 1년

09 「소방공무원 교육훈련규정」상 교수요원의 결격사유로 옳지 않은 것은?

① 징계처분을 받고 그 처분기간이 끝난 날부터 2년이 지나지 않은 사람

② 교육훈련기관의 장이 실시한 교수요원의 교수역량평가 결과 부적격 판정을 받은 사람

③ 직위해제 처분이 종료된 날부터 1년이 지나지 않은 사람

④ 징계처분 기간 중인 사람

해설 교수요원의 결격사유-교육훈련규정 제23조
다음 각 호의 어느 하나에 해당하는 사람은 교수요원으로 임용될 수 없다.
1. 징계처분 기간 중인 사람
2. 징계처분을 받고 그 처분기간이 끝난 날부터 2년이 지나지 않은 사람
3. 직위해제 처분이 종료된 날부터 1년이 지나지 않은 사람

10 「소방공무원 승진임용 규정」상 소방정 이하 소방공무원에 관한 교육훈련성적 평점의 총합(ㄱ + ㄴ + ㄷ + ㄹ)으로 옳은 것은?

가	소방정	소방정책관리자교육성적 (ㄱ)점
나	소방령 소방경 소방위	• 관리역량교육성적 (ㄴ)점 • 전문교육훈련성적 3점 • 직장훈련성적 (ㄷ)점 • 체력검정성적 5점
다	소방장 이하	• 전문교육훈련성적 3점 • 직장훈련성적 4점 • 체력검정성적 5점 • 전문능력성적 (ㄹ)점

① 15

② 19

③ 20

④ 22

해설 교육훈련성적의 평점-승진임용 규정 제10조 제2항

소방정	소방정책관리자교육성적 10점
소방령 · 소방경 · 소방위	• 관리역량교육성적 3점 • 전문교육훈련성적 3점 • 직장훈련성적 4점 • 체력검정성적 5점
소방장 이하	• 전문교육훈련성적 3점 • 직장훈련성적 4점 • 체력검정성적 5점 • 전문능력성적 3점

11 「소방공무원임용령」상 신규채용에 관한 내용으로 옳지 않은 것은?

① 경력경쟁채용시험에서 최종합격자의 결정은 면접시험의 합격자 중에서 필기시험·체력시험 및 면접시험을 실시하는 경우 필기시험성적 50퍼센트, 체력시험성적 25퍼센트, 면접시험성적 25퍼센트의 비율로 합산한 성적의 순위에 따른다.

② 채용후보자명부의 유효기간은 2년으로 하되 임용권자는 필요에 따라 1년의 범위에서 그 기간을 연장할 수 있다.

③ 공개경쟁채용시험의 합격자를 결정할 때 선발예정인원을 초과하여 동점자가 있는 경우에는 그 선발예정인원에 불구하고 모두 합격자로 하며, 이 경우 동점자의 결정은 총득점을 기준으로 하되, 소수점 이하 첫째자리까지 계산한다.

④ 시험실시권자가 소방공무원 채용시험 부정행위자에 대한 처분을 할 때에는 그 이유를 붙여 처분을 받는 사람에게 알리고, 그 명단을 관보에 게재해야 한다.

> **해설** 동점자의 합격결정-임용령 제47조
> 공개경쟁채용시험, 경력경쟁채용시험등 및 소방간부후보생 선발시험의 합격자를 결정할 때 선발예정인원을 초과하여 동점자가 있는 경우에는 그 선발예정인원에 불구하고 모두 합격자로 한다. 이 경우 동점자의 결정은 총득점을 기준으로 하되, 소수점 이하 둘째자리까지 계산한다.

12 「소방공무원법」상 경력경쟁채용시험을 통해 소방공무원으로 채용이 가능한 경우로 옳지 않은 것은?

① 「국가공무원법」에 따라 신체·정신상의 장애로 장기 요양이 필요하여 휴직하였다가 휴직기간이 만료되어 퇴직한 소방위 계급의 소방공무원을 퇴직한 날부터 2년 후에 소방위 계급의 소방공무원으로 재임용하는 경우

② 소방 업무에 경험이 있는 의용소방대원을 소방교 계급의 소방공무원으로 임용하는 경우

③ 경위 계급의 경찰공무원을 소방위 계급의 소방공무원으로 임용하는 경우

④ 「변호사시험법」에 따른 변호사시험에 합격한 사람을 소방령 계급의 소방공무원으로 임용하는 경우

> **해설** 소방업무에 경험이 있는 의용소방대원을 소방사 계급의 소방공무원으로 경력경쟁채용할 수 있다.

13 「소방공무원 복무규정」상 소방공무원의 복무에 관한 내용으로 옳지 않은 것은?

① 소방공무원은 휴무일이나 근무시간 외에 공무가 아닌 사유로 3시간 이내에 직무에 복귀하기 어려운 지역으로 여행하려는 경우에는 소속 소방기관장에게 신고하여야 한다.

② 소방활동 중의 안전사고를 방지하기 위하여 필요한 사항은 소방서장이 정한다.

③ 소방기관의 장은 근무성적이 뛰어나거나 다른 소방공무원의 모범이 될 공적이 있는 소방공무원에게 1회 10일 이내의 포상휴가를 줄 수 있다.

④ 소방기관의 장은 소방공무원이 법률에 따라 투표에 참가할 때에는 이에 직접 필요한 기간을 공가로 승인해야 한다.

해설 안전사고의 방지-복무규정 제8조
- 소방공무원은 소방활동 중 발생할 수 있는 안전사고에 유의하여야 한다.
- 소방활동 중의 안전사고를 방지하기 위하여 필요한 사항은 소방청장이 정한다.

14 「소방공무원 승진임용 규정」상 소방공무원 승진심사 시 승진임용예정 인원수가 12명일 경우 승진심사 대상인 사람의 수로 옳은 것은?

① 36명

② 56명

③ 60명

④ 110명

해설 승진임용예정 인원수에 따른 승진심사 대상인 사람의 수

승진임용예정 인원수	승진심사 대상인 사람의 수
1 ~ 10명	승진임용예정 인원수 1명당 5배수
11명 이상	승진임용예정 인원수 10명을 초과하는 1명당 3배수 + 50명 (12 − 10) × 3 + 50 = 56명

15 소방공무원법령상 소방정인 지방소방학교장의 휴직처분에 대한 행정소송의 피고로 옳은 것은?

① 국무총리

② 소방청장

③ 행정안전부장관

④ 관할 시·도지사

해설 행정소송의 피고−법 제30조

징계처분, 휴직처분, 면직처분, 그 밖에 의사에 반하는 불리한 처분에 대한 행정소송의 경우에는 소방청장을 피고로 한다. 다만, 제6조 제3항 및 제4항에 따라 시·도지사가 임용권을 행사하는 경우에는 관할 시·도지사를 피고로 한다.

> ※ **시·도지사에 대한 위임 범위**
> 1. 대통령의 위임
>   • 시·도 소속 소방령 이상의 소방공무원(소방본부장 및 지방소방학교장은 제외)에 대한 임용권
> 2. 소방청장의 위임
>   • 시·도 소속 소방령 이상 소방준감 이하의 소방공무원(소방본부장 및 지방소방학교장은 제외한다)에 대한 전보, 휴직, 직위해제, 강등, 정직 및 복직에 관한 권한
>   • 소방정인 지방소방학교장에 대한 휴직, 직위해제, 정직 및 복직에 관한 권한
>   • 시·도 소속 소방경 이하의 소방공무원에 대한 임용권

16 「소방공무원 교육훈련규정」상 소방기관의 장이 직장훈련계획을 수립할 때 포함할 사항으로 옳지 않은 것은?

① 공직가치 확립 및 정부 시책에 대한 교육

② 직장훈련 시간 총량 목표 및 관리에 관한 사항

③ 신규채용자 및 보직변경자에 대한 실무적응교육훈련

④ 소방공무원 창의 사고 역량 및 인성 함양을 위한 교양 교육

해설 직장훈련계획−교육훈련규정 제32조

소방기관의 장은 기본정책 및 기본지침에 따라 다음 각 호의 사항이 포함된 직장훈련계획을 수립해야 한다.
- 공직가치 확립 및 정부 시책에 대한 교육
- 팀 단위 소방전술훈련 및 개인 직무 전문기술훈련
- 신규채용자 및 보직변경자에 대한 실무적응교육훈련
- 체력향상을 위한 훈련
- 직장훈련 시간 총량 목표 및 관리에 관한 사항
- 그 밖에 부서별·직무 분야별 전문성 강화를 위한 전문교육훈련

15 ④ 16 ④ **정답**

17 「소방공무원임용령」 및 「소방공무원임용령 시행규칙」상 소방간부후보생을 소방위로 임용할 때 보직할 수 있는 소방기관으로 옳은 것은?

① 소방체험관

② 중앙소방학교

③ 국립소방연구원

④ 중앙119구조본부

> **해설** 초임 소방공무원의 보직-임용령 제26조
> • 소방간부후보생을 소방위로 임용할 때에는 최하급 소방기관에 보직하여야 한다.
> • "최하급 소방기관"이란 소방청, 중앙소방학교, 중앙119구조본부, 국립소방연구원, 시·도의 소방본부, 지방소방학교 및 서울종합방재센터를 제외한 소방기관인 소방서, 119특수대응단, 소방체험관을 말한다.

18 「소방공무원 승진임용 규정 시행규칙」상 근무성적평정 등의 시기로 옳은 것은?

① 근무성적, 경력 및 교육훈련성적의 평정은 연 2회 실시하되, 매년 3월 31일과 9월 30일을 기준으로 한다.

② 근무성적, 경력 및 교육훈련성적의 평정은 수시로 실시하되, 매년 6월 30일과 12월 31일을 기준으로 한다.

③ 근무성적의 평정은 매년 3월 31일과 9월 30일, 경력 및 교육훈련성적의 평정은 매년 6월 30일과 12월 31일을 기준으로 각각 연 2회 실시한다.

④ 경력 및 교육훈련성적의 평정은 매년 3월 31일과 9월 30일, 근무성적의 평정은 매년 6월 30일과 12월 31일을 기준으로 각각 연 2회 실시한다.

> **해설** 근무성적평정 등의 시기-승진임용 규정 시행규칙 제4조
> 근무성적, 경력 및 교육훈련성적의 평정은 연 2회 실시하되, 매년 3월 31일과 9월 30일을 기준으로 한다.

19 「소방공무원 복무규정」상 소방기관의 장은 소방공무원이 필요한 기간을 공가로 직접 승인해야 하는데, 이러한 상황으로 옳지 않은 것은?

① 장기 등을 기증하기 위한 신체검사를 할 때

② 원격지(遠隔地)로 전보 발령을 받고 부임할 때

③ 천재지변, 교통 차단 또는 그 밖의 사유로 출근이 불가능할 때

④ 공무와 관련하여 국회, 법원, 검찰 또는 그 밖의 국가기관에 소환되었을 때

해설 공가(복무규정 제8조의2)

소방기관의 장은 소방공무원이 다음 각 호의 어느 하나에 해당하는 때에는 이에 직접 필요한 기간을 공가로 승인해야 한다.
1. 병역판정검사·소집·검열점호 등에 응하거나 동원 또는 훈련에 참가할 때
2. 공무와 관련하여 국회, 법원, 검찰 또는 그 밖의 국가기관에 소환되었을 때
3. 법률에 따라 투표에 참가할 때
4. 승진시험·전직시험에 응시할 때
5. 원격지(遠隔地)로 전보 발령을 받고 부임할 때
6. 다음 각 목의 어느 하나에 해당하는 건강검진 또는 건강진단을 받을 때. 다만, 특별한 사정이 없으면 같은 날에 받는 경우로 한정한다.
   가. 「국민건강보험법」제52조에 따른 건강검진
   나. 「소방공무원 보건안전 및 복지 기본법」제16조에 따른 특수건강진단 또는 정밀건강진단
   다. 「119구조·구급에 관한 법률 시행령」제27조에 따른 건강검진
7. 「혈액관리법」에 따라 헌혈에 참가할 때
8. 외국어능력에 관한 시험에 응시할 때
9. 올림픽, 전국체전 등 국가 또는 지방 단위의 주요 행사에 참가할 때
10. 천재지변, 교통 차단 또는 그 밖의 사유로 출근이 불가능할 때
11. 교섭위원으로 선임(選任)되어 단체교섭 및 단체협약 체결에 참석하거나 대의원회의 설립된 공무원 노동조합의 대의원회를 말하며, 연 1회로 한정한다)에 참석할 때
12. 「검역법」제5조 제1항에 따른 오염지역 또는 같은 법 제5조의2 제1항에 따른 오염인근지역으로 공무국외출장, 파견 또는 교육훈련을 가기 위하여 같은 법 제2조 제1호에 따른 검역감염병의 예방접종을 할 때

20 「소방공무원임용령 시행규칙」상 (   ) 안에 들어갈 내용으로 옳은 것은?

> 가. 임용권자는 소방공무원으로 신규채용되거나 승진되는 소방공무원에게 (ㄱ)을/를, 전보되는 소방공무원에게 (ㄴ) (필요한 경우 (ㄷ)로 갈음할 수 있다)을/를 수여한다. 이 경우 소속 소방기관의 장이 대리 수여할 수 있다.
> 나. 임용권자는 신규채용, 승진 및 전보 외의 모든 임용과 승급 기타 각종 인사발령을 할 때에는 해당 소방공무원에게 (ㄷ)를 준다. 다만, 국내외 훈련·국내외 출장·휴가명령 및 승급은 (ㄹ)로/으로 통지할 수 있다.

	ㄱ	ㄴ	ㄷ	ㄹ
①	인사발령 통지서	임용장	회보	임명장
②	임명장	인사발령 통지서	회보	임용장
③	임명장	임용장	인사발령 통지서	회보
④	임용장	임명장	인사발령 통지서	회보

해설 • 임명장 또는 임용장-임용령 시행규칙 제3조
   임용권자는 소방공무원으로 신규채용되거나 승진되는 소방공무원에게 임명장을, 전보되는 소방공무원에게 임용장(필요한 경우 제4조 제1항 본문에 따른 인사발령통지서로 갈음할 수 있다)을 수여한다. 이 경우 소속 소방기관의 장이 대리 수여할 수 있다.
• 인사발령통지서-임용령 시행규칙 제4조
   임용권자는 신규채용, 승진 및 전보 외의 모든 임용과 승급 기타 각종 인사발령을 할 때에는 해당 소방공무원에게 인사발령통지서를 준다. 다만, 국내외 훈련·국내외 출장·휴가명령 및 승급은 회보로 통지할 수 있다.

20 ③ **정답**

21 「소방공무원 징계령」상 소방공무원 징계위원회에 관한 설명으로 옳지 않은 것은?

① 소방청 소속 소방준감 이하 소방공무원의 징계사건은 소방청에 설치된 소방공무원 징계위원회에서 심의·의결 한다.

② 임용권자(임용권을 위임받은 사람을 포함)가 동일한 2명 이상의 소방공무원이 관련된 징계등 사건으로서 관할 징계위원회가 서로 다르고, 그 중의 1인이 상급소방기관에 소속된 경우에는 그 상급소방기관에 설치된 징계위원회에서 관할한다.

③ 중앙119구조본부에 설치된 징계위원회는 위원장 1명을 포함하여 9명 이상 15명 이하의 위원으로 구성한다.

④ 변호사로 7년 근무한 사람은 중앙소방학교에 설치된 징계위원회의 민간위원으로 위촉될 수 있다.

> **해설** 징계위원회-법 제28조
> 소방준감 이상의 소방공무원에 대한 징계의결은 「국가공무원법」에 따라 국무총리 소속으로 설치된 징계위원회에서 한다.

22 「소방공무원 교육훈련규정」상 교육훈련기관의 교육에 관한 내용으로 옳지 않은 것은?

① 소방기관장 등은 교육훈련 개시 10일 전까지 교육훈련 대상자 명단을 해당 교육훈련기관의 장에게 통보해야 한다.

② 각 교육훈련과정은 교육훈련대상자가 100점 만점에 60점 이상의 성적을 받으면 수료요건을 갖춘 것으로 한다.

③ 소방기관장 등은 수료 또는 졸업요건을 갖추지 못한 사람에 대해서는 한 차례에 한정하여 다시 교육훈련을 받게 할 수 있다.

④ 교육훈련기관의 장은 교육훈련을 받은 사람의 교육훈련성적을 교육훈련 수료 또는 졸업 후 30일 이내에 그 소속 소방기관장 등에게 통보해야 한다.

> **해설** 교육훈련성적의 평가-교육훈련규정 제16조
> 교육훈련기관의 장은 교육훈련을 받은 사람의 교육훈련성적을 교육훈련 수료 또는 졸업 후 10일 이내에 그 소속 소방기관장 등에게 통보해야 한다.

정답 21 ① 22 ④

23 「소방공무원임용령 시행규칙」상 채용후보자명부를 시험 성적순위에 의하여 작성할 때 시험성적이 같은 경우에 우선순위 순서로 옳은 것은?

> 가. 취업보호대상자
> 나. 연령이 많은 사람
> 다. 필기시험 성적 우수자

① 다 → 가 → 나
② 다 → 나 → 가
③ 가 → 다 → 나
④ 가 → 나 → 다

해설 채용후보자명부의 작성-임용령 시행규칙 제30조
채용후보자명부는 시험성적순위에 의하여 작성하되 시험성적이 같을 경우에는 다음 순위에 따라 작성하여야 한다.
1. 취업보호대상자
2. 필기시험 성적 우수자
3. 연령이 많은 사람

24 「소방공무원 승진임용 규정」상 승진소요최저근무연수에 포함하는 계급별 재직기간을 계산할 때 해당 계급에서 통상적인 근무시간보다 짧게 근무하는 소방공무원(이하 "시간선택제전환소방공무원")의 근무기간 계산으로 옳지 않은 것은?

① 시간선택제전환소방공무원으로 근무한 1년 이하의 기간은 그 기간 전부를 승진소요최저근무연수에 포함한다.
② 시간선택제전환소방공무원으로 근무한 1년을 넘는 기간은 근무시간에 비례한 기간을 승진소요최저근무연수에 포함한다.
③ 만 8세 이하 또는 초등학교 2학년 이하인 둘째 자녀를 양육하기 위해, 휴직을 대신해 시간선택제전환소방공무원으로 지정되어 3년을 근무한 경우 그 기간을 전부 승진소요최저근무연수에 포함한다.
④ 만 8세 이하 또는 초등학교 2학년 이하인 첫째 자녀를 양육하기 위해, 휴직을 대신해 시간선택제전환소방공무원으로 지정되어 2년을 근무한 경우 그 기간을 전부 승진소요최저근무연수에 포함한다.

해설 승진소요최저근무연수-승진임용 규정 제5조
「국가공무원법」 제26조의2에 따라 통상적인 근무시간보다 짧게 근무하는 소방공무원(이하 "시간선택제전환소방공무원"이라 한다)의 근무기간은 다음 각 호의 기준에 따라 승진소요최저근무연수 기간에 포함한다.
1. 해당 계급에서 시간선택제전환소방공무원으로 근무한 1년 이하의 기간은 그 기간 전부
2. 해당 계급에서 시간선택제전환소방공무원으로 근무한 1년을 넘는 기간은 근무시간에 비례한 기간
3. 해당 계급에서 「국가공무원법」 제71조 제2항 제4호의 사유(* 만 8세 이하 또는 초등학교 2학년 이하의 자녀를 양육하기 위하여 필요하거나 여성공무원이 임신 또는 출산하게 된 때)로 인한 휴직을 대신하여 시간선택제전환소방공무원으로 지정되어 근무한 기간은 둘째 자녀부터 각각 3년의 범위에서 그 기간 전부

25 「소방공무원임용령」상 별도정원으로 인정되는 경우로 옳지 않은 것은?

① 관련기관 간의 긴밀한 협조가 필요한 특수업무의 공동수행을 위한 1년 이상의 파견
② 다른 기관의 업무폭주로 인한 행정지원을 위한 1년 이상의 파견
③ 정년 잔여기간이 1년 이내에 있는 자의 퇴직 후의 사회 적응능력배양을 위한 연수(계급정년해당 자는 본인의 신청이 있는 경우에 한한다)
④ 국내외의 교육기관에서 교육훈련을 받게 하기 위한 소방청 소속 소방공무원에 대한 3개월 이상의 파견

해설 별도정원의 범위-임용령 제31조
소방공무원의 직급·직위 또는 상당 계급에 해당하는 정원이 따로 있는 것으로 보고 결원을 보충할 수 있는 경우는 다음과 같다.

별도정원 범위	별도정원 사유
1년 이상 소방공무원을 파견한 경우	• 다른 국가기관 또는 지방자치단체나 그 외의 기관·단체에서의 국가적 사업을 수행하기 위하여 특히 필요한 경우 • 다른 기관의 업무폭주로 인한 행정지원의 경우 • 관련기관 간 긴밀한 협조가 필요한 특수업무를 공동수행하기 위하여 필요한 경우 • 공무원교육훈련기관의 교수요원으로 선발되거나 그 밖의 교육훈련관련 업무수행을 위하여 필요한 경우 • 국제기구, 외국의 정부 또는 연구기관에서의 업무수행 및 능력개발을 위하여 필요한 경우 • 국내의 연구기관, 민간기관 및 단체에서의 업무수행·능력개발이나 국가 정책 수립과 관련된 자료수집 등을 위하여 필요한 경우
6개월 이상 교육훈련 파견	「공무원 인재개발법」 또는 법 제20조 제3항에 따른 교육훈련을 위하여 필요한 경우로서 소방청과 그 소속기관 소속 소방공무원, 소방본부장 및 지방소방학교장에 대한 6개월 이상의 파견
퇴직예정자의 사회적응능력 배양을 위한 연수	정년 잔여기간이 1년 이내에 있는 자의 퇴직 후의 사회적응능력 배양을 위한 연수(계급정년 해당자는 본인의 신청이 있는 경우에 한함)

02 공개문제

▸ 본 공개문제는 2023년 11월 4일에 시행한 소방위 승진과목 중 제2과목 소방법령 Ⅳ에서 소방공무원법령에 관한 문제만 수록하였습니다.

01 「소방공무원법」 제6조(임용권자) 및 「소방공무원임용령」 제3조(임용권의 위임) 규정에 따른 소방공무원의 전보에 관한 내용으로 옳지 않은 것은?

① 시·도 소속 소방감인 소방본부장의 전보는 대통령이 실시한다.

② 시·도 소속 소방준감인 소방공무원(소방본부장과 지방학교장은 제외한다)의 전보는 대통령의 위임을 받아 시·도지사가 실시한다.

③ 시·도 소속 소방령인 소방공무원의 전보는 소방청장의 위임을 받아 시·도지사가 실시한다.

④ 시·도 소방서 소속 소방경 이하 소방공무원의 소방서 내에서의 전보는 시·도지사의 위임을 받아 소방서장이 실시한다.

해설 시·도 소속 소방준감인 소방공무원(소방본부장과 지방학교장은 제외한다)의 전보는 소방청장의 위임을 받아 시·도지사가 실시한다.

02 「소방공무원 승진임용 규정」상 승진심사에 관한 내용으로 옳은 것은?

① 소방공무원의 승진심사는 연 2회 이상 승진심사위원회가 설치된 기관의 장이 정하는 날에 실시한다.

② 음주운전으로 정직 3개월 처분을 받은 소방공무원은 그 징계처분의 집행이 끝난 날부터 24개월이 지나지 않은 경우 승진임용을 할 수 없다.

③ 소방청과 그 소속기관 소방공무원 및 소방정인 지방소방학교장의 소방준감으로의 승진심사는 소방청 보통승진심사위원회에서 실시한다.

④ 승진심사위원회의 회의는 재적위원 과반수 이상의 출석과 출석위원 과반수의 찬성으로 의결한다.

해설 ① 소방공무원의 승진심사는 연 1회 이상 승진심사위원회가 설치된 기관의 장이 정하는 날에 실시한다.
③ 소방청과 그 소속기관 소방공무원 및 소방정인 지방소방학교장의 소방준감으로의 승진심사는 소방청 중앙승진심사위원회에서 실시한다.
④ 승진심사위원회의 회의는 재적위원 3분의 2 이상의 출석과 출석위원 과반수의 찬성으로 의결한다.

03 「소방공무원 승진임용 규정」 및 「소방공무원 승진임용 규정 시행규칙」상 근무성적평정에 관한 내용으로 옳지 않은 것은?

① 근무성적평정은 당해 소방공무원의 근무성적·직무수행능력·직무수행태도 및 발전성 등을 평가하여야 한다.

② 근무성적평정의 결과는 공개하지 아니하되, 소방기관의 장은 근무성적평정이 완료되면 평정 대상 소방공무원에게 근무성적평정 결과를 통보할 수 있다.

③ 근무성적을 '가' 평정을 할 경우에는 평정표에 그 사유를 명확하게 기록해야 한다.

④ 소방공무원이 휴직, 직위해제나 그 밖의 사유로 근무 성적평정 대상기간 중 실제 근무기간이 2개월 미만인 경우에는 근무성적평정을 하지 아니한다.

> **해설** 근무성적평정의 예외-승진임용 규정 제8조
> 소방공무원이 휴직, 직위해제나 그 밖의 사유로 근무성적평정 대상기간 중 실제 근무기간이 1개월 미만인 경우에는 근무평정을 하지 아니한다.

04 「소방공무원법」 및 「소방공무원 승진임용 규정」상 특별승진에 관한 내용으로 옳은 것은?

① 소방정감인 소방공무원이 「국가공무원법」 제74조의2에 따라 명예퇴직 하는 경우, 해당 소방공무원을 소방총감으로 특별승진을 할 수 있다.

② 직무수행능력이 탁월하여 소방행정발전에 지대한 공헌 실적이 있다고 인정하는 소방공무원의 경우, 근무기간이 승진소요최저근무연수의 3분의 1 이상이 되어야 특별승진을 할 수 있다.

③ 특별승진 임용할 때에는 해당 소방공무원이 재직기간 중 중징계 처분 또는 「성폭력범죄의 처벌 등에 관한 특례법」 제2조에 따른 성폭력범죄 사유로 경징계 처분을 받은 사실이 없어야 한다.

④ 천재·지변·화재 또는 그 밖에 이에 준하는 재난에 있어서 위험을 무릅쓰고 헌신 분투하여 현저한 공을 세우고 사망하였거나 부상을 입어 사망한 소방공무원을 1계급 특별승진하는 경우에는 특별승진심사를 생략할 수 있다.

> **해설** ① 소방정감인 소방공무원이 「국가공무원법」 제74조의2에 따라 명예퇴직 하는 경우, 해당 소방공무원을 소방총감으로 특별승진을 할 수 없다. 명예퇴직의 경우 소방정감 이하 계급으로의 특별승진만이 가능하다.
> ② 직무수행능력이 탁월하여 소방행정발전에 지대한 공헌 실적이 있다고 인정하는 소방공무원의 경우, 근무기간이 승진소요최저근무연수의 3분의 2 이상이 되어야 특별승진을 할 수 있다.
> ④ 천재·지변·화재 또는 그 밖에 이에 준하는 재난에 있어서 위험을 무릅쓰고 헌신 분투하여 현저한 공을 세우고 사망하였거나 부상을 입어 사망한 소방공무원을 2계급 특별승진하는 경우에는 특별승진심사를 생략할 수 있다.

05 「소방공무원 징계령」상 징계위원회 구성에 관한 내용으로 옳은 것은?

① 징계위원회는 공무원위원과 민간위원으로 구성하며, 민간위원의 수는 위원장을 포함한 위원 수의 2분의 1 이상이어야 한다.

② 징계위원회에 위촉되는 민간위원의 임기는 3년으로 하며, 한 차례만 연임할 수 있다.

③ 징계위원회의 회의는 위원장과 위원장이 회의마다 지정하는 4명 이상 6명 이하의 위원으로 구성하며, 이 경우 민간위원은 위원장을 제외한 위원 수의 2분의 1 이상 포함되어야 한다.

④ 시·도에 설치된 징계위원회의 위원장은 소방령 이상의 소방공무원 중에서 임명할 수 있다.

> **해설** ① 징계위원회는 다음 각 호의 구분에 따라 공무원위원과 민간위원으로 구성한다. 이 경우 민간위원의 수는 위원장을 제외한 위원 수의 2분의 1 이상이어야 한다.
> ③ 징계위원회의 회의는 위원장과 위원장이 회의마다 지정하는 4명 이상 6명 이하의 위원으로 구성한다. 이 경우 민간위원이 위원장을 포함한 위원 수의 2분의 1 이상 포함되어야 하며, 민간위원을 자격이 있는 사람 중 동일한 자격요건에 해당하는 민간위원만 지정해서는 안 된다.
> ④ 징계위원회의 위원장은 해당 징계위원회가 설치된 기관의 장의 차순위 계급자(동일계급의 경우에는 직위를 설치하는 법령에 규정된 직위의 순위를 기준으로 정한다)가 된다. 다만, 제2조 제3항(* 시·도지사가 임용권을 행사)에 따른 징계위원회가 설치된 기관의 장은 해당 징계위원회의 위원장을 소방정 이상의 소방공무원 중에서 임명할 수 있다.

06 「소방공무원 승진임용 규정 시행규칙」상 근무성적평정의 조정에 관한 내용으로 옳지 않은 것은?

① 근무성적평정점의 분포비율 조정결과, 조정 전의 평정 등급에서 아래등급으로 조정된 자의 조정점은 그 조정된 아래등급의 평균점으로 한다.

② 근무성적평정점을 조정하기 위하여 승진대상자명부 작성단위 기관별로 근무성적평정조정위원회를 둘 수 있다.

③ 근무성적평정조정위원회는 피평정자의 상위직급 공무원 중에서 조정위원회가 설치된 기관의 장이 지정하는 3인 이상 5인 이하의 위원으로 구성한다.

④ 조정위원회가 설치된 기관의 장은 근무성적평정의 조정결과가 심히 부당하다고 인정되는 경우에는 당해 조정위원회의 위원장에게 이의 재조정을 요구할 수 있다.

> **해설** 분포비율의 조정결과 조정 전의 평정등급에서 아래등급으로 조정된 자의 조정점은 그 조정된 아래등급의 최고점으로 한다.

07 「소방공무원 승진임용 규정」상 승진임용의 제한에 관한 내용이다. (　　　) 안에 들어갈 내용으로 옳은 것은?

> 징계에 관하여 소방공무원과 다른 법령의 적용을 받는 공무원이 소방공무원으로 임용된 경우, 종전의 신분에서 (ㄱ)의 징계처분을 받고 그 처분 종료일부터 (ㄴ)이 지나지 않은 사람과 근신·군기교육이나 그 밖에 이와 유사한 징계처분을 받고 그 처분 종료일부터 (ㄷ)이 지나지 않은 사람은 승진임용을 할 수 없다.

	ㄱ	ㄴ	ㄷ
①	정직	18개월	6개월
②	강등	18개월	12개월
③	강등	18개월	6개월
④	감봉	12개월	6개월

해설 승진임용의 제한−승진임용 규정 제6조 제1항 제3호
징계에 관하여 소방공무원과 다른 법령의 적용을 받는 공무원이 소방공무원으로 임용된 경우, 종전의 신분에서 강등의 징계처분을 받고 그 처분 종료일부터 18개월이 지나지 않은 사람과 근신·군기교육이나 그 밖에 이와 유사한 징계처분을 받고 그 처분 종료일부터 6개월이 지나지 않은 사람은 승진임용할 수 없다.

08 「공무원고충처리규정」상 소방공무원 고충심사위원회에 위촉할 수 있는 민간위원으로 옳은 것은?

① 소방공무원으로 15년 근무하고 퇴직한 사람
② 대학에서 정신건강의학을 담당했던 사람으로서, 교수로 퇴직한 사람
③ 공인노무사로 3년 근무한 사람
④ 「의료법」에 따른 의료인

해설 소방공무원 고충심사위원회−공무원고충처리규정 제3조의3
소방공무원 고충심사위원회의 민간위원은 다음 각 호의 사람 중에서 설치기관의 장이 위촉한다.
1. 소방공무원으로 20년 이상 근무하고 퇴직한 사람
2. 대학에서 법학, 행정학, 심리학, 정신건강의학 또는 소방학을 담당하는 사람으로서 조교수 이상으로 재직 중인 사람
3. 변호사 또는 공인노무사로 5년 이상 근무한 사람
4. 「의료법」에 따른 의료인

09 「소방공무원 교육훈련규정」상 국내에서 위탁교육을 받은 경우 의무복무에 관한 내용이다. ( )
안에 들어갈 내용으로 옳은 것은?

> 임용제청권자는 (ㄱ)의 국내 위탁교육훈련을 받은 소방공무원에 대해서는 특별한 경우를 제외하고
> (ㄴ)의 범위에서 교육훈련기간과 같은 기간 동안 교육훈련 분야와 관련된 직무 분야에서 복무하게
> 해야 한다.

	ㄱ	ㄴ
①	3개월	3년
②	3개월	6년
③	6개월	3년
④	6개월	6년

해설 의무복무-교육훈련규정 제11조
① 별표1 제1호 가목에 따른 신임교육(이하 "신임교육"이라 한다)을 받고 임용된 사람은 그 교육기간에 해당하는
기간 이상을 소방공무원으로 복무해야 한다.
② 임용권자(「소방공무원임용령」 제3조 제1항부터 제6항까지의 규정에 따라 임용권을 위임받은 자를 포함한다.
이하 같다) 또는 임용제청권자는 6개월 이상의 위탁교육훈련을 받은 소방공무원에 대해서는 특별한 경우를
제외하고 6년의 범위에서 교육훈련기간과 같은 기간(국외 위탁교육훈련의 경우에는 교육훈련기간의 2배에
해당하는 기간으로 한다) 동안 교육훈련 분야와 관련된 직무 분야에서 복무하게 해야 한다.

10 「소방공무원 승진임용 규정 시행규칙」상 가점평정하는 경우 최대 초과할 수 없는 가점에 관한 내용
으로 옳은 것은?

① 소방공무원이 해당 계급에서 학사·석사 또는 박사 학위를 취득하거나 언어 능력이 우수하다고
인정되는 경우 : 0.5점
② 소방공무원이 소방업무와 관련한 전국 및 특별시·광역시·특별자치시·도·특별자치도 단위
대회 또는 평가 결과 우수한 성적을 얻은 경우 : 3.0점
③ 소방행정의 균형발전을 위하여 소방청장이 실시하는 인사교류의 대상이 된 소방공무원의 경우
: 2.0점
④ 소방공무원이 해당 계급에서 격무·기피부서에 근무한 경우 : 0.5점

해설 가점평정 사유와 가점-시행규칙 제15조의2

가점평정 사유	가 점	합 계
해당 계급에서 「국가기술자격법」 등에 따른 소방업무 및 전산관련 자격증을 취득한 경우	0.5점 이내	5점 이내
해당 계급에서 학사·석사 또는 박사학위를 취득하거나 언어 능력이 우수하다고 인정되는 경우	0.5점 이내	
해당 계급에서 격무·기피부서에 근무한 때에는 근무한 날부터	2.0점 이내	
소방업무와 관련한 전국 및 특별시·광역시·특별자치시·도·특별자치(이하 "시·도") 단위 대회 또는 평가 결과 우수한 성적을 얻은 경우	2.0점 이내	
소방행정의 균형발전을 위하여 소방청장이 실시하는 인사교류의 대상이 된 경우	3.0점 이내	

11 「공무원보수규정」상 승급의 제한에 해당되지 않는 소방공무원은? (단, 징계처분의 집행이 끝난 날을 기준으로 하고, 별도의 징계사유로 인한 가산기간은 산입하지 않는다)

① 강등의 징계처분 집행이 끝난 날을 기준으로 24개월이 되는 소방공무원
② 정직의 징계처분 집행이 끝난 날을 기준으로 12개월이 되는 소방공무원
③ 감봉의 징계처분 집행이 끝난 날을 기준으로 6개월이 되는 소방공무원
④ 견책의 징계처분 집행이 끝난 날을 기준으로 3개월이 되는 소방공무원

해설 승급의 제한-공무원보수규정 제14조
다음에 해당하는 사람은 해당기간 동안 승급시킬 수 없다.
징계처분의 집행이 끝난 날(강등의 경우에는 직무에 종사하지 못하는 3개월이 끝난 날을 말한다. 이하 같다)부터 다음 각 목의 기간[「국가공무원법」 제78조의2 제1항 각 호의 어느 하나의 사유로 인한 징계처분과 소극행정, 음주운전(음주측정에 응하지 않은 경우를 포함한다), 성폭력, 성희롱 및 성매매로 인한 징계처분의 경우에는 각각 6개월을 가산한 기간]이 지나지 않은 사람
가. 강등, 정직 : 18개월
나. 감봉 : 12개월
다. 영창, 근신 또는 견책 : 6개월

12 「소방공무원 징계령」상 징계를 심의 · 의결하는 징계위원회 관할에 관한 내용으로 옳은 것만을 모두 고른 것은?

> 가. 중앙소방학교 소속 소방경 이하의 소방공무원에 대한 징계 : 중앙소방학교에 설치된 징계위 원회
> 나. 서울종합방재센터 소속 소방위 이하의 소방공무원에 대한 징계 : 서울종합방재센터에 설치된 징계위원회
> 다. 소방체험관 소속 소방위 이하의 소방공무원에 대한 징계 : 소방체험관에 설치된 징계위원회
> 라. 중앙119구조본부 소속 소방경 이하의 소방공무원에 대한 징계 : 중앙119구조본부에 설치된 징 계위원회

① 가, 나, 다, 라
② 가, 나
③ 다
④ 라

징계위원회의 관할-징계령 제2조

소속기관별 징계위원회	징계의 관할(징계등 : 징계 또는 징계부가금)
국무총리	소방준감 이상에 대한 징계

소방청	• 소방청 소속 소방정 이하의 소방공무원에 대한 징계 또는 징계부가금(이하 "징계등"이라 한다)사건
	• 소방청 소속기관의 소방공무원에 대한 다음 각 목의 구분에 따른 징계등 사건
	  – 국립소방연구원 소속 소방정에 대한 징계등 사건
	  – 국립소방연구원 소방령 이하 소방공무원에 대한 중징계등 사건
	  – 소방청 소속기관(국립소방연구원은 제외) 소방정 또는 소방령에 대한 징계등 사건
	  – 소방청 소속기관(국립소방연구원은 제외)소방경 이하 소방공무원에 대한 중징계등 사건
	• 소방정인 지방소방학교장에 대한 징계등 사건

중앙소방학교	소속 소방경 이하의 소방공무원에 대한 징계등 사건
중앙119구조본부	소속 소방경 이하의 소방공무원에 대한 징계등 사건
국립소방연구원	소속 소방령 이하의 소방공무원에 대한 징계등 사건
시·도	시·도지사가 임용권을 행사하는 소방공무원에 대한 징계등 사건 (아래의 징계위원회에서 심의·의결하는 사건은 제외한다)
지방소방학교, 서울종합방재센터 소방서 119특수대응단 소방체험관	소속 소방위 이하의 소방공무원에 대한 징계 사건(중징계등 요구사건은 제외한다)

13 「소방공무원 승진임용 규정」상 승진임용 구분별 비율과 승진임용예정 인원수의 책정에 관한 내용으로 옳지 않은 것은?

① 심사승진임용과 시험승진임용을 병행하는 경우에는 승진임용예정 인원수의 60퍼센트를 심사승진임용예정 인원수로, 40퍼센트를 시험승진임용예정 인원수로 한다.

② 계급별 승진임용예정 인원수를 정함에 있어서 특별승진임용예정 인원수를 따로 책정한 경우에는 당초 승진임용예정 인원수에서 특별승진임용예정 인원수를 뺀 인원수를 당해 계급의 승진임용예정 인원수로 한다.

③ 소방공무원의 승진임용예정 인원수는 당해 연도의 실제결원 및 예상되는 결원을 고려하여 임용권자(「소방공무원임용령」 제3조에 따라 임용권을 위임받은 사람을 포함한다. 이하 같다)가 정한다.

④ 소방경 이하 계급으로의 승진임용예정 인원수를 정하는 경우에는 해당 계급으로의 승진임용예정 인원수의 20퍼센트 이내에서 특별승진임용예정 인원수를 따로 정할 수 있다.

소방경 이하 계급으로의 승진임용예정 인원수를 정하는 경우에는 해당 계급으로의 승진임용예정 인원수의 30퍼센트 이내에서 특별승진임용예정 인원수를 따로 정할 수 있다.

13 ④ 정답

03 | 공개문제

▸ 본 공개문제는 2022년 9월 3일에 시행한 소방교 승진시험 과목 중 제1과목 소방법령 Ⅰ에서 소방공무원법령에 관한 문제만 수록하였습니다.

01 소방공무원 공개경쟁채용시험에 관한 내용으로 옳은 것은?

① 시험실시에 관한 공고내용을 변경하고자 할 때에는 시험실시 5일 전까지 변경내용을 공고하여야 한다.

② 소방사 채용시험의 출제수준은 소방업무수행에 필요한 전문적 능력·지식을 검정할 수 있는 정도로 한다.

③ 공개경쟁채용시험의 합격자를 결정할 때 선발예정인원을 초과하여 동점자가 있는 경우에는 그 선발예정인원에 불구하고 모두 합격자로 한다.

④ 필기시험은 각 과목 40퍼센트 이상을 득점하고, 전 과목 총점의 60퍼센트 이상을 득점한 사람 중에서 선발예정인원의 5배수 범위에서 고득점자순으로 결정한다.

해설 ① 시험실시에 관한 공고내용을 변경하고자 할 때에는 시험실시 7일 전까지 변경내용을 공고하여야 한다.
② 소방사 채용시험의 출제수준은 소방업무수행에 필요한 기본적인 능력·지식을 검정할 수 있는 정도로 한다.

계급별	출제수준
소방위 이상 및 소방간부후보생선발시험	소방행정의 기획 및 관리에 필요한 능력·지식을 검정할 수 있는 정도
소방장 및 소방교	소방업무수행에 필요한 전문적 능력·지식을 검정할 수 있는 정도
소방사	소방업무수행에 필요한 기본적인 능력·지식을 검정할 수 있는 정도

④ 필기시험은 각 과목 40퍼센트 이상을 득점하고, 전 과목 총점의 60퍼센트 이상을 득점한 사람 중에서 선발예정인원의 3배수 범위에서 고득점자순으로 결정한다.

02 소방공무원의 필수보직기간은 1년이다. 이에 대한 예외사유로 옳지 않은 것은?

① 전보권자가 같은 기관 내의 전보인 경우

② 당해 소방공무원의 승진 또는 강임인 경우

③ 공개경쟁채용시험에 합격하고 시보임용 중인 경우

④ 임신 중인 소방공무원 또는 출산 후 1년이 지나지 않은 소방공무원의 모성보호, 육아 등을 위해 필요한 경우

정답 01 ③ 02 ①

전보제한 예외 사유

1. 직제상의 최저단위 보조기관 내에서의 전보의 경우
2. 기구의 개편, 직제 또는 정원의 변경으로 인한 전보의 경우
3. 전보권자를 달리하는 기관 간의 전보의 경우
4. 당해 소방공무원의 승진 또는 강임의 경우
4의2. 소방공무원을 전문직위로 전보하는 경우
5. 임용예정직위에 관련된 2월 이상의 특수훈련경력이 있는 자 또는 임용예정직위에 상응한 6월 이상의 근무경력 또는 연구실적이 있는 자를 당해 직위에 보직하는 경우
6. 징계처분을 받은 경우
7. 형사사건에 관련되어 수사기관에서 조사를 받고 있는 경우
8. 공개경쟁채용시험에 합격하고 시보임용 중인 경우
9. 소방령 이하의 소방공무원을 그 배우자 또는 직계존속이 거주하는 시·도 지역의 소방기관으로 전보하는 경우
10. 임신 중인 소방공무원 또는 출산 후 1년이 지나지 않은 소방공무원의 모성보호, 육아 등을 위해 필요한 경우
11. 그 밖에 소방기관의 장이 보직관리를 위하여 전보할 필요가 있다고 특별히 인정하는 경우

03 소방공무원에 대한 징계등 처분기록의 말소 사유에 해당하지 않는 것은?

① 징계처분에 대한 일반사면이 있은 때
② 직위해제처분의 종료일로부터 1년이 경과한 때
③ 감봉처분의 집행이 종료된 날로부터 5년이 경과한 때
④ 소청심사위원회나 법원에서 징계처분의 무효 또는 취소의 결정이나 판결이 확정된 때

징계 및 직위해제 처분기록의 말소−시행규칙 제14조의2 제1항
• 징계처분의 집행이 종료된 날로부터 다음의 기간이 경과한 때. 다만, 징계처분을 받고 그 집행이 종료된 날로부터 다음의 기간이 경과하기 전에 다른 징계처분을 받은 때에는 각각의 징계처분에 대한 해당기간을 합산한 기간이 경과하여야 한다.
　가. 강등 : 9년
　나. 정직 : 7년
　다. 감봉 : 5년
　라. 견책 : 3년
• 소청심사위원회나 법원에서 징계처분의 무효 또는 취소의 결정이나 판결이 확정된 때
• 징계처분에 대한 일반사면이 있은 때
• 직위해제처분의 종료일로부터 2년이 경과한 때. 다만, 직위해제처분을 받고 그 집행이 종료된 날로부터 2년이 경과하기 전에 다른 직위해제처분을 받은 때에는 각 직위해제처분마다 2년을 가산한 기간이 경과하여야 한다.
• 소청심사위원회나 법원에서 직위해제처분의 무효 또는 취소의 결정이나 판결이 확정된 때

03 ②

04 근무성적평정의 예외에 관한 내용으로 옳은 것은?

① 휴직 등의 사유로 실제 근무기간이 2개월 미만인 경우에는 근무평정을 하지 아니한다.

② 정기평정 이후에 신규채용 또는 승진임용된 소방공무원에 대하여는 2월이 경과한 후의 최초의 정기평정일에 평정해야 한다.

③ 소방공무원이 2월 이상 국가기관·지방자치단체에 파견근무하는 경우에는 파견받은 기관의 의견을 참작하여 근무성적을 평정하여야 한다.

④ 소방공무원이 국외 파견 등 교육훈련으로 인하여 실제 근무기간이 2개월 미만인 경우에는 직무에 복귀한 후 첫 번째 정기평정을 하기 전까지 최근 2회의 근무성적평정결과의 평균을 해당 소방공무원의 평정으로 본다.

해설 근무성적평정의 예외-승진임용 규정 제8조
- 휴직 등의 사유로 실제 근무기간이 1개월 미만인 경우에는 근무평정을 하지 아니한다.
- 소방공무원이 6월 이상 국가기관·지방자치단체에 파견근무하는 경우에는 파견받은 기관의 의견을 참작하여 근무성적을 평정하여야 한다.
- 소방공무원이 국외 파견 등 교육훈련으로 인하여 실제 근무기간이 1개월 미만인 경우에는 직무에 복귀한 후 첫 번째 정기평정을 하기 전까지 최근 2회의 근무성적평정결과의 평균을 해당 소방공무원의 평정으로 본다.
- 소방공무원이 전보된 경우에는 당해 소방공무원의 근무성적평정표를 그 전보된 기관에 이관하여야 한다. 다만, 평정기관을 달리하는 기관으로 전보된 후 1개월 이내에 평정을 실시할 때에는 전출기관에서 전출전까지의 근무기간에 해당하는 평정을 실시하여 송부하여야 하며, 전입기관에서는 송부된 평정결과를 참작하여 평정하여야 한다.
- 소방공무원이 소방청과 시·도 간 또는 시·도 상호 간에 인사교류된 경우에는 인사교류 전에 받은 근무성적평정을 해당 소방공무원의 평정으로 한다.
- 정기평정이후에 신규채용 또는 승진임용된 소방공무원에 대하여는 2월이 경과한 후의 최초의 정기평정일에 평정해야 한다. 다만, 강임된 소방공무원이 승진임용된 경우에는 강임되기전의 계급에서의 평정을 기준으로 하여 즉시 평정하여야 한다.

05 「소방공무원 승진임용 규정 시행규칙」상 소방공무원의 가점평정에 관한 내용으로 옳지 않은 것은?

① 가점평정하는 경우 그 가점합계는 5점 이내로 한다.

② 가점평정에 필요한 세부기준은 대통령령으로 정한다.

③ 소방경이 워드프로세서 자격증을 취득한 경우 0.3점을 받는다.

④ 소방위가 1종대형운전면허를 취득한 경우 가점을 받지 못한다.

해설 가점평정
① 가점평정하는 경우 그 가점합계는 5점 이내로 한다.
② 가점평정에 필요한 세부기준은 소방청장이 정한다.
③ 전산능력 자격은 소방경 이하에 한하며 워드프로세서 자격증은 0.3점을 받는다.

종 류	평정점	
워드프로세서 자격증	0.3	
컴퓨터활용능력 자격증	1급	2급
	0.5	0.3

④ 제1종대형운전면허, 소형선박조종사, 잠수산업기사, 잠수기능사에 대한 가점평정은 소방장 이하에 한함으로 소방위가 1종대형운전면허를 취득한 경우 가점을 받지 못한다.

06 소방공무원 승진대상자명부의 총평정점이 같은 경우에 선순위자 결정순서로 옳은 것은?

> ㄱ. 근무성적평정점이 높은 사람
> ㄴ. 소방공무원으로 장기근무한 사람
> ㄷ. 해당 계급에서 장기근무한 사람
> ㄹ. 해당 계급의 바로 하위 계급에서 장기근무한 사람

① ㄱ－ㄷ－ㄹ－ㄴ 　　　　② ㄱ－ㄹ－ㄷ－ㄴ
③ ㄷ－ㄹ－ㄱ－ㄴ 　　　　④ ㄹ－ㄷ－ㄱ－ㄴ

해설　승진대상자명부의 동점자의 합격자 결정
1. 근무성적평정점이 높은 사람
2. 해당 계급에서 장기근무한 사람
3. 해당 계급의 바로 하위계급에서 장기근무한 사람
4. 소방공무원으로 장기근무한 사람
※ 위에 따라서도 순위가 결정되지 아니한 때에는 승진대상자명부 작성권자가 선순위자를 결정한다.

07 행정소송의 피고에 관한 내용이다. (　　) 안에 들어갈 피고로 옳은 것은?

> "시·도지사가 임용권에 대한 위임을 받은 경우를 제외하고 소방공무원에 대한 징계처분, 휴직처분,
> 면직처분, 그 밖에 의사에 반하는 불리한 처분에 대한 행정소송의 경우에는 (　　)을 피고로 한다."

① 행정안전부장관
② 소방서장
③ 시·도 소방본부장
④ 소방청장

해설　행정소송의 피고
- 징계처분, 휴직처분, 면직처분, 그 밖에 의사에 반하는 불리한 처분에 대한 행정소송의 경우 : 소방청장을 피고로 한다.
- 시·도지사가 임용권을 행사하는 경우 : 관할 시·도지사를 피고로 한다.

> ※ 시도지사에 대한 위임 범위
> - 대통령의 위임
>   - 시·도 소속 소방령 이상의 소방공무원(소방본부장 및 지방소방학교장은 제외)에 대한 임용권
> - 소방청장의 위임
>   - 시·도 소속 소방령 이상 소방준감 이하의 소방공무원(소방본부장 및 지방소방학교장은 제외한다)에 대한 전보, 휴직, 직위해제, 강등, 정직 및 복직에 관한 권한
>   - 소방정인 지방소방학교장에 대한 휴직, 직위해제, 정직 및 복직에 관한 권한
>   - 시·도 소속 소방경 이하의 소방공무원에 대한 임용권

08 소방공무원 승진시험에 관한 내용으로 옳지 않은 것은?

① 승진시험을 실시하고자 할 때에는 필요한 사항을 시험 실시 15일 전까지 공고하여야 한다.

② 소방청장은 시·도 소속 소방공무원의 소방장 이하 계급으로의 승진시험을 시·도지사에게 위임한다.

③ 제1차시험의 합격자는 전 과목 만점의 60퍼센트 이상, 매 과목 만점의 40퍼센트 이상 득점한 자로 한다.

④ 시·도지사는 시·도 소속 소방장 이하 계급으로의 승진시험을 실시하는 경우 시험의 문제출제를 소방청장에게 의뢰할 수 있다.

해설 승진시험을 실시하고자 할 때에는 필요한 사항을 시험 실시 20일 전까지 공고하여야 한다.

09 소방공무원 근속승진에 관한 내용으로 옳은 것은?

① 소방위를 소방경으로 근속승진 임용하려는 경우 해당 계급에서 6년 이상 근속자를 대상으로 한다.

② 근속승진 요건에 해당하는 경우에는 근속승진 기간에 도달하기 7일 전부터 승진심사를 할 수 있다.

③ 근속승진 후보자는 승진대상자명부에 등재되어 있고, 최근 3년간 평균 근무성적평정점이 "양" 이하에 해당하지 아니한 사람으로 한다.

④ 근속승진 기간을 단축하는 소방공무원(국정과제 등 주요 업무의 추진실적이 우수한 소방공무원 등)의 인원수는 인사혁신처장이 제한할 수 있다.

해설 소방공무원 근속승진

① 소방위를 소방경으로 근속승진 임용하려는 경우 해당 계급에서 8년 이상 근속자를 대상으로 한다.

계급	소방교	소방장	소방위	소방경
근속년수	4	5	6년 6월	8년

② 근속승진 요건에 해당하는 경우에는 근속승진 기간에 도달하기 5일 전부터 승진심사를 할 수 있다.

③ 근속승진 후보자는 승진대상자명부에 등재되어 있고, 최근 2년간 평균 근무성적평정점이 "양" 이하에 해당하지 아니한 사람으로 한다.

10 소방령, 소방정, 소방준감, 소방감의 계급정년을 모두 합한 숫자로 옳은 것은?

① 30

② 33

③ 35

④ 37

해설 계급정년

소방감	소방준감	소방정	소방령
4년	6년	11년	14년

11 「공무원보수규정」상 보수지급에 관한 내용으로 옳지 않은 것은?

① 보수지급기관은 법령에 따라 원천징수 등을 하여야 하는 경우 등을 제외하고는 보수에서 일정 금액을 정기적으로 원천징수, 특별징수 또는 공제할 수 없다.

② 보수는 해당 공무원의 소속기관에서 지급하되, 보수의 지급기간 중에 전보 등의 사유로 소속기관이 변동되었을 때에는 보수 지급일 현재의 소속기관에서 지급한다. 다만, 전 소속기관에서 이미 지급한 보수액은 그러하지 아니하다.

③ 공무원의 보수는 법령에 특별한 규정이 있는 경우를 제외하고는 신규채용, 승진, 전직, 전보, 승급, 감봉, 그 밖의 모든 임용에서 발령일을 기준으로 그 월액을 일할계산하여 지급한다.

④ 면직된 사람이 법령의 규정에 따라 사무인계 또는 잔무처리를 위하여 계속 근무한 경우에는 30일을 초과하지 아니하는 범위에서 실제 근무일에 따라 면직 당시의 보수를 일할계산하여 지급할 수 있다.

해설 퇴직 후의 실제 근무 등에 대한 보수 지급-법 제25조
- 법령에 따라 퇴직 또는 직위해제처분이 소급 적용되는 사람에게는 그 소급 적용된 날 이후의 근무에 대한 보수를 지급한다.
- 교통의 불편 등의 사유로 면직 통지서의 송달이 지연되어 면직일을 초과하여 근무한 사람에게는 면직일부터 그 통지서를 받은 날까지의 근무에 대한 보수를 일할계산하여 지급한다. 이 경우 제24조 제1항에 따라 지급하는 면직된 날이 속하는 달의 말일까지의 봉급과 중복되는 봉급은 지급하지 아니한다.
- 면직된 사람이 법령의 규정에 따라 사무인계 또는 잔무처리를 위하여 계속 근무한 경우에는 15일을 초과하지 아니하는 범위에서 실제 근무일에 따라 면직 당시의 보수를 일할계산하여 지급할 수 있다.

12 징계의 효력으로 옳지 않은 것은?

① 파면 - 5년간 공무원 임용 제한
② 해임 - 3년간 공무원 임용 제한
③ 강등 - 1개월 이상 3개월 이하 기간의 직무종사 금지
④ 감봉 - 1개월 이상 3개월 이하의 기간 동안 보수의 3분의 1을 감함

해설 강등 징계의 제한
- 1계급 아래로 직급을 내린다.
- 공무원신분은 보유하나 3개월간 직무에 종사하지 못한다.
- 그 기간 중 보수의 전액을 감하는 징계이다.
- 일정기간(18개월) 승진임용 및 승급이 제한된다.

13 소방기관의 장은 기본정책 및 기본지침에 따라 다음 각 호의 사항이 포함된 직장훈련계획을 수립해야 하는데 「소방공무원 교육훈련규정」상 직장훈련의 계획 수립시 포함해야 할 사항으로 옳지 않은 것은?

① 교육훈련 평가에 대한 교육

② 공직가치 확립 및 정부 시책에 대한 교육

③ 소방공무원 체력향상을 위한 훈련

④ 팀 단위 소방전술훈련 및 개인직무 전문기술 훈련

해설 직장훈련계획–교육훈련규정 제32조
소방기관의 장은 기본정책 및 기본지침에 따라 다음 각 호의 사항이 포함된 직장훈련계획을 수립해야 한다.
- 공직가치 확립 및 정부 시책에 대한 교육
- 팀 단위 소방전술훈련 및 개인 직무 전문기술훈련
- 신규채용자 및 보직변경자에 대한 실무적응교육훈련
- 체력향상을 위한 훈련
- 직장훈련 시간 총량 목표 및 관리에 관한 사항
- 그 밖에 부서별·직무 분야별 전문성 강화를 위한 전문교육훈련

14 소방공무원의 시보임용에 관한 내용으로 옳은 것은?

① 소방공무원을 신규채용할 때에는 소방장 이하는 1년간 시보로 임용하고, 소방위 이상은 6개월간 시보로 임용한다.

② 정규의 소방공무원이었던 자가 퇴직 당시의 계급 또는 그 하위의 계급으로 임용되는 경우에는 시보임용을 면제한다.

③ 교육훈련을 받는 중 질병, 병역 복무 또는 그 밖에 교육훈련을 계속할 수 없는 불가피한 사정으로 퇴교처분을 받은 경우

④ 임용권자 또는 임용제청권자는 시보임용소방공무원의 근무성적평정점이 만점의 6할 미만인 경우에 해당하여 정규소방공무원으로 임용하는 것이 부적당하다고 인정되는 경우에는 면직시키거나 면직을 제청할 수 있다.

해설 ② 정규의 소방공무원이었던 자가 퇴직 당시의 계급 또는 그 하위의 계급으로 임용되는 경우와 소방공무원으로서 소방공무원승진임용규정에서 정하는 상위계급에의 승진에 필요한 자격요건을 갖춘 자가 승진예정계급에 해당하는 계급의 공개경쟁채용시험에 합격하여 임용되는 경우에는 시보임용을 면제한다.
① 소방공무원을 신규채용할 때에는 소방장 이하는 6개월간 시보로 임용하고, 소방위 이상은 1년간 시보로 임용한다.
③ 임용권자 또는 임용제청권자는 시보임용예정자의 교육훈련성적이 만점의 6할 미만이거나 생활기록이 극히 불량할 때에는 시보임용을 하지 아니할 수 있다.
④ 임용권자 또는 임용제청권자는 시보임용소방공무원의 다음의 어느 하나의 경우에 해당하여 정규 소방공무원으로 임용하는 것이 부적당하다고 인정되는 경우에는 임용심사위원회의 의결을 거쳐 면직시키거나 면직을 제청할 수 있다.

- 제24조 제1항에 따른 교육훈련과정의 졸업요건을 갖추지 못한 경우
- 제24조 제항에 따른 교육훈련을 받는 중 질병, 병역 복무 또는 그 밖에 교육훈련을 계속할 수 없는 불가피한 사정 외의 사유로 퇴교처분을 받은 경우
- 근무성적 또는 교육훈련 성적이 매우 불량하여 성실한 근무수행을 기대하기 어렵다고 인정되는 경우
- 소방공무원으로서 품위를 크게 손상하는 행위를 함으로써 소방공무원으로서의 직무를 수행하기 곤란하다고 인정되는 경우
- 법 또는 법에 따른 명령을 위반하여 중징계 사유에 해당하는 비위를 저지른 경우
- 법 또는 법에 따른 명령을 위반하여 경징계 사유에 해당하는 비위를 2회 이상 저지른 경우

15 임용권자 또는 임용제청권자가 특히 필요한 경우 파견기간은 2년 이내로 하되, 필요한 경우에는 총 파견 기간이 5년을 초과하지 않는 범위에서 파견기간을 연장할 수 있는 파견할 수 있는 사유에 해당하지 않는 것은?

① 공무원교육훈련기관의 교수요원으로 선발되거나 그 밖에 교육훈련 관련 업무수행을 위하여 필요한 경우
② 관련 기관 간의 긴밀한 협조가 필요한 특수업무를 공동수행하기 위하여 필요한 경우
③ 다른 국가기관 또는 지방자치단체나 그 외의 기관·단체에서 국가적 사업을 수행하기 위하여 특히 필요한 경우
④ 국내의 연구기관, 민간기관 및 단체에서의 업무수행·능력개발이나 국가정책 수립과 관련된 자료수집 등을 위하여 필요한 경우

해설 파견근무 사유 및 기간-임용령 제30조

파견대상	파견기간	미리 요청 유무
공무원교육훈련기관의 교수요원으로 선발되거나 그 밖에 교육훈련 관련 업무수행을 위하여 필요한 경우	1년 이내(필요한 경우에는 총 파견기간이 2년을 초과하지 않는 범위에서 파견기간을 연장할 수 있다.)	소속 소방공무원을 파견하려면 파견받을 기관의 장이 임용권자 또는 임용제청권자에게 미리 요청해야 한다.
다른 국가기관 또는 지방자치단체나 그외의 기관·단체에서의 국가적 사업을 수행하기 위하여 특히 필요한 경우	2년 이내(필요한 경우에는 총 파견기간이 5년을 초과하지 않는 범위에서 파견기간을 연장할 수 있다.)	소속 소방공무원을 파견하려면 파견받을 기관의 장이 임용권자 또는 임용제청권자에게 미리 요청해야 한다.
다른 기관의 업무폭주로 인한 행정지원의 경우		
관련기관 간의 긴밀한 협조가 필요한 특수업무를 공동수행하기 위하여 필요한 경우		
국내의 연구기관, 민간기관 및 단체에서의 업무수행·능력개발이나 국가정책 수립과 관련된 자료수집 등을 위하여 필요한 경우		미리 요청 필요 없음
소속 소방공무원의 교육훈련을 위하여 필요한 경우	교육훈련·업무수행 및 능력개발을 위하여 필요한 기간	미리 요청 필요 없음
국제기구, 외국의 정부 또는 연구기관에서의 업무수행 및 능력개발을 위하여 필요한 경우		

16 「소방공무원 승진임용 규정」상 승진임용제한에 관한 내용이다. (　　) 안에 들어갈 숫자로 옳은 것은?

> 임용권자는 "징계에 관하여 소방공무원과 다른 법령의 적용을 받는 공무원이 소방공무원으로 임용된 경우, 종전의 신분에서 강등의 징계처분을 받고 그 처분 종료일부터 (㉠)개월이 지나지 않은 사람과 근신·군기교육이나 그 밖에 이와 유사한 징계처분을 받고 그 처분 종료일부터 (㉡)개월이 지나지 않은 사람"을 승진임용할 수 없다.

	㉠	㉡
①	12	6
②	12	12
③	18	3
④	18	6

해설 승진임용의 제한(제외)–승진임용 규정 제6조
다음의 어느 하나에 해당하는 소방공무원은 승진임용을 할 수 없다.
- 징계처분 요구 또는 징계의결 요구, 징계처분, 직위해제, 휴직 또는 시보임용 기간 중에 있는 사람
- 징계처분의 집행이 종료된 날부터 다음의 기간이 지나지 않은 사람

강등·정직	감봉	견책	비고
18개월	12개월	6개월	금전, 물품, 부동산, 향응 또는 그 밖에 대통령령으로 정하는 재산상 이익을 취득하거나 제공한 경우, 예산 및 기금 등에 해당하는 것을 횡령(橫領), 배임(背任), 절도, 사기 또는 유용(流用)한 사유로 인한 징계처분과 소극행정, 음주운전(음주측정에 응하지 않은 경우를 포함한다), 성폭력, 성희롱 또는 성매매로 인한 징계처분의 경우에는 각각 6개월을 더한 기간

- 징계에 관하여 소방공무원과 다른 법령의 적용을 받는 공무원이 소방공무원으로 임용된 경우, 종전의 신분에서 강등의 징계처분을 받고 그 처분 종료일부터 18개월이 지나지 않은 사람과 근신·군기교육 기타 이와 유사한 징계처분을 받고 그 처분 종료일부터 6개월이 지나지 않은 사람
- 신임교육과정을 졸업하지 못한 사람
- 관리역량교육과정을 수료하지 못한 사람
- 소방정책관리자교육과정을 수료하지 못한 사람

17 「소방공무원 승진임용 규정」 및 같은 법 시행규칙상 근무성적평정에 관한 내용으로 옳지 않은 것은?

① 평정점 33점 이상~45점 미만은 근무성적 "양"에 해당한다.

② 소방정 이하의 소방공무원에 대한 근무성적의 평정은 당해 소방공무원의 근무성적·직무수행능력·직무수행태도 및 발전성등을 평가하여야 한다.

③ 근무성적평정의 결과는 공개하지 아니하나, 소방기관의 장은 근무성적평정이 완료되면 평정 대상 소방공무원에게 근무성적평정 결과를 통보할 수 있다.

④ 소방공무원이 소방청과 특별시·광역시·특별자치시·도·특별자치도 간 또는 시·도 상호 간에 인사교류된 경우에는 인사교류 후에 받은 근무성적평정만을 해당 소방공무원의 평정으로 한다.

> **해설** **근무성적평정의 예외**
> 소방공무원이 소방청과 특별시·광역시·특별자치시·도·특별자치도 간 또는 시·도 상호 간에 인사교류된 경우에는 인사교류 전에 받은 근무성적평정을 해당 소방공무원의 평정으로 한다.

18 「소방공무원 승진임용 규정」 명문상 소방공무원의 승진대상자명부 조정사유에 해당하지 않는 것은?

① 전출자나 전입자가 있는 경우

② 교육훈련을 받은 자가 있는 경우

③ 승진소요최저근무연수에 도달한 자가 있는 경우

④ 정기평정일 이후에 근무성적평정을 한 자가 있는 경우

> **해설** **승진대상자명부의 조정 사유**
> 승진대상자명부의 작성자는 승진대상자명부의 작성 후에 다음의 어느 하나에 해당하는 사유가 있는 경우에는 승진대상자명부를 조정해야 한다.
> • 전출자나 전입자가 있는 경우
> • 퇴직자가 있는 경우
> • 승진소요최저근무연수에 도달한 자가 있는 경우
> • 승진임용제한사유가 발생하거나 소멸한 자가 있는 경우
> • 정기평정일 이후에 근무성적평정을 한 자가 있는 경우
> • 승진심사대상 제외 사유가 발생하거나 소멸한 사람이 있는 경우
> • 경력평정 또는 교육훈련성적평정을 한 후에 평정사실과 다른 사실이 발견되는 등의 사유로 재평정을 한 사람이 있는 경우
> ※ 가점사유가 발생한 경우(×)
> • 승진임용되거나 승진후보자로 확정된 사람이 있는 경우
> • 승진대상자명부 작성의 단위를 달리하는 기관으로 전보된 경우

19 「소방공무원기장령」상 소방공무원 기장에 관한 내용으로 옳지 않은 것은?

① 소방기장의 수여대상자가 사망 기타 부득이한 사유로 소방기장을 직접 받을 수 없는 경우에는 그 유족 또는 대리인이 본인을 위하여 이를 받을 수 있다.

② 소방공무원기장 수여대장은 전자적 처리가 불가능한 특별한 사유가 없으면 전자적 처리가 가능한 방법으로 작성·관리해야 한다.

③ 소방청장이 소방기장의 수여대상자를 선정할 때에는 소방청 소속기관의 장, 특별시장·광역시장·특별자치시장·도지사 및 시장·군수·구청장으로부터 추천을 받아야 한다.

④ 소방지휘관장은 소방기관의 장으로 임명된 때에 수여하고, 소방근속기장, 소방공로기장 및 소방경력기장은 특별한 사정이 없는 한 매년 11월 1일에 수여하며, 소방기념장은 소방청장이 정하는 때에 수여한다.

해설 소방청장이 소방기장의 수여대상자를 선정할 때에는 소방청 소속기관의 장, 특별시장·광역시장·특별자치시장·도지사 및 시장·군수·구청장으로부터 추천을 받을 수 있다.

20 소방공무원의 복무에 관한 내용으로 옳지 않은 것은?

① 소방공무원의 비상소집과 비상근무의 종류·절차 및 근무수칙 등에 관한 사항은 소방청장이 정한다.

② 소방기관의 장은 소방공무원이 승진시험·전직시험에 응시할 때에는 이에 직접 필요한 기간을 공가로 승인해야 한다.

③ 소방기관의 장은 2조 교대제 근무를 하는 소방공무원에게는 비상근무를 하는 경우 순번을 정하여 주기적으로 근무일에 휴무하게 할 수 있다.

④ 비상근무 등 소방업무상 특별한 사정이 있어 소방기관의 장이 정하는 기간 중 휴무일에 소방공무원이 공무가 아닌 사유로 3시간 이내에 직무에 복귀하기 어려운 지역으로 여행하려는 경우에는 소속 소방기관의 장의 허가를 받아야 한다.

해설 소방기관의 장은 2조 교대제 근무를 하는 소방공무원에게는 순번을 정하여 주기적으로 근무일에 휴무하게 할 수 있다. 다만, 비상근무를 하는 경우에는 그러하지 아니하다.

21 소방공무원 고충심사위원회 민간위원의 자격으로 옳지 않은 것은?

① 「의료법」에 따른 의료인

② 변호사 또는 법무사로 5년 이상 근무한 사람

③ 소방공무원으로 20년 이상 근무하고 퇴직한 사람

④ 대학에서 법학·행정학·심리학·정신건강의학 또는 소방학을 담당하는 사람으로서 조교수 이상으로 재직 중인 사람

> **해설** 소방공무원 고충심사위원회 민간위원의 자격
> • 소방공무원으로 20년 이상 근무하고 퇴직한 사람
> • 대학에서 법학·행정학·심리학·정신건강의학 또는 소방학을 담당하는 사람으로서 조교수 이상으로 재직 중인 사람
> • 변호사 또는 공인노무사로 5년 이상 근무한 사람
> • 의료인

22 소방공무원의 정년에 관한 내용으로 옳지 않은 것은?

① 소방정의 계급정년은 11년으로 한다.

② 소방청장은 전시, 사변, 그 밖에 이에 준하는 비상사태에서는 3년의 범위에서 계급정년을 연장할 수 있다.

③ 징계로 인하여 강등된 소방공무원의 계급정년을 산정할 때에는 강등되기 전 계급의 근무연수와 강등 이후의 근무연수를 합산한다.

④ 소방공무원은 그 정년이 되는 날이 1월에서 6월 사이에 있는 경우에는 6월 30일에 당연히 퇴직하고, 7월에서 12월 사이에 있는 경우에는 12월 31일에 당연히 퇴직한다.

> **해설** 계급정년의 연장 및 승인
> • 소방청장은 전시, 사변, 그 밖에 이에 준하는 비상사태에서는 2년의 범위에서 계급정년을 연장할 수 있다.
> • 이 경우 소방령 이상의 소방공무원에 대해서는 행정안전부장관의 제청으로 국무총리를 거쳐 대통령의 승인을 받아야 한다.

23 「소방공무원 승진임용 규정 시행규칙」상 대우공무원에 관한 내용으로 옳지 않은 것은?

① 소방장이 대우공무원으로 선발되기 위해서는 승진소요최저근무연수를 경과하고 해당 계급에서 7년 이상 근무해야 한다.

② 대우공무원이 강임되는 경우 강임된 계급의 근무기간에 관계없이 강임일자에 강임된 계급의 바로 상위계급의 대우공무원으로 선발할 수 있다.

③ 대우공무원이 징계 또는 직위해제 처분을 받거나 휴직하더라도 「공무원 수당 등에 관한 규정」에서 정하는 바에 따라 대우공무원수당을 감액하여 계속 지급한다.

④ 임용권자 또는 임용제청권자는 매월 말 5일 전까지 대우공무원 발령일을 기준으로 하여 대우공무원 선발요건에 적합한 대상자를 결정하여야 하고, 그다음 월 1일에 일괄하여 대우공무원으로 발령하여야 한다.

> **해설** 대우공무원 선발을 위한 근무기간
> - 대우공무원으로 선발되기 위해서는 승진소요최저근무연수를 경과한 소방정 이하 계급의 소방공무원으로서 해당 계급에서 다음의 구분에 따른 기간 동안 근무해야 한다.
>   - 소방정 및 소방령 : 7년 이상
>   - 소방경, 소방위, 소방장, 소방교 및 소방사 : 5년 이상
> - 근무기간의 산정은 승진소요최저근무연수 산정방법에 따른다.

24 소방공무원의 징계등 절차에 관한 내용으로 옳지 않은 것은?

① 감사원은 조사를 시작한 때와 이를 마친 때에는 10일 내에 소속 기관의 장에게 그 사실을 통보하여야 한다.

② 수사기관은 수사를 시작한 때와 이를 마친 때에는 10일 내에 소속 기관의 장에게 그 사실을 통보하여야 한다.

③ 감사원에서 조사 중인 사건은 조사개시 통보를 받은 날부터 징계 의결의 요구나 그 밖의 징계 절차를 진행하지 아니할 수 있다.

④ 수사기관에서 수사 중인 사건은 수사개시 통보를 받은 날부터 징계 의결의 요구나 그 밖의 징계 절차를 진행하지 아니할 수 있다.

> **해설** 감사원의 조사와의 관계 등-국가공무원법 제83조
> - 감사원에서 조사 중인 사건에 대하여는 제3항에 따른 조사개시 통보를 받은 날부터 징계 의결의 요구나 그 밖의 징계 절차를 진행하지 못한다.
> - 검찰·경찰, 그 밖의 수사기관에서 수사 중인 사건에 대하여는 제3항에 따른 수사개시 통보를 받은 날부터 징계 의결의 요구나 그 밖의 징계 절차를 진행하지 않을 수 있다.
> - 감사원과 검찰·경찰, 그 밖의 수사기관은 조사나 수사를 시작한 때와 이를 마친 때에는 10일 내에 소속 기관의 장에게 그 사실을 통보해야 한다.

25 소방공무원의 신규채용시험에서 일반적 응시결격 사유에 해당하지 않는 사람은?

① 징계로 해임처분을 받은 때부터 3년이 지나지 아니한 사람

② 금고 이상의 형의 선고유예를 받은 경우에 그 선고유예 기간 중에 있는 사람

③ 「아동·청소년의 성보호에 관한 법률」 제2조 제2호에 따른 아동·청소년 대상 성범죄를 저질러 치료감호를 선고받아 치료감호가 확정된 사람

④ 공무원으로 재직기간 중 직무와 관련하여 업무상 횡령·배임죄를 범한 자로서 200만원의 벌금형을 선고받고 그 형이 확정된 후 2년이 지나지 아니한 사람

해설 **공무원 임용 결격사유–국가공무원법 제33조**

1. 피성년후견인
2. 파산선고를 받고 복권되지 않은 자
3. 금고 이상의 실형을 선고받고 그 집행이 종료되거나 집행을 받지 아니하기로 확정된 후 5년이 지나지 않은 자
4. 금고 이상의 형을 선고받고 그 집행유예 기간이 끝난 날부터 2년이 지나지 않은 자
5. 금고 이상의 형의 선고유예를 받은 경우에 그 선고유예 기간 중에 있는 자
6. 법원의 판결 또는 다른 법률에 따라 자격이 상실되거나 정지된 자
6의2. 공무원으로 재직기간 중 직무와 관련하여 형법 제355조(횡령, 배임) 및 제356조(업무상 횡령과 배임)에 규정된 죄를 범한 자로서 300만원 이상의 벌금형을 선고받고 그 형이 확정된 후 2년이 지나지 않은 자
6의3. 「성폭력범죄의 처벌 등에 관한 특례법」 제2조에 규정된 죄를 범한 사람으로서 100만원 이상의 벌금형을 선고받고 그 형이 확정된 후 3년이 지나지 않은 사람
  가. 「성폭력범죄의 처벌 등에 관한 특례법」 제2조에 따른 성폭력범죄
  나. 「정보통신망 이용촉진 및 정보보호 등에 관한 법률」 제74조 제1항 제2호 및 제3호에 규정된 죄
    – 음란한 부호·문언·음향·화상 또는 영상을 배포·판매·임대하거나 공공연하게 전시한 자
    – 공포심이나 불안감을 유발하는 부호·문언·음향·화상 또는 영상을 반복적으로 상대방에게 도달하게 한 자
  다. 「스토킹범죄의 처벌 등에 관한 법률」 제2조 제2호에 따른 스토킹범죄
6의4. 미성년자에 대한 다음 각 목의 어느 하나에 해당하는 죄를 저질러 파면·해임되거나 형 또는 치료감호를 선고받아 그 형 또는 치료감호가 확정된 사람(집행유예를 선고받은 후 그 집행유예기간이 경과한 사람을 포함한다)
  가. 「성폭력범죄의 처벌 등에 관한 특례법」 제2조에 따른 성폭력범죄
  나. 「아동·청소년의 성보호에 관한 법률」 제2조 제2호에 따른 아동·청소년대상 성범죄
7. 징계로 파면처분을 받은 때부터 5년이 지나지 않은 자
8. 징계로 해임처분을 받은 때부터 3년이 지나지 않은 자

25 ④ **정답**

04 | 공개문제

▶ 본 공개문제는 2022년 9월 3일에 시행한 소방위 승진시험 과목 중 제2과목 소방법령 Ⅳ에서 소방공무원법령에 관한 문제만 수록하였습니다.

01 「소방공무원 교육훈련규정」상 소방공무원의 교육훈련에 관한 내용으로 옳은 것은?

① 해당 계급에 임용되기 직전 또는 해당 계급에서 신임교육을 받은 사람은 해당 계급의 관리역량교육을 받은 것으로 본다.

② 소방공무원의 교육훈련의 구분은 기본교육훈련, 전문교육훈련, 관리역량교육훈련으로 구분한다.

③ 관리역량교육은 담당하고 있거나 담당할 직무 분야에 필요한 전문성을 강화하기 위한 교육훈련을 말한다.

④ 소방령 계급으로 승진임용된 사람은 소방정책관리자교육을 받아야 한다.

해설 소방공무원 교육훈련과정-교육훈련규정 제5조

① 소방공무원 교육훈련규정 별표 1 비고에 따르면 해당 계급에 임용되기 직전 또는 해당 계급에서 신임교육을 받은 사람은 해당 계급의 관리역량교육을 받은 것으로 본다.

② 소방공무원의 교육훈련의 구분은 기본교육훈련, 전문교육훈련, 기타교육훈련 및 자기개발 학습으로 구분한다.

③ 전문교육훈련은 담당하고 있거나 담당할 직무 분야에 필요한 전문성을 강화하기 위한 교육훈련을 말한다.

④ 소방령 계급으로 승진임용된 사람은 관리역량교육을 받아야 한다.

구 분			대 상	방 법
기본교육훈련	신임교육	「소방공무원임용령」 제24조 제1항에 따른 교육훈련	• 시보임용이 예정된 사람 • 시보임용된 사람으로서 시보임용 전에 신임교육을 받지 않은 사람	교육훈련기관에서의 교육으로 실시
	관리역량교육	승진후보자 또는 승진임용된 사람이 받는 교육훈련	소방위 계급(소방위 계급으로의 승진후보자를 포함한다)	
			소방경 계급(소방경 계급으로의 승진후보자를 포함한다)	
			소방령 계급(소방령 계급로의 승진후보자를 포함한다)	
	소방정책관리자교육		소방정 계급(소방정 계급으로의 승진후보자를 포함한다)	

정답 01 ①

전문 교육 훈련	담당하고 있거나 담당할 직무 분야에 필요한 전문성을 강화하기 위한 교육훈련	소방령 이하	직장훈련으로 실시
기타 교육 훈련	위에 속하지 않는 교육훈련으로서 소속 소방기관의 장의 명에 따른 교육훈련	모든 계급	직장훈련으로 실시
자기 개발 학습	소방공무원이 직무를 창의적으로 수행하고 공직의 전문성과 미래지향적 역량을 갖추기 위하여 스스로 하는 학습·연구활동	모든 계급	

※ 비 고
해당 계급에 임용되기 직전 또는 해당 계급에서 신임교육을 받은 사람은 해당 계급의 관리역량교육을 받은 것으로 본다.

02 「소방공무원 승진임용 규정」 및 같은 법 시행규칙상 소방공무원의 승진임용에 관한 내용으로 옳지 않은 것은?

① 소방경으로 승진하기 위해서는 원칙적으로 소방위에서 2년 이상 재직하여야 한다.
② 시험승진 승진소요최저근무연수의 계산 기준일은 제1차 시험일의 전일이다.
③ 심사승진 승진소요최저근무연수의 계산 기준일은 승진심사 실시일의 전일이다.
④ 강등되거나 강임되었던 사람이 원(原) 계급으로 승진된 경우에는 강등되거나 강임되기 전의 계급에서 재직한 기간은 원 계급에서 재직한 연수에 포함하지 아니한다.

해설 승진소요최저근무연수에 산입하는 기간-승진임용 규정 제5조 제2항
• 강등되거나 강임된 사람이 강등되거나 강임된 계급 이상의 계급에서 재직한 기간은 강등되거나 강임된 계급에서 재직한 연수에 포함한다.
• 강등되거나 강임되었던 사람이 원(原) 계급으로 승진된 경우에는 강등되거나 강임되기 전의 계급에서 재직한 기간은 원 계급에서 재직한 연수에 포함한다.

03 「소방공무원 복무규정」상 소방공무원의 복무규정에 관한 내용으로 옳지 않은 것은?

① 소방기관의 장은 소방공무원이 승진시험에 응시할 때에 직접 필요한 기간을 공가로 승인하여야 한다.
② 소방공무원의 복무에 관하여 「소방공무원 복무규정」에서 규정한 사항 외에는 「국가공무원 복무규정」을 준용한다.
③ 소방기관의 장은 다른 소방공무원의 모범이 될 공적이 있는 소방공무원에게 15일 이내의 포상휴가를 1회 줄 수 있다.
④ 소방공무원은 휴무일이나 근무시간 외에 공무가 아닌 사유로 3시간 이내에 직무에 복귀하기 어려운 지역으로 여행하려는 경우 원칙적으로 소속 소방기관의 장에게 신고하여야 한다.

해설 소방기관의 장은 근무성적이 뛰어나거나 다른 소방공무원의 모범이 될 공적이 있는 소방공무원에게 1회 10일 이내의 포상휴가를 줄 수 있다. 이 경우 포상휴가기간은 연가일수에 산입(算入)하지 않는다.

02 ④   03 ③   **정답**

04 「소방공무원기장령」상 소방공무원의 기장에 관한 내용으로 옳은 것은?

① 소방지휘관장, 소방근속기장은 특별한 사정이 없는 한 매년 11월 1일에 수여한다.

② 소방기장의 수여대상자가 사망한 경우에는 그 유족 또는 대리인이 본인을 위하여 이를 받을 수 있다.

③ 소방기장은 이를 받은 자가 소방공무원으로 재직 중에 한하여 패용할 수 있으며, 퇴직한 경우에는 이를 반환하여야 한다.

④ 소방청장이 소방기장의 수여대상자를 선정할 때에는 소방청 소속기관의 장, 특별시장·광역시장·도지사 및 시장·군수·구청장으로부터 추천을 받을 수 있다.

해설 ① 기장의 수여 시기

소방지휘관장	소방기관의 장으로 임명된 때
소방근속기장, 소방공로기장, 소방경력기장	특별한 사정이 없는 한 매년 11월 1일
소방기념장	소방청장이 정하는 때

③ 소방기장은 이를 받은 자가 소방공무원으로 재직 중에 한하여 패용할 수 있으며, 퇴직한 후에는 본인이 이를 보유한다.

④ 소방청장이 소방기장의 수여대상자를 선정할 때에는 소방청 소속기관의 장, 특별시장·광역시장·특별자치시장·도지사 및 특별자치도지사로부터 추천을 받을 수 있다.

05 「소방공무원 승진임용 규정」 및 같은 법 시행규칙상 승진대상자명부 작성에 관한 내용으로 옳지 않은 것은?

① 승진대상자명부는 「소방공무원 승진임용 규정」에 의한 작성기준일부터 30일 이내에 작성하여야 한다.

② 소방경인 소방공무원의 근무성적평정점은 명부작성 기준일부터 최근 3년 이내에 해당 계급에서 6회 평정한 평정점의 평균으로 산정한다.

③ 승진임용되거나 승진후보자로 확정된 사람은 승진대상자명부에서 삭제하고, 해당 서식의 비고란에 승진임용일 또는 승진후보자로 확정된 날과 그 사유를 적는다.

④ 소방위인 소방공무원의 교육훈련성적평정점 중 직장훈련성적은 명부작성 기준일부터 최근 2년 이내에 해당 계급에서 4회 평정한 평정점의 평균으로 산정한다.

해설 승진대상자명부 작성 시기
승진대상자명부 및 승진대상자통합명부는 매년 1월 1일과 7월 1일을 기준으로 하여 작성기준일로부터 20일 이내에 작성한다.

06 「소방공무원 승진임용 규정 시행규칙」상 대우공무원에 관한 내용으로 옳지 <u>않은</u> 것은?

① 대우공무원이 징계를 받거나 휴직하더라도 「공무원 수당 등에 관한 규정」에서 정하는 바에 따라 감액하여 대우공무원수당을 계속 지급한다.

② 대우공무원이 강임되는 경우 강임되는 일자에 상위계급의 대우자격이 상실되므로 강임일자에 강임된 계급의 바로 상위계급의 대우공무원으로 선발되지는 못한다.

③ 소방위인 소방공무원으로서 대우공무원으로 선발되기 위해서는 「소방공무원 승진임용 규정」 제5조 제1항에 따른 승진소요최저근무연수를 경과해야 하며, 소방위 계급으로 5년 이상 근무해야 한다.

④ 임용권자나 임용제청권자는 매월 말 5일 전까지 대우공무원 발령일을 기준으로 하여 대우공무원 선발요건에 적합한 대상자를 결정하여야 하고, 그다음 월 1일에 일괄하여 대우공무원에 발령하여야 한다.

> **해설** 대우공무원이 강임되는 경우 강임되는 일자에 상위계급의 대우공무원자격은 당연히 상실된다. 다만, 강임된 계급의 근무기간에 관계없이 강임일자에 강임된 계급의 바로 상위계급의 대우공무원으로 선발할 수 있다.

07 「소방공무원임용령」상 소방청장이 「소방공무원법」 제6조 제4항에 따라 시·도지사에게 위임하는 권한으로 옳지 <u>않은</u> 것은?

① 소방정인 지방소방학교장에 대한 휴직에 관한 권한

② 소방정인 지방소방학교장에 대한 직위해제에 관한 권한

③ 시·도 소속 소방경 이하의 소방공무원에 대한 임용권

④ 시·도 소속 소방준감인 소방본부장에 대한 전보에 관한 권한

> **해설** 소방청장의 권한을 시·도지사에게 위임
> - 시·도 소속 소방령 이상 소방준감 이하의 소방공무원(소방본부장 및 지방소방학교장은 제외한다)에 대한 전보, 휴직, 직위해제, 강등, 정직 및 복직에 관한 권한
> - 소방정인 지방소방학교장에 대한 휴직, 직위해제, 정직 및 복직에 관한 권한
> - 시·도 소속 소방경 이하의 소방공무원에 대한 임용권

08 「소방공무원임용령」상 소방공무원의 임용시기에 관한 내용으로 옳지 않은 것은?

① 사망으로 인한 면직은 사망한 날에 면직된 것으로 본다.

② 소방공무원으로서 순직한 사람을 특별승진임용하는 경우 그 사람이 퇴직 후 사망하였다면 퇴직일의 전날을 임용일자로 한다.

③ 소방공무원으로서 순직한 사람을 특별승진임용하는 경우 그 사람이 재직 중 사망하였다면 사망일의 전날을 임용일자로 한다.

④ 시보임용예정자가 「소방공무원임용령」에 따른 소방공무원의 직무수행과 관련한 실무수습 중 사망한 경우에는 사망일의 전날을 임용일자로 한다.

해설 임용시기-임용령 제4조, 제5조

임용시기	• 임용장 또는 임용통지서에 기재된 일자에 임용된 것으로 보며, 임용일자를 소급해서는 아니 된다. • 사망으로 인한 면직은 사망한 다음 날에 면직된 것으로 본다.
임용일자	그 임용장 또는 임용통지서가 피임용자에게 송달되는 기간 및 사무인계에 필요한 기간을 참작하여 정해야 한다.
임용시기의 특례 (소급임용)	• 재직 중 공적이 특히 현저하여 순직한 사람을 다음의 어느 하나에 해당하는 날을 임용일자로 하여 특별승진임용하는 경우 　－ 재직 중 사망한 경우 : 사망일의 전날 ※ 사망한 날(×) 　－ 퇴직 후 사망한 경우 : 퇴직일의 전날 ※ 퇴직한 날(×) • 휴직 기간이 끝나거나 휴직 사유가 소멸된 후에도 직무에 복귀하지 아니하거나 직무를 감당할 수 없어 직권으로 면직시키는 경우 : 휴직기간의 만료일 또는 휴직사유의 소멸일 • 시보임용예정자가 소방공무원의 직무수행과 관련한 실무수습 중 사망한 경우 : 사망일의 전날 ※ 사망한 날(×), 사망한 다음 날(×)

09 「소방공무원법」 및 「소방공무원 징계령」상 소방공무원의 징계에 관한 내용으로 옳은 것은?

① 징계처분에 대한 행정소송의 피고는 원칙적으로 소방청장이다.

② 소방공무원에 대한 징계의 정도에 관한 기준은 대통령령으로 정한다.

③ 징계 의결 요구를 받은 징계위원회는 그 요구서를 받은 날부터 20일 이내에 징계 의결을 해야 한다.

④ 징계사유가 「양성평등기본법」에 따른 성희롱에 해당하는 징계 사건이 속한 징계위원회의 회의를 구성하는 경우에는 피해자와 같은 성별의 위원이 위원장을 제외한 위원 수의 2분의 1 이상 포함되어야 한다.

해설　② 소방공무원에 대한 징계의 정도에 관한 기준은 소방청장이 정한다.
　③ 징계 의결 요구를 받은 징계위원회는 그 요구서를 받은 날부터 30일 이내에 징계 의결을 해야 한다.
　④ 징계사유가 「양성평등기본법」에 따른 성희롱에 해당하는 징계 사건이 속한 징계위원회의 회의를 구성하는 경우에는 피해자와 같은 성별의 위원이 위원장을 제외한 위원 수의 3분의 1 이상 포함되어야 한다.

10 「소방공무원임용령」상 필수보직기간 및 전보의 제한에 관한 내용으로 옳지 않은 것은?

① 소방공무원의 필수보직기간은 원칙적으로 1년으로 한다.

② 중앙소방학교 및 지방소방학교 교수요원의 필수보직기간은 원칙적으로 2년으로 한다.

③ 임용권자는 승진시험 요구 중에 있는 소속 소방공무원을 승진 대상자명부작성단위를 달리하는 기관에 전보할 수 있다.

④ 임용예정직위에 관련된 2월 이상의 특수훈련경력이 있는 자는 1년 이내에 당해 직위에 보직할 수 있다.

> **해설** **전보의 제한 예외 사유**
> • 중앙소방학교 및 지방소방학교 교수요원 : 필수보직기간은 2년으로 한다.
> • 승진시험 요구중인 소방공무원승진 대상자명부작성단위를 달리하는 기관에 전보할 수 없다.
> • 위탁교육훈련을 받고 그와 관련된 직위에 보직된 자
> • 다음의 기간 내에는 소방공무원교육훈련기관의 교관 또는 당해 교육훈련내용과 관련되는 직위 외의 직위로 전보할 수 없다.
> − 교육훈련기간이 6월 이상 1년 미만인 경우에는 2년
> − 교육훈련기간이 1년 이상인 경우에는 3년

11 소방공무원 보건안전 및 복지 기본법령상 소방공무원의 보건안전 및 복지에 관한 내용으로 옳은 것은?

① 지역소방전문치료센터의 운영비용은 국가가 부담한다.

② 소방공무원을 위한 복지시설은 소방공무원 본인만 이용할 수 있다.

③ 「소방공무원 보건안전 및 복지 기본법」에 따른 소방공무원 보건안전 및 복지 집행계획은 시·도지사가 수립한다.

④ 소방청장은 10년마다 소방공무원 보건안전 및 복지 기본계획을 작성하고 관계 중앙행정기관의 장과 협의한 후 이를 시행하여야 한다.

> **해설** ① 지역소방전문치료센터의 운영비용은 시·도가 부담하며, 중앙소방전문치료센터의 운영비용은 국가 또는 시·도가 부담한다.
> ② 소방기관의 장은 복지시설 등의 효율적인 운용을 위하여 필요한 경우에는 소방공무원과 소방공무원 가족(배우자, 본인 및 배우자의 직계 존속·비속) 외의 사람에게 복지시설 등을 이용하게 할 수 있다.
> ④ 소방청장은 5년마다 소방공무원 보건안전 및 복지정책심의위원회의 심의를 거쳐 소방공무원 보건안전 및 복지 기본계획을 작성하고 관계 중앙행정기관의 장과 협의한 후 대통령의 승인을 받아 이를 시행하여야 한다. 수립된 기본계획을 변경하고자 하는 때에도 또한 같다.

12 「소방공무원 승진임용 규정」상 소방공무원 승진심사위원회의 관할에 관한 내용으로 옳지 않은 것은?

① 중앙소방학교 보통승진심사위원회에서는 소속 소방공무원의 소방경 이하 계급으로의 승진심사를 실시한다.

② 시·도지사가 임용권을 행사하는 시·도 소속 소방경 이하 소방공무원의 승진심사는 시·도의 보통승진심사위원회의 관할이다.

③ 국립소방연구원, 중앙119구조본부의 보통승진심사위원회에서는 소속 소방공무원의 소방령 이하 계급으로의 승진심사를 실시한다.

④ 소방청에 설치된 중앙승진심사위원회에서는 소방청과 그 소속기관 소방공무원 및 소방정인 지방소방학교장의 소방준감으로의 승진심사를 실시한다.

해설 소방공무원 승진심사위원회의 관할

구 분	중앙승진심사위원회	보통승진심사위원회
설치운영	소방청	소방청, 중앙소방학교, 중앙119구조본부 및 국립소방연구원, 시·도
심사관할	• 소방청과 그 소속기관 소방공무원 소방준감으로의 승진심사 • 소방정인 지방소방학교장의 소방준감으로의 승진심사	• 소방청 : 소방정 이하 계급으로의 승진심사 • 시·도 : 시·도지사가 임용권을 행사하는 소방공무원의 승진심사 　－ 시·도 소속 소방령 이상의 소방공무원에 대한 임용권 　－ 시·도 소속 소방령 이상 소방준감 이하의 소방공무원에 대한 전보, 휴직, 직위해제, 강등, 정직 및 복직에 대한 임용권 　－ 시·도 소속 소방경 이하의 소방공무원에 대한 임용권 • 중앙소방학교, 중앙119구조본부 : 소속 소방공무원의 소방경 이하 계급으로의 승진심사 • 국립소방연구원 : 소속 소방공무원의 소방령 이하 계급으로의 승진심사

05 | 기출유사문제

> ▶ 본 기출유사문제는 수험자의 기억에 의하여 복원된 것으로 그림, 내용, 출제지문 등이 다를 수 있으니 참고하시기 바랍니다.

01 소방공무원기장의 수여 및 패용에 관한 설명으로 옳지 않은 것은?

① 소방기장은 소방청장이 수여한다.

② 소방근속기장, 소방공로기장 및 소방경력기장은 특별한 사정이 없는 한 매년 11월 1일에 수여한다.

③ 소방지휘관장은 소방령 이상인 소방기관의 장에게 수여한다.

④ 소방기장은 이를 받은 자가 소방공무원으로 재직 중에 한하여 패용할 수 있으며, 퇴직할 때는 이를 소방기관장에게 반납한다.

해설 소방기장은 이를 받은 자가 소방공무원으로 재직 중에 한하여 패용할 수 있으며, 퇴직한 후에는 본인이 이를 보유한다(소방공무원 기장령 제5조 제1항).

02 소극행정으로 정직 2개월의 징계처분을 받은 소방공무원은 정직처분일부터 몇 개월 동안 승진임용의 제한을 받게 되는가?

① 18개월

② 20개월

③ 23개월

④ 26개월

해설 승진임용의 제한 - 소방공무원 승진임용 규정 제6조
징계처분의 집행이 끝난 날부터 다음의 기간[국가공무원법 제78조의2 제1항의 어느 하나에 해당하는 사유로 인한 징계처분과 소극행정, 음주운전(음주측정에 응하지 않은 경우를 포함한다), 성폭력, 성희롱 또는 성매매로 인한 징계처분의 경우에는 각각 6개월을 더한 기간]이 지나지 않은 사람
가. 강등·정직 : 18개월
나. 감봉 : 12개월
다. 견책 : 6개월
따라서 정직기간 2개월 + 승진임용제한 18개월 + 음주운전 6개월 더한 기간 = 26개월

03 승진심사에서 승진대상자명부에 동점자가 있는 경우 합격자 결정의 2순위로 옳은 것은?

① 근무성적평정점이 높은 사람

② 해당 계급에서 장기근무한 사람

③ 해당 계급의 바로 하위 계급에서 장기근무한 사람

④ 소방공무원으로 장기근무한 사람

해설 승진대상자명부의 동점자 결정–소방공무원 승진임용 규정 제12조
- 근무성적평정점이 높은 사람
- 해당 계급에서 장기근무한 자
- 해당 계급의 바로 하위계급에서 장기근무한 사람
- 소방공무원으로 장기근무한 사람
※ 위에 따라서도 순위가 결정되지 아니한 때에는 승진대상자명부 작성권자가 선순위자를 결정한다.

04 소방공무원 승진임용 규정상 경력평정에서 소방교 계급의 경력평정 기간으로 옳은 것은?

① 기본경력 평정기준일부터 최근 3년간, 초과경력 기본경력 전 1년간

② 기본경력 평정기준일부터 최근 1년 6개월간, 초과경력 기본경력 전 6개월간

③ 기본경력 평정기준일부터 최근 4년간, 초과경력 기본경력 전 2년간

④ 기본경력 평정기준일부터 최근 4년간, 초과경력 기본경력 전 3년간

해설 경력평정에서 경력은 기본경력과 초과경력으로 구분하며, 소방교 계급의 기본경력은 평정기준일부터 최근 1년 6개월간, 초과경력은 기본경력 전 6개월간으로 평정한다(승진임용 규정 제9조 제4항).

05 소방공무원 복무규정상 규정 내용으로 옳은 것은?

① 비상근무 시 공무가 아닌 사유로 3시간 이내에 직무에 복귀하기 어려운 지역으로 여행하려는 경우에는 소속 소방기관의 장의 허가를 받아야 한다.

② 소방공무원은 휴무일이나 근무시간 외에 공무가 아닌 사유로 3시간 이내에 직무에 복귀하기 어려운 지역으로 여행하려는 경우에는 소속 소방기관의 장의 허가를 받아야 한다.

③ 소방기관의 장은 근무성적이 뛰어나거나 다른 소방공무원의 모범이 될 공적이 있는 소방공무원에게 1회 5일 이내의 포상휴가를 줄 수 있다.

④ 소방활동 중의 안전사고를 방지하기 위하여 필요한 사항은 대통령령으로 정한다.

> **해설** 소방공무원 복무규정
> ② 소방공무원은 휴무일이나 근무시간 외에 공무가 아닌 사유로 3시간 이내에 직무에 복귀하기 어려운 지역으로 여행하려는 경우에는 소속 소방기관의 장에게 신고해야 한다(제4조).
> ③ 소방기관의 장은 근무성적이 뛰어나거나 다른 소방공무원의 모범이 될 공적이 있는 소방공무원에게 1회 10일 이내의 포상휴가를 줄 수 있다(제9조).
> ④ 소방활동 중의 안전사고를 방지하기 위하여 필요한 사항은 소방청장이 정한다(제8조).

06 소방공무원 승진임용 규정상 소방위 이하 직장훈련성적 평정방식으로 옳은 것은?

① 명부작성 기준일로부터 최근 3년 이내에 해당 계급에서 6회 평정한 평정점의 평균
② 명부작성 기준일로부터 최근 2년 이내에 해당 계급에서 4회 평정한 평정점의 평균
③ 명부작성 기준일로부터 최근 3년 6개월 이내에 해당 계급에서 최근 3회 평정한 평정점의 평균
④ 명부작성 기준일로부터 최근 2년 6개월 이내에 해당 계급에서 2회 평정한 평정점의 평균

> **해설** 근무성적 · 직장훈련성적 및 교육훈련성적 평정의 계산방식(승진임용 규정 시행규칙 제19조 제3항 및 제5항)
>
> | 근무성적 평정점 | 직장훈련성적 평정점 | 체력검정 평정점 |
> |---|---|---|
> | 소방정 계급의 소방공무원 : 명부작성 기준일부터 최근 3년 이내에 해당 계급에서 6회 평정한 평정점의 평균 | | |
> | 소방령 이하 소방장 이상 계급의 소방공무원 : 명부작성 기준일로부터 최근 2년 이내에 해당 계급에서 4회 평정한 평정점의 평균 | 소방령 이하 소방장 이상 계급의 소방공무원 : 명부작성 기준일로부터 최근 2년 이내 해당 계급에서 4회 평정한 평정점의 평균 | 소방령 이하 소방장 이상 계급의 소방공무원 : 명부작성 기준일부터 최근 2년 6개월 이내에 해당 계급에서 최근 2회 평정한 평정점의 평균 |
> | 소방교 이하 계급의 소방공무원 : 명부작성 기준일로부터 최근 1년 이내에 해당 계급에서 2회 평정한 평정점의 평균 | 소방교 이하 계급의 소방공무원 : 명부작성 기준일로부터 최근 1년 이내에 해당 계급에서 2회 평정한 평정점의 평균 | 소방교 이하 계급의 소방공무원 : 명부작성 기준일부터 최근 1년 6개월 이내에 해당 계급에서 최근 1회 평정한 평정점의 평균 |

07 소방공무원 승진임용 규정 시행규칙에 따른 가점평정을 할 때 점수 상한기준으로 옳지 않은 것은?

① 격무·기피부서에서 근무한 때 근무한 날로부터 근무경력 : 1.5점
② 해당 계급에서 소방업무 및 전산관련 자격증을 취득한 경우 : 0.5점
③ 해당 계급에서 학사·석사 또는 박사학위를 취득하거나 언어능력이 우수하다고 인정되는 경우 : 0.5점
④ 소방업무와 관련한 전국단위 및 시·도 단위 대회 또는 평가 결과 우수한 성적을 얻은 경우 : 2점

> **해설** 소방공무원이 해당 계급에서 격무·기피부서에서 근무한 때에는 근무한 날로부터 가점평정하되 2.0점을 초과할 수 없다(승진임용 규정 시행규칙 제15조의2).

08 다음 중 소방공무원법상 용어 정의에 대한 설명으로 옳은 것은?

① "임용"이란 신규채용·승진·전보·파견·강임·휴직·직위해제·정직·강등·복직·면직·해임 및 파면을 말한다.
② "전보"란 소방공무원의 같은 직급 내에서의 보직변경을 말한다.
③ "강임"이란 동종의 직렬 내에서 하위의 직급에 임용하는 것을 말한다.
④ "복직"이란 휴직·직위해제 또는 정직(강등에 따른 정직을 포함한다) 중에 있는 소방공무원을 직급에 복귀시키는 것을 말한다.

> **해설** 소방공무원법상 용어의 정의-법 제2조
> ② "전보"란 소방공무원의 같은 계급 및 자격 내에서의 근무기관이나 부서를 달리하는 임용을 말한다.
> ③ "강임"이란 동종의 직무 내에서 하위의 직위에 임명하는 것을 말한다.
> ④ "복직"이란 휴직·직위해제 또는 정직(강등에 따른 정직을 포함한다) 중에 있는 소방공무원을 직위에 복귀시키는 것을 말한다.

09 다음 중 인사기록의 징계의 말소제한기간으로 옳은 것은?

① 강등 7년
② 견책 3년
③ 정직 5년
④ 직위해제 1년

> **해설** 징계등 처분기간 말소-임용령 시행규칙 제14조의2
>
> | 구 분 | 견 책 | 감 봉 | 정 직 | 강 등 | 징계의 판결등 | |
> |---|---|---|---|---|---|---|
> | 말소기간 | 3년 | 5년 | 7년 | 9년 | 소청심사위원회나 법원에서 징계처분의 무효 또는 취소의 결정이나 판결이 확정된 때 | 징계처분에 대한 일반사면이 있는 때 |

10 근무성적평정의 예외에 대한 설명으로 설명 옳은 것은?

① 소방공무원이 휴직, 직위해제나 그 밖의 사유로 근무성적평정 대상기간 중 실제 근무기간이 3개월 미만인 경우에는 근무평정을 하지 않는다.

② 소방공무원이 국외 파견 등 교육훈련으로 인하여 실제 근무기간이 1개월 미만인 경우에는 직무에 복귀한 후 첫 번째 정기평정을 하기 전까지 최근 2회의 근무성적평정결과의 평균을 해당 소방공무원의 평정으로 본다.

③ 정기평정 이후에 신규채용 또는 승진임용된 소방공무원에 대하여는 3월이 경과한 후의 최초의 정기평정일에 평정해야 한다.

④ 강임된 소방공무원이 승진임용된 경우에는 강임된 계급에서의 평정을 기준으로 하여 즉시 평정해야 한다.

> **해설** 근무성적평정의 예외-승진임용 규정 제8조
> ① 소방공무원이 휴직, 직위해제나 그 밖의 사유로 근무성적평정 대상기간 중 실제 근무기간이 1개월 미만인 경우에는 근무평정을 하지 않는다.
> ③ 정기평정이후에 신규채용 또는 승진임용된 소방공무원에 대하여는 2월이 경과한 후의 최초의 정기평정일에 평정해야 한다.
> ④ 강임된 소방공무원이 승진임용된 경우에는 강임되기 전의 계급에서의 평정을 기준으로 하여 즉시 평정해야 한다.

11 소방공무원 근속승진에 대한 설명으로 옳지 않은 것은?

① 근속승진 요건에 해당하는 경우에는 근속승진 기간에 도달하기 30일 전부터 승진심사를 할 수 있다.

② 임용권자는 소방경으로의 근속승진 임용을 위한 심사를 연 2회 실시할 수 있고, 근속승진심사를 할 때마다 해당 기관의 근속승진 대상자의 100분의 40에 해당하는 인원수를 초과하여 근속승진 임용할 수 없다.

③ 임용권자는 인사의 원활한 운영을 위하여 필요하다고 인정되는 경우에는 소방위 재직기간별로 승진대상자 명부를 구분하여 작성할 수 있다.

④ 근속승진 후보자는 승진대상자 명부에 등재가 되어 있고, 최근 2년간 평균 근무성적평정점이 "양" 이하에 해당되지 않아야 한다.

> **해설** 근속승진 요건에 해당하는 경우에는 근속승진 기간에 도달하기 5일 전부터 승진심사를 할 수 있다(승진임용 규정 제6조의2).

12 소방공무원 승진임용 규정상 승진대상자명부 조정 사유로 옳지 않은 것은?

① 경력평정을 한 후에 평정사실과 다른 사실이 발견되는 등의 사유로 경력 재평정을 한 자가 있는 경우

② 승진임용제한사유가 소멸한 자가 있는 경우

③ 근무성적평정의 가점사유가 발생 또는 소멸한 자가 있는 경우

④ 승진소요최저근무연수에 도달한 자가 있는 경우

> **해설** 승진대상자명부의 조정 사유
> 승진대상자명부의 작성자는 승진대상자명부의 작성 후에 다음의 어느 하나에 해당하는 사유가 있는 경우에는 승진대상자명부를 조정해야 한다.
> • 전출자나 전입자가 있는 경우
> • 퇴직자가 있는 경우
> • 승진소요최저근무연수에 도달한 자가 있는 경우
> • 승진임용제한사유가 발생하거나 소멸한 자가 있는 경우
> • 정기평정일 이후에 근무성적평정을 한 자가 있는 경우
> • 승진심사대상 제외 사유가 발생하거나 소멸한 사람이 있는 경우
> • 경력평정 또는 교육훈련성적평정을 한 후에 평정사실과 다른 사실이 발견되는 등의 사유로 재평정을 한 사람이 있는 경우
> ※ 가점사유가 발생한 경우(×)
> • 승진임용되거나 승진후보자로 확정된 사람이 있는 경우
> • 승진대상자명부 작성의 단위를 달리하는 기관으로 전보된 경우

13 소방공무원 승진임용 규정 시행규칙상 근무성적평정에 대한 설명으로 옳은 것은?

① 근무성적의 총평정점은 70점을 만점으로 하되, 제1차 평정자는 30점, 제2차 평정자는 40점을 최고점으로 하여 평정한다.

② 근무성적평정조정위원회의 위원장은 제1차와 제2차 평정자의 평정결과가 동일하게 조정한다.

③ 근무성적평정조정위원회는 피평정자의 상위직급 공무원 중에서 조정위원회가 설치된 기관의 장이 지정하는 5인 이상 7인 이하의 위원으로 구성한다.

④ 소방기관의 장은 근무성적평정이 완료되어 평정 대상 소방공무원에게 근무성적평정 결과를 통보하는 경우에는 근무성적평정점의 분포비율에 따른 평정등급을 통보한다.

> **해설** ④ 소방기관의 장은 근무성적평정이 완료되어 평정 대상 소방공무원에게 근무성적평정 결과를 통보하는 경우에는 근무성적평정점의 분포비율에 따른 평정등급을 통보한다(승진임용 규정 시행규칙 제9조의2).
> ① 근무성적의 총평정점은 60점을 만점으로 하되, 제1차 평정자와 제2차 평정자는 각각 30점을 최고점으로 하여 평정한다(승진임용 규정 시행규칙 제7조).
> ② 근무성적평정조정위원회의 위원장은 제1차 평정자와 제2차 평정자의 평정결과가 분포비율과 맞지 아니할 경우에는 조정위원회를 소집하여 근무성적평정을 소정의 분포비율에 맞도록 조정할 수 있다(승진임용 규정 시행규칙 제9조 제3항).
> ③ 근무성적평정조정위원회는 피평정자의 상위직급 공무원 중에서 조정위원회가 설치된 기관의 장이 지정하는 3인 이상 5인 이하의 위원으로 구성한다(승진임용 규정 시행규칙 제9조 제2항).

14 소방공무원 교육훈련기관의 교육훈련과정에서 소방경 계급이 받을 수 있는 기본교육훈련의 구분으로 옳은 것은?

① 신임교육

② 관리역량교육

③ 소방정책관리자교육

④ 전문교육훈련

해설 소방공무원 교육훈련기관의 교육훈련과정은 다음 별표 1(교육훈련과정표)과 같다.

구 분			대 상	방 법
기본교육훈련	신임교육	「소방공무원임용령」 제24조 제1항에 따른 교육훈련	• 시보임용이 예정된 사람 • 시보임용된 사람으로서 시보임용 전에 신임교육을 받지 않은 사람	교육훈련기관에서의 교육으로 실시
	관리역량교육	승진후보자 또는 승진임용된 사람이 받는 교육훈련	소방위 계급(소방위 계급으로의 승진후보자를 포함한다)	
			소방경 계급(소방경 계급으로의 승진후보자를 포함한다)	
			소방령 계급(소방령 계급로의 승진후보자를 포함한다)	
	소방정책관리자교육		소방정 계급(소방정 계급으로의 승진후보자를 포함한다)	
전문교육훈련		담당하고 있거나 담당할 직무 분야에 필요한 전문성을 강화하기 위한 교육훈련	소방령 이하	직장훈련으로 실시
기타교육훈련		위에 속하지 않는 교육훈련으로서 소속 소방기관의 장의 명에 따른 교육훈련	모든 계급	직장훈련으로 실시
자기개발학습		소방공무원이 직무를 창의적으로 수행하고 공직의 전문성과 미래지향적 역량을 갖추기 위하여 스스로 하는 학습·연구활동	모든 계급	

※ 비 고
해당 계급에 임용되기 직전 또는 해당 계급에서 신임교육을 받은 사람은 해당 계급의 관리역량교육을 받은 것으로 본다.

15 다음 중 소방공무원 근속승진의 소요기간으로 옳은 것은?

① 소방사 → 소방교 : 해당 계급에서 3년 이상 재직한 사람

② 소방교 → 소방장 : 해당 계급에서 4년 이상 재직한 사람

③ 소방장 → 소방위 : 해당 계급에서 6년 이상 재직한 사람

④ 소방위 → 소방경 : 해당 계급에서 8년 이상 재직한 사람

근속승진 대상계급 및 재직연수

소방경 ← 소방위	소방위 ← 소방장	소방장 ← 소방교	소방교 ← 소방사
8년	6년 6개월	5년	4년

16 소방공무원 고충심사위원회의 민간위원의 자격으로 옳지 않은 것은?

① 소방공무원으로 20년 이상 근무하고 퇴직한 사람
② 대학에서 법학·행정학을 담당하는 사람으로서 조교수로 재직 중인 사람
③ 대학에서 소방학을 담당하는 정교수로 재직하고 퇴직한 사람
④ 변호사 또는 공인노무사로 5년 이상 근무한 사람

소방공무원 고충심사위원회 민간위원의 자격
 • 소방공무원으로 20년 이상 근무하고 퇴직한 사람
 • 대학에서 법학·행정학·심리학·정신건강의학 또는 소방학을 담당하는 사람으로서 조교수 이상으로 재직 중인 사람
 • 변호사 또는 공인노무사로 5년 이상 근무한 사람
 • 「의료법」에 따른 의료인

17 소방공무원 교육훈련성적 평정에 관한 내용으로 옳지 않은 것은?

① 소방정의 교육훈련성적의 평정은 소방방정책관리자교육 수료 성적(이하 "소방정책관리자교육성적"이라 한다)을 평정한다.
② 소방위의 교육훈련성적의 평정은 관리역량교육성적, 전문교육성적, 직장교육훈련성적 및 체력검정성적을 평정한다.
③ 교육훈련성적의 평정은 연 2회 실시하되, 매년 6월 30일과 12월 31일을 기준으로 한다.
④ 소방정 이하 계급은 직무와 관련된 전문교육을 받아야 한다.

소방령 이하 계급은 직무와 관련된 전문교육을 받아야 한다.

18 소방공무원 시보임용에 관한 내용으로 옳지 않은 것은?

① 소방공무원을 신규채용할 때에는 계급별로 일정 기간 동안 시보로 임용하며, 그 기간이 만료된 다음 날에 정규 소방공무원으로 임용한다.
② 임용권자는 시보임용소방공무원이 근무성적 또는 교육훈련 성적이 매우 불량하여 성실한 근무수행을 기대하기 어렵다고 인정되는 경우에는 면직시킬 수 있다.
③ 징계에 의한 견책처분을 받은 기간은 시보임용기간에서 제외한다.
④ 시보임용예정자가 받은 교육훈련기간은 이를 시보로 임용되어 근무한 것으로 보아 시보임용기간을 단축할 수 있다.

시보임용기간의 제외-법 제10조 제2항
휴직기간・직위해제 기간 및 징계에 의한 정직처분 또는 감봉처분을 받은 기간은 시보임용기간에 포함하지 않는다.
※ 견책(×)

19 다음은 소방공무원 승진임용 규정에서 규정하고 있는 승진임용 구분별 임용비율과 승진임용예정 인원수의 책정에 대한 질문들이다. 질문에 대한 답으로 묶인 것은?

> 가. 심사승진임용과 시험승진임용을 병행하는 경우에 그 승진임용방법별 임용비율은 승진임용예정 인원수의 (ㄱ)를 심사승진임용예정 인원수로, (ㄴ)를 시험승진임용예정 인원수로 한다.
> 나. 소방경 이하 계급으로의 승진임용예정 인원수를 정하는 경우에는 해당 계급으로의 승진임용예정 인원수의 (ㄷ) 이내에서 특별승진임용예정 인원수를 따로 정할 수 있다.

① ㄱ : 60퍼센트   ㄴ : 40퍼센트   ㄷ : 30퍼센트
② ㄱ : 50퍼센트   ㄴ : 50퍼센트   ㄷ : 20퍼센트
③ ㄱ : 60퍼센트   ㄴ : 40퍼센트   ㄷ : 20퍼센트
④ ㄱ : 50퍼센트   ㄴ : 50퍼센트   ㄷ : 15퍼센트

해설 승진임용 구분별 임용비율과 승진임용예정인원수의 책정(승진임용 규정 제4조)
• 심사승진임용과 시험승진임용을 병행하는 경우에 그 승진임용방법별 임용비율은 승진임용예정 인원수의 60퍼센트를 심사승진임용예정 인원수로, 40퍼센트를 시험승진임용예정 인원수로 한다.
• 소방경 이하 계급으로의 승진임용예정 인원수를 정하는 경우에는 해당 계급으로의 승진임용예정 인원수의 30퍼센트 이내에서 특별승진임용예정 인원수를 따로 정할 수 있다.

20 소방공무원 교육훈련규정에 따른 퇴교처분의 사유가 아닌 것은?
① 정당한 사유 없이 결석하거나 수업을 매우 게을리 한 경우
② 수료점수에 미달된 때
③ 다른 사람으로 하여금 대리로 교육훈련을 받게하거나 시험 중 부정한 행위를 한 경우
④ 질병 기타 교육대상자의 부득이한 사정으로 인하여 교육훈련을 계속 받을 수 없게 된 때

해설 퇴교처분-교육훈련규정 제18조
교육훈련기관의 장은 교육대상자가 다음 각 호의의 어느 하나에 해당할 때에는 퇴학처분을 하고 그 소속기관의 장에게 이를 통보해야 한다.
• 다른 사람으로 하여금 대리로 교육훈련을 받게 한 경우
• 정당한 사유 없이 결석한 경우
• 수업을 매우 게을리한 경우
생활기록이 매우 불량한 경우
• 시험 중 부정한 행위를 한 경우
• 교육훈련기관의 장의 교육훈련에 관한 지시에 따르지 않은 경우
• 질병이나 그 밖에 교육훈련대상자의 부득이한 사정으로 인하여 교육훈련을 계속 받을 수 없게 된 경우
※ 소방기관장 등은 교육수료 또는 졸업요건을 갖추지 못한 사람에 대해서는 한 차례에 한정하여 다시 교육훈련을 받게 할 수 있다.

21 다음 중 소방공무원 인사기록관리에 대한 설명으로 가장 옳지 않은 것은?

① 소방청장, 시·도지사, 중앙소방학교장, 중앙119구조본부장, 국립소방연구원장, 지방소방학교장, 서울종합방재센터장·소방서장·119특수대응단 및 소방체험관은 소속 소방공무원에 대한 인사기록을 작성·유지·관리해야 한다.

② 인사기록관리담당자가 필요하다고 인정한 때에는 인사기록을 재작성할 수 있다.

③ 신규채용된 소방공무원의 인사기록은 초임보직 소방기관의 장이 작성해야 한다.

④ 소방공무원은 성명·주소 기타 인사기록의 기록내용을 변경해야 할 정당한 이유가 있는 때에는 그 사유가 발생한 날부터 30일 이내에 소속 인사기록관리자에게 신고해야 한다.

해설 인사기록관리자가 필요하다고 인정한 때에는 인사기록을 재작성할 수 있다.

22 소방공무원법상 심사청구에 대한 규정 내용으로 징계처분 등 불복에서 (　　) 알맞은 내용은?

> 「국가공무원법」 제75조에 따라 처분사유설명서를 받은 소방공무원이 그 처분에 불복하는 때에는 그 설명서를 받은 날부터 (가) 이내에, 같은 조에서 정한 처분 외에 본인의 의사에 반하는 불리한 처분을 받은 소방공무원은 그 처분이 있음을 안 날부터 (나) 이내에 소청심사위원회에 이에 대한 심사를 청구할 수 있다.

① 가 : 15일　　　나 : 15일
② 가 : 15일　　　나 : 30일
③ 가 : 30일　　　나 : 30일
④ 가 : 30일　　　나 : 15일

해설 심사청구–법 제26조
「국가공무원법」 제75조에 따라 처분사유설명서를 받은 소방공무원이 그 처분에 불복하는 때에는 그 설명서를 받은 날부터 30일 이내에, 같은 조에서 정한 처분 외에 본인의 의사에 반하는 불리한 처분을 받은 소방공무원은 그 처분이 있음을 안 날부터 30일 이내에 소청심사위원회에 이에 대한 심사를 청구할 수 있다.

23 다음 중 소방공무원법상 계급정년으로 옳지 않은 것은?

① 소방감 4년
② 소방준감 6년
③ 소방정 10년
④ 소방령 14년

해설 소방공무원 정년–법 제25조
소방정의 계급정년은 11년이다.

정답 21 ② 22 ③ 23 ③

24 소방공무원법령상 대우공무원에 대한 설명으로 옳지 않은 것은?

① 대우공무원이 강임된 경우 강임되는 일자에 상위 계급의 대우공무원 자격은 당연히 상실된다.

② 소방장 계급이 대우공무원으로 선발되기 위해서는 해당 계급에서 5년 이상 근무해야 한다.

③ 예산의 범위 안에서 해당 공무원 월봉급액의 4.1퍼센트를 대우공무원수당으로 지급할 수 있다.

④ 대우공무원이 징계 또는 직위해제 처분을 받거나 휴직하여도 대우공무원수당은 지급을 중단한다.

> **해설**　대우공무원이 징계 또는 직위해제 처분을 받거나 휴직하여도 대우공무원수당은 계속 지급한다. 다만, 「공무원 수당 등에 관한 규정」에서 정하는 바에 따라 대우공무원수당을 감액하여 지급한다(승진임용 규정 시행규칙 제38조 제2항).

25 소방공무원 고충심사위원회에 대한 설명으로 틀린 것은?

① 위원회 회의는 위원장이 회의마다 지정하는 5명 이상 7명 이하의 위원으로 성별을 고려하여 구성한다. 이 경우 민간위원이 3분의 1 이상 포함되어야 한다.

② 위원장은 설치기관 소속 공무원 중에서 인사 또는 감사 업무를 담당하는 과장 또는 이에 상당하는 직위를 가진 사람이 된다.

③ 위원회는 위원장 1명을 포함하여 7명 이상 15명 이하의 공무원위원과 민간위원으로 구성한다. 이 경우 민간위원의 수는 위원장을 제외한 위원 수의 3분의 1 이상이어야 한다.

④ 공무원 위원은 청구인보다 상위 계급 또는 이에 상당하는 소속 공무원(지방공무원을 포함한다) 중에서 설치기관의 장이 임명한다.

> **해설**　소방공무원 고충심사위원회는 위원장 1명을 포함하여 7명 이상 15명 이내의 공무원위원과 민간위원으로 구성한다. 이 경우 민간위원의 수는 위원장을 제외한 위원 수의 2분의 1 이상이어야 한다.

24 ④　25 ③　**정답**

06 | 기출유사문제

01 소방공무원 승진임용 규정 시행규칙상 근무성적평정에 대한 설명으로 옳은 것은?

① 연 2회 정기평정을 실시하되 매년 1월 1일과 7월 1일을 기준으로 한다.

② 지방소방학교 소속 소방경 계급의 소방공무원에 대한 1차 평정자는 소속 부서장(과장 등)이며, 2차 평정자는 지방소방학교장이다.

③ 제1차 평정자와 제2차 평정자가 근무성적을 평정함에 있어서는 특별한 사정이 없는 한 피평정자의 총평정점이 동일하게 평정해야 한다.

④ 평정점에 따른 등급 구분에서 양은 33점 이상 45점 미만이다.

> **해설** 근무성적평정 및 평정점의 분포비율 등
> • 연 2회 정기평정을 실시하되 매년 6월 30일과 12월 31일을 기준으로 한다.
> • 지방소방학교 소속 소방경 계급의 소방공무원에 대한 1차 평정자는 소속 지방소방학교장이며, 2차 평정자는 소속 시·도 소방본부장이다.
> • 제1차 평정자와 제2차 평정자가 근무성적을 평정함에 있어서는 특별한 사정이 없는 한 피평정자의 총평정점이 동일하지 아니하도록 평정해야 한다.

02 다음 중 소방공무원법상 의무위반에 대한 벌칙으로 5년 징역의 징역 또는 금고에 처하는 것이 아닌 것은?

① 화재 진압 업무에 동원된 소방공무원의 복종의 의무 위반

② 화재 진압 업무에 동원된 소방공무원의 거짓 보고 등의 금지 위반

③ 정치운동금지 위반

④ 소방공무원의 지휘권 남용 등의 금지 위반

> **해설** 5년 이하의 징역 또는 금고-법 제34조
> • 화재 진압 업무에 동원된 소방공무원으로서 직무에 관한 거짓 보고나 통보를 하거나 직무를 게을리하거나 유기한 자
> • 화재 진압 업무에 동원된 소방공무원으로서 상관의 직무상 명령에 불복하거나 정당한 사유 없이 직장을 이탈한 자
> • 화재 진압 또는 구조·구급 활동을 할 때 소방공무원을 지휘·감독하는 자로서 정당한 이유 없이 그 직무수행을 거부 또는 유기하거나 소방공무원을 지정된 근무지에서 진출·후퇴 또는 이탈하게 한 자

정답 01 ④ 02 ③

03 다음 중 소방공무원법상 용어 정의에 대한 설명으로 옳지 않은 것은?

① "강임"이란 동종의 직무 내에서 하위의 직급에 임명하는 것을 말한다.
② "전보"란 소방공무원의 같은 계급 및 자격 내에서의 근무기관이나 부서를 달리하는 임용을 말한다.
③ "임용"이란 신규채용·승진·전보·파견·강임·휴직·직위해제·정직·강등·복직·면직· 해임 및 파면을 말한다.
④ "복직"이란 휴직·직위해제 또는 정직(강등에 따른 정직을 포함한다) 중에 있는 소방공무원을 직위에 복귀시키는 것을 말한다.

해설 "강임"이란 동종의 직무 내에서 하위의 직위에 임명하는 것을 말한다.

04 소방공무원 고충심사위원회에 대한 설명으로 옳은 것은?

> 가. 소방청, 시·도 소방본부 및 중앙소방학교·중앙119구조본부·국립소방연구원·지방소방학교 ·서울종합방재센터·소방서·119특수대응단 및 소방체험관에 소방공무원 고충심사위원회를 둔다.
> 나. 회의는 위원장과 위원장이 회의마다 지정하는 5명 이상 7명 이하의 위원으로 성별을 고려하여 구성한다. 이 경우 민간위원이 2분의 1 이상 포함되어야 한다.
> 다. 소방공무원 고충심사위원회의 위원장은 설치기관 소속 공무원 중에서 인사 또는 감사 업무를 담당하는 과장 또는 이에 상당하는 직위를 가진 사람이 된다.
> 라. 위원장 1명을 포함하여 7명 이상 15명 이하의 공무원위원과 민간위원으로 구성한다. 이 경우 민간위원의 수는 위원장을 제외한 위원 수의 2분의 1 이상이어야 한다.

① 가, 나
② 나, 다
③ 가, 다
④ 다, 라

해설 소방공무원 고충심사위원회의 구성 등
• 소방청, 시·도 및 중앙소방학교·중앙119구조본부·국립소방연구원·지방소방학교·서울종합방재센터· 소방서·119특수대응단 및 소방체험관에 소방공무원 고충심사위원회를 둔다.
• 회의는 위원장과 위원장이 회의마다 지정하는 5명 이상 7명 이내의 위원으로 성별을 고려하여 구성한다. 이 경우 민간위원이 3분의 1 이상 포함되어야 한다.

05 소방공무원기장의 수여 및 패용에 관한 설명으로 옳지 않은 것은?

① 소방지휘관장은 소방기관의 장으로 임명된 때에 수여하고, 소방기념장은 소방청장이 정하는 때에 수여한다.

② 소방기장의 도형 및 제작 양식은 소방청장이 정한다.

③ 소방지휘관장은 소방정 이상인 소방기관의 장에게 수여하는 소방기장이다.

④ 소방기장의 수여대상자가 사망 기타 부득이한 사유로 소방기장을 직접 받을 수 없는 경우에는 그 유족 또는 대리인이 본인을 위하여 이를 받을 수 있다.

> **해설** 소방지휘관장은 소방령 이상인 소방기관의 장에게 수여하는 소방기장이다.

06 소방공무원 임용시기에 대한 설명으로 옳지 않은 것은?

① 임용시기의 특례에 따라 재직 중 사망한 경우 사망일의 전날 임용일자로 하여 특별승진임용한다.

② 임용장 또는 임용통지서에 기재된 일자에 임용된 것으로 보며, 임용일자를 소급해서는 아니 된다.

③ 임용시기의 특례에 따라 퇴직 후 사망한 경우 퇴직일의 전날 임용일자로 하여 특별승진임용한다.

④ 사망으로 인한 면직은 사망한 날에 면직된 것으로 본다.

> **해설** 사망으로 인한 면직은 사망한 다음 날에 면직된 것으로 본다.

07 다음 중 인사기록의 관리에 대한 설명으로 틀린 것은?

① 성명·주소 기타 인사기록의 기록내용을 변경하여야 할 정당한 이유가 있는 때에는 그 사유가 발생한 날부터 30일 이내에 소속 인사기록관리자에게 신고해야 한다.

② 징계처분에 대한 일반사면이 있는 때에는 징계처분의 기록을 말소하여야 한다.

③ 정정부분이 많거나 기록이 명백하지 않아 착오를 일으킬 염려가 있는 때에는 인사기록관리담당자가 인사기록을 재작성할 수 있다.

④ 인사기록관리자는 인사기록의 적정한 관리를 위하여 관리담당자를 지정해야 한다.

> **해설** 인사기록관리자가 인사기록의 재작성할 수 있는 사유-임용령 시행규칙 제12조 제5항
> - 분실한 때
> - 파손 또는 심한 오손으로 사용할 수 없게 된 때
> - 정정부분이 많거나 기록이 명확하지 아니하여 착오를 일으킬 염려가 있는 때
> - 기타 인사기록관리자가 필요하다고 인정한 때 ※ 인사기록관리담당자(×)
> ※ 소청심사위원회나 법원에서 징계처분·직위해제처분의 무효 또는 취소의 결정이나 판결이 확정된 때에는 해당 사실이 나타나지 아니하도록 인사기록카드를 재작성해야 한다.

08 위원장을 포함한 징계위원 7명이 출석한 징계위원회에서 의견이 나뉘어 강등 1명, 정직 2월 2명, 정직 1월 2명, 감봉 2월 2명의 의견이 있을 경우의 징계의결 방법으로 옳은 것은?

① 강 등
② 정직 2월
③ 정직 1월
④ 감봉 2월

> **해설** 징계위원회의 의결(징계령 제14조)
> • 징계위원회는 위원 과반수(과반수가 3명 미만인 경우에는 3명 이상)의 출석으로 개의(開議)하고 출석위원 과반수의 찬성으로 의결한다.
> • 의견이 나뉘어 출석위원 과반수의 찬성을 얻지 못한 경우에는 출석위원 과반수가 될 때까지 징계등 혐의자에게 가장 불리한 의견을 제시한 위원의 수를 그 다음으로 불리한 의견을 제시한 위원의 수에 차례로 더하여 그 의견을 합의된 의견으로 본다.
> • 따라서 불리한 의견에 유리한 의견을 순차적으로 합하면 정직 3월 1명 + 정직 1월 2명 + 감봉 2월 1명 = 4명, 즉 과반수는 초과의 의미이므로 4명 이상이 되어야 하므로 감봉 2월로 합의된 의견으로 본다.

09 소방공무원의 경력평정에 대한 설명으로 가장 옳지 않은 것은?

① 승진소요최저근무연수가 경과된 소방정 이하의 소방공무원을 대상으로 한다.
② 경력평정의 평정자는 피평정자가 소방기관의 소방공무원 인사담당공무원이 되고, 확인자는 평정자의 직근상급감독자가 된다.
③ 소방령 계급의 경력평정은 기본경력 4년과 초과경력 5년을 평정한다.
④ 승진임용제한 기간은 경력평정대상기간에 포함한다.

> **해설** 소방령의 기본경력은 3년, 초과경력은 4년이다.

10 다음 중 초임 소방공무원의 보직에 대한 설명으로 틀린 것은?

① 신규채용을 통해 소방사로 임용된 사람은 소방서에 보직할 수 있다.
② 소방간부후보생을 소방위로 임용할 때 지방소방학교에 보직할 수 있다.
③ 3급 항해사 자격증소지자를 소방사 계급의 소방공무원으로 경력경쟁채용을 하는 경우 시·도의 소방본부에 보직할 수 있다.
④ 위탁교육훈련을 받은 소방공무원의 최초보직은 소방공무원교육훈련기관의 교관으로 하여야 한다.

> **해설** 초임 소방공무원의 보직-임용령 제26조
> • 소방간부후보생을 소방위로 임용할 때에는 최하급 소방기관(소방서)에 보직하여야 한다.
> • 신규채용을 통해 소방사로 임용된 사람은 최하급 소방기관에 보직해야 한다. 다만, 행정안전부령으로 정하는 자격증소지자를 해당 자격 관련부서에 보직하는 경우에는 그렇지 않다.
> ※ "최하급 소방기관"이란 소방청, 중앙소방학교, 중앙119구조본부, 국립소방연구원, 시·도의 소방본부·지방소방학교·서울종합방재센터·소방서·119특수대응단 및 소방체험관을 제외한 소방기관을 말한다.

11 소방공무원 복무규정상 규정 내용으로 옳지 않은 것은?

① 비상근무 시 공무가 아닌 사유로 3시간 이내에 직무에 복귀하기 어려운 지역으로 여행하려는 경우에는 소속 소방기관의 장의 허가를 받아야 한다.

② 소방공무원은 휴무일이나 근무시간 외에 공무가 아닌 사유로 3시간 이내에 직무에 복귀하기 어려운 지역으로 여행하려는 경우에는 소속 소방기관의 장에게 신고하여야 하다.

③ 소방기관의 장은 근무성적이 뛰어나거나 다른 소방공무원의 모범이 될 공적이 있는 소방공무원에게 1회 20일 이내의 포상휴가를 줄 수 있다.

④ 소방기관의 장은 비상사태에 대처하기 위하여 필요하다고 인정할 때에는 소속 소방공무원을 비상소집하여 일정한 장소에 대기 또는 비상근무를 하게 할 수 있다.

해설 소방기관의 장은 근무성적이 뛰어나거나 다른 소방공무원의 모범이 될 공적이 있는 소방공무원에게 1회 10일 이내의 포상휴가를 줄 수 있다.

12 소방공무원 승진임용 규정에서 규정하고 있는 승진임용 구분별 임용비율과 승진임용예정인원수의 책정에 대한 설명으로 옳지 않은 것은?

① 소방장 이하 계급으로의 특별승진임용예정인원수는 해당 계급으로의 승진임용예정인원수의 20퍼센트 이내에서 특별승진임용예정인원수를 따로 정할 수 있다.

② 심사승진임용과 시험승진임용을 병행하는 경우에 그 승진임용방법별 임용비율은 계급별로 승진임용예정 인원수의 60퍼센트를 심사승진임용예정 인원수로, 40퍼센트를 시험승진임용예정 인원수로 한다.

③ 소방공무원의 승진임용예정인원수는 당해 연도의 실제결원 및 예상되는 결원을 고려하여 임용권자가 정한다.

④ 계급별 승진임용예정인원수를 정함에 있어서 특별승진임용예정인원수를 따로 책정한 경우에는 당초 승진임용예정인원수에서 특별승진임용예정인원수를 뺀 인원수를 당해 계급의 승진임용예정인원수로 한다.

해설 승진임용 구분별 임용비율과 승진임용예정인원수의 책정에서 소방경 이하 계급으로의 특별승진임용예정인원수는 해당 계급으로의 승진임용예정인원수의 30퍼센트 이내에서 특별승진임용예정인원수를 따로 정할 수 있다 (승진임용 규정 제4조).

정답 11 ③ 12 ①

07 | 기출유사문제

> ▶본 기출유사문제는 수험자의 기억에 의하여 복원된 것으로 그림, 내용, 출제지문 등이 다를 수 있으니 참고하시기 바랍니다.

01 인사기록의 관리에 대한 설명으로 틀린 것은?

① 인사기록관리자는 인사기록의 적정한 관리를 위하여 관리담당자를 지정해야 한다.

② 징계처분에 대한 일반사면이 있는 때 처분기록을 말소해야 한다.

③ 소방공무원은 성명·주소 기타 인사기록의 기록내용을 변경해야 할 정당한 이유가 있는 때에는 그 사유가 발생한 날부터 30일 이내에 소속 인사기록관리자에게 신고해야 한다.

④ 정정부분이 많거나 기록이 명확하지 아니하여 착오를 일으킬 염려가 있는 때에는 인사기록관리담당자는 인사기록을 재작성할 수 있다.

해설 인사기록을 분실한 때, 정정부분이 많거나 기록이 명확하지 아니하여 착오를 일으킬 염려가 있는 때, 파손 또는 심한 오손으로 사용할 수 없게 된 때, 기타 인사기록관리자가 필요하다고 인정한 때에는 인사기록관리자는 인사기록을 재작성할 수 있다(임용령 시행규칙 제12조 제5항).

02 다음 중 인사기록의 징계의 말소제한기간으로 틀린 것은?

① 강등 7년

② 견책 3년

③ 감봉 5년

④ 일반사면이 있을 때 말소한다.

해설 징계등 처분기간 말소-임용령 시행규칙 제14조의2

구 분	견 책	감 봉	정 직	강 등	징계의 판결 등	
말소기간	3년	5년	7년	9년	소청심사위원회나 법원에서 징계처분의 무효 또는 취소의 결정이나 판결이 확정된 때	징계처분에 대한 일반사면이 있는 때

01 ④ 02 ① **정답**

03 소방공무원 고충심사위원회에 대한 설명으로 틀린 것은?

① 소방공무원의 인사상담 및 고충을 심사하기 위하여 소방청, 시·도 및 대통령령으로 정하는 소방기관에 소방공무원 고충심사위원회를 둔다.

② 위원장 1명을 포함하여 7명 이상 15명 이하의 공무원위원과 민간위원으로 구성한다.

③ 민간위원의 수는 위원장을 제외한 위원 수의 2분의 1 이상이어야 한다.

④ 민간위원의 임기는 3년으로 하며, 한 번만 연임할 수 있다.

> **해설** 민간위원의 임기는 2년으로 하며, 한 번만 연임할 수 있다(공무원고충처리규정 제3조의3 제6항).

04 공개경쟁채용시험의 합격자 결정방법으로 틀린 것은?

① 제1차 시험 및 제2차 시험은 매 과목 40퍼센트 이상, 전 과목 총점의 60퍼센트 이상의 득점자 중에서 선발 예정인원의 2배수의 범위에서 시험성적을 고려하여 점수가 높은 사람부터 차례로 합격자를 결정한다.

② 제3차 시험은 6개 종목(악력, 배근력, 앉아윗몸앞으로굽히기, 제자리멀리뛰기, 윗몸일으키기, 왕복오래달리기)에 대한 평가점수를 합산하여 총점의 50퍼센트 이상을 득점한 자를 합격자로 결정한다.

③ 면접시험의 합격자 결정에서 시험위원의 과반수가 어느 하나의 평정요소에 대하여 40퍼센트 미만의 점수를 평정한 경우 불합격으로 한다.

④ 제4차 시험은 신체조건 및 건강상태에 적합한 사람 모두를 합격자로 한다.

> **해설** 제1차 시험 및 제2차 시험은 매 과목 40퍼센트 이상, 전 과목 총점의 60퍼센트 이상의 득점자 중에서 선발 예정인원의 3배수의 범위에서 시험성적을 고려하여 점수가 높은 사람부터 차례로 합격자를 결정한다(임용령 제46조 제1항 제1호).

05 소방공무원 승진임용 규정 시행규칙에 따른 가점평정을 할 때 점수 상한기준으로 옳지 않은 것은?

① 격무·기피부서에서 근무한 날로부터 근무경력 : 1점

② 해당계급에서 소방업무 및 전산관련 자격증을 취득한 경우 : 0.5점

③ 해당계급에서 학사·석사 또는 박사학위를 취득하거나 언어 능력이 우수하다고 인정되는 경우 : 0.5점

④ 소방업무와 관련한 전국단위 및 시·도 단위 대회 또는 평가 결과 우수한 성적을 얻은 경우 : 2점

> **해설** 소방공무원이 당해 계급에서 격무·기피부서에서 근무한 때에는 그 초과한 날부터 가점평정하되 2.0점을 초과할 수 없다(승진임용 규정 시행규칙 제15조의2).

06 소방공무원 채용후보자의 자격상실의 사유로 틀린 것은?

① 채용후보자가 임신하거나 출산한 때
② 채용후보자가 임용 또는 임용제청에 응하지 않은 경우
③ 채용후보자로서 받아야 할 교육훈련에 응하지 않은 경우
④ 채용후보자로서 받은 교육훈련성적이 수료점수에 미달되는 경우

해설 채용후보자의 자격상실 사유-임용령 제21조
- 임용 또는 임용제청에 응하지 않은 경우
- 교육훈련에 응하지 않은 경우
- 교육훈련과정의 졸업요건을 갖추지 못한 경우
- 채용후보자로서 교육훈련을 받는 중 질병, 병역 복무 또는 그 밖에 교육훈련을 계속할 수 없는 불가피한 사정 외의 사유로 퇴교처분을 받은 경우
- 채용후보자로서 품위를 크게 손상하는 행위를 함으로써 소방공무원으로서의 직무를 수행하기 곤란하다고 인정되는 경우로 임용심사위원회의 의결을 거쳐야 한다.
- 법 또는 법에 따른 명령을 위반하여 「소방공무원 징계령」에 따른 중징계 사유에 해당하는 비위를 저지른 경우
- 법 또는 법에 따른 명령을 위반하여 「소방공무원 징계령」에 따른 경징계사유에 해당하는 비위를 2회 이상 저지른 경우

07 소방공무원의 필수보직기간 및 전보제한(기준)에 대한 설명으로 틀린 것은?

① 중앙소방학교 및 지방소방학교 교수요원의 필수보직기간은 2년으로 한다.
② 변호사 시험 합격자로 소방령으로 경력경쟁채용된 경우 전보제한기간은 2년이다.
③ 전보권자를 달리하는 기관 간의 전보의 경우 필수보직기간 1년의 전보제한 예외사유이다.
④ 출산 후 6월이 지나지 않은 소방공무원의 모성보호, 육아 등을 필요한 경우는 1년 전보제한의 예외사유이다.

해설 임신 중인 소방공무원 또는 출산 후 1년이 지나지 않은 소방공무원의 모성보호, 육아 등을 위해 필요한 경우 필수보직기간 1년의 전보제한 예외사유이다.

08 소방공무원법상 특별위로금에 대한 설명으로 틀린 것은?

① 공무상 질병 또는 부상으로 인하여 치료 등의 요양을 하는 경우에는 특별위로금을 지급할 수 있다.
② 위로금은 소방활동 등 공무상요양으로 소방공무원이 요양하면서 출근하지 않은 기간에 대하여 지급하되, 36개월을 넘지 아니하는 범위에서 지급한다.
③ 위로금을 지급받으려는 소방공무원 또는 그 유족은 요양 중 사망하거나 퇴직한 경우는 각각 사망일 또는 퇴직일 날부터 6개월 이내에 소방기관의 장에게 신청해야 한다.
④ 위로금을 지급받으려는 소방공무원은 업무에 복귀한 날부터 1년 이내에 소방기관의 장에게 신청해야 한다.

위로금을 지급받으려는 소방공무원 또는 그 유족은 특별위로금 지급신청서에 공무상요양 승인결정서 사본 등 행정안전부령으로 정하는 서류를 첨부하여 다음의 어느 하나에 해당하는 날부터 6개월 이내에 소방기관의 장에게 신청해야 한다.
- 업무에 복귀한 날
- 요양 중 사망하거나 퇴직한 경우는 각각 사망일 또는 퇴직일
- 요양급여의 결정에 대한 불복절차가 인용 결정으로 최종 확정된 경우에는 확정된 날

09 모든 소방공무원의 귀감이 되는 공을 세우고 순직한 사람에 대해서 2계급 특별승진시킬 수 있는 대상으로 틀린 것은?

① 소방경 계급의 소방공무원
② 소방위 계급의 소방공무원
③ 소방장 계급의 소방공무원
④ 소방교 계급의 소방공무원

해설 특별유공자 등의 특별승진-법 제17조
소방공무원으로서 순직한 사람은 1계급 특별승진시킬 수 있다. 다만, 소방위 이하의 소방공무원으로서 모든 소방공무원의 귀감이 되는 공을 세우고 순직한 사람에 대해서는 2계급 특별승진시킬 수 있다.

10 승진임용예정인원에 대한 설명으로 옳은 것은?

① 소방경 이하 계급으로의 특별승진임용예정인원은 해당 계급으로의 승진임용예정인원의 30퍼센트 이내에서 특별승진임용예정인원을 따로 정할 수 있다.
② 심사승진임용과 시험승진임용을 병행하는 경우에 그 승진임용방법별 임용비율은 계급별로 승진임용예정인원수의 각 50퍼센트로 한다.
③ 소방공무원의 승진임용예정인원수는 당해 연도의 실제결원 및 예상되는 결원을 고려하여 소방기관의 장이 정한다.
④ 계급별 승진임용예정인원수를 정함에 있어서 특별승진임용예정인원수를 따로 책정한 경우에는 당초 승진임용예정인원수에서 특별승진임용예정인원수를 더한 인원수를 당해 계급의 승진임용예정인원수로 한다.

해설 승진임용 구분별 임용비율과 승진임용예정인원수의 책정(승진임용 규정 제4조)
② 심사승진임용과 시험승진임용을 병행하는 경우에 그 승진임용방법별 임용비율은 계급별로 승진임용예정인원수의 60퍼센트를 심사승진임용예정 인원수로, 40퍼센트를 시험승진임용예정 인원수로 한다.
③ 소방공무원의 승진임용예정인원수는 당해 연도의 실제결원 및 예상되는 결원을 고려하여 임용권자가 정한다.
④ 계급별 승진임용예정인원수를 정함에 있어서 제4항의 규정에 의하여 특별승진임용예정인원수를 따로 책정한 경우에는 당초 승진임용예정인원수에서 특별승진임용예정인원수를 뺀 인원수를 당해 계급의 승진임용예정 인원수로 한다.

11 근무성적평정의 예외에 대한 설명으로 틀린 것은?

① 소방공무원이 휴직, 직위해제나 그 밖의 사유로 근무성적평정 대상기간 중 실제 근무기간이 6개월 미만인 경우는 근무평정을 하지 않는다.

② 소방공무원이 6월 이상 국가기관·지방자치단체에 파견근무하는 경우에는 파견 받은 기관의 의견을 참작하여 근무성적을 평정해야 한다.

③ 평정기관을 달리하는 기관으로 전보된 후 1개월 이내에 평정을 실시할 때에는 전출기관에서 전출 전까지의 근무기간에 해당하는 평정을 실시하여 보내야 하며, 전입기관에서는 보내온 평정결과를 참작하여 평정해야 한다.

④ 강임된 소방공무원이 승진임용된 경우에는 강임되기 전의 계급에서의 평정을 기준으로 하여 즉시 평정해야 한다.

해설 근무성적평정의 예외-승진임용 규정 제8조
- 소방공무원이 휴직, 직위해제나 그 밖의 사유로 근무성적평정 대상기간 중 실제 근무기간이 1개월 미만인 경우에는 근무평정을 하지 않는다.
- 소방공무원이 국외 파견 등 교육훈련으로 인하여 실제 근무기간이 1개월 미만인 경우에는 직무에 복귀한 후 첫 번째 정기평정을 하기 전까지 최근 2회의 근무성적평정결과의 평균을 해당 소방공무원의 평정으로 본다.
- 소방공무원이 6월 이상 국가기관·지방자치단체에 파견근무하는 경우에는 파견받은 기관의 의견을 참작하여 근무성적을 평정해야 한다.
- 소방공무원이 전보된 경우에는 당해 소방공무원의 근무성적평정표를 그 전보된 기관에 이관해야 한다. 다만, 평정기관을 달리하는 기관으로 전보된 후 1개월 이내에 평정을 실시할 때에는 전출기관에서 전출 전까지의 근무기간에 해당하는 평정을 실시하여 보내야 하며, 전입기관에서는 보내온 평정결과를 참작하여 평정해야 한다.
- 정기평정 이후에 신규채용 또는 승진임용된 소방공무원에 대해서는 2월이 경과한 후의 최초의 정기평정일에 평정해야 한다. 다만, 강임된 소방공무원이 승진임용된 경우에는 강임되기 전의 계급에서의 평정을 기준으로 하여 즉시 평정해야 한다.
- 소방공무원이 소방청과 특별시·광역시·특별자치시·도·특별자치도(이하 "시·도"라 한다) 간 또는 시·도 상호 간에 인사교류 된 경우에는 인사교류 전에 받은 근무성적평정을 해당 소방공무원의 평정으로 한다.

12 다음 중 경력평정에 대한 설명으로 틀린 것은?

① 평정자는 피평정자가 소속된 기관의 소방공무원 인사담당 공무원이, 확인자는 평정자의 직근 상급 감독자가 된다.

② 소방교의 기본경력은 평정일로부터 최근 3년간 평정한다.

③ 경력평정의 평정점은 25점(소방정 30점)을 만점으로 하되, 기본경력평정점은 22점(소방정은 26점)을, 초과경력평정점은 3점(소방정은 4점)을 각각 만점으로 한다.

④ 경력평정은 승진소요최저근무연수가 경과된 소방정 이하의 소방공무원을 대상으로 한다.

> **해설** **계급별 기본경력과 초과경력-승진임용 규정 제9조**
> 경력은 기본경력과 초과경력으로 구분하며, 계급별 기본경력과 초과경력은 다음과 같다.
>
> ㉠ 기본경력
> ⓐ 소방정·소방령·소방경 : 평정기준일부터 최근 3년간
> ⓑ 소방위·소방장 : 평정기준일부터 최근 2년간
> ⓒ 소방교·소방사 : 평정기준일부터 최근 1년 6개월간
> ㉡ 초과경력
> ⓐ 소방정 : 기본경력 전 2년간
> ⓑ 소방령 : 기본경력 전 4년간
> ⓒ 소방경·소방위 : 기본경력 전 3년간
> ⓓ 소방장 : 기본경력 전 1년간
> ⓔ 소방교·소방사 : 기본경력 전 6개월간

13 다음 중 소방공무원 승진심사의 요소로 틀린 것은?

① 소방공무원으로서의 적성

② 발전성, 국가관, 청렴도

③ 근무성과

④ 현 계급에서의 근무부서 및 담당업무

> **해설** **승진심사의 기준-승진임용 규정 제24조 제1항**
> • 근무성과 : 현 계급에서의 근무성적평정, 경력평정, 교육훈련성적평정 등
> • 경험한 직책 : 현 계급에서의 근무부서 및 담당업무 등
> • 업무수행능력 및 인품 : 직무수행능력, 발전성, 국가관, 청렴도 등

14 소방공무원의 계급정년에 대한 설명으로 틀린 것은?

① 계급정년을 산정할 때에 경찰공무원으로서 근무한 기간은 5할을 포함한다.
② 소방령의 계급정년은 14년, 소방준감의 계급정년은 6년이다.
③ 강등된 계급의 계급정년은 강등되기 전 계급 중 가장 높은 계급의 계급정년으로 한다.
④ 소방청장은 전시, 사변, 그 밖에 이에 준하는 비상사태에서는 2년의 범위에서 계급정년을 연장할 수 있다.

해설 계급정년을 산정(算定)할 때에는 근속 여부와 관계없이 소방공무원 또는 경찰공무원으로서 그 계급에 상응하는 계급으로 근무한 연수(年數)를 포함한다.

15 다음 중 보건안전총괄책임자의 직무로 틀린 것은?

① 보건안전관리 관련 교육계획의 수립·시행 및 평가
② 안전보호장비의 점검
③ 현장에 출동하는 대원의 장비 착용 및 신체·정신 건강 상태의 확인
④ 소방공무원 보건안전관리 규정의 작성 및 이행 상황 점검·평가

해설 보건안전관리책임자의 자격 등−보건안전 및 복지 기본법 시행령 제9조

구 분	보건안전관리총괄책임자	보건안전관리책임자	현장보건안전관리책임자
자 격	소방관서에서 보건안전관리 업무를 총괄하는 과장급 소방공무원	소방관서에서 보건안전관리총괄책임자를 보조하는 소방공무원 중 소방관서의 장이 지정하는 소방공무원	소방활동 현장의 지휘 책임을 지는 소방공무원 중 최상위 소방공무원
직 무	• 소방공무원 보건안전관리 규정의 작성 및 이행 상황 점검·평가 • 보건안전관리 관련 교육계획의 수립·시행 및 평가 • 소방활동 안전사고 사례 분석 및 지역 특성별 안전사고 방지 대책의 수립 • 안전보호장비의 점검 • 현장보건안전관리책임자의 교육 및 관리 • 소방활동 안전사고 관련 기록 유지 및 통계자료 관리 • 그 밖에 소방활동 안전사고 방지와 관련된 업무	보건안전관리총괄책임자를 보조	• 소방활동 현장의 보건안전관리에 관하여 보건안전관리총괄책임자가 지시하는 사항 • 소방활동 현장에 출동하는 대원의 장비 착용 및 신체·정신 건강 상태의 확인 • 그 밖에 소방활동 현장의 보건안전관리에 관한 사항

16 근무성적이 뛰어난 소방공무원에 대한 소방기관장의 포상휴가에 대한 설명으로 옳은 것은?

① 포상휴가는 1회에 10일 이내로 한다.

② 포상휴가는 1회에 5일 이내로 한다.

③ 포상휴가는 1회에 3일 이내로 한다.

④ 포상휴가기간은 연가일수에 산입하여 차감된다.

> **해설** 포상휴가-복무규정 제9조
> 소방기관의 장은 근무성적이 뛰어나거나 다른 소방공무원의 모범이 될 공적이 있는 소방공무원에게 1회 10일 이내의 포상휴가를 줄 수 있다. 이 경우 포상휴가기간은 연가일수에 산입(算入)하지 않는다.

17 다음 중 징계위원의 제척·기피 또는 회피에 대한 설명으로 틀린 것은?

① 징계위원회의 위원 중 징계등 혐의자의 친족 또는 직근 상급자나 그 징계등 사유와 관계가 있는 사람은 그 징계등 사건의 심의·의결에 관여하지 못한다.

② 징계위원회는 기피신청이 있는 때에는 재적위원 과반수의 출석과 출석위원 과반수의 찬성으로 기피 여부를 의결해야 한다.

③ 징계등 혐의자는 위원 중에서 불공정한 의결을 할 우려가 있다고 의심할 만한 타당한 이유가 있을 때에는 그 사실을 서면으로 소명하고 해당 위원의 회피를 신청할 수 있다.

④ 징계위원회의 위원은 제척 사유에 해당하면 스스로 해당 징계등 사건의 심의·의결을 회피해야 한다.

> **해설** 제척·기피 및 회피-징계령 제15조 제2항
> 징계등 혐의자는 위원 중에서 불공정한 의결을 할 우려가 있다고 의심할 만한 타당한 이유가 있을 때에는 그 사실을 서면으로 소명(疏明)하고 해당 위원의 기피를 신청할 수 있다.

18 다음 중 경력경쟁채용등에 대한 설명으로 맞는 것은?

① 소방정 이하 소방공무원을 경력경쟁채용하려는 경우로서 시험실시권자가 업무내용의 특수성 등을 고려하여 필요하다고 인정하는 경우에는 체력시험을 생략할 수 있다.

② 직위가 없어지거나 과원이 되어 퇴직한 소방공무원을 재임용하는 경우 퇴직한 날부터 5년 이내에 퇴직 시에 재직하였던 계급의 소방공무원으로 재임용할 수 있다.

③ 자격증소지자를 임용하는 경우 자격증을 소지한 후 해당 분야에서 3년 이상 종사한 경력이 있어야 한다.

④ 외국어에 능통한 사람의 경력경쟁채용등은 소방장 이하 소방공무원으로 채용하는 경우로 한정한다.

> **해설** 경력경쟁채용등의 요건 등(임용령 제15조) 및 응시자격기준(임용령 시행규칙 제23조)
> ② 직위가 없어지거나 과원이 되어 퇴직한 소방공무원을 재임용하는 경우 퇴직한 날부터 3년 이내에 퇴직 시에 재직하였던 계급의 소방공무원으로 재임용할 수 있다.
> ③ 자격증소지자를 임용하는 경우 자격증을 소지한 후 해당 분야에서 2년 이상 종사한 경력이 있어야 한다.
> ④ 외국어에 능통한 사람의 경력경쟁채용등은 소방위 이하 소방공무원으로 채용하는 경우로 한정한다.

19 근무성적평정의 평정점 배점으로 옳은 것은?

① 수 : 55점 이상 60점

② 우 : 43점 이상 55점 미만

③ 양 : 32점 이상 43점 미만

④ 가 : 32점 미만

> **해설** 근무성적평정점의 분포비율—승진임용 규정 시행규칙 제8조
> • 수 : 55점 이상 60점
> • 우 : 45점 이상 55점 미만
> • 양 : 33점 이상 45점 미만
> • 가 : 33점 미만

20 화재진압 업무에 동원된 소방공무원이 지휘관의 승낙 없이 근무지를 이탈한 경우의 벌칙으로 옳은 것은?

① 3년 이하의 징역 또는 금고

② 5년 이하의 징역 또는 금고

③ 7년 이하의 징역 또는 금고

④ 10년 이하의 징역 또는 금고

> **해설** 5년 이하의 징역 또는 금고-법 제34조
> - 화재 진압 업무에 동원된 소방공무원으로서 직무에 관한 거짓 보고나 통보를 하거나 직무를 게을리하거나 유기한 자
> - 화재 진압 업무에 동원된 소방공무원으로서 상관의 직무상 명령에 불복하거나 정당한 사유 없이 직장을 이탈한 자
> - 화재 진압 또는 구조·구급 활동을 할 때 소방공무원을 지휘·감독하는 자로서 정당한 이유 없이 그 직무수행을 거부 또는 유기하거나 소방공무원을 지정된 근무지에서 진출·후퇴 또는 이탈하게 한 자

21 소방공무원의 파견근무에 관한 설명으로 틀린 것은?

① 관련 기관 간의 긴밀한 협조가 필요한 특수업무를 공동수행하기 위하여 필요한 경우 1년 이내의 기간 파견할 수 있다.

② 교육훈련을 위하여 필요한 경우 필요한 기간 파견할 수 있다.

③ 소방청 소속 소방공무원을 국제기구에서의 업무수행을 위하여 파견하는 경우 임용권자 또는 임용제청권자는 인사혁신처장과 협의해야 한다.

④ 파견기간이 1년 미만인 경우에는 인사혁신처장과의 협의를 거치지 아니하고 소방청장의 승인을 받아 파견할 수 있다.

> **해설** 관련 기관 간의 긴밀한 협조가 필요한 특수업무를 공동수행하기 위하여 필요한 경우의 파견기간은 2년 이내이다.

22 징계위원회에서 심문과 진술권에 대한 설명으로 틀린 것은?

① 징계위원회는 출석한 징계등 혐의자에게 징계등 사유에 해당하는 사실에 관한 심문을 하고 심사를 위하여 필요하다고 인정될 때에는 관계인의 출석을 요구하여 심문할 수 있다.

② 징계의결등을 요구한 자는 중징계 또는 중징계 관련 징계부가금 요구사건의 경우에는 특별한 사유가 없는 한 징계위원회에 출석하여 의견을 진술해야 한다.

③ 징계등 혐의자는 증인의 심문을 신청할 수 없다.

④ 중징계 또는 중징계 관련 징계부가금 요구사건의 피해자가 신청하는 경우에는 그 피해자의 진술로 징계위원회 절차가 현저하게 지연될 우려가 있을 때는 그 피해자에게 징계위원회에 출석하여 해당 사건에 대해 의견을 진술할 기회를 주지 않을 수 있다.

> **해설** 심문과 진술권-징계령 제13조 제3항
> 징계등 혐의자는 증인의 심문을 신청할 수 있다.

23 교육훈련기관이 갖추어야 하는 교육훈련시설에서 옥내 훈련시설이 아닌 것은?

① 가상현실 훈련장
② 대응전술 훈련장
③ 수난구조 훈련장
④ 소방시설 실습장

> **해설** 교육훈련기관이 갖추어야 하는 교육훈련시설에 관한 기준-교육훈련규정 제5조 제2항

구 분	교육훈련시설
옥내 훈련시설	전문구급 훈련장, 수난구조 훈련장, 화재조사 훈련장, 소방시설 실습장, 가상현실 훈련장
옥외 훈련시설	소방종합 훈련탑, 산악구조 훈련장, 소방차량 및 장비조작 훈련장, 실물화재 훈련장, 대응전술 훈련장
교육지원시설	업무시설, 강의시설, 관리시설, 편의시설, 주거시설, 저장시설

24 소방공무원의 근무성적의 1차 평정자와 2차평정자로 틀린 것은?

소속 및 직급	1차 평정자	2차 평정자
① 국립소방연구원 소속 소방경	국립소방연구원장	차 장
② 중앙119구조본부 소속 소방정	중앙119구조본부장	차 장
③ 중앙소방학교 소속 소방령	중앙소방학교장	차 장
④ 소방청 관·국외 소속 소방정	소속과장	차 장

해설 국립소방연구원 소속 소방경의 1차 평정자는 소속 과장이고 2차 평정자는 국립소방연구원장이다.

25 소방공무원의 보직관리에 대한 설명으로 틀린 것은?

① 소방청장이 시·도 간 교류인원을 정할 때에는 미리 해당 시·도지사와 협의할 수 있다.

② 소방간부후보생을 소방위로 임용할 때에는 최하급 소방기관에 보직해야 한다.

③ 임용권자는 인사운영상 정당한 사유가 없으면 소방공무원을 연속하여 3회 이상 소방서장으로 보직하여서는 아니 된다.

④ 상위계급의 직위에 하위계급자를 보직하는 경우는 해당 기관에 상위계급에 결원이 있고 승진임용 예정자가 없는 경우로 한다.

해설 소방공무원의 인사교류–임용령 제29조 제2항
인사교류의 인원(같은 항 제3호에 따라 실시하는 인원을 제외한다)은 필요한 최소한으로 하되, 소방청장은 시·도 간 교류인원을 정할 때에는 미리 해당 시·도지사의 의견을 들어야 한다.

08 | 기출유사문제

> ▶ 본 기출유사문제는 수험자의 기억에 의하여 복원된 것으로 그림, 내용, 출제지문 등이 다를 수 있으니 참고하시기 바랍니다.

01 2020년 9월 1일에 강등의 징계처분을 받은 경우 소방공무원의 인사기록카드에 등재된 강등의 징계처분의 말소시점은 언제인가?

① 2027년 9월 1일   ② 2027년 12월 1일
③ 2029년 9월 1일   ④ 2029년 12월 1일

> **해설** 징계등 처분기간 말소-임용령 시행규칙 제14조의2
> 징계처분의 집행이 종료된 날로부터 다음의 기간이 경과한 때

구 분	견 책	감 봉	정 직	강 등	징계의 판결등	
말소 기간	3년	5년	7년	9년	소청심사위원회나 법원에서 징계처분의 무효 또는 취소의 결정이나 판결이 확정된 때	징계처분에 대한 일반사면이 있는 때

02 다음 중 파견근무의 기간이 2년 이내의 것을 모두 고른 것은?

> ㄱ. 다른 국가기관 또는 지방자치단체나 그 외의 기관·단체에서의 국가적 사업의 수행을 위하여 특히 필요한 경우
> ㄴ. 관련 기관간의 긴밀한 협조가 필요한 특수업무를 공동수행하기 위하여 필요한 경우
> ㄷ. 국내의 연구기관, 민간기관 및 단체에서의 업무수행·능력개발이나 국가정책수립과 관련된 자료수집 등을 위하여 필요한 경우
> ㄹ. 공무원교육연구기관의 교수요원으로 선발되거나 그 밖에 교육훈련 관련 업무수행을 위하여 필요한 경우

① ㄱ, ㄴ   ② ㄱ, ㄴ, ㄷ
③ ㄴ, ㄷ, ㄹ   ④ ㄱ, ㄴ, ㄷ, ㄹ

> **해설** 공무원교육훈련기관의 교수요원으로 선발되거나 그 밖에 교육훈련 관련 업무수행을 위하여 필요한 경우 파견기간은 1년 이내. 다만, 필요한 경우에는 총 파견기간이 2년을 초과하지 않는 범위에서 파견기간을 연장할 수 있다.

03 소방공무원 인사위원회에 대한 설명으로 옳지 않은 것은?

① 회의는 재적위원 과반수 출석과 과반수의 찬성으로 의결한다.

② 소방청에 설치된 인사위원회의 위원장은 소방청차장이, 시·도에 설치된 인사위원회의 위원장은 해당 지방자치단체의 부단체장(행정부시장·행정부지사를 말한다)이 된다.

③ 소방공무원인사위원회는 위원장을 포함한 5인 이상 7인 이하의 위원으로 구성한다.

④ 위원은 인사위원회가 설치된 기관의 장이 소속 소방정 이상의 소방공무원 중에서 임명한다.

> **해설** 회의는 재적위원 3분의 2 이상의 출석과 출석위원 과반수의 찬성으로 의결한다(임용령 제10조).

04 소방공무원 임용 시행규칙상 대우공무원에 대한 설명으로 틀린 것은?

① 임용권자 또는 임용제청권자는 매월 말 5일 전까지 대우공무원 발령일을 기준으로 하여 대우공무원 선발요건에 적합한 대상자를 결정해야 하고, 그 다음 월 1일에 일괄하여 대우공무원으로 발령해야 한다.

② 대우공무원이 상위계급으로 승진임용되는 경우 임용 다음 날 대우공무원의 자격은 상실된다.

③ 대우공무원이 징계 또는 직위해제 처분을 받거나 휴직하여도 대우공무원 수당은 계속 지급한다.

④ 대우공무원이 강임되는 경우 강임되는 일자에 상위계급의 대우자격은 당연히 상실된다.

> **해설** 대우공무원이 상위계급으로 승진임용되는 경우 승진임용일자에 대우공무원의 자격은 당연히 상실된다.

05 소방공무원 근속승진에 대한 설명으로 옳지 않은 것은?

① 임용권자는 소방경으로의 근속승진 임용을 위한 심사를 연 1회 실시할 수 있고, 근속승진심사를 할 때마다 해당 기관의 근속승진 대상자의 100분의 30에 해당하는 인원수를 초과하여 근속승진 임용할 수 없다.

② 근속승진 요건에 해당하는 경우에는 근속승진 기간에 도달하기 5일 전부터 승진심사를 할 수 있다.

③ 근속승진 기간은 승진소요최저근무연수의 계산방법에 따라 계산한다.

④ 근속승진 후보자는 승진대상자명부에 등재되어 있고, 최근 2년간 평균 근무성적평정점이 "양" 이하에 해당하지 않은 사람으로 한다.

> **해설** 소방경으로의 근속승진 임용횟수 및 비율
> 임용권자는 소방경으로의 근속승진임용을 위한 심사를 연 2회 실시할 수 있다. 이 경우 소방경으로 근속승진임 용을 할 수 있는 인원수는 연도별로 합산하여 해당 기관의 근속승진 대상자의 100분의 40에 해당하는 인원수 (소수점 이하가 있는 경우에는 1명을 가산한다)를 초과할 수 없다.

06 음주운전(음주측정 거부 포함)으로 정직 2개월의 징계처분을 받은 소방공무원은 정직처분일부터 몇 개월 동안 승진임용의 제한을 받게 되는가?

① 18개월

② 20개월

③ 23개월

④ 26개월

> **해설** 승진임용의 제한–승진임용 규정 제6조
> 징계처분의 집행이 끝난 날부터 다음의 기간[국가공무원법 제78조의2 제1항의 어느 하나에 해당하는 사유로 인한 징계처분과 소극행정, 음주운전(음주측정에 응하지 않은 경우를 포함한다), 성폭력, 성희롱 또는 성매매로 인한 징계처분의 경우에는 각각 6개월을 더한 기간]이 지나지 않은 사람
> 가. 강등·정직 : 18개월
> 나. 감봉 : 12개월
> 다. 견책 : 6개월
> 따라서 정직기간 2개월 + 승진임용제한 18개월 + 음주운전 6개월 더한 기간 = 26개월

07 다음 중 공무원의 직권휴직사유에 따른 휴직기간으로 옳지 않은 것은?

① 공무상 질병 또는 부상으로 장기요양이 필요한 때 : 3년 이내

② 천재지변이나 전시·사변 그 밖의 사유로 생사 또는 소재가 불명확하게 된 때 : 6개월 이내

③ 병역법에 따른 병역의무를 마치기 위하여 징집되거나 소집된 때 : 복무기간이 끝날 때까지

④ 법률의 규정에 따른 의무를 수행하기 위하여 직무를 이탈하게 되었을 때 : 복무기간이 끝날 때까지

해설 직원휴직 및 의원휴직의 휴직기간–국가공무원법 제71조 및 72조

구 분	휴직사유 및 휴직기간
직권휴직	• 신체·정신상의 장애로 장기 요양이 필요할 때 : 1년 이내 • 공무상 질병 또는 부상으로 인한 요양급여 지급 대상 부상 또는 질병 : 3년 이내 • 공무상 질병 또는 부상으로 인한 요양급여 결정 대상 질병 또는 부상 : 3년 이내 • 병역 복무를 마치기 위하여 징집 또는 소집된 때 : 그 복무 기간이 끝날 때까지 • 천재지변이나 전시·사변, 그 밖의 사유로 생사(生死) 또는 소재(所在)가 불명확하게 된 때 : 3개월 이내 • 그 밖에 법률의 규정에 따른 의무를 수행하기 위하여 직무를 이탈하게 된 때 : 그 복무 기간이 끝날 때까지 • 노동조합 전임자로 종사하게 된 때 : 그 전임 기간

08 소방공무원 교육훈련 규정에 따른 교육훈련의 구분·대상·방법 등에 대한 내용으로 옳지 않은 것은?

① 자기개발학습은 소방위 이하의 계급이 받아야 하는 교육 훈련이다.

② 소방공무원의 교육훈련은 교육훈련기관에서의 교육, 직장훈련 및 위탁교육훈련의 방법으로 한다.

③ 교육훈련기관의 장은 교육훈련을 실시할 때 국가기관, 공공단체 또는 민간기관의 교육과정이나 원격강의시스템 등 교육훈련용 시설을 최대한 활용해야 한다.

④ 소방정 계급(소방정 계급으로의 승진후보자를 포함한다)은 소방기본교육훈련 구분에서 정책관리자 교육을 받아야 한다.

해설 소방공무원 교육훈련기관의 교육훈련과정표의 교육기간–교육훈련규정 제5조 별표 1
자기개발학습은 소방공무원이 직무를 창의적으로 수행하고 공직의 전문성과 미래지향적 역량을 갖추기 위하여 스스로 하는 학습·연구활동으로 모든 계급이 받아야 하는 교육훈련에 대상에 해당한다.

09 소방공무원의 인사교류에 대한 설명으로 틀린 것은?

① 시·도 간 인력의 균형 있는 배치와 소방행정의 균형 있는 발전을 위하여 시·도 소속 소방령 이상의 소방공무원을 교류하는 경우 소방청장은 시·도 상호 간 소방공무원의 인사교류계획을 수립하여 실시할 수 있다.

② 인사교류계획을 수립함에 있어 인사교류의 인원(소방경 이하 연고지배치 제외)은 필요 최소한으로 하되, 소방청장은 시·도 간 교류인원을 정할 때에는 미리 해당 시·도지사의 의견을 들어야 한다.

③ 소방청과 시·도 간 및 시·도 상호 간에 인사교류를 하는 경우에는 인사교류 대상자 본인의 동의나 신청이 있어야 한다.

④ 소방청과 그 소속기관 소속 소방공무원으로서 시·도 소속 소방공무원으로의 임용예정계급이 인사교류 당시의 계급보다 하위계급인 경우에는 동의를 받지 않을 수 있다.

해설 소방청과 그 소속기관 소속 소방공무원으로서 시·도 소속 소방공무원으로의 임용예정계급이 인사교류 당시의 계급보다 상위계급인 경우에는 동의를 받지 않을 수 있다(임용령 제29조 제5항).

10 소방공무원의 승진임용 규정에 대한 설명으로 옳은 것은?

① 소방공무원의 승진소요최저근무연수는 심사승진에 있어서는 승진심사를 실시하는 달의 전월 말일을 기준으로 각각 계산한다.

② 소방경 계급의 소방공무원의 승진소요최저근무연수는 2년이다.

③ 음주운전(음주측정에 응하지 않은 경우를 포함한다)으로 견책처분을 받은 경우 승진임용제한기간은 6개월이다.

④ 소방공무원이 징계처분을 받은 후 해당 계급에서 훈장·포장·모범공무원포상·시·도지사 이상의 표창을 받은 경우에는 승진임용제한기간의 2분의 1을 단축할 수 있다.

해설 ① 소방공무원의 승진소요최저근무연수는 심사승진에 있어서는 승진심사를 실시하는 전일을 기준으로 각각 계산한다.
③ 음주운전(음주측정에 응하지 않은 경우를 포함한다)으로 견책처분을 받은 경우 승진임용제한 기간은 6개월에 음주운전 6개월을 더한 기간 12개월이다.
④ 소방공무원이 징계처분을 받은 후 해당 계급에서 훈장·포장·모범공무원포상·국무총리 이상의 표창 또는 제안의 채택·시행으로 포상을 받은 경우에는 승진임용제한기간의 2분의 1을 단축할 수 있다.

11 소방공무원 승진심사에 대한 설명으로 틀린 것은?

① 소방공무원의 승진심사는 연 1회 이상 승진심사위원회가 설치된 기관의 장이 정하는 날에 실시한다.

② 특별승진후보자는 심사승진후보자 및 시험승진후보자에 우선하여 임용할 수 있다.

③ 승진임용예정인원수가 3명인 경우 승진심사의 대상인 사람의 수는 15명(3명의 5배수)까지 한다.

④ 승진심사후보자명부에 등재된 자가 승진임용되기 전에 견책 이상의 처분을 받은 경우 승진심사후보자명부에서 삭제해야 한다.

해설 임용권자 또는 임용제청권자는 심사승진후보자명부에 등재된 자가 승진임용되기 전에 감봉 이상의 징계처분을 받은 경우에는 심사승진후보자명부에서 이를 삭제해야 한다(승진임용 규정 제26조).

12 소방공무원 경력평정에 대한 설명으로 틀린 것은?

① 승진소요최저근무연수가 경과된 소방정 이하의 소방공무원을 대상으로 한다.

② 승진임용제한기간 및 소방공무원으로 신규임용될 사람이 받은 교육훈련기간은 경력평정대상기간에 포함한다.

③ 평정자는 피평정자가 소속된 기관의 소방공무원 인사담당 공무원이, 확인자는 평정자의 직근 상급 감독자가 된다.

④ 15일 미만의 근무경력도 경력에 산입한다.

해설 경력평정대상기간은 경력월수를 단위로 하여 계산하되, 15일 이상은 1월로 하고, 15일 미만은 경력에 산입하지 않는다(승진임용 규정 시행규칙 제10조).

13 소방공무원의 근무성적의 평정자로 틀린 것은?

	소 속	직 급	1차 평정자	2차 평정자
①	지방소방학교	소방정 (지방소방학교장)	시·도 소방본부장	소속 시·도 부시장 또는 부지사
②	국립소방연구원	소방령	국립소방연구원장	차 장
③	소방서	소방경	소속 소방서장	소속 시·도 소방본부장
④	소방청 관·국외	소방경 이하	소속 과장	차 장

해설 지방소방학교 소속 소방정(지방소방학교장) : 1차 평정자 소방본부장, 2차 평정자 소속 시·도 부시장 또는 부지사이다. 다만 지방소방학교장의 경우에는 차장이다.

09 | 기출유사문제

▶ 본 기출유사문제는 수험자의 기억에 의하여 복원된 것으로 그림, 내용, 출제지문 등이 다를 수 있으니 참고하시기
바랍니다.

01 소방공무원 승진임용 규정상 승진대상자명부 조정 사유로 옳지 않은 것은?

① 승진임용제한사유가 소멸한 자가 있는 경우

② 전출입자가 있는 경우

③ 승진소요최저근무연수에 도달한 자가 있는 경우

④ 가점사유가 발생한 경우

해설 승진대상자명부의 조정 사유
승진대상자명부의 작성자는 승진대상자명부의 작성 후에 다음의 어느 하나에 해당하는 사유가 있는 경우에는
승진대상자명부를 조정해야 한다.
- 전출자나 전입자가 있는 경우
- 퇴직자가 있는 경우
- 승진소요최저근무연수에 도달한 자가 있는 경우
- 승진임용제한사유가 발생하거나 소멸한 자가 있는 경우
- 정기평정일 이후에 근무성적평정을 한 자가 있는 경우
- 승진심사대상 제외 사유가 발생하거나 소멸한 사람이 있는 경우
- 경력평정 또는 교육훈련성적평정을 한 후에 평정사실과 다른 사실이 발견되는 등의 사유로 재평정을 한 사람
  이 있는 경우
  ※ 가점사유가 발생한 경우(×)
- 승진임용되거나 승진후보자로 확정된 사람이 있는 경우
- 승진대상자명부 작성의 단위를 달리하는 기관으로 전보된 경우

02 소방공무원 징계령상 징계를 혐의자가 징계위원에 대한 기피를 신청한 경우에 기피 여부를 결정하는
해당 징계위원회의 의결정족수로 옳은 것은?

① 재적위원 3분의 2의 출석과 출석위원 3분의 2 이상 찬성

② 재적위원 과반수의 출석과 출석위원 3분의 2 이상 찬성

③ 재적위원 3분의 2의 출석과 출석위원 과반수의 찬성

④ 재적위원 과반수의 출석과 출석위원 과반수의 찬성

해설 징계위원회는 기피신청이 있는 때에는 재적위원 과반수의 출석과 출석위원 과반수의 찬성으로 기피 여부를
의결해야 한다. 이 경우 기피신청을 받은 위원은 그 의결에 참여하지 못한다.

03 소방공무원법상 정년관련 내용으로 옳지 않은 것은?

① 징계로 인하여 강등된 계급의 계급정년은 강등되기 전 계급 중 가장 높은 계급의 계급정년으로 한다.
② 소방감의 계급정년은 4년이다.
③ 소방령의 계급정년은 13년이다.
④ 소방공무원의 연령정년은 60세이다.

해설 소방령의 계급정년은 14년이다.

04 소방공무원의 승진소요최저근무연수 관련사항 중 옳지 않은 것은?

① 소방령 3년 이상, 소방위 2년 이상 해당 계급에서 재직해야 한다.
② 소방경 2년 이상, 소방사 1년 이상 해당 계급에서 재직해야 한다.
③ 징계처분 기간은 해당 계급의 승진소요최저근무연수에 포함하지 않는다.
④ 직위해제 기간은 해당 계급의 승진소요최저근무연수에 포함하지 않는다.

해설 소방령 2년 이상, 소방장 1년 이상 해당 계급에서 재직해야 한다.

05 소방공무원 징계령상 규정하고 있는 내용이다. 다음 (   ) 안에 들어갈 숫자로 옳은 것은?

> 가. 징계등 사유를 통지받은 소방기관의 장은 타당한 이유가 없으면 통지를 받은 날부터 (ㄱ)일 이내에 관할 징계위원회에 징계의결등을 요구하거나 신청해야 한다. 다만, 감사원법 제32조에 따른 감사원장의 징계 요구 중 파면요구를 받은 경우에는 (ㄴ)일 이내에 관할 징계위원회에 요구하거나 신청해야 한다.
> 나. 징계의결 요구서를 받은 날부터 (ㄷ)일 이내에 징계등에 관한 의결을 해야 한다. 다만, 부득이한 사유가 있을 때에는 해당 징계위원회의 의결로 (ㄹ)일 이내의 범위에서 그 기간을 연장할 수 있다.
> 다. 징계위원회는 징계등의 혐의자가 국외체류 형사사건으로 구속, 여행 또는 그 밖의 사유로 징계의결 또는 징계부가금 부과 의결 요구(신청)서 접수일부터 (ㅁ)일 이내에 출석할 수 없는 경우에는 서면으로 진술하게 하여 징계의결등을 할 수 있다.
> 라. 징계등 혐의자의 소재가 분명하지 않은 경우의 출석 통지는 관보(시·도의 경우에는 공보)에 의해야 한다. 이 경우 관보 또는 공보에 게재한 날부터 (ㅂ)일이 지나면 그 통지서가 송달된 것으로 본다.

	(ㄱ)	(ㄴ)	(ㄷ)	(ㄹ)	(ㅁ)	(ㅂ)
①	20	10	20	30	50	10
②	30	7	20	20	30	7
③	20	7	30	20	30	7
④	30	10	30	30	50	10

06 소방공무원 징계령상 소방서에 설치된 징계위원회의 경우 민간위원으로 위촉이 가능하지 않은 사람은?

① 법관·검사 또는 변호사로 6년 이상 근무한 사람
② 소방공무원으로 25년 근속하고 퇴직한 사람
③ 변호사로 7년 근무한 사람
④ 대학에서 법률학을 담당하는 조교수 이상으로 재직 중인 사람

해설 • 법관·검사 또는 변호사로 5년 이상 근무한 사람
• 대학에서 법률학·행정학 또는 소방 관련 학문을 담당하는 조교수 이상으로 재직 중인 사람
• 소방공무원으로 20년 이상 근속하고 퇴직한 사람으로서 퇴직일부터 3년이 경과한 사람
• 민간부문에서 인사·감사 업무를 담당하는 임원급 또는 이에 상응하는 직위에 근무한 경력이 있는 사람

07 소방공무원임용령상 소방공무원 신규채용 방법 중 임용권자가 채용후보자 명부의 등재순위에 관계 없이 임용할 수 있는 경우로 옳지 않은 것은?

① 소방공무원의 직무수행과 관련한 실무수습 중 사망한 시보임용예정자를 소급하여 임용하는 경우
② 도서·벽지·군사분계선 인접지역 등 특수지역 근무 배치하기 위하여 그 지역출신을 임용하는 경우
③ 채용후보자의 피부양 가족이 거주하고 있는 지역에 근무할 채용후보자를 임용하는 경우
④ 6개월 이상 소방공무원으로 근무한 경력이 있거나 임용예정직위에 관련된 특별한 자격이 있는 사람을 임용하는 경우

> **해설** 도서·벽지·군사분계선 인접지역 등 특수지역 근무 희망자를 그 지역에 배치하기 위하여 임용하는 경우

08 소방공무원 교육훈련성적 평정에 관한 내용으로 옳지 않은 것은?

① 소방간부후보생이 될 사람이 받은 신임교육훈련성적은 임용예정계급에서 받은 전문교육성적으로 보아 이를 평정한다.
② 소방장의 교육훈련성적의 평점은 관리역량교육성적 3점, 전문교육성적 3점, 직장교육훈련성적 3점 및 체력검정성적 5점이다.
③ 소방정의 소방정책관리자교육 수료 성적의 평점은 10점이다.
④ 소방공무원 교육훈련기관의 수료요건 또는 졸업요건을 갖추지 못한 사람에 대한 교육훈련성적은 평정하지 않는다.

> **해설** 소방장의 교육훈련성적의 평정은 전문교육성적 3점, 직장교육훈련성적 4점 및 체력검정성적 5점, 전문능력성적 3점이다.

09 소방공무원임용령상 소방공무원 보직관리 기준에 관한 내용으로 옳지 않은 것은?

① 상위계급의 직위에 하위계급자를 보직하는 경우는 해당기관에 상위계급의 결원이 있고, 승진임용후보자가 없는 경우로 한정한다.

② 임용권자 또는 임용제청권자는 소방공무원을 보직하는 경우에는 특별한 사정이 없으면 배우자 또는 직계존속이 거주하는 지역을 고려하여 보직해야 한다.

③ 신규채용에 의하여 소방사로 임용된 자는 예외 없이 최하급 소방기관의 외근부서에 보직해야 한다.

④ 소방공무원의 필수보직기간은 1년으로 하고 전보권자를 달리하는 기관 간의 전보의 경우에는 그러하지 않는다.

해설 신규채용을 통해 소방사로 임용된 사람은 최하급 소방기관에 보직해야 한다. 다만, 행정안전부령으로 정하는 자격증소지자를 해당 자격 관련부서에 보직하는 경우에는 그렇지 않다.

10 ○○소방서 소속 소방장 50명에 대한 근무성적을 실시하는 경우 분포비율이 옳은 것은? (단, 근무성적평정 예외자 및 "가" 평정자 없음)

	수	우	양
①	10명	30명	10명
②	15명	20명	15명
③	10명	20명	20명
④	15명	25명	10명

해설 근무성적평정 분포비율·평정점 및 방법

구 분	수	우	양	가
분포비율	20%	40%	30%	10%
	10명	20명	20명	"가"의 비율은 양에 가산할 수 있다.

11 소방공무원 징계위원회의 관할에 관한 내용으로 옳지 않은 것은?

① 중앙119구조본부에 설치된 징계위원회는 소속 소방경 이하의 소방공무원에 대한 징계 또는 징계부가금 사건을 심의·의결한다.

② 서울종합방재센터에 설치된 징계위원회는 소속 소방위 이하에 대한 징계 또는 징계부가금 사건을 심의·의결한다.

③ 지방소방학교에 설치된 징계위원회는 소속 소방경 이하에 대한 징계 또는 징계부가금 사건을 심의·의결한다.

④ 소방청에 설치된 소방공무원징계위원회는 소방청 소속 소방정 이하의 소방공무원에 대한 징계를 심의·의결한다.

해설

소속기관별 징계위원회	징계의 관할(징계등 : 징계 또는 징계부가금)
국무총리	소방준감 이상에 대한 징계
소방청	• 소방청 소속 소방정 이하의 소방공무원에 대한 징계등 • 소방청 소속기관의 소방공무원에 대한 다음 각 목의 구분에 따른 징계등 사건 − 국립소방연구원 소속 소방정에 대한 징계등 사건 − 국립소방연구원 소방령 이하 소방공무원에 대한 중징계등 사건 − 소방청 소속기관(국립소방연구원은 제외) 소방정 또는 소방령에 대한 징계등 사건 − 소방청 소속기관(국립소방연구원은 제외)소방경 이하 소방공무원에 대한 중징계 등 사건 • 소방정인 지방소방학교장에 대한 징계등 사건
중앙소방학교	소속 소방경 이하의 소방공무원에 대한 징계등 사건
중앙119구조본부	소속 소방경 이하의 소방공무원에 대한 징계등 사건
국립소방연구원	소속 소방령 이하의 소방공무원에 대한 징계등 사건
시·도	시·도지사가 임용권을 행사하는 소방공무원에 대한 징계등 사건 (아래의 징계위원회에서 심의·의결하는 사건은 제외한다)
지방소방학교, 서울종합방재센터 소방서 119특수대응단 소방체험관	소속 소방위 이하의 소방공무원에 대한 징계등 사건 (중징계등 요구사건은 제외한다)

12 소방공무원 근속승진에 관한 내용으로 옳지 않은 것은?

① 소방장 계급에서 6년 6개월 이상 재직한 사람을 소방위로 근속승진 임용할 수 있다.

② 근속승진 후보자는 승진대상자명부에 등재되어 있고 최근 2년간 평균근무성적평정점이 "우" 이하에 해당하지 않은 사람으로 한다.

③ 근속승진 한 소방공무원이 근무하는 기간에는 그에 해당하는 직급의 정원이 따로 있는 것으로 보고, 종전 직급의 정원은 감축된 것으로 본다.

④ 소방위 계급에서 8년 이상 재직한 사람을 소방경으로 근속승진 임용할 수 있다.

> **해설** 근속승진 후보자는 승진대상자명부에 등재되어 있고 최근 2년간 평균근무성적평정점이 "양" 이하에 해당하지 않은 사람으로 한다.

13 소방공무원임용령 규정에 따른 신규 소방공무원 채용시험에서 실시하는 면접시험의 평정요소에 해당하지 않은 것은?

① 문제해결 능력

② 의사소통 능력

③ 정직성, 도덕성, 준법성

④ 침착성 및 책임감

> **해설** 면접시험의 평정요소-임용령 제46조 제4항
> • 문제해결 능력
> • 의사소통 능력
> • 소방공무원으로서의 공직관
> • 협업 능력
> • 침착성 및 책임감

14 소방공무원임용령상 임용권자가 채용후보자명부의 유효기간의 범위 안에서 기간을 정하여 임용을 유예할 수 있는 경우로 옳지 않은 것은?

① 3월 이상의 장기요양을 요하는 질병이 있는 경우

② 병역법에 따른 병역의무복무를 위하여 군에 입대하거나 군 복무 중인 경우

③ 학업을 계속하고자 하는 경우

④ 임신하거나 출산한 경우

> **해설** 임용의 유예 대상-임용령 제20조
> • 학업의 계속
> • 6월 이상의 장기요양을 요하는 질병이 있는 경우
> • 「병역법」에 따른 병역의무복무를 위하여 징집 또는 소집되는 경우
> • 임신하거나 출산한 경우
> • 그 밖에 임용 또는 임용제청의 유예가 부득이하다고 인정되는 경우

15 소방공무원임용령상 시·도지사가 그 관할구역안의 소방서장에게 위임권한으로 옳지 않은 것은?

① 소방서 소속 소방위 이하의 휴직에 대한 권한

② 소방서 소속 소방위 이하의 정직에 대한 권한

③ 소방서 소속 소방경 이하의 당해 기관 안에서의 전보에 관한 사항

④ 소방서 소속 소방위 이하의 강임에 대한 권한

> **해설** 소방공무원의 임용권자-법 제6조
>
> | 임용권자 | 임용 사항 |
> |---|---|
> | 지방소방학교장·서울종합방재센터장 또는 소방서장 119특수대응단장 또는 소방체험관장 | • 소속 소방경 이하(서울소방학교·경기소방학교 및 서울종합방재센터의 경우에는 소방령 이하)의 소방공무원에 대한 해당 기관 안에서의 전보권
• 소방위 이하의 소방공무원에 대한 휴직·직위해제·정직 및 복직 |

16 소방공무원 채용후보자명부 작성에 관한 내용으로 옳은 것은?

① 신규채용시험에 합격한 자를 응시번호에 따라 채용후보자명부에 등재한다.

② 채용후보자명부의 유효기간은 3년이 원칙이다.

③ 채용후보자명부의 유효기간을 연장하고자 할 때는 3일 이내에 본인에게 통지하여야 한다.

④ 채용후보자명부는 임용예정계급별로 작성하되, 채용후보자의 서류를 실시하여 임용적격자만 등재한다.

> **해설** 채용후보자명부 작성-임용령 제16조, 제17조
> • 채용후보자명부는 임용예정계급별로 작성하되, 채용후보자의 서류를 실시하여 임용적격자만 등재한다.
> • 채용후보자명부의 유효기간은 2년으로 하되, 임용권자는 필요에 따라 1년의 범위 안에서 그 기간을 연장할 수 있다.
> • 채용후보자명부의 유효기간을 연장하고자 할 때는 즉시 본인에게 통지하여야 한다.

17 소방공무원법상 소방공무원 인사위원회 심의사항으로 옳지 않은 것은?

① 소방공무원의 인사에 관한 법령의 폐지에 관한 사항

② 소방공무원의 인사행정에 관한 방침과 기준 및 기본계획에 관한 사항

③ 소방공무원의 인사에 관한 법령의 제정·개정에 관한 사항

④ 기타 소방청장과 시·도 소방본부장이 해당 인사위원회의 회의에 부치는 사항

> **해설** 인사위원회의 기능-법 제5조
> • 소방공무원의 인사행정에 관한 방침과 기준 및 기본계획
> • 소방공무원의 인사에 관한 법령의 제정·개정 또는 폐지에 관한 사항
> • 기타 소방청장과 시·도지사가 해당 인사위원회의 회의에 부치는 사항

18 소방공무원 교육훈련규정의 내용이다. 다음 (   )에 들어갈 숫자로 옳은 것은?

> 가. 소방기관장 등은 교육훈련 개시 (ㄱ)일 전까지 교육훈련대상자의 명단을 해당 교육훈련기관의 장에게 통보해야 한다.
> 나. 교육훈련기관의 장은 교육훈련을 받은 사람의 교육훈련성적을 교육훈련 수료 또는 졸업 후 (ㄴ)일 이내에 그 소속 소방기관장 등에게 통보해야 한다.
> 다. 징계처분을 받고 그 처분기간이 끝난 날부터 (ㄷ)년이 지나지 않은 사람, 징계처분 기간 중인 사람, 직위해제 처분이 종료된 날부터 1년이 지나지 않은 사람은 교수요원이 될 수 없다.
> 라. 국외에서 위탁교육훈련을 받은 사람은 연구보고서를 작성하여 귀국 보고일로부터 (ㄹ)일 이내에 소방청장 또는 시·도지사에게 제출해야 한다.

	(ㄱ)	(ㄴ)	(ㄷ)	(ㄹ)
①	10	7	2	20
②	10	10	2	30
③	7	7	3	20
④	7	10	3	30

해설 교육훈련규정

가. 소방기관장등은 교육훈련 개시 10일 전까지 교육훈련대상자 명단을 해당 교육훈련기관의 장에게 통보해야 한다(제15조 제3항).

나. 교육훈련기관의 장은 교육훈련을 받은 사람의 교육훈련성적을 교육훈련 수료 또는 졸업 후 10일 이내 이내에 그 소속 소방기관장등에게 통보해야 한다(제16조).

다. 징계처분을 받고 그 처분기간이 끝난 날부터 2년이 지나지 않은 사람, 징계처분 기간 중인 사람, 직위해제 처분이 종료된 날부터 1년이 지나지 않은 사람은 교수요원이 될수 없다(제23조).

라. 국외에서 위탁교육훈련을 받은 사람은 연구보고서를 작성하여 귀국 보고일로부터 30일 이내에 소방청장 또는 시·도지사에게 제출해야 한다(제43조).

19 소방공무원임용령상 파견근무기간이 다른 것은?

① 다른 국가기관 또는 지방자치단체나 그 외의 기관·단체에서의 국가적사업의 수행하기 위하여 특히 필요한 경우

② 국내의 연구기관, 민간기관 및 단체에서의 업무수행·능력개발이나 국가정책 수립과 관련된 자료수집 등을 위하여 필요한 경우

③ 국제기구, 외국의 정부 또는 연구기관에서의 업무수행 및 능력개발을 위하여 필요한 경우

④ 관련기관 간의 긴밀한 협조가 필요한 특수업무를 공동수행하기 위하여 필요한 경우

해설 파견근무의 대상 및 기간-임용령 제30조

파견 대상	파견 기간
공무원교육훈련기관의 교수요원으로 선발되거나 그 밖에 교육훈련 관련 업무수행을 위하여 필요한 경우	1년 이내(필요한 경우에는 총 파견기간이 2년을 초과하지 않는 범위에서 파견기간을 연장할 수 있다.)
다른 국가기관 또는 지방자치단체나 그외의 기관·단체에서의 국가적 사업을 수행하기 위하여 특히 필요한 경우	2년 이내(필요한 경우에는 총 파견기간이 5년을 초과하지 않는 범위에서 파견기간을 연장할 수 있다.)
다른 기관의 업무폭주로 인한 행정지원의 경우	
관련기관 간의 긴밀한 협조가 필요한 특수업무를 공동수행하기 위하여 필요한 경우	
국내의 연구기관, 민간기관 및 단체에서의 업무수행·능력개발이나 국가정책 수립과 관련된 자료수집 등을 위하여 필요한 경우	
소속 소방공무원의 교육훈련을 위하여 필요한 경우	교육훈련에 필요한 기간
국제기구, 외국의 정부 또는 연구기관에서의 업무수행 및 능력개발을 위하여 필요한 경우	업무수행 및 능력개발을 위하여 필요한 기간

20 소방공무원임용령상 경력경재채용시험을 통하여 채용된 소방공무원의 전보제한기간이 다른 것은?

① 임용예정직에 상응한 근무실적 또는 연구실적이 있거나 소방에 관한 전문기술교육을 받은 자를 임용하는 경우

② 5급 공무원으로 공개경쟁채용시험이나 사법시험 또는 변호사 시험에 합격한 자를 소방령 이하 소방공무원으로 임용하는 경우

③ 외국어에 능통한 자를 임용하는 경우

④ 공개경쟁시험으로 임용하는 것이 부적당한 경우에 임용예정직무에 관련된 자격증 소지자를 임용하는 경우

해설 경력경쟁채용등을 통해 채용된 사람의 전보제한–임용령 제28조

제한기간	경력경쟁채용 항목
최초로 그 직위에 임용된 날로부터 5년의 필수보직기간이 지나야 다른 직위 또는 임용권자를 달리하는 기관에 전보될 수 있는 경우	• 임용예정직무에 관련된 자격증 소지자를 임용한 경우 • 임용예정직에 상응한 근무실적 또는 연구실적이 있거나 소방에 관한 전문기술교육을 받은 자를 임용한 경우 • 외국어에 능통한 자를 임용한 경우 • 경찰공무원을 그 계급에 상응하는 소방공무원으로 임용한 경우
최초로 그 직위에 임용된 날로부터 5년의 필수보직기간이 지나야 최초임용기관 외 다른 기관으로 전보될 수 있는 경우	• 소방 업무에 경험이 있는 의용소방대원을 소방사 계급의 소방공무원으로 임용하는 경우 • 다만, 기구의 개편, 직제 또는 정원의 변경으로 인하여 직위가 없어지거나 정원이 초과되어 전보할 경우에는 그렇지 않다.
최초로 그 직위에 임용된 날로부터 2년의 필수보직기간이 지나야 다른 직위 또는 임용권자를 달리하는 기관에 전보될 수 있는 경우	• 직제와 정원의 개편·폐지 또는 예산의 감소 등에 의하여 직위가 없어지거나 과원이 되어 직권면직으로 퇴직한 소방공무원을 퇴직한 날로부터 3년 이내에 퇴직 시에 재직한 계급 또는 그에 상응하는 계급의 소방공무원으로 재임용하는 경우 • 신체·정신상의 장애로 장기 요양이 필요하여 휴직하였다가 휴직기간이 만료에도 직무에 복귀하지 못하여 직권면직 된 소방공무원을 퇴직한 날로부터 3년 이내에 퇴직 시에 재직한 계급 또는 그에 상응하는 계급의 소방공무원으로 재임용하는 경우 • 5급 공무원으로 공개경쟁채용시험이나 사법시험 또는 변호사 시험에 합격한 자를 소방령 이하 소방공무원으로 임용하는 경우

20 ② **정답**

21 소방공무원 시보임용에 관한 내용으로 옳지 않은 것은?

① 시보임용예정자가 받은 교육훈련기간은 이를 시보로 임용되어 근무한 것으로 보아 시보임용 기간을 단축할 수 있다.

② 정규의 소방공무원이었던 자가 퇴직 당시의 계급 또는 그 하위의 계급으로 임용되는 경우에는 시보임용을 면제한다.

③ 소방위 이상은 1년간 시보로 임용하며, 그 기간이 만료된 다음 날에 정규 소방공무원으로 임용한다. 다만, 대통령령으로 정하는 경우에는 시보임용을 면제하거나 그 기간을 단축할 수 있다.

④ 임용권자는 시보임용소방공무원이 근무성적평정점이 만점의 6할 미만인 경우에는 면직시킬 수 있다.

> **해설** 시보임용 소방공무원의 면직사유-임용령 제22조
> 임용권자 또는 임용제청권자는 시보임용소방공무원이 다음 각 호의 어느 하나에 해당하여 정규소방공무원으로 임용하는 것이 부적당하다고 인정되는 경우에는 임용심사위원회의 의결을 거쳐 면직시키거나 면직을 제청할 수 있다.
> • 교육훈련과정의 졸업요건을 갖추지 못한 경우
> • 교육훈련을 받는 중 질병, 병역 복무 또는 그 밖에 교육훈련을 계속할 수 없는 불가피한 사정 외의 사유로 퇴교처분을 받은 경우
> • 근무성적 또는 교육훈련 성적이 매우 불량하여 성실한 근무수행을 기대하기 어렵다고 인정되는 경우
> • 소방공무원으로서 품위를 크게 손상하는 행위를 함으로써 소방공무원으로서의 직무를 수행하기 곤란하다고 인정되는 경우
> • 법 또는 법에 따른 명령을 위반하여 중징계 사유에 해당하는 비위를 저지른 경우
> • 법 또는 법에 따른 명령을 위반하여 경징계 사유에 해당하는 비위를 2회 이상 저지른 경우

22 소방공무원임용령 시행규칙상 임용권자가 소방공무원에 대한 임명장 또는 임용장을 수여해야 할 경우로 옳은 것은?

① 임용권자가 소방공무원을 강임하는 경우

② 임용권자가 소방공무원을 전보하는 경우

③ 임용권자가 소방공무원을 승급하는 경우

④ 임용권자가 소방공무원을 복직하는 경우

> **해설** 임명장 또는 임용장-임용령 시행규칙 제3조
> 임용권자는 소방공무원으로 신규채용되거나 승진되는 소방공무원에게 임명장을, 전보되는 소방공무원에게 임용장을 수여한다. 이 경우 소속 소방기관의 장이 대리 수여할 수 있다.

23 소방공무원의 승진심사에 관한 내용으로 옳지 않은 것은?

① 소방정인 지방소방학교장의 소방준감으로의 승진심사는 소방청 중앙승진심사위원회에서 관할한다.

② 중앙승진심사위원회는 위원장을 포함한 위원 5인 이상 7인 이하로 구성한다.

③ 보통승진심사위원회는 위원장을 포함한 위원 5인 이상 9인 이하로 구성한다.

④ 승진심사위원회 회의는 재적위원 과반수 출석과 출석위원 과반수의 찬성으로 의결한다.

해설 회의는 재적위원 3분의 2 이상의 출석과 출석위원 과반수의 찬성으로 의결한다.

24 소방공무원법상 화재진압 업무에 동원된 소방공무원이 직무에 관한 보고를 거짓으로 한 경우 벌칙으로 옳은 것은?

① 10년 이하의 징역 또는 금고

② 5년 이하의 징역 또는 금고

③ 3년 이하의 징역 또는 1천500만원 이하의 벌금

④ 1년 이하의 징역 또는 1천만원 이하의 벌금

해설 벌칙-법 제34조
화재 진압 업무에 동원된 소방공무원으로서 거짓 보고나 통보를 하거나 직무를 게을리하거나 유기한 자는 5년 이하의 징역 또는 금고에 처한다.

25 소방공무원임용령상 시·도 상호 간에 소방공무원 인사교류를 할 수 있는 경우로 옳지 않은 것은?

① 시·도 상호 간에 인력의 균형 있는 배치와 소방행정의 균형 있는 발전을 위하여 소방위 이상의 소방공무원을 교류하는 경우

② 소방경 이하의 소방공무원의 연고지배치를 위하여 필요한 경우

③ 시·도 간의 협조체제 증진 및 소방공무원의 능력발전을 위하여 시·도 간 교류하는 경우

④ 행정안전부장관이 인사교류계획을 수립함에 있어서 시·도지사로부터 교류대상자의 추천이 있거나 당해 시·도로 전입요청이 있는 경우에는 이를 최대한 반영해야 한다.

해설 시·도 상호 간에 인력의 균형 있는 배치와 소방행정의 균형 있는 발전을 위하여 소방령 이상의 소방공무원을 교류하는 경우

10 기출유사문제

> ▶본 기출유사문제는 수험자의 기억에 의하여 복원된 것으로 그림, 내용, 출제지문 등이 다를 수 있으니 참고하시기 바랍니다.

01 소방공무원 승진임용 규정 시행규칙상 교육훈련성적평정의 기준에 따른 점수의 합산으로 맞는 것은?

> • 소방령의 관리역량교육 성적 및 평점
> • 임용권자가 인정하는 외부 교육기관의 직무관련 교육과정의 총 평점점
> • 소방공무원교육훈련기관에서 실시하는 사이버교육과정의 총 평정점

① 4점
② 4.5점
③ 5점
④ 6점

해설 교육훈련성적평정의 기준—승진임용 규정 시행규칙 제15조
• 소방령·소방경·소방위 계급의 관리역량교육성적 및 평점 : 3점
• 전문훈련성적 : 다음의 교육훈련과정을 졸업 또는 수료한 사람에게 부여하는 성적을 말한다. 이 경우 다음의 성적을 합산하여 3점을 넘지 않아야 한다.
 – 소방공무원 교육훈련기관에서 실시하는 신임교육과정
 – 소방공무원 교육훈련기관에서 실시하는 전문교육훈련과정
 – 공무원교육훈련기관의 직무관련 교육과정 및 임용권자가 인정하는 외부 교육기관의 직무관련 교육과정(해당 계급에서 1.0점을 초과할 수 없다)
 – 교육훈련기관 및 공무원교육훈련기관에서 실시하는 사이버교육 과정(해당 계급에서 1.0점을 초과할 수 없다)

02 다음 설명 중 ( )의 숫자의 합은 얼마인가?

> 가. 교육훈련기관의 장은 교육훈련을 받은 사람의 교육훈련성적을 교육훈련 수료 또는 졸업 후 ( )일 이내에 그 소속 소방기관장 등에게 통보해야 한다.
> 나. 소방공무원 징계위원회는 징계의결 요구서를 받은 날부터 ( )일 이내에 징계등에 관한 의결을 해야 한다.
> 다. 근무성정을 평정한 경우 근무성적은 평정일로부터 ( )일 이내에 승진대상자명부작성권자에게 제출해야 한다.
> 라. 승진대상자명부는 작성기준일로부터 ( )일 이내에 해당 계급의 승진심사를 실시하는 기관의 장에게 승진대상자명부를 제출해야 한다.

① 40
② 60
③ 70
④ 80

해설 가. 교육훈련기관의 장은 교육훈련을 받은 사람의 교육훈련성적을 교육훈련 수료 또는 졸업 후 10일 이내에 그 소속 소방기관장 등에게 통보해야 한다(교육훈련규정 제15조).

나. 소방공무원 징계위원회는 징계의결 요구서를 받은 날부터 30일 이내에 징계등에 관한 의결을 해야 한다(징계령 제11조).

다. 소방기관의 장은 소속 소방공무원에 대한 근무성적평정표 및 경력·교육훈련성적·가점 평정표를 평정일로부터 10일 이내에 승진대상자명부작성권자에게 제출하여야 한다(승진임용 규정 시행규칙 제18조).

라. 승진대상자명부 작성기관의 장은 승진대상자명부 작성기준일로부터 30일 이내에 당해 계급의 승진심사를 실시하는 기관의 장에게 승진대상자명부를 제출하여야 한다(승진임용 규정 제15조).

03 승진심사에서 승진대상자명부에 동점자가 있는 경우 합격자 결정 순서로 옳은 것은?

> ㉠ 소방공무원 장기근무자
> ㉡ 근무성적평정점 높은 사람
> ㉢ 해당 계급 바로 하위계급에서 장기근무한 사람
> ㉣ 해당 계급에서 장기근무한 사람

① ㉠ – ㉡ – ㉢ – ㉣
② ㉡ – ㉢ – ㉣ – ㉠
③ ㉡ – ㉣ – ㉢ – ㉠
④ ㉡ – ㉣ – ㉠ – ㉢

승진대상자명부의 동점자	승진시험의 동점자	신규채용시험 동점자
• 근무성적평정점이 높은 사람 • 해당 계급에서 장기근무한 자 • 해당 계급의 바로 하위계급에서 장기근무한 사람 • 소방공무원으로 장기근무한 사람 ※ 위에 따라서도 순위가 결정되지 않은 때에는 승진대상자명부 작성권자가 선순위자를 결정한다.	승진대상자명부 순위가 높은 순서에 따라 최종합격자를 결정한다.	그 선발예정인원에 불구하고 모두 합격자로 한다. ※ 채용후보자 등재 순위 　1. 취업보호대상자 　2. 필기시험 성적 우수자 　3. 연령이 많은 사람

04 **소방공무원 복무규정상 규정 내용으로 옳지 않은 것은?**

① 비상근무 등 소방업무상 특별한 사정이 있어 소방기관의 장이 정하는 기간 중에 직무에 복귀하기 어려운 지역으로 여행하려는 경우에는 소속 소방기관의 장의 허가를 받아야 한다.

② 소방기관의 장은 근무성적이 뛰어나거나 다른 소방공무원의 모범이 될 공적이 있는 소방공무원에게 1회 10일 이내의 포상휴가를 허가할 수 있다. 이 경우 포상휴가기간은 연가일수에 산입(算入)하지 않는다.

③ 소방공무원은 휴무일이나 근무시간 외에 공무(公務)가 아닌 사유로 3시간 이내에 직무에 복귀하기 어려운 지역으로 여행하려는 경우에는 소속 소방기관의 장에게 허가를 받아야 한다.

④ 행정기관의 장은 소속 소방공무원이 공무상 질병 또는 부상으로 직무를 수행할 수 없는 경우에는 연 180일의 범위에서 병가를 허가할 수 있다.

해설 **여행의 제한**
소방공무원은 휴무일이나 근무시간 외에 공무(公務)가 아닌 사유로 3시간 이내에 직무에 복귀하기 어려운 지역으로 여행하려는 경우에는 소속 소방기관의 장에게 신고해야 한다. 다만, 제5조에 따른 비상근무 등 소방업무상 특별한 사정이 있어 소방기관의 장이 정하는 기간 중에는 소속 소방기관의 장의 허가를 받아야 한다.

05 필수보직기간의 전보제한의 예외 사유로 옳은 것을 모두 고른 것은?

> 가. 경력경쟁시험에 합격하고 시보임용 중인 경우
> 나. 직제상 최저단위 보좌기관 내에서의 전보의 경우
> 다. 소방위에서 소방장으로 강임의 경우
> 라. 소방령 이하의 소방공무원을 그 배우자 또는 직계존속이 거주하는 시·도 지역의 소방기관으로 전보하는 경우
> 마. 형사사건에 관련되어 감사기관에서 조사를 받고 있는 경우

① 가, 나, 다
② 나, 다, 라
③ 다, 라
④ 상기 다 맞다.

해설 필수보직기간 1년 미만에도 다른 직위에 전보할 수 있는 경우(임용령 제28조)
- 징계처분을 받은 경우
- 형사사건에 관련되어 수사기관에서 조사를 받고 있는 경우
- 직제상 최저단위 보조기관 내에서의 전보의 경우
- 해당 소방공무원의 승진 또는 강임의 경우
- 소방공무원을 전문직위로 전보하는 경우
- 임용권자를 달리하는 기관 간의 전보의 경우
- 임용예정직위에 관련된 2월 이상의 특수훈련경력이 있는 자 또는 임용예정직위에 상응한 6월 이상의 근무경력 또는 연구실적이 있는 자를 해당 직위에 보직하는 경우
- 공개경쟁시험에 합격하고 시보임용 중인 경우
- 소방령 이하의 소방공무원을 그 배우자 또는 직계존속이 거주하는 시·도 지역의 소방기관으로 전보하는 경우
- 임신 중인 소방공무원 또는 출산 후 1년이 지나지 않은 소방공무원의 모성보호, 육아 등을 위해 필요한 경우
- 그 밖에 소방기관의 장이 보직관리를 위하여 전보할 필요가 있다고 특별히 인정하는 경우

06 소방공무원법 임용령상 정원이 따로 있는 것으로 보고 결원을 보충할 수 있는 경우로 옳지 않은 것은?

① 정년 잔여기간이 1년 6월 이내에 있는 자의 퇴직 후의 사회적응능력배양을 위한 연수(계급정년해당자는 본인의 신청이 있는 경우에 한한다)
② 다른 기관의 업무폭주로 인한 행정지원의 경우에 1년 이상 소방공무원을 파견한 경우
③ 공무원교육훈련기관의 교수요원으로 선발되거나 그 밖의 교육훈련관련 업무수행을 위하여 필요한 경우에 1년 이상 소방공무원을 파견한 경우
④ 소속 소방공무원 교육훈련을 위하여 필요한 경우에 6개월 이상 소방공무원을 파견한 경우

별도정원의 결원 보충 범위(임용령 제31조)

별도정원 범위	별도정원 내용
1년 이상 소방공무원을 파견한 경우	• 다른 국가기관 또는 지방자치단체나 그 외의 기관·단체에서의 국가적 사업의 수행하기 위하여 특히 필요한 경우 • 다른 기관의 업무폭주로 인한 행정지원의 경우 • 관련기관 간 긴밀한 협조가 필요한 특수업무를 공동수행하기 위하여 필요한 경우 • 공무원교육훈련기관의 교수요원으로 선발되거나 그 밖의 교육훈련관련 업무수행을 위하여 필요한 경우 • 국제기구, 외국의 정부 또는 연구기관에서의 업무수행 및 능력개발을 위하여 필요한 경우 • 국내의 연구기관, 민간기관 및 단체에서의 업무수행·능력개발이나 국가정책 수립과 관련된 자료수집 등을 위하여 필요한 경우
6개월 이상 교육훈련 파견	「공무원 인재개발법」 또는 법 제20조 제3항에 따른 교육훈련을 위하여 필요한 경우로서 소방청과 그 소속기관 소속 소방공무원, 소방본부장 및 지방소방학교장에 대한 6개월 이상의 파견
퇴직예정자의 사회적응능력 배양을 위한 연수	정년 잔여기간이 1년 이내에 있는 자의 퇴직 후의 사회적응능력배양을 위한 연수(계급정년 해당자는 본인의 신청이 있는 경우에 한함)

07 위원장을 포함하는 징계위원 7인이 출석하여 정직 3월 1명, 정직 1월 2명, 감봉 2월 1명, 견책 3명의 의견이 있을 경우 징계의 의결방법으로 옳은 것은?

① 해 임

② 정직 3월

③ 감봉 2월

④ 견 책

징계위원회의 의결-징계령 제14조
• 징계위원회는 위원 과반수(과반수가 3명 미만인 경우에는 3명 이상)의 출석으로 개의(開議)하고 출석위원 과반수의 찬성으로 의결한다.
• 의견이 나뉘어 출석위원 과반수의 찬성을 얻지 못한 경우에는 출석위원 과반수가 될 때까지 징계등 혐의자에게 가장 불리한 의견을 제시한 위원의 수를 그 다음으로 불리한 의견을 제시한 위원의 수에 차례로 더하여 그 의견을 합의된 의견으로 본다.
• 따라서 불리한 의견에 유리한 의견을 순차적으로 합하면 정직 3월 1명 + 정직 1월 2명 + 감봉 2월 1명 = 4명, 즉 과반수는 초과의 의미이므로 4명 이상이 되어야 하므로 감봉 2월로 합의된 의견으로 본다.

08 소방공무원법상 인사기록의 재작성 사유에 대한 내용으로 다른 것은?

① 정정부분이 많거나 기록이 명확하지 아니하여 착오를 일으킬 염려가 있는 때
② 소청심사위원회나 법원에서 직위해제처분의 무효 또는 취소의 결정이나 일반사면이 있을 때
③ 파손 또는 심한 오손으로 사용할 수 없게 된 때
④ 기타 인사기록관리자가 필요하다고 인정한 때

> **해설** 소청심사위원회나 법원에서 징계처분의 무효 또는 취소의 결정이나 판결이 확정된 때 또는 징계처분에 대한 일반사면이 있은 때는 그 해당사유발생일 이전에 징계 또는 직위해제처분을 받은 사실이 없을 때에는 해당 사실이 나타나지 아니하도록 인사기록카드를 재작성하여야 한다(임용령 시행규칙 제14조의2 제4항).

09 소방공무원 교육훈련 규정상 교육훈련기관에서의 교육훈련에 대한 설명으로 옳은 것은?

① 교육훈련기관의 장은 교육훈련에 관한 기본정책 및 기본지침에 따라 매년 12월 31일까지 다음 연도의 교육훈련계획을 수립하여 소방청장에게 보고해야 한다.
② 소방기관장 등은 교육훈련 개시 20일 전까지 교육훈련대상자의 명단을 당해 교육훈련기관의 장에게 통보해야 한다.
③ 소방기관장 등은 교육수료 또는 졸업요건을 갖추지 못한 사람에 대해서는 면직처리 할 수 있다.
④ 소방청장은 매년 10월 31일까지 다음 각 호의 사항이 포함된 다음 연도의 소방공무원 교육훈련에 관한 기본정책 및 기본지침을 수립하여 시·도지사와 교육훈련기관의 장에게 통보해야 한다.

> **해설** ② 소방기관장 등은 교육훈련개시 10일 전까지 교육훈련대상자의 명단을 당해 교육훈련기관의 장에게 통보해야 한다.
> ③ 소방기관장 등은 교육수료 또는 졸업요건을 갖추지 못한 사람에 대해서는 한 차례에 한정하여 다시 교육훈련을 받게 할 수 있다.
> ④ 소방청장은 매년 11월 30일까지 다음 연도의 소방공무원 교육훈련에 관한 기본정책 및 기본지침을 수립하여 시·도지사와 교육훈련기관의 장에게 통보해야 한다.

10 소방공무원 징계위원회에 대한 설명으로 옳은 것은?

① 지방소방학교에 설치된 징계위원회는 소속 소방경 이하의 소방공무원에 대한 징계 또는 징계부과금을 부과 사건을 심의·의결한다.
② 소방청 징계위원회 민간위원 수는 위원장을 포함 위원수의 1/2 이상이어야 한다.
③ 소방공무원 징계위원회 설치 기관은 국무총리실(국무총리 소속 하에 설치된 징계위원회), 소방청, 시·도 소방본부, 중앙소방학교, 중앙119구조본부, 지방소방학교, 서울종합방재센터, 소방서이다.
④ 관할 징계위원회를 정할 수 없을 때에는 소방서 간의 경우에는 시·도지사가, 시·도 간의 경우에는 소방청장이 정하는 징계위원회에서 관할한다.

> **해설** ① 지방소방학교에 설치된 징계위원회는 소속 소방위 이하의 소방공무원에 대한 징계 또는 징계부과금을 부과 사건을 심의·의결한다.
> ② 소방청 징계위원회 민간위원 수는 위원장을 제외한 위원수의 1/2 이상이어야 한다.
> ③ 소방공무원 징계위원회 설치 기관은 소방청, 시·도, 중앙소방학교, 중앙119구조본부, 지방소방학교, 서울종합방재센터, 국립소방연구원, 소방서이다.

08 ② 09 ① 10 ④ **정답**

11 소방공무원 임용에 대한 설명으로 옳지 않은 것은?

① 소속 소방정의 정직·전보·휴직·직위해제·복직은 시·도지사가 한다.

② 소방준감의 전보·휴직·복직은 시·도지사가 한다.

③ 중앙소방학교소속 소방정에 대한 정직·전보·휴직·직위해제·복직은 중앙소방학교장이 한다.

④ 119특수구조대 소속 소방경 이하의 소방공무원에 대한 해당 119특수구조대 안에서의 전보권은 119특수구조대장이 한다.

> **해설** 임용권의 위임에 따라 중앙소방학교 소속 소방령에 대한 정직·전보·휴직·직위해제·복직은 중앙소방학교 장이 하고 중앙소방학교소속 소방정에 대한 정직·전보·휴직·직위해제·복직은 소방청장이 한다.

12 임용일자는 소급하지 아니 하나 그 예외에 대한 설명으로 옳지 않은 것은?

① 순직자 특별승진임용에서 재직 중 순직한 경우 사망일의 다음 날에 임용한다.

② 순직자 특별승진임용에서 퇴직 후 순직한 경우 퇴직일 전날에 임용한다.

③ 시보임용예정자가 직무수행과 관련한 실습수습 중 사망한 경우 사망일의 전날에 임용 한다.

④ 휴직기간이 만료된 후에도 직무에 복귀하지 아니하여 직권으로 면직시키는 경우 휴직기간의 만료일에 임용한다.

> **해설** 재직 중 공적이 특히 현저하여 순직한 사람을 다음의 어느 하나에 해당하는 날을 임용일자로 하여 특별승진임용 하는 경우
> • 재직 중 사망한 경우 : 사망일의 전날 ※ 사망한 날(×)
> • 퇴직 후 사망한 경우 : 퇴직일의 전날 ※ 퇴직한 날(×)

13 소방공무원 시보임용에 관한 내용으로 옳지 않은 것은?

① 시보임용예정자가 받은 교육훈련기간은 이를 시보로 임용되어 근무한 것으로 보아 시보임용 기간을 단축할 수 있다.

② 정규의 소방공무원이었던 자가 퇴직 당시의 계급 또는 그 하위의 계급으로 임용되는 경우에는 시보임용을 면제한다.

③ 소방위 이상은 1년간 시보로 임용하며, 그 기간이 만료된 다음 날에 정규 소방공무원으로 임용한다. 다만, 대통령령으로 정하는 경우에는 시보임용을 면제하거나 그 기간을 단축할 수 있다.

④ 임용권자는 시보임용소방공무원이 근무성적평정점이 만점의 6할 미만인 경우에는 면직시킬 수 있다.

해설 시보임용 소방공무원의 면직사유-임용령 제22조
임용권자 또는 임용제청권자는 시보임용소방공무원이 다음 각 호의 어느 하나에 해당하여 정규소방공무원으로 임용하는 것이 부적당하다고 인정되는 경우에는 임용심사위원회의 의결을 거쳐 면직시키거나 면직을 제청할 수 있다.
- 교육훈련과정의 졸업요건을 갖추지 못한 경우
- 교육훈련을 받는 중 질병, 병역 복무 또는 그 밖에 교육훈련을 계속할 수 없는 불가피한 사정 외의 사유로 퇴교처분을 받은 경우
- 근무성적 또는 교육훈련 성적이 매우 불량하여 성실한 근무수행을 기대하기 어렵다고 인정되는 경우
- 소방공무원으로서 품위를 크게 손상하는 행위를 함으로써 소방공무원으로서의 직무를 수행하기 곤란하다고 인정되는 경우
- 법 또는 법에 따른 명령을 위반하여 중징계 사유에 해당하는 비위를 저지른 경우
- 법 또는 법에 따른 명령을 위반하여 경징계 사유에 해당하는 비위를 2회 이상 저지른 경우

11 | 기출유사문제

▶본 기출유사문제는 수험자의 기억에 의하여 복원된 것으로 그림, 내용, 출제지문 등이 다를 수 있으니 참고하시기 바랍니다.

01 다음은 승진임용예정인원수에 따른 승진심사의 대상 인원수를 설명한 것이다. ㄱ~ㄹ까지 괄호 안에 들어갈 숫자를 모두 더한 값으로 옳은 것은?

> 가. 승진임용예정인원수가 1~10명일 경우 승진대상자명부 또는 승진대상자 통합명부에 따른 순위가 높은 사람부터 차례로 승진임용예정인원수 1명당 (ㄱ)배수만큼의 사람을 대상으로 실시한다.
> 나. 승진임용예정인원수가 11명 이상일 경우 승진대상자명부 또는 승진대상자 통합명부에 따른 순위가 높은 사람부터 차례로 승진임용예정인원수 (ㄴ)명을 초과하는 1명당 (ㄷ)배수 + (ㄹ)명만큼의 사람을 대상으로 실시한다.

① 42 ② 46
③ 68 ④ 65

해설 승진임용예정인원수에 따른 승진대상
승진심사는 승진대상자명부 또는 승진대상자통합명부의 순위가 높은 사람부터 차례로 다음 구분에 따른 수만큼의 사람을 대상으로 실시한다.

승진임용예정 인원수	승진심사 대상인 사람의 수
1~10명	승진임용예정인원수 1명당 5배수
11명 이상	승진임용예정인원수 10명을 초과하는 1명당 3배수 + 50명

02 다음 중 시보임용제도에 관한 설명으로 옳지 않은 것은?

① 시보임용기간 중에 있는 소방공무원의 근무실적 또는 교육훈련성적이 불량한 때에는 임용권자의 재량으로 면직시킬 수 있다.

② 계급별 시보임용기간은 소방장 이하의 경우 6개월, 소방위 이상은 1년이다.

③ 시보기간 중 휴직기간과 직위해제 및 징계에 따른 정직기간은 시보임용기간에 산입하지 않는다.

④ 임용권자 또는 임용예정권자는 시보임용 소방공무원의 근무성적평정점이 만점의 6할 미만일 때 정규소방공무원으로 임용함이 부적당하다고 인정되는 경우 면직시키거나 면직을 제청할 수 있다.

> **해설** 시보임용 소방공무원의 면직사유-임용령 제22조
> 임용권자 또는 임용제청권자는 시보임용소방공무원이 다음 각 호의 어느 하나에 해당하여 정규소방공무원으로 임용하는 것이 부적당하다고 인정되는 경우에는 임용심사위원회의 의결을 거쳐 면직시키거나 면직을 제청할 수 있다.
> • 교육훈련과정의 졸업요건을 갖추지 못한 경우
> • 교육훈련을 받는 중 질병, 병역 복무 또는 그 밖에 교육훈련을 계속할 수 없는 불가피한 사정 외의 사유로 퇴교처분을 받은 경우
> • 근무성적 또는 교육훈련 성적이 매우 불량하여 성실한 근무수행을 기대하기 어렵다고 인정되는 경우
> • 소방공무원으로서 품위를 크게 손상하는 행위를 함으로써 소방공무원으로서의 직무를 수행하기 곤란하다고 인정되는 경우
> • 법 또는 법에 따른 명령을 위반하여 중징계 사유에 해당하는 비위를 저지른 경우
> • 법 또는 법에 따른 명령을 위반하여 경징계 사유에 해당하는 비위를 2회 이상 저지른 경우

03 소방공무원의 근무성적평정에 관한 설명으로 옳은 것은?

① 근무성적, 경력 및 교육훈련성적의 평정은 연 2회 실시하되, 매년 1월 1일과 7월 1일을 기준으로 한다.

② 근무성적의 총평정점은 50점을 만점으로 하되, 제1차 평정자와 제2차 평정자는 각각 25점을 최고점으로 하여 평정한다.

③ 지방소방학교 소속 소방위의 제1차 평정자는 소속 부서장이고 제2차 평정자는 소속 지방소방학교장이다.

④ '양' 평정의 근무성적 평정점은 35점 이상 46점 미만이다.

> **해설** ① 근무성적, 경력 및 교육훈련성적의 평정은 연 2회 실시하되, 매년 6월 30일과 12월 31일을 기준으로 한다.
> ② 근무성적의 총평정점은 60점을 만점으로 하되, 제1차 평정자와 제2차 평정자는 각각 30점을 최고점으로 하여 평정한다.
> ④ '양' 평정의 근무성적 평정점은 33점 이상 45점 미만이다.

04 다음은 소방공무원임용령상의 필수보직기간 또는 전보제한 기간을 나타낸 것이다. ㄱ~ㄹ까지 괄호 안에 들어갈 숫자를 모두 더한 값으로 옳은 것은? (단, 예외규정은 적용하지 않는다)

> 가. 소방공무원 필수보직기간은 (ㄱ)년으로 한다.
> 나. 중앙소방학교 및 지방소방학교 교수요원의 필수보직기간은 (ㄴ)년으로 한다.
> 다. 변호사시험에 따른 변호사시험에 합격한 사람을 경력경쟁채용시험을 통해 소방경으로 임용한 경우 최초로 그 직위에 임용된 날부터 (ㄷ)년의 필수보직기간이 지나야(휴직·직위해제 및 정직 기간은 포함하지 않는다)에 다른 직위 또는 임용권자를 달리하는 기관에 전보할 수 있다.
> 라. 소방 업무에 경험이 있는 의용소방대원을 해당 시·도의 소방사 계급의 소방공무원으로 임용한 경우 소방공무원은 최초로 그 직위에 임용된 날부터 (ㄹ)의 필수보직기간이 지나야 최초 임용기관 외의 다른 기관으로 전보될 수 있다.

① 8
② 9
③ 10
④ 11

해설 필수보직기간 및 전보의 제한-임용령 제28조
- 소방공무원의 필수보직기간(휴직기간, 직위해제처분기간, 강등 및 정직 처분으로 인하여 직무에 종사하지 않은 기간은 포함하지 않는다. 이하 이 조에서 같다)은 1년으로 한다.
- 중앙소방학교 및 지방소방학교 교수요원의 필수보직기간은 2년으로 한다.
- 변호사시험에 따른 변호사시험에 합격한 사람을 경력경쟁채용시험을 통해 소방경으로 임용한 경우 최초로 그 직위에 임용된 날부터 5년의 필수보직기간이 지나야(휴직·직위해제 및 정직 기간은 포함하지 않는다)에 다른 직위 또는 임용권자를 달리하는 기관에 전보할 수 있다.
- 소방 업무에 경험이 있는 의용소방대원을 해당 시·도의 소방사 계급의 소방공무원으로 임용한 경우 소방공무원은 최초로 그 직위에 임용된 날부터 5년의 필수보직기간이 지나야 최초 임용기관 외의 다른 기관으로 전보될 수 있다. 다만, 기구의 개편, 직제 또는 정원의 변경으로 인하여 직위가 없어지거나 정원이 초과되어 전보할 경우에는 그렇지 않다.

05 다음 중 승진소요최저근무연수에 산입하지 아니하는 기간은?

① 승진임용 제한기간[강등·정직 18개월, 감봉 12개월, 견책 6개월, 금전, 물품, 부동산, 향응 또는 그 밖에 대통령령으로 정하는 재산상 이익을 취득하거나 제공한 경우, 예산 및 기금 등에 해당하는 것을 횡령(橫領), 배임(背任), 절도, 사기 또는 유용(流用)한 사유로 인한 징계처분과 성폭력, 성희롱 또는 성매매로 인한 징계처분의 경우에는 각각 6개월을 더한 기간]
② 공무원연금법에 따른 공무상 질병 또는 부상으로 인한 휴직기간(3년 이내)
③ 병역법에 따른 병역복무를 필하기 위해 징집 또는 소집으로 인한 휴직(복무기간)
④ 국제기구·외국기관, 국내·외 대학·연구기관, 다른 국가기관 또는 대통령령으로 정하는 민간기업, 그 밖의 기관에 임시로 채용될 때(채용기관)

해설 승진소요최저근무연수에 산입하지 아니하는 기간
- 휴직기간
- 직위해제기간
- 징계처분기간
- 승진임용 제한기간

징계처분의 집행이 종료된 날부터 다음의 기간이 지나지 않은 사람

강등 · 정직	감 봉	견 책	비 고
18개월	12개월	6개월	금전, 물품, 부동산, 향응 또는 그 밖에 대통령령으로 정하는 재산상 이익을 취득하거나 제공한 경우, 예산 및 기금 등에 해당하는 것을 횡령(橫領), 배임(背任), 절도, 사기 또는 유용(流用)한 사유로 인한 징계처분과 성폭력, 성희롱 또는 성매매로 인한 징계처분의 경우에는 각각 6개월을 더한 기간

06 소방공무원 인사위원회의 설치 및 구성 · 운영 등에 관한 설명으로 옳지 않은 것은?

① 위원은 인사위원회가 설치되 기관의 장이 소속 소방정 이상의 소방공무원 중에서 임명하고, 간사는 위원회가 설치된 기관의 장이 소속공무원 중에서 임명한다.

② 인사위원회 회의는 재적위원 1/2 이상의 출석과 출석위원 2/3 이상의 찬성으로 의결한다.

③ 위원장을 포함한 5인 이상 7인 이하의 위원으로 구성되며, 위원장은 소방청의 경우 소방청차장이 되고, 시 · 도의 경우 소방본부장이 된다.

④ 소방공무원 인사위원회는 소방공무원의 인사행정에 관한 방침과 기준 및 기본계획, 인사에 관한 법령의 제 · 개정 또는 폐지에 관한 사항과 그 밖에 소방청장과 시 · 도지사가 해당 인사위원회 회의에 부치는 사항을 심의 · 의결한다.

해설 소방공무원 인사위원회

구 분	규정 내용
목 적	인사에 관한 중요사항에 대하여 소방청장 및 시 · 도지사의 자문에 응하기 위함
설치기관	소방청, 시 · 도
인사위원회	위원장을 포함한 5인 이상 7인 이하
위원장	• 소방청 : 소방청 차장 • 시 · 도 : 소방본부장
위원장의 직무	• 위원장은 인사위원회의 사무를 총괄하며, 인사위원회를 대표한다. • 위원장이 부득이한 사유로 직무를 수행할 수 없는 때에는 위원 중에서 최상위의 직위 또는 선임의 공무원이 그 직무를 대행한다.
위 원	인사위원회가 설치된 기관의 장이 소속 소방정 이상 중 임명
간 사	약간 인, 소속공무원 중에서 임명, 위원회의 사무처리
의결정족수	재적위원 3분의 2 이상의 출석과 출석위원 과반수의 찬성
운영세칙	위원장이 정함

06 ② **정답**

07 다음 ○○소방서 소속 소방공무원의 근무성적평정에 대한 설명으로 옳지 않은 것은?

> 2023년 상반기(2023. 09. 30) ○○소방서 소방공무원 근무성적평정
> 가. 근무성적평정점을 조정하기 위하여 근무성적평정조정위원회를 개최하였다.
> 나. 소방교 임꺽정은 2022. 1. 1. ~ 2023. 06. 30.까지 소방청 파견 근무 중이다.
> 다. 근무성적 평정대상자의 계급별 분포비율 중 '가'의 비율도 계산한다.
> 라. 소방장 홍길동은 2023. 1. 30. 견책의 징계 처분을 받았다.
> 마. 근무성적평정대상 : 소방장 60명, 소방교 50명, 소방사 30명

① 계급별 분포비율에 따른 인원은 소방장 '수' 인원 12명, 소방교 '우' 인원 20명, 소방사 '가' 인원 3명이다.

② ○○소방서장은 제1차 평정자와 제2차 평정자의 평정결과 분포비율에 맞지 않아, 근무성적평정조정위원회를 개최하였으며 위원은 7명으로 구성하였다.

③ 소방장 홍길동의 근무성적평정은 평정요소 중 직무수행태도를 평정할 때 징계처분 결과를 반영하여 평정해야 한다.

④ ○○소방서에서는 소방교 임꺽정에 대한 소방청의 의견을 참작하여 근무성적평정을 하여야 한다.

해설 근무성적평정조정위원회의 위원의 구성 : 기관의 장이 지정하는 3인 이상 5인 이하

08 소방공무원 징계사유에 대한 다음 설명 중 옳지 않은 것은?

① 정당한 사유 없이 감사원법에 따른 감사를 거부하거나 자료의 제출을 게을리 한 공무원에 대하여 그 소속 장관 또는 임용권자에게 징계를 요구할 수 있다.

② 공무원의 품위를 손상하는 행위를 하였을 때와 직무상의 의무위반 및 직무를 태만히 한 경우 징계사유에 해당한다.

③ 징계의결의 요구는 징계사유가 발생한 날로부터 5년이 지나면 하지 못한다. 다만, 금품·향응을 수수한 경우의 징계사유의 시효는 10년이다.

④ 징계사유가 금품 및 향응수수, 공금의 횡령·유용인 경우에는 해당 징계 외에 금품 및 향응 수수액, 공금의 횡령·유용액의 5배 내의 징계부가금 부가의결을 인사위원회에 요구해야 한다.

해설 징계 및 징계금 부과사유의 시효-국가공무원법 제83조의2
• 징계 의결의 요구는 징계 사유가 발생한 날부터 구분에 따른 기간이 지나면 하지 못한다.
• 금전, 물품, 부동산, 향응 또는 그 밖에 대통령령으로 정하는 재산상 이익을 취득하거나 제공한 경우와 다음에 해당하는 횡령(橫領), 배임(背任), 절도, 사기 또는 유용(流用)한 경우 : 5년

가. 국가재정법에 따른 예산 및 기금
나. 지방재정법에 따른 예산 및 지방자치단체 기금관리기본법에 따른 기금
다. 국고금 관리법 제2조 제1호에 따른 국고금
라. 보조금 관리에 관한 법률 제2조 제1호에 따른 보조금
마. 국유재산법 제2조 제1호에 따른 국유재산 및 물품관리법 제2조 제1항에 따른 물품
바. 공유재산 및 물품 관리법 제2조 제1호 및 제2호에 따른 공유재산 및 물품
사. 그 밖에 가목부터 바목까지에 준하는 것으로서 대통령령으로 정하는 것

09 다음 중 소방청 및 시·도에 설치된 징계위원회의 민간위원 위촉대상에 해당하지 않는 사람은?

① 법관·검사 또는 변호사로 10년 이상 근무한 사람
② 고등교육법 제2조에 따른 학교에서 법률학·행정학 또는 소방관련 학문을 담당하는 부교수 이상으로 재직 중인 사람
③ 소방관련 자격증을 소지하고 소방관련 업종에서 20년 이상 근무한 사람
④ 소방공무원으로 소방정 이상의 직위에서 근무하고 퇴직한 사람으로서 퇴직일부터 3년이 경과한 사람

해설 소방청 및 시·도 징계위원회의 민간위원위촉 자격
- 법관·검사 또는 변호사로 10년 이상 근무한 사람
- 대학에서 법률학·행정학 또는 소방 관련 학문을 담당하는 부교수 이상으로 재직 중인 사람
- 소방공무원으로 소방정 이상의 직위에서 근무하고 퇴직한 사람으로서 퇴직일부터 3년이 경과한 사람
- 민간부문에서 인사·감사 업무를 담당하는 임원급 또는 이에 상응하는 직위에 근무한 경력이 있는 사람

10 다음은 소방공무원의 계급정년을 나타낸 것이다. ㄱ~ㄹ까지 괄호 안에 들어갈 숫자를 모두 더한 값으로 옳은 것은?

가. 소방감 : (ㄱ)년
나. 소방준감 : (ㄴ)년
다. 소방정 : (ㄷ)년
라. 소방령 : (ㄹ)년

① 34
② 35
③ 36
④ 37

해설 계급정년

소방감	소방준감	소방정	소방령
4년	6년	11년	14년

11 소방공무원 승진심사위원회 및 징계위원회의 구성에 대한 설명으로 옳지 않은 것은?

① 중앙승진심사위원회는 위원장을 포함한 5명 이상 7명 이하의 위원으로 구성한다.

② 소방준감으로의 승진심사를 위한 보통승진심사위원회의 위원장은 위원장을 포함하여 5명 이상 9명 이하의 위원으로 구성할 수 있다.

③ 소방청 및 시·도에 설치된 징계위원회는 위원장 1명을 포함하는 17명 이상 33명 이하의 위원으로 구성한다.

④ 중앙소방학교 소속 소방위의 특별승진심사는 중앙소방학교에 설치한 보통승진심사위원회에서 실시하고, 위원장을 포함한 위원 5명 이상 7명 이하로 구성한다.

해설 각 위원회의 구성 및 운영

구 분	위원의 구성
소방공무원 인사위원회, 중앙승진심사위원회	위원장을 포함한 5명 이상 7명 이하
보통승진심사위원회	위원장을 포함한 5명 이상 9명 이하
근무성적평정조정위원회	기관의 장이 지정하는 3명 이상 5명 이하
소방청 및 시·도에 설치된 징계위원회	위원장 1명을 포함하여 17명 이상 33명 이하 (민간위원 : 위원장을 제외한 위원 수의 2분의 1 이상)
중앙소방학교·중앙119구조본부·국립소방연구원·지방소방학교·서울종합방재센터·소방서·119특수대응단 및 소방체험관에 설치된 징계위원회	위원장 1명을 포함하여 9명 이상 15명 이하 (민간위원 : 위원장을 제외한 위원 수의 2분의 1 이상)
소방공무원 고충심사위원회	위원장 1명을 포함한 7명 이상 15명 이하 (민간위원 : 위원장을 제외한 위원 수의 2분의 1 이상)
소방교육훈련정책위원회	위원장 1명을 포함한 50명 이내
소방공무원 인사협의회	위원장 1인을 포함한 30인 이내
보건안전 및 복지정책 심의회 위원장	위원장 1명을 포함하여 10명 이내

12 징계처분의 집행이 종료된 날로부터 일정기간이 경과한 때, 징계처분의 기록을 말소하여야 한다. 다음 중 징계 종류별 경과기간이 바르게 연결된 것은?

	강 등	정 직	감 봉	견 책
①	10년	8년	6년	4년
②	9년	7년	5년	3년
③	8년	6년	4년	2년
④	7년	5년	3년	1년

• 징계처분의 집행이 종료된 날로부터 다음의 기간이 경과한 때

강 등	정 직	감 봉	견 책
9년	7년	5년	3년

• 소청심사위원회나 법원에서 징계처분의 무효 또는 취소의 결정이나 판결이 확정된 때
• 징계처분에 대한 일반사면이 있는 때

13 공금횡령으로 감봉 3개월의 징계를 받은 소방공무원 갑은 징계 의결 시점으로부터 얼마의 기간이 지나야 승진임용될 수 있는가? (단, 당해 징계 의결 이후 갑에 대한 다른 징계는 없다)

① 12개월
② 15개월
③ 18개월
④ 21개월

해설 승진임용 제한기간
징계처분의 집행이 종료된 날부터 다음의 기간이 지나지 않은 사람

강등·정직	감 봉	견 책	비 고
18개월	12개월	6개월	금전, 물품, 부동산, 향응 또는 그 밖에 대통령령으로 정하는 재산상 이익을 취득하거나 제공한 경우, 예산 및 기금 등에 해당하는 것을 횡령(橫領), 배임(背任), 절도, 사기 또는 유용(流用)한 사유로 인한 징계처분과 성폭력, 성희롱 또는 성매매로 인한 징계처분의 경우에는 각각 6개월을 더한 기간

기출유사문제

> ▶ 본 기출유사문제는 수험자의 기억에 의하여 복원된 것으로 그림, 내용, 출제지문 등이 다를 수 있으니 참고하시기 바랍니다.

01 소방공무원 승진임용 규정에 따른 소방공무원 승진대상자명부의 점수가 동일한 때 가장 선순위자로 옳은 것은?

① 근무성적평정점이 높은 사람

② 해당 계급에서 장기근무한 사람

③ 해당 계급의 바로 하위계급에서 장기근무한 사람

④ 소방공무원으로 장기근무한 사람

해설 동점자의 순위-승진임용 규정 제12조
- 승진대상자명부의 점수가 동일한 때에는 다음의 순위에 의하여 선순위자를 결정한다.
  1. 근무성적평정점이 높은 사람
  2. 해당 계급에서 장기근무한 사람
  3. 해당 계급의 바로 하위계급에서 장기근무한 사람
  4. 소방공무원으로 장기근무한 사람
- 제1항의 규정에 의하여도 순위가 결정되지 않은 때에는 승진대상자명부 작성권자가 선순위자를 결정한다.

02 다음은 소방공무원 복무규정에 따른 여행의 제한에 관한 내용이다. ( ) 안에 들어갈 내용으로 옳은 것은?

> 소방공무원은 휴무일이나 근무시간 외에 공무가 아닌 사유로 (ㄱ) 이내에 직무에 복귀하기 어려운 지역으로 여행하려는 경우에는 소속 소방기관의 장에게 (ㄴ)해야 한다. 다만, 제5조에 따른 비상근무 등 소방업무상 특별한 사정이 있어 소방기관의 장이 정하는 기간 중에는 소속 소방기관의 장의 (ㄷ)를 받아야 한다.

	ㄱ	ㄴ	ㄷ
①	2시간	신고	허가
②	2시간	허가	신고
③	3시간	신고	허가
④	3시간	허가	신고

해설 여행의 제한-복무규정 제4조
- 소방공무원은 휴무일이나 근무시간 외에 공무(公務)가 아닌 사유로 3시간 이내에 직무에 복귀하기 어려운 지역으로 여행하려는 경우에는 소속 소방기관의 장에게 신고해야 한다.
- 비상근무 등 소방업무상 특별한 사정이 있어 소방기관의 장이 정하는 기간 중에는 소속 소방기관의 장의 허가를 받아야 한다.

03 다음 중 소방공무원 승진임용 규정에 따른 소방공무원 승진임용제한사유로 맞지 않는 것은?

① 소방공무원교육훈련규정에 따른 전문교육을 이수하지 않은 사람
② 육아휴직기간 중에 있는 사람
③ 강등처분의 집행이 끝난 날부터 18개월이 지나지 않은 사람
④ 시보임용기간 중에 있는 사람

해설 승진임용의 제한-승진임용 규정 제6조
- 징계처분의 요구 또는 징계의결 요구, 징계처분, 직위해제, 휴직 또는 시보임용 기간 중에 있는 사람
- 징계처분의 집행이 종료 날부터 다음의 기간이 지나지 않은 사람

강등·정직	감봉	견책	비고
18개월	12개월	6개월	금전, 물품, 부동산, 향응 또는 그 밖에 대통령령으로 정하는 재산상 이익을 취득하거나 제공한 경우, 예산 및 기금 등에 해당하는 것을 횡령(橫領), 배임(背任), 절도, 사기 또는 유용(流用)한 사유로 인한 징계처분과 소극행정, 음주운전(음주측정에 응하지 않은 경우를 포함한다), 성폭력, 성희롱 또는 성매매로 인한 징계처분의 경우에는 각각 6개월을 더한 기간

- 징계에 관하여 소방공무원과 다른 법령의 적용을 받는 공무원이 소방공무원으로 임용된 경우, 종전의 신분에서 강등의 징계처분을 받고 그 처분 종료일부터 18개월이 지나지 않은 사람과 근신·군기교육이나 그 밖에 이와 유사한 징계처분을 받고 그 처분 종료일부터 6개월이 지나지 않은 사람
- 신임교육과정을 졸업하지 못한 사람
- 관리역량교육과정을 수료하지 못한 사람
- 소방정책관리자교육과정을 수료하지 못한 사람

02 ③ 03 ① **정답**

04 소방공무원 임용령에 따른 소방공무원 신규채용에 대한 설명으로 옳지 않은 것은?

① 임용예정직위에 상응하는 근무실적 또는 연구실적이 있는 사람을 경력경쟁채용등을 하는 경우 퇴직한 소방공무원은 임용예정계급에 상응하는 근무경력이 1년 이상인 사람이어야 한다.

② 외국어에 능통한 사람의 경력경쟁채용등은 소방위 이하 소방공무원으로 채용하는 경우로 한정한다.

③ 종전의 재직기관에서 견책 이상의 징계처분을 받은 사람은 경력경쟁채용등을 할 수 없다.

④ 경위 이하의 경찰공무원을 임용예정직위에 상응하는 소방공무원으로 경력경쟁채용하는 경우 최근 5년 이내에 화재감식 또는 범죄수사업무에 종사한 경력이 2년 이상 있어야 한다.

> **해설** 경력경쟁채용등의 요건 등−임용령 제15조 제1항
> 종전의 재직기관에서 감봉 이상의 징계처분을 받은 사람은 경력경쟁채용등을 할 수 없다. 다만, 징계처분의 기록이 말소된 사람(해당 법령에 따라 징계처분 기록의 말소 사유에 해당하는 사람을 포함한다)은 그러하지 아니하다.

05 소방공무원법령에 따른 소방공무원 승진제도에 대한 설명으로 옳은 것은?

① 심사승진임용과 시험승진임용을 병행하는 경우에 그 승진임용방법별 임용비율은 계급별 승진임용 예정인원수의 각 50퍼센트로 한다.

② 소방교가 소방장으로 승진하기 위한 승진소요최저근무연수는 2년이다.

③ 소방공무원의 승진임용예정인원수는 당해 연도의 실제 결원 및 예상되는 결원을 고려하여 임용권자가 정한다.

④ 소방준감 이하 계급의 소방공무원에 대해서는 대통령령이 정하는 바에 따라 계급별로 승진심사대상자명부를 작성해야 한다.

> **해설** 소방공무원 승진
> ① 심사승진임용과 시험승진임용을 병행하는 경우에 승진임용예정 인원수의 60퍼센트를 심사승진임용예정 인원수로, 40퍼센트를 시험승진임용예정 인원수로 한다(승진임용 규정 제4조 제2항).
> ② 소방교가 소방장으로 승진하기 위한 승진소요최저근무연수는 1년이다(승진임용 규정 제5조 제1항).
> ④ 소방정 이하 계급의 소방공무원에 대해서는 대통령령이 정하는 바에 따라 계급별로 승진심사대상자명부를 작성해야 한다(법 제12조).

06 소방공무원임용령에 따른 소방공무원의 필수보직기간 및 전보제한에 대한 설명으로 옳지 않은 것은?

① 승진임용일은 필수보직기간을 계산할 때 해당직위에 임용된 날로 본다.

② 임용예정직위에 상응하는 근무실적이 있는 사람을 소방공무원으로 경력경쟁채용한 경우 최초로 그 직위에 임용된 날부터 3년 이내에 다른 직위 또는 임용권을 달리하는 기관에 전보할 수 없다.

③ 소방공무원의 필수 보직기간은 1년이다.

④ 임용권자는 승진시험 요구 중에 있는 소속 소방공무원을 승진대상자명부 작성단위를 달리하는 기관에 전보할 수 없다.

> **해설** 필수보직기간 및 전보의 제한-임용령 제28조
> 다음의 어느 하나에 해당하는 임용일은 필수보직기간을 계산할 때 해당직위에 임용된 날로 보지 않는다.
> • 직제상의 최저단위 보조기관 내에서의 전보일
> • 승진임용일, 강등일 또는 강임일
> • 시보공무원의 정규공무원으로의 임용일
> • 기구의 개편, 직제 또는 정원의 변경으로 소속·직위 또는 직급의 명칭만 변경하여 재발령되는 경우 그 임용일. 다만, 담당 직무가 변경되지 않은 경우만 해당한다.

07 소방공무원 승진임용 규정에 따른 승진대상자명부 작성에 대한 설명으로 옳은 것은?

① 승진대상자명부 및 승진대상자통합명부는 매년 3월 31일과 9월 30일을 기준으로 작성한다.

② 승진대상자명부는 그 작성 기준일 다음날로부터 효력을 가진다.

③ 소방위 계급의 근무성적평정점은 명부작성 기준일로부터 최근 3년 이내에 당해 계급에서 평정한 평정점을 대상으로 한다.

④ 승진대상자명부는 작성기준일로부터 30일 이내에 작성해야 한다.

> **해설** ① 승진대상자명부 및 승진대상자통합명부는 매년 4월 1일과 10월 1일을 기준으로 작성한다(승진임용 규정 제11조).
> ③ 소방위 이하 계급의 근무성적평정점은 명부작성 기준일로부터 최근 2년 이내에 해당계급에서 평정한 평정점을 대상으로 한다(승진임용 규정 시행규칙 제19조 제3항의2).
> ④ 승진대상자명부는 작성기준일(매년 4월 1일, 10월 1일)로부터 20일 이내에 작성해야 한다(승진임용 규정 시행규칙 제19조 제1항).

08 소방공무원임용령에서 규정하고 있는 소방공무원 파견에 대한 설명으로 옳지 않은 것은?

① 다른 국가기관 또는 지방자치단체나 그 외의 기관, 단체에서 국가적 사업을 수행하기 위하여 특히 필요한 경우 파견기간은 2년 이내로 하되, 필요한 경우에는 총 파견기간이 5년을 초과하지 않는 범위에서 파견기간을 연장할 수 있다.

② 공무원 인재개발법 또는 지방공무원 교육훈련법에 따른 공무원교육훈련기관의 교수요원으로 선발되는 경우 파견기간은 1년 이내로 하되, 필요한 경우에는 총 파견기간이 2년을 초과하지 않는 범위에서 파견기간을 연장할 수 있다.

③ 임용권자 또는 임용예정권자는 국내의 연구기관, 민간기관 및 단체에서의 임무수행 능력개발이나 국가정책 수립과 관련된 자료수집 등을 위하여 소방공무원(지방소방공무원 제외)을 파견할 경우 인사혁신처장과 협의를 해야 한다. 다만, 파견기간이 1년 미만인 경우에는 협의를 거치지 아니하고 소방청장의 승인을 받아 파견할 수 있다.

④ 임용권자 또는 임용제청권자는 파견하는 경우에는 인사혁신처장과 협의해야 한다. 다만, 인사혁신처장이 별도정원의 직급규모 등에 대하여 행정안전부장관과 협의된 파견기간의 범위 내에서 파견기간을 연장하거나 소방령 이하 소방공무원의 파견기간이 끝난 후 그 자리를 교체하는 경우에는 인사혁신처장과의 협의를 생략할 수 있다.

해설 인사혁신처장과 협의 생략
인사혁신처장이 「행정기관의 조직과 정원에 관한 통칙」 제24조의2에 따라 별도정원의 직급·규모 등에 대하여 행정안전부장관과 협의된 파견기간의 범위에서 소방경 이하 소방공무원의 파견기간을 연장하거나 소방경 이하 소방공무원의 파견기간이 끝난 후 그 자리를 교체하는 경우에는 인사혁신처장과의 협의를 생략할 수 있다.

09 다음 중 소방공무원법령에 따른 정년에 대한 설명으로 옳지 않은 것은?

① 소방공무원의 정년은 연령 정년과 계급 정년으로 구분되며 연령 정년은 60세, 계급 정년은 소방감은 4년, 소방준감은 6년, 소방정은 11년, 소방령은 14년이다.

② 징계로 인하여 강등된 소방공무원의 계급정년은 강등된 계급의 계급정년은 강등되기 전 계급 중 가장 높은 계급의 계급정년으로 하고, 계급정년을 산정할 때에는 강등되기 전 계급의 근무연수와 강등 이후의 근무연수를 합산한다.

③ 소방청장 또는 시·도지사는 전시, 사변, 그 밖에 이에 준하는 비상사태에서는 3년의 범위에서 계급정년을 연장할 수 있다. 이 경우 소방령 이상의 소방공무원에 대해서는 행정안전부장관의 제청으로 국무총리를 거쳐 대통령의 승인을 받아야 한다.

④ 소방공무원은 그 정년이 되는 날의 1월에서 6월 사이에 있는 경우에는 6월 30일에 당연히 퇴직하고, 7월에서 12월 사이에 있는 경우에는 12월 31일에 당연히 퇴직한다.

해설 소방청장 또는 시·도지사는 전시, 사변, 그 밖에 이에 준하는 비상사태에서는 2년의 범위에서 계급정년을 연장할 수 있다. 이 경우 소방령 이상의 소방공무원에 대해서는 행정안전부장관의 제청으로 국무총리를 거쳐 대통령의 승인을 받아야 한다.

10 소방공무원 임용권자 및 임용권의 위임에 대한 설명으로 옳지 않은 것은?

① 소방령 이상의 소방공무원은 소방청장의 제청으로 국무총리를 거쳐 대통령이 임용한다.

② 소방준감 이하의 소방공무원(소방본부장 및 지방소학교장은 제외한다)에 대한 전보, 휴직, 직위해제, 강등, 정직 및 복직은 시·도지사가 한다.

③ 대통령은 국가공무원 중 소방정 이하의 소방공무원에 대한 임용권을 소방청장에게 위임한다.

④ 모든 지방소방학교 소속 소방령 이하의 소방공무원에 대한 당해 기관 안에서의 전보권은 해당 소방학교장에게 위임한다.

> **해설** 시·도지사는 그 관할구역 안의 지방소방학교·서울종합방재센터·소방서 소속 소방경 이하(서울소방학교·경기소방학교 및 서울종합방재센터의 경우에는 소방령 이하)의 소방공무원에 대한 해당 기관 안에서의 전보권과 소방위 이하의 소방공무원에 대한 휴직·직위해제·정직 및 복직에 관한 권한을 지방소방학교장·서울종합방재센터장 또는 소방서장에게 위임한다(임용령 제3조 제6항).

11 소방공무원법령에 따른 징계제도에 대한 설명으로 옳은 것은?

① 중징계라 함은 파면, 해임 또는 강등을 말하고 경징계라 함은 정직, 감봉 또는 견책을 말한다.

② 소방청 및 시·도에 설치된 징계위원회는 위원장 1명을 포함하는 7명 이상 9명 이하의 위원으로 구성한다.

③ 징계위원회의 공무원위원은 해당 징계위원회가 설치된 기관의 장이 임명하되, 특별한 사유가 없으면 최상위 계급자부터 차례로 임명해야 한다.

④ 징계위원회는 공무원위원과 민간위원으로 구성한다. 이 경우 민간위원의 수는 위원장을 포함한 위원수의 2분의 1 이상이어야 한다.

> **해설** ① 중징계라 함은 파면, 해임, 강등 및 정직을 말하고 경징계라 함은 감봉 또는 견책을 말한다.
> ② 소방청 및 시·도에 설치된 징계위원회는 위원장 1명을 포함하는 5명 이상 7명 이하의 위원으로 구성한다.
> ④ 징계위원회는 공무위원과 민간위원으로 구성하며, 민간위원은 위원장을 제외한 위원수의 2분의 1 이상이다.

12 소방공무원 교육훈련규정에 대한 설명으로 옳은 것은?

① 소방정 이하의 소방공무원은 직무와 관련된 전문교육을 받아야 한다.

② 시보소방공무원으로 임용될 자는 임용 전에 신임교육을 받아야 한다.

③ 소방위에서 소방경으로 승진하기 위해서는 소방정책관리자교육을 받아야 한다.

④ 소방공무원 교육훈련 정책 및 발전과 관련한 사항을 심의·조정하기 위해서 소방교육훈련정책위
원회를 두며, 위원회의 위원장은 소방청 차장이 된다.

해설 ① 소방정 이하의 소방공무원은 직무와 관련된 관리역량교육훈련을 받아야 한다.
② 시보소방공무원으로 임용될 자는 임용 전에 신임교육을 받을 수 있다.
③ 소방위·소방경·소방령은 승진하기 위해서는 관리역량교육훈련을 받아야 한다.

13 | 기출유사문제

> ▶ 본 기출유사문제는 수험자의 기억에 의하여 복원된 것으로 그림, 내용, 출제지문 등이 다를 수 있으니 참고하시기 바랍니다.

01 서울특별시 소방재난본부 소속 지방소방장 갑과 서울 ○○소방서 소속 소방위 을이 동일한 징계사건에 관련되었을 때 어느 징계 위원회에서 관할하는가?

① 서울 ○○소방서 소방공무원징계위원회

② 서울특별시 소방공무원징계위원회

③ 소방청 소방공무원징계위원회

④ 갑은 서울특별시 소방공무원징계위원회, 을은 서울 ○○소방서 소방공무원징계위원회

해설 관련사건의 관할(징계령 제3조)
- 임용권자(「소방공무원임용령」 제3조에 따라 임용권을 위임받은 사람을 포함한다. 이하 같다)가 동일한 2명 이상의 소방공무원이 관련된 징계등 사건으로서 관할 징계위원회가 서로 다른 경우에는 다음에 따라 관할한다.
  1. 그중의 1인이 상급소방기관에 소속된 경우에는 그 상급소방기관에 설치된 징계위원회
  2. 각자가 대등한 소방기관에 소속된 경우에는 그 소방기관의 상급소방기관에 설치된 징계위원회
- 관할 징계위원회를 정할 수 없을 때에는 소방서 간의 경우에는 시·도지사가, 시·도 간의 경우에는 소방청장이 정하는 징계위원회에서 관할한다.

02 승진대상자 명부의 점수가 동일한 경우 선순위자를 순서대로 나열한 것은?

> 가. 소방공무원으로 장기근무한 사람
> 나. 근무성적 평정점이 높은 사람
> 다. 해당 계급에서 장기 근무한 사람
> 라. 해당 계급의 바로 하위 계급에서 장기근무한 사람

① 가 – 나 – 다 – 라   ② 나 – 다 – 라 – 가

③ 가 – 나 – 라 – 다   ④ 나 – 다 – 가 – 라

01 ②   02 ②   **정답**

1. 승진대상자명부의 점수가 동일한 때에는 다음의 순위에 의하여 선순위자를 결정한다.
   ㉠ 근무성적평정점이 높은 사람
   ㉡ 해당 계급에서 장기근무한 사람
   ㉢ 해당 계급의 바로 하위계급에서 장기근무한 사람
   ㉣ 소방공무원으로 장기근무한 사람
2. 제1항의 규정에 의하여도 순위가 결정되지 않은 때에는 승진대상자명부 작성권자가 선순위자를 결정한다.

03 지방소방공무원의 시·도 간 인사교류에 관한 설명으로 옳지 않은 것은?

① 소방경 이하의 소방공무원의 연고지배치를 위하여 필요한 경우 인사교류를 할 수 있다.

② 소방청장이 인사교류계획을 수립함에 있어서 시·도지사로부터 교류대상자의 추천이 있거나 해당 시·도로 전입요청이 있는 경우에는 이를 최대한 반영해야 하며, 해당 시·도지사의 동의 없이 인사교류대상자의 직위를 미리 지정할 수 있다.

③ 시·도 간 인력의 균형 있는 배치와 소방행정의 균형 있는 발전을 위하여 소방령 이상의 소방공무원을 인사교류 할 수 있다.

④ 시·도 간 협조체계 증진 및 소방공무원의 능력발전을 위하여 인사교류를 할 수 있다.

해설 인사교류계획의 수립 시 고려해야 할 사항
소방청장은 인사교류계획을 수립함에 있어서 시·도지사로부터 교류대상자의 추천이 있거나 해당 시·도로 전입요청이 있는 경우에는 이를 최대한 반영해야 하며, 해당 시·도지사의 동의 없이는 인사교류대상자의 직위를 미리 지정하여서는 아니 된다.

04 중앙119구조본부 소속 공무원의 소방위에서 소방경으로 승진임용권자는?

① 소방청장
② 중앙소방본부장
③ 중앙119구조본부장
④ 대통령

해설 소방청장은 법 제6조 제4항에 따라 중앙119구조본부 소속 소방공무원 중 소방령에 대한 전보·휴직·직위해제·정직 및 복직에 관한 권한과 소방경 이하의 소방공무원에 대한 임용권을 중앙119구조본부장에게 위임한다.

정답 03 ② 04 ③

05 소방장 000은 2023년 11월 소방위 승진시험(2차 미실시)에서 매 과목 100점 만점의 전과목 평균 92점을 득점하여 합격하였다. 승진대상자명부의 총평정점에 반영된 평정 조건이 다음과 같을 때 총평정점을 포함한 최종 합격점수(100점 만점)는 얼마인가?

> • 근무성적평정 : 최근 2년(4회 평정)의 평정점 평균은 56점
> • 경력평정 : 36개월 10일 근무
> • 교육훈련성적평정 : 직장훈련성적, 체력검정성적, 전문교육성적 및 전문능력성적은 각각 최고점 획득
> • 모두 정기평정일 2023.09.30.기준의 당해계급자이며 계산은 소수점 셋째 자리에서 반올림

① 90.50점   ② 93.60점
③ 93.20점   ④ 96.50점

해설 **최종합격자 결정(승진임용 규정 제34조 제4항)**
제1차 시험성적의 50퍼센트, 제2차 시험성적 10퍼센트 및 당해 계급에서 최근 작성된 승진대상자명부의 총평정점 40퍼센트를 합산한 성적의 고득점 순위에 의하여 결정한다. 다만, 제2차 시험을 실시하지 않은 경우에는 제1차 시험성적을 60퍼센트의 비율로 합산한다.
ㄱ 제1차 시험성적(50퍼센트) = 제2차 시험성적(10퍼센트) : 55.2점(92 × 60/100)
ㄴ 승진대상자명부 총평점

총 점	근무성적 평정점	경력평점	직장훈련성적	체력검정성적	전문교육성적	전문능력성적
100점	60점	25점	4점	5점	3점	3점
96점	56점	25	4점	5점	3점	3점

– 소방장경력평정 : 기본경력(22점) 2년 + 초과경력(3점) 1년(3점 / 12월 = 0.250) = 25점
∴ 따라서 ㄱ + ㄴ = 55.2 + 38.4 = 93.60점

06 시 · 도 소속의 국가소방공무원 소방정 000은 본인에 대한 휴직처분이 위법하다고 판단하여 행정소송을 제기하고자 한다. 이때 당해 소송의 피고는 누구인가?

① 대통령   ② 소방청장
③ 관할 시 · 도지사   ④ 시 · 도 소방(재난)본부장

해설 **행정소송의 피고**
• 징계처분, 휴직처분, 면직처분, 그 밖에 의사에 반하는 불리한 처분에 대한 행정소송의 경우 : 소방청장을 피고로 한다.
• 시 · 도지사가 임용권을 행사하는 경우 : 관할 시 · 도지사를 피고로 한다.

07 화재진압 중 지휘관의 임무를 소홀히 하거나 태만했을 때 벌칙은?

① 5년 이하의 징역 또는 구류

② 5년 이하의 징역 또는 금고

③ 10년 이하의 징역 또는 구류

④ 10년 이하의 징역 또는 금고

해설 지휘권남용 등의 금지

화재 또는 구조·구급활동을 할 때 소방공무원을 지휘·감독하는 사람은 정당한 이유 없이 그 직무수행을 거부 또는 유기하거나 소방공무원을 지정된 근무지에서 진출·후퇴 또는 이탈하게 하여서는 아니 된다.

※ 위반 시 벌칙 : 5년 이하의 징역 또는 금고

08 소방업무에 경험이 있는 의용소방대원을 해당 시·도의 소방공무원으로 임용하고자 한다. 옳은 설명을 모두 고른 것은?

> 가. 채용계급은 소방사로 한다.
> 나. 채용방법은 경력경쟁채용시험에 의한다.
> 다. 필기시험과목 중 필수과목은 국어, 영어, 한국사이다.
> 라. 응시연령은 20세 이상 40세 이하이며, 응시연령 기준일은 최종시험예정일로 한다.
> 마. 채용인원을 설치되는 소방서 119지역대 또는 119안전센터의 공무원의 정원 중 소방사 정원 의 3분의 1 이내로 한다.

① 가, 나, 다

② 가, 나, 마

③ 가, 다, 라

④ 나, 다, 라, 마

해설 의용소방대원의 경력경쟁채용시험등

- 소방 업무에 경험이 있는 의용소방대원을 소방사 계급의 소방공무원으로 임용하는 경우의 경력경쟁채용등은 다음의 어느 하나에 해당하는 지역에서 이미 5년 이상 의용소방대원으로 계속하여 근무하고 있는 사람을 그 지역에 소방서·119지역대 또는 119안전센터가 처음으로 설치된 날로부터 1년 이내에 그 지역의 소방공무원으로 임용하는 경우로 한정한다. 이 경우 경력경쟁채용등을 할 수 있는 인원은 처음으로 설치되는 소방서·119 지역대 또는 119안전센터의 공무원의 정원 중 소방사 정원의 3분의 1 이내로 한다.
  - 소방서를 처음으로 설치하는 시·군지역
  - 소방서가 설치되어 있지 아니한 시·군지역에 119지역대 또는 119안전센터를 처음으로 설치하는 경우 그 관할에 속하는 시지역 또는 읍·면지역
- 응시연령은 18세 이상 40세 이하이며, 응시연령 기준일은 임용권자의 시험요구일이 속한 연도의 응시연령에 해당해야 한다.
- 필기시험과목 중 필수과목은 한국사, 영어, 소방학개론, 소방관계법규이다.

09 다음은 소방공무원법에서 규정하고 있는 기간과 관련된 질문들이다. 질문에 대한 답으로 묶인 것은?

> 가. 소방공무원으로 신규채용된 소방위 이상의 시보임용기간은?
> 나. 소방장에서 소방위로의 승진소요최저근무연수는?
> 다. 소방정의 계급정년은?

① 가 : 6개월 　　나 : 2년 　　다 : 10년
② 가 : 1년 　　나 : 1년 　　다 : 11년
③ 가 : 6개월 　　나 : 3년 　　다 : 11년
④ 가 : 1년 　　나 : 3년 　　다 : 11년

해설 승진소요최저근무연수 · 계급정년 및 시보임용기간

기간 구분	소방감	소방준감	소방정	소방령	소방경	소방위	소방장	소방교/사
승진소요 최저근무연수	–	–	3년	2년	2년	1년	1년	1년
계급정년	4년	6년	11년	14년	–	–	–	–
시보임용	1년						6개월	

10 소방공무원 채용시험의 합격자 결정방법으로 옳은 것은?

① 체력검사는 6개 종목에 대한 평가점수를 합산하여 총점의 60% 이상을 취득한 자를 합격자로 결정한다.
② 면접시험자의 합격자는 각 평정요소에 대한 시험위원의 점수를 합산하여 총점의 50% 이상을 득점한 사람으로 한다.
③ 필기시험은 매 과목 40퍼센트 이상, 전 과목 총점의 60퍼센트 이상의 득점자 중에서 선발 예정인원의 2배수의 범위에서 시험성적을 고려하여 점수가 높은 사람부터 차례로 합격자를 결정한다.
④ 공개경쟁채용시험은 필기시험성적 60퍼센트, 체력시험성적 30퍼센트 및 면접시험성적 10퍼센트의 비율로 합산한 성적으로 최종합격자를 결정한다.

해설 ① 체력검사는 6개 종목에 대한 평가점수를 합산하여 총점의 50% 이상을 취득한 자를 합격자로 결정한다.
③ 필기시험은 매 과목 40퍼센트 이상, 전 과목 총점의 60퍼센트 이상의 득점자 중에서 선발 예정인원의 3배수의 범위에서 시험성적을 고려하여 점수가 높은 사람부터 차례로 합격자를 결정한다.
④ 공개경쟁채용시험은 필기시험성적 50퍼센트, 체력시험성적 25퍼센트 및 면접시험성적 25퍼센트의 비율로 합산한 성적으로 최종합격자를 결정한다.

11 소방공무원의 직권면직사유에 해당되지 않는 것은?

① 직무수행능력이 부족하거나 근무실적이 극히 나쁠 때

② 휴직사유가 소멸된 후에도 직무에 복귀하지 아니할 때

③ 예산이 감소된 경우로서 직위가 없어지거나 과원이 된 때

④ 전직시험에서 3회 이상 불합격한 사람으로서 직무수행능력이 부족하다고 인정될 때

해설 ① 직위해제사유에 해당한다.

직권면직사유

- 직제와 정원의 개편·폐지 및 예산의 감소 등에 따라 폐직(廢職) 또는 과원(過員)이 되었을 때
- 휴직 기간이 끝나거나 휴직 사유가 소멸된 후에도 직무에 복귀하지 아니하거나 직무를 감당할 수 없을 때
- 직위해제처분에 따라 3개월의 범위에서 대기 명령을 받은 자가 그 기간에 능력 또는 근무성적의 향상을 기대하기 어렵다고 인정된 때
- 전직시험에서 세 번 이상 불합격한 자로서 직무수행 능력이 부족하다고 인정된 때
- 병역판정검사·입영 또는 소집의 명령을 받고 정당한 사유 없이 이를 기피하거나 군복무를 위하여 휴직 중에 있는 자가 군복무 중 군무(軍務)를 이탈하였을 때
- 해당 직급·직위에서 직무를 수행하는 데 필요한 자격증의 효력이 없어지거나 면허가 취소되어 담당 직무를 수행할 수 없게 된 때
- 고위공무원단에 속하는 공무원이 적격심사 결과 부적격 결정을 받은 때

12 소방공무원법에서 규정하여 설치하는 위원회별 위원수(위원장 포함)로 옳은 것은?

① 소방공무원 인사위원회 : 3명 이상 7명 이하

② 소방서에 두는 징계위원회 : 3명 이상 5명 이하

③ 소방준감으로의 승진심사를 위한 중앙승진심사위원회 : 5명 이상 7명 이하

④ 소방정으로의 승진심사를 위한 보통승진심사위원회 : 5명 이상 9명 이하

해설 각 위원회의 구성

구 분	위원의 구성
소방공무원 인사위원회, 중앙승진심사위원회	위원장을 포함한 5명 이상 7명 이하
보통승진심사위원회	위원장을 포함한 5명 이상 9명 이하
근무성적평정조정위원회	기관의 장이 지정하는 3명 이상 5명 이하
소방청 및 시·도에 설치된 징계위원회	위원장 1명을 포함하여 17명 이상 33명 이하 (민간위원 : 위원장을 제외한 위원 수의 2분의 1 이상)
중앙소방학교·중앙119구조본부·국립소방연구원·지방소방학교·서울종합방재센터·소방서·119특수대응단 및 소방체험관에 설치된 징계위원회	위원장 1명을 포함하여 9명 이상 15명 이하 (민간위원 : 위원장을 제외한 위원 수의 2분의 1 이상)
소방공무원 고충심사위원회	위원장 1명을 포함한 7명 이상 15명 이하 (민간위원 : 위원장을 제외한 위원 수의 2분의 1 이상)
소방교육훈련정책위원회	위원장 1명을 포함한 50명 이내
소방공무원 인사협의회	위원장 1인을 포함한 30인 이내
보건안전 및 복지정책 심의회 위원장	위원장 1명을 포함하여 10명 이내

우리가 해야할 일은 끊임없이 호기심을 갖고
새로운 생각을 시험해보고 새로운 인상을 받는 것이다.

- 월터 페이터 -

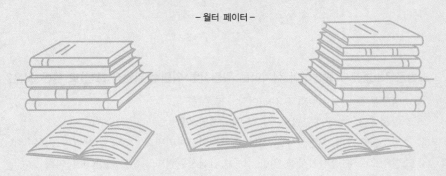

최종모의고사

제1~15회 최종모의고사

인생이란 결코 공평하지 않다. 이 사실에 익숙해져라.

- 빌 게이츠 -

01 │ 제1회 최종모의고사

01 국가공무원법에 따른 소방공무원의 구분으로 옳은 것은?

① 특정직공무원   ② 별정직공무원
③ 정무직공무원   ④ 일반직공무원

02 소방공무원법에 따른 소방공무원 인사위원회 설치에 대한 규정사항으로 다음 중 옳지 않은 것은?

① 소방청과 시·도지사가 임용권을 행사하는 경우에 시·도에 소방공무원 인사위원회를 둔다.
② 인사위원회의 구성 및 운영에 필요한 사항은 소방청장이 정한다.
③ 소방공무원의 인사(人事)에 관한 중요 사항에 대하여 소방청장 및 시·도지사의 자문에 응하게 하기 위함이다.
④ 세종특별자치시에도 소방공무원 인사위원회를 둔다.

03 다음 중 소방공무원법의 규정에 따른 소방공무원의 신규채용에 대한 설명으로 옳은 것은?

① 공개경쟁시험을 원칙으로 한다.
② 공개경쟁시험과 경력경쟁채용시험을 원칙으로 한다.
③ 공개경쟁시험과 경력경쟁채용시험 및 제한경력경쟁시험을 원칙으로 한다.
④ 채용권자는 공개경쟁시험과 경력경쟁채용시험 및 제한경쟁시험 중에서 선택할 수 있다.

04 소방공무원 임용령에 따른 보직관리 원칙 중 "1 소방공무원 1 직위 부여"의 예외에 해당하는 것은? `18, 19, 20년 통합`

① 파견근무의 준비를 위하여 특히 필요하다고 인정하여 3개월 이내의 기간 소속 소방공무원을 보직 없이 근무하게 하는 경우
② 직제의 신설이 있는 때에 3개월 이내의 기간 소속 소방공무원을 기관의 신설준비 등을 위하여 보직 없이 근무하게 하는 경우
③ 1년 이상의 장기 국외훈련을 위하여 파견준비를 위하여 특히 필요하다고 인정하여 3개월 이내의 기간 동안 소속 소방공무원을 보직 없이 근무하게 하는 경우
④ 별도정원이 인정되는 휴직자의 복직, 파견된 사람의 복귀 또는 파면·해임·면직된 사람의 복귀 시에 해당 기관에 그에 해당하는 계급의 결원이 없어서 그 계급의 정원에 최초로 결원이 생길 때까지 당해 계급에 해당하는 소방공무원을 보직 없이 근무하게 하는 경우

05 소방공무원 승진임용 규정에 따른 승진 임용의 구분에 해당되지 않는 것은?

① 심사승진임용   ② 근속승진임용
③ 특별승진임용   ④ 시험승진임용

06 공무원보수규정상 보수의 계산에 대한 내용으로 옳지 않은 것은?

① 공무원의 보수는 법령에 특별한 규정이 있는 경우를 제외하고는 신규채용, 승진, 전직, 전보, 승급, 감봉, 그 밖의 모든 임용에서 발령일을 기준으로 그 월액을 일할계산하여 지급한다.

② 법령의 규정에 따라 감액된 봉급을 지급받는 사람의 봉급을 다시 감액하려는 경우(동시에 두 가지 이상의 사유로 봉급을 감액하고자 하는 경우를 포함한다)에는 중복되는 감액기간에 대해서만 이미 감액된 봉급을 기준으로 계산한다.

③ 5년 이상 근속한 공무원이 월 중에 15일 이상을 근무한 후 면직되는 경우 면직한 날을 기준으로 그 월액을 일할계산하여 지급한다.

④ 봉급을 지급하는 경우 징계처분이나 그 밖의 사유로 봉급이 감액(결근으로 인한 봉급의 감액은 제외한다)되어 지급 중인 공무원에게는 감액된 봉급을 계산하여 그 달의 봉급 전액을 지급한다.

07 중앙119구조본부의 소방위에서 소방경으로의 승진 임용권자는? `15년 소방위`

① 소방청장
② 중앙소방본부장
③ 중앙119구조본부장
④ 대통령

08 소방공무원 채용시험의 응시자격(제한) 요건 등에 대한 설명으로 옳지 않은 것은?

① 소방사 공개경쟁채용시험의 응시연령은 18세 이상 40세 이하이다.

② 소방공무원의 임용을 위한 각종 시험에 있어서는 원칙적으로 학력에 의한 제한은 두지 않는다. 다만 경력경쟁채용시험은 학력을 가진 자가 아니면 이를 응시할 수 없는 경우도 있다.

③ 공개경쟁시험에 있어서의 응시연령 기준일은 임용권자의 시험요구일이 속한 연도이다.

④ 혈압은 고혈압(수축기혈압이 145mmHg을 초과하거나 확장기 혈압이 90mmHg을 초과하는 것) 또는 저혈압(수축기혈압이 90mmHg 미만이거나 확장기혈압이 60mmHg 미만인 것)이 아닐 것

09 소방공무원법에 따른 소방공무원의 인사교류에 의한 임용에 대한 설명으로 옳지 않은 것은?

① 소방청장은 소방공무원의 능력을 발전시키고 소방사무의 연계성을 높이기 위하여 소방청과 시·도 간 및 시·도 상호 간에 인사교류가 필요하다고 인정하면 인사교류를 실시해야 한다.

② 인사교류의 인원은 필요한 최소한으로 하되, 소방청장은 시·도 간 교류인원을 정할 때에는 미리 해당 시·도지사의 의견을 들어야 한다.

③ 인사교류계획을 수립함에 있어서 시·도지사로부터 교류대상자의 추천이 있거나 해당 시·도로 전입요청이 있는 경우에는 이를 최대한 반영해야 한다.

④ 소방청과 시·도 간 및 시·도 상호 간에 인사교류를 하는 경우에는 인사교류 대상자 본인의 동의나 신청이 있어야 한다.

10 다음 중 소방공무원의 승진소요최저근무연수 등 승진임용에 대한 설명으로 옳은 것은?

① 모든 종류의 휴직기간은 승진최저근무연수에 산입하지 않는다.

② 순직자의 특별승진의 경우 임용비율, 승진소요최저근무연수, 승진심사대상에서 제한규정을 배제한다.

③ 직위해제기간은 승진소요최저근무연수에 산입한다.

④ 순직자의 특별승진 외의 특별승진의 해당 계급에서 승진소요최저근무연수의 2분의 1 이상 재직해야 한다.

11 소방공무원 강임에 관한 설명으로 옳지 않은 것은?

① 직제 또는 정원의 변경이나 예산의 감소 등으로 직위가 없어지거나 하위의 직위로 변경되어 과원이 되었을 때 임용권자는 소속 공무원을 강임할 수 있다.

② 소방공무원을 강임할 때에는 바로 하위 계급에 임용해야 한다.

③ 동일계급에 강임된 자가 2인 이상인 경우의 우선 승진임용 순위는 강임일자 순으로 한다.

④ 동일계급에 강임된 자가 2인 이상으로 강임일자가 같은 경우에는 강임된 계급에 임용된 일자의 순에 의한다.

12 동일한 2명 이상의 소방공무원이 관련된 징계등 사건으로서 시·도 간의 관할 징계위원회가 서로 다른 소방공무원이 관련된 징계등 사건으로 관할 징계위원회를 정할 수 없는 경우 관할에 대한 설명으로 옳은 것은?

① 소방청장이 정하는 징계위원회에서 관할한다.

② 시·도지사가 정하는 징계위원회에서 관할한다.

③ 행정안전부장관이 정하는 징계위원회에서 관할한다.

④ 국무총리가 정하는 징계위원회에서 관할한다.

13 소방공무원 승진임용 규정에 따른 승진대상자명부의 효력에 관한 내용으로 옳은 것은?

`12년 소방위` `18년 통합`

① 승진대상자명부는 그 작성한 다음날로부터 효력을 가진다.

② 조정 또는 삭제한 경우 작성기준일 다음날부터 효력을 가진다.

③ 승진대상자명부를 조정한 경우에는 조정한 날로부터 효력을 가진다.

④ 승진대상자명부를 삭제한 경우에는 삭제한 다음날부터 효력을 가진다.

14 소방공무원임용령에 따르면 소방청장은 소방공무원의 인사에 관한 통계보고의 제도를 정하여 정기 또는 수시로 필요한 보고를 받을 수 있다. 필요한 보고와 관련이 없는 자는?

① 국립소방연구원장

② 중앙119구조본부장

③ 시·도지사

④ 소방본부장 및 소방서장

15 소방공무원 교육훈련평정에 대한 규정 내용으로 옳지 않은 것은?

① 소방정 이하의 소방공무원을 대상으로 평정한다.

② 소방공무원의 평정대상 성적은 계급별로 동일하다.

③ 소방공무원 교육훈련기관의 수료요건 또는 졸업요건을 갖추지 못한 사람에 대한 교육훈련성적은 평정하지 않는다.

④ 시보임용이 예정된 사람 또는 시보임용된 사람이 신임교육과정을 졸업한 경우에는 이를 임용예정 계급에서 받은 전문교육훈련성적으로 보아 평정한다.

16 다음 중 인사기록의 징계처분기록의 말소기간의 내용으로 옳은 것은? `15, 18, 21년 통합`
`15, 19년 소방위` `20년 통합 소방위`

① 강등 9년

② 견책 1년

③ 감봉 3년

④ 징계처분에 대한 특별사면이 있는 경우

17 소방공무원 승진임용 규정에 따른 승진심사결과의 보고에 대한 규정내용으로 옳지 않은 것은?

① 승진임용예정자로 선발된 자의 명부는 승진심사 종합평가 성적이 우수한 자 순으로 작성해야 한다.

② 승진임용예정자로 선발된 자와 승진심사탈락자의 명부는 각각 작성한다.

③ 승진심사위원회는 승진심사를 완료한 때에는 지체 없이 법정서류를 작성하여 중앙승진심사위원회에 있어서는 소방청장에게 보고해야 한다.

④ 승진심사위원회는 승진심사를 완료한 때에는 지체 없이 법정서류를 작성하여 보통승진심사위원회에 있어서는 지체 없이 해당 위원회의 위원장에게 보고해야 한다.

18 소방공무원법에 따라 소방공무원 고충심사위원회의 심사를 거친 소방공무원의 재심청구와 소방령 이상의 소방공무원의 인사상담 및 고충심사는 어디에서 하는가?

① 국무총리고충심사위원회

② 시·도 고충심사위원회

③ 중앙고충심사위원회

④ 보통고충심사위원회

19 공무원보수규정상 보수자료조사에 대한 내용으로 옳지 않은 것은?

① 재외공관의 장은 그 재외공관 소재지의 물가지수, 외환시세의 변동상황 등 재외공무원의 보수를 합리적으로 책정하기 위하여 필요한 자료를 수집하여 매년 정기적으로 인사혁신처장에게 보고하여야 하며, 인사혁신처장은 기획재정부장관에게 이를 통보하여야 한다.

② 인사혁신처장은 각 중앙행정기관의 장에게 소속 공무원과 그 기관의 감독을 받는 공공기관 등의 임직원의 보수에 관한 자료를 제출할 것을 요청할 수 있다.

③ 인사혁신처장은 민간의 임금에 대한 조사를 하기 위하여 필요하면 세무행정기관이나 그 밖의 관련 행정기관의 장에게 협조를 요청할 수 있다.

④ 인사혁신처장은 보수를 합리적으로 책정하기 위하여 민간의 임금, 표준생계비 및 물가의 변동 등에 대한 조사를 한다.

20 소방공무원 승진임용 규정에 따른 소방공무원 특별승진 대상·범위 등에 대한 설명으로 옳지 않은 것은? 12년 소방위

① 20년 이상 근속하고 정년퇴직일 전 1년 이상의 기간 중 자진하여 퇴직하는 자로서 재직 중 특별한 공적이 있다고 인정되는 자의 경우 소방정감 계급으로의 승진이 가능하다.

② 특별유공자의 공적은 소방공무원이 전 계급에서 이룩한 공적을 감안한다.

③ 소방공무원의 특별승진은 소방청장 또는 시·도지사가 필요하다고 인정하면 수시로 실시할 수 있다.

④ 창안등급 동상 이상을 받은 자로서 소방행정발전에 기여한 실적이 뚜렷한 자를 특별승진시킬 경우 해당 계급에서의 근무기간이 최저근무연수의 3분의 2 이상이 되고, 승진임용이 제한되지 않은 자중에서 행한다.

21 소방장에서 소방위로의 승진소요최저근무연수와 소방위에서 소방경으로의 근속승진을 위한 재직연수로 맞게 짝지어진 것은? 15년 소방위 21년 통합

① 2년, 10년 ② 3년, 10년

③ 1년, 8년 ④ 3년, 8년

22 소방공무원 승진임용 규정에 따른 소방공무원 특별유공자의 특별승진에 관한 규정이다. 다음 빈칸에 들어갈 내용으로 옳은 것은?

> 공무원임용령 제35조의2 제5항에 따라 (ㄱ)이 정하는 (ㄴ) 표창 이상의 포상을 받은 사람을 특별승진임용할 때에는 (ㄷ) 정원을 초과하여 임용할 수 있으며, 정원과 현원이 일치할 때까지 그 인원에 해당하는 정원이 해당 기관에 따로 있는 것으로 본다.

	(ㄱ)	(ㄴ)	(ㄷ)
①	인사혁신처장	국무총리	계급별
②	대통령령	대통령	별 도
③	인사혁신처장	국무총리	별 도
④	대통령령	국무총리	계급별

23 소방공무원 승진임용 규정에 따른 경력평정에 관한 규정 내용으로 옳지 않은 것은?

`21년 통합`

① 소방공무원의 경력평정은 해당 계급에서의 근무연수를 평정하여 승진대상자명부작성에 반영한다.
② 승진소요최저근무연수가 경과된 소방준감 이하의 소방공무원을 대상으로 한다.
③ 경력은 기본경력과 초과경력으로 구분한다.
④ 경력평정대상기간의 산정기준은 승진소요최저근무연수 계산방법에 따른다.

24 신규채용후보자명부의 등재순위에 의하지 않고 임용할 수 있는 경우에 해당하지 않는 것은? `14년 소방위`

① 6월 이상 소방공무원으로 근무한 경력이 있거나 임용예정 직위에 관련된 특수자격이 있는 자를 임용하는 경우
② 임용예정기관에 근무하고 있는 소방공무원 외의 공무원을 소방공무원으로 임용하는 경우
③ 도서·벽지·군사분계선 인접지역 등 특수지역 근무를 위하여 지역 출생자를 그 지역에 배치하기 위하여 임용하는 경우
④ 소방공무원의 직무수행과 관련한 실무수습 중 사망한 시보임용예정자를 소급하여 임용하는 경우

25 소방공무원기장령에 따른 설명으로 옳지 않은 것은?

① 소방기장의 수여대상자가 사망 기타 부득이한 사유로 소방기장을 직접 받을 수 없는 경우에는 그 유족 또는 대리인이 본인을 위하여 이를 받을 수 있다.
② 소방기장의 도형 및 제작 양식은 소방청장이 정한다.
③ 소방지휘관장은 소방기관의 장으로 임명된 때에 수여하고, 소방기념장은 소방청장이 정하는 때에 수여한다.
④ 소방기장은 예복을 착용한 때에 패용한다. 다만, 직무수행상 패용하기 곤란한 경우에는 패용하지 않을 수 있다.

02 | 제2회 최종모의고사

01 소방공무원의 공무원 구분으로 옳은 것은?

① 특수경력직공무원 중 특정직공무원
② 경력직공무원 중 별정직공무원
③ 경력직공무원 중 특정직공무원
④ 특수경력직공무원 중 별정직공무원

02 소방공무원임용령에 따른 소방공무원 인사위원회에 두는 기관에 해당되지 않는 기관을 모두 고른 것은?

> ㉠ 행정안전부
> ㉡ 소방청
> ㉢ 서울특별시
> ㉣ 인천소방본부
> ㉤ 제주특별차치도
> ㉥ 성남시
> ㉦ 경상북도
> ㉧ 부산광역시
> ㉨ 보령소방서

① ㉤, ㉥, ㉣
② ㉠, ㉣, ㉨
③ ㉡, ㉢, ㉦, ㉧
④ ㉠, ㉡, ㉣, ㉨

03 소방공무원 공개경쟁채용 시험과목에 대한 설명으로 옳지 않은 것은?

① 소방령의 공개경쟁채용필기시험 과목은 1차 시험과목과 2차 시험과목으로 구분한다.
② 소방학개론은 소방조직, 재난관리, 연소·화재이론, 소화이론 분야로 하고, 분야별 세부내용은 소방청장이 정한다.
③ 소방사의 공개경쟁채용시험 필기시험과목은 1차 시험과목과 2차 시험과목으로 구분한다.
④ 소방령의 공개경쟁채용 2차 시험 필수과목은 행정법, 소방학개론이다.

04 소방공무원임용령에 따른 소방공무원 보직관리에 대한 내용으로 옳지 않은 것은?

① 임용권자 또는 임용제청권자는 소속 소방공무원을 보직할 때 해당 소방공무원의 전공분야·교육훈련·근무경력 및 적성 등을 고려하여 능력을 적절히 발전시킬 수 있도록 해야 한다.
② 특수한 자격증을 소지한 사람은 특별한 사정이 없으면 그 자격증과 관련되는 직위에 보직해야 한다.
③ 소방간부후보생 소방위로 임용할 때에는 최하급 소방기관의 외근부서에 보직해야 한다.
④ 임용권자 또는 임용제청권자는 이 영이 정하는 보직관리기준 외에 소방공무원의 보직에 관하여 필요한 세부기준(전보의 기준을 포함한다)을 정하여 실시할 수 있다.

05 다음 중 임용권자의 임의선발에 의한 소방공무원의 승진임용대상계급으로 옳은 것은?

① 소방령 이하 계급으로의 승진임용
② 소방준감 이하 계급으로의 승진임용
③ 소방감 이상 계급으로의 승진임용
④ 소방위 이하 계급으로의 승진임용

06 소방공무원 교육훈련성적평정에 관한 규정 내용으로 옳지 않은 것은?

① 체력검정 각 종목별 측정 방법 등은 소방청장이 정한다.
② 교육훈련성적의 평정은 별지 제3호 서식의 평정표에 따르되, 교육훈련성적 평정에 필요한 세부기준은 소방청장이 정한다.
③ 직장훈련의 평가방법은 소방청장이 정한다.
④ 교육훈련성적평정의 시기·방법 기타 필요한 사항은 소방청장이 정한다.

07 소방공무원 임용권자 및 임용권의 위임에 대한 설명으로 옳지 않은 것은? 17년 소방위

① 소방령 이상의 소방공무원은 소방청장의 제청으로 국무총리를 거쳐 대통령이 임용한다.
② 소방령 이상 소방준감 이하의 소방공무원에 대한 전보, 휴직, 직위해제, 강등, 정직 및 복직은 소방청장이 한다.
③ 대통령은 소방청과 그 소속기관의 소방정 및 소방령에 대한 임용권을 소방청장에게 위임한다.
④ 부산광역시장은 부산소방학교 소속 소방령 이하의 소방공무원에 대한 해당기관 안에서의 전보권은 해당 소방학교장에게 위임한다.

08 소방공무원임용령에 따른 소방공무원 신규채용 시 응시자격의 제한에 대한 설명으로 옳지 않은 것은? 14년 소방위

① 소방공무원 공개경쟁채용시험에 있어 학력에 대한 제한이 없다.
② 소방공무원 외의 공무원으로서 소방기관에서 소방업무를 담당한 경력이 있는 자를 소방공무원으로 임용하는 경우, 연령제한을 받지 않는다.
③ 소방장 이상 소방공무원 경력경쟁채용시험에 응시하려는 사람은 1종 운전면허 중 대형면허 또는 보통면허를 받은 자이어야 한다.
④ 소방간부후보생 선발시험에 응시할 수 있는 사람의 나이는 21세 이상 40세 이하로 한다.

09 소방공무원임용령에 따라 소방청장이 시·도 상호 간 소방공무원의 인사교류계획을 수립하여 실시할 수 있는 경우를 모두 고른 것은? 14, 16년 대구 15, 17, 18, 19년 통합 20년 소방위

> 가. 시·도 간 인력의 균형 있는 배치와 소방행정의 균형 있는 발전을 위하여 시·도 소속 소방령 이하의 소방공무원을 교류하는 경우
> 나. 시·도 간의 협조체제 증진 및 소방공무원의 능력발전을 위하여 시·도 간 교류하는 경우
> 다. 시·도 소속 소방위 이하의 소방공무원의 연고지 배치를 위하여 필요한 경우

① 가, 나
② 나
③ 나, 다
④ 상기 다 맞다.

10 소방공무원이 징계처분을 받은 후 해당 계급에서 승진임용제한기간을 단축할 수 있는 경우로 옳지 않은 것은? `13, 20년 소방위` `15년 서울`

① 훈장을 받은 경우 2분의 1을 단축할 수 있다.
② 포장을 받은 경우 2분의 1을 단축할 수 있다.
③ 국무총리 이상의 표창을 받은 경우 3분의 1을 단축할 수 있다.
④ 제안의 채택·시행으로 포상을 받은 경우 2분의 1을 단축할 수 있다.

11 화재진압 중 지휘관의 임무를 소홀히 하거나 태만했을 때 벌칙은? `15년 소방위`

① 10년 이하의 징역 또는 구류
② 10년 이하의 징역 또는 금고
③ 5년 이하의 징역 또는 구류
④ 5년 이하의 징역 또는 금고

12 임용권자가 동일한 2인 이상의 소방공무원이 관련된 징계 또는 징계부가금 부과사건으로서 관할 징계위원회가 서로 다른 경우에 징계관할에 대한 설명으로 옳은 것은? `14년 경기` `15년 소방위`

① 시·도지사가 정하는 징계위원회에서 관할한다.
② 각자가 대등한 소방기관에 소속된 경우에는 해당 직제순에 따른 최상위 소방기관에 설치된 징계위원회에서 관할한다.
③ 그중의 1인이 상급소방기관에 소속된 경우에는 그 상급소방기관에 설치된 징계위원회가 관할한다.
④ 소방서 간의 2인 이상의 소방공무원이 관련된 징계 또는 징계부가금 부과사건에 있어서는 해당 소방본부장이 정하는 징계위원회에서 관할한다.

13 다음 중 승진대상자명부에 등재된 자가 승진대상자 명부에서 삭제되는 사유에 해당되지 않는 것은? `13년 강원`

① 승진임용된 경우
② 승진임용후보자로 확정된 경우
③ 경력평정 또는 교육훈련성적평정을 재평정한 경우
④ 명부작성 단위를 달리하는 기관으로 전보된 경우

14 다음 중 소방령 신규임용 구비서류로 옳지 않은 것은? `14년 소방위`

① 인사기록카드 1통
② 최종학력증명서 1통
③ 경력증명서 1통
④ 신원조사회보서 1통

15 소방공무원 승진대상자명부 작성기관의 장은 해당 계급의 승진심사를 실시하는 기관의 장에게 승진대상자명부를 언제까지 제출해야 하는가?

① 작성기준일로부터 10일 이내
② 작성기준일로부터 15일 이내
③ 작성기준일로부터 20일 이내
④ 작성기준일로부터 30일 이내

16 소방공무원임용령에 따른 인사기록 열람권한이 없는 사람은 누구인가?

① 인사기록관리자
② 인사기록관리담당자
③ 열람을 희망한 본인
④ 기타 소방공무원 인사자료의 보고 등을 위하여 필요하여 인사기록관리자의 허가를 받은 사람

17 소방공무원 승진임용 규정에서 정하는 승진후보자의 승진임용비율 등에 대한 설명으로 옳지 않은 것은?

① 후보자명부에 등재된 동일 순위자를 각각 다른 시기에 임용할 경우에는 시험승진후보자를 우선 임용하고 심사승진후보자를 임용해야 한다.
② 심사승진임용은 심사승진후보자명부에 등재된 순위에 의한다.
③ 특별승진후보자는 심사승진후보자 및 시험승진후보자에 우선하여 임용할 수 있다.
④ 심사승진후보자와 시험승진후보자가 있을 때에는 승진임용인원의 60퍼센트를 심사승진후보자로 하고, 40퍼센트를 시험승진후보자로 한다.

18 소방공무원기장령에 따른 기장의 종류와 수여대상자의 구분으로 옳지 않은 것은?

① 소방지휘관장 : 소방령 이상인 소방기관의 장에게 수여
② 소방근속기장 : 각 보직에서 일정 기간 이상 근무한 경력이 있는 사람에게 수여
③ 소방공로기장 : 표창을 받은 사람 또는 화재진압 및 인명구조·구급 등 소방활동 시 공로가 인정된 사람에게 수여
④ 소방기념장 : 국가 주요행사 또는 주요사업과 관련된 업무 수행 시 공헌한 사람에게 수여

19 소방공무원 교육훈련 성과측정 등에 대한 설명으로 옳은 것은?

① 교육훈련의 성과측정 등에 필요한 사항은 소방공무원 교육훈련규정으로 정한다.
② 소방청장은 교육훈련기관에서 실시한 교육훈련과 직장훈련의 내용·방법 및 성과 등을 정기 또는 수시로 확인·평가하여 이를 개선 발전시켜야 한다.
③ 소방청장은 평가·분석에 관한 사무의 일부를 소방학교장으로 하여금 실시하게 할 수 있다.
④ 소방청장은 평가·분석에 관한 사무의 일부를 특별시장·광역시장 또는 도지사로 하여금 실시하게 할 수 있다.

20 소방공무원 승진임용 규정에 따른 소방공무원의 특별승진은 몇 회 실시하도록 되어 있는가?

① 연 1회 임용권자가 정하는 날에 실시한다.

② 연 1회 소방청장 또는 시·도지사가 정하는 날에 실시할 수 있다.

③ 연 2회 임용권자가 정하는 날에 실시할 수 있다.

④ 소방청장 또는 시·도지사가 필요하다고 인정하면 수시로 실시할 수 있다.

21 소방공무원 승진임용 규정상 승진대상자명부 작성에 대한 설명에서 ( )에 들어갈 내용으로 옳은 것은?

> 소방령 이하 계급의 소방공무원에 대해서는 근무성적평정점 (ㄱ)퍼센트, 경력평정점 (ㄴ)퍼센트 및 교육훈련성적평정점 (ㄷ)퍼센트의 비율에 따라 계급별로 승진대상자명부를 작성해야 한다.

	(ㄱ)	(ㄴ)	(ㄷ)
①	70	20	10
②	60	25	15
③	70	15	15
④	50	25	25

22 공무원보수규정상 용어의 정의로 옳지 않은 것은?

① "승급"이란 외무공무원이 현재 임용된 직위의 직무등급보다 높은 직무등급의 직위(고위공무원단 직위는 제외한다)에 임용되는 것을 말한다.

② "보수"란 봉급과 그 밖의 각종 수당을 합산한 금액을 말한다. 다만, 연봉제 적용 대상 공무원은 연봉과 그 밖의 각종 수당을 합산한 금액을 말한다.

③ "봉급"이란 직무의 곤란성과 책임의 정도에 따라 직책별로 지급되는 기본급여 또는 직무의 곤란성과 책임의 정도 및 재직기간 등에 따라 계급(직무등급이나 직위를 포함한다. 이하 같다)별, 호봉별로 지급되는 기본급여를 말한다.

④ "수당"이란 직무여건 및 생활여건 등에 따라 지급되는 부가급여를 말한다.

23 승진대상자명부 작성기관의 장은 승진대상자명부 작성기준일로부터 30일 이내에 해당 계급의 승진심사를 실시하는 기관의 장에게 승진대상자명부를 제출해야 한다. 여기에서 작성 기준일로 옳은 것은?

① 매년 6월 30일과 12월 31일 기준

② 승진심사를 실시하는 달의 전월 말일

③ 매년 4월 1일과 10월 1일 기준

④ 승진임용예정일

24 신규채용후보자명부의 등재순위에 의하지 않고 임용할 수 있는 경우로 옳은 것은?

`14년 소방위` `16년 경북` `19년 통합`

① 1년 이상 소방공무원으로 근무한 경력이 있거나 임용예정 직위에 관련된 특수 자격이 있는 자를 임용하는 경우

② 임용예정기관에 근무하고 있는 소방공무원을 소방공무원으로 재임용하는 경우

③ 도서·벽지·군사분계선 인접지역 등 특수지역 근무를 위하여 지역 출생자를 그 지역에 배치하기 위하여 임용하는 경우

④ 소방공무원의 직무수행과 관련한 실무수습 중 사망한 시보임용예정자를 소급하여 임용하는 경우

25 소방공무원임용령에 따른 소방공무원의 채용시험 또는 소방간부후보생 선발시험에서 부정행위를 한 사람에 대해서는 그 시험을 정지 또는 무효로 하거나 합격을 취소하고, 그 처분이 있은 날부터 5년간 이 영에 따른 시험의 응시자격을 정지하는 사유에 해당되지 않은 것은?

① 대리 시험을 의뢰하거나 대리로 시험에 응시하는 행위

② 부정한 자료를 가지고 있거나 이용하는 행위

③ 허용되지 않은 통신기기 또는 전자계산기기를 가지고 있는 행위

④ 다른 수험생의 답안지를 보거나 본인의 답안지를 보여주는 행위

03 | 제3회 최종모의고사

01 소방공무원법에 따른 목적에 대한 내용이다. 다음 빈칸에 들어갈 내용이 아닌 것은?

`14, 16년 경기` `16년 경북`

> 이 법은 소방공무원의 책임 및 직무의 중요성과 신분 및 근무조건의 특수성에 비추어 그 ( ), ( ), ( ), ( ) 등에 관하여 국가공무원법에 대한 특례를 규정하는 것을 목적으로 한다.

① 임 용
② 교육훈련
③ 보 수
④ 복 무

02 소방공무원법에 따른 소방공무원 인사위원회의 설치에 대한 다음의 설명 중 옳지 않은 것은?

① 소방공무원의 인사(人事)에 관한 중요 사항에 대하여 소방청장의 자문에 응하기 위하여 소방청에 소방공무원 인사위원회를 둔다.
② 시·도지사가 임용권을 행사하는 경우에는 시·도에 인사위원회를 둔다.
③ 소방공무원 인사위원회는 소방공무원의 인사에 관한 자문기관의 성격을 가진다.
④ 인사위원회의 구성 및 운영에 필요한 사항은 행정안전부령으로 정한다.

03 소방공무원법의 규정에 따른 경력 등 응시요건을 정하여 같은 사유에 해당하는 다수인을 대상으로 경쟁의 방법으로 소방공무원을 신규채용하는 시험을 무엇이라 하는가?

① 공개경쟁채용시험
② 공개제한경쟁채용시험
③ 경력경쟁채용시험등
④ 공개경쟁선발시험

04 소방공무원임용령에 따른 초임 소방공무원의 보직관리 기준에 대한 설명으로 옳지 않은 것은? `21년 소방위`

① 소방간부후보생을 소방위로 임용할 때에는 최하급 소방기관에 보직해야 한다.
② 신규채용을 통해 소방사로 임용된 사람은 최하급 소방기관 외근부서에 보직해야 한다.
③ 경력경쟁채용에 있어서는 그 시험실시 당시의 임용예정 직위 외의 직위에 임용할 수 없다.
④ 소방설비기사 자격을 소지한 소방사를 해당 자격과 관련한 소방서 내근으로 근무하게 할 수 있다.

05 소방공무원 승진임용 규정에 따른 소방공무원 승진과 관련한 규정 내용으로 옳은 것은?

① 소방정 이하 계급의 소방공무원에 대해서는 행정안전부령이 정하는 바에 따라 계급별로 승진심사대상자명부를 작성해야 한다.

② 소방준감 이하 계급으로의 승진은 승진심사에 의한다.

③ 소방령 이하 계급으로의 승진은 행정안전부령이 정하는 비율에 따라 승진심사와 승진시험을 병행할 수 있다.

④ 소방준감 이하 계급으로의 승진은 시험승진후보자명부의 순위에 따른다.

06 소방공무원 교육훈련정책위원회 위원의 자격이 될 수 없는 사람은? `12, 17년 소방위` `15년 통합, 서울`

① 소방청 소방공무원 교육훈련 담당 과장급 공무원

② 시·도 소방본부의 소방공무원 교육훈련 담당 과장급 공무원

③ 중앙소방학교장

④ 경북소방학교 각 과장

07 소방공무원법에 따른 임용권자에 대한 설명으로 옳지 않은 것은?

① 중앙119구조본부 소속 소방장에서 소방위로의 승진심사는 중앙119구조본부장이다.

② 중앙소방학교 소속 소방경의 전보권자는 중앙소방학교장이다.

③ 중앙소방학교 소속 소방령의 직위해제는 중앙소방학교장이 행한다.

④ 중앙119구조본부 소속 소방령의 파견은 중앙119구조본부장이 행한다.

08 소방공무원 채용시험의 응시자격 제한에 대한 다음의 사항 중 옳지 않은 것은?

① 소방사 공개경쟁시험에 응시할 수 있는 연령은 18세 이상 40세 이하이다.

② 소방간부후보생 선발시험에 응시할 수 있는 연령은 21세 이상 30세 이하로 제한을 두고 있다.

③ 소방공무원 임용을 위한 각종 시험에 있어서는 학력에 의한 제한을 두지 않는다. 다만, 경력경쟁채용시험에서는 일부제한이 있다.

④ 파산선고를 받고 복권되지 않은 사람은 공무원임용 결격사유에 해당된다.

09 소방공무원임용령에 따른 소방공무원의 시·도 간 인사교류에 관한 설명으로 옳지 않은 것은? `15, 20년 소방위` `17, 18, 19년 통합`

① 소방경 이하를 소방공무원의 연고지 배치를 위하여 필요한 경우 교류 인원의 제한은 없다.

② 시·도 간의 협조체제 증진 및 소방공무원의 능력발전을 위하여 인사교류의 경우 소방경 이하로 계급 제한을 두고 있다.

③ 소방공무원임용령에 규정한 사항 외에 인사교류에 필요한 사항은 소방청장(소방공무원 시·도 간 인사교류 규정)이 정한다.

④ 시·도 간의 협조체제 증진 및 소방공무원의 능력발전을 위하여 인사교류의 경우 교류인원의 필요한 최소원칙은 적용한다.

10 다음 중 소방공무원법에 따른 소방공무원이 징계처분을 받은 후 해당 계급에서 승진임용제한기간의 2분의 1을 단축할 수 있는 경우는 모두 몇 개인가?

> 훈장, 포상, 소방청장의 표창, 친절공무원 포상, 제안의 채택·시행으로 포상

① 2개　　　② 3개
③ 4개　　　④ 5개

11 소방공무원법에 따른 벌칙사항에 관한 내용이다. 5년 이하의 징역 또는 금고에 해당하지 하는 것을 모두 고른 것은? `14년 소방위`

> 가. 화재 진압 업무에 동원된 소방공무원으로서 직무에 관한 보고나 통보를 할 때 거짓 보고나 통보를 한 자
> 나. 화재 진압 업무에 동원된 소방공무원으로서 직무를 게을리하거나 유기한 자
> 다. 화재 진압 또는 구조·구급 활동을 할 때 소방공무원을 지휘·감독하는 자로서 정당한 이유 없이 그 직무수행을 거부 또는 유기하거나 소방공무원을 지정된 근무지에서 진출·후퇴 또는 이탈하게 한 자
> 라. 화재 진압 업무에 동원된 소방공무원으로서 상관의 직무상 명령에 불복하거나 직장을 이탈한 자

① 가, 나, 라
② 가, 나, 다
③ 다
④ 가, 나, 다, 라

12 시·도 소방본부 소속 소방위 이하의 소방공무원의 징계 또는 징계부가금 부과 사건의 심의·의결의 관할은 어디인가?

① 시·도 소방본부 소방공무원징계위원회
② 시·도 소방공무원징계위원회
③ 소방공무원징계위원회
④ 국무총리 징계위원회

13 소방공무원법상 승진대상자명부 조정 사유로 옳지 않은 것은? `13년 강원, 소방위` `14년 경기` `15년 서울` `18, 19, 21년 통합`

① 승진대상자명부 작성의 단위가 같은 기관으로 인사 이동이 된 경우
② 전·출입자가 있는 경우
③ 승진소요최저근무연수에 도달한 자가 있는 경우
④ 경력평정을 한 후에 평정사실과 다른 사실이 발견되는 등의 사유로 경력 재평정을 한 자가 있는 경우

14 소방공무원임용령에 따른 결원 적기 보충에 관한 설명이다. 빈칸에 알맞은 것은?

> 임용권자 또는 임용제청권자는 해당 기관에 결원이 있는 경우에는 (　　　) 결원보충에 필요한 조치를 해야 한다.

① 시·도의 정원 내에서
② 결원이 발생한 날로부터 30일 이내
③ 지체 없이
④ 즉 시

15 소방공무원 승진임용 규정 및 같은 규정 시행 규칙 따른 승진대상자명부 작성에 대한 설명으로 옳은 것은? `12, 17년 소방위` `18년 통합`

① 승진대상자명부는 매년 12월 31일과 6월 30일을 기준으로 하여 작성한다.

② 승진대상자명부는 그 작성 기준일 다음 날로부터 효력을 가진다.

③ 소방위 계급의 근무성적평정점은 명부작성 기준일로부터 최근 3년 이내에 해당 계급에서 평정한 평정점을 대상으로 한다.

④ 승진대상자명부는 작성기준일로부터 30일 이내에 작성해야 한다.

16 소방공무원의 인사기록은 수정하여서는 안되는 것이 원칙이나 수정할 수 있는 경우로 옳은 것은?

① 인사기록관리자가 수정할 필요가 있을 때

② 오기한 것으로 판명된 때 또는 본인의 정당한 요구가 있는 때

③ 가점사유가 발생한 때

④ 본인이 구두로 요구할 때

17 소방공무원법령에 따른 승진시험 실시권 및 위임 대한 설명으로 옳은 것은?

① 소방위 계급으로의 승진시험은 원칙적으로 시·도지사가 실시한다.

② 시·도 소속 소방장 이하 계급으로의 승진시험은 시·도지사가 실시한다.

③ 소방청과 그 소속기관 소방공무원의 소방장 이하 계급으로의 시험은 시·도지사가 실시한다.

④ 소방령·소방경·소방위 계급으로의 승진시험 실시에 관한 권한을 지방소방학교장에 위임할 수 있다.

18 소방공무원 보건안전 및 복지 정책심의위원회에 대한 설명으로 옳지 않은 것은? `18년 통합`

① 소방공무원에 대한 보건안전 및 복지에 관한 정책수립과 그 시행 등에 관한 사항을 심의하기 위하여 소방청에 소방공무원 보건안전 및 복지 정책심의 위원회를 둔다.

② 위원회는 위원장 1명을 포함하여 10명 이내의 위원으로 구성한다.

③ 위원회의 사무를 처리하기 위하여 위원회에 간사 약간인을 두되, 간사는 소방청 소속 소방공무원 중에서 소방청장이 지명한다.

④ 위원장은 소방청 차장이 되고, 위원은 소방공무원의 보건안전 및 복지에 관하여 학식과 경험이 풍부한 사람과 고위공무원단에 속하는 관계 중앙행정기관의 일반직공무원 및 소방청 소속 공무원 중에서 소방청장이 위촉하거나 임명한다.

19 소방공무원 교육훈련규정에 따른 소방청장은 다음 연도의 소방공무원 교육훈련에 관한 기본정책 및 기본지침을 언제까지 수립하여 시·도지사와 교육훈련기관의 장에게 통보해야 하는가?

① 매년 12월 31일

② 매년 11월 30일

③ 매년 10월 31일

④ 매년 11월 20일

20 소방공무원 승진 시 승진임용예정인원수를 정함에 있어 일정범위 내에서 특별승진임용예정인원수를 따로 책정할 수 있는 바, 이 규정을 적용하지 않는 특별승진으로 옳은 것은?

① 소속기관의 장이 직무 수행능력이 탁월하여 소방행정발전에 지대한 공헌실적이 있다고 인정하는 자

② 청렴과 봉사정신으로 직무에 정려하여 다른 공무원의 귀감이 되는 공적이 있다고 인정하는 자

③ 20년 이상 근속하였거나 정년퇴직일 전 1년 이상의 기간 중 자진하여 퇴직하는 자로서 재직 중 특별한 공적이 있다고 인정하는 자

④ 소방공무원으로서 직무수행 중 다른 사람의 모범이 되는 공을 세우고 부상을 입어 사망한 자

21 다음은 승진임용예정인원수에 따른 승진심사의 대상 인원수를 설명한 것이다. ㄱ~ㄹ까지 괄호 안에 들어갈 숫자를 모두 더한 값으로 옳은 것은? `18년 통합`

> 가. 승진임용예정인원수가 1~10명일 경우 승진대상자명부 또는 승진대상자 통합명부에 따른 순위가 높은 사람부터 차례로 승진임용예정인원수 1명당 (ㄱ)배수만큼의 사람을 대상으로 실시한다.
>
> 나. 승진임용예정인원수가 11명 이상일 경우 승진대상자명부 또는 승진대상자 통합명부에 따른 순위가 높은 사람부터 차례로 승진임용예정인원수 (ㄴ)명을 초과하는 1명당 (ㄷ)배수 + (ㄹ)명만큼의 사람을 대상으로 실시한다.

① 43

② 58

③ 68

④ 53

22 다음 중 고충심사위원회의 민간위원 자격에 해당되지 않은 사람은? 21년 통합

① 공인노무사로 3년 이상 근무한 사람

② 변호사로 5년 이상 근무한 사람

③ 소방공무원으로 20년 이상 근무하고 퇴직한 사람

④ 대학에서 정신건강의학을 담당하는 사람으로서 조교수 이상으로 재직 중인 사람

23 소방공무원법령에 따르면 소방공무원의 경력은 기본경력과 초과경력으로 구분하는데, 계급별 기본경력의 연결로 옳은 것은?

① 소방정 : 평정기준일부터 최근 5년간

② 소방장 : 평정기준일부터 최근 1년 6개월간

③ 소방교 : 기본경력 전 1년 6개월간

④ 소방위 : 평정기준일부터 최근 2년간

24 소방공무원 채용시험 응시수수료의 반환에 대한 내용으로 빈칸에 알맞은 것은?

> 응시수수료는 응시원서 접수기간 중에 또는 마감일 다음 날부터 (   ) 이내에 응시의사를 철회하는 경우에는 시험실시권자는 납부한 응시수수료의 전액을 반환해야 한다.

① 14일   ② 7일

③ 3일   ④ 1일

25 소방공무원임용령에 따른 시험의 합격자 결정에 관한 내용에서 (   )에 알맞은 숫자로 맞는 것은?

> 임용권자는 공개경쟁시험·경력경쟁채용시험 등 및 소방간부후보생 선발시험의 최종합격자가 부정행위로 인해 합격이 취소되어 결원을 보충할 필요가 있다고 인정하는 경우 최종합격자의 다음 순위자를 특정할 수 있으면 최종합격자 발표일부터 (   )년 이내에 다음 순위자를 추가 합격자로 결정할 수 있다.

① 1년   ② 2년

③ 3년   ④ 5년

01 다음 중 소방공무원법 및 소방공무원임용령에 규정된 용어의 정의가 아닌 것은?

① 임 용　　　　② 직 급
③ 필수보직기관　④ 전 보

02 소방공무원법의 규정에 따른 소방공무원 인사위원회에 관하여 옳은 것은? 14년 경기
15년 서울　15, 18, 19년 통합　20년 소방위

① 위원장이 부득이한 사유로 직무를 수행할 수 없는 때에는 위원 중에서 인사위원회가 설치된 기관의 장이 정하는 공무원이 그 직무를 대행한다.
② 위원장은 소방청에 있어서는 소방정책국장이 된다.
③ 위원은 인사위원회가 설치된 기관의 장이 소속 소방정 이상의 소방공무원 중에서 임명한다.
④ 간사는 인사위원회의 위원장이 소속공무원 중에서 임명한다.

03 다음 중 경력경쟁채용시험에 의한 신규채용과 관련된 설명으로 옳지 않은 것은?

① 직제와 정원의 개편·폐지 및 예산의 감소 등에 의하여 폐직 또는 과원이 된 사유로 퇴직(직권면직)한 소방공무원을 퇴직한 날로부터 3년 이내에 채용할 수 있다.
② 경위 이하의 경찰공무원으로서 최근 5년 이내에 화재감식 또는 범죄수사업무에 종사한 경력이 2년 이상인 자도 경력경쟁으로 채용할 수 있다.
③ 임용예정직에 상응한 근무실적 또는 연구실적이 있거나 소방에 관한 전문기술교육을 받은 사람을 경력경쟁시험에 의한 신규채용을 할 수 있다.
④ 신체정신상의 장애로 장기요양을 요하여 휴직한 경우 휴직기간만료로 인하여 퇴직한 소방공무원을 퇴직한 날로부터 2년 이내에 경력경쟁으로 채용할 수 있다.

04 다음 표에서 소방공무원임용령 시행규칙에 따른 "최하급 소방기관"으로 옳은 것을 모두 고른 것은?

> 소방청, 시·도 소방본부, 중앙소방학교, 중앙119구조본부, 국립소방연구원, 지방소방학교, 서울종합방재센터, 소방서, 119특수대응단, 소방체험관

① 지방소방학교, 소방서, 119특수대응단
② 소방서, 119특수대응단, 소방체험관
③ 서울종합방재센터, 소방서, 119특수대응단, 소방체험관
④ 지방소방학교, 소방서

05 소방공무원 승진임용 규정에 따른 승진임용에 관한 설명으로 옳지 않은 것은?

① 징계처분을 받은 날로부터 강등은 18개월, 정직·감봉은 12개월, 견책은 6개월의 승진임용제한기간이 있다.
② 근속승진은 소방경 이하 계급으로의 승진까지 적용된다.
③ 심사승진임용, 시험승진임용 및 특별승진임용으로 구분한다.
④ 소방준감 이상의 승진임용에서 승진소요최저근무연수의 제한이 없다.

06 소방공무원 교육훈련 규정에 따른 의무복무에 관한 내용이다. 빈칸의 알맞은 숫자의 합은?

> 임용권자 또는 임용제청권자는 ( )개월 이상의 위탁교육훈련을 받은 소방공무원에 대해서는 특별한 경우를 제외하고 ( )년의 범위에서 교육훈련기간과 같은 기간(국외 위탁교육훈련의 경우에는 교육훈련기간의 ( )배에 해당하는 기간으로 한다) 동안 교육훈련 분야와 관련된 직무 분야에서 복무하게 해야 한다.

① 8　　　　　② 10
③ 11　　　　④ 14

07 소방공무원법 및 임용령에 따른 임용권의 위임에 관한 설명으로 옳은 것은?

① 대통령은 소방공무원의 정원의 조정 또는 소방기관 상호 간의 인사교류 등 인사행정 운영상 필요한 때에는 임용권의 위임에도 불구하고 그 임용권을 직접 행사할 수 있다.
② 소방령 이하의 소방공무원은 소방청장이 임용한다.
③ 소방청장은 임용권의 일부를 대통령령으로 정하는 바에 따라 시·도지사 및 소방청 소속기관의 장에게 위임할 수 있다.
④ 시·도지사는 위임받은 임용권의 일부를 행정안전부령으로 정하는 바에 따라 그 소속기관의 장에게 다시 위임할 수 있다.

08 소방공무원임용령에 따른 소방공무원 신규
채용시험방법 등에 대한 설명으로 옳지 않
은 것은?

① 소방공무원의 채용시험은 필기시험·체
력시험·신체검사·종합적성검사·면
접시험·실기시험과 서류전형에 의한다.

② 면접시험은 직무수행에 필요한 능력, 발
전성 및 적격성을 검정하는 것으로 한다.

③ 실기시험은 직무수행에 필요한 적성과 자
질을 종합적으로 검정하는 것으로 한다.

④ 소방사 신규채용의 경우에는 제2차 시
험을 실시하지 않는다.

09 임용권자 또는 임용제청권자가 파견기간이
2년 이내에 파견할 수 있는 대상으로 옳지
않은 것은? 14년 대구 15, 16년 서울
15, 19, 20년 통합 16년 강원, 경북 20년 소방위

① 국내의 연구기관, 민간기관 및 단체에서
의 관련 업무수행·능력이나 국가정책
수립과 관련된 자료수집 등을 위하여 필
요한 경우

② 국제기구, 외국의 정부 또는 연구기관에
서의 업무수행 및 능력개발을 위하여 필
요한 경우

③ 다른 국가기관 또는 지방자치단체나 그
외의 기관·단체에서의 국가적 사업의
수행을 위하여 필요한 경우

④ 관련 기관 간의 긴밀한 협조를 요하는
특수업무의 공동수행을 위하여 필요한
경우

10 교육훈련기관이 갖추어야 하는 교육훈련시
설에서 옥외 훈련시설이 아닌 것은?

① 소방종합 훈련탑

② 소방차량 및 장비조작 훈련장

③ 수난구조 훈련장

④ 대응전술 훈련장

11 소방공무원법에 따른 보훈 및 특별위로금
에 관한 설명으로 옳은 것은?

① 소방공무원으로서 교육훈련 또는 직무
수행 중 사망한 사람(공무상의 질병으로
사망한 사람은 제외한다)의 그 유족 또는
가족은 국가유공자의 예우 또는 지원을
받는다.

② 국가유공자 또는 보훈보상대상자가 예
우 또는 지원을 받으려는 사람은 등록신
청을 하여야 한다.

③ 소방공무원이 공무상 질병 또는 부상으
로 인하여 치료 등의 요양을 하는 경우
에는 특별위로금을 지급해야 한다.

④ 특별위로금의 지급 기준 및 방법 등은
소방청장이 특별위로금 지급 규정으로
정한다.

12 서울특별시 소방재난본부 소속 갑과 서울
○○소방서 소속 을이 동일한 징계사건에
관련되었을 때 어느 징계 위원회에서 관할
하는가? 14년 경기 15년 소방위

① 서울 ○○소방서 소방공무원징계위원회

② 서울특별시 소방공무원징계위원회

③ 소방청 소방공무원징계위원회

④ 갑은 서울특별시 소방공무원징계위원회,
을은 서울 ○○소방서 소방공무원징계위
원회

13 소방공무원 승진임용 규정에 따른 소방공무원 승진대상자명부의 점수가 동일한 때 가장 선순위자로 옳은 것은? `15, 17년 소방위`
`19년 통합`

① 근무성적평점이 높은 사람
② 해당 계급에서 장기근무한 사람
③ 해당 계급의 바로 하위계급에서 장기근무한 사람
④ 소방공무원으로 장기근무한 사람

14 소방경 계급으로의 근속승진 임용시기로 옳은 것은?

① 매년 3월 31일과 9월 30일
② 매년 5월 1일과 11월 1일
③ 매월 1일
④ 매년 4월 1일과 10월 1일

15 소방공무원법의 규정에 따른 승진심사 횟수 및 시기에 대한 설명으로 가장 옳은 것은?

① 연 1회 이상 승진대상자명부 작성기관의 장이 정하는 날에 실시한다.
② 연 1회 이상 승진심사위원회가 설치된 기관의 장이 정하는 날에 실시한다.
③ 연 2회 이상 승진대상자명부 작성기관의 장이 정하는 날에 실시한다.
④ 연 2회 이상 임용권자가 정하는 날에 실시한다.

16 소방공무원 인사기록의 열람 및 수정에 대한 설명이다. 다음 중 옳지 않은 것은? `14년 경기` `16년 경북, 서울` `20년 통합`

① 본인의 정당한 수정요구가 있는 때 인사기록관리자는 법원의 판결, 국가기관의 장이 발행한 증빙서류 그 밖의 정당한 서류를 확인한 후 수정해야 한다.
② 인사기록은 수정하여서는 안 되는 것이 원칙이다.
③ 본인 및 기타 소방공무원 인사자료의 보고 등을 위하여 필요한 사람이 인사기록을 열람할 경우에는 인사기록관리담당자의 참여하에 정해진 장소에서 열람하게 하면 된다.
④ 인사기록이 오기로 판명된 때 그 인사기록은 수정할 수 있다.

17 다음 중 소방공무원 승진시험에 대한 규정 내용으로 옳지 않은 것은?

① 제2차 시험 실시일 현재 승진소요 최저 근무연수에 도달한 자는 승진시험에 응시자격이 있다.
② 소방경 관리역량교육을 이수한 사람은 해당 계급으로의 승진시험에 응시할 수 있다.
③ 소방공무원의 승진시험은 계급별로 실시한다.
④ 시험은 소방청장, 시·도지사 또는 시험 실시권의 위임을 받은 자가 정하는 날에 실시한다.

18 다음 중 소방서에 설치되는 징계위원회의 구성으로 옳은 것은? 13년 강원 15, 18년 소방위 16년 서울 17년 통합

① 위원장 1명을 포함하여 5명 이상 17명 이하의 공무원위원과 민간위원으로 구성한다.

② 위원장 1명을 포함하여 17명 이상 33명 이하의 공무원위원과 민간위원으로 구성한다.

③ 위원장 1명을 포함하여 5명 이상 7명 이하의 공무원위원과 민간위원으로 구성한다.

④ 위원장 1명을 포함하여 9명 이상 15명 이하의 공무원위원과 민간위원으로 구성한다.

19 소방공무원 교육훈련 규정에 따른 시 · 도지사는 소방공무원 교육훈련에 관한 기본정책 및 기본지침에 따라 언제까지 다음 연도의 교육훈련계획을 수립하여 소방청장에게 제출해야 하는가?

① 매년 10월 31일

② 매년 11월 30일

③ 다음 연도 1월 1일까지

④ 매년 12월 31일까지

20 소방공무원 특별승진 시 적용이 배제되는 사항이 바르게 연결된 것은?

> ㉠ 승진임용 구분별 임용비율과 승진임용예정인원수의 책정
> ㉡ 승진임용의 제한
> ㉢ 승진소요최저근무연수
> ㉣ 신임교육 또는 관리역량교육 수료 요건
> ㉤ 해당 계급 최저근무연수의 3분의 2 이상 재직해야 한다.

① 명예퇴직자의 특별승진 – ㉡, ㉢

② 순직자의 특별승진 – ㉠, ㉡, ㉢, ㉣

③ 소속기관의 장이 직무 수행능력이 탁월하여 소방행정발전에 지대한 공헌실적이 있다고 인정하는 자의 특별승진 – ㉡, ㉢

④ 창안등급 동상 이상을 받은 자의 특별승진 – ㉡, ㉢, ㉤

21 소방공무원이 승진하려면 다음 구분에 따른 기간 이상 해당 계급에 재직하여야 한다. ( )에 들어갈 재직기간의 합은?

> 1. 소방정 : (   )
> 2. 소방령 : (   )
> 3. 소방경 : (   )
> 4. 소방위 : (   )
> 5. 소방장 : (   )
> 6. 소방교 : (   )
> 7. 소방사 : (   )

① 10년　　　② 11년

③ 13년　　　④ 14년

22 공무원보수규정상 용어의 정의로 옳지 않은 것은?

① 성과연봉은 개인의 경력, 누적성과와 계급 또는 직무의 곤란성 및 책임의 정도를 반영하여 지급되는 기본급여의 연간 금액을 말한다.

② "연봉"이란 매년 1월 1일부터 12월 31일까지 1년간 지급되는 기본연봉과 성과연봉을 합산한 금액을 말한다.

③ "보수의 일할계산"이란 그 달의 보수를 그 달의 일수로 나누어 계산하는 것을 말한다.

④ "연봉의 일할계산"이란 연봉월액을 그 달의 일수로 나누어 계산하는 것을 말한다.

23 소방공무원 신규채용시험에서 95.578점 동점자의 합격자 결정이 발생하였다. 동점자 점수의 계산으로 옳은 것은?

① 95.58점

② 95.6점

③ 95.57점

④ 95.5점

24 다음 중 소방공무원법령에 대한 설명으로 옳지 않은 것은?

① 시보임용예정자가 소방공무원의 직무수행과 관련한 실무수습 중 사망한 경우 사망일의 전날을 임용일자로 본다.

② 응시수수료는 응시원서 시험실시 3일 전까지 응시의사를 철회하는 경우에는 시험실시권자는 납부한 응시수수료의 전액을 반환하여야 한다.

③ 중앙119소방본부 소속 소방위에서 소방경으로의 승진임용권은 소방청장이 임용한다.

④ 소방공무원의 직무수행과 관련한 실무수습 중 사망한 시보임용예정자를 소급하여 임용하는 경우에는 임용순위를 달리하여 임용할 수 있다.

25 소방인력 관리를 위해 필요한 경우에는 소방청과 시·도 상호 간의 인사교류를 제한할 수 있는 사람은?

① 행정안전부장관

② 소방청장

③ 시·도지사

④ 인사혁신처장

05 | 제5회 최종모의고사

01 다음 중 소방공무원법 및 소방공무원임용령에서 공통으로 규정한 용어의 정의로 옳은 것은?

① 임용과 전보
② 강임과 복직
③ 임용과 복직
④ 소방기관과 강임

02 소방공무원법 규정에 따른 소방공무원 인사위원회 구성에 대하여 올바른 것은?

① 위원장을 포함한 3명 이상 7명 이하의 위원으로 구성한다.
② 위원장을 포함한 5명 이상 7명 이하의 위원으로 구성한다.
③ 위원장을 제외한 3명 이상 5명 이하의 위원으로 구성한다.
④ 위원장을 포함한 7명 이상 9명 이하의 위원으로 구성한다.

03 소방공무원법에 따른 경력 등 응시요건을 정하여 같은 사유에 해당하는 다수인을 대상으로 경쟁의 방법으로 채용하는 시험으로 소방공무원을 채용할 수 있는 경우가 아닌 것은?

① 공개경쟁시험으로 임용하는 것이 부적당한 경우에 임용예정 직무에 관련된 자격증 소지자를 임용하는 경우
② 임용예정직에 상응하는 근무실적 또는 연구실적이 있거나 소방에 관한 전문기술교육을 받은 사람을 임용하는 경우
③ 변호사시험에 합격한 사람을 소방경 이하의 소방공무원으로 임용하는 경우
④ 외국어에 능통한 사람을 임용하는 경우

04 소방공무원임용령 시행규칙에 따른 소방서 관서장의 보직관리원칙으로 옳지 않은 것은?

`13년 소방위, 강원소방교`

① 소방본부장으로 임용된 소방공무원은 해당 직위에 2년 이상 근무한 경우에 인사운영상 필요한 경우를 제외하고는 다른 직위에 전보해야 한다.
② 임용권자는 소속 소방공무원을 연속하여 2회 이상 소방서장으로 보직하여서는 아니 된다. 다만, 인사운영상 필요한 경우에는 제외한다.
③ 임용권자 또는 임용제청권자는 소방여건과 정기인사 주기 등을 고려하여 1년의 범위에서 전보시기를 조정할 수 있다.
④ 소방관서장에 대해서는 하나의 직위를 부여해야 한다.

05 소방공무원의 승진임용 방법 등에 관한 설명으로 옳지 않은 것은?

① 순직자는 소방령 이하 계급으로만 승진임용이 가능하다.

② 20년 이상 근속하고 정년퇴직일 전 1년 이상의 기간 중 자진하여 퇴직하는 자로서 재직 중 특별한 공적이 있다고 인정되는 자는 소방정감 이하 상위계급으로의 승진이 가능하다.

③ 소방공무원법 및 같은 임용령에 따른 승진임용은 심사승진임용, 시험승진임용, 특별승진임용, 근속승진임용으로 구분된다.

④ 일정기간 재직한 소방공무원의 경우 심사승진이나 시험승진과 관계없이 소방경 이하의 계급으로의 근속승진임용을 할 수 있다.

06 소방공무원 교육훈련정책 위원회를 설치할 수 있는 기관으로 옳은 것은?

① 소방청
② 중앙소방학교
③ 시·도 소방본부
④ 소방서

07 소방공무원법 및 임용령에 따른 임용권자에 대한 내용으로 옳지 않은 것은?

① 소방령 이상의 소방공무원은 소방청장의 제청으로 국무총리를 거쳐 대통령이 임용한다.

② 소방총감은 대통령이 임명한다.

③ 소방령 이상 소방준감 이하의 소방공무원에 대한 전보, 휴직, 직위해제, 강등, 정직 및 복직은 소방청장이 한다.

④ 소방청장은 중앙소방학교 소속 소방공무원 중 소방경에 대한 전보·휴직·직위해제·정직 및 복직에 관한 권한과 소방위 이하의 소방공무원에 대한 임용권을 중앙소방학교장에게 위임한다.

08 소방공무원임용령에 따른 시험의 구분 등에 대한 설명 중 옳지 않은 것은?

① 소방령 신규채용 필기시험의 경우에는 제2차 시험을 실시하지 않는다.

② 소방공무원의 공개경쟁채용시험은 제1차 시험, 제2차 시험, 제3차 시험, 제4차 시험, 제5차 시험, 제6차 시험의 구분에 따라 단계에 따라 순차적으로 실시한다.

③ 시험에 응시하는 사람은 전(前) 단계의 시험에 합격하지 아니하면 다음 단계의 시험에 응시할 수 없다.

④ 제1차 시험과 제2차 시험을 동시에 실시하는 경우에 제1차 시험 성적이 합격기준 점수에 미달된 때에는 제2차 시험은 이를 무효로 한다.

09 소방공무원임용령에 따른 소방공무원 파견에 대한 설명으로 옳지 않은 것은?

17년 소방위

① 다른 국가기관 또는 지방자치단체나 그 외의 기관, 단체에서 국가적 사업을 수행하기 위하여 특히 필요한 경우 파견기간은 2년 이내로 하되, 필요한 경우에는 총 파견기간이 5년을 초과하지 않는 범위에서 파견기간을 연장할 수 있다.

② 공무원 인재개발법에 따른 공무원교육훈련기관의 교수요원으로 선발되거나 그 밖에 교육훈련 관련 업무수행을 위하여 필요한 경우 파견기간은 1년 이내로 하되, 필요한 경우에는 총 파견기간이 2년을 초과하지 않는 범위에서 파견기간을 연장할 수 있다.

③ 임용권자 또는 임용예정권자는 국내의 연구기관, 민간기관 및 단체에서의 임무수행 능력개발이나 국가정책 수립과 관련된 자료수집 등을 위하여 소방공무원을 파견할 경우 인사혁신처장과 협의를 해야 한다. 다만, 파견기간이 1년 미만인 경우에는 협의를 거치지 아니하고 소방청장의 승인을 받아 파견할 수 있다.

④ 임용권자 또는 임용제청권자는 다른 기관의 업무폭주로 인한 행정지원의 경우에는 인사혁신처장과 협의해야 한다. 다만, 인사혁신처장이 별도정원의 직급규모 등에 대하여 행정안전부장관과 협의된 파견기간의 범위 내에서 소방령 이하 소방공무원의 파견기간을 연장하거나 소방령 이하 소방공무원의 기간이 끝난 후 그 자리를 교체하는 경우에는 인사혁신처장과의 협의를 생략할 수 있다.

10 소방공무원의 근속승진에 대한 설명으로 옳은 것은? 21년 통합

① 소방위 계급에서 소방경으로 근속승진 임용하려는 경우에는 해당 계급에서 10년 이상 재직한 사람은 근속승진해야 한다.

② 임용권자는 소방경으로의 근속승진임용을 위한 심사를 연 1회 실시할 수 있고, 근속승진 심사를 할 때마다 해당 기관의 근속승진 대상자의 100분의 30에 해당하는 인원 수(소수점 이하가 있는 경우에는 1명을 가산한다)를 초과하여 근속승진임용할 수 없다.

③ 소방교는 최근 2년간 평균 근무성적평정이 '우' 미만에 해당되면 근속승진을 할 수 없다.

④ 근속승진 방법 및 인사운영에 필요한 사항은 행정안전부령으로 정한다.

11 소방공무원임용령에 따른 특별위로금에 대한 내용이다. 다음 빈칸에 들어갈 내용으로 옳은 것은?

> 위로금은 공무상요양으로 소방공무원이 요양하면서 출근하지 않은 기간에 대하여 지급하되, ( )개월을 넘지 아니하는 범위에서 지급한다.

① 36 ② 24
③ 18 ④ 12

12 소방공무원법에 따른 소방공무원 징계위원회의 규정 내용으로 옳지 않은 것은?

① 소방준감 이상의 소방공무원에 대한 징계의결은 소방청 소속으로 설치된 징계위원회에서 한다.

② 소방정 이하의 소방공무원에 대한 징계의결을 하기 위하여 소방청 및 대통령령으로 정하는 소방기관에 소방공무원 징계위원회를 둔다.

③ 시·도지사가 임용권을 행사하는 소방공무원에 대한 징계의결을 하기 위하여 시·도 및 대통령령으로 정하는 소방기관에 징계위원회를 둔다.

④ 소방공무원 징계위원회의 구성·관할·운영, 징계의결의 요구 절차, 징계 대상자의 진술권, 그 밖에 필요한 사항은 대통령령으로 정한다.

13 승진대상자명부의 점수가 동일한 경우 합격자 결정의 선순위자를 순서대로 나열한 것은? `15, 17년 소방위` `19년 통합`

> 가. 소방공무원으로 장기근무한 사람
> 나. 근무성적평정점이 높은 사람
> 다. 해당 계급에서 장기근무한 사람
> 라. 해당 계급의 바로 하위계급에서 장기근무한 사람

① 가 - 나 - 다 - 라
② 나 - 다 - 라 - 가
③ 가 - 나 - 라 - 다
④ 나 - 다 - 가 - 라

14 소방공무원을 임용 또는 임용 제청할 때에 첨부할 서류로 옳지 않은 것은?

① 승진 - 인사기록카드 사본 1통, 승진시험합격통지서 1통

② 직위해제 - 직위해제사유서 1통

③ 추서 - 공적조사서 1통, 사망진단서 1통, 사망경위서 1통

④ 징계 - 징계의결서 원본 1통

15 소방공무원 승진임용 규정에 따른 승진심사에 대한 설명으로 옳지 않은 것은?

① 소방공무원의 승진심사는 연 1회 이상 실시한다.

② 승진심사는 승진심사위원회가 설치된 기관의 장이 정하는 날에 실시한다.

③ 승진대상자명부를 조정하거나 삭제한 경우에는 그 사유를 증명하는 서류를 첨부하여 5일 이내에 승진심사위원회가 설치된 기관의 장에게 제출해야 한다.

④ 승진소요최저근무연수에 미달된 사람은 승진제외자명부 작성대상이다.

16 소방공무원임용령 시행규칙에 따른 소방공무원 인사기록관리에 대한 설명으로 가장 옳지 않은 것은? `14년 소방위` `15년 서울`

① 초임보직 소방기관이 소방청 또는 소방청의 소속기관인 경우에는 소방공무원의 인사기록은 소방청장 또는 소방청 소속기관의 장이 보관한다.

② 초임보직 소방기관이 시·도 소속인 경우에 소방공무원 인사기록은 시·도 소방본부장이 보관한다.

③ 소방공무원의 승진·전출 등으로 인사기록관리자가 변경된 경우 변경 전 인사기록관리자는 변경 후 인사기록관리자에게 지체 없이 해당 소방공무원의 인사기록카드(표준인사관리시스템을 통해 송부한다)와 최근 3년간(소방위 이하의 소방공무원인 경우에는 최근 2년간)의 근무성적평정표 및 경력·교육훈련성적·가점 평정표 사본(전자문서를 포함한다)을 송부해야 한다.

④ 인사기록관리자는 소속 소방공무원에 대한 임용·징계·포상 기타의 인사발령이 있는 때에는 지체 없이 이를 해당 소방공무원의 인사기록카드에 기록해야 한다.

17 소방공무원 승진시험을 실시하고자 할 때에는 그 일시·장소 기타 시험의 실시에 관하여 필요한 사항을 공고해야 한다. 그 시기에 대한 설명으로 옳은 것은?

① 시험실시 10일 전까지 공고

② 시험실시 15일 전까지 공고

③ 시험실시 20일 전까지 공고

④ 시험실시 30일 전까지 공고

18 소방공무원 교육훈련규정에 따른 소방교육훈련정책위원회에 대한 내용으로 옳지 않은 것은?

① 위원장은 소방청 차장이 된다.

② 소방서장은 소방공무원의 교육훈련 정책, 교육훈련 제도 및 개선 등에 관련한 사항을 심의하기 위하여 필요한 경우에 소방교육훈련정책위원회를 구성·운영할 수 있다.

③ 중앙소방학교 장은 위원회의 위원의 자격이 있다.

④ 소방청장은 위원회의 구성 목적을 달성했다고 인정하는 경우에는 위원회를 해산할 수 있다.

19 소방공무원 복제 규칙의 규정에 따른 근무 중 사복을 착용할 수 있는 시기로 옳지 않은 것은? `19년 통합`

① 관계기관을 방문하거나 대외행사에 참석할 때

② 소방사범(消防事犯) 단속근무를 할 때

③ 물품 구입 등을 위하여 대외활동을 할 때

④ 화재안전조사 등 대민(對民) 활동을 할 때

20 국립소방연구원 소속 소방공무원의 소방경 계급으로의 승진심사의 실시는 어디에서 하는가?

① 소방청 보통승진심사위원회

② 소방청 중앙승진심사위원회

③ 충청남도 보통승진심사위원회

④ 국립소방연구원 보통승진심사위원회

21 다음은 소방공무원 징계령에 대한 내용이다. 옳은 내용을 모두 고른 것은?

> 가. 소방청에 설치된 소방공무원 징계위원회는 소방준감인 서울소방학교장, 경기소방학교장의 소방공무원에 대한 징계 또는 징계부가금 부과 사건을 심의·의결한다.
>
> 나. 소방감인 ○○소방본부장의 소방공무원의 징계등 의결 요구권자는 소방청장이다.
>
> 다. 소방공무원 징계위원회는 징계위원회에 간사 1명을 둔다.
>
> 라. 징계위원회가 징계등 심의 대상자의 출석을 요구할 때에는 출석 통지서로 하되, 징계위원회 개최일 3일 전까지 그 징계등 심의 대상자에게 도달되도록 해야 한다.

① 가, 나, 다, 라
② 가, 나, 다
③ 나, 라
④ 라

22 소방공무원 교육훈련규정에 따른 연도별 교육훈련계획 수립과정으로 가장 올바른 것은?

> ㉠ 소방청장은 소방공무원 교육훈련에 관한 기본정책 및 기본지침을 수립
>
> ㉡ 교육훈련기관의 장은 교육훈련계획을 수립한 경우에는 교육훈련의 준비 및 교육훈련대상자의 선발을 위하여 지체 없이 이를 관계 소방기관의 장에게 통보
>
> ㉢ 소방공무원 교육훈련에 관한 기본정책 및 기본지침을 시·도지사와 교육훈련기관의 장에게 통보
>
> ㉣ 교육훈련기관의 장은 기본정책 및 기본지침에 따라 다음 연도의 교육훈련계획을 수립하여 매년 12월 31일까지 소방청장에게 제출

① ㉠ - ㉡ - ㉢ - ㉣
② ㉠ - ㉢ - ㉣ - ㉡
③ ㉠ - ㉢ - ㉡ - ㉣
④ ㉡ - ㉠ - ㉢ - ㉣

23 소방공무원신규채용 시험에서 동점자 합격자 결정에 대한 설명으로 옳은 것은?

① 공개경쟁채용시험·경력경쟁채용시험 및 소방간부후보생 선발시험의 동점자 합격자 결정은 다르다.

② 동점자 중에서 취업보호대상자를 우선 합격자로 한다.

③ 동점자의 결정에 있어서는 총득점에 의하되, 소수점 이하 셋째 자리까지 계산한다.

④ 총득점이 90.578점이라면 90.57로 계산한다.

24 다음 중 소방공무원 시보임용기간 산정 시 경력을 인정하는 기간으로 옳은 것은? `13년 소방위`

`21년 통합`

① 견책처분을 받은 기간
② 감봉처분을 받은 기간
③ 휴직기간
④ 직위해제기간

25 소방공무원임용령에 따른 소방공무원 파견과 관련한 규정내용이다. 빈칸에 알맞은 내용을 열거한 것은?

> 파견기간이 (   )인 경우에는 (   )를 거치지 아니하고 (   )을 받아 파견할 수 있다.

① 1년 이상 → 소방청장의 협의 → 행정안전부장관의 승인
② 1년 이상 → 행정안전부장관의 협의 → 소방청장의 승인
③ 1년 미만 → 인사혁신처장의 협의 → 소방청장의 승인
④ 1년 미만 → 소방청장의 협의 → 인사혁신처장의 승인

06 제6회 최종모의고사

01 소방공무원법 및 소방공무원임용령에 규정된 용어의 정의에 대한 설명으로 옳지 않은 것은? `21년 소방위`

① 소방공무원의 같은 계급 및 자격 내에서의 근무기관이나 부서를 달리하는 임용을 전보라 한다.

② 임용, 강임, 전보, 복직에 대한 용어는 소방공무원법에 규정되어 있다.

③ 소방공무원임용령에 따른 용어의 정의에는 소방공무원법에 따른 임용, 강임, 전보, 복직을 포함하여 필수보직기간, 소방기관을 정의하고 있다.

④ 소방공무원임용령상 소방기관의 정의에서 시 · 도 소방본부는 소방기관에 해당되지 않는다.

02 소방공무원기장령에 따른 설명으로 옳지 않은 것은?

① 소방청장이 소방기장의 수여대상자를 선정할 때에는 소방청 소속기관의 장, 특별시장 · 광역시장 · 특별자치시장 · 도지사 및 특별자치도지사로부터 추천을 받을 수 있다.

② 소방기장의 도형 및 제작 양식은 소방청장이 정한다.

③ 소방청장은 소방공무원기장 수여대장을 작성 · 관리해야 한다.

④ 국제 구조출동을 하여 활동한 자에게 소방경력기장을 수여한다.

03 소방공무원임용령에 따른 소방공무원 신규채용에 대한 설명으로 옳지 않은 것은? `17년 소방위`

① 임용예정직에 상응하는 근무실적 또는 연구실적이 있거나 소방에 관한 전문기술교육을 받은 사람을 임용하는 경우 임용예정직위에 관련있는 직무분야의 근무 또는 연구경력이 3년 이상으로서 해당 임용예정계급에 상응하는 근무 또는 연구경력이 1년 이상인 사람이어야 한다.

② 외국어에 능통한 사람의 경력경쟁채용등은 소방위 이하 소방공무원으로 채용하는 경우로 한정한다.

③ 종전의 재직기관에서 견책 이상의 징계처분을 받은 사람은 경력경쟁채용등을 할 수 없다.

④ 경위 이하의 경찰공무원을 임용예정직위에 상응하는 소방공무원으로 경력경쟁채용하는 경우 최근 5년 이내에 화재감식 또는 범죄수사업무에 종사한 경력이 2년 이상 있어야 한다.

04 국외에서 2년 동안 위탁교육훈련을 받은 양모 씨는 OO소방학교 교관으로 보직을 받았다. 교관 또는 해당 교육훈련내용과 관련되는 의무 근무기간으로 옳은 것은? `13년 소방위` `13년 강원`

① 1년　　　　② 2년

③ 3년　　　　④ 5년

05 다음 중 승진임용 구분별 임용비율과 승진 임용예정인원수의 책정에 대한 규정내용으로 옳지 않은 것은? `21년 소방위`

① 소방공무원의 승진임용예정인원수는 당해 연도의 실제결원 및 예상되는 결원을 고려하여 임용권자(임용권을 위임받은 사람을 포함한다)가 정한다.

② 당해연도의 승진임용예정인원수는 계급별, 승진구분별로 정해야 한다.

③ 심사승진임용과 시험승진임용을 병행하는 경우에는 승진임용예정 인원수의 60퍼센트를 심사승진임용예정 인원수로, 40퍼센트를 시험승진임용예정 인원수로 한다.

④ 계급별 승진임용예정인원수를 정함에 있어서 특별승진임용예정인원수를 따로 책정한 경우에는 당초 승진임용예정인원수에서 특별승진임용예정인원수를 더한 인원수를 해당 계급의 승진임용예정인원수로 한다.

06 소방공무원 교육훈련규정에 대한 설명으로 옳은 것은? `17년 소방위`

① 소방정 계급으로 임용된 소방공무원은 소방관리역량교육을 받아야 한다.

② 소방경 이하는 담당하고 있거나 담당할 직무 분야에 필요한 전문성을 강화하기 위한 교육훈련을 받아야 한다.

③ 소방위·소방경·소방령계급으로 승진임용된 소방공무원은 승진하기 위해서는 지휘역량교육을 받아야 한다.

④ 소방공무원의 교육훈련의 구분은 기본교육훈련, 전문교육훈련, 기타교육훈련 및 자기개발 학습으로 구분한다.

07 소방공무원 임용과 관련하여 임용권한이 있지 않은 자는? `16년 경북, 경기` `17, 19년 소방위` `19년 통합`

① 시·도지사

② 소방청 차장

③ 소방서장

④ 경기소방학교장

08 소방공무원임용령의 규정에 따른 경력경쟁 채용시험 전형방법을 바르게 연결한 것은?

① 퇴직 소방공무원의 재임용 – 서류전형

② 사법시험합격자를 소방령으로 임용 – 면접시험

③ 소방준감 이상의 경력경쟁채용등 임용 – 서류전형

④ 외국어 능통자의 임용 – 서류전형과 면접시험

09 소방공무원임용령에 따른 파견근무에 대한 규정 내용으로 옳지 않은 것은?

① 소속 소방공무원을 파견하려면 파견받을 기관의 장이 임용권자 또는 임용제청권자에게 미리 요청하여야 한다.

② 관련 기관 간의 긴밀한 협조를 요하는 특수업무의 공동수행을 위하여 필요한 경우에는 2년 이내의 기간 동안 소방공무원을 파견할 수 있다.

③ 소방본부장 또는 소방서장은 일전한 경우 「국가공무원법」 제32조의4에 따라 소방공무원을 파견할 수 있다.

④ 국제기구, 외국의 정부 또는 연구기관에서의 업무수행 및 능력개발을 위하여 필요한 경우에 파견할 수 있다.

10 소방공무원 근속승진에 대한 설명으로 옳지 않은 것은? `14, 20년 소방위` `18, 21년 통합`

① 소방교를 소방장으로의 근속승진임용은 소방교에서 4년 이상 근속해야 한다.

② 임용권자는 소방경 근속승진심사를 실시하려는 경우 근속승진임용일 30일 전까지 해당 기관의 근속승진 대상자 및 근속승진임용 예정인원을 소방청장에게 보고해야 한다.

③ 소방경으로 근속승진임용을 할 수 있는 인원수는 연도별로 합산하여 해당 기관의 근속승진 대상자의 100분의 40에 해당하는 인원수(소수점 이하가 있는 경우에는 1명을 가산한다)를 초과할 수 없다.

④ 근속승진 요건에 해당하는 경우에는 근속승진 기간에 도달하기 5일 전부터 승진심사를 할 수 있다.

11 다음 중 소방공무원 정년에 대한 설명 중 옳지 않은 것은? `14년 경기` `20년 통합`

① 소방공무원은 그 정년이 되는 날이 1월에서 6월 사이에 있는 경우에는 7월 1일에 당연히 퇴직하고, 7월에서 12월 사이에 있는 경우에는 1월 1일에 당연히 퇴직한다.

② 강등의 징계처분을 받은 사람의 계급정년 산정은 강등되기 전 계급의 근무연수와 강등 이후의 근무연수를 합산하여 강등되기 전 계급 중 가장 높은 계급의 계급정년으로 한다.

③ 소방청장은 전시, 사변, 그 밖에 이에 준하는 비상사태에서는 2년의 범위에서 계급정년을 연장할 수 있다. 이 경우 소방령 이상의 소방공무원에 대해서는 행정안전부장관의 제청으로 국무총리를 거쳐 대통령의 승인을 받아야 한다.

④ 계급정년의 산정(算定)할 때에는 근속 여부와 관계없이 소방공무원 또는 경찰공무원으로서 그 계급에 상응하는 계급으로 근무한 연수(年數)를 포함한다.

12 소방공무원법에 따르면 "소방정 이하의 소방공무원에 대한 징계의 의결을 하기 위하여 소방청 및 대통령령으로 정하는 소방기관에 소방공무원 징계위원회를 둔다."라고 규정하고 있다. 여기에서 대통령령이 정하는 소방기관에 해당되지 않는 것은?

① 중앙소방학교   ② 중앙119구조본부
③ 지방소방학교   ④ 국립소방연구원

13 소방공무원 승진임용 규정에 따른 승진대상자 명부 작성기준일은 언제인가?

① 매년 4월 1일과 10월 1일을 기준으로 작성한다.
② 매년 6월 30일, 12월 31일을 기준으로 작성한다.
③ 매년 3월 31일, 9월 30일을 기준으로 작성한다.
④ 승진예정계급 심사선발 20일 전에 작성한다.

14 다음 중 소방공무원임용령 시행규칙에 따른 소방공무원 임용 시 공무원임용조사서 또는 임용제청조사서를 첨부해야 할 사례로 옳은 것을 모두 고른 것은?

㉠ 신규채용	㉡ 승진임용
㉢ 전 보	㉣ 파 견
㉤ 강 임	㉥ 휴 직
㉦ 직위해제	㉧ 정 직
㉨ 강 등	㉩ 복 직
㉪ 면 직	㉫ 해 임
㉬ 파 면	

① ㉠, ㉡, ㉢
② ㉦, ㉧, ㉨, ㉪, ㉫, ㉬
③ ㉢, ㉣, ㉤, ㉥
④ ㉠, ㉡, ㉪

15 소방공무원법에 따른 보통승진심사위원회 설치 대상으로 옳지 않은 것은?

① 소방청
② 중앙119구조본부 및 중앙소방학교
③ 국립소방연구원
④ 시·도 소방본부 및 소방서

16 교육훈련기관의 장은 교육훈련을 받은 사람의 교육훈련성적을 그 소속 소방기관장 등에게 통보해야 시기로 옳은 것은?

① 교육훈련 수료 또는 졸업 후 5일 이내
② 교육훈련 수료 또는 졸업 후 10일 이내
③ 교육훈련 수료 또는 졸업 후 20일 이내
④ 교육훈련 수료 또는 졸업 후 30일 이내

17 소방공무원 승진임용 규정에 따른 승진시험 방법 및 절차 등에 관한 내용으로 옳지 않은 것은?

① 제1차 시험에 합격되지 아니하면 제2차 시험에 응시할 수 없다.
② 시험실시권자가 필요하다고 인정할 때에는 제2차 시험을 실시하지 아니할 수 있다.
③ 시험은 제1차 시험과 제2차 시험으로 구분하여 실시한다.
④ 제1차 시험은 필기시험하는 것을 원칙으로 하고 제2차 시험은 실기시험으로 한다.

18 다음 중 OO소방서 징계위원회 민간위원으로 위촉될 수 없는 사람은? 13년 강원

① 소방공무원으로 20년 이상 근속하고 퇴직한 사람으로서 퇴직일부터 2년이 경과한 사람

② 변호사로 5년 이상 근무한 사람

③ 행정학 정교수로 재직 중인 사람

④ 소방관련학과 부교수로 재직 중인 사람

19 소방공무원 교육훈련규정에 따라 국외에서 위탁교육훈련을 받은 자는 귀국 보고일로부터 며칠 이내에 연구보고서를 작성하여 소방청장 또는 시·도지사에게 제출해야 하는가?

① 10일 이내   ② 15일 이내

③ 20일 이내   ④ 30일 이내

20 다음 특별승진대상 중 특별승진심사를 생략할 수 있는 경우로 옳은 것은?

① 20년 이상 근무하고 명예퇴직하는 공적자

② 직무수행 중 다른 사람의 모범이 되는 공을 세우고 사망한 자

③ 청렴과 봉사정신으로 직무에 정려하여 다른 공무원의 귀감이 되는 공적이 있다고 인정되는 자

④ 소속기관의 장이 직무 수행능력이 탁월하여 소방행정발전에 지대한 공헌실적이 있다고 인정하는 자

21 소방공무원임용령에 따른 소방공무원 경력경쟁채용시험의 필기시험 과목표에서 일반분야 소방장·소방교·소방사의 1차 시험 과목으로 옳은 것은?

① 한국사, 영어, 행정법, 소방학개론

② 국어, 소방학개론, 소방관계법규

③ 한국사, 영어, 소방학개론, 소방관계법규

④ 한국사, 영어, 소방학개론

22 소방공무원 근속승진 임용시기에 대한 설명으로 옳지 않은 것은?

① 위원회의 근속승진 심의결과 부적격자로 결정된 경우에는 근속승진임용을 할 수 없다.

② 심사승진후보자 또는 시험승진후보자로 확정된 사람이 승진임용되기 전에 근속승진 소요기간이 도래되어 근속승진 하는 것이 본인에게 유리한 경우에는 다른 승진임용에 우선하여 근속승진임용할 수 있다.

③ 근속승진 작성일을 기준으로 향후 6월 이내에 정년으로 퇴직이 예정되어 있는 소방위는 우선하여 근속승진임용을 할 수 있다.

④ 소방경으로의 근속승진 임용시기는 매년 5월 1일로 한다.

23 징계처분의 집행이 종료된 날로부터 일정기간이 경과한 때, 징계처분의 기록을 말소해야 한다. 다음 중 징계 종류별 경과기간이 바르게 연결된 것은? 15, 18, 20, 21년 통합 18, 19, 20년 소방위

	강 등	정 직	감 봉	견 책	직위해제
①	10년	8년	6년	4년	2년
②	9년	7년	5년	3년	2년
③	8년	6년	4년	2년	3년
④	7년	5년	3년	1년	3년

24 다음 중 소방공무원의 시보임용기간에 포함하지 않는 것을 모두 고른 것은?

> ㉠ 견책처분을 받은 기간
> ㉡ 정직처분을 받은 기간
> ㉢ 감봉처분을 받은 기간
> ㉣ 직위해제기간
> ㉤ 소방공무원 임용과 관련하여 교육훈련을 받은 기간
> ㉥ 휴직기간

① ㉠, ㉡, ㉢, ㉣, ㉤, ㉥
② ㉡, ㉢, ㉣, ㉥
③ ㉠, ㉤
④ ㉠, ㉡, ㉢

25 소속 소방공무원을 파견하려면 파견받을 기관장이 임용권자 또는 임용제청권자에게 미리 요청해야 하는 내용으로 옳지 않은 것은?

16년 강원 16년 경북 14년 대구 15, 16년 서울 15, 19, 20년 통합 20년 소방위

① 다른 국가기관 또는 지방자치단체나 그 외의 기관·단체에서의 국가적 사업을 수행하기 위하여 특히 필요한 경우
② 관련 기관 간의 긴밀한 협조가 필요한 특수업무를 공동수행하기 위하여 필요한 경우
③ 국내의 연구기관, 민간기관 및 단체에서의 업무수행·능력개발이나 국가정책 수립과 관련된 자료수집 등을 위하여 필요한 경우
④ 공무원교육훈련기관의 교수요원으로 선발되거나 그 밖에 교육훈련 관련 업무수행을 위하여 필요한 경우

07 제7회 최종모의고사

01 소방공무원법상 용어의 정의를 올바르게 설명한 것은? `21년 통합`

① "필수보직기간"이란 소방공무원이 현 직위에서 같은 직위로 전보되기 전까지 근무해야 하는 최소기간을 말한다.

② "임용"이란 신규채용·승진·전보·파견·강임·휴직·직위해제·정직·강등·감봉·견책·복직·면직·해임 및 파면을 말한다.

③ "복직"이란 해임·직위해제 또는 정직(강등에 따른 정직을 포함한다) 중에 있는 소방공무원을 직위에 복귀시키는 것을 말한다.

④ "강임"이란 동종의 직무 내에서 하위의 직위에 임명하는 것을 말한다.

02 소방공무원법령에 따른 소방공무원 인사위원회의 운영세칙을 정할 수 있는 방법으로 옳은 것은?

① 인사에 관한 기본계획에 따라 인사위원회의 심의를 소방청장이 정한다.

② 소방청장 또는 시·도지사가 인사에 관하여 부의하는 사항을 위원회의 의결을 거쳐 정한다.

③ 이 영에 규정한 것 이외에 인사위원회의 운영에 관하여 필요한 사항은 인사위원회의 의결을 거쳐 위원장이 이를 정한다.

④ 재적위원 3분의 1 이상의 출석과 출석위원 과반수의 찬성으로 의결하여 정한다.

03 공개경쟁시험으로 임용하는 것이 부적당하여 119종합상황실에 응급처치 상담을 위하여 의사면허를 갖은 자를 경력경쟁으로 신규 채용하고자 할 때 채용계급으로 옳은 것은? `15년 경남` `17, 20년 통합`

① 소방령 이하
② 소방경 이하
③ 소방위 이하
④ 소방장 이하

04 소방공무원임용령에 따르면 해당 직위에 임용된 날로부터 1년 이내에 다른 직위에 전보할 수 없는 특례규정으로 옳지 않은 것은?

① 직제상의 최저단위 보조기관 내에서의 전보의 경우

② 징계처분을 받은 경우

③ 임용예정 직위에 관련된 1월 이상의 특수훈련경력이 있는 자를 해당 직위에 전보하는 경우

④ 전보권자를 달리하는 기관 간의 전보의 경우

05 소방공무원법령에 따른 소방공무원 승진제도에 대한 설명으로 옳은 것은? `17년 소방위`

`21년 통합`

① 심사승진임용과 시험승진임용을 병행하는 경우에 그 승진임용방법별 임용비율은 계급별 승진임용예정인원수의 각 50퍼센트로 하되, 소방위의 승진임용방법별 임용비율은 40퍼센트로 한다.

② 소방교가 소방장으로 승진하기 위한 승진소요최저근무연수는 2년이다.

③ 소방공무원의 승진임용예정인원수는 해당 연도의 실제 결원 및 예상되는 결원을 고려하여 임용권자가 정한다.

④ 소방준감 이하 계급의 소방공무원에 대해서는 대통령령이 정하는 바에 따라 계급별로 승진심사대상자명부를 작성해야 한다.

06 공무상 질병으로 요양급여의 지급대상자로 결정된 소방공무원이 업무에 복귀한 날로부터 6개월 이내에 위로금을 신청 및 첨부해야 할 서류에 해당하지 않는 것은?

① 공무상요양 승인결정서 원본

② 입·퇴원확인서

③ 개인별근무상황부 사본

④ 특별위로금 지급신청서

07 소방공무원법에 따른 임용권의 위임에 관한 설명으로 옳지 않은 것은?

① 시·도지사는 소속 소방경 이하의 소방공무원에 대한 해당 기관 안에서의 전보권을 소방서장에게 위임한다.

② 소방청장은 소속 소방령 이상 소방준감 이하의 소방공무원(소방본부장 및 지방소방학교장은 제외)에 대한 전보, 휴직, 직위해제, 강등, 정직 및 복직에 대한 임용권을 시·도지사에게 위임한다.

③ 시·도지사는 소방정인 지방소방학교장에 대한 전보권을 시·도지사에게 위임한다.

④ 시·도지사는 소방위 이하의 소방공무원에 대한 정직에 관한 권한을 소방서장에게 위임한다.

08 소방공무원임용령에 따른 전형방법이 다른 경력경쟁채용시험은?

① 임용예정직무에 관련된 자격증 소지자의 채용시험

② 임용예정에 상응한 근무실적이나 소방에 관한 전문기술교육을 받은 자의 채용시험

③ 외국어에 능통한 사람의 임용

④ 5급 공무원 공개경쟁채용시험에 합격한 자를 소방령 이하의 소방공무원으로 채용하는 경우

09 다음은 소방공무원법령에 따른 내용이다. 빈칸에 들어갈 숫자의 합은 얼마인가?

> 가. 승진심사위원회는 계급별 승진심사대상자명부의 선순위자(先順位者) 순으로 승진임용하려는 결원의 ( )배수의 범위 안에서 승진후보자를 심사·선발한다.
>
> 나. 소방공무원 승진 사전심의(1단계) 심사를 할 경우 심사환산점수와 객관평가점수를 합산하여 고득점자 순으로 승진심사선발인원의 ( )배수 내외를 선정하고 승진심사 사전심의 결과서를 작성하여 제2단계 심사에 회부한다.
>
> 다. 소방공무원 공개경쟁채용시험 제1차 시험과 제2차 시험 및 경력경쟁채용시험 등의 필기시험 또는 실기시험의 경우 매 과목의 40퍼센트 이상, 전 과목 총점의 60퍼센트 이상의 득점자 중에서 선발예정인원의 ( )배수의 범위에서 시험성적을 고려하여 점수가 높은 사람부터 차례로 합격자를 결정한다.

① 7   ② 9
③ 10   ④ 11

10 다음 중 소방공무원 승진임용 규정 시행규칙에 따른 근무성적의 1차 평정자와 2차 평정자로 잘못 연결된 것은? `13년 강원` `20년 통합` `20년 소방위`

	소속과 직급	1차 평정자	2차 평정자
①	소방서의 소방령	소속 부서장	소속 소방서장
②	중앙소방학교 소방령	중앙소방학교장	소방청 차장
③	시·도 소방본부 소방령	소속 부서장 (과장 등)	소속 시·도 소방본부장
④	중앙119 구조본부 소방경 이하	소속 과장	중앙119구조본부장

11 다음은 소방공무원법에 따른 시보임용기간 등과 관련된 내용이다. 빈칸에 들어갈 내용으로 맞는 것은?

> 가. 소방공무원으로 신규채용된 소방위의 시보임용기간 : ( )
> 나. 소방장에서 소방위로의 승진소요 최저근무연수 : ( )
> 다. 소방정의 계급정년 : ( )

	가	나	다
①	6개월	2년	10년
②	1년	1년	11년
③	6개월	2년	14년
④	1년	3년	11년

12 다음 중 소방방공무원법에 따른 소방정 이하의 소방공무원에 대한 징계의 의결을 하도록 하기 위하여 소방공무원징계위원회를 두는 기관은 모두 몇 개인가?

> 소방청, 세종특별자치시, 중앙소방학교, 중앙119구조본부, 국립소방연구원, 지방소방학교, 서울종합방재센터, 소방서, 인천소방본부, 국무총리실, 제주특별자치도

① 7개   ② 8개
③ 9개   ④ 10개

13 소방공무원 승진대상자명부에 대한 설명으로 옳지 않은 것은?

① 지방소방학교 소속 소방위 이하에 대한 승진대상자명부의 작성권자는 지방소방학교장이다.

② 승진대상자명부를 조정하거나 삭제한 경우에는 조정한 다음 날부터 효력이 발생한다.

③ 승진대상자명부는 매년 4월 1일과 10월 1일을 기준으로 작성해야 한다.

④ 중앙119구조본부 소속 소방경 이하의 소방공무원은 중앙119구조본부장이 작성한다.

14 소방방공무원 임용령 시행규칙에 따른 소방공무원 임용 및 임용제청 서식과 임용장 또는 임명장에 대한 내용으로 옳지 않은 것은?

① 시보임용기간에 산입될 교육훈련을 받은 사람을 임용 또는 임용제청할 때에는 시보임용단축기간 산출표를 첨부해야 한다.

② 임용권자는 소방공무원으로 신규채용되거나 승진되는 소방공무원에게 임용장을, 전보되는 소방공무원에게 임명장(필요시 통지서로 갈음할 수 있다)을 수여한다. 이 경우 소속 소방기관(영 제2조 제3호에 따른 소방기관을 말한다)의 장이 대리 수여할 수 있다.

③ 임용권자(임용권의 위임을 받은 사람을 포함한다)가 소방공무원을 임용할 때에는 공무원 임용서로써 하며, 신규채용·승진 또는 면직할 때에는 임용조사서를 첨부해야 한다.

④ 임용제청권자가 소방공무원을 임용제청할 때에는 공무원 임용제청서로써 한다. 다만, 임용제청기관에서의 임용제청 보고는 공무원 임용제청보고서로써 한다.

15 소방공무원 승진임용 규정에 따른 승진심사위원회의 설치 등에 관한 규정 내용을 바르게 설명한 것은?

① 승진심사위원회는 작성된 계급별 승진심사대상자명부의 선순위자(先順位者) 순으로 승진임용하려는 결원의 3배수의 범위에서 승진후보자를 심사·선발한다.

② 중앙소방학교에 소속 소방공무원의 승진심사를 위하여 중앙승진심사위원회를 둔다.

③ 승진심사위원회의 구성·관할 및 운영에 필요한 사항은 소방청장이 정한다.

④ 소방청에 중앙승진심사위원회를 두고, 소방청 및 중앙소방학교, 중앙119구조본부, 국립소방연구원에 보통승진심사위원회를 둔다.

16 소방공무원의 인사기록카드에 등재된 징계 등 처분의 기록을 말소에 관한 설명으로 옳지 않은 것은? 15, 18, 20년 통합
18, 19, 20년 소방위

① 징계처분을 받고 그 집행이 종료된 날로부터 말소기간이 경과하기 전에 다른 징계처분을 받은 때에는 각각의 징계처분에 대한 해당기간을 합산한 기간이 경과해야 한다.

② 소청심사위원회나 법원에서 징계처분의 무효 또는 취소의 결정이나 판결이 확정된 때에는 해당 사실이 나타나지 아니하도록 인사기록카드를 수정해야 한다.

③ 징계처분 및 직위해제처분의 말소방법, 절차 등에 관하여 필요한 사항은 소방청장이 정한다.

④ 징계등 처분기록의 말소 경과기간이 가장 짧은 것은 직위해제 처분이다.

17 소방공무원 임용령 시행규칙에 따른 소방령의 승진시험 필기과목에 대한 내용으로 옳지 않은 것은? 13년 강원

① 소방경의 필기시험 과목과 같다.

② 소방법령 Ⅰ의 소방공무원법에는 같은 법 시행령 및 시행규칙을 포함한다.

③ 시험과목 중 소방법령 Ⅱ는 소방기본법과 소방시설 설치 및 관리에 관한 법률 및 화재의 예방 및 안전관리에 관한 법률이 해당 법령이다.

④ 시험과목 수는 행정법, 소방법령 Ⅰ·Ⅱ·Ⅲ, 행정학, 조직학, 재정학 6과목이다.

18 소방공무원법에서 징계의결서에 명시할 사항이 아닌 것은? 13년 소방위

① 정상 참작 여부
② 심의결론
③ 불복방법
④ 의결주문

19 소방공무원 교육훈련규정에 따른 직장훈련 담당관의 직무가 아닌 것은?

① 전문교육훈련실시에 관하여 필요한 사항
② 직장훈련 결과에 대한 평가 및 확인
③ 직장훈련 실시를 위한 시설·교재 등의 준비
④ 직장훈련의 계획수립과 심사 및 지도·감독

20 소방공무원 승진임용 규정 시행규칙에 따른 특별승진심사 절차에 대한 설명으로 옳지 않은 것은?

① 특별승진심사에 의한 승진임용예정자의 결정은 승진심사위원회에서 객관평가와 위원평가를 합산하여 최고점 순위로 결정한다.

② 소방기관의 장이 소속 소방공무원에 대하여 특별승진심사를 받게 하고자 할 때에는 당해 소방공무원의 공적조서와 인사기록카드를 관할승진심사위원회가 설치되는 기관의 장에게 제출해야 한다.

③ 특별승진임용예정인원수보다 많을 경우에는 해당자만을 대상으로 재투표하여 결정한다.

④ 특별승진심사를 제출받은 승진심사위원회를 관할하는 기관의 장은 승진심사에 필요하다고 인정되는 공적의 내용을 현지 확인하게 하거나 그 공적을 증명할 수 있는 자료를 제출하게 할 수 있다.

21 공무원보수규정상 호봉의 획정 및 승급 시행권자로 옳은 것은?

① 임용권자 또는 임용제청권자

② 행정안전부장관

③ 인사혁신처장관

④ 기획재정부장관

22 소방공무원 복무규정에 관하여 틀리게 설명한 것은? 14년 경기 21년 통합

① 소방기관의 장은 비상사태에 대처하기 위하여 필요하다고 인정할 때에는 소속 소방공무원을 긴급히 소집하여 일정한 장소에 대기 또는 특수한 근무를 하게 할 수 있다.

② 소방공무원은 휴무일이나 근무시간 외에 공무(公務)가 아닌 사유로 3시간 이내에 직무에 복귀하기 어려운 지역으로 여행하려는 경우에는 소속 소방기관의 장에게 허가를 받아야 한다.

③ 소방기관의 장은 2조 교대제 근무를 하는 소방공무원에게는 순번을 정하여 주기적으로 근무일에 휴무하게 할 수 있다. 다만, 비상근무를 하는 경우에는 그러하지 아니하다.

④ 비상소집과 비상근무의 종류·절차 및 근무수칙 등에 관한 사항은 소방공무원 당직 및 비상업무 규칙으로 정한다.

23 다음은 소방공무원임용령에 따라 공무상 활동 등으로 인하여 질병에 걸리거나 부상을 입어 요양급여의 지급대상자로 결정된 소방공무원의 위로금 청구 신청에 대한 내용이다. 옳지 않은 것은?

위로금을 지급받으려는 소방공무원 또는 그 유족은 ① 행정안전부령으로 정하는 특별위로금 지급신청서에 ② 공무상요양 승인결정서 사본 등 ③ 소방청장이 정하는 서류를 첨부하여 다음의 어느 하나에 ④ 해당하는 날부터 6개월 이내에 소방기관의 장에게 신청해야 한다.

1. 업무에 복귀한 날

2. 요양 중 사망하거나 퇴직한 경우는 각각 사망일 또는 퇴직일

3. 공무원 재해보상법에 따른 요양급여의 결정에 대한 불복절차가 인용 결정으로 최종 확정된 경우에는 확정된 날

24 다음은 소방공무원임용령에 따른 임용권의 위임에 대한 내용이다. 빈칸에 알맞은 내용으로 맞는 것은?

> 소방청장은 다음의 권한을 시·도지사에게 위임한다.
> 가. 시·도 소속 (ㄱ) 이상 (ㄴ) 이하의 소방공무원(소방본부장 및 지방소방학교장은 제외한다)에 대한 전보, 휴직, 직위해제, 강등, 정직 및 복직에 관한 권한
> 나. 소방정인 지방소방학교장에 대한 휴직, (ㄷ), 정직 및 복직에 관한 권한
> 다. 시·도 소속 (ㄹ) 이하의 소방공무원에 대한 임용권

	(ㄱ)	(ㄴ)	(ㄷ)	(ㄹ)
①	소방령	소방준감	직위해제	소방경
②	소방령	소방준감	직위해제	소방위
③	소방경	소방령	강등	소방경
④	소방경	소방령	강등	소방위

25 소방공무원임용령에 따른 임용권의 위임 규정에서 중앙119구조본부장이 소속 119특수구조대장에게 임용권을 위임한 내용으로 맞는 것은?

① 119특수구조대 소속 소방장 이하에 대한 휴직, 직위해제, 전보권
② 119특수구조대 소속 소방위 이하에 대한 해당 119특수구조대 안에서의 전보권
③ 119특수구조대 소속 소방경 이하에 대한 휴직, 직위해제, 전보권
④ 119특수구조대 소속 소방경 이하에 대한 해당 119특수구조대 안에서의 전보권

08 | 제8회 최종모의고사

01 소방공무원법에 따른 소방공무원을 직위에 복직시킬 수 없는 임용으로 옳은 것은? `14년 경기`

① 직위해제
② 휴 직
③ 정직(강등에 따른 정직을 포함한다)
④ 파 면

02 다음 중 소방공무원 인사위원회에 대한 설명으로 가장 옳은 것은? `14년 소방위`

① 소방공무원의 인사(人事)에 관한 중요 사항을 의결하기 위해서 소방청에 소방공무원 인사위원회(이하 "인사위원회"라 한다)를 둔다.
② 회의는 재적위원 과반수 출석과 출석위원 과반수 찬성으로 의결한다.
③ 시·도에 설치된 인사위원회의 위원장은 시·도지사가 된다.
④ 위원은 인사위원회가 설치된 기관의 장이 소속 소방정 이상의 소방공무원 중에서 임명한다.

03 소방공무원을 공개경쟁시험으로 임용하는 것이 부적당하여 화재안전조사 또는 소방민원을 담당하기 위하여 소방시설관리사 자격을 소지한 사람을 경력경쟁채용하고자 할 때 채용계급으로 옳은 것은?

① 소방령 이하
② 소방경 이하
③ 소방위 이하
④ 소방장 이하

04 소방공무원임용령에 따른 소방공무원의 필수보직기간 및 전보제한에 대한 설명으로 옳지 않은 것은? `17년 소방위`

① 승진임용일은 필수보직기간을 계산할 때 해당 직위에 임용된 날로 본다.
② 임용예정직위에 상응하는 근무실적이 있는 사람을 소방공무원으로 경력경쟁채용한 경우 최초로 그 직위에 임용된 날부터 2년 이내에 다른 직위 또는 임용권을 달리하는 기관에 전보할 수 없다.
③ 소방공무원의 필수보직기간은 1년이다.
④ 임용권자는 승진시험 요구 중에 있는 소속 소방공무원을 승진대상자명부 작성단위를 달리하는 기관에 전보할 수 없다.

05 다음은 소방공무원법령에 따른 내용이다. 빈칸에 들어갈 숫자는?

> 가. 승진임용예정인원수가 1~10명일 경우 승진대상자명부 또는 승진대상자 통합명부에 따른 순위가 높은 사람부터 차례로 승진임용예정인원수 1명당 (ㄱ)배수만큼의 사람을 대상으로 실시한다.
> 나. 임용권자 또는 임용제청권자는 6개월 이상의 위탁교육을 받은 소방공무원에 대해서는 특별한 경우를 제외하고 (ㄴ)년의 범위에서 교육훈련기간과 같은 기간[국외 위탁훈련의 경우에는 교육훈련기간의 (ㄷ)배] 동안 교육훈련분야와 관련된 직무분야에서 복무하게 해야 한다.
> 다. 공무원의 징계 의결을 요구하는 경우 그 징계 사유가 다음의 어느 하나에 해당하는 경우에는 해당 징계 외에 다음의 행위로 취득하거나 제공한 금전 또는 재산상 이득(금전이 아닌 재산상 이득의 경우에는 금전으로 환산한 금액을 말한다)의 (ㄹ)배 내의 징계부가금 부과 의결을 징계위원회에 요구해야 한다.
> ㉠ 금전, 물품, 부동산, 향응 또는 그 밖에 대통령령으로 정하는 재산상 이익을 취득하거나 제공한 경우
> ㉡ 횡령(橫領), 배임(背任), 절도, 사기 또는 유용(流用)한 경우

	(ㄱ)	(ㄴ)	(ㄷ)	(ㄹ)
①	5	3	3	3
②	5	6	2	5
③	2	5	3	3
④	3	5	2	2

06 다음 중 소방공무원 교육훈련규정에 따른 관리역량교육을 받아야 하는 승진임용된 계급으로 옳은 것은? `17년 소방위`

① 소방준감·소방정·소방령
② 소방령·소방경
③ 소방령·소방경·소방위
④ 소방경 이상

07 소방공무원임용령에 따른 임용권의 위임에 대한 내용으로 옳지 않은 것은?

① 대통령은 소방청과 그 소속기관의 소방정 및 소방령에 대한 임용권과 소방정인 지방소방학교장에 대한 임용권을 소방청장에게 위임한다.
② 시·도지사는 소방서 소속 소방경 이하(서울소방학교·경기소방학교 및 서울종합방재센터의 경우에는 소방령 이하)의 소방공무원에 대한 해당 기관 안에서의 전보권을 소방서장에게 위임한다.
③ 소방청장은 중앙소방학교 소속 소방경 이하의 소방공무원에 대한 임용권을 중앙소방학교장에게 위임한다.
④ 시·도 소속 소방본부장 및 지방소방학교장에 대한 임용권을 시·도지사에게 위임한다.

08 소방공무원임용령에 따른 채용시험의 가점에 대한 내용에서 자격증소지자 등의 가산점에 대한 설명으로 옳지 않은 것은? <u>13년 소방위</u>

① 동일한 분야에서 가점 인정대상이 두 개 이상인 경우에는 각 분야별로 본인에게 유리한 것 하나만을 가산한다.

② 소방관련 국가기술자격 중 기술사·기능장은 5퍼센트가 가점된다.

③ 시험 단계별 득점을 각각 100점으로 환산한 후 필기시험 성적 50퍼센트, 체력시험성적 25퍼센트, 면접시험성적 25퍼센트를 적용하여 합산한 점수의 5퍼센트 이내에서 가산한다.

④ 자격증소지자 등에게 가점이 부여되는 시험분야는 소방간부후보생 선발시험, 경력경쟁채용시험, 공개경쟁채용시험에 응시하는 경우이다.

09 소방공무원임용령에 따른 시간선택제근무에 관한 설명으로 옳지 않은 것은?

① 시간선택제전환소방공무원의 근무시간은 1주당 15시간 이상 35시간 이하의 범위에서 임용권자 또는 임용제청권자가 정한다.

② 시간선택제근무는 그 소방공무원이 원하는 경우에는 분할하여 실시할 수 있다.

③ 임용권자 또는 임용제청권자는 교대제로 근무하는 소방공무원이 원할 때에는 시간선택제전환소방공무원으로 지정할 수 있다.

④ 시간선택제근무 시간은 1일 최소 3시간 이상이어야 한다.

10 소방공무원 승진임용 규정 시행규칙에 따른 근무성적평정의 조정에 대한 설명으로 옳지 않은 것은?

① 근무성적평정점을 조정하기 위하여 승진대상자명부 작성단위 기관별로 근무성적평정조정위원회(이하 "조정위원회"라 한다)를 두어야 한다.

② 조정위원회는 피평정자의 상위직급공무원 중에서 조정위원회가 설치된 기관의 장이 지정하는 3인 이상 5인 이하의 위원으로 구성한다. 위원장의 선임 기타 위원회의 운영에 관하여 필요한 사항은 당해 기관의 장이 정한다.

③ 조정위원회의 위원장은 제1차 평정자와 제2차 평정자의 평정결과가 분포비율과 맞지 아니할 경우에는 조정위원회를 소집하여 근무성적평정을 분포비율에 맞도록 조정할 수 있다.

④ 분포비율의 조정결과 조정 전의 평정등급에서 아래등급으로 조정된 자의 조정점은 그 조정된 아래등급의 최고점으로 한다.

11 소방공무원법령에 따른 정년에 대한 설명으로 옳지 않은 것은? `17년 소방위` `20, 21년 통합`

① 소방공무원의 정년은 연령 정년과 계급 정년으로 구분되며 연령 정년은 60세, 계급 정년은 소방감은 4년, 소방준감은 6년, 소방정은 11년, 소방령은 14년이다.

② 징계로 인하여 강등된 소방공무원의 계급정년은 강등된 계급의 계급정년은 강등되기 전 계급 중 가장 높은 계급의 계급정년으로 하고, 계급정년을 산정할 때에는 강등되기 전 계급이 근무연수와 강등 이후의 근무연수를 합산한다.

③ 소방청장 또는 시·도지사는 전시, 사변, 그 밖에 이에 준하는 비상사태에서는 2년의 범위에서 계급정년을 연장할 수 있다. 이 경우 소방령 이상의 소방공무원에 대해서는 행정안전부장관의 제청으로 국무총리를 거쳐 대통령의 승인을 받아야 한다.

④ 소방공무원은 그 정년이 되는 날이 1월에서 6월 사이에 있는 경우에는 6월 30일에 당연히 퇴직하고, 7월에서 12월 사이에 있는 경우에는 12월 31일에 당연히 퇴직한다.

12 소방준감 이상의 징계 및 징계부가금 부과 사건을 심의·의결권을 가지는 기관은 어디인가?

① 국무총리 소속으로 설치된 징계위원회
② 소방청 소속으로 설치된 징계위원회
③ 시·도 소속으로 설치된 징계위원회
④ 인사혁신처에 설치된 징계위원회

13 소방공무원임용령에 따른 승진대상자명부의 작성권자를 맞게 연결한 것은? `16년 소방위`

① 소방청 소속 소방위 – 소방정책국장
② 중앙소방학교 소속 소방령 – 중앙소방학교장
③ 소방서 소속 소방장 – 시·도지사
④ 중앙119구조본부 소속 소방령 – 소방청장

14 다음은 소방공무원임용령 시행규칙에 따른 인사발령통지서에 대한 내용이다. 빈칸의 내용으로 옳은 것은?

> 가. 임용권자는 신규채용, (ㄱ) 및 전보 외의 모든 임용과 승급 기타 각종 인사발령을 할 때에는 해당 소방공무원에게 인사발령 통지서를 준다. 다만, 국내외 훈련·국내외 출장·휴가명령 및 승급은 (ㄴ)로 통지할 수 있다.
>
> 나. 임용권자는 직위해제를 할 때에는 인사발령 통지서에 직위해제처분 (ㄷ)를 첨부해야 한다.
>
> 다. 임용권자는 인사발령을 하는 때에는 발령과 동시에 관계기관과 해당 소방공무원의 인사기록을 관리하는 기관의 장에게 통지해야 한다. 다만, 대통령이 행하는 (ㄹ) 이상 소방공무원의 인사발령인 경우에는 소방청장이 통지한다.

	(ㄱ)	(ㄴ)	(ㄷ)	(ㄹ)
①	파 견	임용장	조사서	소방경
②	파 면	임용장	사유서	소방경
③	승 진	회 보	사유설명서	소방령
④	승 진	문 서	통지서	소방령

15 소방공무원 승진임용 규정에 따른 소방청 중앙승진심사위원회의 승진심사 관할로 옳은 것은?

① 소방청과 그 소속기관 소방공무원의 소방준감으로의 승진심사

② 소방청과 그 소속기관 소방공무원의 소방감으로의 승진심사

③ 소방청과 그 소속기관 소방공무원의 소방정감으로의 승진심사

④ 소방정 이하 계급으로의 소방공무원의 승진심사

16 소방공무원 인사기록카드의 작성·관리 등에 관한 설명으로 옳은 것은? `21년 소방위`

① 소방공무원은 성명·주소 기타 인사기록의 기록내용을 변경해야 할 정당한 사유가 있는 때에는 그 사유가 발생한 날로부터 30일 이내에 소속인사기록관리자에게 신고해야 한다.

② 인사기록관리자는 소속소방공무원에 대한 임용·징계·포상 그 밖의 인사발령이 있는 때에는 사유 발생일로부터 30일 이내에 이를 해당 소방공무원이 인사기록카드(부본을 포함한다. 이하 같다)에 기록해야 한다.

③ 소방공무원인사기록 원본은 원칙적으로 소속 소방기관의 장이 관리한다.

④ 소방공무원이 승진·전출 등으로 인사기록관리자를 달리하게 된 때에는 전 소속 인사기록관리자는 신 소속인사기록관리자에게 10일 이내에 인사기록과 최근 3년간(소방장 이하의 소방공무원인 경우에는 최근 2년간)의 근무성적평정표와 경력 및 교육훈련성적 평정표의 부본을 송부해야 한다.

17 다음 중 소방공무원 승진시험의 합격결정 등에 대한 설명으로 옳지 않은 것은?

① 시험은 제1차 시험과 제2차 시험으로 구분하여 실시한다.

② 제1차 시험 합격자는 매 과목 만점의 40퍼센트 이상, 전 과목 만점의 60퍼센트 이상 득점한 자로 한다.

③ 제2차 시험합격자는 해당 계급에서의 상벌·교육훈련성적·승진할 계급에서의 직무수행능력 등을 고려하여 만점의 80점 이상 득점한 자 중에서 결정한다.

④ 최종합격자 결정에서 제2차 시험을 실시하지 아니하는 경우에는 제1차 시험성적을 60퍼센트의 비율로 합산한다.

18 위원 중에서 불공정한 의결을 할 우려가 있다고 의심할 만한 상당한 이유가 있을 때 그 사실을 서면으로 소명하고 해당 위원의 기피를 신청할 수 있는 자는? `13년 강원`

① 징계등의 혐의자

② 징계대상자

③ 위원회 위원장

④ 징계등 사유와 관계가 있는 사람

19 소방공무원 승진시험 최종합격자를 결정할 때 시험승진임용예정 인원수를 초과하여 동점자가 있는 경우 결정 방법으로 옳은 것은?

① 승진대상자명부 순위가 높은 순서

② 근무성적평정점이 높은 사람

③ 필기시험 성적 우수자

④ 해당 계급에서 장기근무한 사람

20 소방공무원 승진임용 규정 시행규칙에 따른 심사위원회 위원장이 특별승진임용예정자를 결정할 때, 승진심사위원회가 설치된 기관의 장에게 보고 시 첨부해야 할 서류가 아닌 것은?

① 승진심사의결서
② 승진심사종합평가서
③ 특별승진임용예정자명부
④ 특별승진심사탈락자명부

21 공무원보수규정상 보수성과심의위원회에 관한 내용으로 옳지 않은 것은?

① 보수성과심의위원회는 위원장 1명을 포함하여 3명 이상 7명 이내의 위원으로 구성한다.
② 보수성과심의위원회의 구성·운영에 필요한 사항은 소속장관이 정한다.
③ 보수성과심의위원회의 회의는 재적위원 과반수의 출석으로 개의하고, 출석위원 과반수의 찬성으로 의결한다.
④ 보수성과심의위원회의 구성 목적을 달성했다고 인정하는 경우에는 보수성과심의위원회를 해산할 수 있다.

22 다음은 소방공무원 복무규정에 따른 여행의 제한에 관한 내용이다. (   ) 안에 들어갈 규정내용으로 옳은 것은?

> 소방공무원은 휴무일이나 근무시간 외에 공무가 아닌 사유로 (   ) 이내에 직무에 복귀하기 어려운 지역으로 여행하려는 경우에는 소속 소방기관의 장에게 (   )해야 한다. 다만, 비상근무 등 소방업무상 특별한 사정이 있어 소방기관의 장이 정하는 기간 중에는 소속 소방기관의 장의 (   )를 받아야 한다.

① 2시간, 신고, 허가
② 2시간, 허가, 신고
③ 3시간, 신고, 허가
④ 3시간, 허가, 신고

23 소방공무원의 인사기록은 수정하여서는 안되는 것이 원칙이나 수정할 수 있는 경우로 옳은 것은?

① 인사기록관리자가 수정할 필요가 있을 때
② 오기한 것으로 판명된 때 또는 본인의 정당한 요구가 있는 때
③ 가점사유가 발생한 때
④ 정정부분이 많거나 기록이 명확하지 아니하여 착오를 일으킬 염려가 있는 때

24 소방공무원 시보임용기간 계산 시 경력에 산입되는 기간으로 맞는 것은? `13년 소방위` `16년 경기`

① 견책처분을 받은 기간
② 직위해제 기간
③ 정직처분을 받은 기간
④ 감봉처분을 받은 기간

25 소속 소방공무원을 파견하는 경우로서 임용권자 또는 임용제청권자가 인사혁신처장과 협의해야 할 파견대상이 다른 하나는 무엇인가?

① 소방경 이하 소방공무원의 파견기간이 끝난 후 그 자리를 교체하는 경우
② 다른 기관의 업무폭주로 인한 행정지원의 경우
③ 국내의 연구기관, 민간기관 및 단체에서의 업무수행·능력개발이나 국가정책 수립과 관련된 자료수집 등을 위하여 필요한 경우
④ 관련기간 간의 긴밀한 협조가 필요한 특수업무를 공동수행하기 위하여 필요한 경우

09 | 제9회 최종모의고사

01 소방공무원법에 따른 용어의 정의에서 '임용'으로 볼 수 없는 것은 모두 고른 것은?

> 신규채용, 승진, 전보, 복직, 면직, 전직, 강임, 겸임, 휴직, 직위해제, 파견, 파면, 해임, 강등, 정직, 감봉, 견책

① 면직, 겸임, 강임, 견책
② 전직, 강임, 겸임, 감봉, 견책
③ 면직, 파면, 해임, 강등, 정직, 감봉, 견책
④ 전직, 겸임, 감봉, 견책

02 소방공무원법에 따른 소방공무원인사위원회에 대한 설명으로 옳지 않은 것은?

① 소방공무원의 인사행정에 관한 방침과 기준에 관하여 심의한다.
② 위원장은 인사위원회에서 심의된 사항을 지체 없이 소방청장 또는 시·도지사에게 보고해야 한다.
③ 소방공무원의 인사에 관한 법령의 제정·개정 또는 폐지에 관한 사항을 심의한다.
④ 기타 소방청장과 시·도지사가 해당 인사위원회의 회의에 부치는 사항을 심의한다.

03 소방공무원법에 따른 신규채용시험 구분에 대한 설명으로 옳지 않은 것은?

① 소방공무원의 신규채용은 공개경쟁시험으로 한다.
② 소방위의 신규채용은 대통령령이 정하는 자격을 갖추고 공개경쟁시험에 의하여 선발된 사람으로 한다.
③ 경력 등 응시요건을 정하여 같은 사유에 해당하는 다수인을 대상으로 경쟁의 방법으로 채용하는 시험으로 소방공무원을 채용할 수 있다.
④ 다수인을 대상으로 시험을 실시하는 것이 적당하지 아니하여 대통령령으로 정하는 경우에는 다수인을 대상으로 하지 않은 시험으로 소방공무원을 채용할 수 있다.

04 소방공무원임용령에 따른 소방공무원의 전보에 대한 규정내용으로 바르지 못한 것은?

① 민사사건에 관련되어 수사기관에서 조사를 받고 있는 경우에는 필수보직기간 1년 이내에 다른 직위에 전보할 수 있다.
② 직제상 최저단위 보조기간 내에서의 전보의 경우는 전보제한기간이 적용되지 않는다.
③ 중앙소방학교 및 지방소방학교의 교관으로 임용된 자는 그 임용일로부터 2년 이내에 다른 직위에 전보할 수 없다.
④ 소방공무원은 해당 직위에 임용된 날로부터 필수보직기간 1년 이내에 다른 직위에 전보할 수 없다.

05 소방공무원의 승진소요최저근무연수의 계산에 있어서 기준일을 옳게 연결한 것은?

① 시험승진의 경우 : 제2차 시험일의 전월 말일
② 심사승진의 경우 : 승진심사를 실시하는 달의 말일
③ 특별승진의 경우 : 승진임용일
④ 시험승진의 경우 : 제1차 시험일의 전일

06 소방공무원의 교육훈련성적평정 중 소방정의 소방정책관리자교육성적의 평정점은 얼마인가?

① 10점을 부여한다.
② 7점을 부여한다.
③ 6점을 부여한다.
④ 15점을 부여한다.

07 소방공무원법령에 따른 소방공무원의 임용시기에 대한 설명으로 가장 올바른 것은?

① 임용장 또는 임용통지서에 기재된 일자에 임용된 것으로 본다.
② 임용장 또는 임용통지서가 피임용자에게 도달한 일자에 임용된 것으로 본다.
③ 인사발령통지서의 문서시행 일자에 임용된 것으로 본다.
④ 인사발령통지서를 임용권자로부터 결재를 득한 일자에 임용된 것으로 본다.

08 「제대군인 지원에 관한 법률」의 규정에 따르면 현역 복무 중에 있는 사람이 전역 예정일 전 6개월 이내에 채용시험에 응시하는 경우에는 이를 제대군인으로 보는데 기간계산의 기준일로 옳은 것은?

① 응시하고자 하는 소방공무원의 채용시험과 소방간부후보생선발시험의 최종시험시행예정일부터 기산한다.
② 응시하고자 하는 소방공무원의 채용시험과 소방간부후보생선발시험의 1차 시험시행예정일부터 기산한다.
③ 응시하고자 하는 소방공무원의 채용시험과 소방간부후보생선발시험의 시험시행공고일부터 기산한다.
④ 응시하고자 하는 소방공무원의 채용시험과 소방간부후보생선발시험의 최종시험에 속한 달의 전월 말일을 기준으로 기산한다.

09 소방공무원 별도정원의 범위에 해당되어 결원을 보충할 수 있는 경우에 해당되지 않는 것은? 13년 소방위

① 정년 잔여기간이 1년 이내에 있는 자의 퇴직 후의 사회적응능력배양을 위한 연수
② 교육훈련을 위하여 필요한 경우로서 소방청과 그 소속기관 소속 소방공무원, 소방본부장 및 지방소방학교장에 대한 3개월 이상 파견된 경우
③ 공무원교육훈련기관의 교수요원으로 선발되거나 그 밖에 교육훈련 관련 업무수행을 위하여 1년 이상 파견이 필요한 경우
④ 다른 국가기관 또는 지방자치단체나 그 외 기관·단체에서의 국가적 사업의 수행을 위하여 특히 필요하여 1년 이상 파견한 경우

10 소방공무원 근무평정에 대한 설명으로 옳지 않은 것은? `12년 소방위` `21년 통합`

① 소방공무원이 휴직, 직위해제나 그 밖의 사유로 근무성적평정 대상기간 중 실제 근무기간이 1개월 미만인 경우에는 근무평정을 하지 않는다.

② 평정기관을 달리하는 기관으로 전보된 후 1개월 이내에 평정을 실시할 때에는 전출기관에서 전출 전까지의 근무기간에 해당하는 평정을 실시하여 송부해야 한다.

③ 정기평정 이후에 신규채용 또는 승진임용된 소방공무원에 대해서는 2월이 경과한 후의 최초의 정기평정일에 평정해야 한다.

④ 소방공무원이 6월 이상 국가기관·지방자치단체에 파견 근무하는 경우에는 파견 받은 기관에서 평정한다.

11 소방령에서 소방정으로 승진하여 5년 근무한 사람이 소방령으로 강등되어서 4년을 근무하였다. 이때 이 사람의 계급정년은? `12년 소방위, 강원 소방교`

① 4년 ② 6년
③ 11년 ④ 14년

12 다음 중 소방공무원 징계위원회 설치기관에 해당되지 않는 것은? `17년 소방위` `17, 18, 19년 통합`

① 소방청
② 국립소방연구원
③ 시·도 소방본부
④ 중앙소방학교 및 지방소방학교

13 소방공무원 승진임용 규정에 따른 승진대상자명부의 작성대상으로 옳은 것은?

① 승진소요최저근무연수를 경과한 소방령 이하의 소방공무원
② 승진요건을 갖춘 소방정 이하의 소방공무원
③ 모든 소방정 이하의 소방공무원
④ 승진소요최저근무연수를 경과한 소방준감 이하의 소방공무원

14 재직 중인 소방공무원이 은행 제출용으로 재직증명서의 발급을 신청한 경우에는 소방기관장은 인사기록카드에 의하여 재직증명서를 발급해야 하는데 근거 법령으로 옳은 것은?

① 소방공무원 증명서 발급에 관한 규정
② 소방공무원 근무경력 규칙
③ 소방공무원임용령 시행규칙
④ 소방공무원인사처리규칙

15 소방공무원 승진임용 규정에 따른 승진심사위원회에 관한 설명 중 옳은 것은?

① 소방정으로의 승진심사를 위한 보통승진심사위원회는 위원장을 포함한 위원 7명 이상 9명 이하로 구성한다.
② 승진심사를 하기 위하여 소방청에 중앙승진심사위원회를 두고, 소방청·중앙소방학교·중앙119구조본부 국립소방연구원에 보통승진심사위원회를 둔다.
③ 승진심사위원회의 회의는 공개로 할 수 있다.
④ 위원장은 회의를 소집하고 의결권을 가진다.

16 인사기록관리자의 징계처분을 받은 소방공무원의 해당 인사기록카드에 등재된 징계처분의 기록 말소에 대한 설명으로 옳지 않은 것은? `13, 18, 19 , 20년 소방위` `15, 18, 20년 통합`

① 직위해제처분의 종료일로부터 2년이 경과한 때 말소해야 한다.

② 소청심사위원회나 법원에서 직위해제처분의 무효 또는 취소의 결정이나 판결이 확정된 때 말소된 사실을 표기하는 방법에 의한다.

③ 징계처분에 대한 일반사면이 있은 때 말소해야 한다.

④ 징계처분 및 직위해제처분의 말소방법, 절차 등에 관하여 필요한 사항은 소방청장이 정한다.

17 소방공무원 승진시험에서 최종합격자를 결정함에 있어 시험승진임용예정인원수를 초과하여 동점자가 있는 경우 합격자결정 순위 중 1순위에 해당하는 자는? `15년 소방위`
`21년 통합`

① 근무성적평정점이 높은 사람

② 승진대상자명부 순위가 높은 사람

③ 해당 계급의 바로 하위 계급에서 장기근무한 사람

④ 필기시험 성적 우수자

18 다음은 소방공무원 징계령 제15조에 관한 내용이다. 빈칸에 들어갈 내용을 옳게 나열한 것은?

가. 징계위원회의 위원 중 징계등 심의 대상자의 친족이나 그 징계등 사유와 관계가 있는 사람은 그 징계 등 사건의 심의에 관여하지 못한다.

나. 징계등 심의 대상자는 위원 중에서 불공정한 의결을 할 우려가 있다고 의심할 만한 타당한 이유가 있을 때에는 그 사실을 서면으로 소명(疎明)하고 해당 위원의 (㉢)을(를) 신청할 수 있다.

다. 징계위원회의 위원은 (㉠) 사유에 해당하면 스스로 해당 징계등 사건의 심의·의결을 (㉡)해야 하며, (㉢) 사유에 해당하면 (㉡)할 수 있다.

① ㉠ 회피 – ㉡ 기피 – ㉢ 제척

② ㉠ 기피 – ㉡ 제척 – ㉢ 회피

③ ㉠ 기피 – ㉡ 회피 – ㉢ 제척

④ ㉠ 제척 – ㉡ 회피 – ㉢ 기피

19 소방공무원 교육훈련규정에 따른 교육훈련기관의 장이 학사운영에 관한 규정으로 정하는 사항으로 옳지 않은 것은?

① 입교·퇴교·졸업 및 상벌에 관한 사항

② 수탁생에 관한 사항

③ 교육훈련성적 평가 및 수료·졸업에 관한 세부 사항

④ 교육대상자의 신분에 관한 사항

20 소방공무원 승진임용 규정에 따른 대우공무원의 선발 등에 관한 내용으로 옳지 않은 것은?

① 임용권자 또는 임용제청권자는 소속 소방공무원 중 해당 계급에서 승진소요최저근무연수 이상 근무하고 승진임용의 제한사유(신임교육 또는 지휘역량교육을 이수하지 않은 사람은 제외한다)가 없으며 근무실적이 우수한 사람을 바로 상위계급의 대우공무원으로 선발할 수 있다.

② 소방정 이하 소방공무원으로서 해당 계급에서 5년 이상 또는 3년 이상 기간 동안 근무해야 한다.

③ 대우공무원 대상자 결정은 매월 말 5일 전까지 선발요건에 적합한 대상자를 결정한다.

④ 대우공무원 발령은 그 다음 월 1일에 일괄 발령해야 한다.

21 소방공무원임용령에 따른 소방공무원 경력경쟁채용시험의 필기시험 과목표에 대한 내용으로 옳지 않은 것은?

① 각 과목의 배점은 100점으로 한다.

② 「소방기본법」, 「소방의 화재조사에 관한 법률」, 「소방시설공사업법」, 「소방시설 설치 및 관리에 관한 법률」, 「화재의 예방 및 안전관리에 관한 법률」, 「위험물안전관리법」과 각 법률의 하위법령으로 한다.

③ 「소방관계법규」, 「소방기본법」, 같은 법 시행령 및 같은 법 시행규칙, 「소방시설공사업법」, 같은 법 시행령 및 같은 법 시행규칙, 「소방시설 설치 및 관리에 관한 법률」 및 그 하위법령, 「화재의 예방 및 안전관리에 관한 법률」 및 그 하위법령, 「위험물안전관리법」 및 그 하위법령으로 한다.

④ 구급분야 필수과목인 응급처치학개론은 전문응급처치학총론, 전문응급처치학개론 분야로 한다.

22 소방공무원 복무규정에 따른 소방기관의 장은 근무성적이 뛰어나거나 다른 소방공무원의 모범이 될 공적이 있는 소방공무원에게 허가할 수 있는 포상휴가기간으로 옳은 것은?

20년 통합

① 1회 5일 이내

② 1회 1주 이내

③ 1회 10일 이내

④ 1회 2주 이내

23 소방공무원 인사기록의 열람 및 수정에 대한 설명이다. 다음 중 옳지 않은 것은? `14년 경기`

① 본인의 정당한 수정요구가 있는 때 인사기록관리자는 법원의 판결, 국가기관의 장이 발행한 증빙서류 그 밖의 정당한 서류를 확인한 후 수정해야 한다.

② 인사기록은 수정하여서는 안 되는 것이 원칙이다.

③ 본인 및 기타 소방공무원 인사자료의 보고 등을 위하여 필요한 사람이 인사기록을 열람할 경우에는 인사기록관리담당자의 참여하에 소정의 장소에서 열람하게 하면 된다.

④ 인사기록이 오기로 판명된 때 그 인사기록은 수정할 수 있다.

24 소방공무원의 시보임용에 대한 설명으로 옳은 것은? `21년 통합`

① 소방공무원을 소방경으로 신규채용할 때 6월의 기간 동안 시보로 임용한다.

② 임용권자는 시보임용소방공무원이 근무성적 또는 교육훈련 성적이 매우 불량하여 성실한 근무수행을 기대하기 어렵다고 인정되는 경우에는 면직시키거나 면직을 제청할 수 있다.

③ 임용원자 또는 임용제청권자는 시보임용소방공무원이 법 또는 법에 따른 명령을 위반하여 경징계 사유에 해당하는 비위를 1회 이상 저지른 경우 임용심사위원회의 의결을 거쳐 면직시키거나 면직을 제청할 수 있다.

④ 감봉처분기간과 파견기간은 시보임용기간에 산입하지 않는다.

25 징계위원 6인이 출석하여 해임 2명, 정직 3월 1명, 감봉 3월 1명, 견책 2명의 의견이 있을 경우 징계의 의결방법으로 옳은 것은?

① 해 임
② 정직 3월
③ 감봉 3월
④ 견 책

10 | 제10회 최종모의고사

01 소방공무원임용령에 따른 용어의 정의에서 "소방기관"에 해당하지 않는 것은?

14년 소방위

① 119특수대응단
② 국립소방연구원
③ 경기도소방본부
④ 소방안전체험관

02 다음 중 시 · 도에 설치된 소방공무원 인사위원회의 위원장이 될 수 있는 자격이 있는 사람으로 옳은 것은?

① 시 · 도 소방본부장
② 행정부시장
③ 행정부지사
④ 소방청 차장

03 소방공무원법에 따른 국가소방공무원의 신규채용시험 실시권자로 옳은 것은?

① 중앙소방학교장
② 소방청장
③ 시 · 도지사
④ 소방청 소방정책국장

04 중앙소방학교 및 지방소방학교의 교관으로 임용된 자의 전보제한 기간 내에 전보할 수 있는 경우로 옳지 않은 것은?

① 기구의 개편이 있는 경우
② 교육과정의 개편 또는 폐지한 경우
③ 징계처분을 받은 경우
④ 교관으로서 부적당하다고 인정된 경우

05 소방공무원 승진임용 규정상 승진소요최저근무연수 계산에 대한 설명으로 옳은 것은?

① 특별승진 시에는 승진심사를 실시하는 달의 전원 말일 기준으로 계산한다.
② 심사승진 시에는 승진심사일을 기준으로 계산한다.
③ 시험승진 시에는 승진시험 공고일을 기준으로 계산한다.
④ 사법연수원의 연수생으로 수습한 기간은 소방령 이하 소방공무원의 승진소요최저근무연수에 산입한다.

06 소방공무원 교육훈련규정에 따른 복무의무에 관한 규정이다. 다음 빈칸에 들어갈 내용으로 옳은 것은?

> 임용권자 또는 임용제청권자는 (㉠)의 위탁교육을 받은 소방공무원에 대해서는 특별한 경우를 제외하고 (㉡)의 범위에서 (㉢) 동안 교육훈련분야와 관련된 직무분야에서 복무하게 해야 한다.

	㉠	㉡	㉢
①	6개월	5년	1년
②	1년	3년	교육훈련기간과 같은 기간
③	1년	5년	2년
④	6개월	6년	교육훈련기간과 같은 기간

07 소방공무원법령에 따른 소방공무원의 임용시기 또는 면직일자에 대한 설명으로 옳지 않은 것은? `13, 21년 소방위`

① 소방공무원은 임용장 또는 임용통지서에 기재된 일자에 임용된 것으로 본다.

② 사망으로 인한 면직은 사망한 다음 날에 면직된 것으로 본다.

③ 재직 중 공적이 특히 현저한 자가 공무로 사망한 때에 그 사망일을 임용일자로 하여 특별승진임용할 수 있다.

④ 시보임용예정자가 소방공무원의 직무수행과 관련한 실무수습 중 사망한 경우 사망일의 전날을 임용일자로 소급할 수 있다.

08 소방공무원 신규채용 시험과목에서 소방학개론은 소방조직, 재난관리, 연소·화재이론, 소화이론 분야로 하고, 분야별 세부내용은 누가 정하는가?

① 중앙소방학교장

② 소방청장

③ 시험실시권자

④ 소방교육훈련정책위원장

09 소방공무원임용령에 따른 별도 정원에 관한 설명 중 옳지 않은 것은? `13년 경북`

① 다른 기관의 업무폭주로 인한 행정지원의 경우 1년 동안 파견한 경우 별도정원이 인정된다.

② 교육훈련을 위한 6개월 이상의 파견의 경우에 소방청장 또는 시·도지사는 미리 행정안전부장관의 승인을 받아야 한다.

③ 파견자가 복귀한 후 해당 계급에 최초로 결원이 발생하는 때에 별도정원은 소멸된다.

④ 출산휴가와 연속되는 육아휴직을 명하는 경우로서 육아휴직을 명한 이후의 출산휴가기간과 육아휴직기간을 합하여 6개월 이상인 경우 정원이 따로 있는 것으로 보고 결원을 보충할 수 있다.

10 소방공무원의 근무성적평정에 대한 설명 중 옳은 것은? 21년 통합

① 근무성적평정에서 평정점의 분포비율은 수-20퍼센트, 우-30퍼센트, 양-40퍼센트, 가-10퍼센트이다.

② 근무성적평정 조정위원회 위원의 선임 및 기타 위원회의 운영에 관하여 필요한 사항은 위원장이 정한다.

③ 근무성적평정 시기는 경력평정 및 교육훈련성적의 평정과 같다.

④ 지방소방학교 소속 소방정에 대한 1차 평정자는 소방청 차장이다.

11 다음은 소방공무원의 계급정년을 나타낸 것이다. ㄱ~ㄹ까지 괄호 안에 들어갈 숫자를 모두 더한 값으로 옳은 것은? 16년 경기 | 18년 소방위 | 19, 20년 통합

가. 소방감 : (ㄱ)년
나. 소방준감 : (ㄴ)년
다. 소방정 : (ㄷ)년
라. 소방령 : (ㄹ)년

① 32
② 33
③ 34
④ 35

12 소방공무원의 직권면직사유에 해당되지 않은 것은? 13년 경북 | 15년 소방위

① 직무수행능력이 부족하거나 근무실적이 극히 나쁠 때

② 휴직사유가 소멸된 후에도 직무에 복귀하지 아니할 때

③ 예산이 감소된 경우로서 직위가 없어지거나 과원이 된 때

④ 전직시험에서 3회 이상 불합격한 사람으로서 직무수행능력이 부족하다고 인정될 때

13 다음 중 소방공무원 가점평정에 대한 계급 제한으로 옳은 것은?

① 소방정 이하의 계급에서의 가점을 평정한다.

② 전산능력 가점평점은 소방령 이하에 한한다.

③ 소형선박조종사·잠수산업기사·잠수기능사(0.2점)에 대한 가점평정은 소방위 이하에 한한다.

④ 전문학사학위 및 학사학위 가점평정은 소방령 이하에 한한다.

14 소방공무원임용령 시행규칙의 규정에 따른 정·현원대비표에 대한 설명으로 옳지 않은 것은?

① 매월 말일을 기준으로 한다.

② 정·현원대비표의 작성단위는 최하기관 단위로 한다.

③ 소속소방공무원에 대한 정원과 현원을 파악하기 위하여 임용권자가 비치한다.

④ 소방서장은 정·현원대비표를 비치·보관해야 한다.

15 다음 중 소방공무원 승진임용 규정에 따른 승진심사위원회의 설치 등에 관한 규정 내용으로 옳은 것은?

① 보통승진심사위원회는 위원장을 포함한 위원 5명 이상 7명 이하로 구성한다.

② 위원장은 승진심사위원회를 대표하고, 승진심사위원회의 사무를 총괄하며, 위원장이 부득이한 사유로 직무를 수행할 수 없는 때에는 위원장이 미리 지명한 위원이 그 직무를 대행한다.

③ 중앙승진심사위원회가 해당 승진심사기간 중에는 2 이상의 계급의 승진심사위원을 겸할 수 없다. 다만, 위원이 될 대상자가 부족하거나 근속승진심사의 경우에는 그러하지 아니하다.

④ 중앙승진심사위원회는 위원장을 포함한 위원 7명 이상 9명 이하로 구성한다.

16 소방공무원임용령에 따른 경력경쟁채용시험 최종합격자의 결정에 있어 성적점수비율로 옳지 않은 것은? `13년 강원`

① 체력시험과 면접시험을 실시하는 경우에는 체력시험성적 25퍼센트 및 면접시험성적 75퍼센트의 비율로 합산한 성적으로 결정한다.

② 필기시험·체력시험 및 면접시험을 실시하는 경우에는 필기시험성적 50퍼센트, 체력시험성적 25퍼센트 및 면접시험성적 25퍼센트의 비율로 합산한 성적으로 결정한다.

③ 체력시험·실기시험 및 면접시험을 실시하는 경우에는 체력시험성적 25퍼센트, 실기시험성적 50퍼센트, 면접시험성적 25퍼센트의 비율로 합산한 성적으로 결정한다.

④ 필기시험·체력시험·실기시험 및 면접시험을 실시하는 경우에는 필기시험성적 35퍼센트, 체력시험성적 15퍼센트, 실기시험성적 40퍼센트, 면접시험성적 10퍼센트의 비율로 합산한 성적으로 결정한다.

17 소방공무원 승진임용 규정에 따른 소방공무원 승진시험위원의 임명 및 위촉 등에 관한 설명으로 옳은 것은?

① 임용예정직무에 대한 실무에 정통한 소방공무원에 한하여 승진시험위원에 위촉 또는 임명될 수 있다.

② 승진시험위원은 공정성을 확보하기 위하여 모두 외부인사로 위촉해야 한다.

③ 해당 시험분야에 전문적인 학식 또는 능력이 있는 자는 승진시험위원에 위촉될 수 있다.

④ 시험위원에 대해서는 예산의 범위 안에서 시·도 조례로 정하는 바에 따라 수당을 지급한다.

18 소방공무원 징계령에 따른 징계위원회에 기피신청이 있을 때 기피여부를 의결하는 내용으로 옳지 않은 것은?

① 재적위원 과반수의 출석과 출석위원 과반수의 찬성으로 기피 여부를 의결해야 한다.

② 기피신청을 받은 위원은 그 의결에 참여하지 못한다.

③ 재적위원 3분의 2 이상의 출석과 출석위원 과반수의 찬성으로 기피 여부를 의결해야 한다.

④ 기피는 징계등의 혐의자의 신청에 의하여 징계위원회에서 기피여부를 의결해야 한다.

19 소방공무원 교육훈련규정에 따른 교육훈련기관의 교수요원의 자격기준을 갖춘 자로 옳은 것은?

① 담당할 분야와 관련된 실무·연구 또는 강의 경력이 3년 이상인 사람

② 담당할 분야와 관련된 3개월 이상의 교육훈련을 이수한 사람

③ 담당할 분야와 관련된 학사 이상의 학위를 소지한 자

④ 담당할 분야와 관련하여 교수·부교수 또는 전임강사의 자격을 갖춘 사람

20 소방공무원 해당 계급의 대우공무원 선발을 위한 근무기간에 대한 내용으로 옳지 않은 것은?

① 소방교 대우공무원으로 선발되기 위해서는 소방사에서 5년 이상 근무해야 한다.

② 소방정 대우공무원으로 선발되기 위해서는 소방령에서 7년 이상 근무해야 한다.

③ 소방령 대우공무원으로 선발되기 위해서는 소방경에서 7년 이상 근무해야 한다.

④ 대우공무원으로 선발되기 위해서는 승진소요최저근무연수를 경과해야 한다.

21 소방공무원 징계령에 따른 징계위원회의 위원이 해당 징계등 사건의 심의·의결에서 제척(除斥)는 사유에 해당하지 않은 것은?

① 징계등 혐의자와 친족 관계에 있거나 있었던 경우

② 징계등 혐의자는 위원 중에서 불공정한 의결을 할 우려가 있다고 의심할 만한 타당한 이유가 있을 때

③ 징계등 혐의자의 직근 상급자이거나 징계 사유가 발생한 기간 동안 직근 상급자였던 경우

④ 해당 징계등 사건의 사유와 관계가 있는 경우

22 공무원보수규정상 초임호봉의 획정에 관한 내용으로 옳지 않은 것은?

① 초임호봉의 획정에 반영되지 아니한 잔여기간이 있으면 그 기간은 다음 승격기간에 산입한다.

② 퇴직한 공무원이 퇴직일부터 30일 이내에 퇴직 당시의 경력환산율표와 같은 경력환산율표를 적용받는 공무원으로 다시 임용되어 초임호봉을 획정하는 경우 퇴직 당시의 경력환산율표가 다시 임용되어 초임호봉을 획정할 때에 적용받는 경력환산율표보다 유리한 경우에는 퇴직 당시의 경력환산율표를 적용하여 초임호봉을 획정한다.

③ 공무원을 신규채용할 때에는 초임호봉을 획정한다.

④ 공무원의 초임호봉은 공무원의 초임호봉표에 따라 획정한다.

23 다음 중 소방공무원 인사기록관리에 대한 설명으로 가장 옳지 않은 것은? `14년 소방위`

① 퇴직소방공무원의 인사기록철은 퇴직당시 소속기관의 인사기록관리자가 영구보존한다.

② 인사기록은 소방공무원인사기록철에 철하되, 내면 우측에 완결일자 순에 따라 위로부터 밑으로 편철한다.

③ 소방공무원 인사자료의 보고 등을 위하여 필요한 자는 인사기록을 열람할 수 있다.

④ 지방소방학교장은 교육훈련을 받은 자의 교육훈련성적을 교육훈련을 마친 날로부터 10일 이내에 인사기록관리자에게 통보해야 한다.

24 임용권자 또는 임용제청권자는 시보임용소방공무원이 정규소방공무원으로 임용함이 부적당하다고 인정되는 경우에는 면직시키거나 면직을 제청할 수 있는 경우가 아닌 것은?

① 법 또는 법에 따른 명령을 위반하여 중징계 사유에 해당하는 비위를 저지른 경우

② 교육훈련과정의 졸업요건을 갖추지 못한 경우

③ 소방공무원으로서 품위를 크게 손상하는 행위를 함으로써 소방공무원으로서의 직무를 수행하기 곤란하다고 인정되는 경우

④ 소방학교에서 생활기록이 극히 불량할 때

25 소방공무원 징계와 관련하여 징계위원회가 징계등 사건을 의결할 때에 징계등 혐의자로부터 고려해야 할 사항이 아닌 것은?

① 징계등 요구의 내용

② 평소 행실, 공적, 뉘우치는 정도

③ 비위행위가 공직 내외에 미치는 영향

④ 징계등 혐의자의 혐의 당시 근무경력

11 | 제11회 최종모의고사

01 소방공무원임용령에 따른 용어의 정의에서 "소방기관"에 대한 설명이다. 이에 해당되지 않는 소방기관을 모두 고른 것은?

> "소방기관"이라 함은 ㉠ 소방청, ㉡ 시·도 소방본부와 ㉢ 중앙소방학교·㉣ 중앙119구조본부·㉤ 국립재난안전연구원·㉥ 지방소방학교·㉦ 서울종합방재센터·㉧ 경기도 재난종합지휘센터·㉨ 소방서·㉩ 119특수대응단 및 ㉪ 소방체험관을 말한다.

① ㉠, ㉢, ㉣, ㉥, ㉦, ㉨
② ㉤
③ ㉤, ㉧
④ ㉡, ㉤, ㉧

02 소방공무원 징계령에 따른 징계위원회 구성 등에 대한 내용으로 옳지 않은 것은?

① 소방청 설치된 징계위원회는 위원장 1명을 포함하여 17명 이상 33명 이하의 공무원위원과 민간위원으로 구성한다.
② 소방서에 설치된 징계위원회 위원장 1명을 포함하여 9명 이상 15명 이하의 공무원위원과 민간위원으로 구성한다.
③ 징계위원회 회의는 위원장과 위원장이 회의마다 지정하는 4명 이상 6명의 이하의 위원으로 구성하되, 민간위원의 수는 위원장을 포함한 위원 수의 2분의 1 이상이어야 한다.

④ 징계 사유가 성폭력 범죄 또는 성희롱 해당하는 징계 사건이 속한 징계위원회의 회의를 구성하는 경우에는 피해자와 같은 성별의 위원이 위원장을 제외한 위원 수의 2분의 1 이상 포함되어야 한다.

03 소방공무원임용령의 규정에 따른 시험실시기관이 나머지 셋과 다른 것은?

① 소방령 이상의 소방공무원 신규채용시험
② 시·도 소속 소방경 이하 소방공무원을 신규채용
③ 소방공무원의 신규채용시험 및 승진시험
④ 소방간부후보생 선발시험

04 최초의 직위에 소방공무원으로 임용된 날로부터 5년 이내에 다른 직위 또는 임용권자를 달리하는 기관에 전보할 수 없는 경우에 해당되지 않는 것은? `13, 14년 소방위` `16년 강원`

① 임용예정직무에 관련된 자격증 소지자를 경력경쟁채용한 경우
② 사법고시합격자를 경력경쟁채용한 경우
③ 외국어에 능통한 자를 경력경쟁채용한 경우
④ 경찰공무원을 그 계급에 상응하는 소방공무원으로 경력경쟁채용한 경우

05 승진소요최저근무연수를 산정함에 있어 다른 법령에 의한 공무원의 신분으로 재직하던 자가 소방장 이상의 소방공무원으로 임용된 경우 산입방법으로 옳은 것은?

① 최근 10년 이내의 경력에 한하여 산입하되, 환산율은 8할로 한다.

② 재임용일로부터 10년 이내의 경력에 한하여 산입하되, 환산율은 2할로 한다.

③ 최근 10년 이내의 경력에 한하여 산입하되, 환산율은 3할로 한다.

④ 재임용일로부터 10년 이내의 경력에 한하여 산입하되, 환산율은 5할로 한다.

06 소방공무원임용령에 따른 전문직위의 운영 등에 관한 내용으로 옳지 않은 것은?

① 소방청장은 전문성이 특히 요구되는 직위를 「공무원임용령」 제43조의3에 따른 전문직위(이하 "전문직위"라 한다)로 지정하여 관리할 수 있다.

② 전문직위에 임용된 소방공무원은 2년의 범위에서 소방청장이 정하는 기간이 지나야 다른 직위로 전보할 수 있다.

③ 직무수행에 필요한 능력·기술 및 경력 등의 직무수행요건이 같은 직위 간 전보 등 소방청장이 정하는 경우에는 기간에 관계없이 전보할 수 있다.

④ 소방공무원 임용령에 규정한 사항 외에 전문직위의 지정, 전문직위 전문관의 선발 및 관리 등 전문직위의 운영에 필요한 사항은 소방청장이 정한다.

07 시보임용예정자가 소방공무원의 직무수행과 관련한 실무수습 중 사망한 경우 임용일자로 맞는 것은?

① 사망일

② 사망일의 전날

③ 시보임용장에 기재된 일자

④ 실습만료일

08 소방공무원 인사교류 가점평정에 대한 내용으로 옳은 것은?

① 가점 대상기간의 산정기준은 승진소요 최저근무연수 계산방법에 따르되, 모든 휴직기간은 포함한다.

② 가점은 근무한 경력에 대하여 1개월마다 0.05점씩 가점 평정한다.

③ 소방행정의 균형발전을 위하여 소방청장이 실시하는 인사교류의 대상이 된 경우 가점은 인사교류로 소방청(소속기관 포함), 중앙부처에 임용되어 근무한 사람이 해당 계급에서 다시 시·도로 복귀하는 경우에만 적용한다.

④ 소방행정의 균형발전을 위하여 소방청장이 실시하는 인사교류의 대상이 된 경우 가점은 2점을 초과할 수 없다.

09 임용권자가 다른 소방기관의 소속소방공무원을 전입시키고자 할 때에는 소방공무원 전입·전출동의요구서에 의하여 당해 소방기관의 장의 동의를 얻어야 하는데, 요구받은 당해 소방기관의 장이 회보기간으로 옳은 것은?

① 특별한 사유가 없는 한 20일 이내에 회보해야 한다.
② 특별한 사유가 없는 한 15일 이내에 회보해야 한다.
③ 특별한 사유가 없는 한 10일 이내에 회보해야 한다.
④ 특별한 사유가 없는 한 30일 이내에 회보해야 한다.

10 소방공무원법령에 따르면 소방공무원의 경력은 기본경력과 초과경력으로 구분하는데, 계급별 초과경력의 연결로 옳지 않은 것은?

`12년 소방위`

① 소방정 : 기본경력 전 2년간
② 소방장 : 기본경력 전 1년간
③ 소방사 : 기본경력 전 6개월간
④ 소방령·소방경 : 기본경력 전 4년간

11 서울특별시에 근무하는 소방공무원이 직위해제 처분을 받고 처분에 불복하는 경우 심사 청구할 수 있는 기간으로 옳은 것은?

`14년 경기`

① 처분사유 설명서를 받은 날부터 30일 이내
② 처분이 있음을 알게 된 날부터 30일 이내
③ 처분사유 설명서를 받은 날부터 15일 이내
④ 처분이 있음을 알게 된 날부터 15일 이내

12 국가공무원법에 따른 공무원 징계의 내용 및 제한에 관한 설명으로 옳은 것은?

① 파면과 해임은 공무원의 신분을 박탈하여 해당 조직에서 배제하는 면에서 공통점이 있으며 연금지급과 차후 공무원임용에 있어서 기간 등에서 차이가 없다.
② 정직은 1개월 이상 3개월 이하의 기간 중 공무원의 신분은 보유하나 직무에 종사하지 못하게 하며 그 기간 중 보수의 3분의 1을 감하는 징계로서 일정기간 승진임용 및 승급이 제한된다.
③ 소방공무원 징계령에 따른 신분을 배제하는 징계는 파면과 면직이다.
④ 해임은 공무원의 신분을 배제하는 징계로 처분일로부터 3년간 공무원으로 임용 자격이 제한된다.

13 소방공무원의 인사상담 및 고충을 심사하기 위하여 소방공무원 고충심사위원회를 두는 소방기관으로 옳지 않은 것은?

① 시·도 소방본부
② 소방서
③ 소방청
④ 시·도

14 소속 소방공무원에 대한 인사기록을 작성·유지·관리해야 할 책임이 있는 자로 옳지 않은 것은?

① 소방청장
② 소방서 인사관리과장
③ 시·도지사
④ 중앙소방학교장

15 소방공무원 승진심사위원회에 대한 규정 내용을 바르게 설명한 것은?

① 승진심사위원회는 승진심사위원회가 설치된 기관의 장이 필요하다고 인정할 때에 소집한다.

② 승진심사위원회에 간사 약간인과 서기 1인을 둔다.

③ 회의는 재적위원 과반수 출석과 출석위원 과반수의 찬성으로 의결한다.

④ 승진심사위원회의 회의는 공개로 한다.

16 소방공무원 채용시험의 합격자 결정방법으로 옳은 것은? 15년 소방위

① 체력검사는 6개 종목에 대한 평가점수를 합산하여 총점의 60% 이상을 취득한 자를 합격자로 결정한다.

② 면접시험자의 합격자는 각 평정요소에 대한 시험위원의 점수를 합산하여 총점의 50% 이상을 득점한 사람을 합격자로 결정한다.

③ 필기시험은 매 과목 40퍼센트 이상, 전 과목 총점의 60퍼센트 이상의 득점자 중에서 선발 예정인원의 2배수의 범위에서 시험성적을 고려하여 점수가 높은 사람부터 차례로 합격자를 결정한다.

④ 공개경쟁채용시험은 필기시험성적 60퍼센트, 체력시험성적 30퍼센트 및 면접시험성적 10퍼센트의 비율로 합산한 성적으로 최종합격자를 결정한다.

17 소방경에서 소방령으로 승진하여 7년 근무한 소방공무원이 소방경으로 강등되어 4년을 근무하였다. 이때 이 사람에게 남은 계급정년은? 10, 12년 소방위 19년 통합

① 1년

② 2년

③ 3년

④ 4년

18 소방공무원의 징계에 관한 설명으로 옳지 않은 것은? 14년 소방위

① 소방기관의 장은 그 소속 소방공무원에 대한 징계사건의 관할이 상급기관에 설치된 징계위원회의 관할에 속할 때에는 그 상급기관의 장에게 징계의결의 요구를 신청해야 한다.

② 소방기관의 장은 그 소속 소방공무원이 아닌 소방공무원이 징계사유가 있다고 인정되는 때에는 당해 소방기관의 장에게 그 사실을 증명할 만한 충분한 사유를 명확히 밝혀 통지해야 한다.

③ 징계위원회는 징계 심의 대상자가 그 징계위원회에서의 진술을 위한 출석을 원하지 않은 때에는 진술권 포기서를 제출하게 하여 이를 기록에 첨부하고 서면심사에 의하여 징계의결할 수 있다.

④ 징계위원회는 제척 또는 기피로 인하여 위원회를 구성하지 못하게 된 때에는 즉시 그 징계의결의 요구가 철회된 것으로 보고 그 상급기관의 장에게 징계의결의 요구를 신청해야 한다.

19 소방공무원 교육훈련규정에 따른 직장훈련에 관한 내용으로 옳지 않은 것은?

① 소방공무원의 각종 재난 현장의 효과적 대응활동을 위하여 소속 소방공무원에게 직장 내 체계적인 체력훈련을 실시해야 한다.

② 소방기관의 장은 실질적이고 체계적인 직장훈련을 실시하기 위하여 소속 소방공무원의 직장훈련 시간 총량 목표를 정하고 센터별로 관리해야 한다.

③ 시보임용 중의 소방공무원에 대하여 개인별 지도관을 임명하여 체계적인 직장훈련을 실시해야 한다.

④ 정기 또는 수시로 체계적인 직장훈련을 실시해야 한다.

20 공무원보수규정상 공무원이 재직중 호봉을 재획정해야 하는 사유로 옳지 않은 것은?

① 해당 공무원에게 적용되는 호봉획정 방법이 변경되는 경우

② 새로운 경력을 합산하여야 할 사유가 발생한 경우

③ 승급제한기간을 승급기간에 제외하는 경우

④ 초임호봉 획정 시 반영되지 않았던 경력을 입증할 수 있는 자료를 나중에 제출하는 경우

21 소방공무원 징계령상 소방청에 설치된 소방공무원 징계위원회의 징계등의 사건을 심의·의결관할로 옳지 않은 것은?

① 소방청 소속 소방경 이하의 소방공무원에 대한 징계등 사건

② 소방청 소속 소방정 이하의 소방공무원에 대한 징계등 사건

③ 소방정인 지방소방학교장에 대한 징계등 사건

④ 중앙소방학교 및 중앙119구조본부 소속 소방정 또는 소방령에 대한 징계등 사건

22 공무원보수규정상 봉급의 감액에 대한 설명으로 옳지 않은 것은?

① 직무수행 능력이 부족하거나 근무성적이 극히 나쁜 자로 직위해제된 사람은 봉급의 80퍼센트를 지급한다.

② 파면·해임·강등 또는 정직에 해당하는 징계 의결이 요구 중인 사유로 직위해제된 사람은 봉급의 50퍼센트를 지급한다.

③ 형사 사건으로 기소된 사유로 직위해제된 사람이 직위해제일부터 3개월이 지나도 직위를 부여받지 못한 경우에는 그 3개월이 지난 후의 기간 중에는 봉급의 40퍼센트를 지급한다.

④ 금품비위, 성범죄 등 대통령령으로 정하는 비위행위로 인하여 감사원 및 검찰·경찰 등 수사기관에서 조사나 수사 중인 자로서 비위의 정도가 중대하고 이로 인하여 정상적인 업무수행을 기대하기 현저히 어려운 사유로 직위해제된 사람은 봉급의 50퍼센트를 지급한다.

23 소방공무원임용령에 따르면 "특별위로금은 공무상 활동 등으로 인하여 질병에 걸리거나 부상을 입어 요양급여의 지급대상자로 결정된 소방공무원에게 지급한다" 라고 규정하고 있다. 여기서 공무상 활동에 해당되는 것을 모두 고른 것은?

> 가. 화재진압과 인명구조·구급 등 소방에 필요한 활동
> 나. 화재, 재난·재해로 인한 피해복구 지원활동
> 다. 붕괴, 낙하 등이 우려되는 고드름, 나무, 위험 구조물 등의 제거활동
> 라. 소방시설 오작동 신고에 따른 조치 활동
> 마. 화재진압훈련, 인명구조훈련, 응급처치훈련, 인명대피훈련, 현장지휘훈련

① 가, 라, 마
② 가, 나, 다, 라, 마
③ 가, 다, 마
④ 가, 나, 다, 라

24 임용권자 또는 임용제청권자는 시보임용소방공무원 또는 시보임용예정자에 대하여 소방학교 또는 각급 공무원교육원 기타 소방기관에 위탁하여 교육을 받는 시보임용자에 대해서는 임용예정계급의 1호봉에 해당하는 봉급의 몇 %에 상당하는 금액을 지급할 수 있는가?

① 50% ② 60%
③ 70% ④ 80%

25 소방공무원 징계령에 따른 규정 내용으로 옳지 않은 것은?

① 징계등 사유를 통지받은 소방기관의 장은 타당한 이유가 없으면 통지를 받은 날부터 30일 이내에 관할 징계위원회에 징계 등 의결을 요구하거나 신청해야 한다.
② 징계등의 집행은 징계등 의결의 통지 받은 날부터 15일 이내에 징계등 처분 사유 설명서에 의결서 사본을 첨부하여 징계등 의결된 자에게 교부함으로써 이를 행한다.
③ 징계등 의결을 요구한 기관의 장은 심사 또는 재심사를 청구하려면 징계등 의결을 통지받은 날부터 15일 이내에 관할 징계위원회에 제출해야 한다.
④ 징계위원회는 징계등 심의 대상자가 국외 체류, 형사사건으로 인한 구속, 여행 또는 그 밖의 사유로 징계 의결 또는 징계부가금 부과 의결 요구(신청)서 접수일부터 30일 이내에 출석할 수 없는 경우에는 서면으로 진술하게 하여 징계등 의결을 할 수 있다.

12 제12회 최종모의고사

01 소방공무원임용령에 따른 소방청장이 시험 실시권을 중앙소방학교장에게 위임할 수 있는 사항에 해당하지 않은 것은?

① 소방령 이상 소방공무원을 신규채용하는 경우 신규채용시험 실시권
② 소방청에 소방에 관한 전문기술교육을 받은 사람을 소방경 이하의 계급으로 경력경쟁채용 등을 하는 경우
③ 시·도 소속 소방경 이하 소방공무원을 신규채용하는 경우 신규채용시험의 실시권
④ 소방간부후보생 선발시험의 실시권

02 소방공무원법령에 따른 각 위원회별 위원의 구성·운영(위원장 포함)으로 옳은 것은?

`14, 18년 소방위` `15년 서울` `18년 통합`

① 소방공무원 인사위원회 : 3명 이상 7명 이하
② 소방서에 두는 징계위원회 : 3명 이상 5명 이하
③ 소방준감으로 승진심사를 위한 중앙승진심사위원회 : 5명 이상 7명 이하
④ 소방정으로의 승진심사를 위한 보통승진심사위원회 : 5명 이상 7명 이하

03 다음 중 경력경쟁채용시험의 요건 등에 대한 설명으로 옳지 않은 것은?

① 경력경쟁채용에 있어서는 그 시험실시 당시의 임용예정 직위 외의 직위에 임용할 수 없다.
② 종전의 재직기관에서 감봉 이상의 징계 처분을 받은 자에 대해서는 경력경쟁채용을 할 수 없다.
③ 퇴직한 소방공무원의 경력경쟁채용 전 재직기관에 전력을 조회하여 그 퇴직사유가 확인된 경우에 한한다.
④ 공개경쟁시험으로 임용하는 것이 부적당한 경우에 임용예정 직무에 관련된 자격증 소지자를 임용하고자 할 경우 채용예정 계급에 해당하는 자격증을 소지한 후 당해분야에 1년 이상 종사한 경력이 있어야 경력경쟁채용 응시자격이 있다.

04 다음 중 소방공무원 필수보직기간의 1년 미만에도 전보할 수 있는 경우로 옳지 않은 것은?

① 전보권자를 달리하는 기관 간의 전보의 경우
② 해당 소방공무원의 승진 또는 강임의 경우
③ 임용예정직위에 관련된 1월 이상의 특수훈련경력이 있는 자를 해당 직위에 보직하는 경우
④ 직제상의 최저단위 보조기관 내에서의 전보의 경우

05 소방공무원 승진임용 규정에 따른 승진소요최저근무연수 적용 배제 등에 대한 설명으로 옳지 않은 것은? 14년 경기

① 승진임용예정인원수가 1~10명일 경우 승진대상자명부 또는 승진대상자 통합명부에 따른 순위가 높은 사람부터 차례로 승진임용예정인원수 1명당 5배수만큼의 사람을 대상으로 실시한다.

② 명예퇴직자의 특별승진의 경우 해당 계급에서의 근무기간이 최저근무연수의 2분의 1 이상이 되고, 승진임용이 제한(신임교육 또는 지휘역량교육을 이수하지 않은 사람 제외)되지 않은 사람 중에서 행한다.

③ 순직자의 특별승진의 경우 임용비율, 승진소요최저근무연수, 승진심사대상에서 제한규정을 배제한다.

④ 창안등급 동상 이상을 받은 사람으로서 소방행정발전에 기여한 실적이 뚜렷한 사람의 특별승진의 경우 당해 계급에서의 근무기간이 최저근무연수의 3분의 2 이상이 되고, 승진임용이 제한되지 않은 자 중에서 행한다.

06 임용권자 또는 임용제청권자는 신임교육 또는 위탁교육훈련을 받았거나 받고 있는 사람이 본인에게 해당 교육훈련에 든 경비(보수는 제외한다)의 전부 또는 일부의 반납을 명하거나 본인이 반납하지 않을 경우 그의 보증인에게 보증채무의 이행을 청구할 수 있는 경우가 아닌 것은?

① 복귀명령을 받고도 정당한 사유 없이 직무에 복귀하지 않은 경우

② 정당한 사유 없이 훈련을 중도에 포기하거나 훈련에서 탈락된 경우

③ 신임교육을 받고 임용된 사람은 그 교육기간에 해당하는 기간 이상을 소방공무원으로 복무해야 함에도 복무하지 않은 경우

④ 6개월 이상의 위탁교육훈련을 받은 소방공무원이 6년의 범위에서 교육훈련기간과 같은 기간 동안 교육훈련 분야와 관련된 직무 분야에서 복무를 한 경우

07 소방공무원법령에 따른 소방공무원의 임용 시기 또는 면직일자에 대한 설명으로 옳지 않은 것은?

① 임용일자는 그 임용장 또는 임용통지서 가 전자결재로 진행되므로 피임용자에게 송달되는 기간을 고려할 필요는 없다.

② 소방공무원은 임용장 또는 임용통지서에 기재된 일자에 임용된 것으로 보며, 임용 일자를 소급해서는 아니 된다.

③ 사망으로 인한 면직은 사망한 다음 날에 면직된 것으로 본다.

④ 임용일자는 사무인계에 필요한 기간을 참작하여 정해야 한다.

08 소방공무원임용령 규정에 따른 채용시험의 출제수준에 대한 설명으로 옳은 것은?

① 소방위 이상 채용시험 – 소방업무의 수 행에 필요한 전문적 능력·지식을 검정 할 수 있는 정도

② 소방교 채용시험 – 소방업무의 수행에 필요한 전문적 능력·지식을 검정할 수 있는 정도

③ 소방간부후보생선발시험 – 소방업무의 수행에 필요한 전문적 능력·지식을 검 정할 수 있는 정도

④ 소방장 채용시험 – 소방행정의 기획 및 관리에 필요한 능력·지식을 검정할 수 있는 정도

09 의용소방대원으로서 경력경쟁채용된 사람 의 몇 년의 필수보직기간이 지나야 전보할 수 있는가?

① 최초의 그 직위에 임용된 날로부터 5년 이내

② 최초의 그 직위에 임용된 날로부터 3년 이내

③ 최초의 그 직위에 임용된 날로부터 2년 이내

④ 최초의 그 직위에 임용된 날로부터 1년 이내

10 소방공무원의 경력평정에 대한 설명으로 옳지 않은 것은?

① 경력평정은 당해 소방공무원의 인사기 록에 의하여 실시하며, 필요하다고 인정 될 때에는 인사기록의 정확성 여부를 조 회·확인할 수 있다.

② 경력평정의 시기·방법·기간계산 기타 필요한 사항은 행정안전부령으로 정한다.

③ 소방공무원의 경력평정은 당해 계급에 서의 근무연수를 평정하여 승진대상자 명부작성에 반영한다.

④ 경력평정은 승진제한기간이 경과된 소방 정 이하의 소방공무원을 대상으로 한다.

11 소방공무원법령의 내용이다. 다음 (   )에 들어갈 숫자로 옳은 것은?

> 가. 소방공무원의 공개경쟁채용시험 및 소방간부후보생 선발시험의 합격자 결정은 제1차 시험 및 제2차 시험은 매 과목 40퍼센트 이상, 전 과목 총점의 60퍼센트 이상의 득점자 중에서 선발예정인원의 (ㄱ)배수의 범위에서 시험성적을 고려하여 점수가 높은 사람부터 차례로 합격자를 결정한다.
>
> 나. 승진심사위원회는 작성된 계급별 승진심사대상자명부의 선순위자(先順位者) 순으로 승진임용하려는 결원의 (ㄴ)배수의 범위에서 승진후보자를 심사·선발한다.
>
> 다. 승진임용예정인원수가 1~10명일 경우 승진대상자명부 또는 승진대상자 통합명부에 따른 순위가 높은 사람부터 차례로 승진임용예정인원수 1명당 (ㄷ)배수만큼의 사람을 대상으로 실시한다.
>
> 라. 사전심의(제1단계) 심사를 할 때 심사환산점수와 객관평가점수를 합산하여 고득점자 순으로 승진심사 선발인원의 (ㄹ)배수 내외를 선정하고 승진심사 사전심의 결과서를 작성하여 제2단계 심사에 회부한다.

	(ㄱ)	(ㄴ)	(ㄷ)	(ㄹ)
①	2	3	5	3
②	2	5	3	3
③	3	3	5	2
④	3	5	5	2

12 소방공무원법령에 따른 징계제도에 대한 설명으로 옳은 것은? `17년 소방위`

① 중징계라 함은 파면, 해임 또는 강등을 말하고 경징계라 함은 정직, 감봉 또는 견책을 말한다.

② 소방공무원 징계령은 소방공무원의 징계와 과태료 부과에 필요한 사항을 규정함을 목적으로 한다.

③ 징계위원회의 공무원위원은 해당 징계위원회가 설치된 기관의 장이 임명하되, 특별한 사유가 없으면 최상위 계급자부터 차례로 임명해야 한다.

④ 징계위원회는 공무원위원과 민간위원으로 구성하며, 이 경우 민간위원의 수는 위원장을 포함한 위원수의 2분의 1 이상이어야 한다.

13 다음 중 소방공무원 가점평점 규정에서 정하는 내용으로 옳지 않은 것은? `21년 통합`

① 소방정이 화재대응능력 2급 자격을 취득한 경우 0.2점을 가점평정한다.

② 학사학위를 취득한 경우 소방경 이하에 한하여 0.3점을 가점평정한다.

③ 제1종 대형운전면허, 소형선박조종사, 잠수산업기사, 잠수기능사에 대한 가점평정은 소방장 이하에 한하여 1종 대형면허는 0.5점, 그 외는 0.2점을 가점평정한다.

④ 워드프로세서 자격증을 취득한 경우 소방경 이하에 한하여 가점평정한다.

14 소방공무원의 인사기록 작성·유지·관리에 대한 설명으로 옳지 않은 것은?

① 임용권자(임용권의 위임을 받은 자를 포함한다. 이하 같다)는 대통령령이 정하는 바에 따라 소속 소방공무원의 인사기록을 작성·보관해야 한다.

② 소방서장은 소속 소방공무원에 대한 인사기록을 작성·유지·관리해야 한다.

③ 인사기록관리자는 인사기록의 적정한 관리를 위하여 관리담당자를 지정해야 한다.

④ 소방행정과장은 소속 소방공무원에 대한 인사기록을 작성·유지·관리해야 한다.

15 소방공무원 승진임용 규정에 따른 승진심사 대상에서 제외되는 사람으로 옳지 않은 것은?

① 감봉 2개월의 처분을 받고 15개월이 지난 사람

② 소방사가 소방공무원교육훈련에 따른 소방사 신임교육과정을 졸업하지 못한 사람

③ 소방경이 관리역량교육을 이수하지 않은 사람

④ 소방승진시험 부정행위자의 조치에 의하여 3년이 경과한 사람

16 소방공무원 공개경쟁채용시험·경력경쟁채용시험 및 소방간부후보생 선발시험의 합격결정에 있어서 선발예정인원을 초과하여 동점자가 있을 때 합격자 결정은 어떻게 하는가?

① 그 선발예정인원에 불구하고 모두 합격자로 한다.

② 취업보호대상자–필기시험성적 우수자–연령이 많은 사람 순으로 결정한다.

③ 필기시험성적 우수자–취업보호대상자–연령이 많은 사람 순으로 결정한다.

④ 동점자의 결정에 있어서는 총 득점에 의하되, 소수점 이하 셋째 자리까지 계산한다.

17 소방공무원 승진임용 규정에 따른 승진시험에 있어서 부정행위를 한 경우 자격제한에 대한 설명이다. 빈칸에 옳은 내용은?

> 소방공무원시험에 있어서 부정행위를 한 소방공무원에 대해서는 해당 시험을 (㉠) 또는 (㉡)로 하며, 해당 소방공무원은 (㉢) 승진시험에 응시할 수 없다.

① ㉠ 정지, ㉡ 무효, ㉢ 3년간
② ㉠ 취소, ㉡ 정지, ㉢ 5년간
③ ㉠ 정지, ㉡ 무효, ㉢ 5년간
④ ㉠ 무효, ㉡ 취소, ㉢ 3년간

18 소방공무원 징계령에 따르면 해당 징계위원회가 설치된 기관의 장이 제척 또는 기피로 인하여 위원회를 구성하지 못하게 되어 보충임명을 요청하였으나, 지체 없이 위원을 보충임명할 수 없는 부득이한 사유가 있을 때에는 그 징계등 의결의 요구를 할 수 있다. 이에 관련한 설명으로 가장 옳은 것은?

14년 경기

① 그 징계등 의결의 요구는 철회된 것으로 보고 다시 해당 징계위원회가 설치된 기관의 장에게 징계등 의결의 요구를 신청해야 한다.
② 그 징계등 의결의 요구는 철회된 것으로 보고 그 상급기관의 장에게 징계등 의결의 요구를 신청해야 한다.
③ 그 징계등 의결의 요구는 취소된 것으로 보고 다시 해당 징계위원회가 설치된 기관의 장에게 징계등 의결의 요구를 신청해야 한다.
④ 그 징계등 의결의 요구는 취소된 것으로 보고 그 상급기관의 장에게 징계등 의결의 요구를 신청해야 한다.

19 소방위 김아무개는 임용권자가 지정하는 격무·기피부서에서 근무할 경우 최대 받을 수 있는 가점 평정점으로 맞는 것은?

① 0.5점
② 0.7점
③ 1점
④ 2점

20 소방공무원 승진임용 규정에 따른 대우소방공무원 선발 등에 대한 설명으로 옳은 것은?

21년 통합

① 대우공무원 선발을 위한 근무기간의 산정은 승진소요최저근무연수 산정방법에 따른다.
② 예산의 범위 안에서 해당 공무원 월봉급액의 5.1퍼센트를 대우공무원수당으로 지급할 수 있다.
③ 대우소방공무원이 상위 계급으로 승진임용의 경우 임용한 다음 날에 자격은 당연히 상실된다.
④ 대우공무원의 선발 또는 수당 지급에 중대한 착오가 발생한 경우에는 임용권자 또는 임용제청권자는 이를 정정하고 대우공무원수당을 소급하여 지급해야 한다.

21 공무원보수규정상 봉급의 감액에 대한 설명으로 옳지 않은 것은?

① 신체·정신상의 장애로 장기 요양이 필요하여 직권휴직 기간이 1년 이하인 경우 봉급의 70퍼센트를 지급한다.
② 결근한 사람으로서 그 결근 일수가 해당 공무원의 연가 일수를 초과한 공무원에게는 연가 일수를 초과한 결근 일수에 해당하는 봉급 일액을 지급하지 아니한다.
③ 외국유학 또는 1년 이상의 국외연수를 위하여 휴직한 공무원에게는 그 기간 중 봉급의 70퍼센트를 지급할 수 있다.
④ 무급 휴가를 사용하는 경우에는 그 일수만큼 봉급 일액을 빼고 지급한다.

22 소방공무원 복무규정에 따른 소방기관의 장이 직접적인 기간을 공가로 승인해야 하는 경우에 해당되지 않은 것은?

① 전보권자를 달리하는 기관 간의 전보의 경우
② 교통 차단 또는 그 밖의 사유로 출근이 불가능할 때
③ 승진시험·전직시험에 응시할 때
④ 헌혈에 참가할 때

23 다음 ( ) 안에 들어갈 숫자의 합은?

`15, 18, 20년 통합` `18, 19, 20년 소방위`

> 가. 인사기록관리자는 징계처분의 집행이 종료된 날로부터 강등은 ( )년, 정직은 ( )년, 감봉은 ( )년, 견책은 ( )년이 경과한 때 인사기록카드에 등재된 징계처분의 기록을 말소하여야 한다.
> 나. 인사기록 관리자는 직위해제처분의 종료일로부터 ( )년이 경과한 때, 소청심사위원회나 법원에서 직위해제처분의 무효 또는 취소의 결정이나 판결이 확정된 때에 인사기록카드에 등재된 직위해제처분의 기록을 말소해야 한다. 다만, 직위해제처분을 받고 그 집행이 종료된 날로부터 ( )년이 경과하기 전에 다른 직위해제처분을 받은 때에는 각 직위해제처분마다 ( )년을 가산한 기간이 경과해야 한다.

① 22
② 26
③ 30
④ 34

24 소방공무원임용령 규정에 따른 채용후보자의 자격상실사유로 옳지 않은 것은? `12년 소방위`

① 채용후보자로서 받아야 할 교육훈련에 응하지 않은 경우
② 채용후보자가 임용 또는 임용제청에 응하지 않은 경우
③ 채용후보자가 질병·병역복무 기타 교육훈련을 계속할 수 없는 불가피한 사정으로 퇴교처분을 받은 때
④ 채용후보자로서 받은 교육훈련과정의 졸업요건을 갖추지 못한 경우

25 소방공무원 징계령에 따른 징계의결을 요구한 기관장이 징계위원회의 의결이 경하다고 인정할 때에 재심사 청구 및 방법에 대한 설명으로 옳은 것은?

> 가. 소방공무원의 징계의결을 요구한 기관의 장은 관할 징계위원회의 의결이 경(輕)하다고 인정할 때에는 그 처분을 하기 전에 (ㄱ)에 심사 또는 재심사를 청구할 수 있다. 이 경우 소속 공무원을 대리인으로 지정할 수 있다.
> 나. 징계등 의결을 요구한 기관의 장은 심사 또는 재심사를 청구하려면 징계등 의결을 통지받은 날부터 (ㄴ)이내에 징계등 의결 심사(재심사) 청구서에 의결서 사본 및 사건 관계 기록을 첨부하여 관할 징계위원회에 제출해야 한다.

	(ㄱ)	(ㄴ)
①	직근 상급기간에 설치된 징계위원회	30일
②	직근 상급기간에 설치된 징계위원회	15일
③	해당 관할 징계위원회	30일
④	해당 관할 징계위원회	15일

13 | 제13회 최종모의고사

01 소방공무원법상 계급에 대한 설명으로 옳지 않는 것은?

① 소방공무원 계급에서 최상위 계급은 소방총감이다.

② 소방공무원의 계급은 소방총감 등 10계급으로 구분한다.

③ 소방총감의 임명권자는 대통령이다.

④ 소방청 차장의 계급은 소방정감이다.

03 소방공무원법령에 따른 소방공무원의 신규채용시험에 대한 설명으로 옳지 않은 것은?

① 의무소방원으로 임용되어 정해진 복무를 마친 자를 소방사로 신규채용하는 경우 경력경쟁채용시험 실시기관은 실무상 중앙소방학교장의 권한이다.

② 소방공무원 채용시험 시 결원보충을 원활히 하기 위하여 필요하다고 인정될 때에는 직무분야별·성별·근무예정지역 또는 근무예정기관별로 구분하여 실시할 수 있다.

③ 시험실시권자는 소방공무원 공개경재채용시험을 실시하고자 할 때에는 임용예정인원, 시험의 방법·시기·장소·시험과목 및 배점에 관한 사항을 시험실시 30일 전까지 공고해야 한다.

④ 소방공무원의 채용시험은 계급별로 실시한다.

02 소방청의 소방공무원 보통승진심사위원회의 위원 구성으로 옳은 것은?

① 위원장을 포함한 위원 5명 이상 7명 이하

② 위원장을 포함하여 3명 이상 5명 이하

③ 위원장을 포함한 위원 5명 이상 9명 이하

④ 위원장 1명을 포함하여 3명 이상 7명 이하

04 소방공무원법에 따른 다음 중 경력경쟁채용자의 전보제한에 대한 설명이다. ( )의 숫자의 합은 얼마인가?

> 가. 임용예정직무와 관련된 자격증 소지자를 경력경쟁채용한 경우 최초의 직위에 임용된 날부터 ( ) 이내에 다른 직위 또는 임용권자를 달리하는 기관에 전보할 수 없다.
> 나. 변호사 시험에 합격한 자를 경력경쟁채용한 경우 최초의 직위에 임용된 날부터 ( )년 이내에 다른 직위 또는 임용권자를 달리하는 기관에 전보할 수 없다.
> 다. 소방 업무에 경험이 있는 의용소방대원으로서 경력경쟁채용된 사람은 소방공무원은 최초로 그 직위에 임용된 날부터 ( ) 이내에 최초 임용기관 외의 다른 기관으로 전보할 수 없다.
> 라. 외국어에 능통한 자를 경력경쟁채용 한 경우 최초의 직위에 임용된 날부터 ( ) 이내에 다른 직위 또는 임용권자를 달리하는 기관에 전보할 수 없다.

① 17년　　　② 12년
③ 13년　　　④ 10년

05 다음 중 소방공무원 승진임용 규정에 따른 소방공무원 승진임용제한사유로 맞지 않는 것은?

`12, 17, 20년 소방위` `14년 경기소방교`
`16년 대구, 부산, 서울`

① 소방공무원 교육훈련규정에 따른 전문교육을 이수하지 않은 사람
② 소방사 신임교육과정을 졸업하지 못한 사람
③ 강등처분의 집행이 끝난 날부터 18개월이 지나지 않은 사람
④ 시보임용기간 중에 있는 사람

06 소방공무원 승진임용 규정 외에 근속승진 방법 및 인사운영에 필요한 사항은 소방청장이 정하고 있다. 승진대상자명부의 작성에 대한 내용에서 ( ) 안에 알맞은 내용은?

> 소방장 이하 근속승진대상자 명부는 근속승진 임용일 (가) 기준으로 작성하고, 소방위 근속승진대상자 명부는 (나) 기준으로 작성한다.

① 가 : 5일 전, 나 : 임용예정일
② 가 : 전월 말일, 나 : 매년 4월 30일, 5월 1일
③ 가 : 전월 말일, 나 : 매년 4월 30일, 10월 31일
④ 가 : 매년 6월 30일, 나 : 전월 말일

07 소방공무원임용령에 따른 임용시기 등에 대한 설명으로 옳은 것은? `12년 소방위`

① 휴직 기간이 끝나거나 휴직 사유가 소멸된 후에도 직무에 복귀하지 아니하거나 직무를 감당할 수 없어 직권으로 면직시킬 때에 임용일자를 소급할 수 있다.
② 재직 중 공적이 특히 현저한 자가 공무로 사망한 때에 그 사망일을 임용일자로 하여 추서하여 소급할 수 있다.
③ 소방공무원의 임용에 있어서 그 임용일자를 어떠한 경우라도 소급하여서는 아니 된다.
④ 임용일자를 정하는 것은 그 임용장 또는 임용통지서에 기재한 일자이므로 임용권자는 아무런 참작사유 없이 결정할 수 있다.

08 공개경쟁채용시험 및 소방간부후보생선발 시험의 제1차 시험(선택형 필기시험) 및 제2차 시험(논문형 필기시험)의 합격자 결정 시 선발예정인원의 몇 배수 범위 내에서 합격자를 결정하는가?

① 2배수 ② 3배수
③ 4배수 ④ 1.2배수

09 소방공무원법상 의용소방대원에 대한 경력채용요건에 대한 설명으로 옳지 않은 것은?

① 소방사 계급의 소방공무원으로 임용할 것
② 소방서를 처음으로 설치하는 시·군지역의 경우에는 소방서·119지역대 또는 119안전센터의 공무원의 정원 중 소방사 정원의 3분의 1 이내로 채용할 것
③ 관할지역 내에서 3년 이상 의용소방대원으로 계속 근무하였을 것
④ 해당지역에 소방서·119지역대 또는 119안전센터가 처음으로 설치된 날로부터 1년 이내에 채용할 것

10 소방공무원의 경력평정 설명으로 가장 옳은 것은? `14년 소방위`

① 경력평정은 근무연수에 관계없이 소방정 이하의 모든 소방공무원을 대상으로 한다.
② 소방위의 경력평정은 기본경력 3년과 초과경력 3년을 평정한다.
③ 경력평정의 평정자는 피평정자가 속한 소방기관의 소방공무원 인사담당공무원이 되고, 확인자는 평정자의 직근 상급 감독자가 된다.
④ 소방공무원으로 신규임용된 사람이 받은 교육훈련기간은 경력평정 대상기간에 포함하지 않는다.

11 소방공무원 관계법령에 따른 각 위원회의 민간위원에 대한 설명으로 맞는 것을 모두 고른 것은?

> 가. 소방공무원 징계위원회는 민간위원을 둔다.
> 나. 민간위원은 위원장을 포함하여 위원 수의 2분의 1을 두어야 한다.
> 다. 모든 민간위원은 한차례 연임이 가능하다.
> 라. 소방령 이상의 소방공무원으로 20년 이상 근속하고 퇴직한 사람은 시·도 징계위원회의 민간위원 자격이 있다.
> 마. 소방공무원 고충심사위원회 민간위원의 임기는 2년이다.

① 가, 나, 다
② 가, 다, 마
③ 가, 나, 라
④ 가, 나, 다, 라

12 다음 중 소방공무원 징계령에 따른 징계의 종류로 옳은 것은?

① 파면, 해임, 강등, 정직, 감봉, 견책
② 파면, 해임, 강임, 직위해제, 감봉, 견책
③ 파면, 해임, 강등, 정직, 감봉, 훈계
④ 파면, 해임, 강임, 직위해제, 감봉, 경고

13 소방공무원 승진임용 규정 시행규칙에 따른 가점평정 항목에 관한 내용으로 옳지 않은 것은?

① 해당 계급에서 「국가기술자격법」 등에 따른 소방업무 및 전산관련 자격증을 취득한 경우

② 해당 계급에서 학사·석사 또는 박사학위를 취득하거나 언어 능력이 우수하다고 인정되는 경우

③ 해당 계급에서 격무·기피부서에 근무한 때에는 근무한 다음 날부터 가점평정한다.

④ 소방업무와 관련한 전국 및 특별시·광역시·특별자치시·도·특별자치도(이하 "시·도"라 한다) 단위 대회 또는 평가 결과 우수한 성적을 얻은 경우

14 다음은 소방공무원 인사기록관리에 관한 설명이다. 옳지 않은 것을 모두 고른 것은?

┌─────────────────────────────┐
│ ㉠ 소방행정과장은 소속 소방공무원에 │
│   대한 인사기록을 작성·유지·관리 │
│   해야 한다. │
│ ㉡ 인사기록관리자는 인사기록관리담 │
│   당자를 지정할 수 있다. │
│ ㉢ 소방공무원 인사기록은 원본과 사 │
│   본으로 구분한다. │
│ ㉣ 사본은 소방공무원 인사기록카드의 │
│   부본으로 한다. │
│ ㉤ 임용권자는 대통령령이 정하는 바에 │
│   따라 소속 소방공무원의 인사기록을 │
│   작성·보관해야 한다. │
└─────────────────────────────┘

① ㉠, ㉤   ② ㉡, ㉢, ㉣

③ 상기 다 맞다.   ④ ㉠, ㉡, ㉢, ㉣

15 승진심사위원회가 승진심사대상자의 직무수행 능력을 평가하기 위한 심사사항으로 옳지 않은 것은? `20년 통합`

① 근무성과

② 업무수행능력 및 인품

③ 경험한 직책

④ 소방공무원으로서의 적응성

16 소방공무원 채용시험 및 소방간부후보생선발시험의 시험위원으로 임명 또는 위촉된 자로서 시험실시권자가 요구하는 시험문제 작성상의 유의사항 및 서약서 등에 의한 준수사항을 위반함으로써 시험의 신뢰도를 크게 떨어뜨리는 행위를 한 경우 몇 년 동안 시험위원으로 임명 또는 위촉하여서는 아니 되는가?

① 2년간

② 3년간

③ 5년간

④ 10년간

17 소방공무원 승진임용 규정에 따른 시험승진후보자의 승진임용 등에 대한 설명으로 규정내용과 다른 것은?

① 임용권자 또는 임용제청권자는 시험에 합격한 자에 대해서는 최종합격자 결정에 따라 각 계급별 시험승진후보자명부를 작성해야 한다.

② 승진후보자명부에 등재된 자가 승진임용 되기 전에 감봉 이상의 징계처분을 받은 경우에는 승진후보자명부에서 이를 삭제하여야 한다.

③ 시험승진임용은 시험승진후보자명부의 등재순위에 의한다.

④ 감봉 이상의 징계처분을 받은 경우에는 승진임용제한사유가 소멸된 이후라도 임용 또는 임용제청을 할 수 없다.

18 소방공무원 징계등의 정도에 관한 설명으로 옳지 않은 것은?

① 징계등의 정도에 관한 기준은 소방청장이 정한다.

② 징계등의 정도에 관한 기준은 소방청장이 정하는 「소방공무원 징계규칙」을 말한다.

③ 징계등 혐의자의 평소 행실, 근무 성적, 공적(功績), 뉘우치는 정도와 징계등 의결을 요구한 자의 의견을 고려해야 한다.

④ 행위자에 대한 징계의결을 요구할 때는 징계혐의자의 비위의 유형, 비위의 정도 및 과실의 경중과 평소의 소행, 근무성적, 공적, 뉘우치는 정도 기타 정상 등을 참작하여 징계양정기준, 음주운전징계기준, 금품등 수수금지 위반 징계양정기준과 「공무원 징계령 시행규칙」의 징계부가금 부과기준을 따른다.

19 소방공무원의 제복착용과 관련하여 옳지 않은 내용은 무엇인가?

① 소방공무원이 제복착용하게 된 것은 소방공무원법에 따른 것이다.

② 소방공무원의 복제에 관하여 필요한 사항은 대통령령으로 정한다.

③ 소방공무원 복제 규칙은 소방공무원의 복제(服制)와 그 착용에 관한 사항을 규정하고 있다.

④ 소방공무원 제복의 재질·부착물의 종류 및 부착위치·복제규격 등에 대한 세부사항은 행정규칙으로 규정되어 있다.

20 매월 9만원의 대우공무원수당을 지급받던 소방위 ○○○이 정직 2개월의 징계처분을 받았다면, 정직 2개월의 기간 중 대우공무원수당 지급금액으로 옳은 것은?

① 3만원

② 6만원

③ 징계처분기간은 전액지급을 중단한다.

④ 수당액의 50퍼센트인 4만 5천원

21 소방공무원 관계법령에 대한 설명으로 옳은 것은?

① 소방공무원 징계위원회의 구성·관할·운영, 징계의결의 요구 절차, 징계 대상자의 진술권, 그 밖에 필요한 사항은 대통령령으로 정한다.

② 징계처분 및 직위해제처분의 말소방법, 절차 등에 관하여 필요한 사항은 행정안전부령으로 정한다.

③ 징계등 의결기관을 정할 수 없을 때에는 시·도 소방본부 간의 경우에는 시·도지사가 징계위원회에서 관할한다.

④ 징계등의 정도에 관한 기준은 행정안전부령으로 정한다.

22 소방위 이하의 소방공무원 근속승진임용에 대한 설명으로 옳지 않은 것은?

① 심사위원회는 임용권자가 설치한다.

② 심사위원회는 사전심의를 거쳐 본심사로 근속승진 후보자를 결정한다.

③ 심사위원회는 위원장을 포함하여 5명 이상 7명 이하의 위원으로 구성한다.

④ 회의는 비공개로 하며 재적위원 3분의 2 이상의 출석과 출석위원 과반수 찬성으로 의결한다.

23 소방공무원 인사기록카드의 작성·관리 등에 관한 설명으로 옳은 것은?

① 소방공무원은 성명·주소 기타 인사기록의 기록내용을 변경해야 할 정당한 사유가 있는 때에는 그 사유가 발생한 날로부터 30일 이내에 소속 인사기록관리자에게 신고해야 한다.

② 인사기록관리자는 소속 소방공무원에 대한 임용·징계·포상 그 밖의 인사발령이 있는 때에는 사유 발생일로부터 30일 이내에 이를 해당 소방공무원이 인사기록카드(부본을 포함한다. 이하 같다)에 기록해야 한다.

③ 소방공무원인사기록 원본은 원칙적으로 소속 소방기관의 장이 관리한다.

④ 소방공무원이 승진·전출 등으로 인사기록관리자를 달리하게 된 때에는 전 소속 인사기록관리자는 신 소속 인사기록관리자에게 10일 이내에 인사기록과 최근 3년간(소방장 이하의 소방공무원인 경우에는 최근 2년간)의 근무성적평정표와 경력 및 교육훈련성적평정표의 부본을 송부해야 한다.

24 소방공무원 채용후보자 명부의 유효기간을 연장한 때 조치사항으로 옳은 것은?

① 연장사실을 즉시 본인에게 알려야 한다.

② 연장사실을 연장한 날로부터 5일 이내 본인에게 알려야 한다.

③ 연장사실을 연장한 날로부터 10일 이내 본인에게 알려야 한다.

④ 연장사실을 연장한 날로부터 15일 이내 본인에게 알려야 한다.

25 소방공무원 징계령에 따른 파면 및 출석요구, 증인의 심문신청 등에 대한 설명으로 옳지 않은 것은?

① 「감사원법」에 따른 징계 요구 중 파면요구를 받은 경우에는 20일 이내에 관할 징계위원회에 요구하거나 신청해야 한다.

② 징계위원회가 징계등 심의 대상자의 출석을 요구할 때에는 출석 통지서로 하되, 징계위원회 개최일 3일 전까지 그 징계등 심의 대상자에게 도달되도록 해야 한다.

③ 징계등 심의 대상자는 증인의 심문을 신청할 수 있다. 이 경우 징계위원회는 의결로써 그 채택 여부를 결정해야 한다.

④ 징계등 심의 대상자의 소재가 분명하지 않은 경우의 출석 통지는 관보(시·도의 경우에는 공보)에 의해야 한다. 이 경우 관보 또는 공보에 게재한 날부터 10일이 지나면 그 통지서가 송달된 것으로 본다.

14 제14회 최종모의고사

01 다음 중 소방공무원 계급에 관한 설명으로 옳은 것은?

① 소방공무원 계급 구분은 10계급으로 구분한다.

② 소방감의 계급 정년은 4년이다.

③ 소방공무원의 최하위 계급은 소방사 시보이다.

④ 소방사의 기본경력은 6개월이다.

02 다음 중 소방공무원 인사위원회의 위원장에 대한 설명으로 옳지 않은 것은?

① 위원장은 인사위원회의 회의를 소집하고 그 의장이 된다.

② 소방청 소방인사위원회의 위원장은 소방청 차장이 된다.

③ 위원장은 인사위원회의 사무를 통할하며, 인사위원회를 대표한다.

④ 위원장이 부득이한 사유로 직무를 수행할 수 없는 때에는 위원 중에서 인사위원회가 설치된 기관의 장이 정하는 공무원이 그 직무를 대행한다.

03 소방공무원법상 소방공무원의 신규채용시험 및 승진시험과 소방간부후보생선발시험의 실시권자는 누구인가?

① 소방청장

② 시·도 소방본부장

③ 중앙소방학교장

④ 지방소방학교장

04 최초의 직위에 소방공무원으로 임용된 날로부터 2년 이내에 다른 직위 또는 임용권자를 달리하는 기관에 전보할 수 없는 경우로 옳은 것은? `13년 강원` `14년 경기`

① 공개경쟁시험으로 임용하는 것이 부적당한 경우에 임용예정 직무에 관련된 자격증 소지자를 경력경쟁채용한 경우

② 5급 공무원의 공개경쟁채용시험이나 사법시험에 합격한 사람을 소방령 이하의 소방공무원으로 임용한 경우

③ 외국어에 능통한 자를 경력경쟁채용한 경우

④ 경찰공무원을 그 계급에 상응하는 소방공무원으로 경력경쟁채용한 경우

05 정직 3월의 징계처분을 받은 사람이 징계처분의 종료된 날로부터 승진임용제한기간으로 옳은 것은? `12년 소방위` `14년 경기소방교` `21년 통합`

① 6개월   ② 12개월

③ 15개월   ④ 18개월

06 소방공무원 근속승진의 정원관리에 대한 내용에서 ( ) 알맞은 내용은?

> 상위 계급으로 근속승진하는 경우, 근속승진 된 사람이 해당 계급에 재직하는 기간 동안은 근속승진된 인원만큼 근속승진된 계급의 정원은 (ㄱ)하고 종전 계급의 정원은 (ㄴ)된 것으로 본다.

	(ㄱ)	(ㄴ)
①	증 가	감 축
②	감 축	증 가
③	감 축	증 가
④	증 가	감 축

07 다음 중 경력평정 시 경력에 합산되는 경우가 아닌 것은? 08년 소방위

① 승진임용제한기간
② 시보임용기간
③ 소방공무원으로 신규임용될 사람이 받은 교육훈련기간
④ 직위해제처분기간

08 소방공무원 경력평정에 관한 설명으로 옳지 않은 것은? 12, 21년 소방위

① 소방교의 초과경력은 3년이다.
② 경력평정은 경력·교육훈련성적·가점평정표에 의하여 평정하되, 경력평정표는 평정자와 확인자가 서명 날인한다.
③ 경력평정의 계산의 기준일은 승진소요 최저근무연수 계산방법에 따른다.
④ 경력평정을 실시한 후에 평정한 사실과 다른 사실이 발견된 때에는 경력을 재평정해야 한다.

09 직위해제에 관한 설명으로 옳지 않은 것은? 14년 소방위

① 형사사건으로 기소된 자(약식명령이 청구된 자 제외)는 직위해제할 수 있다.
② 강등, 정직, 감봉에 해당하는 징계 의결이 요구 중인 자는 직위해제할 수 있다.
③ 직무수행능력이 부족하여 직위해제된 자에 대해서는 3개월의 범위에서 대기를 명해야 한다.
④ 임용권자는 대기발령을 받은 사람에게 능력회복이나 근무성적의 향상을 위한 교육훈련 또는 특별한 연구과제의 부여 등 필요한 조치를 해야 한다.

10 소방공무원 관계법령상 각종 위원회의 의결정족수에 대한 설명으로 옳지 않은 것은?
`19년 통합`

① 소방공무원인사위원회는 재적위원 3분의 2 이상의 출석과 출석위원 과반수의 찬성으로 의결한다.

② 소방공무원징계위원회는 재적위원 3분의 2 이상의 출석과 출석위원 과반수의 찬성으로 의결한다.

③ 소방공무원승진심사위원회는 재적위원 3분의 2 이상의 출석과 출석위원 과반수의 찬성으로 의결한다.

④ 소방공무원 보통 고충심사위원회는 위원 5명 이상의 출석과 출석위원 과반수의 합의에 따른다.

11 소방공무원이 징계처분이나 휴직, 면직처분, 그 밖의 의사에 반한 불리한 처분에 대한 행정소송에 있어서 피고가 될 수 없는 경우는?
`14, 16년 서울` `14년 경기` `15년 소방위` `17년 통합`

① 인천광역시장

② 중앙소방학교장, 중앙119구조본부장, 소방서장

③ 소방청장

④ 경기도지사

12 소방공무원 징계령에 따른 징계의 구분에서 중징계에 해당되지 않는 것은?

① 파 면   ② 해 임
③ 감 봉   ④ 정 직

13 승진대상자명부의 작성 시 가점평정에 대한 설명으로 옳지 않은 것은? `13년 소방위`

① 가점평정 사유에 해당하는 경우가 해당 계급에서 취득 또는 근무한 것에 한하여 인정된다.

② 학사·석사 또는 박사학위를 취득하거나 언어 능력이 우수한 경우의 가점은 1점을 초과할 수 없다.

③ 가점평정의 합계는 5점 이내로 한다.

④ 국가기술자격법 등에 따른 소방업무 및 전산관련 자격증을 취득한 경우에는 0.5점을 초과할 수 없다.

14 소방공무원법령의 규정에 따르면 일정한 경우 인사기록을 재작성할 수 있다. 그 사유로 옳지 않은 것은? `12년 소방위` `20년 통합`

① 정정부분이 많거나 기록이 명확하지 아니하여 착오를 일으킬 염려가 있는 때

② 파손 또는 심한 오손으로 사용할 수 없게 된 때

③ 해당 소방공무원의 합리적 요구가 있을 때

④ 기타 인사기록관리자가 필요하다고 인정한 때

15 소방공무원 승진임용 규정에 따른 승진심사 요소의 평가방법 및 평가기준 등 규정 내용으로 옳지 않은 것은? `13년 강원` `20년 통합`

① 승진심사요소에 대한 평가는 객관평가와 위원평가로 구분하여 점수로 평가한다.

② 현 계급에서의 근무부서 및 담당업무 등 경험한 직책은 위원평가의 대상이다.

③ 근무성적평정 등은 객관평가대상이다.

④ 승진심사요소에 대한 세부평가 기준 및 방법은 소방청장이 정한다.

16 채용후보자명부는 시험성적순위에 의하여 작성하되 시험성적이 같을 경우의 작성순위를 옳게 나열한 것은? `13년 소방위` `14년 경기`

① 필기시험성적 우수자 → 취업보호대상자 → 연령이 많은 사람

② 연령이 많은 사람 → 필기시험성적 우수자 → 취업보호대상자

③ 취업보호대상자 → 필기시험성적 우수자 → 연령이 많은 사람

④ 필기시험성적 우수자 → 연령이 많은 사람 → 취업보호대상자

17 다음 중 소방공무원법령의 규정에 따른 특별승진 중 나머지와 다른 하나는?

① 창의적인 연구와 헌신적인 노력으로 소방제도의 개선 및 발전에 기여한 자

② 창안등급 동상 이상을 받은 자로서 소방행정발전에 기여한 실적이 뚜렷한 자

③ 소방위의 소방공무원으로서 직무수행 중 다른 사람의 모범되는 공을 세우고 사망한 사람

④ 청렴과 봉사정신으로 직무에 정려하여 다른 공무원의 귀감이 되는 공적이 있다고 인정되는 자

18 소방공무원임용령의 내용이다. 다음 ㄱ~ㄷ에 들어갈 숫자로 옳은 것은?

> 가. 심사승진임용과 시험승진임용을 병행하는 경우에는 승진임용예정 인원수의 (ㄱ)퍼센트를 심사승진임용예정 인원수로, (ㄴ)퍼센트를 시험승진임용예정 인원수로 한다.
>
> 나. 소방경 이하 계급으로의 승진임용예정 인원수를 정하는 경우에는 해당 계급으로의 승진임용예정 인원수의 (ㄷ)퍼센트 이내에서 특별승진임용예정 인원수를 따로 정할 수 있다.

	(ㄱ)	(ㄴ)	(ㄷ)
①	50	20	15
②	40	15	10
③	60	20	15
④	60	40	30

19 다음은 소방공무원임용령에 따른 임용장과 임용시기에 관한 내용이다. (ㄱ)~(ㅁ)까지 괄호 안에 들어갈 내용으로 옳은 것은?

> 가. 임용권자(임용권을 위임받은 사람을 포함)는 소방공무원으로 신규채용되거나 승진되는 소방공무원에게 (ㄱ)을 수여한다. 이 경우 소속 소방기관의 장이 대리 수여할 수 있다.
> 나. 소방공무원은 (ㄴ)에 기재된 일자에 임용된 것으로 보며 임용일자를 소급해서는 아니 된다.
> 다. 대통령이 소방청장 또는 시·도지사에게 임용권을 위임한 소방령 이상의 소방공무원의 임명장에는 임용권자의 직인을 갈음하여 대통령의 (ㄷ)를 날인한다.
> 라. (ㄹ)에는 임용권자의 직인을 날인한다. 이 경우 대통령이 임용하는 공무원의 임명장에는 (ㅁ)를 함께 날인한다.

①
(ㄱ)	(ㄴ)	(ㄷ)
임용장	임용장	국 새

(ㄹ)	(ㅁ)
임명장	직인과 국새

②
(ㄱ)	(ㄴ)	(ㄷ)
임용장	임용장	직인과 국새

(ㄹ)	(ㅁ)
임용장	국 새

③
(ㄱ)	(ㄴ)	(ㄷ)
임명장	임명장	직 인

(ㄹ)	(ㅁ)
임명장	직인과 국새

④
(ㄱ)	(ㄴ)	(ㄷ)
임명장	임용장	직인과 국새

(ㄹ)	(ㅁ)
임명장	국 새

20 소방공무원 관계법령에 대한 다음 내용 중 옳은 것은? `14년 소방위`

① 승진임용제한기간 중에 있는 자가 다시 징계처분을 받은 경우의 승진임용제한기간은 전 처분에 대한 제한기간이 끝난 날부터 계산한다.
② 승진소요최저근무연수를 경과한 소방령이 대우공무원으로 선발되기 위해서는 해당 계급에서 5년 이상 기간 동안 근무해야 한다.
③ 대우공무원이 징계 또는 직위해제처분을 받거나 휴직하게 되면 대우공무원수당 지급도 중단된다.
④ 근무성적평정의 가점사유가 발생하여 소명한 자가 있는 경우에는 승진대상자명부를 조정해야 한다.

21 국가공무원법에 따른 징계사유의 시효가 나머지 셋과 다른 것은?

① 음주운전　　② 공금의 횡령
③ 공금의 유용　　④ 금품의 수수

22 소방공무원법에 따른 위원회의 위원장 자격에 대한 설명으로 옳은 것은?

① 소방청에 설치하는 소방공무원 인사위원회 – 소방청장
② 소방교육발전위원회 – 소방청 소방공무원 교육훈련 담당 과장
③ 시·도에 설치하는 소방공무원 인사위원회 – 정무부시장 또는 행정부지사
④ 중앙승진심사위원회 – 위원 중에 소방청장이 임명

23 징계처분을 받은 소방공무원의 해당 인사기록카드에 등재된 징계처분의 기록의 말소에 대한 설명으로 옳지 않은 것은?

13, 18, 19, 20년 소방위   15, 18, 20년 통합

① 2020.9.1.에 강등의 징계처분을 받은 경우 소방공무원의 인사기록카드에 등재된 강등의 징계처분의 말소는 2029.12.1.일자에 말소해야 한다.

② 소청심사위원회나 법원에서 직위해제처분의 무효 또는 취소의 결정이나 판결이 확정된 때 말소된 사실을 표기하는 방법에 의한다.

③ 정직처분을 받고 그 집행이 종료된 날로부터 7년이 경과하기 전에 다른 정직처분을 받은 때에는 각각의 징계처분에 대한 해당 기간을 합산한 기간이 경과해야 한다.

④ 징계처분 및 직위해제처분의 말소방법, 절차 등에 관하여 필요한 사항은 소방청장이 정한다.

24 소방공무원의 채용시험 또는 소방간부후보생 선발시험장에서 시험 시작 전에 시험문제를 열람하는 행위를 한 사람에 대한 조치로 옳은 내용은?

① 그 시험을 정지 또는 무효로 하고, 그 처분이 있은 날부터 5년간 이 소방공무원 시험의 응시자격을 정지한다.

② 그 시험을 정지 또는 무효로 하거나 그 시험장에서 퇴실조치를 한다.

③ 그 시험을 정지 또는 무효로 하고, 그 처분이 있은 날부터 3년간 이 소방공무원 시험의 응시자격을 정지한다.

④ 그 시험을 정지하거나 무효로 한다.

25 소방공무원 관계법령의 설명으로 옳지 않은 것은?

① 대우공무원의 선발 또는 수당 지급에 중대한 착오가 발생한 경우에는 임용권자 또는 임용제청권자는 이를 정정하고 대우공무원수당을 소급하여 지급할 수 있다.

② 경력평점의 평정점 계산은 소방정을 제외하고 25점을 만점으로 하고 소수점 이하 셋째 자리까지 계산한다.

③ 소방공무원공개경쟁채용시험과 승진시험의 실시에 관하여 필요한 사항을 시험 실시 20일 전까지 공고해야 하는 규정 내용은 같다.

④ "강임"이란 동종의 직무 내에서 하위의 직위에 임명하는 것을 말한다.

01 소방공무원법에서 규정한 임용권자의 임용에 관한 설명으로 옳지 않은 것은?

① 소방령 이상의 소방공무원은 소방청장의 제청으로 국무총리를 거쳐 대통령이 임용한다.

② 소방준감 이하의 소방공무원에 대한 전보·휴직·직위해제·강등·정직 및 복직은 소방청장이 행한다.

③ 소방감의 모든 임용은 대통령이 임용한다.

④ 소방정의 신규채용·승진·강임·면직·해임 및 파면·파견은 대통령이 임용한다.

02 소방공무원법에 따른 각종 위원회의 위원 구성에 대한 설명으로 옳은 것은?

① 중앙승진심사위원회의 위원 구성과 보통승진심사위원회 위원 구성은 같다.

② 소방기관에 설치하는 징계위원회의 구성은 위원장 1명을 포함하여 5명 이상 7명 이하로 구성한다.

③ 인사위원회의 민간위원 인원수는 위원장을 제외한 위원 수의 2분의 1 이상으로 구성한다.

④ 소방공무원 고충심사위원회의 구성은 위원장 1인을 포함한 7명 이상 15명 이하의 위원으로 구성한다.

03 소방공무원 채용시험의 응시자격 제한에 대한 내용 중 적절하지 않은 것은?

① 「국가공무원법」 또는 다른 법령에 의한 공무원임용 결격사유에 해당되지 아니해야 한다.

② 외국어에 능통한 자의 경력경쟁채용시험의 경우 그 외국어 능력을 당해 외국어를 모국어로 사용하는 국가의 국민이 고등학교 교육 또는 이에 준하는 학교교육을 마치고 작문이나 회화를 할 수 있는 수준이어야 한다.

③ 2년 이상의 복무기간을 마치고 전역한 제대군인은 응시연령 상한을 2세 연장한다.

④ 소방공무원 외의 공무원으로서 소방기관에서 소방업무를 담당한 경력이 있는 자를 소방공무원으로 임용하는 경우에는 연령제한을 받지 않는다.

04 다음 중 1년 이내의 전보제한기간을 계산할 때 해당 직위에 임용된 날로 보지 않은 경우로 옳지 않은 것은?

① 직제상의 최저단위 보조기관 내에서의 전보일

② 승진임용일, 강등일 또는 강임일

③ 시보공무원의 정규공무원으로의 임용일

④ 기구의 개편, 직제 또는 정원의 변경으로 담당직무를 달리하여 재발령되는 임용일

05 금품수수로 정직 3월을 받은 자가 징계처분의 종료된 날로부터 승진임용제한기간으로 옳은 것은? 14년 경기

① 6개월　　　② 12개월
③ 18개월　　　④ 24개월

06 인천광역시장은 소속 소방사 홍길동이 1년 동안 국외훈련기관에서 훈련을 받은 경우 교육훈련분야와 관련된 직무분야에서 복무하게 해야 기간으로 옳은 것은?

① 6년 범위에서 교육훈련기간과 같은 기간 1년의 2배인 2년 기간
② 교육훈련기간과 같은 기간 동안
③ 제한 없이 훈련분야와 관련된 직무분야에 근무하면 된다.
④ 6년 범위에서 교육훈련기간과 같은 기간 1년

07 소방공무원의 인사에 관한 통계보고의 제도를 정하여 정기 또는 수시로 필요한 보고를 받을 수 있는 권한이 있는 사람은?

① 행정안전부장관
② 소방청장
③ 시·도지사
④ 시·도 소방본부장

08 소방공무원 신규채용시험 응시자의 최종합격자결정에 관한 설명으로 옳은 것은?

① 공개경쟁채용시험 및 소방간부후보생선발시험의 경우에는 필기시험성적 75퍼센트, 체력시험성적 10퍼센트, 면접시험성적 15퍼센트의 비율로 합산한 성적으로 합격자를 결정한다.
② 경력경쟁채용의 경우 체력시험과 면접시험을 실시하는 경우에는 체력시험성적 75퍼센트 및 면접시험성적 25퍼센트의 비율로 합산한 성적으로 최종합격자를 결정한다.
③ 경력경쟁채용시험의 경우 면접시험만을 실시하는 경우에는 면접시험성적 100퍼센트로 합격자를 결정한다.
④ 경력경쟁채용시험의 경우 필기시험·체력시험 및 면접시험을 실시하는 경우 필기시험성적 60퍼센트, 체력시험성적 30퍼센트 및 면접시험성적 10퍼센트의 비율로 합산한 성적으로 최종합격자를 결정한다.

09 소방업무에 경험이 있는 의용소방대원을 해당 시·도의 소방공무원으로 임용하고자 한다. 옳은 설명을 모두 고른 것은? 15년 소방위

가. 채용계급은 소방사로 한다.
나. 채용방법은 경력경쟁채용시험에 의한다.
다. 필기시험과목 중 필수과목은 국어, 영어, 한국사이다.
라. 응시연령은 23세 이상 40세 이하이며, 응시연령 기준일은 최종시험 예정일로 한다.
마. 채용인원을 설치되는 소방서 119지역대 또는 119안전센터의 공무원의 정원 중 소방사 정원의 3분의 1 이내로 한다.

① 가, 나, 다　　　② 가, 나, 마
③ 가, 다, 라　　　④ 나, 다, 라, 마

10 다음 중 경력평정에 대한 설명으로 옳지 않은 것은? `14년 경기 소방교`

① 소방정 경력평정의 총점은 25점이다.
② 경력평정자는 피평정자가 소속된 기관의 소방공무원 인사 담당 공무원이, 확인자는 평정자의 직근 상급 감독자가 된다.
③ 휴직기간은 경력평정에 산입하지 않는다.
④ 경력평정은 연 2회 실시하되 매년 3월 31일과 9월 30일을 기준으로 한다.

11 시·도 소속의 소방공무원 소방정 000은 본인에 대한 휴직처분이 위법하다고 판단하여 행정소송을 제기하고자 한다. 이때 해당 소송의 피고는 누구인가? `15년 소방위`

① 대통령
② 소방청장
③ 시·도지사
④ 시·도 소방본부장

12 국가공무원법 규정에 따른 징계사유에 해당되지 않는 것은?

① 국가공무원법에 따른 명령을 위반한 경우
② 직무상의 의무(다른 법령에서 공무원의 신분으로 인하여 부과된 의무를 포함한다)에 위반하거나 직무를 태만하였을 때
③ 공무원의 품위를 손상하는 행위를 하였을 때
④ 직무 내외를 불문하고 그 체면 또는 위신을 손상하는 행위를 한 때

13 소방장 000은 2015년 9월 소방위 승진시험(2차 미실시)에서 매 과목 100점 만점의 전 과목 평균 92점을 득점하여 합격하였다. 승진대상자명부의 총평정점에 반영된 평정 조건이 다음과 같을 때 총평정점을 포함한 최종 합격점수(100점 만점)는 얼마인가? `15년 소방위`

> • 근무성적평정 : 최근 2년(4회 평정)의 평정점 평균은 56점
> • 경력평정 : 48개월 10일 근무
> • 교육훈련성적평정 : 직장훈련성적, 체력검정성적 및 전문교육성적은 각각 최고점 획득
> • 모두 정기평정일 2015.06.30. 기준의 해당 계급자이며 계산은 소수점 셋째 자리에서 반올림

① 90.50점 ② 91.60점
③ 93.20점 ④ 96.50점

14 경기도 OO소방서에 근무하는 임꺽정 소방사는 2020년 10월 1일에 정직 1월의 징계처분을 받았다. 해당 소방서 인사기록담당자가 징계말소 시점을 계산한 것으로 옳은 것은?

① 2027년 10월 1일
② 2027년 11월 1일
③ 2025년 10월 1일
④ 2025년 11월 1일

15 공무원보수규정상 호봉의 재획정 시기가 잘못 연결된 것은?

① 새로운 경력을 합산하여야 할 사유가 발생한 경우 : 경력 합산을 신청한 날이 속하는 달의 다음 달 1일에 합산하여 재획정한다.

② 초임호봉 획정 시 반영되지 않았던 경력을 입증할 수 있는 자료를 나중에 제출하는 경우 : 경력 합산을 신청한 날이 속하는 달의 다음 달 1일에 합산하여 재획정한다.

③ 승급제한기간을 승급기간에 산입하는 경우 : 강등 9년, 정직 7년, 감봉 5년, 영창·근신 또는 견책 3년의 승급제한기간이 지난 날이 속하는 달의 다음 달 1일에 합산하여 재획정한다.

④ 휴직, 정직 또는 직위해제 중인 사람 : 복직일에 속한 다음달 1일에 합산하여 재획정한다.

16 소방공무원 신규채용후보자 명부의 유효기간으로 올바른 것은?

① 2년으로 하되, 임용권자는 필요에 따라 6개월 범위 안에서 연장할 수 있다.

② 3년으로 하되, 임용권자는 필요에 따라 1년의 범위 안에서 연장할 수 있다.

③ 2년으로 하되, 임용권자는 필요에 따라 1년의 범위 안에서 그 기간을 연장할 수 있다.

④ 3년으로 하되, 임용권자는 필요에 따라 1년 6개월 범위 안에서 연장할 수 있다.

17 직무수행능력 탁월자로 소방행정발전에 지대한 공헌 실적이 있는 소방공무원의 특별승진계급으로의 범위(제한)로 옳은 것은?

① 소방위 계급으로의 승진에 한한다.
② 소방경 계급으로의 승진에 한한다.
③ 소방령 이하 계급으로의 승진에 한한다.
④ 소방정 이하 계급으로의 승진에 한한다.

18 소방공무원 징계령상 우선심사에 관한 내용이다. ( )의 내용으로 옳은 것은?

> 징계의결등 요구권자는 정년(계급정년을 포함한다)이나 근무기간 만료 등으로 징계등 혐의자의 퇴직 예정일이 ( ) 이내에 있는 징계등 사건에 대해서는 관할 징계위원회에 우선심사를 신청해야 한다.

① 6개월
② 3개월
③ 2개월
④ 1개월

19 공무원보수규정상 승진 등에 따른 호봉의 획정으로 옳지 않은 것은?

① 소방공무원이 승진하는 경우에는 승진된 계급에서의 호봉을 획정한다.

② 승진된 계급에서의 호봉을 획정할 때 승진하는 공무원이 승진일 현재 승진 전의 계급에서 호봉에 반영되지 아니한 잔여기간이 6개월 이상이면 정기승급에도 불구하고 승진일에 승진 전의 계급에서 승급시킨 후에, 승진된 계급에서의 호봉을 획정한다.

③ 계급별 최저호봉에서 승진하는 경우에는 승진되기 전 계급에서의 잔여기간에 한하여 산입한다.

④ 승진되기 전 계급에서의 호봉에 반영되지 아니한 잔여기간은 승진된 계급에서의 다음 승급기간에 산입한다.

20 소방공무원법령의 규정에 따른 대우소방공무원에 대한 설명으로 옳지 않은 것은?
`12년 소방위` `21년 통합`

① 대우공무원으로 선발되기 위해서는 승진소요최저근무연수를 경과한 소방정 이하 소방공무원으로서 해당 계급에서 7년 이상 또는 5년 이상 기간 동안 근무해야 한다.

② 대우공무원이 감임된 경우 감임되는 일자에 자격은 당연히 상실된다.

③ 대우공무원의 발령사항은 인사기록카드에 기록해야 한다.

④ 대우공무원이 징계 또는 직위해제 처분을 받거나 휴직하게 되면 대우공무원수당은 지급을 중단한다.

21 소방공무원의 인사상담 및 고충을 심사하기 위하여 소방공무원 고충심사위원회를 두는 소방기관으로 옳지 않은 것은?

① 소방학교, 시·도 소방본부, 중앙119구조본부

② 소방서

③ 소방청

④ 시·도

22 소방공무원법상 승진대상자명부 조정사유로 옳지 않은 것은? `13년 소방위` `21년 통합`

① 전출입자가 있는 경우

② 가점사유가 발생한 경우

③ 승진소요최저근무연수에 도달한 자가 있는 경우

④ 정기평정일 이후에 근무성적평정을 한 자가 있는 경우

23 소방공무원 근속승진에 대한 설명으로 옳지 않은 것은?

① 소방경 근속승진 대상자는 매년 4월 30일, 10월 31일을 기준으로 8년간 재직하여야 한다.

② 근속승진기간을 단축하는 소방공무원의 인원수는 소방청장이 제한할 수 있다.

③ 국정과제 등 주요 업무의 추진실적이 우수한 소방공무원 또는 적극행정 수행 태도가 돋보인 소방공무원은 1년을 근속승진기간에서 단축할 수 있다.

④ 인력의 균형 있는 배치와 효율적인 활용, 행정기관 상호 간의 협조체제 증진, 국가정책 수립과 집행의 연계성 확보 및 공무원의 종합적 능력발전 기회 부여 등을 위하여 필요하여 인사교류 경력이 있는 소방공무원은 인사교류 기간의 2분의 1에 해당하는 기간을 근속승진기간에서 단축할 수 있다.

24 소방공무원법에 따른 위원회의 위원장 자격에 대한 설명으로 옳지 않은 것은?

① 보통승진심사위원회의 위원장은 소방기관의 장이 임명 또는 위촉한다.

② 고충심사위원회의 위원장은 설치기관 소속 공무원 중에서 인사 또는 감사 업무를 담당하는 과장 또는 이에 상당하는 직위를 가진 사람이 된다.

③ 소방교육훈련정책위원회의 위원장은 중앙소방학교장이 된다.

④ 징계위원회의 위원장은 해당 징계위원회가 설치된 기관의 장의 차순위 계급자가 된다.

25 다음은 소방공무원임용령 및 소방공무원 승진임용 규정에 따른 시험에 있어서 부정행위를 한 자에 대한 조치사항이다. 빈칸에 들어갈 내용으로 옳은 것은?

> 가. 시험에 있어서 부정행위를 한 소방공무원에 대해서는 당해 시험을 (ㄱ) 또는 (ㄴ)로 하며, 당해 소방공무원은 (ㄷ)년간 이 영에 의한 시험에 응시할 수 없다.
>
> 나. 소방공무원의 채용시험 또는 소방간부후보생 선발시험에서 다음의 어느 하나에 해당하는 행위를 한 사람에 대해서는 그 시험을 (ㄱ) 또는 (ㄴ)로 하거나 (ㄹ)하고, 그 처분이 있은 날부터 (ㄷ)년간 이 영에 따른 시험의 응시자격을 (ㄱ)한다.

	(ㄱ)	(ㄴ)	(ㄷ)	(ㄹ)
①	무 효	취 소	3	합격을 철회
②	정 지	무 효	3	합격을 취소
③	무 효	취 소	5	합격을 철회
④	정 지	무 효	5	합격을 취소

정답 및 해설

제1~15회 정답 및 해설

우리는 삶의 모든 측면에서 항상 '내가 가치있는 사람일까?'
'내가 무슨 가치가 있을까?'라는 질문을 끊임없이 던지곤 합니다.
하지만 저는 우리가 날 때부터 가치있다 생각합니다.

- 오프라 윈프리 -

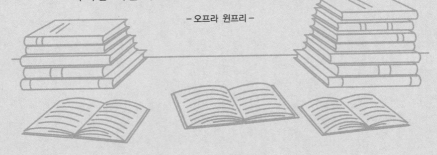

01 정답 및 해설

01	02	03	04	05	06	07	08	09	10	11	12	13	14	15
①	②	①	④	②	③	③	③	①	②	④	①	③	④	②

16	17	18	19	20	21	22	23	24	25					
①	④	③	①	②	③	①	②	③	④					

01 공무원의 구분-국가공무원법 제2조

"경력직공무원"이란 실적과 자격에 따라 임용되고 그 신분이 보장되며 평생 동안(근무기간을 정하여 임용하는 공무원의 경우에는 그 기간 동안을 말한다) 공무원으로 근무할 것이 예정되는 공무원을 말하며, 그 종류는 다음과 같다.

1. 일반직공무원 : 기술·연구 또는 행정 일반에 대한 업무를 담당하는 공무원
2. 특정직공무원 : 법관, 검사, 외무공무원, 경찰공무원, 소방공무원, 교육공무원, 군인, 군무원, 헌법재판소 헌법연구관, 국가정보원의 직원, 경호공무원과 특수 분야의 업무를 담당하는 공무원으로서 다른 법률에서 특정직공무원으로 지정하는 공무원

※ 소방공무원 : 경력직공무원 중 특정직공무원에 해당

02 소방공무원인사위원회의 설치-소방공무원법 제4조

1. 소방공무원의 인사(人事)에 관한 중요사항에 대하여 소방청장의 자문에 응하게 하기 위하여 소방청에 소방공무원인사위원회(이하 "인사위원회"라 한다)를 둔다. 다만, 특별시장·광역시장·특별자치시장·도지사·특별자치도지사(이하 "시·도지사"라 한다)가 임용권을 행사하는 경우에는 특별시·광역시·특별자치시·도·특별자치도(이하 "시·도"라 한다)에 인사위원회를 둔다.
2. 인사위원회의 구성 및 운영에 필요한 사항은 대통령령으로 정한다.

03 신규채용의 구분-소방공무원법 제7조 제1, 2항

신규채용 구분	채용계급
공개경쟁시험	• 소방공무원의 신규채용은 공개경쟁시험으로 한다. • 신규채용 계급 : 소방사, 소방령 ※ 신규채용의 원칙 • 소방위의 신규채용은 대통령령으로 정하는 자격을 갖추고 공개경쟁시험으로 선발된 사람(이하 "소방간부후보생"이라 한다)으로서 정하여진 교육훈련을 마친 사람 중에서 한다.
경력경쟁채용시험	• 경력 등 응시요건을 정하여 같은 사유에 해당하는 다수인을 대상으로 경쟁의 방법으로 채용하는 시험 • 모든 계급에서 선발 가능하다. • 다수인을 대상으로 시험을 실시하는 것이 적당하지 않은 경우 다수인을 대상으로 하지 않은 시험으로 소방공무원을 채용할 수 있다.

04 1 소방공무원 1 직위 부여의 예외(보직 없이 근무할 수 있는 경우)

1. 1년 이상의 해외 파견근무를 위하여 특히 필요하다고 인정하여 2주 이내의 기간 동안 소속 소방공무원을 보직 없이 근무하게 하는 경우
2. 직제의 신설·개편·폐지 시 2개월 이내의 기간 동안 소속 소방공무원을 기관의 신설준비 등을 위하여 보직 없이 근무하게 하는 경우
3. 결원보충이 승인된 파견자 중 다음의 어느 하나에 해당하는 훈련을 위한 파견준비를 위하여 특히 필요하다고 인정하여 2주 이내의 기간 동안 소속 소방공무원을 보직 없이 근무하게 하는 경우
   ㉠ 「공무원 인재개발법」 제13조에 따른 6개월 이상의 위탁교육훈련
   ㉡ 「국제과학기술협력 규정」에 따른 1년 이상의 장기 국외훈련
4. 「국가공무원법」 제43조에 따라 별도정원이 인정되는 휴직자의 복직, 파견된 사람의 복귀 또는 파면·해임·면직된 사람의 복귀 시에 해당 기관에 그에 해당하는 계급의 결원이 없어서 그 계급의 정원에 최초로 결원이 생길 때까지 해당 계급에 해당하는 소방공무원을 보직 없이 근무하게 하는 경우. 이 경우 해당 기관이란 해당 공무원에 대한 임용권자 또는 임용제청권자를 장으로 하는 기관과 그 소속기관을 말한다.

05 승진임용의 구분-소방공무원 승진임용 규정 제3조
소방공무원의 승진임용은 심사승진임용, 시험승진임용 및 특별승진임용으로 구분한다.
※ 근속승진임용은 소방공무원법 제15조에 규정되어 있다.

06 5년 이상 근속한 공무원의 월 중 면직 등의 경우 봉급 지급-공무원보수규정 제24조
① 다음 각 호의 어느 하나에 해당하는 경우에는 면직 또는 제적되거나 휴직한 날이 속하는 달의 봉급 전액을 지급한다.
   1. 5년 이상 근속한 공무원이 월 중에 15일 이상을 근무한 후 면직되는 경우.
   2. 2년 이상 근속한 공무원이 「병역법」이나 그 밖의 법률상 의무를 수행하기 위하여 휴직(그 달 1일자로 휴직한 경우는 제외한다)한 경우
   3. 공무원이 재직 중 공무로 사망하거나 공무상 질병 또는 부상으로 재직 중 사망하여 면직(그 달 1일자로 면직되는 경우는 제외한다) 또는 제적된 경우
② 봉급을 지급하는 경우 징계처분이나 그 밖의 사유로 봉급이 감액(결근으로 인한 봉급의 감액은 제외한다)되어 지급 중인 공무원에게는 감액된 봉급을 계산하여 그 달의 봉급 전액을 지급한다.

07 임용권의 위임-소방공무원임용령 제3조 제3, 4항
소방청장은 중앙119구조본부 소속 소방공무원 중 소방령에 대한 전보·휴직·직위해제·정직 및 복직에 관한 권한과 소방경 이하의 소방공무원에 대한 임용권을 중앙119구조본부장(중앙119구조본부장은 119특수구조대 소속 소방경 이하의 소방공무원에 대한 해당 119특수구조대 안에서의 전보권을 해당 119특수구조대장에게 다시 위임)에게 위임한다.

08 응시연령의 기준일-소방공무원임용령 시행규칙 제23조 제6항
소방공무원의 채용시험에 응시하려는 사람은 공개경쟁시험에 있어서는 최종시험예정일, 경력경쟁채용시험등에 있어서는 임용권자의 시험요구일이 속한 연도에 영 별표 2의 응시연령에 해당해야 한다. 따라서 공개경쟁시험에 있어서는 응시연령 기준일인 최종시험예정일이 속한 연도에 18세 이상 40세 이상에 해당해야 한다.

09 소방공무원의 인사교류-소방공무원법 제9조
소방청장은 소방공무원의 능력을 발전시키고 소방사무의 연계성을 높이기 위하여 소방청과 시·도 간 및 시·도 상호 간에 인사교류가 필요하다고 인정하면 인사교류계획을 수립하여 이를 실시할 수 있다.

10 승진소요최저근무연수–소방공무원 승진임용 규정 제5조

① 휴직기간은 승진소요최저근무연수에 삽입하지 아니하나 일정한 경우 산입에 대해서는「소방공무원 승진임용 규정」제5조 제2항에 따라 육아휴직, 공무상 질병 휴직, 병역복무 등 예외규정이 있다.

11 강임자의 우선승진 임용방법–소방공무원임용령 제55조

동일계급에 강임된 자가 2인 이상인 경우의 우선 승진임용 순위는 강임일자 순으로 하되, 강임일자가 같은 경우에는 강임되기 전의 계급에 임용된 일자의 순에 의한다.

12 관련사건의 관할–소방공무원 징계령 제3조

① 임용권자(임용권을 위임받은 사람을 포함한다. 이하 같다)가 동일한 2명 이상의 소방공무원이 관련된 징계등 사건으로서 관할 징계위원회가 서로 다른 경우에는 다음에 따라 관할한다. 〈2023.10.10. 개정〉
   1. 그중의 1인이 상급소방기관에 소속된 경우에는 그 상급소방기관에 설치된 징계위원회
   2. 각자가 대등한 소방기관에 소속된 경우에는 그 소방기관의 상급소방기관에 설치된 징계위원회
② 관할 징계위원회를 정할 수 없을 때에는 소방서 간의 경우에는 시·도지사가, 시·도 간의 경우에는 소방청장이 정하는 징계위원회에서 관할한다. 〈2023.10.10. 개정〉

13 승진대상자명부의 효력–소방공무원 승진임용 규정 제14조

승진대상자명부는 그 작성 기준일 다음날로부터 효력을 가진다. 다만, 승진대상자명부를 조정하거나 삭제한 경우에는 조정한 날로부터 효력을 가진다.

14 통계보고–소방공무원임용령 제7조

소방청장은 소방공무원의 인사에 관한 통계보고의 제도를 정하여 시·도지사, 중앙소방학교장, 중앙119구조본부장 및 국립소방연구원장으로부터 정기 또는 수시로 필요한 보고를 받을 수 있다.

15 소방공무원의 교육훈련성적의 평정은 소방정 이하의 소방공무원을 대상으로 실시하며, 계급별 평정대상 교육훈련성적 및 평점은 다음과 같다.

계급구분 교육훈련성적 평점	소방정	소방령·소방경·소방위	소방장 이하
소방정책관리자교육성적	10	해당 없음	
관리역량교육성적	해당 없음	3	해당없음
전문교육훈련성적		3	3
직장훈련성적		4	4
체력검정성적		5	5
전문능력성적		해당 없음	3
만 점	10	15	15

16 징계처분기록의 말소

인사기록관리자는 징계처분을 받은 소방공무원이 다음의 어느 하나에 해당하는 때에는 해당 소방공무원의 인사기록카드에 등재된 징계처분의 기록을 말소해야 한다.

- 징계처분의 집행이 종료된 날로부터 다음의 기간이 경과한 때

강 등	정 직	감 봉	견 책
9년	7년	5년	3년

- 소청심사위원회나 법원에서 징계처분의 무효 또는 취소의 결정이나 판결이 확정된 때
- 징계처분에 대한 일반사면이 있은 때

17 승진심사결과의 보고—소방공무원 승진임용 규정 제25조

1. 승진심사위원회는 승진심사를 완료한 때에는 지체 없이 다음의 서류를 작성하여 중앙승진심사위원회에 있어서는 소방청장에게, 보통승진심사위원회에 있어서는 당해 위원회가 설치된 기관의 장에게 보고해야 한다.
   ㉠ 승진심사의결서
   ㉡ 승진심사종합평가서
   ㉢ 승진임용예정자로 선발된 자 및 선발되지 않은 자의 명부
2. 승진임용예정자로 선발된 자의 명부는 승진심사종합평가성적이 우수한 자 순으로 작성해야 한다.

18 고충심사위원회—소방공무원법 제27조

- 소방공무원의 인사상담 및 고충을 심사하기 위하여 소방청, 시·도 및 대통령령으로 정하는 소방기관에 소방공무원 고충심사위원회를 둔다.
※ 대통령령으로 정하는 소방기관이란 중앙소방학교·중앙119구조본부·국립소방연구원·지방소방학교·서울종합방재센터·소방서·119특수대응단 및 소방체험관을 말한다.
- 소방공무원 고충심사위원회의 심사를 거친 소방공무원의 재심청구와 소방령 이상의 소방공무원의 인사상담 및 고충은 「국가공무원법」에 따라 설치된 중앙고충심사위원회에서 심사한다.

19 보수자료 조사—공무원보수규정 제3조

① 인사혁신처장은 보수를 합리적으로 책정하기 위하여 민간의 임금, 표준생계비 및 물가의 변동 등에 대한 조사를 한다.
② 인사혁신처장은 각 중앙행정기관의 장에게 소속 공무원과 그 기관의 감독을 받는 공공기관 등의 임직원의 보수에 관한 자료를 제출할 것을 요청할 수 있다.
③ 인사혁신처장은 민간의 임금에 대한 조사를 하기 위하여 필요하면 세무행정기관이나 그 밖의 관련 행정기관의 장에게 협조를 요청할 수 있다.
④ 재외공관의 장은 그 재외공관 소재지의 물가지수, 외환시세의 변동상황 등 재외공무원의 보수를 합리적으로 책정하기 위하여 필요한 자료를 수집하여 매년 정기적으로 외교부장관에게 보고하여야 하며, 외교부장관은 인사혁신처장에게 이를 통보하여야 한다.

20 특별유공자의 공적은 소방공무원이 해당 계급에서 이룩한 공적으로 한정한다.

21
- 소방장에서 소방위로의 승진소요최저근무연수 : 1년
- 소방위에서 소방경으로의 근속승진을 위한 재직기간 : 8년

22 특별유공자의 특별승진-소방공무원 승진임용 규정 제38조
공무원임용령 제35조의2 제5항에 따라 인사혁신처장이 정하는 국무총리 표창 이상의 포상을 받은 사람을 특별승진임용할
때에는 계급별 정원을 초과하여 임용할 수 있으며, 정원과 현원이 일치할 때까지 그 인원에 해당하는 정원이 해당 기관에
따로 있는 것으로 본다.

23 소방공무원 경력평정은 승진소요최저근무연수가 경과된 소방정 이하의 소방공무원을 대상으로 한다.

24 신규채용방법-소방공무원임용령 제19조
1. 원칙적으로 임용권자는 채용후보자명부의 등재순위에 따라 임용해야 한다. 다만, 채용후보자가 소방공무원으로 임용
   되기 전에 임용과 관련하여 소방공무원 교육훈련기관에서 교육훈련을 받은 경우에는 그 교육훈련성적 순위에 따라
   임용해야 한다.
2. 임용권자는 다음의 어느 하나에 해당하는 경우에는 그 순위에 관계없이 임용할 수 있다.
   ㉠ 임용예정기관에 근무하고 있는 소방공무원 외의 공무원을 소방공무원으로 임용하는 경우
   ㉡ 6개월 이상 소방공무원으로 근무한 경력이 있거나 임용 예정직위에 관련된 특별한 자격이 있는 사람을 임용하는
      경우
   ㉢ 도서·벽지·군사분계선 인접지역 등 특수지역 근무희망자를 그 지역에 배치하기 위하여 임용하는 경우
   ㉣ 채용후보자의 피부양가족이 거주하고 있는 지역에 근무할 채용후보자를 임용하는 경우
   ㉤ 소방공무원의 직무수행과 관련한 실무수습 중 사망한 시보임용예정자를 소급하여 임용하는 경우

25 소방기장은 정복을 착용한 때에 패용한다. 다만, 직무수행상 패용하기 곤란한 경우에는 패용하지 않을 수 있다.

02 | 정답 및 해설

01	02	03	04	05	06	07	08	09	10	11	12	13	14	15
③	②	③	③	③	④	④	③	②	③	④	③	③	①	④

16	17	18	19	20	21	22	23	24	25					
③	①	②	②	④	①	①	③	④	③					

01 공무원의 구분-국가공무원법 제2조

구 분		공무원의 종류
경력직 공무원	일반직공무원	기술·연구 또는 행정 일반에 대한 업무를 담당하는 공무원
	특정직공무원	법관, 검사, 외무공무원, 경찰공무원, 소방공무원, 교육공무원, 군인, 군무원, 헌법재판소 헌법연구관, 국가정보원의 직원, 경호공무원과 특수 분야의 업무를 담당하는 공무원으로서 다른 법률에서 특정직공무원으로 지정하는 공무원
특수 경력직 공무원	정무직공무원	• 선거로 취임하거나 임명할 때 국회의 동의가 필요한 공무원 • 고도의 정책결정 업무를 담당하거나 이러한 업무를 보조하는 공무원으로서 법률이나 대통령령(대통령비서실 및 국가안보실의 조직에 관한 대통령령만 해당한다)에서 정무직으로 지정하는 공무원
	별정직공무원	비서관·비서 등 보좌업무 등을 수행하거나 특정한 업무 수행을 위하여 법령에서 별정직으로 지정하는 공무원

02 소방공무원 인사위원회의 설치-소방공무원법 제4조

1. 소방공무원의 인사(人事)에 관한 중요사항에 대하여 소방청장의 자문에 응하게 하기 위하여 소방청에 소방공무원인사위원회(이하 "인사위원회"라 한다)를 둔다. 다만, 특별시장·광역시장·특별자치시장·도지사·특별자치도지사(이하 "시·도지사"라 한다)가 임용권을 행사하는 경우에는 특별시·광역시·특별자치시·도·특별자치도(이하 "시·도"라 한다)에 인사위원회를 둔다.
2. 인사위원회의 구성 및 운영에 필요한 사항은 대통령령으로 정한다.

03 소방공무원 공개경쟁채용시험의 필기실험 과목표-소방공무원임용령 별표 3

과목별 계 급	제1차 시험과목(필수)	제2차 시험과목	
		필수과목	선택과목
소방령	한국사, 헌법, 영어	행정법, 소방학개론	물리학개론, 화학개론, 건축공학개론, 형법, 경제학 중 2과목
소방사	한국사, 영어, 소방학개론, 행정법총론, 소방관계법규		

비 고

1. 소방학개론은 소방조직, 재난관리, 연소·화재이론, 소화이론 분야로 하고, 분야별 세부내용은 소방청장이 정한다.
2. 소방관계법규는 다음의 법령으로 한다.
    가. 「소방기본법」, 같은 법 시행령 및 같은 법 시행규칙
    나. 「소방시설공사업법」, 같은 법 시행령 및 같은 법 시행규칙
    다. 「소방시설 설치 및 관리에 관한 법률」 및 그 하위법령
    라. 「화재의 예방 및 안전관리에 관한 법률」 및 그 하위법령
    마. 「위험물안전관리법」 및 그 하위법령

04 보직관리원칙 및 초임소방공무원의 보직-소방공무원임용령 제25조, 제26조

- 임용권자 또는 임용제청권자는 법령에서 따로 정하거나 임용령에 정하는 경우를 제외하고는 소속 소방공무원을 하나의 직위에 임용해야 한다.
- 임용권자 또는 임용제청권자는 소속 소방공무원을 보직할 때 해당 소방공무원의 전공분야·교육훈련·근무경력 및 적성 등을 고려하여 능력을 적절히 발전시킬 수 있도록 하여야 한다.
- 상위계급의 직위에 하위계급자를 보직하는 경우는 해당 기관에 상위계급의 결원이 있고, 「소방공무원 승진임용 규정」에 따른 승진임용후보자가 없는 경우로 한정한다.
- 특수한 자격증을 소지한 사람은 특별한 사정이 없으면 그 자격증과 관련되는 직위에 보직하여야 한다.
- 임용권자 또는 임용제청권자는 소방공무원을 보직하는 경우에는 특별한 사정이 없으면 배우자 또는 직계존속이 거주하는 지역을 고려하여 보직해야 한다.
- 임용권자 또는 임용제청권자는 이 영이 정하는 보직관리기준 외에 소방공무원의 보직에 관하여 필요한 세부기준(전보의 기준을 포함한다)을 정하여 실시하여야 한다.
- 소방간부후보생을 소방위로 임용할 때에는 최하급 소방기관(소방청, 중앙소방학교, 중앙119구조본부, 국립소방연구원, 시·도의 소방본부·지방소방학교 및 서울종합방재센터를 제외한 소방기관)에 보직하여야 한다.

05 소방공무원 승진임용 방법

승진임용의 구분	각 계급으로의 승진
임용권자 임의선발	소방감 이상 계급으로의 승진임용
승진심사	• 소방준감 이하 계급으로의 승진임용 • 소방정 이하 계급의 소방공무원에 대해서는 대통령령으로 정하는 바에 따라 계급별로 승진대상자명부를 작성해야 한다.
승진심사와 시험승진	소방령 이하 계급으로의 승진은 대통령령으로 정하는 비율에 따라 승진심사와 승진시험을 병행할 수 있다.
근속승진	해당 계급에서 일정기간 동안 재직한 사람에 대하여 상위직급의 정원에 관계없이 승진임용하는 제도이다. (일정기간 : 소방교의 승진임용은 4년 이상, 소방장으로의 승진임용은 5년 이상, 소방위로의 승진임용은 6년 6개월 이상, 소방경으로의 승진임용은 8년 이상)
특별승진	• 청렴과 봉사정신으로 직무에 정려하여 다른 공무원의 귀감이 되는 공적이 있다고 인정되는 자 : 소방령 이하 계급으로의 승진 • 소속기관의 장이 직무 수행능력이 탁월하여 소방행정발전에 지대한 공헌실적이 있다고 인정하는 자 : 소방령 이하 계급으로의 승진 • 창안등급 동상 이상을 받은 자로서 소방행정발전에 기여한 실적이 뚜렷한 자 : 소방령 이하의 계급으로의 승진 • 20년 이상 근속하고 정년퇴직일 전 1년 이상의 기간 중 자진하여 퇴직하는 자로서 재직 중 특별한 공적이 있다고 인정되는 자 : 소방정감 이하 계급으로의 승진 • 순직자 : 모든 계급으로의 승진

06 교육훈련성적평정의 시기·방법 기타 필요한 사항은 행정안전부령으로 정한다.

07 임용권의 위임–소방공무원임용령 제3조 제6항
시·도지사는 그 관할구역안의 지방소방학교·서울종합방재센터·소방서 소속 소방경 이하(서울소방학교·경기소방학교 및 서울종합방재센터의 경우에는 소방령 이하)의 소방공무원에 대한 해당 기관 안에서의 전보권과 소방위 이하의 소방공무원에 대한 휴직·직위해제·정직 및 복직에 관한 권한을 지방소방학교장·서울종합방재센터장 또는 소방서장에게 위임한다. 따라서 서울소방학교·경기소방학교의 소방령의 전보권만 해당 소방학교장에게 위임한 것으로 부산소방학교 소방령에 대한 전보권은 부산광역시장이 행한다.

08 신규채용의 자격조건–소방공무원임용령 제43조 제4, 5항
• 소방간부후보생 선발시험 및 소방사 공개경쟁선발시험 응시하려는 사람은 제1종 운전면허 중 대형면허 또는 보통면허를 받은 자이어야 한다(제4항).
• 임용권자는 소방장 이하 소방공무원의 경력경쟁채용시험등에 응시하려는 사람에 대하여도 제1종 운전면허 중 대형면허 또는 보통면허를 응시자격을 갖추도록 할 수 있다(제5항).

09 소방공무원의 인사교류 등–소방공무원임용령 제29조
소방청장은 다음의 경우 시·도 상호 간 소방공무원의 인사교류계획을 수립하여 실시할 수 있다.
• 시·도 간 인력의 균형 있는 배치와 소방행정의 균형 있는 발전을 위하여 시·도 소속 소방령 이상의 소방공무원을 교류하는 경우
• 시·도 간의 협조체제 증진 및 소방공무원의 능력발전을 위하여 시·도 간 교류하는 경우
• 시·도 소속 소방경 이하의 소방공무원의 연고지배치를 위하여 필요한 경우

10 승진임용제한기간 등의 단축–소방공무원 승진임용 규정 제6조
소방공무원이 징계처분을 받은 후 해당 계급에서 훈장·포장·모범공무원포상·국무총리 이상의 표창 또는 제안의 채택·시행으로 포상을 받은 경우에는 승진임용 제한기간의 2분의 1을 단축할 수 있다.

11 벌칙–소방공무원법 제34조
화재 진압 또는 구조·구급 활동을 할 때 소방공무원을 지휘·감독하는 자로서 정당한 이유 없이 그 직무수행을 거부 또는 유기하거나 소방공무원을 지정된 근무지에서 진출·후퇴 또는 이탈하게 한 자는 5년 이하의 징역 또는 금고에 처한다.

12 관련사건의 징계의 관할–소방공무원 징계령 제3조
임용권자가 동일한 2인 이상의 소방공무원이 관련된 징계 또는 징계부가금 부과사건으로서 관할 징계위원회가 서로 다른 경우에는 다음에 따라 관할한다.
1. 그중의 1인이 상급소방기관에 소속된 경우에는 그 상급소방기관에 설치된 징계위원회
2. 각자가 대등한 소방기관에 소속된 경우에는 그 소방기관의 상급소방기관에 설치된 징계위원회

13 승진대상자명부의 삭제사유-소방공무원 승진임용 규정 시행규칙 제20조
- 전·출입자가 있는 경우
- 승진임용의 제한 사유가 있는 경우
- 승진심사대상 제외 사유가 발생하거나 소멸한 사람의 경우
- 퇴직자가 있는 경우
- 승진임용되거나 승진후보자로 확정된 사람

※ 경력평정 또는 교육훈련성적평정을 재평정한 경우에는 승진대상자명부의 비고란에 그 정정사유를 적는다.

14 인사발령을 위한 구비서류

발령구분	구비서류	비 고
신규임용	인사기록카드　　　　　1통 최종학력증명서　　　　1통 경력증명서　　　　　　1통 소방공무원채용신체검사서 1통 신원조사회보서　　　　1통 사 진　　　　　　　　3장 (모자를 쓰지 않은 상반신 명함판)	소방령 이상은 2통 종합병원장 발행

15 승진대상자명부의 제출-소방공무원 승진임용 규정 제15조 제1항
승진대상자명부 작성기관의 장은 승진대상자명부 작성기준일로부터 30일 이내에 해당 계급의 승진심사를 실시하는 기관의 장에게 승진대상자명부를 제출해야 한다.

16 인사기록의 열람-소방공무원임용령 시행규칙 제15조 제1항
인사기록은 다음의 사람을 제외하고는 이를 열람할 수 없다.
1. 인사기록관리자
2. 인사기록관리담당자
3. 인사기록관리자의 허가받은 본인
4. 기타 소방공무원 인사자료의 보고 등을 위하여 필요하여 인사기록관리자의 허가를 받은 사람

17 승진후보자의 승진임용비율 등-소방공무원 승진임용 규정 제27조

구 분	내 용
임용비율	심사승진후보자와 시험승진후보자가 있을 때에는 승진임용인원의 60퍼센트를 심사승진후보자로 하고, 40퍼센트를 시험승진후보자로 한다.
임용방법	• 심사승진후보자명부 및 시험승진후보자명부에 등재된 순위에 따라 임용하되, • 각 후보자명부에 등재된 동일 순위자를 각각 다른 시기에 임용할 경우에는 심사승진후보자를 우선 임용하고 시험승진후보자를 임용해야 한다. • 특별승진후보자는 심사승진후보자 및 시험승진후보자에 우선하여 임용할 수 있다.

18 소방기장의 종류와 수여대상자의 구분
- 소방지휘관장 : 소방령 이상인 소방기관의 장에게 수여
- 소방근속기장 : 소방공무원으로 일정 기간 이상 근속한 사람에게 수여
- 소방공로기장 : 표창을 받은 사람 또는 화재진압 및 인명구조·구급 등 소방활동 시 공로가 인정된 사람에게 수여
- 소방경력기장 : 각 보직에서 일정 기간 이상 근무한 경력이 있는 사람에게 수여
- 소방기념장 : 국가 주요행사 또는 주요사업과 관련된 업무수행 시 공헌한 사람에게 수여

19 교육훈련의 성과측정 등(소방공무원 교육훈련규정 제9조)
- 소방청장은 교육훈련기관에서의 교육, 직장훈련 및 위탁교육훈련의 내용·방법 및 성과 등을 정기 또는 수시로 확인·평가하여 이를 개선·발전시켜야 한다.
- 확인·평가 등에 필요한 사항은 소방청장(소방공무원 훈련교육성적 평정규정)이 정한다.

20 특별승진의 실시-소방공무원 승진임용 규정 제40조
소방공무원의 특별승진은 소방청장 또는 시·도지사가 필요하다고 인정하면 수시로 실시할 수 있다.

21 승진대상자명부의 작성기준-소방공무원 승진임용 규정 제11조
승진에 필요한 요건을 갖춘 소방정에 대해서는 근무성적평정점 70퍼센트, 경력평정점 20퍼센트 및 교육훈련성적평정점 10퍼센트의 비율에 따라, 소방령 이하 계급의 소방공무원에 대해서는 근무성적평정점 70퍼센트, 경력평정점 15퍼센트 및 교육훈련성적평정점 15퍼센트의 비율에 따라 계급별로 승진대상자명부를 작성해야 한다. 〈2024.1.2. 개정〉

계급구분	근무성적평정점	경력평정점	교육훈련성적평정점
소방정	70%	20%	10%
소방령 이하	70%	15%	15%

22 용어의 정의-공무원보수규정 제2조

용 어	정 의
보 수	봉급과 그 밖의 각종 수당을 합산한 금액을 말한다. 다만, 연봉제 적용대상 공무원은 연봉과 그 밖의 각종 수당을 합산한 금액을 말한다.
봉 급	직무의 곤란성과 책임의 정도에 따라 직책별로 지급되는 기본급여 또는 직무의 곤란성과 책임의 정도 및 재직기간 등에 따라 계급(직무등급이나 직위를 포함한다. 이하 같다)별, 호봉별로 지급되는 기본급여를 말한다.
수 당	직무여건 및 생활여건 등에 따라 지급되는 부가급여를 말한다.
승 급	일정한 재직기간의 경과나 그 밖에 법령의 규정에 따라 현재의 호봉보다 높은 호봉을 부여하는 것을 말한다.
승 격	외무공무원이 현재 임용된 직위의 직무등급보다 높은 직무등급의 직위(고위공무원단 직위는 제외한다)에 임용되는 것을 말한다.

23 승진대상자명부의 작성–소방공무원 승진임용 규정 제11조 제4항

승진대상자명부 및 승진대상자통합명부는 매년 4월 1일과 10월 1일을 기준으로 하여 작성한다.

24 신규채용 임용순위 예외–소방공무원임용령 제19조 제2항

임용권자는 다음의 어느 하나에 해당하는 경우에는 그 순위에 관계없이 임용할 수 있다.
- 임용예정기관에 근무하고 있는 소방공무원 외의 공무원을 소방공무원으로 임용하는 경우
- 6개월 이상 소방공무원으로 근무한 경력이 있거나 임용예정직위에 관련된 특별한 자격이 있는 사람을 임용하는 경우
- 도서・벽지・군사분계선 인접지역 등 특수지역 근무희망자를 그 지역에 배치하기 위하여 임용하는 경우
- 채용후보자의 피부양가족이 거주하고 있는 지역에 근무할 채용후보자를 임용하는 경우
- 소방공무원의 직무수행과 관련한 실무수습 중 사망한 시보임용예정자를 소급하여 임용하는 경우

25 부정행위자에 대한 조치

그 시험을 정지 또는 무효로 하거나 합격을 취소하고, 5년간 응시자격을 정지 사유	그 시험 정지하거나 무효 사유
• 다른 수험생의 답안지를 보거나 본인의 답안지를 보여주는 행위 • 대리 시험을 의뢰하거나 대리로 시험에 응시하는 행위 • 통신기기, 그 밖의 신호 등을 이용하여 해당 시험 내용에 관하여 다른 사람과 의사소통하는 행위 • 부정한 자료를 가지고 있거나 이용하는 행위 • 병역, 가점 또는 영어능력검정시험 성적에 관한 사항 등 시험에 관한 증명서류에 거짓 사실을 적거나 그 서류를 위조・변조하여 시험결과에 부당한 영향을 주는 행위 • 체력시험에 영향을 미칠 목적으로 인사혁신처장이 정하여 고시하는 금지약물을 복용하거나 금지방법을 사용하는 행위 • 그 밖에 부정한 수단으로 본인 또는 다른 사람의 시험결과에 영향을 미치는 행위	• 시험 시작 전에 시험문제를 열람하는 행위 • 시험 시작 전 또는 종료 후에 답안을 작성하는 행위 • 허용되지 않은 통신기기 또는 전자계산기기를 가지고 있는 행위 • 그 밖에 시험의 공정한 관리에 영향을 미치는 행위로서 시험실시권자가 시험의 정지 또는 무효 처리기준으로 정하여 공고한 행위

03 정답 및 해설

제3회 ▶ 정답 및 해설

01	02	03	04	05	06	07	08	09	10	11	12	13	14	15
③	④	③	②	②	④	④	②	②	①	④	②	①	③	②
16	17	18	19	20	21	22	23	24	25					
②	②	③	②	④	③	①	④	③	③					

01 소방공무원법의 목적-소방공무원법 제1조
이 법은 소방공무원의 책임 및 직무의 중요성과 신분 및 근무조건의 특수성에 비추어 그 임용, 교육훈련, 복무, 신분보장 등에 관하여 국가공무원법에 대한 특례를 규정하는 것을 목적으로 한다.

02 소방공무원 인사위원회의 설치-소방공무원법 제4조
• 소방공무원의 인사(人事)에 관한 중요사항에 대하여 소방청장의 자문에 응하게 하기 위하여 소방청에 소방공무원 인사위원회를 둔다. 다만, 시・도지사가 임용권을 행사하는 경우에는 시・도에 인사위원회를 둔다.
• 인사위원회의 구성 및 운영에 필요한 사항은 대통령령으로 정한다.

03 경력 등 응시요건을 정하여 같은 사유에 해당하는 다수인을 대상으로 경쟁의 방법으로 소방공무원을 신규채용하는 시험을 경력경쟁채용시험등이라 한다.

04 초임 소방공무원의 보직-소방공무원임용령 제26조
1. 소방간부후보생을 소방위로 임용할 때에는 최하급 소방기관에 보직해야 한다.
2. 신규채용을 통해 소방사로 임용된 사람은 최하급 소방기관에 보직해야 한다. 다만, 행정안전부령으로 정하는 자격증소지자를 해당 자격 관련부서에 보직하는 경우에는 그렇지 않다.
※ 최하급 소방기관의 외근부서(×)

05 ① 소방정 이하 계급의 소방공무원에 대해서는 대통령령이 정하는 바에 따라 계급별로 승진심사대상자명부를 작성해야 한다.
③ 소방령 이하 계급으로의 승진은 대통령령이 정하는 비율에 따라 승진심사와 승진시험을 병행할 수 있다.
④ 소방준감 이하 계급으로의 승진은 심사승진후보자명부의 순위에 따른다.

06 소방교육훈련정책위원회 위원-소방공무원 교육훈련규정 제2조
- 소방청 기획조정관
- 소방청 소방공무원 교육훈련 담당 과장급 공무원
- 중앙소방학교의 장
- 특별시·광역시·특별자치시·도·특별자치도 소방본부의 소방공무원 교육훈련 담당 과장급 공무원
- 각 지방소방학교의 장
- 소방청 소속 과장급 직위의 공무원 중 소방청장이 지명하는 사람

07 임용권자

임용권자	임용사항
중앙소방학교장	• 중앙소방학교 소속 소방령에 대한 정직·전보·휴직·직위해제·복직(강등×) • 소속 소방경 이하의 소방공무원 임용
중앙119구조본부장	• 중앙119구조본부 소속 소방령에 대한 정직·전보·휴직·직위해제·복직(강등×) • 소속 소방경 이하의 소방공무원 임용(119특수구조대 소속 소방경 이하 전보권 제외)
119특수구조대장	소속 소방경 이하에 대한 해당 119특수구조대 안에서의 전보권

08 소방공무원 채용시험 응시연령-소방공무원임용령 제43조 제1항

계급별	공개경쟁채용시험	경력경쟁채용시험등		
		기술자격자 등 일반	항 공	의무소방원
소방령 이상	25세 이상 40세 이하	20세 이상 45세 이하		
소방경, 소방위		23세 이상 40세 이하	23세 이상 45세 이하	
소방장, 소방교		20세 이상 40세 이하	23세 이상 40세 이하	
소방사	18세 이상 40세 이하	18세 이상 40세 이하		20세 이상 30세 이하 〈2024.1.1. 시행〉
소방간부후보생	21세 이상 40세 이하			

※ 항공분야 : 사업·운송용조종사 또는 항공·항공공장정비사에 대한 경력경쟁채용시험을 말함

09 시·도 상호 간에 소방공무원의 인사교류를 할 수 있는 경우-소방공무원임용령 제29조
- 시·도 간 인력의 균형 있는 배치와 소방행정의 균형 있는 발전을 위하여 시·도 소속 소방령 이상의 소방공무원을 교류하는 경우
- 시·도 간의 협조체제 증진 및 소방공무원의 능력발전을 위하여 시·도 간 교류하는 경우
- 시·도 소속 소방경 이하의 소방공무원의 연고지배치를 위하여 필요한 경우

구 분	소방령 이상	소방경 이하
교류사유	• 시·도 간 인력의 균형 있는 배치 • 소방행정의 균형 있는 발전	연고지 배치를 위해 필요시
교류인원	필요한 최소한의 원칙	필요한 최소한의 원칙 적용 제외
계급제한 제외	시·도 간의 협조체제 증진 및 소방공무원의 능력발전을 위하여 인사교류의 경우 교류인원의 필요한 원칙이 적용되나 계급제한은 없다.	

10 승진임용 제한기간 등의 단축-소방공무원 승진임용 규정 제6조

소방공무원이 징계처분을 받은 후 해당 계급에서 훈장·포장·모범공무원포상·국무총리 이상의 표창 또는 제안의 채택·시행으로 포상을 받은 경우에는 승진임용 제한기간의 2분의 1을 단축할 수 있다.

11 벌칙-소방공무원법 제34조

다음의 어느 하나에 해당하는 자는 5년 이하의 징역 또는 금고에 처한다.
• 화재 진압 업무에 동원된 소방공무원으로서 직무에 관한 보고나 통보를 할 때 거짓 보고나 통보를 한 자
• 화재 진압 업무에 동원된 소방공무원으로서 직무를 게을리하거나 유기한 자
• 화재 진압 업무에 동원된 소방공무원으로서 상관의 직무상 명령에 불복하거나 직장을 이탈한 자
• 화재 진압 또는 구조·구급 활동을 할 때 소방공무원을 지휘·감독하는 자로서 정당한 이유 없이 그 직무수행을 거부 또는 유기하거나 소방공무원을 지정된 근무지에서 진출·후퇴 또는 이탈하게 한 자

12 시·도 소방공무원 징계위원회

• 소속 소방공무원의 징계 또는 징계부가금 부과 사건의 심의·의결
• 지방소방학교·서울종합방재센터·소방서 소속 소방위 이하 소방공무원의 징계사건은 제외

13 승진대상자명부의 조정 사유

• 전출자나 전입자가 있는 경우
• 퇴직자가 있는 경우
• 승진소요최저근무연수에 도달한 자가 있는 경우
• 승진임용의 제한사유가 발생하거나 소멸한 사람이 있는 경우
• 정기평정일 이후에 근무성적평정을 한 자가 있는 경우
• 승진심사대상 제외 사유가 발생하거나 소멸한 사람이 있는 경우
• 경력평정 또는 교육훈련성적평정을 한 후에 평정사실과 다른 사실이 발견되는 등의 사유로 재평정을 한 사람이 있는 경우 ※ 가점사유가 발생한 경우(×)
• 승진임용되거나 승진후보자로 확정된 사람이 있는 경우
• 승진대상자명부 작성의 단위를 달리하는 기관으로 전보된 경우

14 결원의 적기보충-소방공무원임용령 제6조

임용권자 또는 임용제청권자는 해당 기관에 결원이 있는 경우에는 지체 없이 결원보충에 필요한 조치를 해야 한다.

15 ① 승진대상자명부 및 승진대상자통합명부는 매년 4월 1일과 10월 1일을 기준으로 하여 작성한다(승진임용 규정 제11조).
③ 소방령 이하 소방장 이상 계급의 근무성적평정점은 명부작성 기준일부터 최근 2년 이내에 해당 계급에서 4회 평정한 평정점의 평균을 대상으로 한다(승진임용 규정 시행규칙 제19조).
④ 승진대상자명부는 작성기준일로부터 20일 이내에 작성해야 한다(승진임용 규정 시행규칙 제19조).

16 인사기록의 수정–소방공무원임용령 시행규칙 제16조
- 인사기록은 다음의 경우를 제외하고는 이를 수정하여서는 아니 된다.
  - 오기한 것으로 판명된 때
  - 본인의 정당한 요구가 있는 때
- 본인의 정당한 요구로 인사기록을 수정할 경우 인사기록관리자는 법원의 판결, 국가기관의 장이 발행한 증빙서류 기타 정당한 서류에 의하여 확인한 후 수정해야 한다.

17 시험실시권의 위임–소방공무원 승진임용 규정 제29조
- 소방청장은 시·도 소속 소방공무원의 소방장 이하 계급으로의 시험실시에 관한 권한을 시·도지사에게 위임한다.
- 시·도지사는 시험을 실시하는 경우 시험의 문제출제를 소방청장에게 의뢰할 수 있다. 이 경우 문제출제를 위한 비용 부담 등에 필요한 사항은 시·도지사와 소방청장이 협의하여 정한다.
- 소방공무원의 승진시험은 소방청장이 실시한다(법 제11조).
- 다만, 소방청장이 필요하다고 인정할 때에는 대통령령으로 정하는 바에 따라 그 권한의 일부를 시·도지사 또는 소방청 소속기관의 장에게 위임할 수 있다(법 제11조 단서).

18 소방공무원 보건안전 및 복지 정책심의위원회–소방공무원 보건안전 및 복지 기본법 제9조
위원회의 사무를 처리하기 위하여 위원회에 간사 1명을 두되, 간사는 소방청 소속 공무원중에서 위원장(소방청 차장)이 지명한다.

19 교육훈련 계획–소방공무원 교육훈련규정 제7조
소방청장은 매년 11월 30일까지 다음 각 호의 사항이 포함된 다음 연도의 소방공무원 교육훈련에 관한 기본정책 및 기본지침을 수립하여 시·도지사와 교육훈련기관의 장에게 통보해야 한다.
- 교육훈련의 목표
- 교육훈련기관에서의 교육, 직장훈련, 위탁교육훈련에 관한 사항
- 기본교육훈련, 전문교육훈련, 기타교육훈련, 자기개발 학습에 관한 사항
- 그 밖에 교육훈련에 필요한 사항

20 특별승진의 일반승진규정 적용 배제–소방공무원 승진임용 규정 제41조
소방공무원으로서 직무수행 중 다른 사람의 모범이 되는 공을 세우고 부상을 입어 사망한 사람 등 순직자의 특별승진의 경우 승진임용 구분별 임용비율과 승진임용예정인원수의 책정, 승진소요최저근무연수, 승진임용의 제한의 규정을 적용하지 않는다.

21 승진임용예정인원수에 따른 승진대상
승진심사는 승진대상자명부 또는 승진대상자통합명부의 순위가 높은 사람부터 차례로 다음 구분에 따른 수만큼의 사람을 대상으로 실시한다.

승진임용예정 인원수	승진심사 대상인 사람의 수
1~10명	승진임용예정인원수 1명당 5배수
11명 이상	승진임용예정인원수 10명을 초과하는 1명당 3배수 + 50명

22 고충심사위원회의 민간위원의 자격
- 소방공무원으로 20년 이상 근무하고 퇴직한 사람
- 대학에서 법학·행정학·심리학·정신건강의학 또는 소방학을 담당하는 사람으로서 조교수 이상으로 재직 중인 사람
- 변호사 또는 공인노무사로 5년 이상 근무한 사람
- 「의료법」에 따른 의료인

23 경력평정-소방공무원 승진임용 규정 제9조
1. 기본경력
    가. 소방정·소방령·소방경 : 평정기준일부터 최근 3년간
    나. 소방위·소방장 : 평정기준일부터 최근 2년간
    다. 소방교·소방사 : 평정기준일부터 최근 1년 6개월간
2. 초과경력
    가. 소방정 : 기본경력 전 2년간
    나. 소방령 : 기본경력 전 4년간
    다. 소방경·소방위 : 기본경력 전 3년간
    라. 소방장 : 기본경력 전 1년간
    마. 소방교·소방사 : 기본경력 전 6개월간

24 응시수수료-소방공무원임용령 제49조 제3항
응시수수료는 다음의 어느 하나에 해당하는 경우에는 해당 금액을 반환해야 한다.
- 응시수수료를 과오납한 경우에는 과오납한 금액
- 시험실시권자의 귀책사유로 시험에 응시하지 못한 경우에는 납부한 응시수수료의 전액
- 응시원서 접수기간 중에 또는 마감일 다음 날부터 시험실시일 3일 전까지 응시의사를 철회하는 경우에는 납부한 응시수수료의 전액

25 시험의 합격자결정-소방공무원임용령 제46조 제6항
임용권자는 공개경쟁채용시험·경력경쟁채용시험등 및 소방간부후보생 선발시험의 최종합격자가 부정행위로 인해 합격이 취소되어 결원을 보충할 필요가 있다고 인정하는 경우 최종합격자의 다음 순위자를 특정할 수 있으면 최종합격자 발표일부터 3년 이내에 다음 순위자를 추가 합격자로 결정할 수 있다.

04 | 정답 및 해설

01	02	03	04	05	06	07	08	09	10	11	12	13	14	15
②	③	④	②	①	④	③	③	②	③	②	②	①	②	②
16	17	18	19	20	21	22	23	24	25					
③	①	④	④	②	②	①	③	③	②					

01 소방공무원법령상 용어의 정의 구분

구 분	소방공무원법상 용어의 정의	소방공무원임용령상 용어의 정의
임 용	신규채용·승진·전보·파견·강임·휴직·직위해제·정직·강등·복직·면직·해임 및 파면을 말함	좌 동
전 보	소방공무원의 같은 계급 및 자격 내에서의 근무기관이나 부서를 달리하는 임용을 말함	–
강 임	동종의 직무 내에서 하위의 직위에 임명하는 것을 말함	–
복 직	휴직·직위해제 또는 정직(강등에 따른 정직을 포함한다) 중에 있는 소방공무원을 직위에 복귀시키는 것을 말함	좌 동
소방기관	–	소방청, 시·도와 중앙소방학교·중앙119구조본부·국립소방연구원, 지방소방학교·서울종합방재센터·소방서·119특수대응단 및 소방체험관을 말함
필수보직 기간	–	소방공무원이 다른 직위로 전보되기 전까지 현 직위에서 근무해야 하는 최소기간을 말함

※ 국가공무원법 제5조(정의) "직급(職級)"이란 직무의 종류·곤란성과 책임도가 상당히 유사한 직위의 군(群)을 말하며, 같은 직급에 속하는 직위에 대해서는 임용자격·시험, 그 밖의 인사행정에서 동일한 취급을 한다.

02 소방공무원 인사위원회–소방공무원법 제4조, 같은 법 임용령 제8조 내지 제13조

① 위원장이 부득이한 사유로 직무를 수행할 수 없는 때에는 위원 중에서 최상위의 직위 또는 선임의 공무원이 그 직무를 대행한다(소방공무원임용령 제9조 제2항).

② 위원장은 소방청에 있어서는 소방청 차장이 된다(소방공무원임용령 제8조 제2항).

④ 간사는 인사위원회가 설치된 기관의 장이 소속공무원 중에서 임명한다(소방공무원임용령 제11조 제2항).

03 신체·정신상의 장애로 장기요양을 요하여 휴직한 경우 휴직기간만료로 인하여 퇴직한 소방공무원을 퇴직한 날로부터 3년 이내에 경력경쟁으로 채용할 수 있다.

04 최하급 소방기관–소방공무원임용령 시행규칙 제19조

소방청, 중앙소방학교, 중앙119구조본부, 국립소방연구원, 시·도의 소방본부·지방소방학교 및 서울종합방재센터를 제외한 소방기관을 말한다.

※ "소방기관"이라 함은 소방청, 특별시·광역시·특별자치시·도·특별자치도(이하 "시·도"라 한다)와 중앙소방학교·중앙119구조본부·국립소방연구원·지방소방학교·서울종합방재센터·소방서·119특수대응단 및 소방체험관을 말한다.

05 승진임용제한기간–소방공무원 승진임용 규정 제6조

징계처분의 집행이 종료된 날부터 다음의 기간이 지나지 않은 소방공무원은 승진임용을 할 수 없다.

강등·정직	감 봉	견 책	비 고
18개월	12개월	6개월	금전, 물품, 부동산, 향응 또는 그 밖에 대통령령으로 정하는 재산상 이익을 취득하거나 제공한 경우, 예산 및 기금 등에 해당하는 것을 횡령(橫領), 배임(背任), 절도, 사기 또는 유용(流用)한 사유로 인한 징계처분과 성폭력, 성희롱 또는 성매매로 인한 징계처분의 경우에는 각각 6개월을 더한 기간

06 의무복무–소방공무원 교육훈련규정 제11조

임용권자 또는 임용제청권자는 6개월 이상의 위탁교육훈련을 받은 소방공무원에 대해서는 특별한 경우를 제외하고 6년의 범위에서 교육훈련기간과 같은 기간(국외 위탁교육훈련의 경우에는 교육훈련기간의 2배에 해당하는 기간으로 한다) 동안 교육훈련 분야와 관련된 직무 분야에서 복무하게 해야 한다.

07 임용권자(소방공무원법 제6조) 및 임용권의 위임(소방공무원임용령 제3조)

① 소방청장은 소방공무원의 정원의 조정 또는 소방기관 상호 간의 인사교류 등 인사행정 운영상 필요한 때에는 임용권의 위임에도 불구하고 그 임용권을 직접 행사할 수 있다.

② 소방경 이하의 소방공무원은 소방청장이 임용한다.

④ 시·도지사는 위임받은 임용권의 일부를 대통령령으로 정하는 바에 따라 그 소속기관의 장에게 다시 위임할 수 있다.

08 시험방법–소방공무원임용령 제36조 제1항

소방공무원의 채용시험은 다음의 방법에 의한 필기시험·체력시험·신체검사·종합적성검사·면접시험·실기시험과 서류전형에 의한다.

시험종류	시험 항목
필기시험	교양부문과 전문부문으로 구분하되, 교양부문은 일반교양 정도를, 전문부문은 직무수행에 필요한 지식과 그 응용능력을 검정하는 것으로 한다.
체력시험	직무수행에 필요한 민첩성·근력·지구력 등 체력을 검정하는 것으로 한다.
신체검사	직무수행에 필요한 신체조건 및 건강상태를 검정하는 것으로 한다. 이 경우 신체검사는 시험실시권자가 지정하는 기관에서 발급하는 신체검사서로 대체한다.
종합적성검사	직무수행에 필요한 적성과 자질을 종합적으로 검정하는 것으로 한다.
면접시험	직무수행에 필요한 능력, 발전성 및 적격성을 검정하는 것으로 한다.
실기시험	직무수행에 필요한 지식 및 기술을 실기 등의 방법에 따라 검정하는 것으로 한다.
서류전형	직무수행에 관련되는 자격 및 경력 등을 서면으로 심사하는 것으로 한다.

09 파견근무 대상 및 기간–소방공무원임용령 제30조

파견 대상	파견 기간
공무원교육훈련기관의 교수요원으로 선발되거나 그 밖에 교육훈련 관련 업무수행을 위하여 필요한 경우	1년 이내(필요한 경우에는 총 파견기간이 2년을 초과하지 않는 범위에서 파견기간을 연장할 수 있다)
다른 국가기관 또는 지방자치단체나 그외의 기관·단체에서의 국가적 사업을 수행하기 위하여 특히 필요한 경우	2년 이내(필요한 경우에는 총 파견기간이 5년을 초과하지 않는 범위에서 파견기간을 연장할 수 있다)
다른 기관의 업무폭주로 인한 행정지원의 경우	
관련기관 간의 긴밀한 협조가 필요한 특수업무를 공동수행하기 위하여 필요한 경우	
국내의 연구기관, 민간기관 및 단체에서의 업무수행·능력개발이나 국가정책 수립과 관련된 자료수집 등을 위하여 필요한 경우	
소속 소방공무원의 교육훈련을 위하여 필요한 경우	교육훈련에 필요한 기간
국제기구, 외국의 정부 또는 연구기관에서의 업무수행 및 능력개발을 위하여 필요한 경우	업무수행 및 능력개발을 위하여 필요한 기간

10 교육훈련기관이 갖추어야 하는 교육훈련시설에 관한 기준–소방공무원 교육훈련규정 제26조 관련 별표3

구 분	교육훈련시설
옥내 훈련시설	전문구급 훈련장, 수난구조 훈련장, 화재조사 훈련장, 소방시설 실습장, 가상현실 훈련장
옥외 훈련시설	소방종합 훈련탑, 산악구조 훈련장, 소방차량 및 장비조작 훈련장, 실물화재 훈련장, 대응전술 훈련장
교육지원시설	업무시설, 강의시설, 관리시설, 편의시설, 주거시설, 저장시설

비 고
1. 교육훈련시설의 종류별 면적기준, 시설기준 및 보유장비기준은 소방청장이 정한다.
2. 교육훈련기관이 다른 기관과 업무협약 등을 통해 비고 제1호에 따른 면적기준과 시설기준을 갖춘 훈련시설을 언제든지 사용할 수 있는 경우에는 해당 교육훈련시설을 갖춘 것으로 본다. 다만, 해당 교육훈련시설별 보유장비기준은 교육훈련기관이 갖추어야 한다.

11 보훈(법 제18조 및 임용령 제59조) 및 특별위로금(법 제19조 및 임용령 제60조)
① 소방공무원으로서 교육훈련 또는 직무수행 중 사망한 사람(공무상의 질병으로 사망한 사람을 포함한다) 및 상이(공무상의 질병을 포함한다)를 입고 퇴직한 사람과 그 유족 또는 가족은 국가유공자 등 예우 및 지원에 관한 법률 또는 보훈보상대상자 지원에 관한 법률에 따른 예우 또는 지원을 받는다.
③ 소방공무원이 공무상 질병 또는 부상으로 인하여 치료 등의 요양을 하는 경우에는 특별위로금을 지급할 수 있다.
④ 특별위로금의 지급 기준 및 방법 등은 대통령령으로 정한다.

12 관련사건의 징계의 관할–소방공무원 징계령 제3조
임용권자가 동일한 2인 이상의 소방공무원이 관련된 징계 또는 징계부가금 부과사건으로서 관할 징계위원회가 서로 다른 경우에는 다음에 따라 관할한다(제1항).
• 그중의 1인이 상급소방기관에 소속된 경우에는 그 상급소방기관에 설치된 징계위원회
• 각자가 대등한 소방기관에 소속된 경우에는 그 소방기관의 상급소방기관에 설치된 징계위원회

13 동점자의 순위–소방공무원 승진임용 규정 제12조
1. 근무성적평정점이 높은 사람
2. 해당 계급에서 장기근무한 사람
3. 해당 계급의 바로 하위계급에서 장기근무한 사람
4. 소방공무원으로 장기근무한 사람
※ 위에 따라서도 순위가 결정되지 않은 때에는 승진대상자명부 작성권자가 선순위자를 결정한다.

14 근속승진임용의 임용시기–소방공무원 승진임용 규정 제6조
- 소방교, 소방장, 소방위 : 매월 1일
- 소방경 : 매년 5월 1일, 11월 1일

15 승진심사–소방공무원 승진임용 규정 제16조
소방공무원의 승진심사는 연 1회이상 승진심사위원회가 설치된 기관의 장이 정하는 날에 실시한다.

16 본인 및 기타 소방공무원 인사자료의 보고 등을 위하여 필요한 사람이 인사기록을 열람할 경우에는 인사기록관리자의 허가를 받아 인사기록관리담당자의 참여하에 정해진 장소에서 열람해야 한다.

17 승진소요최저근무연수의 계산–소방공무원 승진임용 규정 시행규칙 제3조
소방공무원의 승진소요최저근무연수의 계산 기준일은 다음 각 호의 구분에 따른다.
- 시험승진 : 제1차 시험일의 전일
- 심사승진 : 승진심사 실시일의 전일
- 특별승진 : 승진임용예정일
따라서 제1차 시험 실시일의 전일에 승진소요최저근무연수에 도달한 자는 승진시험에 응시자격이 있다.

18 소방공무원징계위원회의 구성

구 분	소방청에 설치된 징계위원회	시·도·중앙소방학교·중앙119구조본부·국립소방연구원·지방소방학교·서울종합방재센터·소방서·119특수대응단 및 소방체험관에 설치된 징계위원회
위원회 구성	위원장 1명을 포함하여 17명 이상 33명 이하의 공무원위원과 민간위원으로 구성한다(민간위원 : 위원장을 제외한 위원 수의 2분의 1 이상). ※ 3분의 1 이상(×)	위원장 1명을 포함하여 9명 이상 15명 이하의 공무원위원과 민간위원으로 구성한다(민간위원 : 위원장을 제외한 위원 수의 2분의 1 이상).
	징계 사유가 다음의 어느 하나에 해당하는 징계 사건이 속한 징계위원회의 회의를 구성하는 경우에는 피해자와 같은 성별의 위원이 위원장을 제외한 위원 수의 3분의 1 이상 포함되어야 한다. • 「성폭력범죄의 처벌 등에 관한 특례법」 제2조에 따른 성폭력범죄 • 「양성평등기본법」 제3조 제2호에 따른 성희롱	

19 교육훈련계획–소방공무원 교육훈련규정 제7조 제2항
시·도지사는 기본정책 및 기본지침에 따라 다음 연도의 시·도 교육훈련계획을 수립하여 매년 12월 31일까지 소방청장에게 제출해야 한다.

20 특별승진 시 승진소요최저근무연수등의 적용배제

승진구분		최저근무연수	승진임용의 제한	임용비율
순직자의 경우		적용배제	적용배제	적용배제
특별승진의 경우	• 청렴과 봉사정신으로 직무에 정려하여 다른 공무원의 귀감이 되는 공적이 있다고 인정되는 자 • 소속기관의 장이 직무 수행능력이 탁월하여 소방행정 발전에 지대한 공헌실적이 있다고 인정하는 자 – 천재·지변·화재 기타 이에 준하는 재난에 있어서 위험을 무릅쓰고 헌신분투하여 다수의 인명을 구조하거나 재산의 피해를 방지한 자 – 창의적인 연구와 헌신적인 노력으로 소방제도의 개선 및 발전에 기여한 자 – 교수요원으로 3년 이상 근무한 자로서 소방교육발전에 현저한 공이 있는 자 • 창안등급 동상 이상을 받은 자로서 소방행정발전에 기여한 실적이 뚜렷한 자	3분의 2 이상 재직해야 승진할 수 있다	승진임용의 제한 규정이 적용되지 않는 사람 중에 실시한다.	적용
20년 이상 근속하고 정년퇴직일 전 1년 이상의 기간 중 자진하여 퇴직하는 자로서 재직 중 특별한 공적이 있다고 인정되는 자		적용배제	승진임용의 제한 규정이 적용되지 않는 사람 중에 실시한다.	적용 (신임교육 또는 관리역량교육 미수료 적용배제)

21 승진소요최저근무연수–소방공무원 승진임용 규정 제5조 제1항
소방공무원이 승진하려면 다음 각 호의 구분에 따른 기간 이상 해당 계급에 재직하여야 한다. 〈2024.1.2. 개정〉
1. 소방정 : 3년
2. 소방령 : 2년
3. 소방경 : 2년
4. 소방위 : 1년
5. 소방장 : 1년
6. 소방교 : 1년
7. 소방사 : 1년

22 용어의 정의–공무원보수규정 제2조

용 어	정 의
보수의 일할계산	그 달의 보수를 그 달의 일수로 나누어 계산하는 것을 말한다.
연 봉	매년 1월 1일부터 12월 31일까지 1년간 지급되는 다음 각 목의 기본연봉과 성과연봉을 합산한 금액을 말한다. 다만, 고정급적 연봉제 적용대상 공무원의 경우에는 해당 직책과 계급을 반영하여 일정액으로 지급되는 금액을 말한다. • 기본연봉은 개인의 경력, 누적성과와 계급 또는 직무의 곤란성 및 책임의 정도를 반영하여 지급되는 기본급여의 연간 금액을 말한다. • 성과연봉은 전년도 업무실적의 평가 결과를 반영하여 지급되는 급여의 연간 금액을 말한다.
연봉월액	연봉에서 매월 지급되는 금액으로서 연봉을 12로 나눈 금액을 말한다.
연봉의 일할계산	연봉월액을 그 달의 일수로 나누어 계산하는 것을 말한다.

23 소방공무원 신규채용에서 동점자의 결정에 있어서는 총득점에 의하되, 소수점 이하 둘째 자리까지 계산한다(소방공무원임용령 제47조).

> ※ 소수점이하 둘째 자리까지 계산이란?
> 80.123점은 80.12점으로, 90.578점도 90.57점으로 반올림 없이 둘째 자리까지만 계산하여 합격자를 결정한다는 의미이다.

24 중앙119소방본부 소속 소방위에서 소방경으로의 승진임용권은 중앙119소방본부장이 임용한다.

25 소방공무원의 인사교류 등–소방공무원임용령 제29조 제6항
소방청장은 소방인력 관리를 위해 필요한 경우에는 소방청과 시·도 간 및 시·도 상호 간의 인사교류를 제한할 수 있다.

05 | 정답 및 해설

제5회 ▶ 정답 및 해설

01	02	03	04	05	06	07	08	09	10	11	12	13	14	15
③	②	③	②	①	①	④	①	④	③	①	①	②	④	③

16	17	18	19	20	21	22	23	24	25					
②	③	②	④	④	③	②	④	①	③					

01
- 소방공무원법에 따른 용어 : 임용, 전보, 강임, 복직
- 소방공무원임용령에 따른 용어 : 임용, 복직, 필수보직기간, 소방기관이며 이 정의 중에 중복되는 임용과 복직의 용어는 정의가 같다.

02 소방공무원 인사위원회는 위원장을 포함한 5명 이상 7명 이하의 위원으로 구성한다.

03 **경력경쟁채용시험에 따라 소방공무원 신규채용–소방공무원법 제7조 제2항**
1. 다음 직권면직 사유로 퇴직한 소방공무원을 퇴직한 날부터 3년(공무원 재해보상법에 따른 공무상 부상 또는 질병으로 인한 휴직의 경우에는 5년) 이내에 퇴직 시 재직하였던 계급 또는 그에 상응하는 계급의 소방공무원으로 재임용하는 경우
    ㉠ 직제와 정원의 개편·폐지 및 예산의 감소 등에 의하여 직위가 없어지거나 과원이 되어 직권면직으로 퇴직한 경우
    ㉡ 신체·정신상의 장애로 장기 요양이 필요하여 휴직하였다가 휴직기간이 만료에도 직무에 복귀하지 못하여 직권면 직된 경우
2. 공개경쟁시험으로 임용하는 것이 부적당한 경우에 임용예정 직무에 관련된 자격증 소지자를 임용하는 경우
3. 임용예정직에 상응하는 근무실적 또는 연구실적이 있거나 소방에 관한 전문기술교육을 받은 사람을 임용하는 경우
4. 5급 공무원의 공개경쟁채용시험이나 사법시험 또는 변호사시험에 합격한 사람을 소방령 이하의 소방공무원으로 임용하는 경우
5. 외국어에 능통한 사람을 임용하는 경우
6. 경찰공무원을 그 계급에 상응하는 소방공무원으로 임용하는 경우
7. 소방 업무에 경험이 있는 의용소방대원을 해당 시·도의 소방사 계급의 소방공무원으로 임용하는 경우

04 **소방관서장의 보직관리원칙–소방공무원임용령 시행규칙 제19조의2 제2항**
임용권자는 소속 소방공무원을 연속하여 3회 이상 소방서장으로 보직하여서는 아니 된다. 다만, 인사운영상 필요한 경우에는 제외한다.

05 순직자는 모든 계급으로의 승진임용할 수 있다.

06 소방청장은 소방공무원의 교육훈련 정책 및 발전과 관련한 다음 사항을 심의·조정하기 위하여 필요한 경우 소방교육훈련 정책위원회(이하 "위원회"라 한다)를 구성·운영할 수 있다.

07 임용권자(법 제6조) 및 임용권의 위임(임용령 제3조)
소방청장은 중앙소방학교 소속 소방공무원 중 소방령에 대한 전보·휴직·직위해제·정직 및 복직에 관한 권한과 소방경 이하의 소방공무원에 대한 임용권을 중앙소방학교장에게 위임한다.

08 시험의 구분 및 시험과목–소방공무원임용령 제37조 및 제44조
소방령 신규채용시험은 다음 필기시험과목으로 1차 시험과 2차 시험으로 구분하여 실시한다.

과목별 계급	제1차 시험과목(필수)	제2차 시험과목	
		필수과목	선택과목
소방령	한국사, 헌법, 영어	행정법, 소방학개론	물리학개론, 화학개론, 건축공학개론, 형법, 경제학 중 2과목

09 소방공무원을 파견하려면 인사혁신처장과 협의해야 하는 경우–소방공무원임용령 제30조 제4항
소속 소방공무원(시·도지사가 임용권을 행사하는 소방공무원은 제외한다)을 파견하는 경우로서 다음의 어느 하나에 해당하는 경우에는 임용권자 또는 임용제청권자가 인사혁신처장과 협의해야 한다. 다만, 인사혁신처장이 별도정원의 직급·규모 등에 대하여 행정안전부장관과 협의된 파견기간의 범위에서 소방경 이하 소방공무원의 파견기간을 연장하거나 소방경 이하 소방공무원의 파견기간이 끝난 후 그 자리를 교체하는 경우에는 인사혁신처장과의 협의를 생략할 수 있다.
1. 다른 국가기관 또는 지방자치단체나 그 외의 기관·단체에서의 국가적 사업을 수행하기 위하여 특히 필요한 경우 : 2년 이내
2. 다른 기관의 업무폭주로 인한 행정지원의 경우 : 1년 이내
3. 관련 기관 간의 긴밀한 협조가 필요한 특수업무를 공동수행하기 위하여 필요한 경우 : 2년 이내
4. 국제기구, 외국의 정부 또는 연구기관에서의 업무수행 및 능력개발을 위하여 필요한 경우 : 필요한 기간
5. 국내의 연구기관, 민간기관 및 단체에서의 업무수행·능력개발이나 국가정책 수립과 관련된 자료수집 등을 위하여 필요한 경우 : 2년 이내
6. 위 1 내지 5에 따른 파견기간을 연장하는 경우
7. 위 1 내지 5에 따른 파견 중 파견기간이 끝나기 전에 파견자를 복귀시키는 경우로서 인사혁신처장이 정하는 사유에 해당하는 경우

10 ③ 근속승진 후보자는 승진대상자명부에 등재되어 있고, 최근 2년간 평균 근무성적평정점이 "양" 이하에 해당하지 않은 사람으로 한다. 따라서 소방교는 최근 2년간 평균 근무성적평정이 "양" 이하에 해당되면 근속승진을 할 수 없다. 따라서 "우" 미만은 "우"가 포함되지 않으므로 맞는 내용이다.

① 소방위 계급에서 소방경으로 근속승진임용하려는 경우에는 해당 계급에서 8년 이상 재직한 사람은 근속승진할 수 있다.

② 임용권자는 소방경으로의 근속승진임용을 위한 심사를 연 2회 실시할 수 있고, 근속승진 심사를 할 때마다 해당 기관의 근속승진 대상자의 100분의 40에 해당하는 인원 수(소수점 이하가 있는 경우에는 1명을 가산한다)를 초과하여 근속승진임용할 수 없다.

④ 근속승진 방법 및 인사운영에 필요한 사항은 소방청장(소방공무원 근속승진 운영지침)이 정한다.

11 특별위로금–소방공무원임용령 제60조 제2항
위로금은 공무상요양으로 소방공무원이 요양하면서 출근하지 않은 기간에 대하여 지급하되, 36개월을 넘지 아니하는 범위에서 지급한다.

12 징계위원회–소방공무원법 제28조
소방준감 이상의 소방공무원에 대한 징계의결은 국가공무원법에 따라 국무총리 소속으로 설치된 징계위원회에서 한다.

13 승진구분별 동점자 합격자 결정

심사승진대상자명부의 동점자	승진시험의 동점자	신규채용시험 동점자
• 근무성적평정점이 높은 사람 • 해당 계급에서 장기근무한 사람 • 해당 계급의 바로 하위계급에서 장기근무한 사람 • 소방공무원으로 장기근무한 사람 ※ 위에 따라서도 순위가 결정되지 않은 때에는 승진대상자명부 작성권자가 선순위자를 결정한다.	승진대상자명부 순위가 높은 순서에 따라 최종합격자를 결정한다. 〈2024.1.2. 개정〉	그 선발예정인원에 불구하고 모두 합격자로 한다. ※ 채용후보자명부 작성 순위 • 취업보호대상자 • 필기시험 성적 우수자 • 연령이 많은 사람

14 인사발령을 위한 구비서류–소방공무원임용령 시행규칙 제1조 관련 별표 1

발령구분		구비서류	비 고
신규임용		인사기록카드 1통 최종학력증명서 1통 경력증명서 1통 소방공무원채용신체검사서 1통 신원조사회보서 1통 사 진 3장 (모자를 쓰지 않은 상반신 명함판)	소방령 이상은 2통 종합병원장 발행
승 진		인사기록카드 사본 1통 승진임용후보자 명부 또는 승진시험합격통지서 1통	소방령에의 승진임용에는 신규채용 구비서류 첨부
면 직	의원면직	사직원서(자필) 1통	
	직권면직	징계위원회동의서·진단서·직권면직사유 설명서 또는 기타직권면직사유를 증빙하는 서류 1통	
	당연퇴직	판결문 사본 또는 기타 당연퇴직사유를 증빙하는 서류 1통	
	정년퇴직	없 음	
징 계		징계의결서 사본 1통	
강 임		강임동의서(자필) 또는 직제개편·폐지 및 예산감소의 관계서류 1통	
추 서		공적조사서 1통 사망진단서 1통 사망경위서 1통	
휴직 및 복직		진단서, 판결문 사본, 현역증서 사본, 입영통지서 사본 또는 기타 휴직사유를 증명하는 서류 1통	진단서의 경우에는 종합병원장, 보건소장 및 공무원연금법에 의하여 지정된 공무원 요양기관 발행
직위해제		직위해제사유서 1통	
전·출입		전·출입동의서 1통	
시보임용		시보임용 단축 기간산출표 1통	법 제10조 제3항 해당자

15 승진대상자명부를 조정하거나 삭제한 경우에는 그 사유를 증명하는 서류를 첨부하여 즉시 제출해야 한다.

16 인사기록의 보관 및 이관–소방공무원임용령 시행규칙 제13조
초임보직 소방기관이 시·도 소속인 경우에 소방공무원 인사기록은 시·도지사가 보관한다.

17 승진시험의 시행 및 공고–소방공무원 승진임용 규정 제31조

   1. 시험은 소방청장 또는 제29조 제1항에 따라 시험실시권의 위임을 받은 자(이하 "시험실시권자"라 한다)가 정하는 날에 실시한다.

   2. 시험을 실시하고자 할 때에는 그 일시·장소 기타 시험의 실시에 관하여 필요한 사항을 시험실시 20일 전까지 공고해야 한다.

18 소방교육훈련정책위원회–소방공무원 교육훈련규정 제2조

   소방청장은 소방공무원의 교육훈련정책 및 발전과 관련한 다음 사항을 심의·조정하기 위하여 필요한 경우 소방교육훈련 정책위원회(이하 "위원회"라 한다)를 구성·운영할 수 있다.

19 사복의 착용

- 소방사범(消防事犯) 단속근무를 할 때
- 관계기관을 방문하거나 대외행사에 참석할 때
- 물품 구입 등을 위하여 대외활동을 할 때
- 그 밖에 소속 기관의 장이 지정할 때

20 승진심사위원회의 관할–소방공무원 승진임용 규정 제19조

구 분	중앙승진심사위원회	보통승진심사위원회
설치운영	소방청	소방청, 중앙소방학교, 중앙119구조본부 및 국립소방연구원, 시·도
심사관할	• 소방청과 그 소속기관 소방공무원 소방준감으로의 승진심사 • 소방정인 지방소방학교장의 소방준감으로의 승진심사	• 소방청 : 소방정 이하 계급으로의 승진심사 • 시·도 : 시·도지사가 임용권을 행사하는 소방공무원의 승진심사 • 중앙소방학교, 중앙119구조본부 : 소속 소방공무원의 소방경 이하 계급으로의 승진심사 • 국립소방연구원 : 소속 소방공무원의 소방령 이하 계급으로의 승진심사
특별승진심사	소방청과 그 소속기관 소방공무원, 소방본부장 및 지방소방학교장의 특별승진심사	시·도지사가 임용권을 행사하는 소방공무원의 특별승진심사

21 소방공무원 징계령의 내용

   가. 소방청에 설치된 소방공무원 징계위원회는 소방정인 지방소방학교장에 대한 징계 또는 징계부가금 부과 사건을 심의·의결한다.

   다. 소방공무원 징계위원회는 징계위원회에 간사 몇 명을 둔다.

22 교육훈련 계획-소방공무원 교육훈련규정 제6조

① 소방청장은 매년 11월 30일까지 다음 각 호의 사항이 포함된 다음 연도의 소방공무원 교육훈련에 관한 기본정책 및 기본지침을 수립하여 시·도지사와 교육훈련기관의 장에게 통보해야 한다.

    ㉠ 교육훈련의 목표

    ㉡ 교육훈련기관에서의 교육, 직장훈련, 위탁교육훈련에 관한 사항

    ㉢ 기본교육훈련, 전문교육훈련, 기타교육훈련, 자기개발 학습에 관한 사항

    ㉣ 그 밖에 교육훈련에 필요한 사항

② 시·도지사는 기본정책 및 기본지침에 따라 다음 연도의 시·도 교육훈련계획을 수립하여 매년 12월 31일까지 소방청장에게 제출해야 한다.

③ 교육훈련기관의 장은 제1항에 따른 기본정책 및 기본지침에 따라 다음 연도의 교육훈련계획을 수립하여 매년 12월 31일까지 소방청장에게 제출해야 한다. 이 경우 시·도에 설치된 교육훈련기관의 장은 시·도지사를 거쳐 제출해야 한다.

④ 교육훈련기관의 장은 교육훈련계획을 수립한 경우에는 교육훈련의 준비 및 교육훈련대상자의 선발을 위하여 지체 없이 이를 관계 소방기관의 장에게 통보해야 한다.

23 공개경쟁채용시험·경력경쟁채용시험 및 소방간부후보

선발시험의 합격결정에 있어서 선발예정인원을 초과하여 동점자가 있을 때에는 그 선발예정인원에 불구하고 모두 합격자로 한다. 이 경우 동점자의 결정에 있어서는 총득점을 기준으로 하되, 소수점 이하 둘째 자리까지 계산한다(소방공무원임용령 제47조).

> ※ 소수점 이하 둘째 자리까지 계산이란?
> 80.123점은 80.12점으로, 90.578점도 90.57점으로 반올림 없이 둘째 자리까지만 계산하여 합격자를 결정한다는 의미이다.

24 시보임용기간 제외

휴직기간·직위해제기간 및 징계에 의한 정직처분 또는 감봉처분을 받은 기간은 시보임용기간에 포함하지 않는다.

25 소방청장의 승인 파견-소방공무원임용령 제30조 제5항

파견기간이 1년 미만인 경우에는 인사혁신처장의 협의를 거치지 아니하고 소방청장의 승인을 받아 파견할 수 있다.

06 | 정답 및 해설

제6회 ▶ 정답 및 해설

01	02	03	04	05	06	07	08	09	10	11	12	13	14	15
③	④	③	③	④	④	②	③	③	②	①	③	①	④	④

16	17	18	19	20	21	22	23	24	25					
②	④	①	④	②	③	③	②	②	③					

01 소방공무원임용령에 따른 용어의 정의에는 소방공무원법에 따른 임용·복직을 포함하여 필수보직기관, 소방기관을 정의하고 있으며, 전보, 강임은 규정되어 있지 않다.

02 국제 구조출동을 하여 활동한 자에게는 소방공로기장을 수여한다.

03 경력경쟁채용등의 요건 등-소방공무원임용령 제15조 제1항
종전의 재직기관에서 감봉 이상의 징계처분을 받은 사람은 경력경쟁채용등을 할 수 없다. 다만, 공무원 인사기록·통계 및 인사사무 처리 규정 제9조 제1항 및 그 밖의 인사 관계 법령에 따라 징계처분의 기록이 말소된 사람(해당 법령에 따라 징계처분 기록의 말소 사유에 해당하는 사람을 포함한다)은 그러하지 아니하다.

04 전보의 제한-소방공무원임용령 시행규칙 제20조
위탁교육훈련을 받고 그와 관련된 직위에 보직된 자는 다음의 기간 내에는 소방공무원 교육훈련기관의 교관 또는 해당 교육훈련내용과 관련되는 직위 외의 직위로 전보할 수 없다.
• 교육훈련기간이 6월 이상 1년 미만인 경우 : 2년
• 교육훈련기간이 1년 이상인 경우 : 3년

05 승진임용 구분별 임용비율과 승진임용예정인원수의 책정-소방공무원 승진임용 규정 제4조
• 소방공무원의 승진임용예정인원수는 당해 연도의 실제결원 및 예상되는 결원을 고려하여 임용권자가 정한다.
• 심사승진임용과 시험승진임용을 병행하는 경우에는 승진임용예정 인원수의 60퍼센트를 심사승진임용예정 인원수로, 40퍼센트를 시험승진임용예정 인원수로 한다. 〈2024.1.2. 개정〉
• 계급별 승진임용예정인원수를 정함에 있어서 제4항의 규정에 의하여 특별승진임용예정인원수를 따로 책정한 경우에는 당초 승진임용예정인원수에서 특별승진임용예정인원수를 뺀 인원수를 당해 계급의 승진임용예정인원수로 한다.
• 소방경 이하 계급으로의 승진임용예정 인원수를 정하는 경우에는 해당 계급으로의 승진임용예정 인원수의 30퍼센트 이내에서 특별승진임용예정 인원수를 따로 정할 수 있다. 〈2024.1.2. 개정〉

06 ① 소방정 계급으로 임용된 소방공무원은 소방정책관리자교육을 받아야 한다.
② 소방령 이하는 담당하고 있거나 담당할 직무 분야에 필요한 전문성을 강화하기 위한 교육훈련을 받아야 한다.
③ 소방위·소방경·소방령 계급으로 승진 임용된 소방공무원은 승진하기 위해서는 관리역량교육을 받아야 한다.

07 소방공무원의 임용권은 대통령, 소방청장, 시·도지사, 중앙소방학교장, 중앙119구조본부장, 국립소방연구원장, 지방소방학교장 및 서울종합방재센터장, 소방서장이 권한을 갖고 있다.

08 경력경쟁채용시험등−소방공무원임용령 제39조
• 경력경쟁채용시험등은 신체검사와 다음의 구분에 따른 방법에 따른다. 〈2023.5.9. 개정〉

경력경쟁채용시험 유형	시험의 구분
• 퇴직소방공무원의 재임용 • 5급 공무원·사법시험·변호사 시험에 합격한 사람을 소방령 이하의 소방공무원으로 임용하는 경우	• 서류전형·종합적성검사와 면접시험. • 다만, 시험실시권자가 필요하다고 인정하는 경우에는 체력시험을 병행할 수 있다.
• 임용예정직무와 관련된 자격증소지자의 채용 • 임용예정직에 상응한 근무실적·연구실적이 있거나 소방에 관한 전문기술교육을 받은 사람의 채용 • 외국어에 능통한 사람의 채용 • 경찰공무원을 소방공무원으로 채용 • 의용소방대원을 소방사 계급으로 채용	• 서류전형·체력시험·종합적성검사·면접시험과 필기시험 또는 실기시험 • 다만, 업무의 특수성 등을 고려하여 필요하다고 인정되는 경우에는 필기시험과 실기시험을 모두 병행하여 실시할 수 있다. • 소방정 이하의 소방공무원을 경력경쟁채용등으로 채용하려는 경우로서 시험실시권자가 업무 내용의 특수성 등을 고려하여 필요하다고 인정하는 경우에는 체력시험을 실시하지 않을 수 있다.
소방준감 이상의 경력경쟁채용등	서류전형

• 신체검사는 시험실시권자가 지정하는 기관에서 발급하는 신체검사서에 따른다. 다만, 사업용 또는 운송용 조종사의 경우에는 「항공안전법」 제40조에 따른 항공신체검사증명에 따른다.
• 필기시험은 선택형으로 하되, 기입형 또는 논문형을 추가할 수 있다.

09 임용권자 또는 임용제청권자가 소방공무원을 파견할 수 있다. 소방본부장은 임용권자로 보기 어렵다.

10 소방경으로의 근속승진 대상자 및 예정인원의 통보
임용권자는 소방경 근속승진심사를 실시하려는 경우 근속승진임용일 20일 전까지 해당 기관의 근속승진 대상자 및 근속승진임용 예정인원을 소방청장에게 보고해야 한다.

11 정년퇴직 발령
소방공무원은 그 정년이 되는 날이 1월에서 6월 사이에 있는 경우에는 6월 30일에 당연히 퇴직하고, 7월에서 12월 사이에 있는 경우에는 12월 31일에 당연히 퇴직한다.

12 징계위원회의 관할–소방공무원 징계령 제2조 제2항

"대통령령으로 정하는 소방기관"이란 중앙소방학교, 중앙119구조본부 및 국립소방연구원을 말한다.

13 승진대상자 명부 작성 기준일–소방공무원 승진임용 규정 제11조 제4항

승진대상자명부 및 승진대상자통합명부는 매년 4월 1일과 10월 1일을 기준으로 하여 작성한다.

14 임용 시 첨부서류–소방공무원임용령 시행규칙 제2조

소방공무원을 신규채용·승진임용 또는 면직할 때에는 임용조사서를 첨부해야 한다.

15 승진심사위원회–소방공무원법 제16조

승진심사를 하기 위하여 소방청에 중앙승진심사위원회를 두고, 소방청 및 대통령령으로 정하는 소속기관(중앙소방학교, 중앙119구조본부 및 국립소방연구원)에 보통승진심사위원회를 둔다. 다만, 시·도지사가 임용권을 행사하는 경우에는 시·도에 보통승진심사위원회를 둔다.

16 교육훈련성적의 평가–소방공무원 교육훈련규정(제16조)

① 교육훈련기관의 장은 객관적이고 공정한 평가기준과 평가방법을 수립하여 교육훈련성적을 평가해야 한다.

② 교육훈련기관의 장은 교육훈련이 시작되기 전에 교육훈련대상자에게 과제를 부여하고 그 결과를 교육훈련성적에 반영할 수 있다.

③ 교육훈련기관의 장은 교육훈련을 받은 사람의 교육훈련성적을 교육훈련 수료 또는 졸업 후 10일 이내에 그 소속 소방기관장등에게 통보해야 한다.

17 승진시험의 방법 및 절차–소방공무원 승진임용 규정 제32조

- 시험의 실시원칙 : 시험은 제1차 시험과 제2차 시험으로 구분하여 실시한다. 다만, 시험실시권자가 필요하다고 인정할 때에는 제2차 시험을 실시하지 않을 수 있다.
- 제1차 시험 : 선택형 필기시험으로 하는 것을 원칙으로 하되, 과목별로 기입형을 포함할 수 있다.
- 제2차 시험 : 면접시험으로 하되, 직무수행에 필요한 응용능력과 적격성을 검정한다.
- 단계별 응시제한 : 제1차 시험에 합격되지 아니하면 제2차 시험에 응시할 수 없다.

18 징계위원회 민간위원의 자격

소방청 또는 시·도에 설치된 징계위원회	소방청의 소속기관, 소방서, 소방체험관 등에 설치된 징계위원회
• 법관·검사 또는 변호사로 10년 이상 근무한 사람 • 대학에서 법률학·행정학 또는 소방 관련 학문을 담당하는 부교수 이상으로 재직 중인 사람 • 소방공무원으로 소방정 또는 법률 제16768호 소방공무원법 전부개정법률 제3조의 개정규정에 따라 폐지되기 전의 지방소방정 이상의 직위에서 근무하고 퇴직한 사람으로서 퇴직일부터 3년이 경과한 사람 • 민간부문에서 인사·감사 업무를 담당하는 임원급 또는 이에 상응하는 직위에 근무한 경력이 있는 사람	• 법관·검사 또는 변호사로 5년 이상 근무한 사람 • 대학에서 법률학·행정학 또는 소방 관련 학문을 담당하는 조교수 이상으로 재직 중인 사람 • 소방공무원으로 20년 이상 근속하고 퇴직한 사람으로서 퇴직일부터 3년이 경과한 사람 • 민간부문에서 인사·감사 업무를 담당하는 임원급 또는 이에 상응하는 직위에 근무한 경력이 있는 사람

19 위탁교육훈련 연구보고서의 제출 등−소방공무원 교육훈련규정 제43조
① 국외에서 위탁교육훈련을 받은 사람은 연구보고서를 작성하여 귀국보고일부터 30일 이내에 소방청장 또는 시·도지사에게 제출해야 한다.
② 소방청장 또는 시·도지사는 제1항에 따라 제출된 연구보고서를 교육훈련기관에 배포하여 교육훈련의 자료로 활용하게 해야 한다.

20 2 계급 특별승진대상의 승진심사의 생략−소방공무원 승진임용 규정 제42조 제3항
1. 천재·지변·화재 기타 이에 준하는 재난에 있어서 위험을 무릅쓰고 헌신 분투하여 현저한 공을 세우고 사망하였거나 부상을 입어 사망한 자를 특별승진시키는 경우 심사를 생략할 수 있다.
2. 직무수행 중 다른 사람의 모범이 되는 공을 세우고 사망하였거나 부상을 입어 사망한 자를 승진시키는 경우 특별승진시키는 경우 심사를 생략할 수 있다.

21 소방공무원 경력경쟁채용시험의 필기시험 일반분야 과목표−소방공무원임용령 별표 5

과목별 구 분	필수과목	선택과목
소방정·소방령	한국사, 영어, 행정법, 소방학개론	물리학개론, 화학개론, 건축공학개론, 형법, 경제학 중 2과목
소방경·소방위	한국사, 영어, 행정법, 소방학개론	물리학개론, 화학개론, 건축공학개론, 형법, 경제학 중 2과목
소방장·소방교·소방사	한국사, 영어, 소방학개론, 소방관계법규	

22 근속승진 작성일을 기준으로 향후 1년 이내에 정년으로 퇴직이 예정되어있는 소방위는 우선하여 근속승진임용을 할 수 있다(근속승진 운영지침 제5조의2).

23 징계처분 및 직위해제 처분기록의 말소–소방공무원임용령 시행규칙 제14조의2
징계처분 및 직위해제처분의 집행이 종료된 날로부터 다음의 기간이 경과한 때

강 등	정 직	감 봉	견 책	직위해제
9년	7년	5년	3년	2년

24 시보임용기간 제외
휴직기간·직위해제 기간 및 징계에 의한 정직처분 또는 감봉처분을 받은 기간은 시보임용기간에 포함하지 않는다.

25 파견근무 사유 및 기간–소방공무원임용령 제30조 제1항 내지 제3항

파견대상	파견기간	미리 요청 유무
공무원교육훈련기관의 교수요원으로 선발되거나 그 밖에 교육훈련 관련 업무수행을 위하여 필요한 경우	1년 이내(필요한 경우에는 총 파견기간이 2년을 초과하지 않는 범위에서 파견기간을 연장할 수 있다)	소속 소방공무원을 파견하려면 파견받을 기관의 장이 임용권자 또는 임용제청권자에게 미리 요청해야 한다.
다른 국가기관 또는 지방자치단체나 그외의 기관·단체에서의 국가적 사업을 수행하기 위하여 특히 필요한 경우	2년 이내(필요한 경우에는 총 파견기간이 5년을 초과하지 않는 범위에서 파견기간을 연장할 수 있다)	소속 소방공무원을 파견하려면 파견받을 기관의 장이 임용권자 또는 임용제청권자에게 미리 요청해야 한다.
다른 기관의 업무폭주로 인한 행정지원의 경우		
관련기관 간의 긴밀한 협조가 필요한 특수업무를 공동 수행하기 위하여 필요한 경우		
국내의 연구기관, 민간기관 및 단체에서의 업무수행·능력개발이나 국가정책 수립과 관련된 자료수집 등을 위하여 필요한 경우		미리 요청 필요 없음
소속 소방공무원의 교육훈련을 위하여 필요한 경우	교육훈련에 필요한 기간	미리 요청 필요 없음
국제기구, 외국의 정부 또는 연구기관에서의 업무수행 및 능력개발을 위하여 필요한 경우	업무수행 및 능력개발을 위하여 필요한 기간	

07 | 정답 및 해설

01 소방공무원 법령에 따른 용어의 정의

구 분	소방공무원법상 용어의 정의	소방공무원임용령상 용어의 정의
임 용	신규채용·승진·전보·파견·강임·휴직·직위해제·정직·강등·복직·면직·해임 및 파면을 말함	• 좌 동 • 감봉, 견책 : 임용에 해당되지 않음 • 소방공무원에게 적용되지 않은 임용의 종류 : 전직, 겸임
전 보	소방공무원의 같은 계급 및 자격 내에서의 근무기관이나 부서를 달리하는 임용을 말함	–
강 임	동종의 직무 내에서 하위의 직위에 임명하는 것을 말함	–
복 직	휴직·직위해제 또는 정직(강등에 따른 정직을 포함한다) 중에 있는 소방공무원을 직위에 복귀시키는 것을 말함	좌 동
소방 기관	–	소방청, 특별시·광역시·특별자치시·도·특별자치도(이하 "시·도"라 한다)와 중앙소방학교·중앙119구조본부·국립소방연구원·지방소방학교·서울종합방재센터·소방서·119특수대응단 및 소방체험관을 말함 ※ 행정안전부, 중앙소방본부, 각 시·도 소방본부, 119안전센터, 119지역대, 구조대 : 소방공무원임용령에 따른 소방기관에 해당되지 않음
필수 보직 기간	–	소방공무원이 다른 직위로 전보되기 전까지 현 직위에서 근무해야 하는 최소기간을 말함 ※ 다른 지위로(×)

02 운영세칙–소방공무원임용령 제13조
이 영에 규정된 것 외에 인사위원회의 운영에 관하여 필요한 사항은 인사위원회의 의결을 거쳐 위원장이 이를 정한다.

03 경력경쟁채용등 응시자격 구분표의 채용 계급–소방공무원임용령 시행규칙 별표 2 비고

1. 의사 : 소방령 이하
2. 기술사, 기능장, 1급~4급 항해사·기관사·운항사, 운송용 조종사, 사업용 조종사, 항공교통관제사, 항공정비사, 운항관리사 : 소방경 이하
3. 기사, 5급 및 6급 항해사·기관사, 소방시설관리사 : 소방장 이하
4. 제1종 대형면허, 제1종 특수면허 : 소방사
5. 제1호부터 제4호까지에서 규정한 자격 외의 자격 : 소방교 이하

04 일반적 전보제한의 특례–소방공무원임용령 제28조 제1항
소방공무원의 필수보직기간은 1년으로 한다. 다만, 다음의 어느 하나에 해당하는 경우에는 그러하지 아니하다.
- 징계처분을 받은 경우
- 형사사건에 관련되어 수사기관에서 조사를 받고 있는 경우
- 직제상 최저단위 보조기관 내에서의 전보의 경우
- 해당 소방공무원의 승진 또는 강임의 경우
- 소방공무원을 전문직위로 전보하는 경우
- 기구개편, 직제 또는 정원의 변경으로 인한 전보의 경우
  ※ 암기신공 : 징계/형/ 보조/승강/기
- 임용권자를 달리하는 기관 간의 전보의 경우
- 임용예정직위에 관련된 2월 이상의 특수훈련경력이 있는 자 또는 임용예정직위에 상응한 6월 이상의 근무경력 또는 연구실적이 있는 자를 해당 직위에 보직하는 경우
- 공개경쟁시험에 합격하고 시보임용 중인 경우
- 소방령 이하의 소방공무원을 그 배우자 또는 직계존속이 거주하는 시·도 지역의 소방기관으로 전보하는 경우
- 임신 중인 소방공무원 또는 출산 후 1년이 지나지 않은 소방공무원의 모성보호, 육아 등을 위해 필요한 경우 ※ 6월(×)
- 그 밖에 소방기관의 장이 보직관리를 위하여 전보할 필요가 있다고 특별히 인정하는 경우

05 소방공무원 승진
① 심사승진임용과 시험승진임용을 병행하는 경우에는 승진임용예정 인원수의 60퍼센트를 심사승진임용예정 인원수로, 40퍼센트를 시험승진임용예정 인원수로 한다.
② 소방교가 소방장으로 승진하기 위한 승진소요최저근무연수는 1년이다(승진임용 규정 제5조).
④ 소방정 이하 계급의 소방공무원에 대해서는 대통령령이 정하는 바에 따라 계급별로 승진심사대상자명부를 작성해야 한다(소방공무원법 제14조).

06 특별위로금 지급신청서 등–소방공무원임용령 시행규칙 제43조의2
- 특별위로금 지급신청서는 별지 제13호 서식에 따른다.
- 첨부해야 할 서류
  - 공무상요양 승인결정서 사본
  - 입·퇴원확인서
  - 개인별근무상황부 사본

07 소방청장은 소방정인 지방소방학교장에 대한 휴직, 직위해제, 정직 및 복직에 관한 권한을 시·도지사에게 위임한다.
※ 전보, 강등(×)

08 경력경쟁채용시험등–소방공무원임용령 제39조

• 경력경쟁채용시험등은 신체검사와 다음의 구분에 따른 방법에 따른다. 〈2023.5.9. 개정〉

경력경쟁채용시험 유형	시험의 구분
• 퇴직소방공무원의 재임용 • 5급 공무원·사법시험·변호사 시험에 합격한 사람을 소방령 이하의 소방공무원으로 임용하는 경우	• 서류전형·종합적성검사와 면접시험. • 다만, 시험실시권자가 필요하다고 인정하는 경우에는 체력시험을 병행할 수 있다.
• 임용예정직무와 관련된 자격증소지자의 채용 • 임용예정직에 상응한 근무실적·연구실적이 있거나 소방에 관한 전문기술교육을 받은 사람의 채용 • 외국어에 능통한 사람의 채용 • 경찰공무원을 소방공무원으로 채용 • 의용소방대원을 소방사 계급으로 채용	• 서류전형·체력시험·종합적성검사·면접시험과 필기시험 또는 실기시험 • 다만, 업무의 특수성 등을 고려하여 필요하다고 인정되는 경우에는 필기시험과 실기시험을 모두 병행하여 실시할 수 있다. • 소방정 이하의 소방공무원을 경력경쟁채용등으로 채용하려는 경우로서 시험실시권자가 업무 내용의 특수성 등을 고려하여 필요하다고 인정하는 경우에는 체력시험을 실시하지 않을 수 있다.
소방준감 이상의 경력경쟁채용등	서류전형

• 신체검사는 시험실시권자가 지정하는 기관에서 발급하는 신체검사서에 따른다. 다만, 사업용 또는 운송용 조종사의 경우에는 「항공안전법」 제40조에 따른 항공신체검사증명에 따른다.

• 필기시험은 선택형으로 하되, 기입형 또는 논문형을 추가할 수 있다.

09 소방공무원법령에 따른 배수 정리

가. 승진심사위원회는 계급별 승진심사대상자명부의 선순위자(先順位者) 순으로 승진임용하려는 결원의 5배수의 범위 안에서 승진후보자를 심사·선발한다.

나. 소방공무원 승진 사전심의(1단계)심사를 할 경우 심사 환산점수와 객관평가점수를 합산하여 고득점자 순으로 승진심사선발인원의 2배수 내외를 선정하고 승진심사 사전심의 결과서를 작성하여 제2단계 심사에 회부한다.

다. 소방공무원 공개경쟁채용시험 제1차 시험과 제2차 시험 및 경력경쟁채용시험등의 필기시험 또는 실기시험의 경우 매 과목의 40퍼센트 이상, 전 과목 총점의 60퍼센트 이상의 득점자 중에서 선발예정인원의 3배수의 범위에서 시험성적을 고려하여 점수가 높은 사람부터 차례로 합격자를 결정한다.

10 소방서 소방령은 1차 평정자 소속 서장, 2차 평정자 소속 시·도 소방본부장이다(소방공무원 승진임용 규정 시행규칙 제6조).

소 속		직 급	1차 평정자	2차 평정자
소방청	관·국	소방정	소속 국장	차 장
	관·국 외		소속 과장	
중앙소방학교			중앙소방학교장	차 장
중앙119구조본부			중앙119구조본부장	차 장
국립소방연구원			국립소방연구원장	차 장
시·도 소방본부			소속 시·도 소방본부장	소속 시·도 부시장 또는 부지사. 다만, 지방소방학교장의 경우에는 차장
소방서				
지방소방학교				
서울종합방재센터				
119특수대응단				
소방체험관				
소방청	관·국	소방령 및 소방경	소속 과장	소속 국장
	관·국 외			차 장
중앙소방학교			중앙소방학교장	차 장
중앙119구조본부			중앙119구조본부장	차 장
국립소방연구원		소방령	국립소방연구원장	차 장
		소방경	소속 과장	국립소방연구원장
시·도 소방본부		소방령 및 소방경	소속 부서장(과장 등)	소속 시·도 소방본부장
소방서			소속 소방서장	
지방소방학교			소속 지방소방학교장	
서울종합방재센터			서울종합방재센터소장	
119특수대응단			119특수대응단장	
소방체험관			소방체험관장	
소방청	관·국	소방위 이하	소속 과장	소속 국장
	관·국 외			차 장
중앙소방학교				중앙소방학교장
중앙119구조본부				중앙119구조본부장
국립소방연구원				국립소방연구원장
시·도 소방본부		소방위 이하	소속 부서장(과장 등)	소속 시·도 소방본부장
소방서			소속 부서장(과장, 안전센터장, 구조대장). 다만, 본인이 부서장인 경우에는 해당 소방서의 인사주무과장(소방행정과장)	소속 소방서장
지방소방학교			소속 부서장(과장 등)	소속 지방소방학교장
서울종합방재센터				서울종합방재센터소장
119특수대응단			소속 부서장(과장 등)	119특수대응단장
소방체험관			소속 부서장(과장 등)	소방체험관장

비 고
1. "관·국 외"란 운영지원과, 대변인실, 119종합상황실, 청장실 및 차장실, 감사담당관을 말한다.
2. "소속 국장"에는 기획조정관을, "소속 과장"에는 대변인, 담당관, 실장, 팀장·구조대장·센터장 등 과장급 부서장을 포함한다.
3. 청장실 및 차장실의 경우 운영지원과장을 소속 과장으로 본다.
4. 소방청장 또는 특별시장·광역시장·특별자치시장·도지사·특별자치도지사는 위 표에도 불구하고 다음의 어느 하나에 해당하는 경우에는 평정자를 따로 지정할 수 있다.
   • 평정자가 누구인지 특정하기 어려운 경우
   • 위 표에서 정하지 않은 기관에 소속된 소방공무원의 경우

11 승진소요최저근무연수 계급정년 및 시보임용기간

기간 구분	소방감	소방준감	소방정	소방령	소방경	소방위	소방장	소방교/사
승진소요 최저근무연수	–	–	3년	2년	2년	1년	1년	1년
계급정년	4년	6년	11년	14년	–	–	–	–
시보임용	1년					6개월		

12 징계위원회-소방공무원법 제28조 제2항 및 제3항
• 소방정 이하의 소방공무원에 대한 징계의결을 하기 위하여 소방청 및 대통령령으로 정하는 소방기관(중앙소방학교, 중앙119구조본부, 국립소방연구원)에 소방공무원 징계위원회를 둔다(제2항).
• 시·도지사가 임용권을 행사하는 소방공무원에 대한 징계의결을 하기 위하여 시·도 및 대통령령으로 정하는 소방기관(지방소방학교, 서울종합방재센터, 소방서)에 징계위원회를 둔다(제3항).

13 승진대상자명부를 조정하거나 삭제한 경우에는 조정한 날로부터 효력을 가진다.

14 임명장 또는 임용장-소방공무원임용령 시행규칙 제3조
임용권자는 소방공무원으로 신규채용되거나 승진되는 소방공무원에게 임명장을, 전보되는 소방공무원에게 임용장(필요한 경우 제4조 제1항 본문에 따른 인사발령 통지서로 갈음할 수 있다)을 수여한다. 이 경우 소속 소방기관(영 제2조 제3호에 따른 소방기관을 말한다. 이하 같다)의 장이 대리 수여할 수 있다.

15 승진심사위원회-소방공무원법 제16조
• 승진심사를 하기 위하여 소방청에 중앙승진심사위원회를 두고, 소방청 및 대통령령으로 정하는 소속기관(중앙소방학교, 중앙119구조본부, 국립소방연구원)에 보통승진심사위원회를 둔다. 다만, 시·도지사가 임용권을 행사하는 경우에는 시·도에 보통승진심사위원회를 둔다.
• 승진심사위원회는 작성된 계급별 승진심사대상자명부의 선순위자(先順位者) 순으로 승진임용하려는 결원의 5배수의 범위에서 승진후보자를 심사·선발한다.
• 승진후보자로 선발된 사람에 대해서는 승진심사위원회가 설치된 소속기관의 장이 각 계급별로 심사승진후보자명부를 작성한다.
• 승진심사위원회의 구성·관할 및 운영에 필요한 사항은 대통령령으로 정한다.

16 기록의 말소방법 및 절차—소방공무원임용령 시행규칙 제14조의2 제3, 4항

기록의 말소는 인사기록카드상의 해당 처분기록에 말소된 사실을 표기하는 방법에 의한다. 다만, 소청심사위원회나 법원에서 징계처분·직위해제처분의 무효 또는 취소의 결정이나 판결이 확정된 때에는 해당사실이 나타나지 아니하도록 인사기록카드를 재작성해야 한다. 징계처분 및 직위해제처분의 말소방법, 절차등에 관하여 필요한 사항은 소방청장이 정한다.

17 소방공무원 승진시험의 필기시험 과목

구 분	과목 수	필기시험 과목
소방령·소방경 승진시험	3	행정법, 소방법령Ⅰ·Ⅱ·Ⅲ, 선택1(행정학, 조직학, 재정학)
소방위 승진시험	3	행정법, 소방법령Ⅳ, 소방전술
소방장 승진시험	3	소방법령Ⅱ, 소방법령Ⅲ, 소방전술
소방교 승진시험	3	소방법령Ⅰ, 소방법령Ⅱ, 소방전술

※ 비 고
1. 소방법령 Ⅰ : 「소방공무원법」(같은 법 시행령 및 시행규칙을 포함한다. 이하 같다)
2. 소방법령 Ⅱ : 「소방기본법」, 「소방시설 설치 및 관리에 관한 법률 및 화재의 예방 및 안전관리에 관한 법률」
3. 소방법령 Ⅲ : 「위험물안전관리법」, 「다중이용업소의 안전관리에 관한 특별법」
4. 소방법령 Ⅳ : 「소방공무원법」, 「위험물안전관리법」
5. 소방전술 : 화재진압·구조·구급 관련 업무수행을 위한 지식·기술 및 기법 등

18 징계의결서 표시사항
- 징계등 심의 대상자의 인적사항
- 의결주문
- 적용법조
- 징계등 사유에 해당하는 사항 및 입증자료의 인정 여부
- 징계등 심의 대상자 및 증인 출석 여부
- 정상 참작 여부
- 의결방법
- 심의결론

19 직장훈련담당관의 직무—소방공무원 교육훈련규정 제34조

직장훈련담당관은 해당 소방기관의 장의 지휘·감독하에 다음의 직무를 수행한다.
- 직장훈련의 계획수립과 심사 및 지도감독
- 직장훈련 결과에 대한 평가 및 확인
- 직장훈련 실시를 위한 시설·교재 등의 준비
- 기타 직장훈련실시에 관하여 필요한 사항

20 특별승진심사의 절차—소방공무원 승진임용 규정 시행규칙 제35조
1. 소방기관의 장이 소속 소방공무원에 대하여 특별승진심사를 받게 하고자 할 때에는 당해 소방공무원의 공적조서와 인사기록카드를 관할 승진심사위원회가 설치되는 기관의 장에게 제출해야 한다. 이 경우 승진심사위원회를 관할하는 기관의 장은 승진심사에 필요하다고 인정되는 공적의 내용을 현지 확인하게 하거나 그 공적을 증명할 수 있는 자료를 제출하게 할 수 있다.
2. 특별승진심사에 의한 승진임용예정자의 결정은 찬·반투표로써 한다.

3. 특별승진임용예정인원수보다 많을 경우에는 해당자만을 대상으로 재투표하여 결정한다.
4. 심사위원회 위원장은 특별승진임용예정자를 결정한 때에는 다음의 서류를 첨부하여 승진심사위원회가 설치된 기관의 장에게 보고해야 한다.
   • 승진심사의결서
   • 특별승진임용예정자명부
   • 특별승진심사탈락자명부

21 호봉 획정 및 승급 시행권자–공무원보수규정 제7조
호봉 획정 및 승급은 법령의 규정상 임용권자(임용에 관한 권한이 법령의 규정에 따라 위임 또는 위탁된 경우에는 위임 또는 위탁을 받은 사람을 말한다) 또는 임용제청권자가 시행한다. 다만, 군인의 경우에는 각 군 참모총장이 시행하되 필요한 경우에는 그 권한의 전부 또는 일부를 소속 부대의 장에게 위임할 수 있다.

22 소방공무원은 휴무일이나 근무시간 외에 공무(公務)가 아닌 사유로 3시간 이내에 직무에 복귀하기 어려운 지역으로 여행하려는 경우에는 소속 소방기관의 장에게 신고해야 한다.

23 특별위로금–소방공무원임용령 제60조 제4항
위로금을 지급받으려는 소방공무원 또는 그 유족은 행정안전부령으로 정하는 특별위로금 지급신청서에 공무상요양 승인 결정서 사본 등 행정안전부령으로 정하는 서류를 첨부하여 다음의 어느 하나에 해당하는 날부터 6개월 이내에 소방기관의 장에게 신청해야 한다.
1. 업무에 복귀한 날
2. 요양 중 사망하거나 퇴직한 경우는 각각 사망일 또는 퇴직일
3. 「공무원 재해보상법」에 따른 요양급여의 결정에 대한 불복절차가 인용 결정으로 최종 확정된 경우에는 확정된 날

24 임용권의 위임–소방공무원임용령 제3조
소방청장은 다음의 권한을 시·도지사에게 위임한다.
가. 시·도 소속 소방령 이상 소방준감 이하의 소방공무원(소방본부장 및 지방소방학교장은 제외한다)에 대한 전보, 휴직, 직위해제, 강등, 정직 및 복직에 관한 권한
나. 소방정인 지방소방학교장에 대한 휴직, 직위해제, 정직 및 복직에 관한 권한
다. 시·도 소속 소방경 이하의 소방공무원에 대한 임용권

25 임용권의 위임–소방공무원임용령 제3조 제4항
중앙119구조본부장은 119특수구조대 소속 소방경 이하의 소방공무원에 대한 해당 119특수구조대 안에서의 전보권을 해당 119특수구조대장에게 다시 위임한다.

08 | 정답 및 해설

01	02	03	04	05	06	07	08	09	10	11	12	13	14	15
④	④	④	①	②	③	④	④	③	①	③	①	④	③	①
16	17	18	19	20	21	22	23	24	25					
①	③	①	①	②	②	③	②	①	①					

01 "복직"이란 휴직·직위해제 또는 정직(강등에 따른 정직을 포함한다) 중에 있는 소방공무원을 직위에 복귀시키는 것을 말하며, 파면은 소방공무원 신분을 배제하는 징계로 복직에 해당되지 않는다.

02 소방공무원 인사위원회의 구성 및 운영
- 소방공무원의 인사(人事)에 관한 중요사항에 대해 소방청장의 자문에 응하게 하기 위하여 소방청에 소방공무원 인사위원회(이하 "인사위원회"라 한다)를 둔다.
- 회의는 재적위원 3분의 2 이상의 출석과 출석위원 과반수의 찬성으로 의결한다.
- 소방청에 설치된 인사위원회의 위원장은 소방청 차장이, 시·도에 설치된 인사위원회의 위원장은 소방본부장이 되고, 위원은 인사위원회가 설치된 기관의 장이 소속 소방정 이상의 소방공무원 중에서 임명한다.
- 위원은 위원장을 포함한 5인 이상 7인 이하의 위원으로 구성한다.

03 경력경쟁채용등 응시자격 구분표의 채용 계급-소방공무원임용령 시행규칙 별표 2 비고
1. 의사 : 소방령 이하
2. 기술사, 기능장, 1급~4급 항해사·기관사·운항사, 운송용 조종사, 사업용 조종사, 항공교통관제사, 항공정비사, 운항관리사 : 소방경 이하
3. 기사, 5급 및 6급 항해사·기관사, 소방시설관리사 : 소방장 이하
4. 제1종 대형면허, 제1종 특수면허 : 소방사
5. 제1호부터 제4호까지에서 규정한 자격 외의 자격 : 소방교 이하

04 필수보직기간 및 전보의 제한-소방공무원임용령 제28조 제6항
다음의 어느 하나에 해당하는 임용일은 필수보직기간을 계산할 때 해당 직위에 임용된 날로 보지 아니한다.
- 직제상의 최저단위 보조기관 내에서의 전보일
- 승진임용일, 강등일 또는 강임일
- 시보공무원의 정규공무원으로의 임용일
- 기구의 개편, 직제 또는 정원의 변경으로 소속·직위 또는 직급의 명칭만 변경하여 재발령되는 경우 그 임용일. 다만, 담당 직무가 변경되지 아니한 경우만 해당한다.

05 소방관계법령에 따른 배수 정리

가. 승진임용예정인원수가 1~10명일 경우 승진대상자명부 또는 승진대상자 통합명부에 따른 순위가 높은 사람부터 차례로 승진임용예정인원수 1명당 5배수만큼의 사람을 대상으로 실시한다.

나. 임용권자 또는 임용제청권자는 6개월 이상의 위탁교육을 받은 소방공무원에 대해서는 특별한 경우를 제외하고 6년의 범위에서 교육훈련기간과 같은 기간(국외 위탁훈련의 경우에는 교육훈련기간의 2배) 동안 교육훈련분야와 관련된 직무분야에서 복무하게 해야 한다(소방공무원 교육훈련규정 제11조).

다. 공무원의 징계 의결을 요구하는 경우 그 징계 사유가 다음의 어느 하나에 해당하는 경우에는 해당 징계 외에 다음의 행위로 취득하거나 제공한 금전 또는 재산상 이득(금전이 아닌 재산상 이득의 경우에는 금전으로 환산한 금액을 말한다)의 5배 내의 징계부가금 부과 의결을 징계위원회에 요구해야 한다.

  ㉠ 금전, 물품, 부동산, 향응 또는 그 밖에 대통령령으로 정하는 재산상 이익을 취득하거나 제공한 경우
  ㉡ 횡령(橫領), 배임(背任), 절도, 사기 또는 유용(流用)한 경우

06 관리역량교육－소방공무원 교육훈련규정 제5조 제4항

소방령·소방경·소방위인 소방공무원은 기본교육훈련 중 관리역량교육을 받아야 한다.

07 임용권의 위임－소방공무원임용령 제3조 제1항

대통령은 시·도 소속 소방령 이상의 소방공무원(소방본부장 및 지방소방학교장은 제외한다)에 대한 임용권을 시·도지사에게 위임한다.

08 채용시험의 가점－소방공무원임용령 제42조

• 소방사 공개경쟁채용시험이나 소방간부후보생선발시험에 다음의 사람이 응시하는 경우에는 그 사람이 취득한 점수에 행정안전부령으로 정하는 가점비율에 따른 점수를 가점방법에 따라 가산한다.
  － 소방업무 관련 분야 자격증 또는 면허증을 취득한 사람
  － 사무관리 분야 자격증을 취득한 사람
  － 한국어능력검정시험에서 일정 기준점수 또는 등급 이상을 취득한 사람
  － 외국어능력검정시험에서 일정 기준점수 또는 등급 이상을 취득한 사람
• 가점점수의 가산은 다음의 방법에 따른다.
  － 시험 단계별 득점을 각각 100점으로 환산한 후 가점비율을 적용하여 합산한 점수의 5퍼센트 이내에서 가산한다.
  － 동일한 분야에서 가점 인정대상이 두 개 이상인 경우에는 각 분야별로 본인에게 유리한 것 하나만을 가산한다.

09 시간선택제근무－소방공무원임용령 제30조의3 및 임용령 시행규칙 제22조의2

임용권자 또는 임용제청권자는 소방공무원이 원할 때에는 「국가공무원법」 제26조의2에 따라 통상적인 근무시간보다 짧은 시간을 근무하는 소방공무원(이하 "시간선택제전환소방공무원"이라 한다)으로 지정할 수 있다. 다만, 상시근무체제를 유지하기 위한 교대제 근무자는 제외한다.

10 근무성적평정의 조정–소방공무원 승진임용 규정 시행규칙 제9조
- 근무성적평정점을 조정하기 위하여 승진대상자명부 작성단위 기관별로 근무성적평정조정위원회(이하 "조정위원회"라 한다)를 둘 수 있다.
- 조정위원회는 피평정자의 상위직급공무원 중에서 조정위원회가 설치된 기관의 장이 지정하는 3인 이상 5인 이하의 위원으로 구성하며, 위원장의 선임 기타 위원회의 운영에 관하여 필요한 사항은 해당 기관의 장이 정한다.
- 조정위원회의 위원장은 제1차 평정자와 제2차 평정자의 평정결과가 분포비율과 맞지 않을 경우에는 조정위원회를 소집하여 근무성적평정을 영 제7조 제3항의 분포비율에 맞도록 조정할 수 있다.
- 분포비율의 조정결과 조정 전의 평정등급에서 아래등급으로 조정된 자의 조정점은 그 조정된 아래등급의 최고점으로 한다.
- 조정위원회가 설치된 기관의 장은 근무성적평정의 조정결과가 심히 부당하다고 인정되는 경우에는 해당 조정위원회의 위원장에게 이의 재조정을 요구할 수 있다.

11 계급정년의 연장 및 승인
- 소방청장은 전시, 사변, 그 밖에 이에 준하는 비상사태에서는 2년의 범위에서 계급정년을 연장할 수 있다.
- 이 경우 소방령 이상의 소방공무원에 대해서는 행정안전부장관의 제청으로 국무총리를 거쳐 대통령의 승인을 받아야 한다.

12 소방준감 이상의 소방공무원에 대한 징계의결은 국무총리 소속으로 설치된 징계위원회에서 한다(소방공무원법 제28조 제1항).

13 승진대상자명부의 작성권자–소방공무원 승진임용 규정 제11조

작성대상	작성권자
• 소방청 소속 소방공무원, 중앙소방학교 · 중앙119구조본부 소속 소방경 이상의 소방공무원 • 국립소방연구원 소속의 소방령 이상의 소방공무원 • 소방정인 지방소방학교장	소방청장
중앙소방학교 소속 소방위 이하의 소방공무원	중앙소방학교장
중앙119구조본부 소속 소방위 이하 소방공무원	중앙119구조본부장
국립소방연구원 소속 소방경 이하 소방공무원	국립소방연구원장
시 · 도지사가 임용권을 행사하는 소방공무원	시 · 도지사
지방소방학교, 서울종합방재센터, 소방서, 119특수대응단 또는 소방체험관 소속 소방위 이하의 소방공무원	지방소방학교장 · 서울종합방재센터장 · 소방서장 · 119특수대응단장 또는 소방체험관장

14 인사발령통지서–소방공무원임용령 시행규칙 제4조
가. 임용권자는 신규채용, 승진 및 전보 외의 모든 임용과 승급 기타 각종 인사발령을 할 때에는 해당 소방공무원에게 인사발령 통지서를 준다. 다만, 국내외 훈련 · 국내외 출장 · 휴가명령 및 승급은 회보로 통지할 수 있다.
나. 임용권자는 직위해제를 할 때에는 인사발령 통지서에 직위해제처분 사유 설명서를 첨부해야 한다.
다. 임용권자는 인사발령을 하는 때에는 발령과 동시에 관계기관과 해당 소방공무원의 인사기록을 관리하는 기관의 장에게 통지해야 한다. 다만, 대통령이 행하는 소방령 이상 소방공무원의 인사발령인 경우에는 소방청장이 통지한다.

15 승진심사위원회의 관할

구 분	중앙승진심사위원회	보통승진심사위원회
설치운영	소방청	소방청, 중앙소방학교, 중앙119구조본부 및 국립소방연구원, 시·도
심사관할	• 소방청과 그 소속기관 소방공무원의 소방준감으로의 승진심사 • 소방정인 지방소방학교장의 소방준감으로의 승진심사	• 소방청 : 소방정 이하 계급으로의 승진심사 • 시·도 : 시·도지사가 임용권을 행사하는 소방공무원의 승진심사 • 중앙소방학교, 중앙119구조본부 : 소속 소방공무원의 소방경 이하 계급으로의 승진심사 • 국립소방연구원 : 소속 소방공무원의 소방령 이하 계급으로의 승진심사

16 인사기록의 관리-소방공무원임용령 시행규칙 제14조
① 소방공무원은 성명·주소 기타 인사기록의 기록내용을 변경해야 할 정당한 사유가 있는 때에는 그 사유가 발생한 날로부터 30일 이내에 소속 인사기록관리자에게 신고해야 한다.
② 인사기록관리자는 소속 소방공무원에 대한 임용·징계·포상 그 밖의 인사발령이 있는 때에는 지체 없이 이를 해당 소방공무원의 인사기록카드에 기록해야 한다.
③ 소방공무원인사기록 원본은 임용권자가 관리한다.
④ 소방공무원의 승진·전출 등으로 인사기록관리자가 변경된 경우 변경 전 인사기록관리자는 변경 후 인사기록관리자에게 지체 없이 해당 소방공무원의 인사기록카드(표준인사관리시스템을 통해 송부한다)와 최근 3년간(소방위 이하의 소방공무원인 경우에는 최근 2년간)의 근무성적평정표 및 경력·교육훈련성적·가점 평정표 사본(전자문서를 포함한다)을 송부해야 한다.

17 시험의 합격결정-소방공무원 승진임용 규정 제34조
• 제1차 시험의 합격자는 매 과목 만점의 40퍼센트 이상, 전 과목 만점의 60퍼센트 이상 득점한 자로 한다.
• 제2차 시험의 합격자는 해당 계급에서의 상벌·교육훈련성적·승진할 계급에서의 직무수행능력 등을 고려하여 만점의 60퍼센트 이상 득점한 자 중에서 결정한다.
• 최종합격자 결정은 제1차 시험 성적 50퍼센트, 제2차 시험 성적 10퍼센트 및 해당 계급에서의 최근에 작성된 승진대상자 명부의 총평정점 40퍼센트를 합산한 성적의 고득점 순위에 의하여 결정한다. 다만, 제2차 시험을 실시하지 아니하는 경우에는 제1차 시험 성적을 60퍼센트의 비율로 합산한다.
• 최종합격자를 결정할 때 시험승진임용예정 인원수를 초과하여 동점자가 있는 경우에는 승진대상자명부 순위가 높은 순서에 따라 최종합격자를 결정한다.

18 징계등 혐의자는 위원 중에서 불공정한 의결을 할 우려가 있다고 의심할 만한 타당한 이유가 있을 때에는 그 사실을 서면으로 소명(疎明)하고 해당 위원의 기피를 신청할 수 있다.

19 교육훈련성적 통보
소방공무원승진시험의 최종합격자를 결정할 때 시험승진임용예정 인원수를 초과하여 동점자가 있는 경우에는 승진대상자 명부 순위가 높은 순서에 따라 최종합격자를 결정한다.

20 특별승진임용예정자의 결정

심사위원회 위원장은 특별승진임용예정자를 결정한 때에는 다음의 서류를 첨부하여 승진심사위원회가 설치된 기관의 장에게 보고해야 한다.

1. 승진심사의결서
2. 특별승진임용예정자명부
3. 특별승진심사탈락자명부

※ 승진심사 결과보고 시 첨부서류 구분

심사승진 결과보고	특별승진심사 결과보고
• 승진심사의결서 • 승진심사종합평가서 • 승진임용예정자로 선발된 자 • 선발되지 않은 자의 명부	• 승진심사의결서 • 특별승진임용예정자명부 • 특별승진심사탈락자명부

21 보수성과심의위원회의 구성·운영에 필요한 사항은 인사혁신처장이 정한다.

보수성과심의위원회-공무원보수규정 제4조의2

① 소속 장관은 소속 공무원의 보수에 관한 다음 각 호의 사항을 심의하기 위하여 필요한 경우에는 보수성과심의위원회 (이하 "보수성과심의위원회"라 한다)를 구성·운영할 수 있다.
 1. 특별승급에 관한 사항
 2. 연봉의 책정 및 기준급의 책정 특례 직위에 대한 연봉평가에 관한 사항
 3. 총액인건비제를 운영하는 중앙행정기관 및 책임운영기관의 보수제도 운영에 관한 사항
 4. 성과상여금 등의 지급에 관한 사항
 5. 총액인건비제의 운영에 관한 사항
 6. 그 밖에 보수와 관련된 사항으로서 인사혁신처장이 보수성과심의위원회의 심의가 필요하다고 정하는 사항
② 보수성과심의위원회는 위원장 1명을 포함하여 3명 이상 7명 이내의 위원으로 구성한다.
③ 보수성과심의위원회의 위원은 소속 장관이 지명하거나 위촉하고, 보수성과심의위원회의 위원장은 소속 장관이 위원 중에서 지명하는 사람이 된다.
④ 보수성과심의위원회의 회의는 재적위원 과반수의 출석으로 개의하고, 출석위원 과반수의 찬성으로 의결한다.
⑤ 소속 장관은 보수성과심의위원회의 구성 목적을 달성했다고 인정하는 경우에는 보수성과심의위원회를 해산할 수 있다.
⑥ 제1항부터 제5항까지에서 규정한 사항 외에 보수성과심의위원회의 구성·운영에 필요한 사항은 인사혁신처장이 정한다.

22 여행의 제한-소방공무원 복무규정 제4조

• 소방공무원은 휴무일이나 근무시간 외에 공무(公務)가 아닌 사유로 3시간 이내에 직무에 복귀하기 어려운 지역으로 여행하려는 경우에는 소속 소방기관의 장에게 신고해야 한다.
• 다만, 비상근무 등 소방업무상 특별한 사정이 있어 소방기관의 장이 정하는 기간 중 에는 소속 소방기관의 장의 허가를 받아야 한다.

23 인사기록의 수정금지-소방공무원임용령 시행규칙 제16조

인사기록은 다음의 경우를 제외하고는 이를 수정하여서는 아니된다(제1항).
• 오기한 것으로 판명된 때
• 본인의 정당한 요구가 있는 때

24 시보임용기간 제외 및 산입
- 휴직기간·직위해제기간 및 징계에 의한 정직처분 또는 감봉처분을 받은 기간은 시보임용기간에 포함하지 않는다.
- 소방공무원으로 임용되기 전에 그 임용과 관련하여 소방공무원교육훈련기관에서 교육훈련을 받은 기간은 시보임용기간에 포함한다.

25 인사혁신처장과 협의 생략−소방공무원임용령 제30조 제4항 단서
인사혁신처장이 행정기관의 조직과 정원에 관한 통칙 제24조의2에 따라 별도정원의 직급·규모 등에 대하여 행정안전부장관과 협의된 파견기간의 범위에서 소방경 이하 소방공무원의 파견기간을 연장하거나 소방경 이하 소방공무원의 파견기간이 끝난 후 그 자리를 교체하는 경우에는 인사혁신처장과의 협의를 생략할 수 있다.

09 | 정답 및 해설

01	02	03	04	05	06	07	08	09	10	11	12	13	14	15
④	②	②	①	④	①	①	①	②	④	③	③	②	③	②
16	17	18	19	20	21	22	23	24	25					
②	②	④	④	②	③	③	③	②	③					

01 "임용"이란 신규채용·승진·전보·파견·강임·휴직·직위해제·정직·강등·복직·면직·해임 및 파면을 말하며, 감봉·견책·전직·겸임은 소방공무원법 용어의 정의에서 임용에 해당되지 않는다.

02 인사위원회의 기능 및 절차
인사위원회는 다음의 사항을 심의한다.
1. 소방공무원의 인사행정에 관한 방침과 기준 및 기본계획
2. 소방공무원의 인사에 관한 법령의 제정·개정 또는 폐지에 관한 사항
3. 기타 소방청장과 시·도지사가 해당 인사위원회의 회의에 부치는 사항
   → 위원장은 인사위원회에서 심의된 사항을 지체 없이 해당 인사위원회가 설치된 기관의 장에게 보고해야 한다.

03 소방위의 신규채용은 대통령령이 정하는 자격을 갖추고 공개경쟁시험에 의하여 선발된 사람으로 정해진 교육훈련을 마친 자 중에서 한다.

04 형사사건에 관련되어 수사기관에서 조사를 받고 있는 경우에는 필수보직기간 1년 이내에 다른 직위에 전보할 수 있다.

05 승진소요최저근무연수의 계산의 기준일
 • 시험승진의 경우 : 제1차 시험일의 전일
 • 심사승진의 경우 : 승진심사 실시일의 전일
 • 특별승진의 경우 : 승진임용예정일

06 계급별 교육훈련성적 및 평정점

평정대상 교육훈련성적 평정점 구분	소방정	소방령·소방경·소방위	소방장 이하
소방정책관리자교육성적	10	–	–
관리역량교육성적		3	
전문교육훈련성적		3	3
직장훈련성적	–	4	4
체력검정성적		5	5
전문능력성적		–	3
총 평점	10	15	15

07 임용시기-소방공무원임용령 제4조
소방공무원은 임용장 또는 임용통지서에 기재된 일자에 임용된 것으로 본다.

08 전역예정자가 응시할 수 있는 기간의 계산 방법-소방공무원임용령 시행규칙 제25조
제대군인이 전역 예정일 전 6개월의 기간계산은 응시하고자 하는 소방공무원의 채용시험과 소방간부후보생 선발시험의 최종시험시행예정일부터 기산한다.

09
공무원 인재개발법 또는 법 제20조 제3항(시·도지사가 임용권을 행사하는 소방공무원에 한정한다)에 따른 교육훈련을 위하여 필요한 경우로서 소방청과 그 소속기관 소속 소방공무원, 소방본부장 및 지방소방학교장에 대한 6개월 이상 파견된 경우에 별도정원으로 보고 결원을 보충할 수 있다(소방공무원임용령 제31조).

10
소방공무원이 6월 이상 국가기관·지방자치단체에 파견 근무하는 경우에는 파견 받은 기관의 의견을 참작하여 근무성적을 평정해야 한다.

11 강등자의 계급정년 산정
징계로 인하여 강등(소방경으로 강등된 경우를 포함한다)된 소방공무원의 계급정년은 계급별 정년규정에도 불구하고 다음에 따른다.
1. 강등된 계급의 계급정년은 강등되기 전 계급 중 가장 높은 계급의 계급정년으로 한다.
2. 계급정년을 산정할 때에는 강등되기 전 계급의 근무연수와 강등 이후의 근무연수를 합산한다.
따라서 소방정으로 승진하여 5년간 근무하고 소방령으로 강등되어 4년간 근무하였다면 현 계급은 소방령이지만 소방령의 계급정년 14년의 적용을 받지 않고 강등 전 계급 중 가장 높은 계급인 소방정의 계급정년인 11년의 적용을 받는다. 그래서 소방정으로 근무연수가 9년으로 별다른 신분상의 변동이 없는 한 2년이 지나면 소방정 계급정년 11년에 달하여 계급정년으로 당연퇴직하게 된다.

12 징계위원회의 설치 기관
- 소방준감 이상의 소방공무원에 대한 징계의결 : 국무총리실 소속으로 설치된 징계위원회에서 한다.
- 소방정 이하의 소방공무원에 대한 징계의결을 하기 위하여 소방청 및 중앙소방학교, 중앙119구조본부 및 국립소방연구원에 소방공무원 징계위원회를 둔다.
- 시·도지사가 임용권을 행사하는 소방공무원에 대한 징계의결을 하기 위하여 시·도 및 지방소방학교, 서울종합방재센터·소방서·119특수대응단 및 소방체험관에 징계위원회를 둔다.

13 승진대상자명부의 작성대상-소방공무원 승진임용 규정 제11조
승진요건을 갖춘 소방정 이하의 소방공무원

14 증명서 등의 발급-소방공무원임용령 시행규칙 제8조
1. 소방기관의 장은 재직 중인 소방공무원이 재직증명서의 발급을 신청한 경우에는 인사기록카드에 따라 재직증명서를 발급해야 한다.
2. 소방기관의 장은 퇴직한 소방공무원이 경력증명서의 발급을 신청한 경우에는 제5조의 따른 발령대장 또는 인사기록카드에 의하여 경력증명서를 발급해야 한다. 다만, 최종 퇴직 소방기관 외의 경력이 있는 경우에는 본인의 원에 따라 전력조회의 방법에 의하여 최종 퇴직 소방기관 외의 재직경력에 대하여도 증명서를 발급할 수 있다.

15 ① 보통승진심사위원회는 위원장을 포함한 위원 5명 이상 9명 이하로 구성한다.
③ 승진심사위원회의 회의는 비공개로 한다.
④ 승진심사위원회의 회의는 승진심사위원회가 설치된 기관의 장이 소집한다.

16 징계처분 또는 직위해제 처분을 받은 소방공무원이 소청심사위원회나 법원에서 징계처분의 무효 또는 취소의 결정이나 판결이 확정된 때 해당되고 그 해당 사유 발생일 이전에 징계 또는 직위해제 처분을 받은 사실이 없을 때에는 해당 사실이 나타나지 아니하도록 인사기록카드를 재작성해야 한다.

17 소방공무원 승진시험 동점자 합격자 결정 방법-소방공무원 승진임용 규정 제34조
소방공무원승진시험의 최종합격자를 결정할 때 시험승진임용예정 인원수를 초과하여 동점자가 있는 경우에는 승진대상자명부 순위가 높은 순서에 따라 최종합격자를 결정한다.

18 징계위원의 제척 및 기피–소방공무원 징계령 제15조
① 징계위원회의 위원 중 징계등 심의 대상자의 친족이나 그 징계등 사유와 관계가 있는 사람은 그 징계등 사건의 심의에 관여하지 못한다(제1항).
② 징계등 심의 대상자는 위원 중에서 불공정한 의결을 할 우려가 있다고 의심할 만한 타당한 이유가 있을 때에는 그 사실을 서면으로 소명(疎明)하고 해당 위원의 기피를 신청할 수 있다(제2항).
③ 징계위원회의 위원은 제척 사유에 해당하면 스스로 해당 징계등 사건의 심의·의결을 회피해야 하며, 기피 사유에 해당하면 회피할 수 있다(제4항).

제 척	회 피	기 피
법률상 당연히 심의·의결에 제외됨	위원 스스로 심의·의결에서 참여하지 않음	당사자의 신청에 의하여 징계위원회의 의결을 거쳐 결정

19 학사운영에 관한 규정–소방공무원 교육훈련규정 제27조
교육훈련기관의 장은 교육훈련에 관한 다음 각 호의 사항을 학칙 등 학사운영에 관한 규정으로 정한다.
• 입교·퇴교·상벌에 관한 사항
• 교육훈련성적 평가 및 수료·졸업에 관한 세부 사항
• 수업시간 및 휴무일에 관한 사항
• 제28조에 따른 생활관 입실 및 생활에 관한 사항
• 수탁교육생에 관한 사항
• 교육훈련대상자의 표지(標識)에 관한 사항
• 교수요원 등의 선발·위촉·관리에 관한 사항
• 그 밖에 교육훈련기관의 장이 필요하다고 인정하는 사항

20 대우소방공무원 선발을 위한 근무기간–소방공무원 승진임용 규정 시행규칙 제36조
대우공무원으로 선발되기 위해서는 승진소요최저근무연수를 경과한 소방정 이하 계급의 소방공무원으로서 해당 계급에서 다음의 구분에 따른 기간 동안 근무해야 한다.
1. 소방정 및 소방령 : 7년 이상
2. 소방경, 소방위, 소방장, 소방교 및 소방사 : 5년 이상

21 채용구분에 따른 소방관계법규–소방공무원임용령 별표 3, 별표 5의 비고

공개경쟁시험	경력경쟁채용등
소방관계법규는 다음의 법령으로 한다. 가. 「소방기본법」, 같은 법 시행령 및 같은 법 시행규칙 나. 「소방시설공사업법」, 같은 법 시행령 및 같은 법 시행규칙 다. 「소방시설 설치 및 관리에 관한 법률」 및 그 하위법령 라. 「화재의 예방 및 안전관리에 관한 법률」 및 그 하위법령 마. 「위험물안전관리법」 및 그 하위법령	공개경쟁시험의 범위에서 「소방의 화재조사에 관한 법률」 및 하위 하위법령 추가함

22 포상휴가
소방기관의 장은 근무성적이 뛰어나거나 다른 소방공무원의 모범이 될 공적이 있는 소방공무원에게 1회 10일 이내의 포상휴가를 허가할 수 있다. 이 경우 포상휴가기간은 연가일수에 산입(算入)하지 않는다.

23 본인 및 기타 소방공무원 인사자료의 보고 등을 위하여 필요한 사람이 인사기록을 열람할 경우에는 인사기록관리자의 허가를 받아 인사기록관리담당자의 참여하에 정해진 장소에서 열람해야 한다.

24 ① 소방공무원을 소방위 이상을 신규채용할 때 1년의 기간 동안 시보로 임용한다.
③ 법 또는 법에 따른 명령을 위반하여 경징계 사유에 해당하는 비위를 2회 이상 저지른 경우 임용심사위원회의 의결을 거쳐 면직시키거나 면직을 제청할 수 있다.
④ 휴직기간·직위해제기간 및 징계에 의한 정직처분 또는 감봉처분을 받은 기간은 시보임용기간에 포함하지 않는다.

25 의견이 나뉠 경우 징계 의결방법-소방공무원 징계령 제14조 제1항
1. 징계위원회는 위원 과반수(과반수가 3명 미만인 경우에는 3명 이상)의 출석으로 개의(開議)하고 출석위원 과반수의 찬성으로 의결한다.
2. 의견이 나뉘어 출석위원 과반수의 찬성을 얻지 못한 경우에는 출석위원 과반수가 될 때까지 징계등 심의 대상자에게 가장 불리한 의견을 제시한 위원의 수를 그 다음으로 불리한 의견을 제시한 위원의 수에 차례로 더하여 그 의견을 합의된 의견으로 본다.

> ※ 불리한 의견에 유리한 의견을 순차적으로 합하면 해임 2명 + 정직 3월 1명 + 감봉 3월 1명 = 4명
> 과반수는 초과의 의미이므로 4명 이상이 되어야 하므로 감봉 3월로 합의된 의견으로 본다.

10 정답 및 해설

제10회 ▶ 정답 및 해설

01	02	03	04	05	06	07	08	09	10	11	12	13	14	15
③	①	②	③	④	④	③	②	②	③	④	①	①	④	②
16	17	18	19	20	21	22	23	24	25					
④	③	③	①	③	③	①	②	④	④					

01 용어의 정의–소방공무원임용령 제2조 제3호
"소방기관"이라 함은 소방청, 특별시·광역시·특별자치시·도·특별자치도(이하 "시·도"라 한다)와 중앙소방학교·중앙119구조본부·국립소방연구원·지방소방학교·서울종합방재센터·소방서·119특수대응단 및 소방체험관을 말한다.
※ 행정안전부, 소방본부, 119안전센터, 119지역대, 구조대 등은 소방공무원임용령 제2조 제3호의 소방기관에 해당되지 않음

02 소방청에 설치된 인사위원회의 위원장은 소방청 차장이, 시·도에 설치된 인사위원회의 위원장은 소방본부장이 되고, 위원은 인사위원회가 설치된 기관의 장이 소속 소방정 이상의 소방공무원 중에서 임명한다(소방공무원임용령 제8조 제2항).

03 시험실시기관
소방공무원의 신규채용시험 및 승진시험과 소방간부후보생 선발시험은 소방청장이 실시한다. 다만, 소방청장이 필요하다고 인정할 때에는 대통령령이 정하는 바에 따라 그 권한의 일부를 시·도지사 또는 소방청 소속기관의 장에게 위임할 수 있다.

04 교수요원으로 임용된 자의 전보제한의 특례–소방공무원임용령 제28조 제2항
중앙소방학교 및 지방소방학교 교수요원의 필수보직기간은 2년으로 한다. 다만, 기구의 개편, 직제·정원의 변경 또는 교육과정의 개편 또는 폐지가 있거나 교수요원으로서 부적당하다고 인정될 때에는 그렇지 않다. 〈2023.3.28. 개정〉

05 승진소요최저근무연수의 계산의 기준일
• 시험승진의 경우 : 제1차 시험의 전일
• 심사승진의 경우 : 승진심사 실시일의 전일
• 특별승진의 경우 : 승진임용예정일
• 「법원조직법」 제72조에 따른 사법연수원의 연수생으로 수습한 기간은 제1항의 소방령 이하 소방공무원의 승진소요최저근무연수에 포함한다(소방공무원 승진임용 규정 제5조 제6항).

06 의무복무–소방공무원 교육훈련규정 제11조
- 신임교육을 받고 임용된 사람은 그 교육기간에 해당하는 기간 이상을 소방공무원으로 복무해야 한다.
- 임용권자 또는 임용제청권자는 6개월 이상의 위탁교육훈련을 받은 소방공무원에 대해서는 특별한 경우를 제외하고 6년의 범위에서 교육훈련기간과 같은 기간(국외 위탁교육훈련의 경우에는 교육훈련기간의 2배에 해당하는 기간으로 한다) 동안 교육훈련 분야와 관련된 직무 분야에서 복무하게 해야 한다.

07 임용시기의 특례(소급 임용)–소방공무원임용령 제5조

효력발생사유	효력발생한 시기
임용일자가 소급되는 경우	• 재직 중 공적이 특히 현저하여 순직한 사람을 다음의 어느 하나에 해당하는 날을 임용일자로 하여 특별승진임용하는 경우 – 재직 중 사망한 경우 : 사망일의 전날 ※ 사망한 날(×) – 퇴직 후 사망한 경우 : 퇴직일의 전날 ※ 퇴직한 날(×) • 휴직 기간이 끝나거나 휴직 사유가 소멸된 후에도 직무에 복귀하지 아니하거나 직무를 감당할 수 없어 직권으로 면직시키는 경우 : 휴직기간의 만료일 또는 휴직사유의 소멸일 • 시보임용예정자가 소방공무원의 직무수행과 관련한 실무수습 중 사망한 경우 : 사망일의 전날 ※ 사망한 날(×), 사망한 다음 날(×)

08 소방학개론은 소방조직, 재난관리, 연소·화재이론, 소화이론 분야로 하고, 분야별 세부내용은 소방청장이 정한다.

09 별도정원의 결원보충 절차–소방공무원임용령 제31조 제2항 내지 제4항
별도정원 범위에서 1년 이상의 파견(교육훈련의 경우 6개월 이상)으로 결원을 보충하는 경우에 소방청장은 미리 행정안전부장관과 협의해야 하며, 시·도지사는 행정안전부장관의 승인을 받아야 한다.

10 ③ 근무성적, 경력 및 교육훈련성적의 평정은 연 2회 실시하되, 매년 3월 31일과 9월 30일을 기준으로 하며, 경력평정 및 교육훈련성적의 평정과 같다.
① 근무성적평정에서 평정점의 분포비율은 수 20퍼센트, 우 40퍼센트, 양 30퍼센트, 가 10퍼센트이다.
② 위원장의 선임 및 기타 위원회의 운영에 관하여 필요한 사항은 해당 기관의 장이 정한다.
④ 지방소방학교 소속 소방정에 대한 1차 평정자는 소속 시·도 소방본부장이다.

11 계급정년

소방감	소방준감	소방정	소방령
4년	6년	11년	14년

12 소방공무원의 직권면직 시킬 수 있는 경우
- 직제와 정원의 개편·폐지 및 예산의 감소 등에 따라 폐직(廢職) 또는 과원(過員)이 되었을 때
- 휴직 기간이 끝나거나 휴직사유가 소멸된 후에도 직무에 복귀하지 아니하거나 직무를 감당할 수 없을 때
- 직위해제처분에 따라 3개월의 범위에서 대기 명령을 받은 자가 그 기간에 능력 또는 근무성적의 향상을 기대하기 어렵다고 인정된 때
- 병역판정검사·입영 또는 소집의 명령을 받고 정당한 사유 없이 이를 기피하거나 군복무를 위하여 휴직 중에 있는 자가 군복무 중 군무(軍務)를 이탈하였을 때
- 해당 직급·직위에서 직무를 수행하는 데 필요한 자격증의 효력이 없어지거나 면허가 취소되어 담당 직무를 수행할 수 없게 된 때
- 고위공무원단에 속하는 공무원이 적격심사 결과 부적격 결정을 받은 때
  ①의 경우는 직위해제사유에 해당한다.

13 가점평정 대상 계급 제한
① 원칙 : 소방정 이하
② 전산능력 가점 : 소방경 이하
③ 제1종 대형운전면허(0.5점), 소형선박조종사·잠수산업기사·잠수기능사(0.2점)에 대한 가점 : 소방장 이하
④ 전문학사학위 및 학사학위 가점 : 소방경 이하

14 정·현원 대비표—소방공무원임용령 시행규칙 제9조
임용권자는 소속 소방공무원에 대한 정원과 현원을 파악하기 위하여 매월 말일을 기준으로 정·현원대비표를 비치·보관해야 한다. 이 경우 정·현원대비표의 작성단위는 최하기관단위로 한다.

15 소방공무원 승진심사위원회 구성 등
① 보통승진심사위원회는 위원장을 포함한 위원 5명 이상 9명 이하로 구성한다.
③ 중앙승진심사위원회가 해당 승진심사기간 중에는 2 이상의 계급의 승진심사위원을 겸할 수 없다. 다만, 위원이 될 대상자가 부족하거나 특별승진심사의 경우에는 그러하지 아니하다
④ 중앙승진심사위원회는 위원장을 포함한 위원 5명 이상 7명 이하로 구성한다.

16 경력경쟁채용시험 최종합격자 결정

구 분	면 접	필기＋면접	체력＋면접	실기＋면접	필기＋체력＋면접	체력＋실기＋면접	필기＋체력＋실기＋면접
비 율	100%	75%＋25%	25%＋75%	75%＋25%	50%＋25%＋25%	25%＋50%＋25%	30%＋15%＋30%＋25%

17 시험위원의 임명 등–소방공무원 승진임용 규정 제35조
- 시험위원의 임명 또는 위촉
  시험실시권자는 시험에 관한 출제·채점·면접시험·서류심사 기타 시험시행에 관하여 필요한 사항을 담당하게 하기 위하여 다음의 1에 해당하는 자를 시험위원으로 임명 또는 위촉할 수 있다.
    - 해당 시험분야에 전문적인 학식 또는 능력이 있는 자
    - 임용예정직무에 대한 실무에 정통한 자
- 시험위원에 대해서는 예산의 범위 안에서 소방청장이 정하는 바에 따라 수당을 지급한다.

18 징계위원회는 기피신청이 있는 때에는 재적위원 과반수의 출석과 출석위원 과반수의 찬성으로 기피 여부를 의결해야 한다. 이 경우 기피신청을 받은 위원은 그 의결에 참여하지 못한다.

19 교수요원의 자격기준(교육훈련규정 제22조)
- 담당할 분야와 관련된 실무·연구 또는 강의 경력이 3년 이상인 사람
- 담당할 분야와 관련된 자격증을 소지한 사람
- 담당할 분야와 관련된 석사 이상의 학위를 소지한 사람
- 담당할 분야와 관련된 6개월 이상의 교육훈련을 이수한 사람
- 담당할 분야와 관련하여 교수·부교수 또는 조교수의 자격을 갖춘 사람
- 그 밖에 담당할 분야와 관련된 학식과 경험이 풍부한 사람으로서 교육훈련기관의 장이 인정하는 사람

20 대우공무원 선발을 위한 근무기간–소방공무원 승진임용 규정 시행규칙 제36조
대우공무원으로 선발되기 위해서는 승진소요최저근무연수를 경과한 소방정 이하 소방공무원으로서 해당 계급에서 다음의 구분에 따른 기간 동안 근무해야 한다.
- 소방령·소방정 : 7년 이상
- 소방사·소방교·소방장·소방위·소방경 : 5년 이상

21 제척–소방공무원 징계령 제15조
징계위원회의 위원이 다음 각 호의 어느 하나에 해당하는 경우에는 해당 징계등 사건의 심의·의결에서 제척(除斥)된다.
1. 징계등 혐의자와 친족 관계에 있거나 있었던 경우
2. 징계등 혐의자의 직근 상급자이거나 징계 사유가 발생한 기간 동안 직근 상급자였던 경우
3. 해당 징계등 사건의 사유와 관계가 있는 경우
   ※ ②의 경우는 징계등 혐의자의 신청에 의한 기피 사유에 해당한다.

22 초임호봉의 획정에 반영되지 아니한 잔여기간이 있으면 그 기간은 다음 승급기간에 산입한다.

23 인사기록은 소방공무원인사기록철에 철하되, 내면 우측에 완결일자 순에 따라 밑으로부터 위로 편철한다.

24 시보임용소방공무원의 면직 또는 면직제청 사유–소방공무원임용령 제22조
- 교육훈련과정의 졸업요건을 갖추지 못한 경우
- 교육훈련을 받는 중 질병, 병역 복무 또는 그 밖에 교육훈련을 계속할 수 없는 불가피한 사정 외의 사유로 퇴교처분을 받은 경우
- 근무성적 또는 교육훈련 성적이 매우 불량하여 성실한 근무수행을 기대하기 어렵다고 인정되는 경우
- 소방공무원으로서 품위를 크게 손상하는 행위를 함으로써 소방공무원으로서의 직무를 수행하기 곤란하다고 인정되는 경우
- 법 또는 법에 따른 명령을 위반하여 중징계 사유에 해당하는 비위를 저지른 경우
- 법 또는 법에 따른 명령을 위반하여 경징계 사유에 해당하는 비위를 2회 이상 저지른 경우

25 징계등의 정도–소방공무원 징계령 제16조
- 징계등의 정도에 관한 기준은 소방청장이 정한다.
- 징계위원회는 징계등 사건을 의결할 때에는 징계등 혐의자의 혐의 당시 계급, 징계등 요구의 내용, 비위행위가 공직 내외에 미치는 영향, 평소 행실, 공적, 뉘우치는 정도 또는 그 밖의 사정을 고려해야 한다.

제11회 ▶ 정답 및 해설

01	02	03	04	05	06	07	08	09	10	11	12	13	14	15
④	④	②	②	②	②	②	③	②	④	①	④	①	②	①

16	17	18	19	20	21	22	23	24	25					
②	③	④	②	③	①	③	②	④	④					

01 용어의 정의–소방공무원임용령 제2조 제3호
"소방기관"이라 함은 소방청, 특별시·광역시·특별자치시·도·특별자치도(이하 "시·도"라 한다)와 중앙소방학교·중앙119구조본부·국립소방연구원·지방소방학교·서울종합방재센터·소방서·119특수대응단 및 소방체험관을 말한다.
※ 행정안전부, 소방본부, 119안전센터, 119지역대, 구조대 등은 「소방공무원임용령」 제2조 제3호의 소방기관에 해당되지 않음

02 성별 위원 비율(소방공무원 징계령 제4조 제7항)
징계 사유가 다음의 어느 하나에 해당하는 징계 사건이 속한 징계위원회의 회의를 구성하는 경우에는 피해자와 같은 성별의 위원이 위원장을 제외한 위원 수의 3분의 1 이상 포함되어야 한다.
① 「성폭력범죄의 처벌 등에 관한 특례법」에 따른 성폭력범죄
② 「양성평등기본법」에 따른 성희롱

03 시험실시기관–소방공무원법 제11조, 소방공무원 임용령 제34조

시험실시기관	시험의 구분
소방청장 (법 제11조)	• 소방청장은 소방공무원의 신규채용시험 및 승진시험과 소방간부후보생 선발시험을 실시한다. • 다만, 소방청장이 필요하다고 인정할 때에는 대통령령으로 정하는 바에 따라 그 권한의 일부를 시·도지사 또는 소방청 소속기관의 장에게 위임할 수 있다.
소방청장 → 시·도지사에 위임	• 소방청장은 시·도 소속 소방경 이하 소방공무원을 신규채용하는 경우 신규채용시험의 실시권을 시·도지사에게 위임할 수 있다(임용령 제34조). • 소방청장은 시·도 소속 소방공무원의 소방장 이하 계급으로의 승진시험 실시에 관한 권한을 시·도지사에 위임한다(승진임용 규정 제29조).

04 경력경쟁채용등을 통해 채용된 사람의 전보제한

제한기간	경력경쟁채용 항목(법 제7조)
최초로 그 직위에 임용된 날로부터 2년의 필수보직기간이 지나야 다른 직위 또는 임용권자를 달리하는 기관에 전보될 수 있는 경우(임용령 제28조 제3항) `14년 소방위`	• 직제와 정원의 개편·폐지 또는 예산의 감소 등에 의하여 직위가 없어지거나 과원이 되어 직권면직으로 퇴직한 소방공무원을 퇴직한 날로부터 3년 이내에 퇴직 시에 재직한 계급 또는 그에 상응하는 계급의 소방공무원으로 재임용하는 경우 • 신체·정신상의 장애로 장기 요양이 필요하여 휴직하였다가 휴직기간이 만료에도 직무에 복귀하지 못하여 직권면직 된 소방공무원을 퇴직한 날로부터 3년 이내에 퇴직 시에 재직한 계급 또는 그에 상응하는 계급의 소방공무원으로 재임용하는 경우 • 5급 공무원으로 공개경쟁시험이나 사법시험 또는 변호사 시험에 합격한 자를 소방령 이하 소방공무원으로 임용하는 경우
최초로 그 직위에 임용된 날로부터 5년의 필수보직기간이 지나야 다른 직위 또는 임용권자를 달리하는 기관에 전보될 수 있는 경우 `13년 소방위` `16년 강원`	• 임용예정직무에 관련된 자격증 소지자를 임용한 경우 • 임용예정직에 상응한 근무실적 또는 연구실적이 있거나 소방에 관한 전문기술교육을 받은 자를 임용한 경우 • 외국어에 능통한 자를 임용한 경우 • 경찰공무원을 그 계급에 상응하는 소방공무원으로 임용한 경우
최초로 그 직위에 임용된 날로부터 5년의 필수보직기간이 지나야 다른 직위 또는 임용권자를 달리하는 기관에 전보될 수 있는 경우(임용령 제28조 제4항)	• 소방 업무에 경험이 있는 의용소방대원을 소방사 계급의 소방공무원으로 임용하는 경우 • 다만, 기구의 개편, 직제 또는 정원의 변경으로 인하여 직위가 없어지거나 정원이 초과되어 전보할 경우에는 그렇지 않다.

05 다른 법령에 의한 공무원의 신분으로 재직 경우 승진소요최저근무연수 산입
- 다른 법령에 따라 공무원의 신분으로 재직하던 사람이 소방장 이상의 소방공무원으로 임용된 경우 종전의 신분으로 재직한 기간은 재임용일로부터 10년 이내의 경력에 한정하여 행정안전부령이 정하는 기준에 따라 환산하여 이를 기간에 산입하되, 소방공무원으로 임용되어 승진된 사람에 대해서는 그 이상에 상응하는 다른 공무원으로 재직한 기간을 포함하지 않는다(소방공무원 승진임용 규정 제5조 제4항).
- 근무연수 환산율—승진임용규정 시행규칙 제3조 제2항
  위의 경우 승진소요최저근무연수에 합산할 다른 법령에 의한 공무원의 신분으로 재직한 기간은 소방공무원임용령 시행규칙 별표 3의 채용계급상당 이상의 계급으로 근무한 기간에 한하되 환산율은 2할로 한다.

06 전문직위에 임용된 소방공무원은 2년의 범위에서 소방청장이 정하는 기간이 지나야 다른 직위로 전보할 수 있다. 다만, 직무수행에 필요한 능력·기술 및 경력 등의 직무수행요건이 같은 직위 간 전보 등 소방청장이 정하는 경우에는 기간에 관계없이 전보할 수 있다(소방공무원임용령 제27조의2 제2항).

07 임용시기의 특례—소방공무원임용령 제5조
시보임용예정자가 소방공무원의 직무수행과 관련한 실무수습 중 사망한 경우 : 사망일의 전날을 임용일자로 소급할 수 있다.

08 인사교류 가점평정 방법

① 가점 대상기간의 산정기준은 승진소요최저근무연수 계산방법에 따르되, 모든 휴직기간은 제외한다.

② 가점은 근무한 경력에 대하여 1개월마다 0.125점씩 가점 평정한다.

④ 소방행정의 균형발전을 위하여 소방청장이 실시하는 인사교류의 대상이 된 경우 가점은 3점을 초과할 수 없다.

09 전출·전입요구 및 동의-소방공무원임용령 시행규칙 제21조 제2항

전출·전입요구를 받은 소속소방기관의 장은 소방공무원 전출·전입동의회보서에 의하여 특별한 사유가 없는 한 15일 이내에 회보해야 하며, 동의하는 경우에는 부임일자 등을 고려하여 발령 예정일자를 서로 같은 일자가 되도록 지정해야 한다.

10 계급별 기본경력과 초과경력으로 구분

① 기본경력

　　㉠ 소방정·소방령·소방경 : 평정기준일부터 최근 3년간

　　㉡ 소방위·소방장 : 평정기준일부터 최근 2년간

　　㉢ 소방교·소방사 : 평정기준일부터 최근 1년 6개월간

② 초과경력

　　㉠ 소방정 : 기본경력 전 2년간

　　㉡ 소방령 : 기본경력 전 4년간

　　㉢ 소방경·소방위 : 기본경력 전 3년간

　　㉣ 소방장 : 기본경력 전 1년

　　㉤ 소방교·소방사 : 기본경력 전 6개월간

11 소청심사의 청구 기간-소방공무원법 제26조

• 직위해제 처분사유 설명서를 받고 그 처분에 불복하는 경우 : 설명서를 받은 날부터 30일 이내

• 직위해제 처분 외에 그 의사에 반하는 불리한 처분을 받은 경우 : 처분이 있음을 알게 된 날부터 30일 이내

12 소방공무원의 징계의 종류

① 파면과 해임은 공무원의 신분을 박탈하여 해당 조직에서 배제하는 면에서 공통점이 있으나 연금지급과 차후 공무원임용에 있어서 기간 등에서 차이가 있다.

② 정직은 1개월 이상 3개월 이하의 기간 중 공무원의 신분은 보유하나 직무에 종사하지 못하게 하며 그 기간 중 보수의 전액을 감하는 징계로서 일정기간 승진임용 및 승급이 제한된다.

③ 소방공무원 징계령에 따른 신분을 배제하는 징계는 파면과 해임이다.

13 고충심사위원화-소방공무원법 제27조

소방공무원의 인사상담 및 고충을 심사하기 위하여 소방청, 시·도 및 대통령령으로 정하는 소방기관에 소방공무원 고충심사위원회를 둔다.

※ "대통령령으로 정하는 소방기관"이란 중앙소방학교·중앙119구조본부·국립소방연구원·지방소방학교·서울종합방재센터·소방서·119특수대응단 및 소방체험관을 말한다(공무원고충처리규정 제3조의3).

14 소방청장·시·도지사·중앙소방학교장·중앙119구조본부장·지방소방학교장·국립소방연구원·서울종합방재센터장·소방서장, 119특수대응단장 및 소방체험관장(이하 "인사기록관리자"라 한다)은 소속 소방공무원에 대한 인사기록을 작성·유지·관리해야 한다.

15 ② 승진심사위원회에 간사 1인과 서기 약간인을 둔다.
③ 회의는 재적위원 3분의 2 이상의 출석과 출석위원 과반수의 찬성으로 의결한다.
④ 승진심사위원회의 회의는 비공개로 한다.

16 ① 체력시험은 전 종목 총점의 50퍼센트 이상을 득점한 사람을 합격자로 결정한다.
③ 필기시험은 각 과목 40퍼센트 이상, 전 과목 총점의 60퍼센트 이상의 득점자 중에서 선발 예정인원의 3배수의 범위에서 고득점자순으로 합격자를 결정한다.
④ 공개경쟁시험은 필기시험성적 50퍼센트, 체력시험성적 25퍼센트 및 면접시험성적 25퍼센트의 비율로 합산한 성적으로 최종합격자를 결정한다.

17 강등된 사람의 계급정년 산정
징계로 인하여 강등(소방경으로 강등된 경우를 포함한다)된 소방공무원의 계급정년은 다음에 따른다.
1. 강등된 계급의 계급정년 : 강등되기 전 계급 중 가장 높은 계급의 계급정년으로 한다.
2. 계급정년을 산정 : 강등되기 전 계급의 근무연수와 강등 이후의 근무연수를 합산한다.
따라서 소방경의 계급 정년은 없으나 소방령에서 소방경으로 강등된 경우도 포함함으로 강등되기 전 소방령으로 7년, 강등 후 소방경으로 4년의 근무기간을 합산한 11년을 소방령 계급 정년 14년에서 빼면 잔여기간은 3년이 남는다.

18 징계위원회는 제척 또는 기피로 인하여 위원회를 구성하지 못하게 된 때에는 해당 징계위원회가 설치된 기관의 장에게 위원의 보충임명을 요청해야 한다. 이 경우에는 해당 기관의 장은 지체 없이 위원을 보충임명해야 한다.

19 직장훈련 시간의 총량관리-소방공무원 교육훈련규정 제31조
• 소방기관의 장은 실질적이고 체계적인 직장훈련을 실시하기 위하여 소속 소방공무원의 직장훈련 시간 총량 목표를 정하고 개인별로 관리해야 한다.
• 직장훈련 시간 총량 목표의 설정 및 관리에 필요한 세부 사항은 소방청장이 정한다.

20 공무원이 재직 중 호봉재획정에 해당하는 경우-공무원보수규정 제9조 제1항
• 승급제한기간을 승급기간에 산입하는 경우
• 새로운 경력을 합산하여야 할 사유가 발생한 경우
• 초임호봉 획정 시 반영되지 않았던 경력을 입증할 수 있는 자료를 나중에 제출하는 경우
• 해당 공무원에게 적용되는 호봉획정 방법이 변경되는 경우

21 징계위원회의 관할-소방공무원징계령 제2조 제1항
소방청에 설치된 소방공무원 징계위원회는 다음 각 호의 징계 또는 「국가공무원법」 제78조의2에 따른 징계부가금(이하 "징계부가금"이라 한다) 사건을 심의 · 의결한다.
1. 소방청 소속 소방정 이하의 소방공무원에 대한 징계 또는 징계부가금(이하 "징계등"이라 한다) 사건
2. 소방청 소속기관의 소방공무원에 대한 다음 각 목의 구분에 따른 징계등 사건
　가. 국립소방연구원 소속 소방공무원에 대한 다음의 어느 하나에 해당하는 징계등 사건
　　　1) 소방정에 대한 징계등 사건
　　　2) 소방령 이하 소방공무원에 대한 중징계 또는 중징계 관련 징계부가금(이하 "중징계등"이라 한다) 요구사건
　나. 소방청 소속기관(국립소방연구원은 제외한다) 소속 소방공무원에 대한 다음의 어느 하나에 해당하는 징계등 사건
　　　1) 소방정 또는 소방령에 대한 징계등 사건
　　　2) 소방경 이하 소방공무원에 대한 중징계등 요구사건
3. 소방정인 지방소방학교장에 대한 징계등 사건

22 비상소집과 비상근무의 종류 · 절차 및 근무수칙 등에 관한 사항은 소방공무원 당직 및 비상업무규칙(소방청장)으로 정한다.

23 형사 사건으로 기소된 사유로 직위해제된 사람이 직위해제일부터 3개월이 지나도 직위를 부여받지 못한 경우에는 그 3개월이 지난 후의 기간 중에는 봉급의 30퍼센트를 지급한다.
직위해제기간 중의 봉급 감액-공무원보수규정 제29조
직위해제된 사람에게는 다음 각 호의 구분에 따라 봉급(외무공무원의 경우에는 직위해제 직전의 봉급을 말한다. 이하 이 조에서 같다)의 일부를 지급한다.
1. 봉급의 80퍼센트 지급
　직무수행 능력이 부족하거나 근무성적이 극히 나쁜 자로 직위해제된 사람
2. 봉급의 70퍼센트 지급
　고위공무원단에 속하는 일반직공무원으로서 제70조의2 제1항 제2호부터 제5호까지의 사유로 적격심사를 요구받은 자로 직위해제된 사람. 다만, 직위해제일부터 3개월이 지나도 직위를 부여받지 못한 경우에는 그 3개월이 지난 후의 기간 중에는 봉급의 40퍼센트를 지급한다.
3. 봉급의 50퍼센트 지급
　다음의 사유로 직위해제된 사람
　㉠ 파면 · 해임 · 강등 또는 정직에 해당하는 징계 의결이 요구 중인 자
　㉡ 형사 사건으로 기소된 자(약식명령이 청구된 자는 제외한다)
　㉢ 금품비위, 성범죄 등 대통령령으로 정하는 비위행위로 인하여 감사원 및 검찰 · 경찰 등 수사기관에서 조사나 수사 중인 자로서 비위의 정도가 중대하고 이로 인하여 정상적인 업무수행을 기대하기 현저히 어려운 자
다만, 직위해제일부터 3개월이 지나도 직위를 부여받지 못한 경우에는 그 3개월이 지난 후의 기간 중에는 봉급의 30퍼센트를 지급한다.

24 시보임용예정자의 봉급-소방공무원임용령 제24조 제3항
교육을 받는 시보임용예정자에 대해서는 예산의 범위 안에서 임용예정계급의 1호봉에 해당하는 봉급의 80퍼센트에 상당하는 금액 등을 지급할 수 있다.

25 징계위원회는 징계등 혐의자가 국외 체류, 형사사건으로 인한 구속, 여행 또는 그 밖의 사유로 징계 의결 또는 징계부가금 부과 의결 요구(신청)서 접수일부터 50일 이내에 출석할 수 없는 경우에는 서면으로 진술하게 하여 징계등 의결을 할 수 있다.

12 | 정답 및 해설

01	02	03	04	05	06	07	08	09	10	11	12	13	14	15
③	③	④	③	②	④	①	②	①	④	④	③	②	④	①
16	17	18	19	20	21	22	23	24	25					
①	③	②	④	①	③	①	③	③	②					

01 시험실시권-소방공무원임용령 제34조
① 소방청장은 시·도 소속 소방경 이하 소방공무원을 신규채용하는 경우 신규채용시험의 실시권을 시·도지사에게 위임할 수 있다.
② 소방청장은 다음 각 호의 시험 실시권을 중앙소방학교장에게 위임할 수 있다.
   1. 소방령 이상 소방공무원을 신규채용하는 경우 신규채용시험 실시권
   2. 소방청과 그 소속기관 소속 소방공무원에 대하여 다음 각 목의 경력경쟁채용등을 하는 경우 경력경쟁채용시험 등의 실시권
      가. 소방에 관한 전문기술교육을 받은 사람을 소방경 이하의 계급으로 경력경쟁채용등을 하는 경우
      나. 의무소방원으로 임용되어 정해진 복무를 마친 사람을 소방사로 경력경쟁채용등을 하는 경우
   3. 소방간부후보생 선발시험의 실시권

02 각 위원회의 구성 및 운영

구 분	위원의 구성
소방공무원 인사위원회, 중앙승진심사위원회	위원장을 포함한 5명 이상 7명 이하
보통승진심사위원회	위원장을 포함한 5명 이상 9명 이하
근무성적평정조정위원회	기관의 장이 지정하는 3명 이상 5명 이하
소방청 및 시·도에 설치된 징계위원회	위원장 1명을 포함하여 17명 이상 33명 이하 (민간위원 : 위원장을 제외한 위원 수의 2분의 1 이상)
중앙소방학교·중앙119구조본부·국립소방연구원·지방소방학교·서울종합방재센터·소방서·119특수대응단 및 소방체험관에 설치된 징계위원회	위원장 1명을 포함하여 9명 이상 15명 이하 (민간위원 : 위원장을 제외한 위원 수의 2분의 1 이상)
소방공무원 고충심사위원회	위원장 1명을 포함한 7명 이상 15명 이하 (민간위원 : 위원장을 제외한 위원 수의 2분의 1 이상)
소방교육훈련정책위원회	위원장 1명을 포함한 50명 이내
소방공무원 인사협의회	위원장 1인을 포함한 30인 이내

03 공개경쟁시험으로 임용하는 것이 부적당한 경우 소방 분야, 구급 분야, 화학 분야 등 임용예정분야별 채용계급에 해당하는 자격증을 소지한 후 해당 분야에서 2년 이상 종사한 경력이 있어야 한다. 다만, 항공 분야 조종사의 경력을 산정할 때에는 해당 자격증을 소지하기 전의 경력을 포함하여 산정한다.

04 전보제한의 특례
임용예정직위에 관련된 2월 이상의 특수훈련경력이 있는 자 또는 임용예정직위에 상응한 6월 이상의 근무경력 또는 연구 실적이 있는 자를 해당 직위에 보직하는 경우에는 필수보직기간 1년 미만에도 다른 직위에 전보할 수 있다.

05 명예퇴직자의 특별승진 경우 승진소요최저근무연수를 적용하지 아니하되, 승진임용이 제한(신임교육 또는 관리역량교육을 이수하지 않은 사람 제외)되지 않은 사람 중에서 행한다.

06 의무위반 등에 대한 소요경비의 반납조치-소방공무원 교육훈련규정 제12조
임용권자 또는 임용제청권자는 위탁교육훈련 또는 신임교육과정의 교육을 받았거나 받고 있는 사람이 다음 어느 하나에 해당하는 경우 해당 소방공무원의 교육훈련을 위하여 소요된 경비의 전부 또는 일부를 본인 또는 연대보증인으로 하여금 반납하게 해야 한다.
- 복귀명령을 받고도 정당한 사유 없이 직무에 복귀하지 않은 경우
- 정당한 사유 없이 훈련을 중도에 포기하거나 탈락된 경우
- 신임교육을 받고 임용된 사람이 그 교육기간에 해당하는 기간 이상을 소방공무원으로 복무하지 않은 경우
- 6개월 이상의 위탁교육훈련을 받은 소방공무원은 특별한 경우를 제외하고 6년의 범위에서 교육훈련기간과 같은 기간 동안 교육훈련분야와 관련된 직무분야에서 의무복무를 하지 않는 경우

07 임용일자는 그 임용장 또는 임용통지서가 피임용자에게 송달되는 기간 및 사무인계에 필요한 기간을 참작하여 정해야 한다(소방공무원임용령 제4조 제3항).

08 시험의 출제수준-소방공무원임용령 제45조
- 소방위 이상 및 소방간부후보생선발시험 : 소방행정의 기획 및 관리에 필요한 능력·지식을 검정할 수 있는 정도
- 소방장 및 소방교 : 소방업무의 수행에 필요한 전문적 능력·지식을 검정할 수 있는 정도
- 소방사 : 소방업무의 수행에 필요한 기본적 능력·지식을 검정할 수 있는 정도

09 의용소방대원으로서 경력경쟁채용된 사람의 전보제한-소방공무원임용령 제28조 제4항
최초로 그 직위에 임용된 날로부터 5년의 필수보직기간이 지나야 최초임용기관 외 다른 기관으로 전보될 수 있다.

10 경력평정은 승진소요최저근무연수가 경과된 소방정 이하의 소방공무원을 대상으로 한다.

11 가. 소방공무원의 공개경쟁채용시험 및 소방간부후보생 선발시험의 합격자 결정은 제1차 시험 및 제2차 시험은 매 과목 40퍼센트 이상, 전 과목 총점의 60퍼센트 이상의 득점자 중에서 선발예정인원의 3배수의 범위에서 시험성적을 고려하여 점수가 높은 사람부터 차례로 합격자를 결정한다.

나. 승진심사위원회는 작성된 계급별 승진심사대상자명부의 선순위자(先順位者) 순으로 승진임용하려는 결원의 5배수의 범위에서 승진후보자를 심사·선발한다.

다. 승진임용예정인원수가 1~10명일 경우 승진대상자명부 또는 승진대상자 통합명부에 따른 순위가 높은 사람부터 차례로 승진임용예정인원수 1명당 5배수만큼의 사람을 대상으로 실시한다.

라. 사전심의(제1단계) 심사를 할 때 심사환산점수와 객관평가점수를 합산하여 고득점자 순으로 승진심사선발인원의 2배수 내외를 선정하고 승진심사 사전심의 결과서를 작성하여 제2단계 심사에 회부한다.

12 ① 중징계라 함은 파면, 해임, 강등 및 정직을 말하고 경징계라 함은 감봉 또는 견책을 말한다.

② 소방공무원 징계령은 소방공무원의 징계와 징계부과금 부과에 필요한 사항을 규정함을 목적으로 한다.

④ 공무원위원과 민간위원으로 구성한다. 이 경우 민간위원의 수는 위원장을 제외한 위원수의 2분의 1 이상이어야 한다.

13 학위취득 가점평정

- 학위를 취득한 자에 대한 가점평정은 국·내외 학사 이상 학위를 취득한 자에 한한다. 다만, 국외에서 취득한 학위는 그 나라 대사관 등 공관에서 증명서 사본이나 공증서를 첨부하여야 한다.
- 학위취득 가점평정은 전문학사학위는 0.1점, 학사학위는 0.2점, 석사학위는 0.3점, 박사학위는 0.5점으로 각각 평정한다. 다만, 전문 학사학위 및 학사학위 가점평정은 소방경 이하에 한한다.

14 인사기록의 작성·보관

① 임용권자(임용권의 위임을 받은 자를 포함한다. 이하 같다)는 대통령령이 정하는 바에 따라 소속 소방공무원의 인사기록을 작성·보관해야 한다.

② 소방청장, 시·도지사, 중앙소방학교장, 중앙119구조본부장, 지방소방학교장, 서울종합방재센터장, 소방서장, 119특수대응단장 및 소방체험관장(이하 "인사기록관리자"라 한다)은 소속 소방공무원에 대한 인사기록을 작성·유지·관리해야 한다.

※ 소방행정과장은 인사기록을 작성·유지·관리해야 할 권한이 없으며, 소속 소방서장의 권한이다.

③ 인사기록관리자는 인사기록의 적정한 관리를 위하여 관리담당자를 지정해야 한다.

15 승진심사대상에서의 제외-소방공무원 승진임용 규정 제23조

1. 징계처분 요구 또는 징계의결 요구, 징계처분, 직위해제, 휴직 또는 시보임용 기간 중에 있는 사람
2. 징계처분의 집행이 종료된 날부터 다음의 기간이 지나지 않은 사람

강등·정직	감 봉	견 책	비 고
18개월	12개월	6개월	금전, 물품, 부동산, 향응 또는 그 밖에 대통령령으로 정하는 재산상 이익을 취득하거나 제공한 경우, 예산 및 기금 등에 해당하는 것을 횡령(橫領), 배임(背任), 절도, 사기 또는 유용(流用)한 사유로 인한 징계처분과 성폭력, 성희롱 또는 성매매로 인한 징계처분의 경우에는 각각 6개월을 더한 기간

3. 징계에 관하여 소방공무원과 다른 법령의 적용을 받는 공무원이 소방공무원으로 임용된 경우, 종전의 신분에서 강등의 징계처분을 받고 그 처분 종료일부터 18개월이 경과되지 않은 사람과 근신·군기교육 기타 이와 유사한 징계처분을 받고 그 처분 종료일부터 6개월이 경과되지 않은 사람
4. 신임교육과정을 졸업하지 못한 사람
5. 관리역량교육과정을 수료하지 못한 사람
6. 소방정책관리자교육과정을 수료하지 못한 사람
7. 소방승진시험 부정행위자의 조치에 의하여 5년간 승진시험에 응시할 수 없는 자

16 동점자합격자 결정-소방공무원임용령 제47조

공개경쟁채용시험·경력경쟁채용시험 및 소방간부후보생 선발시험의 합격자를 결정할 때 선발예정인원을 초과하여 동점자가 있는 경우에는 그 선발예정인원에 불구하고 모두 합격자로 한다. 이 경우 동점자의 결정은 총 득점을 기준으로 하되, 소수점 이하 둘째 자리까지 계산한다.

17 시험 부정행위자에 대한 조치-소방공무원 승진임용 규정 제36조

시험에 있어서 부정행위를 한 소방공무원에 대해서는 해당 시험을 정지 또는 무효로 하며, 해당 소방공무원은 5년간 이 영에 의한 시험에 응시할 수 없다.

18 제척 또는 기피로 인한 징계위원의 임시 임명-소방공무원 징계령 제15조

• 징계위원회는 제척 또는 기피로 인하여 위원회를 구성하지 못하게 된 때에는 해당 징계위원회가 설치된 기관의 장에게 위원의 보충임명을 요청해야 한다. 이 경우에는 해당 기관의 장은 지체 없이 위원을 보충 임명해야 한다.
• 위원을 보충 임명할 수 없는 부득이한 사유가 있을 때에는 그 징계등 의결의 요구는 철회된 것으로 보고 그 상급기관의 장에게 징계등 의결의 요구를 신청해야 한다.

19 소방공무원이 해당 계급에서 격무·기피부서에 근무한 때에는 근무한 날부터 가점 : 2.0점

참고) 임용권자는 격무·기피부서를 지정하고, 해당 계급에서 격무·기피부서에 근무한 날부터 1개월마다 0.05점 이내에서 가점을 평정할 수 있다. 따라서 2점 상한을 획득하기 위해서는 40개월(0.05×40개월=2점)을 근무해야 한다.

20 대우공무원 선발 등에 대한 규정

② 예산의 범위 안에서 해당 공무원 월봉급액의 4.1퍼센트를 대우공무원수당으로 지급할 수 있다.

③ 대우소방공무원이 상위 계급으로 승진임용의 경우 임용일자에 자격은 당연히 상실된다.

④ 대우공무원의 선발 또는 수당 지급에 중대한 착오가 발생한 경우에는 임용권자 또는 임용제청권자는 이를 정정하고 대우공무원수당을 소급하여 지급할 수 있다.

21 휴직기간 중의 봉급 감액–공무원보수규정 제28조

① 신체·정신상의 장애로 장기 요양이 필요하여 직권휴직한 공무원에게는 다음 각 호의 구분에 따라 봉급의 일부를 지급한다. 다만, 공무상 질병 또는 부상으로 휴직한 경우에는 그 기간 중 봉급 전액을 지급한다.

　　1. 휴직 기간이 1년 이하인 경우 : 봉급의 70퍼센트

　　2. 휴직 기간이 1년 초과 2년 이하인 경우 : 봉급의 50퍼센트

② 외국유학 또는 1년 이상의 국외연수를 위하여 휴직한 공무원에게는 그 기간 중 봉급의 50퍼센트를 지급할 수 있다. 이 경우 교육공무원을 제외한 공무원에 대한 지급기간은 2년을 초과할 수 없다.

③ 보수를 거짓이나 그 밖의 부정한 방법으로 수령한 경우에는 수령한 금액의 5배의 범위에서 가산하여 징수할 수 있음에 따라 각급 행정기관의 장은 소속 공무원이 휴직 목적과 달리 휴직을 사용한 경우에는 제1항 및 제2항에 따라 받은 봉급에 해당하는 금액을 징수하여야 한다.

④ 신체·정신상의 장애로 장기 요양이 필요하여 직권휴직 및 외국유학 또는 1년 이상의 국외연수를 위하여 휴직 이외에는 봉급을 지급하지 아니한다.

22 공가–소방공무원 복무규정 제8조의2

소방기관의 장은 소방공무원이 다음의 어느 하나에 해당하는 때에는 이에 직접 필요한 기간을 공가로 승인해야 한다.

- 병역판정 검사·소집·검열점호 등에 응하거나 동원 또는 훈련에 참가할 때
- 공무와 관련하여 국회, 법원, 검찰 또는 그 밖의 국가기관에 소환되었을 때
- 법률에 따라 투표에 참가할 때
- 승진시험·전직시험에 응시할 때
- 원격지(遠隔地)로 전보 발령을 받고 부임할 때
- 다음의 어느 하나에 해당하는 건강검진 또는 건강진단을 받을 때. 다만, 특별한 사정이 없으면 같은 날에 받는 경우로 한정한다.
　－「국민건강보험법」에 따른 건강검진
　－「소방공무원 보건안전 및 복지 기본법」에 따른 특수건강진단 또는 정밀건강진단
　－「119구조·구급에 관한 법률 시행령」에 따른 건강검진
- 헌혈에 참가할 때
- 외국어능력에 관한 시험에 응시할 때
- 올림픽, 전국체전 등 국가 또는 지방 단위의 주요 행사에 참가할 때
- 천재지변, 교통 차단 또는 그 밖의 사유로 출근이 불가능할 때
- 교섭위원으로 선임(選任)되어 단체교섭 및 단체협약 체결에 참석하거나 공무원노동조합 대의원회(연 1회로 한정)에 참석할 때
- 오염지역 또는 오염인근지역으로 공무국외출장, 파견 또는 교육훈련을 가기 위하여 검역 감염병의 예방접종을 할 때

23 징계처분 및 직위해제 처분의 인사기록의 말소
- 징계처분의 집행이 종료된 날로부터 다음의 기간이 경과한 때 말소해야 한다.

강 등	정 직	감 봉	견 책
9년	7년	5년	3년

- 직위해제 처분의 종료일로부터 2년이 경과한 때. 소청심사위원회나 법원에서 직위해제 처분의 무효 또는 취소의 결정이나 판결이 확정된 때에 인사기록카드에 등재된 직위해제 처분의 기록을 말소해야 한다. 다만, 직위해제 처분을 받고 그 집행이 종료된 날로부터 2년이 경과하기 전에 다른 직위해제 처분을 받은 때에는 각 직위해제 처분마다 2년을 가산한 기간이 경과해야 한다.

24 채용후보자의 자격상실–소방공무원임용령 제21조
- 임용 또는 임용제청에 응하지 않은 경우
- 교육훈련에 응하지 않은 경우
- 교육훈련과정의 졸업요건을 갖추지 못한 경우
- 채용후보자로서 교육훈련을 받는 중 질병, 병역 복무 또는 그 밖에 교육훈련을 계속할 수 없는 불가피한 사정 외의 사유로 퇴교처분을 받은 경우
- 채용후보자로서 품위를 크게 손상하는 행위를 함으로써 소방공무원으로서의 직무를 수행하기 곤란하다고 인정되는 경우로 임용심사위원회의 의결을 거쳐야 한다.
- 법 또는 법에 따른 명령을 위반하여 소방공무원 징계령에 따른 중징계 사유에 해당하는 비위를 저지른 경우
- 법 또는 법에 따른 명령을 위반하여 소방공무원 징계령에 따른 경징계사유에 해당하는 비위를 2회 이상 저지른 경우

25 징계등의 심사 · 재심사 청구 및 방법
가. 소방공무원의 징계의결을 요구한 기관의 장은 관할 징계위원회의 의결이 경(輕)하다고 인정할 때에는 그 처분을 하기 전에 직근(直近) 상급기관에 설치된 징계위원회에 심사 또는 재심사를 청구할 수 있다. 이 경우 소속 공무원을 대리인으로 지정할 수 있다(소방공무원법 제29조 제3항).
나. 징계등 의결을 요구한 기관의 장은 심사 또는 재심사를 청구하려면 징계등 의결을 통지받은 날부터 15일 이내에 징계등 의결 심사(재심사) 청구서에 의결서 사본 및 사건 관계 기록을 첨부하여 관할 징계위원회에 제출해야 한다(소방공무원 징계령 제19조의3).

13 | 정답 및 해설

01	02	03	04	05	06	07	08	09	10	11	12	13	14	15
②	③	③	①	①	③	①	②	③	③	②	①	③	④	④

16	17	18	19	20	21	22	23	24	25					
③	④	②	②	③	①	②	①	①	①					

01 소방공무원의 계급은 소방총감 등 11계 계급으로 구분한다.

02 보통승진심사위원회는 위원장을 포함한 5명 이상 9명 이하의 위원으로 구성한다.

03 시험실시 기관 또는 시험실시권의 위임을 받은 자(이하 "시험실시권자"라 한다)는 소방공무원 공개경쟁시험을 실시하고자 할 때에는 임용예정계급, 응시자격, 선발예정인원, 시험의 방법·시기·장소·시험과목 및 배점에 관한 사항을 시험실시 20일 전까지 공고해야 한다. 다만, 시험 일정 등 미리 공고할 필요가 있는 사항은 시험 실시 90일 전까지 공고해야 한다(소방공무원임용령 제35조 제1항).

04 가 3년, 나 2년, 다 5년, 라 3년, 총합은 13년이다.

경력경쟁채용등 통한 채용된 사람의 전보제한

제한기간	경력경쟁채용 항목(법 제7조)
최초로 그 직위에 임용된 날로부터 2년의 필수보직기간이 지나야 다른 직위 또는 임용권자를 달리하는 기관에 전보될 수 있는 경우 `14년 소방위`	• 직제와 정원의 개편·폐지 또는 예산의 감소 등에 의하여 직위가 없어지거나 과원이 되어 직권면직으로 퇴직한 소방공무원을 퇴직한 날로부터 3년 이내에 퇴직 시에 재직한 계급 또는 그에 상응하는 계급의 소방공무원으로 재임용하는 경우 • 신체·정신상의 장애로 장기 요양이 필요하여 휴직하였다가 휴직기간이 만료에도 직무에 복귀하지 못하여 직권면직 된 소방공무원을 퇴직한 날로부터 3년 이내에 퇴직 시에 재직한 계급 또는 그에 상응하는 계급의 소방공무원으로 재임용하는 경우 • 5급 공무원으로 공개경쟁시험이나 사법시험 또는 변호사 시험에 합격한 자를 소방령 이하 소방공무원으로 임용하는 경우
최초로 그 직위에 임용된 날로부터 5년의 필수보직기간이 지나야 다른 직위 또는 임용권자를 달리하는 기관에 전보될 수 있는 경우 `13년 소방위` `16년 강원`	• 임용예정직무에 관련된 자격증 소지자를 임용한 경우 • 임용예정직에 상응한 근무실적 또는 연구실적이 있거나 소방에 관한 전문기술 교육을 받은 자를 임용한 경우 • 외국어에 능통한 자를 임용한 경우 • 경찰공무원을 그 계급에 상응하는 소방공무원으로 임용한 경우

최초로 그 직위에 임용된 날로부터 5년의 필수보직기간이 지나야 최초임용기관 외 다른기관으로 전보될 수 있는 경우	• 소방 업무에 경험이 있는 의용소방대원을 소방사 계급의 소방공무원으로 임용하는 경우 • 다만, 기구의 개편, 직제 또는 정원의 변경으로 인하여 직위가 없어지거나 정원이 초과되어 전보할 경우에는 그렇지 않다.

05 승진임용의 제한(제외)
- 징계처분 요구 또는 징계의결 요구, 징계처분, 직위해제, 휴직 또는 시보임용 기간 중에 있는 사람
- 징계처분의 집행이 종료된 날부터 다음의 기간이 지나지 않은 사람

강등·정직	감 봉	견 책	비 고
18개월	12개월	6개월	금전, 물품, 부동산, 향응 또는 그 밖에 대통령령으로 정하는 재산상 이익을 취득하거나 제공한 경우, 예산 및 기금 등에 해당하는 것을 횡령(橫領), 배임(背任), 절도, 사기 또는 유용(流用)한 사유로 인한 징계처분과 소극행정, 음주운전(음주측정에 응하지 않은 경우를 포함한다), 성폭력, 성희롱 또는 성매매로 인한 징계처분의 경우에는 각각 6개월을 더한 기간

- 징계에 관하여 소방공무원과 다른 법령의 적용을 받는 공무원이 소방공무원으로 임용된 경우, 종전의 신분에서 강등의 징계처분을 받고 그 처분 종료일부터 18개월이 경과되지 않은 사람과 근신·군기교육 기타 이와 유사한 징계처분을 받고 그 처분 종료일부터 6개월이 경과되지 않은 사람
- 신임교육 또는 지휘역량교육을 이수하지 않은 사람
- 신임교육과정을 졸업하지 못한 사람
- 관리역량교육과정을 수료하지 못한 사람
- 소방정책관리자교육과정을 수료하지 못한 사람

06 소방장 이하 근속승진대상자 명부는 근속승진 임용일 전월 말일 기준으로 작성하고, 소방위 근속승진대상자 명부는 매년 4월 30일, 10월 31일을 기준으로 작성한다(소방공무원 근속승진 운영지침 제5조 제4항)

07 ① 휴직 기간이 끝나거나 휴직 사유가 소멸된 후에도 직무에 복귀하지 아니하거나 직무를 감당할 수 없어 직권으로 면직시킬 때에 휴직기간의 만료일 또는 휴직사유의 소멸일을 임용일자로 소급할 수 있다.
② 재직 중 공적이 특히 현저한 자가 공무로 사망한 때에 그 사망 전일을 임용일자로 하여 추서하여 소급할 수 있다.
③ 소방공무원의 임용에 있어서 그 임용일자를 공무로 사망한 때와 휴직자를 직권면직할 때에는 소급 임용한다.
④ 임용일자는 그 임용장 또는 임용통지서가 피임용자에게 송달되는 기간 및 사무인계에 필요한 기간을 참작하여 정해야 한다.

08 공개경쟁시험 및 소방간부후보생선발시험의 합격자 결정-소방공무원임용령 제46조 제1항 제1호
제1차 시험 및 제2차 시험에 있어서는 매 과목 40퍼센트 이상, 전 과목 총점의 60퍼센트 이상의 득점자 중에서 선발예정인원의 3배수의 범위 내에서 시험성적을 고려하여 점수가 높은 사람부터 차례로 합격자를 결정한다.

09 의용소방대원에 대한 경력경쟁채용등의 요건-소방공무원임용령 제15조 제9항

구 분	채용 요건
지역요건	• 소방서를 처음으로 설치하는 시·군 지역 • 소방서가 설치되어 있지 않은 시·군 지역에 119지역대 또는 119안전센터를 처음으로 설치하는 경우 그 관할에 속하는 시 지역 또는 읍·면지역
경력요건	관할지역 내에서 5년 이상 의용소방대원으로 계속하여 근무하고 있는 사람
채용시기	해당 지역에 소방서·119지역대 또는 119안전센터가 처음으로 설치된 날로부터 1년 이내
채용인원 및 계급의 한정	인원은 처음으로 설치되는 소방서·119지역대 또는 119안전센터의 공무원의 정원 중 소방사 정원의 3분의 1 이내로 한다.

10 ① 승진소요최저근무연수가 경과된 소방정 이하의 소방공무원을 대상으로 한다.
② 소방위의 경력평정은 기본경력은 최근 2년간, 초과경력 기본경력 전 3년간을 평정한다.
④ 경력평정 대상기간의 산정기준은 승진소요최저근무연수 계산방법에 따른다. 이 경우 소방공무원으로 신규임용된 사람이 받은 교육훈련기간은 경력평정대상기간에 포함한다.

11 나. 민간위원은 위원장을 제외한 위원수의 2분의 1을 두어야 한다.
라. 소방공무원으로 20년 이상 근속하고 퇴직한 사람으로서 퇴직일부터 3년이 경과한 사람은 민간위원 자격이 있다. 계급 제한은 없다.

12 징계의 종류-소방공무원 징계령 제1조의2
• "중징계"란 파면, 해임, 강등 또는 정직을 말한다.
• "경징계"란 감봉 또는 견책을 말한다.

13 가점평정-소방공무원 승진임용 규정 시행규칙 제15조의2
① 영 제11조 제1항 후단에 따라 가점평정하는 경우 그 가점합계는 5점 이내로 하되, 제2항에 따른 가점은 0.5점, 제3항에 따른 가점은 0.5점, 제4항에 따른 가점은 2.0점, 제5항에 따른 가점은 2.0점, 제6항에 따른 가점은 3.0점을 각각 초과할 수 없다.
② 소방공무원이 해당 계급에서 「국가기술자격법」 등에 따른 소방업무 및 전산관련 자격증을 취득한 경우에는 가점평정한다.
③ 소방공무원이 해당 계급에서 학사·석사 또는 박사학위를 취득하거나 언어 능력이 우수하다고 인정되는 경우에는 가점평정한다.
④ 소방공무원이 해당 계급에서 격무·기피부서에 근무한 때에는 근무한 날부터 가점평정한다.
⑤ 소방공무원이 소방업무와 관련한 전국 및 특별시·광역시·특별자치시·도·특별자치도(이하 "시·도"라 한다) 단위 대회 또는 평가 결과 우수한 성적을 얻은 경우에는 가점평정한다.
⑥ 소방행정의 균형발전을 위하여 소방청장이 실시하는 인사교류의 대상이 된 소방공무원에 대해서는 소방청장이 정하는 바에 따라 가점평정한다.

14 ㉠ 소방서장은 소속 소방공무원에 대한 인사기록을 작성·유지·관리해야 한다.
㉡ 인사기록관리자는 인사기록관리담당자를 지정해야 한다.
㉢ 인사기록은 원본과 부본(副本)으로 구분한다.
㉣ 부본은 소방공무원 인사기록카드의 사본으로 한다.

15 승진심사의 기준 등─ 소방공무원 승진임용 규정 제24조
승진심사위원회는 승진심사대상자가 승진될 계급에서의 직무수행 능력을 평가하기 위하여 다음 각호의 사항을 심사한다.
• 근무성과 : 현 계급에서의 근무성적평정, 경력평정, 교육훈련성적평정 등(객관평가)
• 경험한 직책 : 현 계급에서의 근무부서 및 담당업무 등(객관평가)
• 업무수행능력 및 인품 : 직무수행능력, 발전성, 국가관, 청렴도 등(위원평가)

16 시험실시권자는 시험위원의 준수사항 등을 위반함으로써 시험의 신뢰도를 크게 떨어뜨리는 행위를 한 시험위원이 있을 때 또는 그 명단을 다른 시험 실시권자에게 통보 받은 자에 대해서는 그로부터 5년간 해당 시험위원을 소방공무원 채용시험 및 소방간부후보생선발시험의 시험위원으로 임명 또는 위촉하여서는 아니 된다(소방공무원임용령 제50조 제4항).

17 시험승진후보자의 승진임용─소방공무원 승진임용 규정 제37조
시험승진후보자명부에 등재된 자가 승진임용되기 전에 감봉 이상의 징계처분을 받은 경우에는 시험승진후보자명부에서 이를 삭제해야 하며, 그 승진임용제한사유가 소멸된 이후에 임용 또는 임용제청해야 한다.

18 징계등의 정도에 관한 기준은 소방청장의 소방공무원 징계양정 등에 관한 규칙으로 정한다.

19 소방공무원의 복제에 관하여 필요한 사항은 행정안전부령의 소방공무원복제규칙으로 정한다.

20 대우공무원수당, 정근수당 가산금, 가족수당, 가족수당가산금 및 자녀학비보조수당의 감액 지급 구분표─공무원 수당 등에 관한 규정 제6조의2 별표 4
정직·감봉·직위해제 및 휴직으로 봉급이 감액 지급되는 자에게는 다음 구분에 따라 대우공무원수당을 감액하여 지급한다.

구분	정직기간 및 강등에 따라 직무에 종사하지 못하는 3개월의 기간 중	감봉기간 중	직위해제기간 및 휴직기간 중				
			봉급의 80퍼센트 (연봉월액의 70퍼센트)가 지급되는 경우	봉급의 70퍼센트 (연봉월액의 60퍼센트)가 지급되는 경우	봉급의 50퍼센트 (연봉월액의 40퍼센트)가 지급되는 경우	봉급의 40퍼센트 (연봉월액의 30퍼센트)가 지급되는 경우	봉급의 30퍼센트 (연봉월액의 20퍼센트)가 지급되는 경우
감액할 금액	수당액의 100퍼센트	수당액의 $\frac{1}{3}$	수당액의 20퍼센트	수당액의 30퍼센트	수당액의 50퍼센트	수당액의 60퍼센트	수당액의 70퍼센트

비 고
대우공무원이 강등된 경우에는 다시 대우공무원이 될 때까지 대우공무원수당 전액을 지급하지 않는다.

21 ② 징계처분 및 직위해제처분의 말소방법, 절차 등에 관하여 필요한 사항은 소방청장이 정한다.
③ 징계등 의결기관을 정할 수 없을 때에는 시·도 간의 경우에는 소방청장이 정하는 징계위원회에서 관할한다.
④ 징계등의 정도에 관한 기준은 소방청장이 정한다.

22 심사위원회는 사전심의를 생략하고 본심사로 근속승진 후보자를 결정한다.

23 ② 인사기록관리자는 소속 소방공무원에 대한 임용·징계·포상 그 밖의 인사발령이 있는 때에는 사유 발생일로부터 지체 없이 이를 해당 소방공무원이 인사기록카드(부본을 포함한다. 이하 같다)에 기록해야 한다.
③ 소방공무원인사기록 원본은 임용권자가 관리한다.
④ 소방공무원의 승진·전출 등으로 인사기록관리자가 변경된 경우 변경 전 인사기록관리자는 변경 후 인사기록관리자에게 지체 없이 해당 소방공무원의 인사기록카드(표준인사관리시스템을 통해 송부한다)와 최근 3년간(소방위 이하의 소방공무원인 경우에는 최근 2년간)의 근무성적평정표 및 경력·교육훈련성적·가점 평정표 사본(전자문서를 포함한다)을 송부해야 한다.

24 유효기간의 연장 시 조치−소방공무원임용령 제18조 제2항
임용권자는 채용후보자명부의 유효기간을 연장한 때에는 이를 즉시 본인에게 알려야 한다.

25 감사원법에 따른 징계 요구 중 파면요구를 받은 경우에는 10일 이내에 관할 징계위원회에 요구하거나 신청해야 한다.

14 정답 및 해설

01	02	03	04	05	06	07	08	09	10	11	12	13	14	15
②	④	①	②	④	①	④	①	②	②	②	③	②	③	②
16	**17**	**18**	**19**	**20**	**21**	**22**	**23**	**24**	**25**					
③	③	④	④	①	①	④	②	④	②					

01 ① 소방공무원은 11계급으로 구분되어 있다.
③ 소방공무원의 최하위 계급은 소방사이다.
④ 소방사의 기본경력은 1년 6개월이다.

02 위원장이 부득이한 사유로 직무를 수행할 수 없는 때에는 위원 중에서 최상위의 직위 또는 선임의 공무원이 그 직무를 대행한다.

03 시험실시기관−소방공무원법 제11조
소방공무원의 신규채용시험 및 승진시험과 소방간부후보생 선발시험은 소방청장이 실시한다. 다만, 소방청장이 필요하다고 인정할 때에는 대통령령으로 정하는 바에 따라 그 권한의 일부를 시·도지사 또는 소방청 소속기관의 장에게 위임할 수 있다.

04 ①, ③, ④는 최초의 직위에 임용된 날로부터 5년 이내에 다른 직위 또는 임용권자를 달리하는 기관에 전보할 수 없다.

05 승진임용의 제한(제외)
• 징계처분 요구 또는 징계의결 요구, 징계처분, 직위해제, 휴직 또는 시보임용 기간 중에 있는 사람
• 징계처분의 집행이 종료된 날부터 다음의 기간이 지나지 않은 사람

강등·정직	감 봉	견 책	비 고
18개월	12개월	6개월	금전, 물품, 부동산, 향응 또는 그 밖에 대통령령으로 정하는 재산상 이익을 취득하거나 제공한 경우, 예산 및 기금 등에 해당하는 것을 횡령(橫領), 배임(背任), 절도, 사기 또는 유용(流用)한 사유로 인한 징계처분과 성폭력, 성희롱 또는 성매매로 인한 징계처분의 경우에는 각각 6개월을 더한 기간

• 징계에 관하여 소방공무원과 다른 법령의 적용을 받는 공무원이 소방공무원으로 임용된 경우, 종전의 신분에서 강등의 징계처분을 받고 그 처분 종료일부터 18개월이 경과되지 않은 사람과 근신·군기교육 기타 이와 유사한 징계처분을 받고 그 처분 종료일부터 6개월이 경과되지 않은 사람
• 신임교육과정을 졸업하지 못한 사람
• 관리역량교육과정을 수료하지 못한 사람
• 소방정책관리자교육과정을 수료하지 못한 사람

06 상위 계급으로 근속승진하는 경우, 근속승진 된 사람이 해당 계급에 재직하는 기간 동안은 근속승진된 인원만큼 근속승진 된 계급의 정원은 (증가)하고 종전 계급의 정원은 (감축)된 것으로 본다(소방공무원법 제15조).

07 경력평정에 산입하지 아니하는 기간 : 휴직기간, 직위해제기간, 징계처분기간

08 소방교의 초과경력은 기본경력 전 6개월간이다.

09 직위해제 사유
- 직무수행 능력이 부족하거나 근무성적이 극히 나쁜 자
- 파면·해임·강등 또는 정직에 해당하는 징계 의결이 요구 중인 자
※ 감봉에 해당하는 징계 의결이 요구 중인 자(×)
- 형사 사건으로 기소된 자(약식명령이 청구된 자는 제외한다)
- 고위공무원단에 속하는 일반직공무원으로서 제70조의2(적격심사) 제1항 제2호부터 제5호까지의 사유로 적격심사를 요구받은 자
- 금품비위, 성범죄 등 대통령령으로 정하는 비위행위로 인하여 감사원 및 검찰·경찰 등 수사기관에서 조사나 수사 중인 자로서 비위의 정도가 중대하고 이로 인하여 정상적인 업무수행을 기대하기 현저히 어려운 자

10 소방공무원법령에 따른 각 위원회의 의결정족수

위원회명		의결정족수
소방공무원 인사위원회, 승진심사위원회		재적위원 3분의 2 이상의 출석과 출석위원 과반수의 찬성으로 의결한다.
소방공무원 인사협의회		재적위원 과반수(위원장 포함)의 출석으로 개회하고, 출석위원 과반수로 의결한다.
징계위원회,		위원장을 포함한 위원 과반수의 출석으로 개의(開議)하고 출석위원 과반수의 찬성으로 의결한다.
고충심사 위원회	보 통	위원 5명 이상의 출석과 출석위원 과반수의 합의에 따른다.
	중 앙	위원 3분의 2 이상의 출석과 출석 위원 과반수의 합의에 따른다.
	특 례	구성원의 전원 출석과 출석위원 과반수 합의로 한다.
소방교육훈련정책위원회		위원회의 회의는 재적위원 과반수의 출석으로 개의(開議)하고, 출석위원 과반수의 찬성으로 의결한다.

11 행정소송의 피고
징계처분, 휴직처분, 면직처분, 그 밖에 의사에 반하는 불리한 처분에 대한 행정소송의 경우 소방청장을 피고로 한다. 다만, 시·도지사가 임용권을 행사하는 경우 관할 시·도지사를 피고로 한다.

12 용어의 정의–소방공무원 징계령 제1조의2
- "중징계"란 파면, 해임, 강등 또는 정직을 말한다.
- "경징계"라 함은 감봉 또는 견책을 말한다.

13 가점평정–소방공무원 승진임용 규정 시행규칙 제15조의2
가점합계는 5점 이내로 하되, 가점 상한은 다음과 같다.
- 자격증을 소지한 경우 : 0.5점
- 학사·석사·박사 학위를 취득하거나 언어능력이 우수한 경우 : 0.5점
- 소방공무원이 해당 계급에서 격무·기피부서에 근무한 때에는 근무한 날부터 가점 : 2.0점
- 소방공무원이 소방업무와 관련한 전국 및 시·도 단위 대회 또는 평가 결과 우수한 성적을 얻은 경우 : 2.0점
- 소방행정의 균형발전을 위하여 소방청장이 실시하는 인사교류의 대상이 된 경우 : 3.0점

14 인사기록의 재작성 할 수 있는 사유–소방공무원임용령 시행규칙 제12조 제5항
- 분실한 때
- 파손 또는 심한 오손으로 사용할 수 없게 된 때
- 정정부분이 많거나 기록이 명확하지 아니하여 착오를 일으킬 염려가 있는 때
- 기타 인사기록관리자가 필요하다고 인정한 때 ※ 인사기록관리담당자(×)
※ 소청심사위원회나 법원에서 징계처분·직위해제처분의 무효 또는 취소의 결정이나 판결이 확정된 때에는 해당 사실이 나타나지 아니하도록 인사기록카드를 재작성해야 한다.

15 승진심사위원회가 직무수행 능력을 평가하기 위해 심사할 사항
승진심사요소에 대한 평가는 객관평가와 위원평가로 구분하여 점수로 평가하며, 세부평가 기준 및 방법은 소방청장이 정한다.

평가구분	승진심사평가요소
객관평가	근무성과 : 현 계급에서의 근무성적평정, 경력평정, 교육훈련성적평정 등
	경험한 직책 : 현 계급에서의 근무부서 및 담당업무 등 ※ 소방공무원으로서의 적성(×)
위원평가	업무수행능력 및 인품 : 직무수행능력, 발전성, 국가관, 청렴도 등

16 시험성적이 같은 경우의 명부등재 순위–소방공무원임용령 시행규칙 제30조
채용후보자명부는 시험성적순위에 의하여 작성하되 시험성적이 같을 경우에는 그 선발예정인원에 불구하고 모두 합격자로 한다. 다음 순위에 따라 작성해야 한다.
1. 취업보호대상자
2. 필기시험성적 우수자
3. 연령이 많은 사람

17 ① 1계급 특별승진 대상자 및 계급범위

특별승진 유공	계급범위
㉠ 청렴과 봉사정신으로 직무에 정려하여 다른 공무원의 귀감이 되는 공적이 있다고 인정되는 사람 ㉡ 소속기관의 장이 직무 수행능력이 탁월하여 소방행정발전에 지대한 공헌실적이 있다고 인정하는 다음의 사람 　• 천재·지변·화재 기타 이에 준하는 재난에 있어서 위험을 무릅쓰고 헌신분투하여 다수의 인명을 구조하거나 재산의 피해를 방지한 사람 　• 창의적인 연구와 헌신적인 노력으로 소방제도의 개선 및 발전에 기여한 사람 　• 교관으로 3년 이상 근무한 자로서 소방교육발전에 현저한 공이 있는 사람 　• 기타 소방청장이 특별승진을 공약한 특별한 사항에 관하여 공을 세운 사람 ㉢ 인사혁신처장이 정하는 포상을 받은 사람 ㉣ 창안등급 동상 이상을 받은 자로서 소방행정발전에 기여한 실적이 뚜렷한 사람	소방령 이하 계급으로의 승진
㉤ 20년 이상 근속하고 정년퇴직일 전 1년 이상의 기간 중 자진하여 퇴직하는 자로서 재직 중 특별한 공적이 있다고 인정되는 사람	소방정감 이하 계급으로의 승진
㉥ 순직한 경우 : 천재·지변·화재 또는 그 밖에 이에 준하는 재난현장에서 직무수행 중 사망하였거나 부상을 입어 사망한 사람	모든 계급으로의 승진

② 2계급 특별승진 대상자 및 계급범위

	계급범위
다만, 소방위 이하의 소방공무원으로서 모든 소방공무원의 귀감이 되는 공을 세우고 순직한 다음의 사람에 대해서는 2계급 특별승진시킬 수 있다. ※ 소방경 이하(×) 　• 소방위 이하의 소방공무원으로서 천재·지변·화재 기타 이에 준하는 재난에 있어서 위험을 무릅쓰고 헌신 분투하여 현저한 공을 세우고 사망하였거나 부상을 입어 사망한 사람 　• 소방위 이하의 소방공무원으로서 직무수행 중 다른 사람의 모범이 되는 공을 세우고 사망하였거나 부상을 입어 사망한 사람	각 계급에 따라 2계급으로의 특별승진

18 승진임용예정인원수 비율－소방공무원 승진임용 규정 제4조

가. 심사승진임용과 시험승진임용을 병행하는 경우에는 승진임용예정 인원수의 60퍼센트를 심사승진임용예정 인원수로, 40퍼센트를 시험승진임용예정 인원수로 한다.

나. 소방경 이하 계급으로의 승진임용예정 인원수를 정하는 경우에는 해당 계급으로의 승진임용예정 인원수의 30퍼센트 이내에서 특별승진임용예정 인원수를 따로 정할 수 있다.

19 임명장 및 임용시기－소방공무원임용령 제3조의2 및 제4조

가. 임용권자(임용권을 위임받은 사람을 포함)는 소방공무원으로 신규채용되거나 승진되는 소방공무원에게 임명장을 수여한다. 이 경우 소속 소방기관의 장이 대리 수여할 수 있다.

나. 소방공무원은 임용장 또는 임용통지서에 기재된 일자에 임용된 것으로 보며 임용일자를 소급해서는 아니 된다.

다. 대통령이 소방청장 또는 시·도지사에게 임용권을 위임한 소방령 이상의 소방공무원의 임명장에는 임용권자의 직인을 갈음하여 대통령의 직인과 국새를 날인한다.

라. 임명장에는 임용권자의 직인을 날인한다. 이 경우 대통령이 임용하는 공무원의 임명장에는 국새(國璽)를 함께 날인한다.

20 ② 승진소요최저근무연수를 경과한 소방령이 대우공무원으로 선발되기 위해서는 해당 계급에서 7년 동안 근무해야 한다.

③ 대우공무원이 징계 또는 직위해제 처분을 받거나 휴직하여도 대우공무원수당은 계속 지급한다. 다만, 공무원 수당 등에 관한 규정 또는 소방공무원 수당 등에 관한 규정으로 정하는 바에 따라 대우공무원수당을 감액하여 지급한다.

④ 근무성적평정의 가점사유가 발생은 승진대상자명부의 조정사유에 해당되지 않으며, 작성기준일(매년 4월 1일, 10월 1일)에 반영한다.

21 징계의 시효-국가공무원법 제83조의2

1. 징계 의결의 요구는 징계 사유가 발생한 날부터 구분에 따른 기간이 지나면 하지 못한다.

2. 금전, 물품, 부동산, 향응 또는 그 밖에 대통령령으로 정하는 재산상 이익을 취득하거나 제공한 경우와 다음 각 목에 해당하는 횡령(橫領), 배임(背任), 절도, 사기 또는 유용(流用)한 경우 : 5년

> 가. 「국가재정법」에 따른 예산 및 기금
> 나. 「지방재정법」에 따른 예산 및 「지방자치단체 기금관리기본법」에 따른 기금
> 다. 「국고금 관리법」 제2조 제1호에 따른 국고금
> 라. 「보조금 관리에 관한 법률」 제2조 제1호에 따른 보조금
> 마. 「국유재산법」 제2조 제1호에 따른 국유재산 및 「물품관리법」 제2조 제1항에 따른 물품
> 바. 「공유재산 및 물품 관리법」 제2조 제1호 및 제2호에 따른 공유재산 및 물품
> 사. 그 밖에 가목부터 바목까지에 준하는 것으로서 대통령령으로 정하는 것

22 위원회의 위원장 자격

구 분	위원장의 자격
소방공무원 인사위원회	• 소방청 : 소방청 차장 • 시 · 도 : 소방본부장
중앙승진심사위원회	위원 중 소방청장이 지명한다.
보통승진심사위원회	• 청, 시 · 도 : 소방청장, 시 · 도지사가 임명 또는 위촉 • 중앙소방학교 : 중앙소방학교장이 임명 또는 위촉 • 중앙119구조본부 : 중앙119구조본부장이 임명 또는 위촉 • 국립소방연구원 : 국립소방연구원장이 임명 또는 위촉
고충심사위원회	설치기관 소속 공무원 중에서 인사 또는 감사 업무를 담당하는 과장 또는 이에 상당하는 직위를 가진 사람이 된다.
소방교육훈련정책위원회	소방청 차장
징계위원회	• 해당 징계위원회가 설치된 기관의 장의 차순위 계급자가 된다. • 동일계급의 경우에는 직위를 설치하는 법령에 규정된 직위의 순위를 기준으로 정한다.
보건안전 및 복지 정책심의위원회	소방청 차장

23 징계처분 또는 직위해제처분을 받은 소방공무원이 소청심사위원회나 법원에서 징계처분의 무효 또는 취소의 결정이나 판결이 확정된 때 해당되고 그 해당 사유 발생일 이전에 징계 또는 직위해제처분을 받은 사실이 없을 때에는 해당 사실이 나타나지 아니하도록 인사기록카드를 재작성해야 한다.

24 소방공무원의 채용시험 또는 소방간부후보생 선발시험에서 시험 시작 전에 시험문제를 열람하는 행위를 한 사람에 대해서는 그 시험을 정지하거나 무효로 한다.

25 경력의 평정점−소방공무원 승진임용 규정 시행규칙 제13조
경력평정의 평정점은 25점(소방정은 30점)을 만점으로 하되, 기본경력평정점은 22점(소방정은 26점)을, 초과경력평정점은 3점(소방정은 4점)을 각각 만점으로 하고, 계산은 소수점 이하 셋째자리에서 반올림한다.

15 | 정답 및 해설

제15회 ▶ 정답 및 해설

01	02	03	04	05	06	07	08	09	10	11	12	13	14	15
④	④	③	④	④	①	②	③	②	①	③	③	②	②	④
16	17	18	19	20	21	22	23	24	25					
③	③	③	②	④	①	②	②	③	④					

01 임용권자

임용권자	임용사항

대통령	• 소방총감의 임명권
	  ※ 임명 : 공무원의 신분을 부여하여 공무원관계를 발생하는 행위로 임용에 포함
	• 소방정감, 소방감의 임용권
	• 소방준감의 신규채용·승진·파견·해임·면직·파면 및 강임의 임용권
	  (암기요령 : 신/승/파가 해/면/파로 강임)

소방청장	• 소방청과 그 소속기관의 소방정 및 소방령에 대한 임용권 • 소방정인 지방소방학교장에 대한 임용권 • 소방령 이상 소방준감 이하의 전보·휴직·직위해제·강등·정직·복직 • 소방청 그 소속기관의 소방경 이하의 소방공무원 임용 • 중앙소방학교 소속 소방령에 대한 신/승/파/ 해/면/파/강임/강등 임용권 • 중앙119구조본부 소속 소방령에 대한 신/승/파/ 해/면/파/강임/강등 임용권
시·도지사	• 소속 소방령 이상 소방준감 이하의 소방공무원(소방본부장 및 지방소방학교장은 제외)에 대한 전보, 휴직, 직위해제, 강등, 정직 및 복직에 대한 임용권 • 소방정인 지방소방학교장에 대한 휴직, 직위해제, 정직 및 복직에 관한 권한 ※ 전보, 강등(×) • 시·도 소속 소방경 이하의 소방공무원에 대한 임용권
중앙소방학교장	• 중앙소방학교 소속 소방령에 대한 정직·전보·휴직·직위해제·복직 ※ 강등(×) • 소속 소방경 이하의 소방공무원 임용
중앙119구조 본부장	• 중앙119구조본부 소속 소방령에 대한 정직·전보·휴직·직위해제·복직 ※ 강등(×) • 소속 소방경 이하의 소방공무원 임용 • 19특수구조대장 : 소속 소방경 이하에 대한 해당 119특수구조대 안에서의 전보권
지방소방학교장· 서울종합방재센터장 또는 소방서장 119특수대응단장 또는 소방체험관장	• 소속 소방경 이하(서울소방학교·경기소방학교 및 서울종합방재센터의 경우에는 소방령 이하)의 소방공무원에 대한 해당 기관 안에서의 전보권 • 소방위 이하의 소방공무원에 대한 휴직·직위해제·정직 및 복직

※ 소방준감의 임용권자 이해
• 소방준감의 정직·전보·휴직·직위해제·강등·복직의 임용은 소방청장에 위임
• 소방준감의 실질적으로 신규채용·승진·파견·해임·면직·파면 및 강임 대한 임용권은 대통령이 행사

02 ① 중앙승진심사위원회의 위원 구성은 위원장을 포함한 위원 5인 이상 7인 이하의 위원으로 구성하고, 보통승진심사위원회의 위원 구성은 위원장을 포함한 위원 5명 이상 9명 이하로 구성한다.

② 징계위원회의 구성은 소방청 및 시·도는 위원장 1명을 포함하여 17명 이상 33명 이하로 구성하고, 그 외 기관은 위원장 1명을 포함하여 9명 이상 15명 이하의 위원으로 구성한다.

③ 위원장을 제외한 위원수의 2분의 1 이상의 민간위원의 구성은 소방공무원 징계위원회의 위원 구성에 해당한다.

03 응시연령 상한 연장-제대군인 지원에 관한 **법률 시행령 제19조**

제대군인에 대한 채용시험 응시연령 상한을 다음과 같이 연장한다.

- 2년 이상의 복무기간을 마치고 전역한 제대군인 : 3세
- 1년 이상 2년 미만의 복무기간을 마치고 전역한 제대군인 : 2세
- 1년 미만의 복무기간을 마치고 전역한 제대군인 : 1세

04 전보제한기간을 계산할 때 임용일로 보지 않는 경우 다음의 어느 하나에 해당하는 임용일은 1년 이내의 전보제한기간을 계산할 때 해당 직위에 임용된 날로 보지 않는다.

- 직제상의 최저단위 보조기관 내에서의 전보일
- 승진임용일, 강등일 또는 강임일
- 시보공무원의 정규공무원으로의 임용일
- 기구의 개편, 직제 또는 정원의 변경으로 소속·직위 또는 직급의 명칭만 변경하여 재발령되는 경우 그 임용일. 다만, 담당 직무가 변경되지 않은 경우만 해당한다.

05 승진임용의 제한(제외)

- 징계처분 요구 또는 징계의결 요구, 징계처분, 직위해제, 휴직 또는 시보임용기간 중에 있는 사람
- 징계처분의 집행이 종료된 날부터 다음의 기간이 지나지 않은 사람

강등·정직	감 봉	견 책	비 고
18개월	12개월	6개월	금전, 물품, 부동산, 향응 또는 그 밖에 대통령령으로 정하는 재산상 이익을 취득하거나 제공한 경우, 예산 및 기금 등에 해당하는 것을 횡령(橫領), 배임(背任), 절도, 사기 또는 유용(流用)한 사유로 인한 징계처분과 성폭력, 성희롱 또는 성매매로 인한 징계처분의 경우에는 각각 6개월을 더한 기간

- 징계에 관하여 소방공무원과 다른 법령의 적용을 받는 공무원이 소방공무원으로 임용된 경우, 종전의 신분에서 강등의 징계처분을 받고 그 처분 종료일부터 18개월이 경과되지 않은 사람과 근신·군기교육 기타 이와 유사한 징계처분을 받고 그 처분 종료일부터 6개월이 경과되지 않은 사람
- 신임교육과정을 졸업하지 못한 사람
- 관리역량교육과정을 수료하지 못한 사람
- 소방정책관리자교육과정을 수료하지 못한 사람

06 복무의무-소방공무원 교육훈련규정 제10조 제2항

임용권자 또는 임용제청권자는 6개월 이상의 위탁교육을 받은 소방공무원에 대해서는 특별한 경우를 제외하고 6년의 범위에서 교육훈련기간과 같은 기간(국외 위탁훈련의 경우에는 교육훈련기간의 2배에 해당하는 기간으로 한다) 동안 교육훈련분야와 관련된 직무분야에서 복무하게 해야 한다.

07 소방청장은 소방공무원의 인사에 관한 통계보고의 제도를 정하여 시·도지사, 중앙소방학교장, 중앙119구조본부장 및 국립소방연구원장으로부터 정기 또는 수시로 필요한 보고를 받을 수 있다(소방공무원임용령 제7조).

08 최종합격자 결정

1. 공개경쟁채용시험 및 소방간부후보생선발시험 최종합격자 결정

필기시험성적	체력시험성적	면접시험성적
50%	25%	25%

- 필기시험성적은 제1차 시험과 제2차 시험을 구분하여 실시할 때에는 이를 합산한 성적을 말한다.
- 면접시험성적과 실기시험을 병행할 때에는 이를 포함한 점수를 말한다.

2. 경력경쟁채용시험 최종합격자 결정

구 분	면 접	필기+면접	체력+면접	실기+면접	필기+체력+면접	체력+실기+면접	필기+체력+실기+면접
비 율	100%	75%+25%	25%+75%	75%+25%	50%+25%+25%	25%+50%+25%	30%+15%+30%+25%

09 다. 필기시험과목 중 필수과목은 한국사, 영어, 소방학개론, 소방관계법규이다.

라. 응시연령은 18세 이상 40세 이하이며, 응시연령 기준일은 최종시험예정일로 한다.

의용소방대원에 대한 경력경쟁채용등의 요건-소방공무원임용령 제15조 제9항

구 분	채용 요건
지역요건	• 소방서를 처음으로 설치하는 시·군지역 • 소방서가 설치되어 있지 않은 시·군지역에 119지역대 또는 119안전센터를 처음으로 설치하는 경우 그 관할에 속하는 시 지역 또는 읍·면지역
경력요건	관할지역 내에서 5년 이상 의용소방대원으로 계속하여 근무하고 있는 사람
채용시기	해당 지역에 소방서·119지역대 또는 119안전센터가 처음으로 설치된 날로부터 1년 이내
채용인원 및 계급의 한정	인원은 처음으로 설치되는 소방서·119지역대 또는 119안전센터의 공무원의 정원 중 소방사 정원의 3분의 1 이내로 한다.

10 경력의 평정점-소방공무원 승진임용 규정 시행규칙 제13조

경력평정의 평정점은 25점(소방정은 30점)을 만점으로 하되, 기본경력평정점은 22점(소방정은 26점)을, 초과경력평정점은 3점(소방정은 4점)을 각각 만점으로 하고, 계산은 소수점 이하 셋째자리에서 반올림한다.

11 행정소송의 피고

- 징계처분, 휴직처분, 면직처분, 그 밖에 의사에 반하는 불리한 처분에 대한 행정소송의 경우 : 소방청장을 피고로 한다.
- 시·도지사가 임용권을 행사하는 경우 : 관할 시·도지사를 피고로 한다.

12 ③ 직무 내외를 불문하고 그 체면 또는 위신을 손상하는 행위를 한 때

※ ③ 지방공무원법에 따른 징계사유에 해당한다.

국가공무원법상 징계사유

- 국가공무원법에 따른 명령을 위반한 경우
- 직무상의 의무(다른 법령에서 공무원의 신분으로 인하여 부과된 의무를 포함)에 위반하거나 직무를 태만히 한 때

13 승진시험 최종합격자 결정-소방공무원 승진임용 규정 제34조 제4항

1. 제1차 시험성적의 50퍼센트
2. 제2차 시험성적(면접시험) 10퍼센트 및 해당 계급에서 최근에 작성된 승진대상자명부의 총평정점 40퍼센트
3. 1, 2를 합산한 성적의 고득점 순위에 의하여 결정한다.
4. 다만, 제2차 시험을 실시하지 않은 경우에는 제1차 시험성적을 60퍼센트의 비율로 합산한다.

> 합격자 결정 계산
> ① 제1차 시험성적(60퍼센트) : 55.2점(92 × 60/100)
> ② 제2차 시험성적(40퍼센트) : 36.4점(90.99 × 40/100)
>
> | 총 점 | 근무성적
평정점 | 경력평점 | 직장훈련성적 | 체력검정성적 | 전문교육성적 | 전문능력성적 |
> |---|---|---|---|---|---|---|
> | 100 | 60점 | 25점 | 3점 | 5점 | 3점 | 3점 |
> | 89 | 56점 | 22점 | 3점 | 5점 | 3점 | 조건 없음 |
>
> – 경력평정 : 기본경력(22점) 3년 + 초과경력(3점) 1년 6개월(3점/18개월 = 0.166)
> – 소방장 : 48개월 = 기본경력 22점 + 초과경력 1.992점(12개월 × 0.166)
> 따라서 ① + ② = 55.2 + 36.4 = 91.6

14 인사기록관리자는 징계처분을 받은 소방공무원이 징계처분의 집행이 종료된 날로부터 다음의 기간이 경과한 때 소방공무원의 인사기록카드에 등재된 징계처분의 기록을 말소해야 한다.

강 등	정 직	감 봉	견 책
9년	7년	5년	3년

다만, 징계처분을 받고 그 집행이 종료된 날로부터 다음의 기간이 경과하기 전에 다른 징계처분을 받은 때에는 각각의 징계처분에 대한 해당기간을 합산한 기간이 경과해야 한다.

따라서 정직 1월 집행만료 2021년 11월 1일 + 정직 말소기간 7년 = 2027년 11월 1일

15 호봉의 재획정-공무원보수규정 제9조 제2항
- 새로운 경력을 합산하여야 할 사유가 발생한 경우에는 경력 합산을 신청한 날이 속하는 달의 다음 달 1일에 재획정한다.
- 초임호봉 확정 시 반영되지 않았던 경력을 입증할 수 있는 자료를 나중에 제출하는 경우에는 경력 합산을 신청한 날이 속하는 달의 다음 달 1일에 재획정한다.
- 승급제한기간을 승급기간에 산입하는 경우에는 강등(9년), 정직(7년), 감봉(5년), 영창, 근신 또는 견책(3년)의 승급제한 기간이 지난 날이 속하는 달의 다음 달 1일에 각각 합산하여 재획정한다.
- 다만, 휴직, 정직 또는 직위해제 중인 사람에 대해서는 복직일에 재획정한다.

16 채용후보자명부의 유효기간-소방공무원 승진임용 규정 제18조
채용후보자명부의 유효기간은 2년으로 하되, 임용권자는 필요에 따라 1년의 범위 안에서 그 기간을 연장할 수 있다.

17 승진임용의 구분 및 방법-소방공무원법 제14조

승진임용의 구분	각 계급으로의 승진
임용권자 임의선발	소방감 이상 계급으로의 승진임용
승진심사	• 소방준감 이하 계급으로의 승진임용 • 소방정 이하 계급의 소방공무원에 대해서는 대통령령으로 정하는 바에 따라 계급별로 승진대상자명부를 작성해야 한다.
승진심사와 시험승진	소방령 이하 계급으로의 승진은 대통령령으로 정하는 비율에 따라 승진심사와 승진시험을 병행할 수 있다.
근속승진	해당 계급에서 일정기간 동안 재직한 사람에 대하여 상위직급의 정원에 관계 없이 승진임용하는 제도이다. (일정기간 : 소방교로의 승진임용은 4년 이상, 소방장으로의 승진임용은 5년 이상, 소방위로의 승진임용은 6년 6개월 이상, 소방경으로의 승진임용은 8년 이상)
특별승진	• 청렴과 봉사정신으로 직무에 정려하여 다른 공무원의 귀감이 되는 공적이 있다고 인정되는 자 : 소방령 이하 계급으로의 승진 • 소속기관의 장이 직무 수행능력이 탁월하여 소방행정발전에 지대한 공헌실적이 있다고 인정하는 자 : 소방령 이하 계급으로의 승진 • 창안등급 동상이상을 받은 자로서 소방행정발전에 기여한 실적이 뚜렷한 자 : 소방령 이하의 계급으로의 승진 • 20년 이상 근속하고 정년퇴직일 전 1년 이상의 기간 중 자진하여 퇴직하는 자로서 재직 중 특별한 공적이 있다고 인정되는 자 : 소방정감 이하 계급으로의 승진 • 순직자 : 모든 계급으로의 승진

18 우선심사-소방공무원 징계령 제13조의3
- 징계의결 요구권자는 신속한 징계절차 진행이 필요하다고 판단되는 징계등 사건에 대하여 관할 징계위원회에 우선심사(다른 징계등 사건에 우선하여 심사하는 것을 말한다. 이하 같다)를 신청할 수 있다.
- 징계의결 요구권자는 정년(계급정년을 포함한다)이나 근무기간 만료 등으로 징계등 혐의자의 퇴직 예정일이 2개월 이내에 있는 징계등 사건에 대해서는 관할 징계위원회에 우선심사를 신청해야 한다.
- 징계등 혐의자는 혐의사실을 모두 인정하는 경우 관할 징계위원회에 우선심사를 신청할 수 있다.
- 우선심사를 신청하려는 자는 소방청장이 정하는 우선심사 신청서를 관할 징계위원회에 제출해야 한다.
- 우선심사 신청서를 접수한 징계위원회는 특별한 사유가 없으면 해당 징계등 사건을 우선심사해야 한다.

19 승진된 계급에서의 호봉을 획정할 때 승진하는 공무원이 승진일 현재 승진 전의 계급에서 호봉에 반영되지 아니한 잔여기간이 12개월 이상이면 정기승급에도 불구하고 승진일에 승진 전의 계급에서 승급시킨 후에, 승진된 계급에서의 호봉을 획정한다. 이 경우 승급발령은 하지 아니하며 승진된 계급에서의 호봉 획정으로 갈음한다.

20 대우공무원이 징계 또는 직위해제 처분을 받거나 휴직하여도 대우공무원수당은 계속 지급한다. 다만, 공무원 수당 등에 관한 규정 또는 지방공무원 수당 등에 관한 규정으로 정하는 바에 따라 대우공무원수당을 감액하여 지급한다.

21 소방공무원의 인사상담 및 고충을 심사하기 위하여 소방청, 시·도, 중앙소방학교·중앙119구조본부·국립소방연구원·지방소방학교·서울종합방재센터·소방서·119특수대응단 및 소방체험관에 소방공무원 고충심사위원회를 둔다.

22 승진대상자명부의 조정 사유
- 전출자나 전입자가 있는 경우
- 퇴직자가 있는 경우
- 승진소요최저근무연수에 도달한 자가 있는 경우
- 승진임용의 제한사유가 발생하거나 소멸한 사람이 있는 경우
- 정기평정일 이후에 근무성적평정을 한 자가 있는 경우
- 승진심사대상 제외 사유가 발생하거나 소멸한 사람이 있는 경우
- 경력평정 또는 교육훈련성적평정을 한 후에 평정사실과 다른 사실이 발견되는 등의 사유로 재평정을 한 사람이 있는 경우
- 승진임용되거나 승진후보자로 확정된 사람이 있는 경우
- 승진대상자명부 작성의 단위를 달리하는 기관으로 전보된 경우

23 근속승진 기간을 단축하는 소방공무원의 인원수는 인사혁신처장이 제한할 수 있다.

24 소방교육훈련발전위원회의 위원장은 소방청 차장이 된다.

25 부정행위자에 대한 조치-소방공무원 승진임용 규정 제36조
가. 소방공무원 승진시험에 있어서 부정행위를 한 소방공무원에 대해서는 해당 시험을 정지 또는 무효로 하며, 당해 소방공무원은 5년간 이 영에 의한 시험에 응시할 수 없다.
나. 소방공무원의 채용시험 또는 소방간부후보생 선발시험에서 다음의 어느 하나에 해당하는 행위를 한 사람에 대해서는 그 시험을 정지 또는 무효로 하거나 합격을 취소하고, 그 처분이 있은 날부터 5년간 이 영에 따른 시험의 응시자격을 정지한다.

2024 SD에듀 소방승진 소방공무원법 최종모의고사

개정5판1쇄 발행	2024년 05월 10일 (인쇄 2024년 04월 11일)
초 판 발 행	2018년 08월 10일 (인쇄 2018년 07월 30일)
발 행 인	박영일
책 임 편 집	이해욱
편 저	문옥섭
편 집 진 행	박종옥 · 이병윤
표지디자인	조혜령
편집디자인	김기화 · 채현주
발 행 처	(주)시대고시기획
출 판 등 록	제10-1521호
주 소	서울시 마포구 큰우물로 75 [도화동 538 성지 B/D] 9F
전 화	1600-3600
팩 스	02-701-8823
홈 페 이 지	www.sdedu.co.kr

I S B N	979-11-383-6708-0 (13500)
정 가	28,000원

더 이상의
소방 시리즈는
없다!

▶ **현장실무**와 오랜 시간동안 쌓은 **저자의 노하우**를 바탕으로
　 최단기간 합격의 기회를 제공합니다.

▶ 2024년 시험대비를 위해 **최신개정법 및 이론**을 반영하였습니다.

▶ **빨간키(빨리보는 간단한 키워드)**를 수록하여
　 가장 기본적인 이론을 시험 전에 확인할 수 있도록 하였습니다.

*SD*에듀의
소방 도서는...

알차다!
꼭 알아야 할 내용

친절하다!
쉽게 요약한 핵심

핵심을
뚫는다!
시험 유형에 적합한 문제

명쾌하다!
상세하고 친절한 풀이

SD에듀 소방 도서 LINE UP

소방승진

위험물안전관리법
위험물안전관리법·소방기본법·소방전술·소방공무원법 최종모의고사

소방공무원

문승철 소방학개론
문승철 소방관계법규

화재감식평가기사·산업기사

한권으로 끝내기
실기 필답형
기출문제집

소방시설관리사

소방시설관리사 1차
소방시설관리사 2차 점검실무행정
소방시설관리사 2차 설계 및 시공

나는 이렇게 합격했다

당신의 합격 스토리를 들려주세요
추첨을 통해 선물을 드립니다

베스트 리뷰
갤럭시탭 / 버즈 2

상/하반기 추천 리뷰
상품권 / 스벅커피

인터뷰 참여
백화점 상품권

이벤트 참여방법

합격수기

SD에듀와 함께한
도서 or 강의 **선택**
> 나만의 합격 노하우
정성껏 **작성**
> 상반기/하반기
추첨을 통해 **선물 증정**

인터뷰

SD에듀와 함께한
강의 **선택**
> 합격증명서 or
자격증 사본 **첨부**,
간단한 **소개 작성**
> 인터뷰 완료 후
백화점 상품권 증정

이벤트 참여방법
다음 합격의 주인공은 바로 여러분입니다!

QR코드 스캔하고 ▷ ▷ ▷ ▶
이벤트 참여하여 푸짐한 경품받자!

합격의 공식